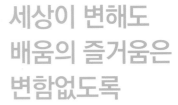

세상이 변해도
배움의 즐거움은
변함없도록

시대는 빠르게 변해도
배움의 즐거움은
변함없어야 하기에

어제의 비상은
남다른 교재부터
결이 다른 콘텐츠
전에 없던 교육 플랫폼까지

변함없는 혁신으로
교육 문화 환경의 새로운 전형을
실현해왔습니다.

비상은 오늘, 다시 한번
새로운 교육 문화 환경을 실현하기 위한
또 하나의 혁신을 시작합니다.

오늘의 내가 어제의 나를 초월하고
오늘의 교육이 어제의 교육을 초월하여
배움의 즐거움을 지속하는 혁신,

바로, 메타인지 기반 완전 학습을.

**상상을 실현하는 교육 문화 기업 비상**

**메타인지 기반 완전 학습**

초월을 뜻하는 meta와 생각을 뜻하는 인지가 결합한 메타인지는
자신이 알고 모르는 것을 스스로 구분하고 학습계획을 세우도록 하는
궁극의 학습 능력입니다. 비상의 메타인지 기반 완전 학습 시스템은
잠들어 있는 메타인지를 깨워 공부를 100% 내 것으로 만들도록 합니다.

내신 만점 유형서

# 만렙

중등수학

2/2

# "만렙으로 나의 수학 실력을 최대치까지 올려 보자!"

### ① 수학의 모든 빈출 문제가 만렙 한 권에!

너무 쉬워서 시험에 안 나오는 문제, NO
너무 어려워서 시험에 안 나오는 문제, NO
전국의 기출문제를 다각도로 분석하여 시험에 잘 나오는 문제들로만 구성

### ② 중요한 핵심 문제는 한 번 더!

수학은 반복 학습이 중요!
각 유형의 대표 문제와 시험에 잘 나오는 문제는 두 번씩 풀어 보자.
중요 문제만을 모아 쌍둥이 문제로 풀어 봄으로써 실전에 완벽하게 대비

### ③ 만렙의 상 문제는 필수 문제!

수학 만점에 필요한 필수 상 문제들로만 구성하여 실력은 탄탄해지고
수학 만렙 달성

# 구성

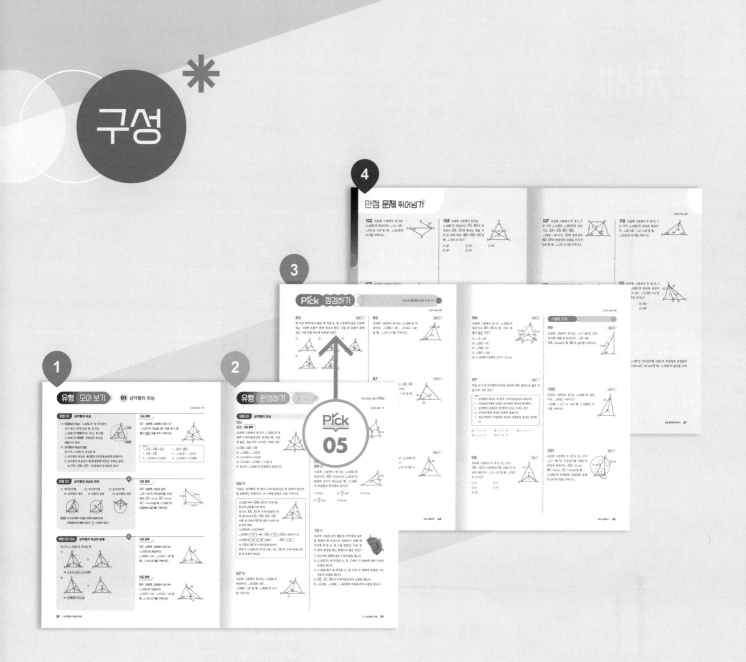

**1 유형 모아 보기** >

소단원별 핵심 유형의
개념과 대표 문제를
한눈에 볼 수 있다.

**2 유형 완성하기** >

대표 문제와 유사한 문제를
한 번 더 풀고
다양한 최신 빈출 문제를
유형별로 풀어 볼 수 있다.

**3 Pick 점검하기** >

'유형 완성하기'에 있는
핵심 문제(Pick)의
쌍둥이 문제를
풀어 볼 수 있다.

**4 만점 문제 뛰어넘기**

시험에 잘 나오는 상 문제를
풀어 볼 수 있다.

# 차례

# III

## 확률

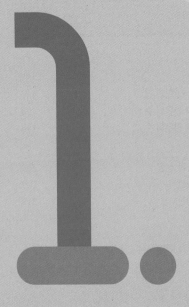

# 1.

# 삼각형의 성질

## 유형 01  이등변삼각형의 성질

(1) 이등변삼각형

두 변의 길이가 같은 삼각형

➡ $\overline{AB}=\overline{AC}$

① 꼭지각: 길이가 같은 두 변이 이루는
각 ➡ ∠A

② 밑변: 꼭지각의 대변 ➡ $\overline{BC}$

③ 밑각: 밑변의 양 끝 각 ➡ ∠B, ∠C

참고 • 꼭지각, 밑각은 이등변삼각형에서만 사용하는 용어이다.
• 정삼각형은 세 변의 길이가 같으므로 이등변삼각형이다.

(2) 이등변삼각형의 성질

① 이등변삼각형의 두 밑각의 크기는 같다.

➡ ∠B=∠C

② 이등변삼각형의 꼭지각의 이등분선은
밑변을 수직이등분한다.

➡ $\overline{AD}\perp\overline{BC}$, $\overline{BD}=\overline{CD}$

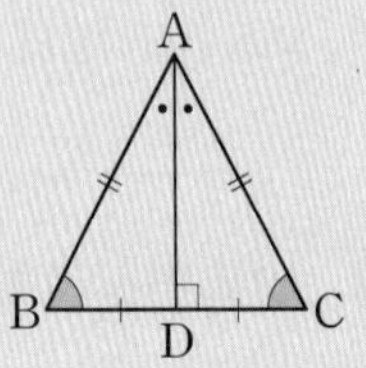

### 대표 문제

**01** 다음은 '이등변삼각형의 두 밑각의 크기는 서로 같다.'를 설명하는 과정이다. ㈎~㈐에 알맞은 것으로 옳지 <u>않은</u> 것은?

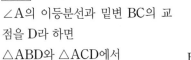

┌─────────────────────────────┐
│ ㈎ 인 이등변삼각형 ABC에서 ∠A의 이등분선과 밑변 BC의 교점을 D라 하면 │
│ △ABD와 △ACD에서 │
│ $\overline{AB}=\overline{AC}$, ㈏ 는 공통, │
│ ∠BAD= ㈐ 이므로 │
│ △ABD≡△ACD( ㈑ 합동) │
│ ∴ ㈒ │
└─────────────────────────────┘

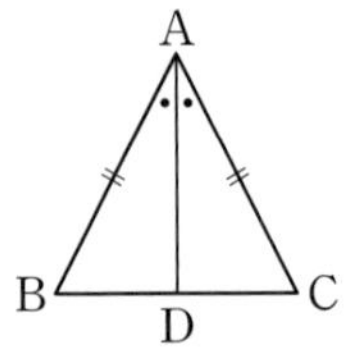

① ㈎ $\overline{AB}=\overline{AC}$  ② ㈏ $\overline{AD}$  ③ ㈐ ∠CAD

④ ㈑ ASA  ⑤ ㈒ ∠B=∠C

## 유형 02  이등변삼각형의 성질 (1) – 밑각의 크기  ⊙중요

$\overline{AB}=\overline{AC}$인 이등변삼각형 ABC에서

⑴ ∠B=∠C

⑵ ∠A=180°−2∠B

⑶ ∠B=∠C=$\frac{1}{2}$×(180°−∠A)

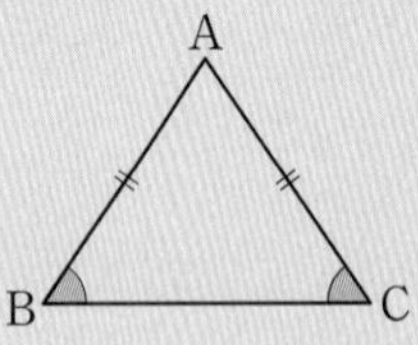

예 오른쪽 그림과 같이 $\overline{AB}=\overline{AC}$인 이등변삼각형 ABC
에서
$\angle x=\frac{1}{2}\times(180°-50°)=65°$

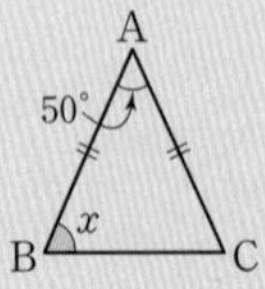

### 대표 문제

**02** 오른쪽 그림과 같이 $\overline{AB}=\overline{AC}$인 이등변삼각형 ABC에서 ∠ACD=130°일 때, ∠$x$의 크기를 구하시오.

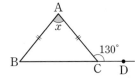

## 유형 03 이등변삼각형의 성질 (2) – 꼭지각의 이등분선

$\overline{AB}=\overline{AC}$인 이등변삼각형 ABC에서
∠BAD=∠CAD이면

(1) $\overline{BD}=\overline{CD}=\dfrac{1}{2}\overline{BC}$

(2) $\overline{AD}\perp\overline{BC}$

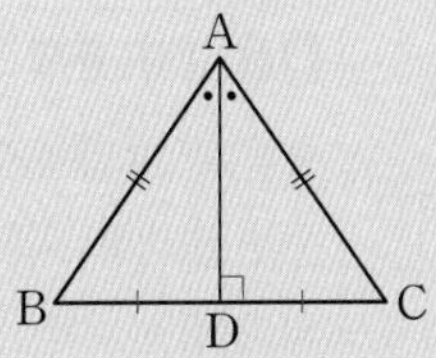

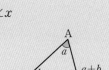

> 참고 이등변삼각형에서
> (꼭지각의 이등분선)=(밑변의 수직이등분선)
> =(꼭지각의 꼭짓점에서 밑변에 내린 수선)
> =(꼭지각의 꼭짓점과 밑변의 중점을 잇는 선분)

### 대표 문제

**03** 오른쪽 그림과 같이
$\overline{AB}=\overline{AC}$인 이등변삼각형 ABC
에서 ∠A의 이등분선과 $\overline{BC}$의 교
점을 D라 하자. ∠BAD=40°,
$\overline{CD}=6\,cm$일 때, $x$, $y$의 값을 각
각 구하시오.

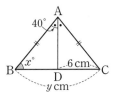

## 유형 04 이등변삼각형의 성질의 응용 (1) – 이웃한 이등변삼각형

오른쪽 그림에서 $\overline{AB}=\overline{AC}=\overline{CD}$일 때

❶ 이등변삼각형 ABC에서
   ∠DAC=∠$x$+∠$x$=2∠$x$

❷ 이등변삼각형 DAC에서
   ∠D=∠DAC=2∠$x$

❸ △DBC에서 ∠DCE=∠$x$+2∠$x$=3∠$x$

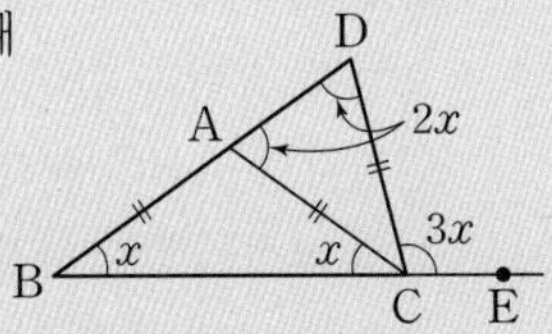

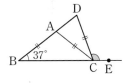

> 참고 삼각형의 한 외각의 크기는 그와 이웃하지
> 않는 두 내각의 크기의 합과 같다.
> ➡ ∠ACD=∠A+∠B

### 대표 문제

**04** 오른쪽 그림에서
$\overline{AB}=\overline{AC}=\overline{CD}$이고 ∠B=37°
일 때, ∠DCE의 크기를 구하시
오.

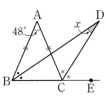

## 유형 05 이등변삼각형의 성질의 응용 (2) – 각의 이등분선

$\overline{AB}=\overline{AC}$인 이등변삼각형 ABC에서
∠B의 이등분선과 ∠C의 외각의 이등분
선의 교점을 D라 할 때, ∠D의 크기는 다
음과 같은 순서대로 구한다.

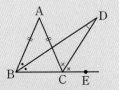

❶ △ABC에서 ∠B, ∠C의 크기를 구한 후 •의 크기를 구한다.

❷ ∠ACE의 크기를 구한 후 ×의 크기를 구한다.

❸ △DBC에서 ∠D+•=×임을 이용하여 ∠D의 크기를 구한다.

### 대표 문제

**05** 오른쪽 그림과 같이
$\overline{AB}=\overline{AC}$인 이등변삼각형 ABC에
서 ∠B의 이등분선과 ∠C의 외각
의 이등분선의 교점을 D라 하자.
∠A=48°일 때, ∠$x$의 크기를 구하시오.

## 유형 01 이등변삼각형의 성질

### 06 대표 문제

다음은 '이등변삼각형의 꼭지각의 이등분선은 밑변을 수직이등분한다.'를 설명하는 과정이다. ⑦~⑰에 알맞은 것을 구하시오.

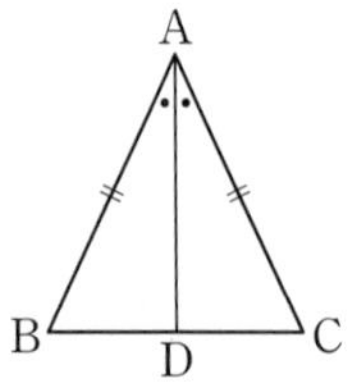

$\overline{AB}=\overline{AC}$인 이등변삼각형 ABC에서 ∠A의 이등분선과 밑변 BC의 교점을 D라 하면
△ABD와 △ACD에서
$\overline{AB}=\overline{AC}$, ⑦ 는 공통,
∠BAD=∠CAD이므로
△ABD≡ ⑭ (SAS 합동)
∴ ⑮ =$\overline{CD}$ ··· ㉠
또 ∠ADB=∠ADC이고,
∠ADB+ ⑯ =180°이므로
∠ADB=∠ADC=90°
∴ ⑰ ⊥$\overline{BC}$ ··· ㉡
따라서 ㉠, ㉡에 의해 $\overline{AD}$는 $\overline{BC}$를 수직이등분한다.

### Pick
### 07 중

오른쪽 그림과 같이 $\overline{AB}=\overline{AC}$인 이등변삼각형 ABC에서 ∠A의 이등분선이 $\overline{BC}$와 만나는 점을 D라 하자. $\overline{AD}$ 위의 한 점 P에 대하여 다음 보기 중 옳은 것을 모두 고르시오.

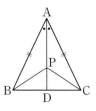

보기
ㄱ. $\overline{AP}=\overline{BP}$
ㄴ. $\overline{AB}=\overline{BC}$
ㄷ. $\overline{PD}\perp\overline{BC}$
ㄹ. ∠APB=2∠BPD
ㅁ. △PBC는 이등변삼각형이다.

## 유형 02 이등변삼각형의 성질 (1) – 밑각의 크기 <sub></sub>중요

### 08 대표 문제

오른쪽 그림과 같이 $\overline{AB}=\overline{BC}$인 이등변삼각형 ABC에서 점 D는 $\overline{BC}$의 연장선 위의 점이다. ∠B=48°일 때, ∠$x$의 크기는?

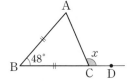

① 108°   ② 110°   ③ 112°
④ 114°   ⑤ 116°

### 09 중

오른쪽 그림과 같이 $\overline{AB}=\overline{AC}$인 이등변삼각형 ABC에서 두 밑각의 이등분선의 교점을 D라 하자. ∠A=52°일 때, ∠$x$-∠$y$의 크기를 구하시오.

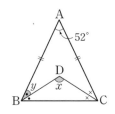

### Pick
### 10 중

오른쪽 그림과 같이 $\overline{AB}=\overline{AC}$인 이등변삼각형 ABC에서 $\overline{BC}=\overline{BD}$이고 ∠C=70°일 때, ∠ABD의 크기는?

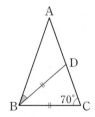

① 26°   ② 28°
③ 30°   ④ 32°
⑤ 34°

## 11 중 서술형

오른쪽 그림과 같은 △ABC에서
$\overline{AB}=\overline{BD}$, $\overline{CD}=\overline{CE}$이고
∠B=50°, ∠C=42°일 때,
∠ADE의 크기를 구하시오.

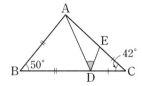

## 12 중

오른쪽 그림과 같이 $\overline{AB}=\overline{AC}$인 이
등변삼각형 ABC에서 꼭짓점 A를
지나고 밑변 BC에 평행한 반직선
AD를 그었다. ∠EAD=40°일 때,
∠$x$의 크기를 구하시오.

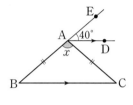

## Pick 13 중

오른쪽 그림과 같이 $\overline{AB}=\overline{AC}$인 이등
변삼각형 ABC에서 ∠A=64°이고
$\overline{BF}=\overline{CD}$, $\overline{BD}=\overline{CE}$일 때, ∠FDE의
크기를 구하시오.

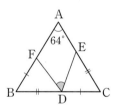

## Pick 14 상

오른쪽 그림은 $\overline{AB}=\overline{AC}$인 이등변삼각
형 모양의 종이 ABC를 꼭짓점 A가 꼭
짓점 B에 오도록 접은 것이다.
∠EBC=21°일 때, ∠A의 크기를 구하
시오.

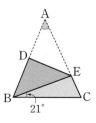

---

### 유형 03 이등변삼각형의 성질 (2) – 꼭지각의 이등분선

## 15 대표 문제

오른쪽 그림과 같이 $\overline{AB}=\overline{AC}$인 이등
변삼각형 ABC에서 ∠A의 이등분선
과 $\overline{BC}$의 교점을 D라 할 때, 다음 중
옳지 않은 것은?

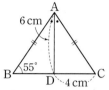

① $\overline{BD}=4$ cm
② ∠C=55°
③ ∠CAD=45°
④ △ABC=24 cm²
⑤ △ABD≡△ACD

## 16 하

오른쪽 그림과 같이 $\overline{AB}=\overline{AC}$인 이
등변삼각형 ABC에서 $\overline{BD}=\overline{CD}$이고
∠C=48°일 때, ∠BAD의 크기를
구하시오.

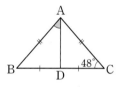

### 유형 04 이등변삼각형의 성질의 응용 (1) – 이웃한 이등변삼각형

## Pick 17 대표 문제

오른쪽 그림에서 $\overline{AC}=\overline{DC}=\overline{DB}$
이고 ∠BDC=110°일 때,
∠ACE의 크기를 구하시오.

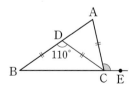

**18** 중

오른쪽 그림과 같은 △ABC에서
$\overline{AD}=\overline{BD}=\overline{CD}$이고 ∠B=36°일
때, ∠$x$의 크기는?

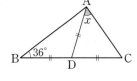

① 50°　　　② 52°

③ 54°　　　④ 56°

⑤ 58°

**19** 중 　서술형

오른쪽 그림과 같이 $\overline{AB}=\overline{AC}$인 이등변삼
각형 ABC에서 $\overline{AD}=\overline{BD}=\overline{BC}$일 때,
∠$x$의 크기를 구하시오.

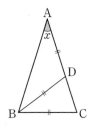

**20** 상 　Pick

다음 그림과 같은 △ABC에서 $\overline{BE}=\overline{DE}=\overline{AD}=\overline{AC}$이고
∠BAC=120°일 때, ∠B의 크기를 구하시오.

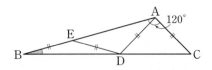

**유형 05** 이등변삼각형의 성질의 응용 (2)
　　　　　 – 각의 이등분선

**21** 대표 문제 　Pick

오른쪽 그림과 같이 $\overline{AB}=\overline{AC}$인 이
등변삼각형 ABC에서 ∠B의 이등분
선과 ∠C의 외각의 이등분선의 교점
을 D라 하자. ∠A=40°일 때, ∠$x$
의 크기를 구하시오.

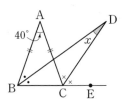

**22** 하

오른쪽 그림과 같이 $\overline{AB}=\overline{AC}$인 이등
변삼각형 ABC에서
∠ABD=∠DBC이고 ∠ADB=93°
일 때, ∠C의 크기를 구하시오.

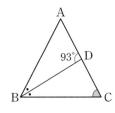

**23** 중

오른쪽 그림에서 △ABC와
△DBC는 각각 $\overline{AB}=\overline{AC}$,
$\overline{CB}=\overline{CD}$인 이등변삼각형이고
∠A=84°, ∠ACD=∠DCE일
때, ∠$x$의 크기를 구하시오.

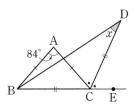

**24** 중

오른쪽 그림과 같이 $\overline{AB}=\overline{AC}$인 이등변
삼각형 ABC에서 ∠A=28°,
∠ABD=∠DBC, ∠ACE=4∠ACD
일 때, ∠D의 크기를 구하시오.

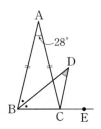

# 유형 모아 보기 02 이등변삼각형이 되는 조건

• 정답과 해설 3쪽

## 유형 06~07 이등변삼각형이 되는 조건 (중요)

두 내각의 크기가 같은 삼각형은 이등변삼각형이다.

➡ $\triangle ABC$에서 $\angle B=\angle C$이면 $\overline{AB}=\overline{AC}$이다.

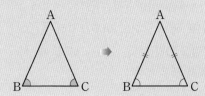

### 대표 문제

**25** 다음은 $\triangle ABC$에서 $\angle B=\angle C$이면 $\overline{AB}=\overline{AC}$임을 설명하는 과정이다. (가)~(마)에 알맞은 것을 구하시오.

$\triangle ABC$에서 $\angle A$의 이등분선과
$\overline{BC}$의 교점을 D라 하면
$\triangle ABD$와 $\triangle ACD$에서
$\angle BAD=$ (가) ⋯ ㉠
(나) 는 공통 ⋯ ㉡
삼각형의 세 내각의 크기의 합은 $180^\circ$이고,
$\angle B=\angle C$이므로 $\angle ADB=$ (다) ⋯ ㉢
㉠, ㉡, ㉢에 의해 $\triangle ABD\equiv\triangle ACD$ ( (라) 합동)
$\therefore \overline{AB}=$ (마)
따라서 $\triangle ABC$는 이등변삼각형이다.

### 대표 문제

**26** 오른쪽 그림과 같이 $\overline{AB}=\overline{AC}$인 이등변삼각형 ABC에서 $\angle B$의 이등분선이 $\overline{AC}$와 만나는 점을 D라 하자. $\angle A=36^\circ$, $\overline{BC}=9\,\text{cm}$일 때, $\overline{AD}$의 길이를 구하시오.

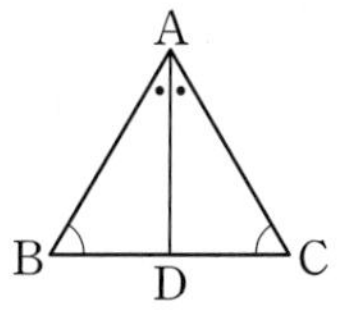

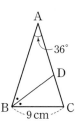

## 유형 08 종이접기

직사각형 모양의 종이를 오른쪽 그림과 같이 접었을 때, 종이가 겹쳐진 부분은 이등변삼각형이다.

$\angle CBA=\angle BAD$ (엇각),
$\angle CAB=\angle BAD$ (접은 각)이므로
$\angle CAB=\angle CBA$
➡ $\triangle CAB$는 $\overline{CA}=\overline{CB}$인 이등변삼각형이다.

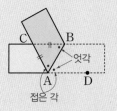

### 대표 문제

**27** 직사각형 모양의 종이를 오른쪽 그림과 같이 접었다. $\overline{AB}=7\,\text{cm}$, $\overline{AC}=8\,\text{cm}$일 때, $\overline{BC}$의 길이를 구하시오.

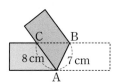

## 유형 06 이등변삼각형이 되는 조건

### 28 대표 문제

다음은 오른쪽 그림과 같이 $\overline{AB}=\overline{AC}$인 이등변삼각형 ABC에서 ∠B와 ∠C의 이등분선의 교점을 D라 할 때, $\overline{DB}=\overline{DC}$임을 설명하는 과정이다. (개)~(래)에 알맞은 것을 구하시오.

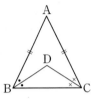

△ABC에서 $\overline{AB}=\overline{AC}$이므로

∠ABC = $\boxed{(개)}$

∠DBC = $\dfrac{1}{2}\boxed{(나)}=\dfrac{1}{2}$∠ACB = $\boxed{(다)}$

따라서 ∠DBC = $\boxed{(다)}$이므로

△DBC는 $\overline{DB}=\boxed{(래)}$인 이등변삼각형이다.

### 29 ㈜

다음은 오른쪽 그림과 같이 $\overline{AB}=\overline{AC}$인 이등변삼각형 ABC에서 $\overline{AE}=\overline{AD}$이고 $\overline{CE}$와 $\overline{BD}$의 교점을 P라 할 때, △PBC가 이등변삼각형임을 설명하는 과정이다. (개)~(매)에 알맞은 것으로 옳지 않은 것은?

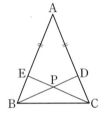

△EBC와 △DCB에서

$\overline{AB}=\overline{AC}$, $\overline{AE}=\overline{AD}$이므로 $\overline{EB}=\boxed{(개)}$

∠EBC = $\boxed{(나)}$, $\overline{BC}$는 공통이므로

△EBC ≡ $\boxed{(다)}$ ($\boxed{(래)}$ 합동)

따라서 ∠ECB = $\boxed{(매)}$이므로

△PBC는 $\overline{PB}=\overline{PC}$인 이등변삼각형이다.

① (개) $\overline{DC}$    ② (나) ∠DCB    ③ (다) △DCB
④ (래) ASA    ⑤ (매) ∠DBC

## 유형 07 이등변삼각형이 되는 조건의 응용

### 30 대표 문제

오른쪽 그림과 같이 $\overline{AB}=\overline{AC}$인 이등변삼각형 ABC에서 ∠B의 이등분선이 $\overline{AC}$와 만나는 점을 D라 하자. ∠A=36°일 때, 다음 중 옳지 않은 것은?

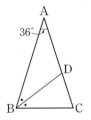

① ∠ABD=36°
② ∠BDC=72°
③ $\overline{AD}=\overline{BD}=\overline{CD}$
④ △ABD는 이등변삼각형이다.
⑤ △BCD는 이등변삼각형이다.

### 31 ㈏

오른쪽 그림과 같은 △ABC에서 ∠A=65°, ∠C=50°, $\overline{AB}=6\,cm$, $\overline{AC}=7\,cm$일 때, $\overline{BC}$의 길이는?

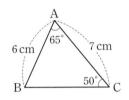

① 5 cm    ② 5.5 cm
③ 6 cm    ④ 6.5 cm
⑤ 7 cm

### 32 ㈜

오른쪽 그림과 같이 ∠C=90°인 직각삼각형 ABC에서 $\overline{AD}=\overline{CD}$이고 $\overline{AC}=4\,cm$, ∠B=30°일 때, $\overline{AB}$의 길이를 구하시오.

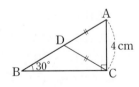

**33** 중

오른쪽 그림과 같은 △ABC에서 ∠B=38°, ∠ADC=76°, ∠CAE=104°이고 $\overline{BD}$=8 cm일 때, $\overline{AC}$의 길이를 구하시오.

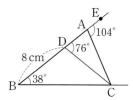

Pick
**34** 중

오른쪽 그림과 같이 ∠B=∠C인 △ABC의 $\overline{BC}$ 위의 점 P에서 $\overline{AB}$, $\overline{AC}$에 내린 수선의 발을 각각 D, E라 하자. $\overline{AB}$=10 cm이고 △ABC의 넓이가 45 cm²일 때, $\overline{PD}+\overline{PE}$의 길이는?

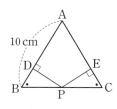

① 7 cm
② $\frac{15}{2}$ cm
③ 8 cm
④ $\frac{17}{2}$ cm
⑤ 9 cm

**35** 상

오른쪽 그림과 같이 $\overline{AB}=\overline{AC}$인 이등변삼각형 ABC에서 $\overline{AB}$의 중점 M을 지나고 $\overline{BC}$에 수직인 직선이 $\overline{BC}$와 만나는 점을 P, $\overline{CA}$의 연장선과 만나는 점을 Q라 하자. $\overline{AC}$=14 cm일 때, $\overline{AQ}$의 길이를 구하시오.

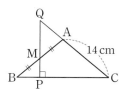

**유형 08** 종이접기

**36** 대표 문제

직사각형 모양의 종이를 오른쪽 그림과 같이 접었다. $\overline{CB}$=10 cm, ∠BAD=65°일 때, $x+y$의 값을 구하시오.

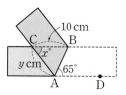

**37** 중

직사각형 모양의 종이를 오른쪽 그림과 같이 접었을 때, 다음 중 옳지 않은 것은?

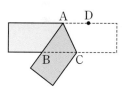

① ∠DAC=∠BAC
② ∠DAC=∠ACB
③ $\overline{AB}=\overline{AC}$
④ $\overline{AB}=\overline{BC}$
⑤ ∠BAC=∠BCA

Pick
**38** 중 서술형

폭이 4 cm인 직사각형 모양의 종이를 오른쪽 그림과 같이 접었다. $\overline{AB}$=7 cm일 때, 다음을 구하시오.

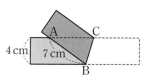

(1) $\overline{AC}$의 길이
(2) △ABC의 넓이

### 유형 09 직각삼각형의 합동 조건

두 직각삼각형은 다음의 각 경우에 서로 합동이다.

(1) 빗변의 길이와 한 예각의 크기가 각각 같을
때 ➡ RHA 합동

(2) 빗변의 길이와 다른 한 변의 길이가 각각
같을 때 ➡ RHS 합동

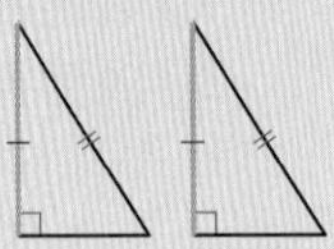

**주의** 직각삼각형의 합동 조건을 이용할 때는 빗변의
길이가 같은지를 확인해야 한다.

**대표 문제**

**39** 다음 중 오른쪽 그림과 같이 ∠C=∠F=90°인 두 직각삼각형 ABC와 DEF가 합동이 되기 위한 조건이 <u>아닌</u> 것은?

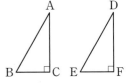

① $\overline{AC}=\overline{DF}$, $\overline{BC}=\overline{EF}$  ② $\overline{AB}=\overline{DE}$, $\overline{AC}=\overline{DF}$
③ $\overline{AC}=\overline{DF}$, ∠A=∠D  ④ $\overline{AB}=\overline{DE}$, ∠B=∠E
⑤ ∠A=∠D, ∠B=∠E

---

### 유형 10 직각삼각형의 합동 조건의 응용 (1) – RHA 합동

빗변의 길이가 같은 두 직각삼각형에서 한 예각의 크기가 같으면
두 삼각형은 합동이다.

**대표 문제**

**40** 오른쪽 그림과 같이 ∠A=90°이고 $\overline{AB}=\overline{AC}$인 직각이등변삼각형 ABC의 두 꼭짓점 B, C에서 꼭짓점 A를 지나는 직선 $l$에 내린 수선의 발을 각각 D, E라 하자. $\overline{BD}=8\,cm$, $\overline{DE}=13\,cm$일 때, $\overline{CE}$의 길이를 구하시오.

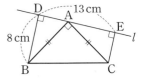

---

### 유형 11 직각삼각형의 합동 조건의 응용 (2) – RHS 합동

빗변의 길이가 같은 두 직각삼각형에서 다른 한 변의 길이가 같으
면 두 삼각형은 합동이다.

**대표 문제**

**41** 오른쪽 그림과 같이 ∠C=90°인 직각삼각형 ABC에서 $\overline{AC}=\overline{AE}$이고, $\overline{AB}\perp\overline{DE}$이다. ∠B=36°, $\overline{DE}=9\,cm$일 때, $x+y$의 값을 구하시오.

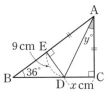

---

### 유형 12 각의 이등분선의 성질

(1) 각의 이등분선 위의 한 점에서 그 각
을 이루는 두 변까지의 거리는 같다.
➡ ∠AOP=∠BOP이면 $\overline{PQ}=\overline{PR}$

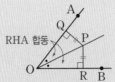
RHA 합동

(2) 각을 이루는 두 변에서 같은 거리에 있
는 점은 그 각의 이등분선 위에 있다.
➡ $\overline{PQ}=\overline{PR}$이면 ∠AOP=∠BOP

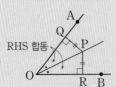
RHS 합동

**대표 문제**

**42** 오른쪽 그림에서 $\overline{OA}\perp\overline{PC}$, $\overline{OB}\perp\overline{PD}$이고 ∠COP=∠DOP일 때, 다음 중 옳지 <u>않은</u> 것을 모두 고르면? (정답 2개)

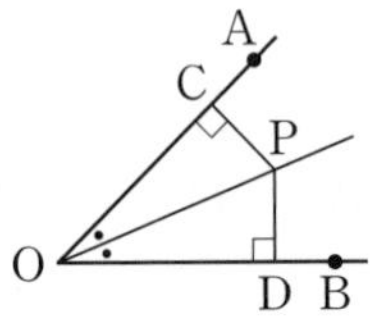

① ∠CPO=∠DPO  ② $\overline{OA}=\overline{OB}$
③ $\overline{PC}=\overline{PD}$  ④ ∠CPD=2∠COD
⑤ △COP≡△DOP

## 유형 09 직각삼각형의 합동 조건

### 43 대표 문제

다음 중 오른쪽 그림과 같이 ∠C=∠F=90°인 두 직각삼각형 ABC와 DEF가 합동이 되기 위한 조건은?

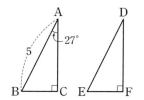

① ∠D=27°, ∠E=63°
② $\overline{DF}$=5, ∠D=27°
③ $\overline{DE}$=5, ∠E=63°
④ $\overline{EF}$=5, ∠E=63°
⑤ $\overline{DE}$=5, $\overline{EF}$=3

### Pick
### 44 중

다음 직각삼각형 중에서 서로 합동인 것을 찾아 기호를 써서 나타내고, 각각의 합동 조건을 말하시오.

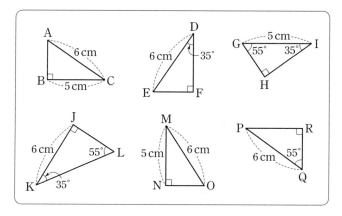

### 45 중

다음은 '빗변의 길이와 한 예각의 크기가 각각 같은 두 직각삼각형은 서로 합동이다.'를 설명하는 과정이다. ㈎~㈑에 알맞은 것을 구하시오.

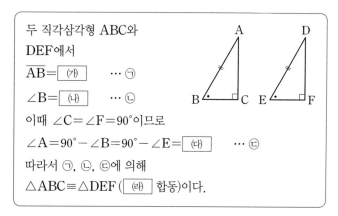

두 직각삼각형 ABC와 DEF에서
$\overline{AB}$= ㈎ ⋯ ㉠
∠B= ㈏ ⋯ ㉡
이때 ∠C=∠F=90°이므로
∠A=90°−∠B=90°−∠E= ㈐ ⋯ ㉢
따라서 ㉠, ㉡, ㉢에 의해
△ABC≡△DEF ( ㈑ 합동)이다.

### 46 중

다음은 오른쪽 그림과 같이 $\overline{AB}=\overline{AC}$인 이등변삼각형 ABC의 두 꼭짓점 B, C에서 $\overline{AC}$, $\overline{AB}$에 내린 수선의 발을 각각 D, E라 할 때, $\overline{CE}=\overline{BD}$임을 설명하는 과정이다. ㈎~㈐에 알맞은 것으로 옳지 <u>않은</u> 것은?

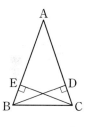

△EBC와 △DCB에서
㈎ =∠CDB=90° ⋯ ㉠
$\overline{BC}$는 공통 ⋯ ㉡
$\overline{AB}=\overline{AC}$이므로 ∠EBC= ㈏ ⋯ ㉢
㉠, ㉡, ㉢에 의해
△EBC≡ ㈐ ( ㈑ 합동)
∴ $\overline{CE}$= ㈒

① ㈎ ∠BEC
② ㈏ ∠DBC
③ ㈐ △DCB
④ ㈑ RHA
⑤ ㈒ $\overline{BD}$

## 유형 10 직각삼각형의 합동 조건의 응용 (1) 중요
– RHA 합동

**P̆ick**

**47 대표 문제**

오른쪽 그림과 같이 ∠A=90°
이고 $\overline{AB}=\overline{AC}$인 직각이등변삼
각형 ABC의 두 꼭짓점 B, C에
서 꼭짓점 A를 지나는 직선 $l$에
내린 수선의 발을 각각 D, E라 하자. $\overline{BD}=4$ cm,
$\overline{CE}=2$ cm일 때, 사각형 DBCE의 넓이를 구하시오.

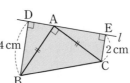

**48 하**

오른쪽 그림과 같이 선분 AB
의 중점 M을 지나는 직선 $l$에
선분 AB의 양 끝 점 A, B에
서 내린 수선의 발을 각각 C,
D라 하자. $\overline{BD}=3$ cm,
∠MAC=60°일 때, $x+y$의 값은?

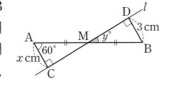

① 29    ② 30    ③ 31
④ 32    ⑤ 33

**49 중**

오른쪽 그림과 같이
$\overline{AB}=\overline{AC}=6$ cm인 이등변삼각형
ABC에서 $\overline{BC}$의 중점을 M이라 하
고, 점 M에서 $\overline{AB}$, $\overline{AC}$에 내린 수
선의 발을 각각 D, E라고 하자. $\overline{DM}=3$ cm일 때, △ABC
의 넓이를 구하시오.

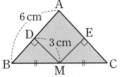

**50 중** 서술형

오른쪽 그림과 같은 △ABC에서
$\overline{BC}$의 중점을 M이라 하고, 두 꼭
짓점 B, C에서 $\overline{AM}$의 연장선과
$\overline{AM}$에 내린 수선의 발을 각각 D,
E라 하자. $\overline{AM}=6$ cm,
$\overline{EM}=2$ cm, $\overline{CE}=3$ cm일 때,
△ABD의 넓이를 구하시오.

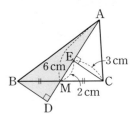

**51 중**

오른쪽 그림과 같이 ∠B=90°이고
$\overline{BA}=\overline{BC}$인 직각이등변삼각형 ABC의
두 꼭짓점 A, C에서 꼭짓점 B를 지나
는 직선 $l$에 내린 수선의 발을 각각 D,
E라 하자. $\overline{AD}=8$ cm, $\overline{CE}=3$ cm일
때, $\overline{DE}$의 길이를 구하시오.

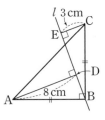

**P̆ick**

**52 중**

오른쪽 그림과 같이 정사각형
ABCD의 꼭짓점 B를 지나는 직선
과 $\overline{CD}$의 교점을 E라 하고, 두 꼭짓
점 A, C에서 $\overline{BE}$에 내린 수선의 발
을 각각 F, G라 하자. $\overline{AF}=12$ cm,
$\overline{CG}=8$ cm일 때, △AFG의 넓이는?

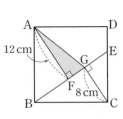

① 12 cm²    ② 18 cm²    ③ 24 cm²
④ 30 cm²    ⑤ 36 cm²

• 정답과 해설 5쪽

**유형 11**  직각삼각형의 합동 조건의 응용 (2)  <sup>중요</sup>
　　　　　– RHS 합동

**53** 대표 문제

오른쪽 그림과 같이 ∠C=90°인 직각삼
각형 ABC에서 $\overline{AC}=\overline{AD}$이고,
$\overline{AB}\perp\overline{DE}$이다. ∠B=40°일 때,
다음 중 옳지 <u>않은</u> 것은?

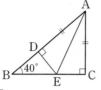

① $\overline{BD}=\overline{DE}$　　　　② $\overline{DE}=\overline{CE}$

③ ∠EAC=25°　　　④ ∠AEC=65°

⑤ ∠AED=∠AEC

**54** <sup>중</sup>

오른쪽 그림과 같은 △ABC에서
$\overline{AB}$의 중점을 M이라 하고, 점 M에
서 $\overline{BC}$, $\overline{AC}$에 내린 수선의 발을 각
각 D, E라 하자. ∠B=31°이고
$\overline{MD}=\overline{ME}$일 때, ∠C의 크기를 구
하시오.

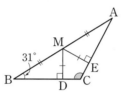

**Pick**

**55** <sup>중</sup>

오른쪽 그림과 같이 ∠B=90°인 직
각삼각형 ABC에서 $\overline{AB}=\overline{AE}$이고,
$\overline{AC}\perp\overline{DE}$이다. ∠ADB=62°일 때,
∠$x$의 크기는?

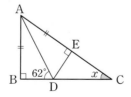

① 31°　　　　② 32°

③ 33°　　　　④ 34°

⑤ 35°

**56** <sup>중</sup>

오른쪽 그림과 같이 ∠B=90°인 직
각삼각형 ABC에서 점 M은 $\overline{AC}$의
중점이고 $\overline{AC}\perp\overline{MN}$, $\overline{BN}=\overline{MN}$일
때, ∠$x$의 크기를 구하시오.

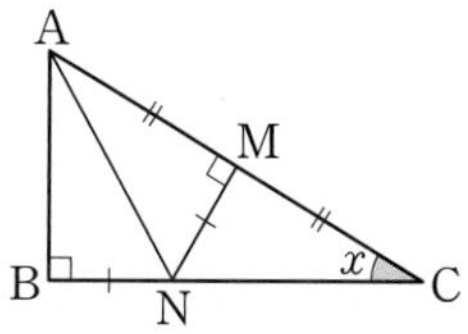

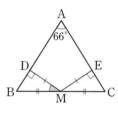

**Pick**

**57** <sup>중</sup>

오른쪽 그림과 같이 ∠A=66°인
△ABC에서 $\overline{BC}$의 중점을 M이라 하
고, 점 M에서 $\overline{AB}$, $\overline{AC}$에 내린 수선
의 발을 각각 D, E라 하자.
$\overline{DM}=\overline{EM}$일 때, ∠BMD의 크기를
구하시오.

**58** <sup>상</sup>

오른쪽 그림과 같이 ∠C=90°인
직각삼각형 ABC에서 $\overline{AC}=\overline{AD}$
이고, $\overline{AB}\perp\overline{DE}$이다.
$\overline{AB}=10\,cm$, $\overline{BC}=8\,cm$,
$\overline{AC}=6\,cm$일 때, △BED의 둘레
의 길이는?

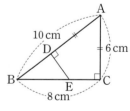

① 10 cm　　② 12 cm　　③ 14 cm

④ 16 cm　　⑤ 18 cm

• 정답과 해설 6쪽

## 유형 12 각의 이등분선의 성질 중요

### 59 대표 문제

다음은 '각을 이루는 두 변에서 같은 거리에 있는 점은 그 각의 이등분선 위에 있다.'를 설명하는 과정이다. (개)~(마)에 알맞은 것을 구하시오.

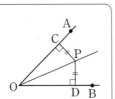

∠AOB의 두 변 OA, OB에서 같은
거리에 있는 한 점을 P라 하면
△COP와 □(개) 에서
∠PCO=∠PDO=90°,
□(내) 는 공통, PC̄=□(다) 이므로
△COP≡□(개) (□(라) 합동)
∴ ∠COP=□(마)

### 60 하

오른쪽 그림에서 OP는 ∠AOB의 이
등분선이다. ∠PAO=∠PBO=90°
일 때, $x+y$의 값을 구하시오.

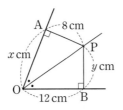

### 61 중 서술형 Pick

오른쪽 그림에서 ĀP̄=BP̄,
∠PAO=∠PBO=90°이고
∠APB=130°일 때, ∠$x$의 크기를
구하시오.

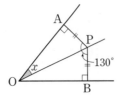

### 62 중

오른쪽 그림과 같이 ∠C=90°인 직
각삼각형 ABC에서 ∠A의 이등분
선이 BC̄와 만나는 점을 D라 하고,
점 D에서 ĀB̄에 내린 수선의 발을
E라 하자. ĀC̄=5 cm이고 △EBD
의 둘레의 길이가 10 cm일 때, △ABC의 둘레의 길이는?

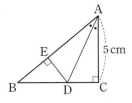

① 16 cm
② 18 cm
③ 20 cm
④ 22 cm
⑤ 24 cm

### 63 중 Pick

오른쪽 그림과 같이 ∠B=90°인 직각
삼각형 ABC에서 ∠C의 이등분선이
ĀB̄와 만나는 점을 D라 하자.
ĀC̄=16 cm, BD̄=5 cm일 때,
△ADC의 넓이를 구하시오.

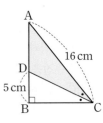

### 64 상

오른쪽 그림과 같이
∠C=90°이고 ĀC̄=BC̄인 직각이
등변삼각형 ABC에서 ∠B의 이등
분선과 ĀC̄의 교점을 D, 점 D에서
ĀB̄에 내린 수선의 발을 E라 하자.
DC̄=10 cm일 때, △AED의 넓이는?

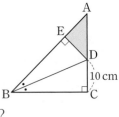

① 48 cm²
② 50 cm²
③ 52 cm²
④ 54 cm²
⑤ 56 cm²

## 65

유형 01

오른쪽 그림과 같이 $\overline{AB}=\overline{AC}$인 이등변삼각형 ABC에서 ∠A의 이등분선과 $\overline{BC}$의 교점을 D라 하자. $\overline{AD}$ 위의 한 점 P에 대하여 다음 중 옳지 <u>않은</u> 것은?

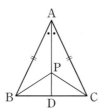

① $\overline{BC}=2\overline{BD}$

② ∠PDB=∠PDC

③ ∠BPD=∠CPD

④ ∠PAB=∠PBA

⑤ △ABP≡△ACP

## 66

유형 02

오른쪽 그림과 같이 $\overline{AB}=\overline{AC}$인 이등변삼각형 ABC에서 $\overline{BD}=\overline{CE}$, $\overline{BF}=\overline{CD}$이고 ∠A=40°일 때, ∠DFE의 크기는?

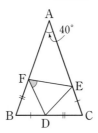

① 50°          ② 55°

③ 60°          ④ 65°

⑤ 70°

## 67

유형 02

오른쪽 그림은 $\overline{AB}=\overline{AC}$인 이등변삼각형 모양의 종이 ABC를 꼭짓점 A가 꼭짓점 B에 오도록 접은 것이다. ∠EBC=18°일 때, ∠C의 크기를 구하시오.

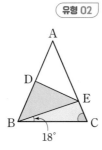

## 68

유형 04

오른쪽 그림에서 $\overline{AB}=\overline{AC}=\overline{CD}$이고 ∠DCE=105°일 때, ∠$x$의 크기는?

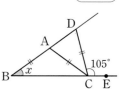

① 20°          ② 25°

③ 30°          ④ 35°

⑤ 40°

## 69

유형 05

오른쪽 그림과 같이 $\overline{AB}=\overline{AC}$인 이등변삼각형 ABC에서 ∠B의 이등분선과 ∠C의 외각의 이등분선의 교점을 D라 하자. ∠A=72°일 때, ∠D의 크기를 구하시오.

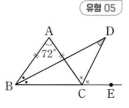

## 70

유형 07

오른쪽 그림과 같이 $\overline{CA}=\overline{CB}$인 이등변삼각형 ABC에서 ∠A의 이등분선이 $\overline{BC}$와 만나는 점을 D라 하자. ∠B=72°, $\overline{CD}=6\,cm$일 때, $\overline{AB}$의 길이는?

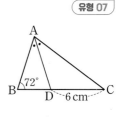

① 4 cm          ② $\frac{9}{2}$ cm          ③ 5 cm

④ $\frac{11}{2}$ cm          ⑤ 6 cm

## 71
유형 07

오른쪽 그림과 같이 ∠B=∠C인 △ABC의 $\overline{BC}$ 위의 점 P에서 $\overline{AB}$, $\overline{AC}$에 내린 수선의 발을 각각 D, E라 하자. $\overline{AB}$=7 cm이고 $\overline{PD}+\overline{PE}$=8 cm일 때, △ABC의 넓이는?

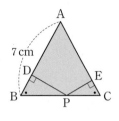

① 26 cm²    ② 28 cm²    ③ 30 cm²

④ 32 cm²    ⑤ 34 cm²

## 72
유형 08

직사각형 모양의 종이를 오른쪽 그림과 같이 접었다. $\overline{AB}$=8 cm, $\overline{BC}$=9 cm일 때, △ABC의 둘레의 길이는?

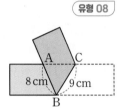

① 23 cm    ② 24 cm    ③ 25 cm

④ 26 cm    ⑤ 27 cm

## 73
유형 09

다음 그림과 같이 ∠C = ∠E=90°인 두 직각삼각형 ABC와 DEF에서 $\overline{EF}$의 길이를 구하시오.

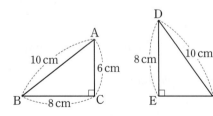

## 74
유형 09

다음 보기 중 오른쪽 그림의 삼각형과 합동인 삼각형을 모두 고르시오.

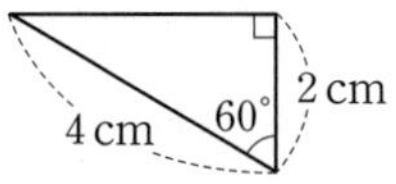

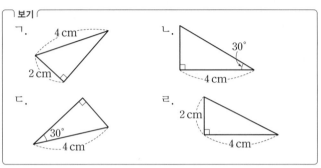

보기

ㄱ.    ㄴ.    ㄷ.    ㄹ.

## 75
유형 10

오른쪽 그림과 같이 정사각형 ABCD의 꼭짓점 C를 지나는 직선과 $\overline{AB}$의 교점을 E라 하고, 두 꼭짓점 B, D에서 $\overline{CE}$에 내린 수선의 발을 각각 F, G라 하자. $\overline{BF}$=3 cm, $\overline{DG}$=7 cm일 때, △DFG의 넓이를 구하시오.

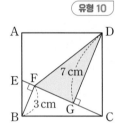

## 76
유형 11

오른쪽 그림과 같이 ∠B=90°인 직각삼각형 ABC에서 $\overline{AB}$=$\overline{AE}$이고, $\overline{AC}⊥\overline{DE}$이다. ∠BAD=24°, $\overline{BD}$=4 cm일 때, $x+y$의 값은?

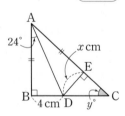

① 46    ② 47

③ 48    ④ 49

⑤ 50

## 77

유형 11

오른쪽 그림과 같이 ∠A=80°, $\overline{AB}$=9 cm인 △ABC에서 $\overline{BC}$의 중점을 M이라 하고, 점 M에서 $\overline{AB}$, $\overline{AC}$에 내린 수선의 발을 각각 D, E라 하자. $\overline{MD}=\overline{ME}$일 때, $x-y$의 값을 구하시오.

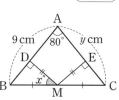

## 78

유형 12

오른쪽 그림에서 ∠AOB=52°이고, ∠AOB의 내부의 점 P에서 $\overline{OA}$, $\overline{OB}$에 내린 수선의 발을 각각 Q, R라 하자. $\overline{PQ}=\overline{PR}$일 때, ∠QPO의 크기는?

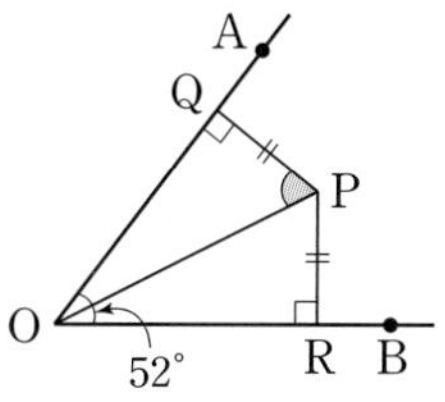

① 58°        ② 60°
③ 62°        ④ 64°
⑤ 66°

## 79

유형 12

오른쪽 그림과 같이 ∠B=90°인 직각삼각형 ABC에서 ∠A의 이등분선이 $\overline{BC}$와 만나는 점을 D라 하자. $\overline{AC}$=15 cm이고 △ADC의 넓이가 30 cm²일 때, $\overline{BD}$의 길이를 구하시오.

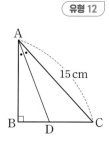

서술형 문제

## 80

유형 02

오른쪽 그림과 같이 $\overline{AB}=\overline{AC}$인 이등변삼각형 ABC에서 $\overline{BC}=\overline{BD}$이고 ∠A=48°일 때, ∠ABD의 크기를 구하시오.

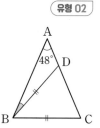

## 81

유형 04

다음 그림과 같은 △ABC에서 $\overline{BE}=\overline{DE}=\overline{AD}=\overline{AC}$이고 ∠BAC=84°일 때, ∠$x$의 크기를 구하시오.

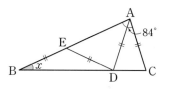

## 82

유형 10

오른쪽 그림과 같이 ∠A=90°이고 $\overline{AB}=\overline{AC}$인 직각이등변삼각형 ABC의 두 꼭짓점 B, C에서 꼭짓점 A를 지나는 직선 $l$에 내린 수선의 발을 각각 D, E라 하자. $\overline{DB}$=8 cm, $\overline{DE}$=12 cm일 때, 다음을 구하시오.

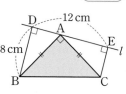

(1) $\overline{CE}$의 길이
(2) △ABC의 넓이

# 만점 문제 뛰어넘기

**83** 오른쪽 그림과 같이 $\overline{AB}=\overline{AC}$인 이등변삼각형 ABC에서 $\overline{BE}$와 $\overline{CD}$의 교점을 P라 하자. $\overline{AD}=\overline{AE}$이고 $\angle A=42°$, $\angle DBP=36°$일 때, $\angle EPC$의 크기를 구하시오.

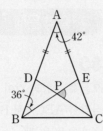

**84** 오른쪽 그림과 같이 $\overline{AB}=\overline{AC}$인 이등변삼각형 ABC의 변 BC 위에 $\overline{CA}=\overline{CD}$, $\overline{BA}=\overline{BE}$가 되도록 두 점 D, E 를 각각 잡았다. $\angle DAE=46°$일 때, $\angle BAD$의 크기를 구하시오.

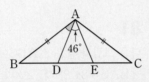

**85** 오른쪽 그림과 같이 $\overline{AB}=\overline{AC}$인 이등변삼각형 ABC에 서 $\angle A$의 이등분선과 $\overline{BC}$의 교점을 D, 점 D에서 $\overline{AB}$에 내린 수선의 발 을 E라 할 때, $\overline{BC}$의 길이를 구하시 오.

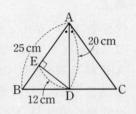

**86** 오른쪽 그림과 같이 $\overline{AB}=\overline{AC}$인 이등변삼각형 ABC에서 $\angle A$의 이등분 선과 $\overline{BC}$의 교점을 D라 하자. $\overline{AB}$ 위의 한 점 E에 대하여 $\overline{AC}=3\overline{AE}$이고 $\overline{AE}+\overline{BC}=20$, $\overline{AC}+\overline{BD}=30$일 때, $\overline{BD}$의 길이는?

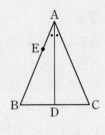

① 4  　　　② $\dfrac{9}{2}$  　　　③ 5

④ $\dfrac{11}{2}$  　　　⑤ 6

**87** 오른쪽 그림과 같은 △ADC에 서 $\overline{AB}=\overline{AC}$, $\overline{BC}=\overline{BD}$이고 $\angle DCE=90°$일 때, $\angle A$의 크기는?

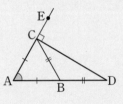

① 45°  　　　② 50°

③ 55°  　　　④ 60°

⑤ 65°

**88** 다음 그림과 같이 $\overline{CA}=\overline{CB}$인 이등변삼각형 ABC에서 $\overline{AB}=\overline{AD}=\overline{DE}=\overline{EF}=\overline{CF}$일 때, ∠B의 크기를 구하시오.

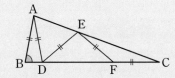

**89** 오른쪽 그림에서 △AB′C′은 △ABC를 점 A를 중심으로 $\overline{AB}/\!/\overline{C'B'}$이 되도록 회전시킨 것이다. $\overline{BC}$와 $\overline{AB'}$, $\overline{C'B'}$의 교점을 각각 D, E라 하고, $\overline{AB}=9\,\text{cm}$, $\overline{BC}=12\,\text{cm}$, $\overline{AC}=8\,\text{cm}$일 때, $\overline{BE}$의 길이는?

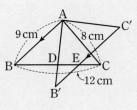

① 8 cm   ② $\dfrac{17}{2}$ cm   ③ 9 cm

④ $\dfrac{19}{2}$ cm   ⑤ 10 cm

**90** 오른쪽 그림과 같이 $\overline{AB}=\overline{AC}$인 이등변삼각형 ABC의 꼭짓점 B에서 $\overline{AC}$에 내린 수선의 발을 D, $\overline{BC}$ 위의 점 P에서 $\overline{AB}$, $\overline{BD}$에 내린 수선의 발을 각각 E, F라 하자. $\overline{AB}=10\,\text{cm}$, $\overline{EP}=4\,\text{cm}$이고 △ABC의 넓이가 $45\,\text{cm}^2$일 때, $\overline{DF}$의 길이를 구하시오.

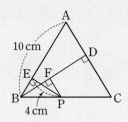

**91** 오른쪽 그림과 같은 정사각형 ABCD에서 점 E는 $\overline{BA}$의 연장선 위의 점이다. $\overline{DE}=\overline{DF}$이고 ∠DFC=55°일 때, ∠BEF의 크기는?

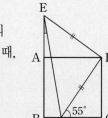

① 8°   ② 9°
③ 10°   ④ 11°
⑤ 12°

**92** 오른쪽 그림과 같이 ∠C=90°인 직각삼각형 ABC에서 ∠B의 이등분선이 $\overline{AC}$와 만나는 점을 D라 하자. $\overline{AB}=15\,\text{cm}$, $\overline{BC}=12\,\text{cm}$, $\overline{AC}=9\,\text{cm}$일 때, $\overline{AD}$의 길이는?

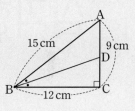

① $\dfrac{7}{2}$ cm   ② 4 cm   ③ $\dfrac{9}{2}$ cm

④ 5 cm   ⑤ $\dfrac{11}{2}$ cm

# 2.

# 삼각형의 외심과 내심

# 유형 모아 보기 ✳ 01 삼각형의 외심

## 유형 01 삼각형의 외심

(1) 외접원과 외심: △ABC의 세 꼭짓점이
모두 원 O 위에 있을 때, 원 O는
△ABC에 **외접**한다고 하고, 원 O를
△ABC의 **외접원**, 외접원의 중심을
**외심**이라 한다.

(2) 삼각형의 외심의 성질
점 O가 △ABC의 외심일 때
① 삼각형의 외심은 세 변의 수직이등분선의 교점이다.
② 삼각형의 외심에서 세 꼭짓점에 이르는 거리는 같다.
➡ $\overline{OA}=\overline{OB}=\overline{OC}$ =(외접원의 반지름의 길이)

### 대표 문제

**01** 오른쪽 그림에서 점 O가
△ABC의 외심일 때, 다음 보기 중
옳지 <u>않은</u> 것을 모두 고르시오.

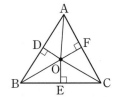

┌ 보기 ─────────────────────────┐
ㄱ. $\overline{OA}=\overline{OB}=\overline{OC}$      ㄴ. $\overline{AD}=\overline{BD}$
ㄷ. $\overline{OD}=\overline{OE}$          ㄹ. ∠OCE=∠OCF
ㅁ. △OAF≡△OCF        ㅂ. △OAD≡△OBD
└──────────────────────────────┘

## 유형 02 삼각형의 외심의 위치  〔중요〕

(1) 예각삼각형      (2) 직각삼각형      (3) 둔각삼각형
➡ 삼각형의 내부   ➡ 빗변의 중점     ➡ 삼각형의 외부

〔참고〕 직각삼각형의 외심은 빗변의 중점이므로
(외접원의 반지름의 길이)$=\dfrac{1}{2}×$(빗변의 길이)

### 대표 문제

**02** 오른쪽 그림과 같이
∠B=90°인 직각삼각형 ABC
에서 $\overline{AB}=6\,cm$, $\overline{BC}=8\,cm$,
$\overline{AC}=10\,cm$일 때, △ABC의
외접원의 넓이를 구하시오.

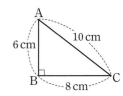

## 유형 03~04 삼각형의 외심의 응용  〔중요〕

점 O가 △ABC의 외심일 때

(1)
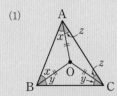 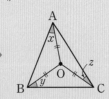

➡ $\angle x + \angle y + \angle z = 90°$

(2)
 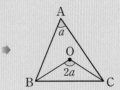

➡ ∠BOC=2∠A

### 대표 문제

**03** 오른쪽 그림에서 점 O는
△ABC의 외심이다.
∠ABO=40°, ∠OAC=28°일
때, ∠$x$의 크기를 구하시오.

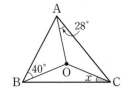

### 대표 문제

**04** 오른쪽 그림에서 점 O는
△ABC의 외심이다.
∠ABO=50°, ∠OAC=26°일
때, ∠$x$의 크기를 구하시오.

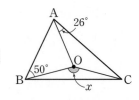

**28** 2. 삼각형의 외심과 내심

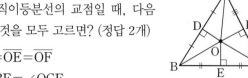

**유형 01** 삼각형의 외심

P:ck

**05** 대표 문제

오른쪽 그림에서 점 O가 △ABC의 세 변의 수직이등분선의 교점일 때, 다음 중 옳은 것을 모두 고르면? (정답 2개)

① $\overline{OD}=\overline{OE}=\overline{OF}$

② ∠OBE=∠OCE

③ △OAD≡△OAF

④ △OAB=△OBC=△OCA

⑤ 점 O는 △ABC의 외접원의 중심이다.

**06** 하

다음은 '삼각형의 세 변의 수직이등분선은 한 점에서 만난다.'를 설명하는 과정이다. ㈎~㈺에 알맞은 것을 구하시오.

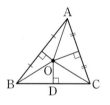

△ABC에서 $\overline{AB}$와 $\overline{AC}$의 수직이등분선의 교점을 O라 하자.
점 O는 $\overline{AB}$, $\overline{AC}$의 수직이등분선 위의 점이므로 $\overline{OA}=\overline{OB}$, $\overline{OA}=\overline{OC}$
이때 점 O에서 $\overline{BC}$에 내린 수선의 발을 D라 하면
△OBD와 △OCD에서
∠ODB= ㈎ =90°, $\overline{OB}$= ㈏ , $\overline{OD}$는 공통이므로
△OBD≡ ㈐ ( ㈑ 합동) ∴ $\overline{BD}$= ㈒
즉, $\overline{OD}$는 $\overline{BC}$의 수직이등분선이다.
따라서 △ABC의 세 변 AB, AC, BC의 수직이등분선은 한 점 O에서 만난다.

**07** 하

오른쪽 그림에서 점 O는 △ABC의 외심이다. ∠OAB=30°, ∠OBC=15°일 때, ∠BOC의 크기를 구하시오.

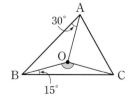

**08** 하

오른쪽 그림에서 점 O는 △ABC의 외심이다. $\overline{BD}$=8 cm, $\overline{BE}$=7 cm, $\overline{CF}$=6 cm일 때, △ABC의 둘레의 길이를 구하시오.

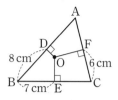

P:ck

**09** 중

오른쪽 그림에서 점 O는 △ABC의 외심이다. $\overline{AD}$=5 cm이고 △AOC의 둘레의 길이가 26 cm일 때, △ABC의 외접원의 반지름의 길이는?

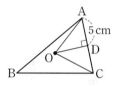

① 6 cm

② $\frac{13}{2}$ cm

③ 7 cm

④ $\frac{15}{2}$ cm

⑤ 8 cm

**10** 중

오른쪽 그림과 같이 훼손된 수막새의 일부를 원래의 원 모양으로 복원하기 위해 테두리에 세 점 A, B, C를 잡았다. 다음 중 이 원의 중심을 찾는 방법으로 옳은 것은?

① 점 C에서 $\overline{AB}$에 내린 수선의 발을 찾는다.

② △ABC의 세 꼭짓점 A, B, C에서 각 대변에 내린 수선의 교점을 찾는다.

③ △ABC에서 세 꼭짓점 A, B, C와 각 대변의 중점을 이은 선분의 교점을 찾는다.

④ $\overline{AB}$, $\overline{AC}$, $\overline{BC}$의 수직이등분선의 교점을 찾는다.

⑤ ∠CAB, ∠ABC, ∠ACB의 이등분선의 교점을 찾는다.

**유형 02** 삼각형의 외심의 위치 중요

02-1 직각삼각형의 외심의 위치

**11** 대표 문제

오른쪽 그림과 같이 ∠B=90°인 직각
삼각형 ABC에서 $\overline{AB}$=3 cm,
$\overline{BC}$=4 cm, $\overline{AC}$=5 cm일 때,
△ABC의 외접원의 둘레의 길이는?

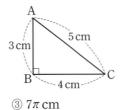

① 5π cm        ② 6π cm        ③ 7π cm
④ 8π cm        ⑤ 9π cm

**12** 하

오른쪽 그림에서 점 O는 ∠C=90°인 직
각삼각형 ABC의 외심이다. $\overline{OC}$=8 cm
일 때, $\overline{AB}$의 길이를 구하시오.

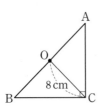

**13** 하

오른쪽 그림과 같이 △ABC의 외
심 O가 $\overline{BC}$ 위에 있다. ∠C=38°
일 때, ∠OAB의 크기를 구하시
오.

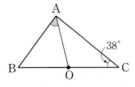

**14** 중

오른쪽 그림과 같이 ∠B=90°인
직각삼각형 ABC에서 $\overline{AC}$의 중
점을 M이라 하자. $\overline{AB}$=5 cm,
$\overline{BC}$=12 cm, $\overline{AC}$=13 cm일 때,
△ABM의 둘레의 길이를 구하시오.

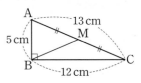

Pick
**15** 중

오른쪽 그림과 같이 ∠A=90°인
직각삼각형 ABC에서 $\overline{BM}=\overline{CM}$
이고 ∠B=40°일 때, ∠x의 크기
는?

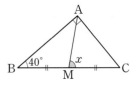

① 76°        ② 78°        ③ 80°
④ 82°        ⑤ 84°

**16** 중

오른쪽 그림에서 점 O는
∠A=90°인 직각삼각형 ABC의
외심이다. $\overline{AB}$=15 cm,
$\overline{BC}$=17 cm, $\overline{AC}$=8 cm일 때,
△ABO의 넓이는?

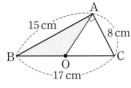

① 28 cm²        ② 30 cm²        ③ 32 cm²
④ 34 cm²        ⑤ 36 cm²

**Pick**

**17** 중 서술형

오른쪽 그림에서 점 O는 ∠C=90°
인 직각삼각형 ABC의 외심이다.
∠B=30°, $\overline{AC}$=6 cm일 때,
△ABC의 외접원의 넓이를 구하
시오.

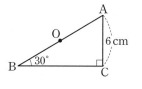

**18** 중

오른쪽 그림에서 점 O는 ∠C=90°인 직각
삼각형 ABC의 외심이다.
∠AOC : ∠BOC=3 : 2일 때, ∠A의 크
기를 구하시오.

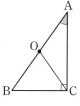

**19** 상

오른쪽 그림과 같이 ∠A=90°인
직각삼각형 ABC에서 $\overline{BC}$의 중점
을 D라 하고, 꼭짓점 A에서 $\overline{BC}$
에 내린 수선의 발을 E라 하자.
∠B=33°일 때, ∠DAE의 크기는?

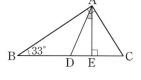

① 22°  ② 23°  ③ 24°
④ 25°  ⑤ 26°

**02-2** 둔각삼각형의 외심의 위치

**20** 중

오른쪽 그림에서 점 O는 △ABC의
외심이다. ∠AOB=24°,
∠BOC=76°일 때, ∠ABC의 크기
를 구하시오.

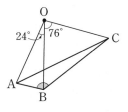

**21** 중

오른쪽 그림에서 점 O는
△ABC의 외심이다.
∠OBA=55°, ∠OCA=30°일
때, 다음을 구하시오.

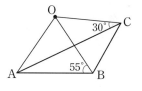

⑴ ∠AOC의 크기
⑵ ∠BOC의 크기
⑶ ∠OBC의 크기

**22** 중

오른쪽 그림에서 점 O는 △ABC
의 외심이다. ∠ABC=40°,
∠ACB=20°일 때, ∠OAC의
크기는?

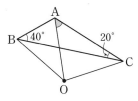

① 45°  ② 48°
③ 50°  ④ 52°
⑤ 55°

## 유형 03 삼각형의 외심의 응용 (1) 중요

Pick
**23** 대표 문제

오른쪽 그림에서 점 O는 △ABC의 외심이다. ∠ABO=38°, ∠OBC=17°일 때, ∠x의 크기를 구하시오.

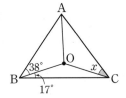

**24** 하

오른쪽 그림에서 점 O는 △ABC의 외심이다. ∠OAB=27°일 때, ∠x+∠y 의 크기는?

① 59°　　② 60°
③ 61°　　④ 62°
⑤ 63°

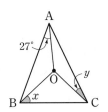

**25** 중 서술형

오른쪽 그림에서 점 O는 △ABC의 외심일 때, ∠AOB의 크기를 구하시오.

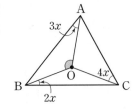

Pick
**26** 중

오른쪽 그림에서 점 O는 △ABC의 외심이다. ∠ACO=42°, ∠BCO=20°일 때, ∠A, ∠B의 크기를 각각 구하시오.

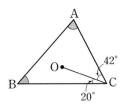

**27** 상

오른쪽 그림에서 점 O는 △ABC의 외심이고, 점 H는 꼭짓점 A에서 $\overline{BC}$에 내린 수선의 발이다. ∠OAB=20°, ∠OBC=14°일 때, ∠CAH의 크기는?

① 16°　　② 17°　　③ 18°
④ 19°　　⑤ 20°

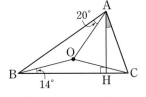

## 유형 04 삼각형의 외심의 응용 (2) 중요

**28** 대표 문제

오른쪽 그림에서 점 O는 △ABC의 외심이다. ∠ABO=24°, ∠OCA=35°일 때, ∠x의 크기는?

① 114°　　② 116°
③ 118°　　④ 120°
⑤ 122°

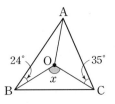

**29** 중

오른쪽 그림에서 점 O는 △ABC
의 외심이다. ∠BOC=160°,
∠ABO=41°일 때, ∠AOC의
크기는?

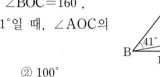

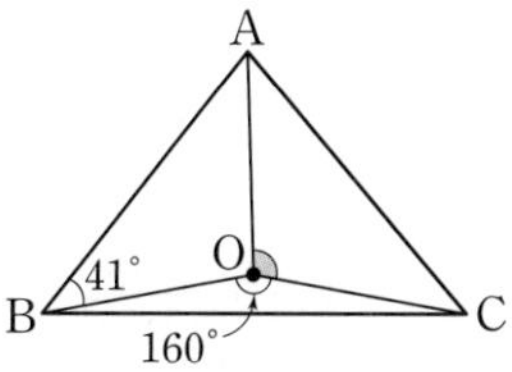

① 98°　　　② 100°

③ 102°　　　④ 104°

⑤ 106°

**30** 중 서술형

오른쪽 그림에서 점 O는 △ABC의 외
심이다. ∠ABO=13°일 때, ∠C의 크
기를 구하시오.

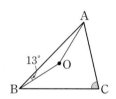

**31** 중 Pick

오른쪽 그림에서 점 O는 △ABC의 외
심이다. ∠ABO=25°, ∠BOC=110°
일 때, ∠$x$의 크기를 구하시오.

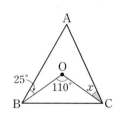

**32** 중 Pick

오른쪽 그림에서 점 O는 △ABC의
외심이다.

　　∠AOB : ∠BOC : ∠COA
　　=2 : 3 : 4

일 때, ∠BAC의 크기를 구하시오.

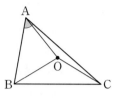

**33** 중

오른쪽 그림에서 점 O는 △ABC의 외
심이고, 점 D는 $\overline{CO}$의 연장선과 $\overline{AB}$의
교점이다. $\overline{CD}=\overline{CB}$이고 ∠A=48°일
때, ∠$x$의 크기는?

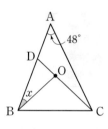

① 26°　　　② 27°

③ 28°　　　④ 29°

⑤ 30°

**34** 상

오른쪽 그림과 같이 세 점 A, B, C는
원 O 위에 있다. ∠ABO=21°,
∠ACO=39°, $\overline{OA}$=4 cm일 때, 부채
꼴 OBC의 넓이를 구하시오.

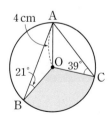

## 유형 05  삼각형의 내심

(1) **접선과 접점**  원과 직선이 한 점에서 만날 때, 이 직선은 원에 접한다고 한다.
  ① **접선**: 원과 한 점에서 만나는 직선
  ② **접점**: 원과 접선이 만나는 점
  ➡ 원의 접선은 그 접점을 지나는 반지름과 수직이다.

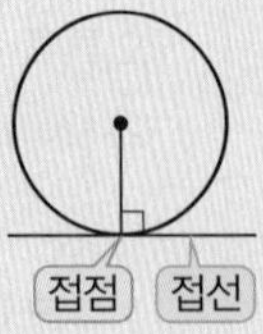

(2) **내접원과 내심**: △ABC의 세 변이 모두 원 I에 접할 때, 원 I는 △ABC에 **내접**한다고 하고, 원 I를 △ABC의 **내접원**, 내접원의 중심을 **내심**이라 한다.

(3) **삼각형의 내심의 성질**
  점 I가 △ABC의 내심일 때
  ① 삼각형의 내심은 세 내각의 이등분선의 교점이다.
  ② 삼각형의 내심에서 세 변에 이르는 거리는 같다.
    ➡ $\overline{ID}=\overline{IE}=\overline{IF}$=(내접원의 반지름의 길이)

**대표 문제**

**35** 오른쪽 그림에서 점 I가 △ABC의 내심일 때, 다음 중 옳은 것을 모두 고르면? (정답 2개)
① $\overline{IA}=\overline{IB}=\overline{IC}$
② $\overline{AD}=\overline{BD}$
③ $\angle IBC=\angle ICB$
④ $\overline{ID}=\overline{IE}=\overline{IF}$
⑤ $\triangle ICE\equiv\triangle ICF$

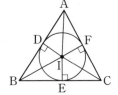

## 유형 06~07  삼각형의 내심의 응용  (중요)

점 I가 △ABC의 내심일 때

(1)

➡ $\angle x+\angle y+\angle z=90°$

(2)
 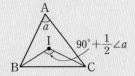

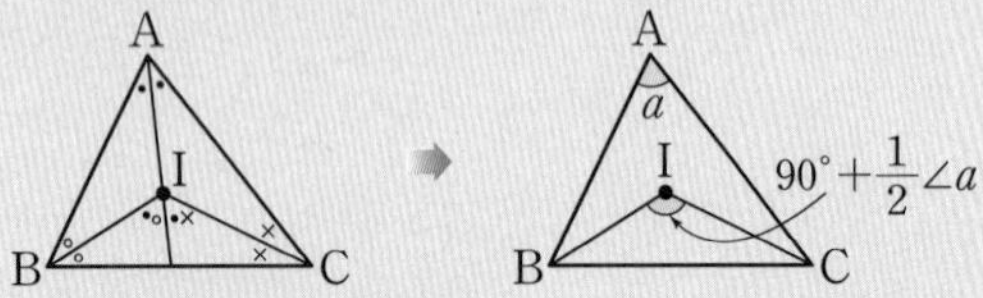

➡ $\angle BIC=90°+\dfrac{1}{2}\angle A$

**대표 문제**

**36** 오른쪽 그림에서 점 I는 △ABC의 내심이다. $\angle IAC=28°$, $\angle IBC=38°$일 때, $\angle x$의 크기를 구하시오.

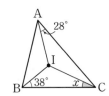

**대표 문제**

**37** 오른쪽 그림에서 점 I는 △ABC의 내심이다. $\angle IAC=25°$일 때, $\angle x$의 크기를 구하시오.

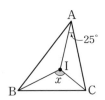

## 유형 08  삼각형의 내접원의 반지름의 길이  (중요)

점 I가 △ABC의 내심이고, 내접원의 반지름의 길이가 $r$일 때 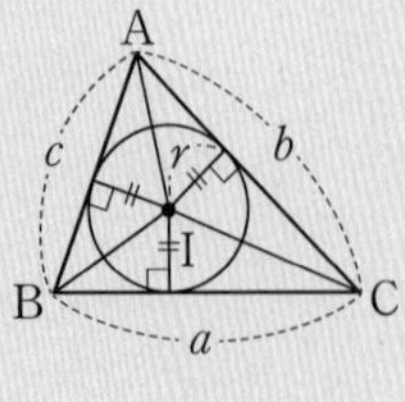
➡ $\triangle ABC=\triangle IBC+\triangle ICA+\triangle IAB$
$=\dfrac{1}{2}ar+\dfrac{1}{2}br+\dfrac{1}{2}cr$
$=\dfrac{1}{2}r(a+b+c)$

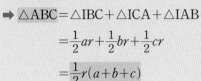

**대표 문제**

**38** 오른쪽 그림에서 점 I는 △ABC의 내심이다. $\overline{AB}=14\,cm$, $\overline{BC}=15\,cm$, $\overline{AC}=13\,cm$이고 △ABC의 넓이가 $84\,cm^2$일 때, △ABC의 내접원의 반지름의 길이를 구하시오.

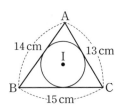

## 유형 09 | 삼각형의 내접원과 선분의 길이

점 I가 △ABC의 내심일 때
△ADI≡△AFI(RHA 합동)
△BDI≡△BEI(RHA 합동)
△CEI≡△CFI(RHA 합동)
➡ $\overline{AD}=\overline{AF}$, $\overline{BD}=\overline{BE}$, $\overline{CE}=\overline{CF}$

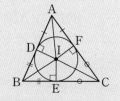

**대표 문제**

**39** 오른쪽 그림에서 점 I는 △ABC의 내심이고, 세 점 D, E, F는 각각 내접원과 세 변 AB, BC, CA의 접점이다.
$\overline{AB}=16\,cm$, $\overline{BC}=20\,cm$,
$\overline{AC}=14\,cm$일 때, $\overline{AD}$의 길이를 구하시오.

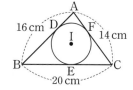

## 유형 10 | 삼각형의 내심과 평행선

점 I가 △ABC의 내심이고, $\overline{DE} /\!/ \overline{BC}$일 때
∠DBI=∠IBC=∠DIB(엇각)
∠ECI=∠ICB=∠EIC(엇각)
➡ $\overline{DI}=\overline{DB}$, $\overline{EI}=\overline{EC}$
➡ (△ADE의 둘레의 길이)$=\overline{AD}+\overline{DI}+\overline{EI}+\overline{AE}$
$=\overline{AB}+\overline{AC}$ ← $\overline{DB}+\overline{EC}$

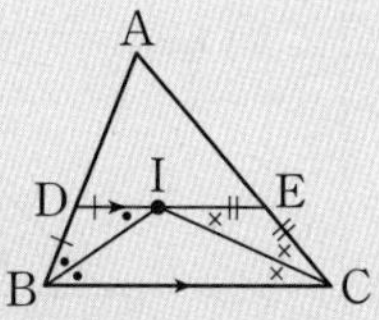

**대표 문제**

**40** 오른쪽 그림에서 점 I는 △ABC의 내심이고, $\overline{DE} /\!/ \overline{BC}$이다. $\overline{AB}=6\,cm$, $\overline{BC}=9\,cm$, $\overline{AC}=8\,cm$일 때, △ADE의 둘레의 길이를 구하시오.

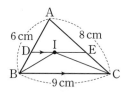

## 유형 11 | 삼각형의 외심과 내심

두 점 O, I가 각각 △ABC의 외심, 내심일 때
(1) ∠BOC=2∠A
(2) ∠BIC=$90°+\dfrac{1}{2}∠A$

> **참고** • 이등변삼각형의 외심과 내심은 꼭지각의 이등분선 위에 있다.
> • 정삼각형의 외심과 내심은 일치한다.

**대표 문제**

**41** 오른쪽 그림에서 두 점 O, I는 각각 △ABC의 외심과 내심이다.
∠BOC=100°일 때, ∠BIC의 크기를 구하시오.

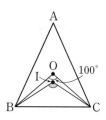

## 유형 12 | 직각삼각형의 외접원과 내접원

∠C=90°인 직각삼각형 ABC에서 점 O가 외심, 점 I가 내심일 때
(1) 외접원의 반지름의 길이를 $R$라 하면
➡ $R=\dfrac{1}{2}×($빗변의 길이$)=\dfrac{1}{2}c$
(2) 내접원의 반지름의 길이를 $r$라 하면
➡ $\dfrac{1}{2}ab=\dfrac{1}{2}r(a+b+c)$ → △ABC$=\dfrac{1}{2}×r×($△ABC의 둘레의 길이$)$

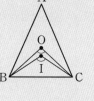

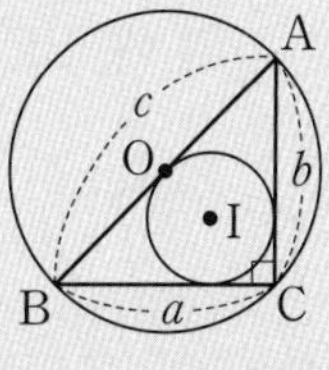

**대표 문제**

**42** 오른쪽 그림에서 두 점 O, I는 각각 ∠C=90°인 직각삼각형 ABC의 외심과 내심이다.
$\overline{AB}=15\,cm$, $\overline{BC}=12\,cm$,
$\overline{AC}=9\,cm$일 때, △ABC의 외접원과 내접원의 반지름의 길이의 합을 구하시오.

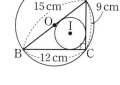

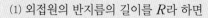

## 유형 05  삼각형의 내심

### 43  대표 문제

오른쪽 그림에서 점 I가 △ABC의 내심일 때, 다음 중 옳지 <u>않은</u> 것을 모두 고르면? (정답 2개)

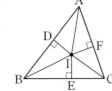

① $\overline{AD}=\overline{AF}$

② $\overline{AI}=\overline{CI}$

③ $\angle CIE=\angle CIF$

④ $\triangle IBD \equiv \triangle IBE$

⑤ $\triangle ABI$는 이등변삼각형이다.

### 44 하

다음은 '삼각형의 세 내각의 이등분선은 한 점에서 만난다.'를 설명하는 과정이다. ㈎~㈐에 알맞은 것을 구하시오.

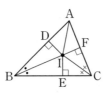

△ABC에서 ∠B와 ∠C의 이등분선의 교점을 I라 하고, 점 I에서 $\overline{AB}$, $\overline{BC}$, $\overline{CA}$에 내린 수선의 발을 각각 D, E, F라 하자.
점 I는 ∠B, ∠C의 이등분선 위의 점이므로
$\overline{ID}=$ ㉮ , $\overline{IE}=$ ㉯
이때 $\overline{AI}$를 그으면 △IAD와 △IAF에서
∠IDA=∠IFA=90°, ㉰ 는 공통, $\overline{ID}=$ ㉯ 이므로
△IAD≡△IAF ( ㉱ 합동)
∴ ∠IAD= ㉲
즉, 점 I는 ∠A의 이등분선 위에 있다.
따라서 △ABC의 세 내각의 이등분선은 한 점 I에서 만난다.

### 45 하

오른쪽 그림에서 점 I는 △ABC의 내심이다. ∠ABI=25°, ∠ACI=30°일 때, ∠BIC의 크기를 구하시오.

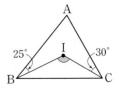

### 46 중

점 D가 △ABC의 외심인 것과 내심인 것을 다음 보기에서 찾아 바르게 짝 지은 것은?

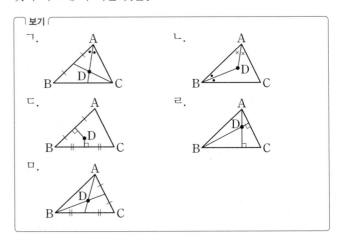

보기

ㄱ.

ㄴ.

ㄷ.

ㄹ.

ㅁ.

① 외심 － ㄱ, 내심 － ㄹ
② 외심 － ㄴ, 내심 － ㄷ
③ 외심 － ㄷ, 내심 － ㄴ
④ 외심 － ㄷ, 내심 － ㅁ
⑤ 외심 － ㅁ, 내심 － ㄴ

### 47 중

오른쪽 그림에서 점 I는 △ABC의 내심이다. $\overline{BC}=9\,cm$, $\overline{CF}=3\,cm$일 때, $\overline{BE}$의 길이는?

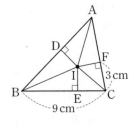

① $5\,cm$
② $\dfrac{11}{2}\,cm$
③ $6\,cm$
④ $\dfrac{13}{2}\,cm$
⑤ $7\,cm$

**48** 중

오른쪽 그림에서 점 I는 $\overline{AB}=\overline{AC}$인 이
등변삼각형 ABC의 내심이고, 점 I′은
△IBC의 내심이다. ∠A=52°일 때,
∠I′BC의 크기를 구하시오.

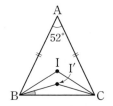

**51** 중

오른쪽 그림에서 점 I는 △ABC의 내심이
다. ∠IAB=20°, ∠B=60°일 때,
∠ICA의 크기를 구하시오.

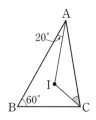

---

## 유형 06  삼각형의 내심의 응용 (1)  중요

**49** 대표 문제

오른쪽 그림에서 점 I는 △ABC의 내
심이다. ∠IAC=33°, ∠IBC=30°일
때, ∠x−∠y의 크기를 구하시오.

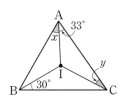

---

P¡ck
**52** 상

오른쪽 그림에서 점 I는 △ABC의 내심이
다. ∠A=36°일 때, ∠BDC+∠BEC의
크기를 구하시오.

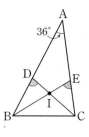

---

P¡ck
**50** 중

오른쪽 그림에서 점 I는 △ABC의 내심
이다. ∠IBC=34°, ∠ACB=72°일 때,
∠x+∠y의 크기는?

① 126°        ② 127°
③ 128°        ④ 129°
⑤ 130°

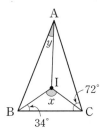

---

## 유형 07  삼각형의 내심의 응용 (2)  중요

**53** 대표 문제

오른쪽 그림에서 점 I는 ∠A와 ∠B
의 이등분선의 교점이다.
∠AIB=118°일 때, ∠x의 크기는?

① 28°        ② 29°
③ 30°        ④ 31°
⑤ 32°

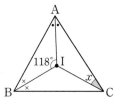

**54** 중

오른쪽 그림에서 점 I는 $\overline{AB}=\overline{AC}$
인 이등변삼각형 ABC의 내심이다.
∠BAC=80°일 때, ∠AIB의 크기
를 구하시오.

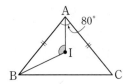

**Pick**
**55** 중

오른쪽 그림에서 점 I는 △ABC의
내심이다. ∠IBC=24°,
∠ICA=32°일 때, ∠y−∠x의 크
기는?

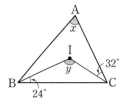

① 56°            ② 58°
③ 60°            ④ 62°
⑤ 64°

**Pick**
**56** 중  서술형

오른쪽 그림에서 점 I는 △ABC
의 내심이다.

   ∠A : ∠ABC : ∠BCA
   =4 : 3 : 2

일 때, ∠BIC의 크기를 구하시오.

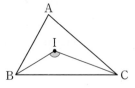

**57** 상

오른쪽 그림에서 점 I는 △ABC의 내
심이고, 점 I'은 △IBC의 내심이다.
∠A=60°일 때, ∠BI'C의 크기는?

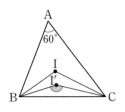

① 144°            ② 146°
③ 148°            ④ 150°
⑤ 152°

**유형 08**  **삼각형의 내접원의 반지름의 길이**  중요

**58** 대표 문제

오른쪽 그림에서 점 I는 △ABC의
내심이다. $\overline{AB}=14$ cm,
$\overline{BC}=9$ cm, $\overline{AC}=9$ cm이고
△ABC의 넓이가 36 cm²일 때,
△ABC의 내접원의 반지름의 길이
는?

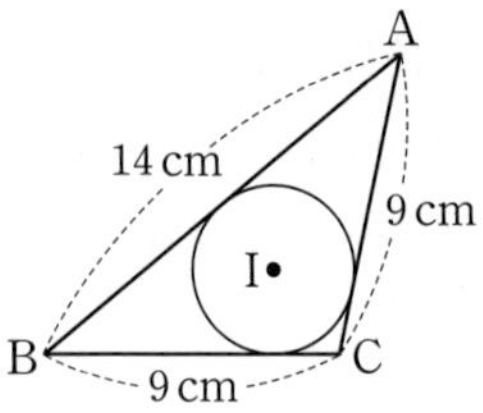

① 2 cm            ② $\frac{9}{4}$ cm            ③ $\frac{5}{2}$ cm
④ $\frac{11}{4}$ cm            ⑤ 3 cm

**59** 하

오른쪽 그림에서 점 I는 △ABC의
내심이다. △ABC의 내접원의 반
지름의 길이가 3 cm이고 △ABC
의 넓이가 48 cm²일 때, △ABC의
둘레의 길이를 구하시오.

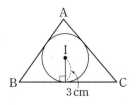

Pick
**60** 중

오른쪽 그림에서 점 I는 ∠C=90°
인 직각삼각형 ABC의 내심이다.
$\overline{AB}=5$ cm, $\overline{BC}=4$ cm,
$\overline{AC}=3$ cm일 때, △ABC의 내접
원의 넓이를 구하시오.

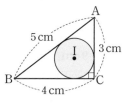

**61** 중

오른쪽 그림에서 원 I는 △ABC의
내접원이고, ∠A=70°이다.
△ABC의 둘레의 길이가 48 cm이
고 넓이가 72 cm²일 때, 색칠한 부
채꼴의 넓이는?

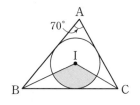

① $3\pi$ cm²   ② $\dfrac{25}{8}\pi$ cm²   ③ $\dfrac{13}{4}\pi$ cm²

④ $\dfrac{27}{8}\pi$ cm²   ⑤ $\dfrac{7}{2}\pi$ cm²

**62** 상

오른쪽 그림에서 점 I는 ∠B=90°인
직각삼각형 ABC의 내심이고, 세 점
D, E, F는 각각 내접원과 세 변 AB,
BC, CA의 접점이다. $\overline{AB}=16$ cm,
$\overline{BC}=12$ cm, $\overline{AC}=20$ cm일 때, 색칠
한 부분의 넓이를 구하시오.

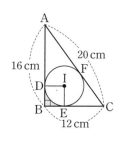

**63** 상

오른쪽 그림과 같이 밑면이 직각삼
각형인 기둥 모양의 박스에 공을 넣
으려고 한다. 다음 보기 중 박스에
넣을 수 있는 공을 모두 고르시오.
(단, 박스의 높이는 충분히 높고, 박
스의 두께는 생각하지 않는다.)

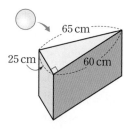

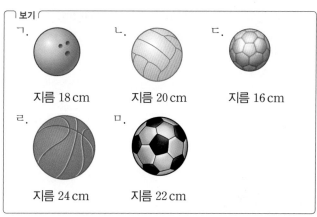

보기
ㄱ. 지름 18 cm   ㄴ. 지름 20 cm   ㄷ. 지름 16 cm
ㄹ. 지름 24 cm   ㅁ. 지름 22 cm

유형 **09**   삼각형의 내접원과 선분의 길이

**64** 대표 문제

오른쪽 그림에서 점 I는 △ABC의
내심이고, 세 점 D, E, F는 각각 내
접원과 세 변 AB, BC, CA의 접점
이다. $\overline{AB}=11$ cm, $\overline{BC}=8$ cm,
$\overline{AC}=7$ cm일 때, $\overline{BE}$의 길이는?

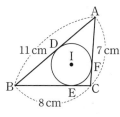

① $\dfrac{9}{2}$ cm   ② 5 cm   ③ $\dfrac{11}{2}$ cm

④ 6 cm   ⑤ $\dfrac{13}{2}$ cm

# 유형 완성하기

## 65 하

오른쪽 그림에서 점 I는 △ABC의 내심이고, 세 점 D, E, F는 각각 내접원과 세 변 AB, BC, CA의 접점이다. $\overline{AD}=3\,cm$, $\overline{BE}=7\,cm$, $\overline{CF}=5\,cm$일 때, △ABC의 둘레의 길이는?

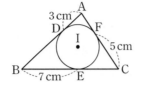

① 28 cm　② 29 cm　③ 30 cm
④ 31 cm　⑤ 32 cm

Pick

## 66 중

오른쪽 그림에서 점 I는 △ABC의 내심이고, 세 점 D, E, F는 각각 내접원과 세 변 AB, BC, CA의 접점이다. $\overline{AB}=12\,cm$, $\overline{AC}=10\,cm$, $\overline{AD}=4\,cm$일 때, $\overline{BC}$의 길이는?

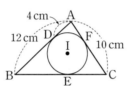

① 13 cm　② 14 cm　③ 15 cm
④ 16 cm　⑤ 17 cm

## 67 중

오른쪽 그림에서 점 I는 ∠C=90°인 직각삼각형 ABC의 내심이고, 세 점 D, E, F는 각각 내접원과 세 변 AB, BC, CA의 접점이다. $\overline{AB}=15\,cm$, $\overline{AC}=9\,cm$, $\overline{IE}=3\,cm$일 때, $\overline{BC}$의 길이를 구하시오.

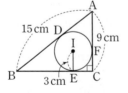

## 68 상

오른쪽 그림에서 점 I는 △ABC의 내심이고, 세 점 D, E, F는 각각 내접원과 세 변 AB, BC, CA의 접점이다. $\overline{AB}=9\,cm$, $\overline{BC}=7\,cm$, $\overline{AC}=8\,cm$이고 △ABC의 넓이가 $24\,cm^2$일 때, 사각형 DBEI의 둘레의 길이를 구하시오.

### 유형 10 삼각형의 내심과 평행선 중요

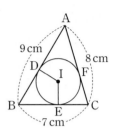

Pick

## 69 대표 문제

오른쪽 그림에서 점 I는 △ABC의 내심이고, $\overline{DE}/\!/\overline{BC}$이다. $\overline{AB}=20\,cm$, $\overline{AC}=16\,cm$일 때, △ADE의 둘레의 길이는?

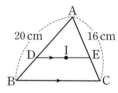

① 32 cm　② 34 cm　③ 36 cm
④ 38 cm　⑤ 40 cm

## 70 하

오른쪽 그림에서 점 I는 △ABC의 내심이고, $\overline{DE}/\!/\overline{BC}$이다. $\overline{DB}=4\,cm$, $\overline{EC}=5\,cm$일 때, $\overline{DE}$의 길이를 구하시오.

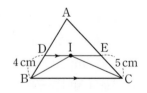

• 정답과 해설 16쪽

## 71 중

오른쪽 그림에서 점 I는 $\overline{AB}=\overline{AC}$인 이등변삼각형 ABC의 내심이고, $\overline{DE}\ /\!/\ \overline{BC}$이다. △ADE의 둘레의 길이가 28 cm일 때, $\overline{AB}$의 길이를 구하시오.

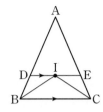

## 72 중

오른쪽 그림에서 점 I는 △ABC의 내심이고, $\overline{DE}\ /\!/\ \overline{AC}$이다. $\overline{AC}=12$ cm, $\overline{BD}=10$ cm, $\overline{BE}=6$ cm, $\overline{DE}=8$ cm일 때, △ABC의 둘레의 길이를 구하시오.

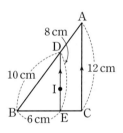

## 73 상

오른쪽 그림에서 점 I는 △ABC의 내심이고, $\overline{DE}\ /\!/\ \overline{BC}$이다. △ADE의 내접원의 반지름의 길이가 3 cm일 때, △ADE의 넓이는?

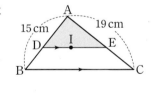

① 25 cm²    ② $\frac{51}{2}$ cm²    ③ 45 cm²

④ $\frac{95}{2}$ cm²    ⑤ 51 cm²

---

유형 11   삼각형의 외심과 내심  

## 74 대표 문제

오른쪽 그림에서 두 점 O, I는 각각 △ABC의 외심과 내심이다. ∠BIC=108°일 때, ∠BOC의 크기를 구하시오.

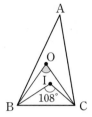

## 75 중 多 보기

다음 중 삼각형의 외심과 내심에 대한 설명으로 옳지 <u>않은</u> 것을 모두 고르면?

① 삼각형의 외심에서 세 변에 이르는 거리는 같다.
② 삼각형의 세 내각의 이등분선의 교점은 내심이다.
③ 삼각형의 내심에서 세 꼭짓점에 이르는 거리는 같다.
④ 삼각형의 외심은 항상 삼각형의 내부에 있다.
⑤ 삼각형의 내심은 항상 삼각형의 내부에 있다.
⑥ 이등변삼각형의 외심과 내심은 꼭지각의 이등분선 위에 있다.
⑦ 직각삼각형의 외심은 빗변의 중점이다.

## 76 중

오른쪽 그림과 같이 △ABC의 외심 O와 내심 I가 일치할 때, ∠$x$의 크기를 구하시오.

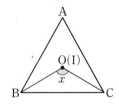

**77** 중

오른쪽 그림에서 두 점 O, I는 각각 △ABC의 외심과 내심이다. ∠ABC=40°, ∠ACB=64°일 때, ∠BOC−∠BIC의 크기는?

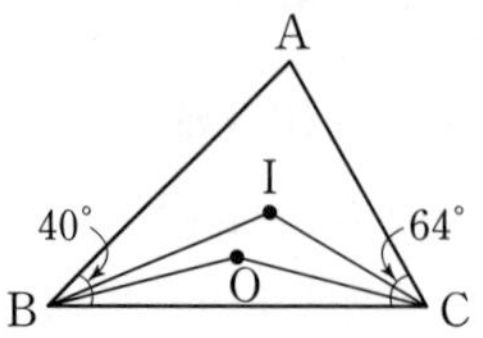

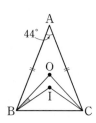

① 20°　　　　② 21°　　　　③ 22°
④ 23°　　　　⑤ 24°

Pick
**78** 상

오른쪽 그림에서 두 점 O, I는 각각 $\overline{AB}=\overline{AC}$인 이등변삼각형 ABC의 외심과 내심이다. ∠A=44°일 때, ∠OBI의 크기를 구하시오.

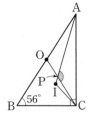

**79** 상

오른쪽 그림에서 두 점 O, I는 각각 ∠C=90°인 직각삼각형 ABC의 외심과 내심이고, 점 P는 $\overline{AI}$와 $\overline{CO}$의 교점이다. ∠B=56°일 때, ∠APC의 크기는?

① 126°　　　　② 127°
③ 128°　　　　④ 129°
⑤ 130°

**80** 대표 문제

오른쪽 그림과 같이 ∠A=90°인 직각삼각형 ABC에서 $\overline{AB}=5\,cm$, $\overline{BC}=13\,cm$, $\overline{AC}=12\,cm$일 때, △ABC의 외접원과 내접원의 반지름의 길이의 합을 구하시오.

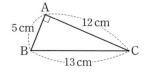

**81** 중

오른쪽 그림에서 두 원 O, I는 각각 ∠C=90°인 직각삼각형 ABC의 외접원과 내접원이다. $\overline{AB}$는 원 O의 지름이고, 두 원 O, I의 반지름의 길이가 각각 6 cm, 2 cm일 때, △ABC의 넓이를 구하시오.

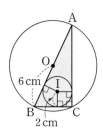

Pick
**82** 중

오른쪽 그림에서 두 점 O, I는 각각 ∠C=90°인 직각삼각형 ABC의 외심과 내심이다. $\overline{AB}=20\,cm$, $\overline{BC}=16\,cm$, $\overline{AC}=12\,cm$일 때, 색칠한 부분의 넓이는?

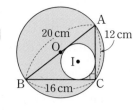

① $82\pi\,cm^2$　　　② $84\pi\,cm^2$　　　③ $86\pi\,cm^2$
④ $88\pi\,cm^2$　　　⑤ $90\pi\,cm^2$

• 정답과 해설 18쪽

## 83
유형 01

한 직선 위에 있지 않은 세 지점 A, B, C로부터 같은 거리에 있는 지점에 보물이 묻혀 있다고 한다. 다음 중 보물이 묻혀 있는 지점 O를 바르게 나타낸 것은?

①    ②    ③
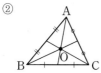 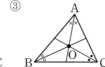 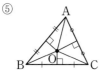

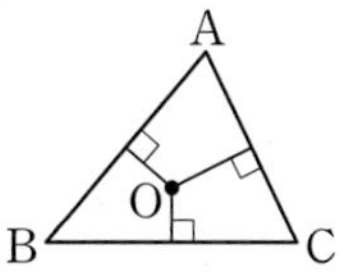

④ 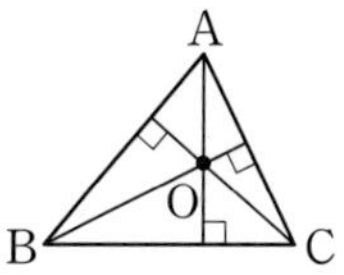    ⑤
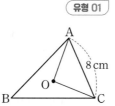

## 84
유형 01

오른쪽 그림에서 점 O는 △ABC의 외심이다. $\overline{AC}$=8 cm이고 △AOC의 둘레의 길이가 20 cm일 때, △ABC의 외접원의 반지름의 길이를 구하시오.

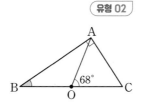

## 85
유형 02

오른쪽 그림에서 점 O는 ∠A=90°인 직각삼각형 ABC의 외심이다. ∠AOC=68°일 때, ∠B의 크기를 구하시오.

## 86
유형 03

오른쪽 그림에서 점 O는 △ABC의 외심이다. ∠OBC=30°, ∠OAC=40°일 때, ∠$x$의 크기를 구하시오.

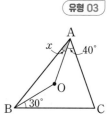

## 87
유형 03

오른쪽 그림에서 점 O는 $\overline{AB}$, $\overline{BC}$의 수직이등분선의 교점이다. ∠ABO=44°, ∠OBC=18°일 때, ∠A의 크기는?

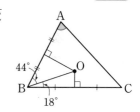

① 66°      ② 68°

③ 70°      ④ 72°

⑤ 74°

## 88
유형 04

오른쪽 그림에서 점 O는 △ABC의 외심이다. ∠AOB=114°, ∠OAC=26°일 때, ∠$x$의 크기를 구하시오.

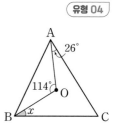

## 89

유형 04

오른쪽 그림에서 점 O는 △ABC의 외심이다.

∠BAC : ∠B : ∠ACB＝6 : 7 : 5 일 때, ∠AOC의 크기를 구하시오.

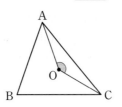

## 90

유형 05

색종이로 △ABC를 만들어 아래와 같이 색종이 접기를 하였다.

❶ ∠A를 중심으로 $\overline{AB}$와 $\overline{AC}$가 겹치도록 삼각형을 접었다가 펼친다.

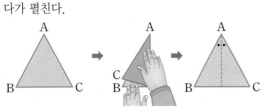

❷ ❶과 같은 방법으로 ∠B, ∠C를 중심으로 접었다가 펼친다.

❸ 접혀진 부분이 만나는 한 점을 I라 한다.

다음 중 점 I에 대한 설명으로 옳은 것을 모두 고르면?

(정답 2개)

① $\overline{IA}=\overline{IB}$

② ∠IAB＝∠IAC

③ △IAB≡△IBC≡△ICA

④ 점 I에서 △ABC의 세 변에 이르는 거리는 모두 같다.

⑤ 점 I를 △ABC의 외심이라 한다.

## 91

유형 06

오른쪽 그림에서 점 I는 △ABC의 내심이다. ∠IBC＝30°, ∠ICA＝35°일 때, ∠y－∠x의 크기는?

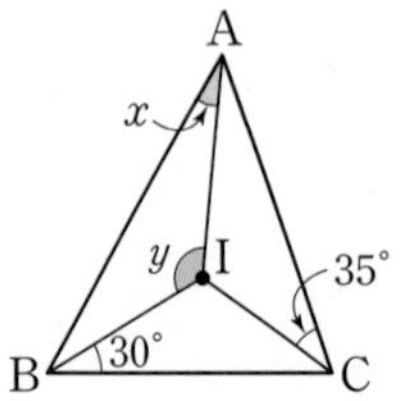

① 90°    ② 95°

③ 100°    ④ 105°

⑤ 110°

## 92

유형 06

오른쪽 그림에서 점 I는 △ABC의 내심이다. ∠C＝70°일 때, ∠AEB＋∠ADB의 크기를 구하시오.

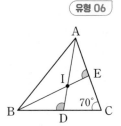

## 93

유형 07

오른쪽 그림에서 점 I는 △ABC의 내심이다. ∠IAC＝40°, ∠ICB＝26°일 때, ∠x＋∠y의 크기를 구하시오.

## 94

유형 08

오른쪽 그림에서 점 I는 ∠C＝90°인 직각삼각형 ABC의 내심이다. $\overline{AB}$＝10 cm, $\overline{BC}$＝8 cm, $\overline{AC}$＝6 cm일 때, △IAB의 넓이를 구하시오.

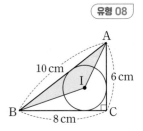

## 95

유형 09

오른쪽 그림에서 점 I는 △ABC의 내심이고, 세 점 D, E, F는 각각 내접원과 세 변 AB, BC, CA의 접점이다. 내접원의 반지름의 길이가 2 cm이고 $\overline{AB}$＝9 cm, $\overline{BC}$＝8 cm, $\overline{CF}$＝3 cm일 때, △ABC의 넓이를 구하시오.

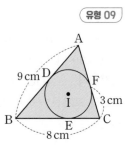

## 96

유형 10

오른쪽 그림에서 점 I는 △ABC의 내심이고 $\overline{DE} /\!/ \overline{BC}$일 때, 다음 중 옳지 <u>않은</u> 것은?

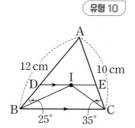

① ∠A=60°

② ∠EIC=35°

③ ∠DIB=25°

④ ∠BIC=130°

⑤ (△ADE의 둘레의 길이)=22 cm

## 97

유형 11

다음 보기 중 삼각형의 외심과 내심에 대한 설명으로 옳은 것을 모두 고른 것은?

> 보기
> ㄱ. 삼각형의 외심은 세 변의 수직이등분선의 교점이다.
> ㄴ. 이등변삼각형의 외심은 삼각형의 내부에 위치한다.
> ㄷ. 삼각형의 내심에서 세 변에 이르는 거리는 같다.
> ㄹ. 직각삼각형의 내심은 빗변의 중점이다.
> ㅁ. 정삼각형에서 외접원의 중심과 내접원의 중심은 일치한다.

① ㄱ, ㄴ, ㄹ          ② ㄱ, ㄷ, ㅁ          ③ ㄴ, ㄷ, ㄹ

④ ㄴ, ㄷ, ㅁ          ⑤ ㄷ, ㄹ, ㅁ

## 98

유형 11

오른쪽 그림에서 두 점 O, I는 각각 $\overline{AB}=\overline{AC}$인 이등변삼각형 ABC의 외심과 내심이다. ∠A=52°일 때, ∠OCI의 크기는?

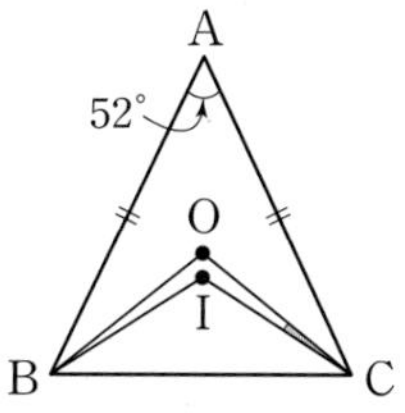

① 6°          ② 7°

③ 8°          ④ 9°

⑤ 10°

---

서술형 문제

## 99

유형 02

오른쪽 그림에서 점 O는 ∠C=90°인 직각삼각형 ABC의 외심이다. ∠B=60°, $\overline{AB}=14$ cm일 때, $\overline{BC}$의 길이를 구하시오.

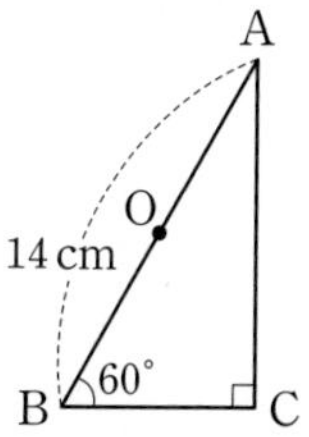

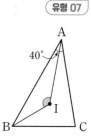

## 100

유형 07

오른쪽 그림에서 점 I는 △ABC의 내심이다. ∠BAC=40°이고 ∠ABC : ∠C=3 : 4일 때, ∠AIB의 크기를 구하시오.

## 101

유형 12

오른쪽 그림에서 두 점 O, I는 각각 ∠C=90°인 직각삼각형 ABC의 외심과 내심이다. $\overline{AB}=17$ cm, $\overline{BC}=8$ cm, $\overline{AC}=15$ cm일 때, △ABC의 외접원과 내접원의 둘레의 길이의 차를 구하시오.

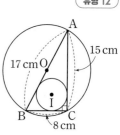

**102** 오른쪽 그림에서 점 O는 △ABC의 외심이다. ∠A=30°, ∠OCA=25°일 때, ∠ACB의 크기를 구하시오.

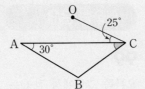

**103** 오른쪽 그림에서 점 O는 △ABC의 외심인 동시에 △ACD의 외심이다. ∠B=70°일 때, ∠D의 크기를 구하시오.

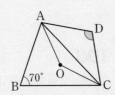

**104** 오른쪽 그림에서 점 O는 △ABC의 외심이고, 점 O'은 △AOC의 외심이다. ∠B=35° 일 때, ∠O'CO의 크기는?

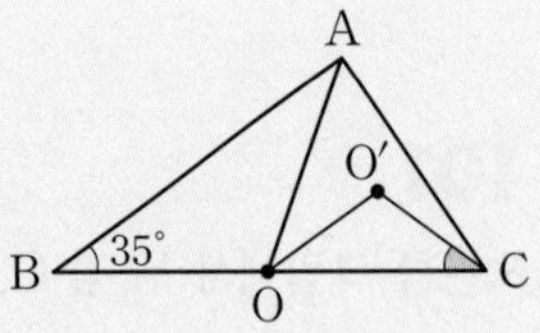

① 25°    ② 30°    ③ 35°
④ 40°    ⑤ 45°

**105** 오른쪽 그림에서 점 O는 △ABC의 외심이고, $\overline{CO}$, $\overline{BO}$의 연장선이 $\overline{AB}$, $\overline{AC}$와 만나는 점을 각각 D, E라 하자. $\overline{BD}=\overline{DE}=\overline{EC}$일 때, ∠A의 크기는?

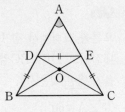

① 48°    ② 52°    ③ 56°
④ 60°    ⑤ 64°

**106** 오른쪽 그림에서 두 점 I, I'은 각각 △ABC, △ACD의 내심이고, $\overline{BI}$와 $\overline{DI'}$의 연장선은 $\overline{AC}$ 위의 점 P에서 만난다.
∠ABC=32°, ∠BAC=92°, ∠ACD=56°일 때, ∠IPI'의 크기는?
(단, 세 점 A, B, D는 한 직선 위에 있다.)

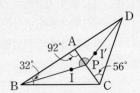

① 143°    ② 144°    ③ 145°
④ 146°    ⑤ 147°

**107** 오른쪽 그림에서 두 점 I, I′은 각각 △ABD, △BCD의 내심이고, $\overline{AB}=\overline{AD}$, $\overline{BC}=\overline{BD}$, ∠DBC=40°이다. $\overline{AI}$의 연장선과 $\overline{BD}$, $\overline{DI'}$의 연장선의 교점을 각각 P, Q라 할 때, ∠$x$의 크기를 구하시오.

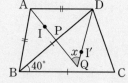

**108** 오른쪽 그림에서 점 I는 정삼각형 ABC의 내심이다. $\overline{AB}\,/\!/\,\overline{ID}$, $\overline{AC}\,/\!/\,\overline{IE}$이고 $\overline{AC}=15$ cm일 때, $\overline{DE}$의 길이를 구하시오.

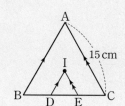

**109** 오른쪽 그림에서 두 점 O, I는 각각 $\overline{AB}=\overline{AC}$인 이등변삼각형 ABC의 외심과 내심이고, 점 E는 $\overline{CI}$와 $\overline{DO}$의 교점이다. $\overline{AD}=\overline{CD}$이고 ∠A=80°일 때, ∠DEC의 크기는?

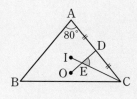

① 56° ② 59° ③ 62°
④ 65° ⑤ 68°

**110** 오른쪽 그림에서 두 점 O, I는 각각 △ABC의 외심과 내심이다. ∠B=36°, ∠C=64°일 때, ∠OAI의 크기를 구하시오.

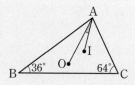

**111** 오른쪽 그림에서 두 점 O, I는 각각 △ABC의 외심과 내심이다. ∠BAD=32°, ∠CAE=14°일 때, ∠ADE의 크기는?

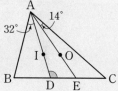

① 100° ② 102°
③ 104° ④ 106°
⑤ 108°

**112** ∠A=90°인 직각삼각형 ABC의 외접원과 내접원의 넓이가 각각 $81\pi$ cm², $9\pi$ cm²일 때, △ABC의 넓이를 구하시오.

# 3.

# 평행사변형

## 유형 01 평행사변형의 뜻

두 쌍의 대변이 각각 평행한 사각형을
평행사변형이라 한다.

➡ □ABCD에서

$\overline{AB}/\!/\overline{DC}$, $\overline{AD}/\!/\overline{BC}$

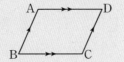

참고 • 사각형 ABCD를 기호로 □ABCD와 같이 나타낸다.
• 사각형에서 마주 보는 변은 대변, 마주 보는 각은 대각이라 한다.

### 대표 문제

**01** 오른쪽 그림과 같은 평행사변
형 ABCD에서 두 대각선의 교점
을 O라 하자. ∠BAC=70°,
∠BDC=40°일 때, ∠$x$의 크기
를 구하시오.

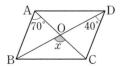

## 유형 02~03 평행사변형의 성질 〔중요〕

평행사변형 ABCD에서

(1) 두 쌍의 대변의 길이는 각각 같다.

➡ $\overline{AB}=\overline{DC}$, $\overline{AD}=\overline{BC}$

(2) 두 쌍의 대각의 크기는 각각 같다.

➡ ∠A=∠C, ∠B=∠D

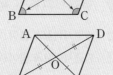

(3) 두 대각선은 서로 다른 것을 이등분한다.

➡ $\overline{OA}=\overline{OC}$, $\overline{OB}=\overline{OD}$

참고 평행사변형에서 이웃하는 두 내각의 크기의 합은
180°이다.

➡ 평행사변형 ABCD에서
∠A=∠C, ∠B=∠D이므로
∠A+∠B+∠C+∠D=2(∠A+∠B)=360°
∴ ∠A+∠B=180°

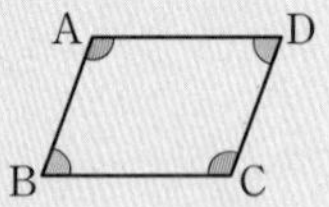

### 대표 문제

**02** 다음은 '평행사변형의 두 쌍의 대변의 길이는 각각 같
다.'를 설명하는 과정이다. ㈎~㈐에 알맞은 것을 구하시오.

평행사변형 ABCD에서
대각선 AC를 그으면
△ABC와 △CDA에서
 ㈎ 는 공통 ⋯ ㉠
$\overline{AB}/\!/\overline{DC}$이므로 ∠BAC= ㈏ (엇각) ⋯ ㉡
$\overline{AD}/\!/\overline{BC}$이므로 ∠BCA= ㈐ (엇각) ⋯ ㉢
㉠, ㉡, ㉢에 의해
△ABC≡△CDA ( ㈑ 합동)
∴ $\overline{AB}=\overline{DC}$, $\overline{AD}=\overline{BC}$

### 대표 문제

**03** 오른쪽 그림과 같은 평행사변
형 ABCD에서 두 대각선의 교점을
O라 할 때, 다음 중 옳지 않은 것
은?

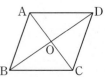

① $\overline{AB}=\overline{DC}$      ② $\overline{OA}=\overline{OC}$
③ $\overline{OC}=\overline{OD}$      ④ ∠BAD=∠DCB
⑤ △OAB≡△OCD

**유형 04** 평행사변형의 성질의 응용 (1) – 대변 〔중요〕

평행사변형 ABCD에서 두 쌍의 대변의 길
이는 각각 같다.

➡ $\overline{AB}=\overline{DC}$, $\overline{AD}=\overline{BC}$

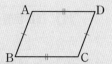

**대표 문제**

**04** 오른쪽 그림과 같은 평행사
변형 ABCD에서 ∠A의 이등
분선이 $\overline{DC}$의 연장선과 만나는
점을 E라 하자. $\overline{AB}=8$ cm,
$\overline{AD}=15$ cm일 때, $\overline{CE}$의 길이
를 구하시오.

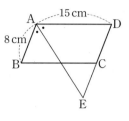

---

**유형 05** 평행사변형의 성질의 응용 (2) – 대각 〔중요〕

평행사변형 ABCD에서 두 쌍의 대각의
크기는 각각 같다.

➡ ∠A=∠C, ∠B=∠D

➡ ∠A+∠B=∠B+∠C=180°
└ 이웃하는 두 내각의 크기의 합은 180°이다.

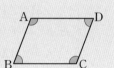

**대표 문제**

**05** 오른쪽 그림과 같은 평행사변
형 ABCD에서 ∠A : ∠B=2 : 3
일 때, ∠D의 크기를 구하시오.

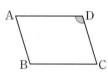

---

**유형 06** 평행사변형의 성질의 응용 (3) – 대각선

평행사변형 ABCD에서 두 대각선은 서로
다른 것을 이등분한다.

➡ $\overline{OA}=\overline{OC}=\dfrac{1}{2}\overline{AC}$

$\overline{OB}=\overline{OD}=\dfrac{1}{2}\overline{BD}$

➡ △ABO≡△CDO → $\overline{OA}=\overline{OC}$, $\overline{OB}=\overline{OD}$, ∠AOB=∠COD(SAS 합동)

△AOD≡△COB → $\overline{OA}=\overline{OC}$, $\overline{OD}=\overline{OB}$, ∠AOD=∠COB(SAS 합동)

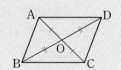

**대표 문제**

**06** 오른쪽 그림과 같은 평행사
변형 ABCD에서 두 대각선의
교점을 O라 하자. $\overline{AB}=9$ cm,
$\overline{AC}=12$ cm, $\overline{BD}=16$ cm일 때,
△ABO의 둘레의 길이를 구하시오.

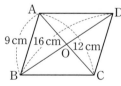

# 유형 완성하기

## 유형 01 평행사변형의 뜻

**07** 대표 문제

오른쪽 그림과 같은 평행사변형 ABCD에서 두 대각선의 교점을 O라 하자. $\angle ADB=27°$, $\angle DOC=65°$일 때, $\angle x$, $\angle y$의 크기를 각각 구하시오.

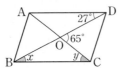

Pick

**08** 중

오른쪽 그림과 같은 평행사변형 ABCD에서 두 대각선의 교점을 O라 하자. $\angle ABD=43°$, $\angle DAC=46°$일 때, $\angle x+\angle y$의 크기는?

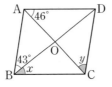

① 88°　② 89°　③ 90°　④ 91°　⑤ 92°

**09** 중

오른쪽 그림과 같이 평행사변형 ABCD를 대각선 BD를 접는 선으로 하여 △DBC가 △DBE로 옮겨지도록 접었다. 점 Q는 $\overline{BA}$의 연장선과 $\overline{DE}$의 연장선의 교점이고 $\angle BDC=42°$일 때, $\angle AQE$의 크기를 구하시오.

## 유형 02 평행사변형의 성질을 설명하기

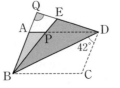

**10** 대표 문제

다음은 '평행사변형의 두 쌍의 대각의 크기는 각각 같다.'를 설명하는 과정이다. (가)~(마)에 알맞은 것으로 옳지 <u>않은</u> 것은?

> 평행사변형 ABCD에서 대각선 AC를 그으면 △ABC와 △CDA에서
> $\overline{AC}$는 공통 … ㉠
> $\overline{AB}$ // [ (가) ]이므로
> $\angle BAC=\angle DCA$ ([ (나) ]) … ㉡
> $\overline{AD}$ // $\overline{BC}$이므로
> $\angle ACB=$[ (다) ]([ (나) ]) … ㉢
> ㉠, ㉡, ㉢에 의해 △ABC≡△CDA ([ (라) ] 합동)
> ∴ $\angle B=\angle D$
> 또 ㉡, ㉢에 의해
> $\angle A=\angle BAC+\angle CAD=\angle DCA+\angle ACB=$[ (마) ]

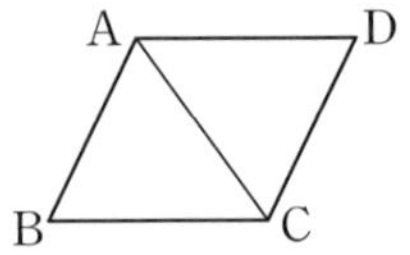

① (가) $\overline{DC}$　② (나) 엇각　③ (다) $\angle CAD$
④ (라) SAS　⑤ (마) $\angle C$

**11** 중

다음은 '평행사변형의 두 대각선은 서로 다른 것을 이등분한다.'를 설명하는 과정이다. (가)~(마)에 알맞은 것으로 옳지 <u>않은</u> 것은?

> 평행사변형 ABCD의 두 대각선의 교점을 O라 할 때, △OAB와 △OCD에서
> $\overline{AB}=$[ (가) ] … ㉠
> $\overline{AB}$ // $\overline{DC}$이므로
> $\angle OAB=$[ (나) ](엇각) … ㉡
> $\angle OBA=\angle ODC$ (엇각) … ㉢
> ㉠, ㉡, ㉢에 의해 △OAB≡△OCD ([ (다) ] 합동)
> ∴ [ (라) ]$=\overline{OC}$, [ (마) ]$=\overline{OD}$

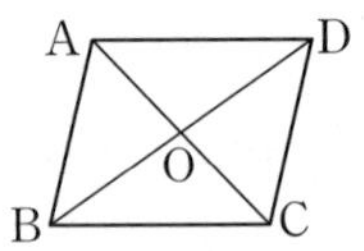

① (가) $\overline{CD}$　② (나) $\angle ODC$　③ (다) ASA
④ (라) $\overline{OA}$　⑤ (마) $\overline{OB}$

**유형 03** 평행사변형의 성질 〈중요〉

**12 대표 문제**

오른쪽 그림과 같은 평행사변형 ABCD에서 두 대각선의 교점을 O 라 할 때, 다음 보기 중 옳은 것을 모두 고르시오.

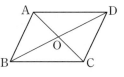

보기
ㄱ. $\overline{AD}=\overline{BC}$   ㄴ. $\angle BAO=\angle DAO$
ㄷ. $\triangle AOD\equiv\triangle COB$   ㄹ. $\overline{BO}=\overline{DO}$
ㅁ. $\triangle BCO\equiv\triangle DCO$   ㅂ. $\angle ABC=\angle ADC$

**Pick 13 하**

오른쪽 그림과 같은 평행사변형 ABCD에서 두 대각선의 교점을 O라 하자. $\overline{AB}=8\,\text{cm}$, $\overline{AD}=10\,\text{cm}$, $\overline{AO}=6\,\text{cm}$일 때, $x+y$의 값을 구하시오.

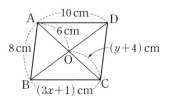

**Pick 14 중**

오른쪽 그림과 같은 평행사변형 ABCD에서 두 대각선의 교점을 O라 하자. $\overline{AB}=8\,\text{cm}$, $\overline{OD}=6\,\text{cm}$, $\angle BAO=40°$일 때, 다음 중 옳지 <u>않은</u> 것을 모두 고르면? (정답 2개)

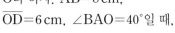

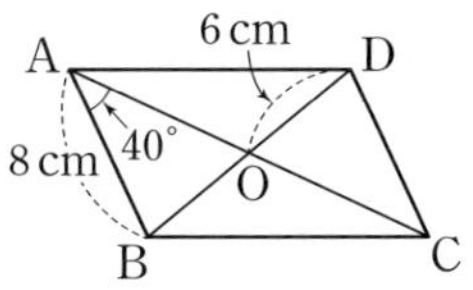

① $\angle DCO=40°$   ② $\angle DAO=\angle OBC$
③ $\overline{AC}=12\,\text{cm}$   ④ $\overline{DC}=8\,\text{cm}$
⑤ $\triangle ABC\equiv\triangle CDA$

**유형 04** 평행사변형의 성질의 응용 (1) – 대변 〈중요〉

**15 대표 문제**

오른쪽 그림과 같은 평행사변형 ABCD에서 $\angle B$의 이등분선이 $\overline{CD}$의 연장선과 만나는 점을 E라 하자. $\overline{AB}=4\,\text{cm}$, $\overline{BC}=7\,\text{cm}$일 때, $\overline{DE}$의 길이는?

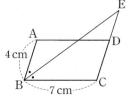

① $\dfrac{5}{2}\,\text{cm}$   ② $3\,\text{cm}$   ③ $\dfrac{7}{2}\,\text{cm}$
④ $4\,\text{cm}$   ⑤ $\dfrac{9}{2}\,\text{cm}$

**16 중**

오른쪽 그림과 같은 평행사변형 ABCD의 둘레의 길이가 54 cm이고 $\overline{AB}:\overline{BC}=4:5$일 때, $\overline{CD}$의 길이를 구하시오.

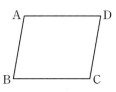

**Pick 17 중**

오른쪽 그림과 같은 평행사변형 ABCD에서 $\overline{AE}$는 $\angle A$의 이등분선이다. $\overline{AB}=5\,\text{cm}$, $\overline{CE}=4\,\text{cm}$일 때, $\overline{AD}$의 길이를 구하시오.

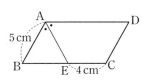

**18** 중

오른쪽 그림의 좌표평면에서 □ABCD가 평행사변형일 때, 점 D의 좌표는?

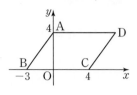

① (6, 4) ② (7, 3)
③ (7, 4) ④ (8, 3)
⑤ (8, 4)

**19** 중 서술형

오른쪽 그림과 같은 평행사변형 ABCD에서 $\overline{BC}$의 중점을 E라 하고, $\overline{AE}$의 연장선과 $\overline{DC}$의 연장선이 만나는 점을 F라 하자. $\overline{AB}=6\,cm$, $\overline{AD}=10\,cm$일 때, $\overline{DF}$의 길이를 구하시오.

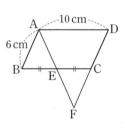

**20** 중

오른쪽 그림에서 △ABC는 $\overline{AB}=\overline{AC}$인 이등변삼각형이다. $\overline{AP}\,/\!/\,\overline{RQ}$, $\overline{AR}\,/\!/\,\overline{PQ}$이고 $\overline{PQ}=4\,cm$, $\overline{QR}=10\,cm$일 때, $\overline{AB}$의 길이를 구하시오.

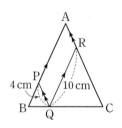

Pick
**21** 상

오른쪽 그림과 같은 평행사변형 ABCD에서 $\overline{AE}$, $\overline{DF}$는 각각 ∠A, ∠D의 이등분선이다. $\overline{AB}=8\,cm$, $\overline{AD}=13\,cm$일 때, $\overline{EF}$의 길이를 구하시오.

## 유형 05 평행사변형의 성질의 응용 (2) – 대각 중요

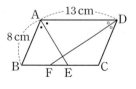

Pick
**22** 대표 문제

오른쪽 그림과 같은 평행사변형 ABCD에서 ∠C : ∠D=5 : 4일 때, ∠A의 크기는?

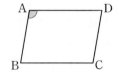

① 95° ② 100°
③ 105° ④ 110°
⑤ 115°

**23** 하

오른쪽 그림과 같은 평행사변형 ABCD에서 ∠DAE=40°, ∠C=105°일 때, ∠$x$, ∠$y$의 크기를 각각 구하시오.

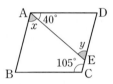

**24** 중

오른쪽 그림과 같은 평행사변형 ABCD에서 ∠A의 이등분선이 $\overline{DC}$의 연장선과 만나는 점을 E라 하자. ∠E=55°일 때, ∠$x$의 크기는?

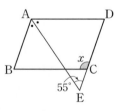

① 110° ② 112°
③ 115° ④ 118°
⑤ 120°

**25** 중

오른쪽 그림과 같은 평행사변형 ABCD에서 ∠A와 ∠B의 이등분선이 만나는 점을 P라 할 때, ∠APB의 크기를 구하시오.

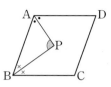

**26** 중

오른쪽 그림과 같은 평행사변형 ABCD에서 ∠DAC의 이등분선이 BC의 연장선과 만나는 점을 E라 하자. ∠B=70°, ∠E=32°일 때, ∠x의 크기를 구하시오.

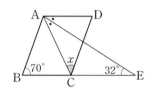

**27** 중 Pick

오른쪽 그림과 같은 평행사변형 ABCD에서 ∠D의 이등분선이 BC와 만나는 점을 E라 하고, 꼭짓점 A에서 DE에 내린 수선의 발을 F라 하자. ∠B=64°일 때, ∠BAF의 크기를 구하시오.

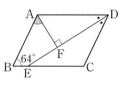

**28** 상 Pick

오른쪽 그림과 같은 평행사변형 ABCD에서 AE, BF는 각각 ∠A, ∠B의 이등분선이다. ∠BFD=150°일 때, ∠x의 크기를 구하시오.

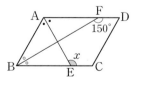

**유형 06** 평행사변형의 성질의 응용 (3) – 대각선

**29** 대표 문제 Pick

오른쪽 그림과 같은 평행사변형 ABCD에서 두 대각선의 교점을 O라 하자. $\overline{AB}=6$ cm이고 두 대각선의 길이의 합이 24 cm일 때, △OAB의 둘레의 길이를 구하시오.

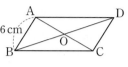

**30** 중 Pick

오른쪽 그림과 같이 평행사변형 ABCD의 두 대각선의 교점 O를 지나는 직선이 $\overline{AB}$, $\overline{CD}$와 만나는 점을 각각 P, Q라 하자. $\overline{OQ}=3$ cm, $\overline{QC}=5$ cm이고 ∠PQC=90°일 때, △APO의 넓이는?

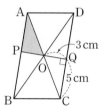

① $\frac{13}{2}$ cm² ② 7 cm² ③ $\frac{15}{2}$ cm²

④ 8 cm² ⑤ $\frac{17}{2}$ cm²

**31** 중

다음 그림과 같은 평행사변형 ABCD의 두 대각선의 교점을 O라 하자. $\overline{AO}=4$ cm, $\overline{BO}=5$ cm이고, ∠DBC의 이등분선과 $\overline{AD}$의 연장선의 교점을 E라 할 때, $\overline{DE}$의 길이를 구하시오.

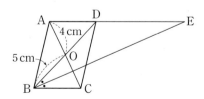

## 유형 07~08  평행사변형이 되는 조건 <sub>중요</sub>

□ABCD가 다음 조건 중 어느 하나를 만족시키면 평행사변형이 된다.

(1) 두 쌍의 대변이 각각 평행하다.
   ➡ $\overline{AB}$∥$\overline{DC}$, $\overline{AD}$∥$\overline{BC}$ → 평행사변형의 뜻

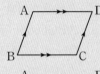

(2) 두 쌍의 대변의 길이가 각각 같다.
   ➡ $\overline{AB}=\overline{DC}$, $\overline{AD}=\overline{BC}$

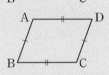

(3) 두 쌍의 대각의 크기가 각각 같다.
   ➡ ∠A=∠C, ∠B=∠D

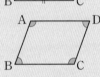

(4) 두 대각선은 서로 다른 것을 이등분한다.
   ➡ $\overline{OA}=\overline{OC}$, $\overline{OB}=\overline{OD}$

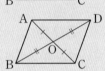

(5) 한 쌍의 대변이 평행하고 그 길이가 같다.
   ➡ $\overline{AD}$∥$\overline{BC}$, $\overline{AD}=\overline{BC}$
   또는 $\overline{AB}$∥$\overline{DC}$, $\overline{AB}=\overline{DC}$

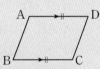

> **참고** 사각형이 평행사변형이 되는 조건을 확인할 때는 다음을 이용한다.
> • 평행사변형의 뜻 ➡ 두 쌍의 대변이 각각 평행한 사각형
> • 삼각형의 합동 조건 ➡ SSS 합동, SAS 합동, ASA 합동
> • 평행선의 성질 ➡ 평행한 두 직선이 다른 한 직선과 만날 때, 엇각
>   (동위각)의 크기는 같다.
> • 두 직선이 평행하기 위한 조건 ➡ 엇각(동위각)의 크기가 같으면 두
>   직선은 평행하다.

### 대표 문제

**32** 다음은 '두 쌍의 대변의 길이가 각각 같은 사각형은 평행사변형이다.'를 설명하는 과정이다. ㈎, ㈏에 알맞은 것을 구하시오.

---
$\overline{AB}=\overline{DC}$, $\overline{AD}=\overline{BC}$인 □ABCD에서 대각선 AC를 그으면

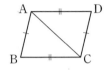

△ABC와 △CDA에서
$\overline{AB}=\overline{CD}$, $\overline{BC}=\overline{DA}$, $\overline{AC}$는 공통이므로
△ABC≡△CDA ( ㈎ 합동)
∴ ∠BAC=∠DCA, ∠BCA=∠DAC
즉, 엇각의 크기가 같으므로 $\overline{AB}$∥$\overline{DC}$, ㈏

따라서 □ABCD는 두 쌍의 대변이 각각 평행하므로 평행사변형이다.

---

### 대표 문제

**33** 오른쪽 그림과 같은 □ABCD가 평행사변형이 되도록 하는 $x$, $y$에 대하여 $x+y$의 값을 구하시오.

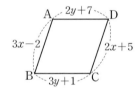

## 유형 09  평행사변형 찾기 <sub>중요</sub>

주어진 사각형이 다음 중 하나를 만족시키는지 확인한다.

(1)   (2) 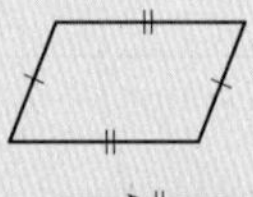   (3)

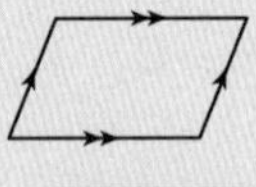

(4)   (5)

### 대표 문제

**34** 다음 중 □ABCD가 평행사변형인 것은?
(단, 점 O는 두 대각선의 교점이다.)

① ∠A=100°, ∠B=80°, $\overline{AD}$∥$\overline{BC}$
② $\overline{AD}$∥$\overline{BC}$, $\overline{AB}=3\,cm$, $\overline{DC}=3\,cm$
③ $\overline{AB}$∥$\overline{DC}$, $\overline{AB}=6\,cm$, $\overline{DC}=6\,cm$
④ $\overline{OA}=4\,cm$, $\overline{OB}=4\,cm$, $\overline{OC}=5\,cm$, $\overline{OD}=5\,cm$
⑤ $\overline{AB}=3\,cm$, $\overline{BC}=6\,cm$, $\overline{CD}=6\,cm$, $\overline{DA}=3\,cm$

**유형 10~11** 평행사변형이 되는 조건의 응용

다음 그림의 □ABCD가 평행사변형일 때, □EBFD는 모두 평행사변형이다.

➡ 평행사변형의 성질, 삼각형의 합동 조건, 평행선과 엇각(동위각)의 성질 등을 이용하여 □EBFD가 평행사변형임을 설명한다.

(1) ∠ABE=∠EBF,
∠EDF=∠FDC이면
∠EBF=∠EDF, ∠BED=∠BFD
➡ 두 쌍의 대각의 크기가 각각 같다.

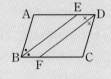

(2) $\overline{OE}=\overline{OF}$ (또는 $\overline{AE}=\overline{CF}$)이면
$\overline{OE}=\overline{OF}$, $\overline{OB}=\overline{OD}$
➡ 두 대각선이 서로 다른 것을 이등분한다.

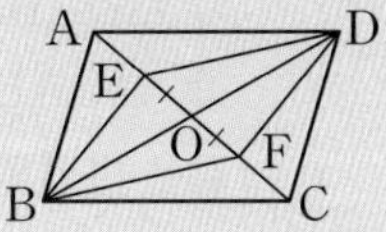

(3) $\overline{EB}=\overline{DF}$ (또는 $\overline{AE}=\overline{CF}$)이면
$\overline{EB}/\!/\overline{DF}$, $\overline{EB}=\overline{DF}$
➡ 한 쌍의 대변이 평행하고 그 길이가 같다.

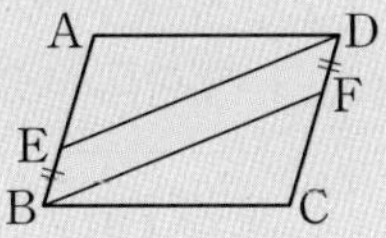

(4) ∠AEB=∠CFD=90°이면
$\overline{EB}/\!/\overline{DF}$, $\overline{EB}=\overline{DF}$
➡ 한 쌍의 대변이 평행하고 그 길이가 같다.

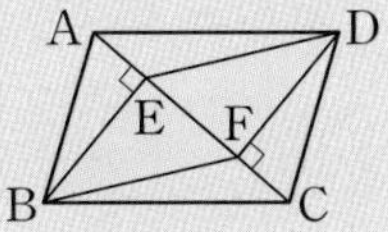

(5) 네 점 P, Q, R, S가 각 변의 중점이면
$\overline{ED}/\!/\overline{BF}$, $\overline{BE}/\!/\overline{FD}$
➡ 두 쌍의 대변이 각각 평행하다.

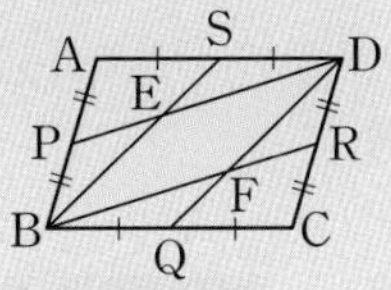

**대표 문제**

**35** 다음은 평행사변형 ABCD에서 ∠B, ∠D의 이등분선이 $\overline{AD}$, $\overline{BC}$와 만나는 점을 각각 E, F라 할 때, □EBFD가 평행사변형임을 설명하는 과정이다. (가)~(다)에 알맞은 것을 구하시오.

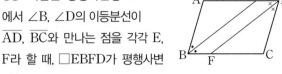

∠B=∠D이므로 $\frac{1}{2}$∠B=$\frac{1}{2}$∠D
∴ 　(가)　 =∠EDF 　　⋯ ㉠
또 $\overline{AD}/\!/\overline{BC}$이므로
∠AEB=∠EBF (엇각), ∠DFC=∠EDF (엇각)
∴ ∠AEB= 　(나)
∴ ∠DEB=180°−∠AEB
　　=180°− 　(나)　 = 　(다)　 　⋯ ㉡
따라서 ㉠, ㉡에 의해 □EBFD는 두 쌍의 대각의 크기가 각각 같으므로 평행사변형이다.

**대표 문제**

**36** 오른쪽 그림과 같은 평행사변형 ABCD에서 ∠A, ∠C의 이등분선이 $\overline{BC}$, $\overline{AD}$와 만나는 점을 각각 E, F라 하자. $\overline{AB}$=12 cm, $\overline{AD}$=18 cm, $\overline{CF}$=13 cm일 때, □AECF의 둘레의 길이를 구하시오.

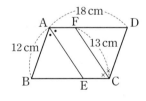

# 유형 완성하기 ✳

## 유형 07  평행사변형이 되는 조건을 설명하기

### 37  대표 문제

다음은 '두 쌍의 대각의 크기가 각각 같은 사각형은 평행사변형이다.'를 설명하는 과정이다. (개)~(래)에 알맞은 것을 구하시오.

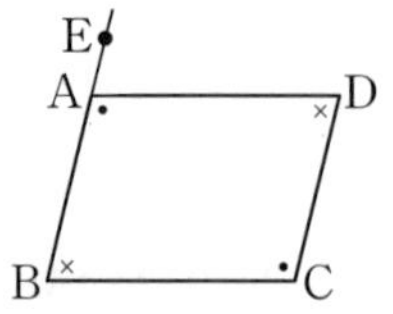

□ABCD에서
$\angle A + \angle B + \angle C + \angle D = 360°$이고,
$\angle A = \angle C$, $\angle B = \angle D$이므로
$\angle A + \angle B =$ [(개)]  …㉠
이때 $\overline{BA}$의 연장선 위에 점 E를 잡으면
$\angle DAB + \angle DAE =$ [(내)]  …㉡
㉠, ㉡에 의해 $\angle B =$ [(대)]
즉, 동위각의 크기가 같으므로 $\overline{AD} /\!/ \overline{BC}$  …㉢
같은 방법으로 하면 $\overline{AB} /\!/$ [(래)]  …㉣
따라서 ㉢, ㉣에 의해 □ABCD는 두 쌍의 대변이 각각 평행하므로 평행사변형이다.

### 38

다음은 '한 쌍의 대변이 평행하고 그 길이가 같은 사각형은 평행사변형이다.'를 설명하는 과정이다. (개)~(매)에 알맞은 것으로 옳은 것은?

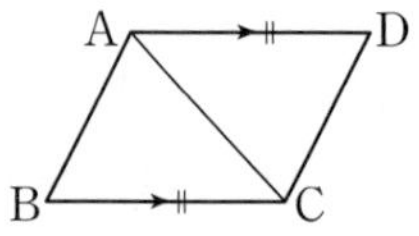

$\overline{AD} /\!/ \overline{BC}$, $\overline{AD} = \overline{BC}$인
□ABCD에서 대각선 AC를 그으면
△ABC와 △CDA에서
$\overline{BC} = \overline{DA}$, $\overline{AC}$는 공통,
$\angle ACB =$ [(개)](엇각)이므로
△ABC≡△CDA( [(내)] 합동)
∴ $\angle BAC =$ [(대)]
즉, 엇각의 크기가 같으므로 $\overline{AB}$ [(래)] $\overline{DC}$
따라서 □ABCD는 두 쌍의 대변이 각각 [(매)]하므로 평행사변형이다.

① (개) $\angle ACD$   ② (내) ASA   ③ (대) $\angle DCA$
④ (래) =   ⑤ (매) 수직

### 39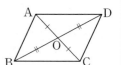

다음은 '두 대각선이 서로 다른 것을 이등분하는 사각형은 평행사변형이다.'를 설명하는 과정이다. (개)~(매)에 알맞은 것으로 옳지 <u>않은</u> 것은?

□ABCD에서 두 대각선의 교점을
O라 하면
$\overline{OA} = \overline{OC}$, $\overline{OB} = \overline{OD}$이므로
△OAB와 △OCD에서
$\overline{OA} = \overline{OC}$, [(개)], $\angle AOB = \angle COD$([(내)])
∴ △OAB≡△OCD( [(대)] 합동)
즉, $\angle OAB = \angle OCD$(엇각)이므로 [(래)]  …㉠
같은 방법으로 하면 △ODA≡△OBC( [(대)] 합동)
즉, $\angle OAD = \angle OCB$(엇각)이므로 [(매)]  …㉡
따라서 ㉠, ㉡에 의해 □ABCD는 두 쌍의 대변이 각각 평행하므로 평행사변형이다.

① (개) $\overline{OB} = \overline{OD}$   ② (내) 맞꼭지각   ③ (대) ASA
④ (래) $\overline{AB} /\!/ \overline{DC}$   ⑤ (매) $\overline{AD} /\!/ \overline{BC}$

## 유형 08  평행사변형이 되는 조건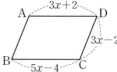

### 40  대표 문제

오른쪽 그림과 같은 □ABCD가 평행사변형이 되도록 하는 $\overline{AB}$의 길이는?

① 6      ② 7
③ 8      ④ 9
⑤ 10

**41** 하

오른쪽 그림과 같은
□ABCD에서 두 대각선의
교점을 O라 하자.
$\overline{AO}=5\,cm$, $\overline{DO}=7\,cm$일
때, □ABCD가 평행사변형이 되도록 하는 $x$, $y$에 대하여
$x+y$의 값을 구하시오.

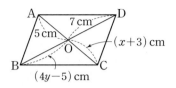

P**i**ck
**42** 중  서술형

오른쪽 그림과 같은 □ABCD에
서 $\overline{AB}=20\,cm$, $\angle B=70°$,
$\angle ACB=45°$일 때, □ABCD가
평행사변형이 되도록 하는 $x$, $y$
에 대하여 $x-y$의 값을 구하시오.

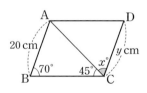

**43** 중

오른쪽 그림과 같은 □ABCD에서
$\overline{AB}=\overline{DE}$이고 $\overline{BA}$의 연장선과 $\overline{CE}$의
연장선이 만나는 점을 F라 하자.
$\angle AFE=52°$일 때, □ABCD가 평
행사변형이 되도록 하는 $\angle x$의 크기
를 구하시오.

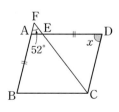

유형 **09**  평행사변형 찾기  중요

**44**  대표 문제

다음 사각형 중 평행사변형이 <u>아닌</u> 것은?

①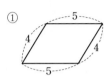

②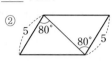

③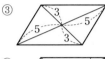

④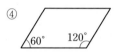

⑤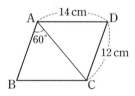

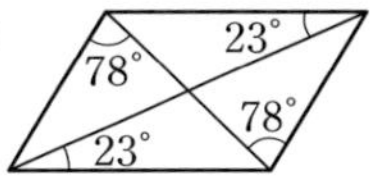

**45** 중

오른쪽 그림에서 $\overline{AD}=14\,cm$,
$\overline{CD}=12\,cm$, $\angle BAC=60°$일 때,
다음 중 □ABCD가 평행사변형
이 되기 위한 조건은?

① $\overline{AB}=14\,cm$, $\overline{BC}=12\,cm$
② $\overline{BC}=14\,cm$, $\angle CAD=60°$
③ $\overline{AB}=12\,cm$, $\angle ACB=60°$
④ $\overline{AB}=12\,cm$, $\angle ACD=60°$
⑤ $\overline{BC}=14\,cm$, $\angle ACB=60°$

P**i**ck
**46** 중

다음 보기 중 □ABCD가 평행사변형인 것을 모두 고른 것은?
(단, 점 O는 두 대각선의 교점이다.)

┌ 보기 ┐
ㄱ. $\angle A=\angle C$, $\angle ADB=\angle CBD$
ㄴ. $\overline{AB}/\!/\overline{DC}$, $\overline{AD}=\overline{BC}$
ㄷ. $\angle A=\angle C$, $\overline{AB}/\!/\overline{DC}$
ㄹ. $\triangle AOD\equiv\triangle COB$
ㅁ. $\overline{AC}=\overline{BD}$, $\overline{AC}\perp\overline{BD}$

① ㄱ, ㄴ      ② ㄴ, ㄷ      ③ ㄱ, ㄷ, ㄹ
④ ㄴ, ㄹ, ㅁ      ⑤ ㄷ, ㄹ, ㅁ

**유형 10** 평행사변형이 되는 조건의 응용 (1)

**47** 대표 문제

다음은 평행사변형 ABCD의 두 꼭짓점 A, C에서 대각선 BD에 내린 수선의 발을 각각 E, F라 할 때, □AECF가 평행사변형임을 설명하는 과정이다. ㈎~㈑에 알맞은 것을 구하시오.

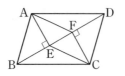

> ∠AED=∠CFB=90°, 즉 엇각의 크기가 같으므로
> ㈎ //CF    ⋯㉠
> △AED와 △CFB에서
> ∠AED=∠CFB=90°, $\overline{AD}=$ ㈏ ,
> ∠ADE=∠CBF(엇각)이므로
> △AED≡△CFB( ㈐ 합동)
> ∴ $\overline{AE}=$ ㈑    ⋯㉡
> 따라서 ㉠, ㉡에 의해 □AECF는 한 쌍의 대변이 평행하고 그 길이가 같으므로 평행사변형이다.

**Pick**
**48** 중

오른쪽 그림과 같은 평행사변형 ABCD에서 두 대각선의 교점을 O라 하고, $\overline{BO}$, $\overline{DO}$의 중점을 각각 E, F라 할 때, 다음 중 옳지 <u>않은</u> 것은?

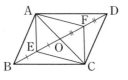

① $\overline{AE}=\overline{AF}$          ② $\overline{AE}=\overline{CF}$
③ $\overline{AF}=\overline{CE}$          ④ ∠OEA=∠OFC
⑤ ∠OEC=∠OFA

**49** 중 서술형

오른쪽 그림과 같은 평행사변형 ABCD의 $\overline{AB}$, $\overline{DC}$의 중점을 각각 M, N이라 할 때, □MBND는 어떤 사각형인지 말하시오.

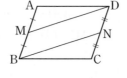

**50** 중

다음은 평행사변형 ABCD의 각 변의 중점을 P, Q, R, S라 하고, $\overline{AQ}$와 $\overline{PC}$의 교점을 E, $\overline{AR}$와 $\overline{SC}$의 교점을 F라 할 때, □AECF가 평행사변형임을 설명하는 과정이다. ㈎~㈐에 알맞은 것을 구하시오.

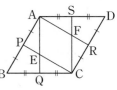

> □AQCS에서 $\overline{AS}$ // ㈎ , $\overline{AS}=$ ㈎
> 즉, □AQCS는 ㈏ 이므로 $\overline{AE}$ // ㈐    ⋯㉠
> □APCR에서 $\overline{AP}$ // ㈑ , $\overline{AP}=$ ㈑
> 즉, □APCR는 ㈏ 이므로 $\overline{AF}$ // ㈒    ⋯㉡
> 따라서 ㉠, ㉡에 의해 □AECF는 두 쌍의 대변이 각각 평행하므로 평행사변형이다.

**51** 중

다음은 평행사변형 ABCD에서 $\overline{BC}$의 중점을 E, $\overline{AE}$의 연장선과 $\overline{DC}$의 연장선의 교점을 F라 할 때, □ABFC가 평행사변형임을 설명하는 과정이다. ㈎~㈐에 알맞은 것을 구하시오.

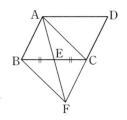

> △ABE와 △FCE에서
> $\overline{BE}=\overline{CE}$, ∠ABE= ㈎ (엇각),
> ∠AEB=∠FEC (맞꼭지각)이므로
> △ABE≡△FCE( ㈏ 합동)
> ∴ ㈐ $=\overline{FE}$    ⋯㉠
> 또 $\overline{BE}=\overline{CE}$    ⋯㉡
> 따라서 ㉠, ㉡에 의해 □ABFC는 두 대각선이 서로 다른 것을 이등분하므로 평행사변형이다.

유형 11 | 평행사변형이 되는 조건의 응용 (2)

Pick
**52 대표 문제**

오른쪽 그림과 같은 평행사변형
ABCD에서 ∠B, ∠D의 이등
분선이 $\overline{AD}$, $\overline{BC}$와 만나는 점을
각각 E, F라 하자. $\overline{AB}$=10 cm,
$\overline{BC}$=13 cm, $\overline{DH}$=9 cm일 때,
□EBFD의 넓이를 구하시오.

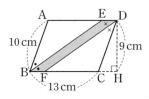

**53 하**

오른쪽 그림과 같이 평행사변형
ABCD의 두 변 AD, BC 위에
$\overline{ED}$=$\overline{BF}$가 되도록 두 점 E, F를 잡
았다. ∠AFB=58°일 때, ∠$x$의 크
기는?

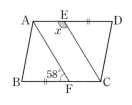

① 118°    ② 120°    ③ 122°
④ 124°    ⑤ 126°

**54 중**

오른쪽 그림과 같은 평행사변
형 ABCD에서 $\overline{AB}$∥$\overline{GH}$,
$\overline{AD}$∥$\overline{EF}$이고, $\overline{EF}$와 $\overline{GH}$의
교점을 P라 하자.
$\overline{AD}$=12 cm, $\overline{AE}$=4 cm,
$\overline{DC}$=7 cm, $\overline{BH}$=5 cm이고 ∠D=72°일 때, $x$, $y$의 값을
각각 구하시오.

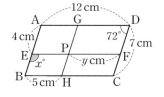

Pick
**55 중**

오른쪽 그림과 같은 평행사변형
ABCD에서 점 O는 두 대각선의 교
점이고, $\overline{BE}$=$\overline{DF}$이다.
∠EAO=40°, ∠ECO=34°일 때,
다음 중 옳지 **않은** 것을 모두 고르면? (정답 2개)

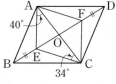

① $\overline{OE}$=$\overline{OF}$         ② $\overline{AF}$=$\overline{CF}$
③ ∠FAO=34°       ④ ∠FCO=40°
⑤ ∠AFC=112°

Pick
**56 중**

오른쪽 그림과 같은 평행사변형
ABCD의 두 꼭짓점 A, C에서 대각
선 BD에 내린 수선의 발을 각각 P,
Q라 하자. ∠AQB=64°일 때,
∠PCQ의 크기는?

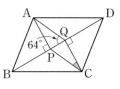

① 24°    ② 26°    ③ 28°
④ 30°    ⑤ 22°

**57 중**

오른쪽 그림에서 □ABCD,
□OCDE는 모두 평행사변형이고,
$\overline{AC}$, $\overline{BD}$의 교점은 O, $\overline{AD}$, $\overline{EO}$의
교점은 F이다. $\overline{AB}$=12 cm,
$\overline{BC}$=16 cm일 때, $\overline{AF}$+$\overline{OF}$의 길
이를 구하시오.

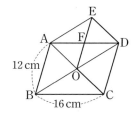

• 정답과 해설 27쪽

**유형 12** 평행사변형과 넓이 (1) 〔중요〕

평행사변형 ABCD의 두 대각선의 교점을 O라 하면
(1) 평행사변형의 넓이는 한 대각선에 의해 이등분된다.

➡ $\triangle ABC = \triangle CDA = \dfrac{1}{2} \square ABCD$
└ $\triangle ABC \equiv \triangle CDA$

$\triangle BCD = \triangle DAB = \dfrac{1}{2} \square ABCD$
└ $\triangle BCD \equiv \triangle DAB$

(2) 평행사변형의 넓이는 두 대각선에 의해 사등분된다.

➡ $\triangle ABO = \triangle BCO = \triangle CDO$

$= \triangle DAO = \dfrac{1}{4} \square ABCD$ → $\triangle ABO \equiv \triangle CDO,$
$\triangle AOD \equiv \triangle COB$

**대표 문제**

**58** 오른쪽 그림과 같은 평행사변형 ABCD에서 두 대각선의 교점을 O라 할 때, 다음을 구하시오.

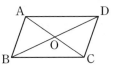

(1) $\triangle ABD$의 넓이가 $15\,\text{cm}^2$일 때, $\triangle ACD$의 넓이

(2) $\square ABCD$의 넓이가 $52\,\text{cm}^2$일 때, $\triangle OCD$의 넓이

**유형 13** 평행사변형과 넓이 (2) 〔중요〕

평행사변형 내부의 임의의 한 점 P에 대하여
➡ $\triangle PAB + \triangle PCD = \triangle PDA + \triangle PBC$

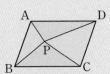

$= \dfrac{1}{2} \square ABCD$

 평행사변형 ABCD에서 점 P를 지나고 $\overline{AB}, \overline{BC}$에 평행한 선분을 각각 그으면

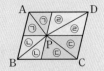

$\triangle PAB + \triangle PCD = ㉠ + ㉡ + ㉢ + ㉣$
$= \triangle PDA + \triangle PBC$
$= \dfrac{1}{2} \square ABCD$

**대표 문제**

**59** 오른쪽 그림과 같은 평행사변형 ABCD의 내부의 한 점 P에 대하여 $\triangle PAB$, $\triangle PBC$, $\triangle PCD$의 넓이가 각각 $21\,\text{cm}^2$, $15\,\text{cm}^2$, $20\,\text{cm}^2$일 때, $\triangle PDA$의 넓이는?

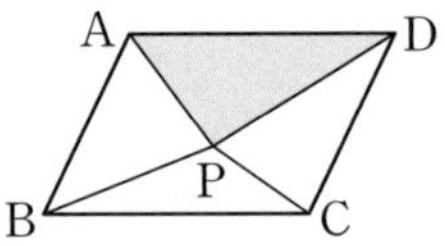

① $24\,\text{cm}^2$  ② $25\,\text{cm}^2$  ③ $26\,\text{cm}^2$
④ $27\,\text{cm}^2$  ⑤ $28\,\text{cm}^2$

**유형 12** 평행사변형과 넓이 (1) 중요

**60 대표 문제**

오른쪽 그림과 같은 평행사변형
ABCD에서 두 대각선의 교점을 O라
하자. △AOD의 넓이가 16 cm²일 때,
□ABCD의 넓이를 구하시오.

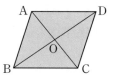

Pick
**61** 중

오른쪽 그림과 같은 평행사변형
ABCD에서 두 대각선의 교점 O를
지나는 직선이 $\overline{AD}$, $\overline{BC}$와 만나는
점을 각각 E, F라 하자. □ABCD
의 넓이가 100 cm²일 때, 색칠한 부분의 넓이는?

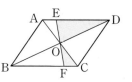

① 24 cm²    ② 25 cm²    ③ 26 cm²
④ 27 cm²    ⑤ 28 cm²

**62** 중

오른쪽 그림과 같은 평행사변형
ABCD에서 $\overline{AD}$, $\overline{BC}$의 중점을
각각 E, F라 하고, □ABFE,
□EFCD의 두 대각선의 교점을
각각 P, Q라 하자. □ABCD의 넓이가 60 cm²일 때,
□EPFQ의 넓이를 구하시오.

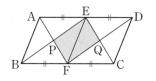

**63** 상

오른쪽 그림과 같은 평행사변형
ABCD에서 $\overline{BC}$와 $\overline{DC}$의 연장선 위
에 $\overline{BC}=\overline{CE}$, $\overline{DC}=\overline{CF}$가 되도록 두
점 E, F를 잡았다. △ABO의 넓이가
4 cm²일 때, 다음 중 옳지 않은 것은?
(단, 점 O는 □ABCD의 두 대각선의 교점이다.)

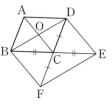

① △OCD=4 cm²          ② △ACD=8 cm²
③ △BED=16 cm²        ④ △CFE=16 cm²
⑤ □BFED=32 cm²

**유형 13** 평행사변형과 넓이 (2) 중요

Pick
**64 대표 문제**

오른쪽 그림과 같은 평행사변형
ABCD의 내부의 한 점 P에 대하여
△PAB, △PCD의 넓이가 각각
13 cm², 12 cm²일 때, □ABCD의
넓이를 구하시오.

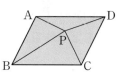

**65** 중

오른쪽 그림과 같은 평행사변형
ABCD의 대각선 BD 위의 한
점 P에 대하여 △PAB의 넓이
가 10 cm²일 때, △PCD의 넓
이를 구하시오.

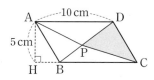

**66** 중 서술형

오른쪽 그림과 같은 평행사변형
ABCD의 내부의 한 점 P에 대하여
△PBC : △PDA=1 : 2이고
□ABCD의 넓이가 54 cm²일 때,
△PBC의 넓이를 구하시오.

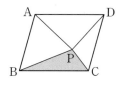

**67** 유형 01

오른쪽 그림과 같은 평행사변형 ABCD에서 두 대각선의 교점을 O라 하자. ∠ABD=40°, ∠ACD=62°일 때, ∠x+∠y의 크기는?

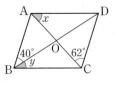

① 74°  ② 75°  ③ 76°

④ 77°  ⑤ 78°

**68** 유형 03

오른쪽 그림과 같은 평행사변형 ABCD에서 $\overline{CD}=4$ cm, ∠B=50°일 때, $x$, $y$의 값을 각각 구하시오.

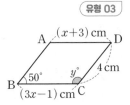

**69** 유형 03

오른쪽 그림과 같은 평행사변형 ABCD에서 두 대각선의 교점을 O라 하자. $\overline{AB}=6$ cm, $\overline{BD}=10$ cm, ∠ADC=60°일 때, 다음 중 옳지 <u>않은</u> 것은?

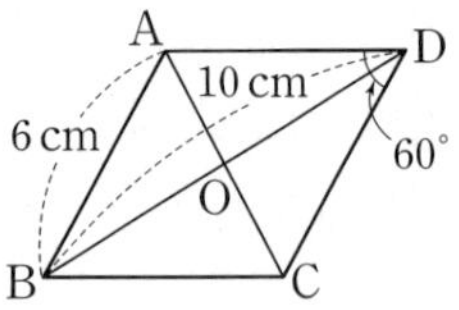

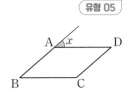

① $\overline{DC}=6$ cm   ② $\overline{BO}=5$ cm
③ ∠ABC=60°   ④ ∠BAD=120°
⑤ ∠BAO=60°

**70** 유형 04

오른쪽 그림과 같은 평행사변형 ABCD에서 $\overline{BE}$는 ∠B의 이등분선이다. $\overline{AB}=5$ cm, $\overline{BC}=7$ cm일 때, $\overline{ED}$의 길이를 구하시오.

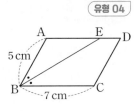

**71** 유형 05

오른쪽 그림과 같은 평행사변형 ABCD에서 ∠C : ∠D=7 : 2일 때, ∠x의 크기는?

① 35°  ② 40°
③ 45°  ④ 50°
⑤ 55°

**72** 유형 05

오른쪽 그림과 같은 평행사변형 ABCD에서 ∠A의 이등분선이 $\overline{DE}$와 만나는 점을 F라 하자. ∠AFD=90°, ∠C=120°일 때, ∠BEF의 크기를 구하시오.

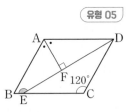

## 73  （유형 05）

오른쪽 그림과 같은 평행사변형 ABCD에서 $\overline{AE}$, $\overline{BF}$는 각각 ∠A, ∠B의 이등분선이다. ∠AEC=126°일 때, ∠$x$의 크기는?

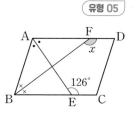

① 136°　　② 138°　　③ 140°
④ 142°　　⑤ 144°

## 74  （유형 06）

오른쪽 그림과 같은 평행사변형 ABCD의 두 대각선의 교점을 O라 하자. □OCED는 평행사변형이고, $\overline{AC}$=12 cm, $\overline{BD}$=14 cm일 때, □OCED의 둘레의 길이를 구하시오.

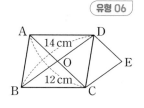

## 75  （유형 06）

오른쪽 그림과 같이 평행사변형 ABCD의 두 대각선의 교점 O를 지나는 직선이 $\overline{AD}$, $\overline{BC}$와 만나는 점을 각각 P, Q라 할 때, 다음 보기 중 옳지 <u>않은</u> 것을 모두 고르시오.

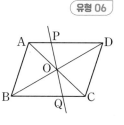

보기
ㄱ. $\overline{OP}=\overline{OQ}$　　　ㄴ. $\overline{AP}=\overline{CQ}$
ㄷ. $\overline{DP}=\overline{BQ}$　　　ㄹ. $\overline{AO}=\overline{DO}$
ㅁ. ∠APO=∠BQO　　ㅂ. △POD=△QOB

## 76  （유형 08）

오른쪽 그림과 같은 □ABCD에서 $\overline{BE}$는 ∠B의 이등분선이다. $\overline{AD}$=15 cm, ∠AEB=50°일 때, □ABCD가 평행사변형이 되도록 하는 $x$, $y$에 대하여 $x+y$의 값을 구하시오.

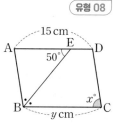

## 77  （유형 09）

다음 보기 중 오른쪽 그림의 □ABCD가 평행사변형인 것을 모두 고른 것은? (단, 점 O는 두 대각선의 교점이다.)

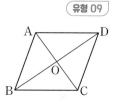

보기
ㄱ. $\overline{AD}$∥$\overline{BC}$, $\overline{AB}$=3 cm, $\overline{DC}$=3 cm
ㄴ. $\overline{AB}=\overline{BC}=\overline{CD}=\overline{AD}$
ㄷ. $\overline{OA}=\overline{OB}$, $\overline{OC}=\overline{OD}$
ㄹ. ∠A=∠C, $\overline{AB}$∥$\overline{DC}$
ㅁ. ∠A=125°, ∠B=55°, ∠D=55°

① ㄱ, ㄷ　　② ㄴ, ㄹ　　③ ㄱ, ㄷ, ㄹ
④ ㄴ, ㄷ, ㅁ　　⑤ ㄴ, ㄹ, ㅁ

## 78  （유형 10）

오른쪽 그림과 같이 평행사변형 ABCD에서 두 대각선의 교점을 O라 하고, $\overline{AO}$, $\overline{BO}$, $\overline{CO}$, $\overline{DO}$의 중점을 각각 P, Q, R, S라 하자. 다음 중 □PQRS에 대한 설명으로 옳지 <u>않은</u> 것은?

① $\overline{PS}$∥$\overline{QR}$　　　　② $\overline{PQ}=\overline{SR}$
③ $\overline{QR}=\overline{SR}$　　　　④ ∠SPQ=∠QRS
⑤ ∠PSR+∠SRQ=180°

**79**  유형 11

오른쪽 그림과 같은 평행사변형
ABCD에서 $\overline{AE}$, $\overline{CF}$는 각각
∠A, ∠C의 이등분선이다.
$\overline{AB}=7\,cm$, $\overline{BC}=12\,cm$,
∠B=60°일 때, □AECF의 둘레의 길이는?

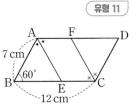

① 22 cm      ② 24 cm      ③ 26 cm
④ 28 cm      ⑤ 30 cm

**82**  유형 04

오른쪽 그림과 같은 평행사변형
ABCD에서 $\overline{AE}$, $\overline{DF}$는 각각
∠A, ∠D의 이등분선이다.
$\overline{AD}=8\,cm$, $\overline{EF}=2\,cm$일 때,
$\overline{AB}$의 길이를 구하시오.

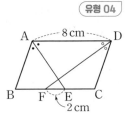

**80**  유형 11

오른쪽 그림과 같은 평행사변형
ABCD에서 $\overline{BE}=\overline{DF}$이고
∠AFO=46°, ∠ECO=28°일 때,
∠AOE의 크기는?
(단, 점 O는 두 대각선의 교점이다.)

① 72°      ② 73°      ③ 74°
④ 75°      ⑤ 76°

**83**  유형 11

오른쪽 그림과 같은 평행사변형
ABCD의 두 꼭짓점 B, D에서 대
각선 AC에 내린 수선의 발을 각각
P, Q라 하자. ∠DPC=50°일 때,
∠$x$의 크기를 구하시오.

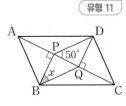

**81**  유형 13

오른쪽 그림과 같은 평행사변형
ABCD의 넓이가 56 cm²일 때,
△PDA와 △PBC의 넓이의 합을
구하시오.

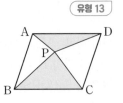

**84**  유형 12

오른쪽 그림과 같은 평행사변형
ABCD에서 두 대각선의 교점 O를
지나는 직선이 $\overline{AD}$, $\overline{BC}$와 만나는 점
을 각각 E, F라 하자. △OEA와
△OBF의 넓이의 합이 12 cm²일 때, □ABCD의 넓이를 구
하시오.

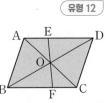

**85** 오른쪽 그림과 같은 평행사변형 ABCD에서 ∠A, ∠B의 이등분선과 $\overline{CD}$의 연장선이 만나는 점을 각각 E, F라 하자. $\overline{AB}=5\,cm$, $\overline{AD}=9\,cm$일 때, $\overline{FE}$의 길이를 구하시오.

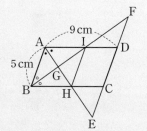

**86** 오른쪽 그림과 같은 평행사변형 ABCD에서 $\overline{CD}$의 중점을 M, 꼭짓점 A에서 $\overline{BM}$에 내린 수선의 발을 E라 하자. ∠ADE=40°일 때, ∠MBC의 크기를 구하시오.

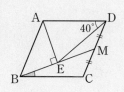

**87** 오른쪽 그림과 같은 평행사변형 ABCD에서 $\overline{BC}$ 위에 ∠DAP : ∠BAP=5 : 4가 되도록 점 P를 잡았다. ∠APD=75°, ∠PDC=15°일 때, ∠B의 크기를 구하시오.

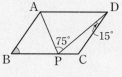

**88** 오른쪽 그림은 △ABC의 세 변을 각각 한 변으로 하는 세 정삼각형 DBA, EBC, FAC를 그린 것이다. 다음 중 옳지 <u>않은</u> 것은?

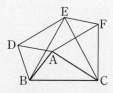

① ∠ABC=∠DBE
② △ABC≡△FEC
③ $\overline{DE}=\overline{AF}$
④ $\overline{EC}=\overline{AC}$
⑤ □AFED는 평행사변형이다.

**89** 오른쪽 그림과 같이 $\overline{AB}=100\,cm$인 평행사변형 ABCD에서 점 P는 점 A를 출발하여 점 B까지 $\overline{AB}$ 위를 매초 4 cm씩, 점 Q는 점 C를 출발하여 점 D까지 $\overline{CD}$ 위를 매초 6 cm씩 움직이고 있다. 점 P가 점 A를 출발한 지 4초 후에 점 Q가 점 C를 출발한다면 처음으로 $\overline{AQ} /\!/ \overline{PC}$가 되는 것은 점 Q가 출발한 지 몇 초 후인지 구하시오.

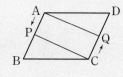

**90** 오른쪽 그림과 같이 $\overline{AB}=8\,cm$, $\overline{AD}=10\,cm$이고, 넓이가 $70\,cm^2$인 평행사변형 ABCD에서 $\overline{AE}$와 $\overline{BF}$는 각각 ∠A, ∠B의 이등분선이다. $\overline{AE}$와 $\overline{BF}$의 교점을 G라 할 때, △AGF의 넓이를 구하시오.

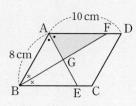

# 4.

# 여러 가지 사각형

• 정답과 해설 31쪽

### 유형 01 직사각형의 뜻과 성질 ⟨중요⟩

(1) 직사각형: 네 내각의 크기가 같은 사각형
→ $\angle A = \angle B = \angle C = \angle D = 90°$ 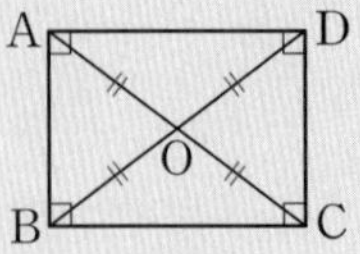
참고 직사각형은 두 쌍의 대각의 크기가 각각 같으므로 평행사변형이다.
(2) 직사각형의 성질: 직사각형의 두 대각선은 길이가 같고, 서로 다른 것을 이등분한다.
→ $\overline{AC} = \overline{BD}$, $\overline{AO} = \overline{BO} = \overline{CO} = \overline{DO}$

**대표 문제**

**01** 오른쪽 그림과 같은 직사각형 ABCD에서 두 대각선의 교점을 O라 하자. $\overline{OC} = 4$ cm, $\angle CAB = 60°$일 때, $x+y$의 값을 구하시오.

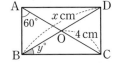

### 유형 02 평행사변형이 직사각형이 되는 조건

(1) 한 내각이 직각이다.
(2) 두 대각선의 길이가 같다.

 $\xrightarrow{\angle A = 90° \text{ 또는 } \overline{AC} = \overline{BD}}$

**대표 문제**

**02** 다음 중 오른쪽 그림과 같은 평행사변형 ABCD가 직사각형이 되는 조건이 <u>아닌</u> 것은?
(단, 점 O는 두 대각선의 교점이다.)

① $\angle A = 90°$　　　　② $\angle C = 90°$
③ $\overline{AC} \perp \overline{BD}$　　　　④ $\overline{AC} = \overline{BD}$
⑤ $\overline{OA} = \overline{OB}$

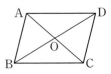

### 유형 03 마름모의 뜻과 성질 ⟨중요⟩

(1) 마름모: 네 변의 길이가 같은 사각형
→ $\overline{AB} = \overline{BC} = \overline{CD} = \overline{DA}$ 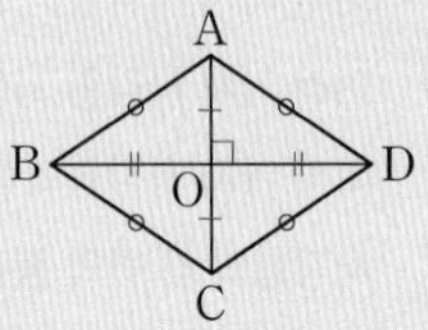
참고 마름모는 두 쌍의 대변의 길이가 각각 같으므로 평행사변형이다.
(2) 마름모의 성질: 마름모의 두 대각선은 서로 다른 것을 수직이등분한다.
→ $\overline{AO} = \overline{CO}$, $\overline{BO} = \overline{DO}$, $\overline{AC} \perp \overline{BD}$

**대표 문제**

**03** 오른쪽 그림과 같은 마름모 ABCD에서 두 대각선의 교점을 O라 하자.
$\overline{BC} = 9$ cm, $\angle ACB = 54°$일 때, $x+y$의 값을 구하시오.

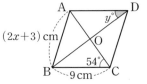

### 유형 04 평행사변형이 마름모가 되는 조건

(1) 이웃하는 두 변의 길이가 같다.
(2) 두 대각선이 직교한다.

 $\xrightarrow{\overline{AB} = \overline{BC} \text{ 또는 } \overline{AC} \perp \overline{BD}}$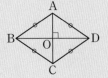

**대표 문제**

**04** 오른쪽 그림과 같은 평행사변형 ABCD에서 두 대각선의 교점을 O라 할 때, 다음 중 □ABCD가 마름모가 되는 조건이 <u>아닌</u> 것을 모두 고르면? (정답 2개)

① $\overline{AC} \perp \overline{BD}$　　　　② $\overline{AC} = \overline{BD}$
③ $\overline{AB} = \overline{AD}$　　　　④ $\angle BAD = \angle ABC$
⑤ $\angle OBC + \angle OCB = 90°$

# 유형 완성하기

핵심 문제만 골라 Pick

• 정답과 해설 32쪽

## 유형 01 직사각형의 뜻과 성질

Pick
### 05 대표 문제

오른쪽 그림과 같은 직사각형 ABCD에서 두 대각선의 교점을 O라 하자. $\overline{AC}=14\,\text{cm}$, $\angle DBC=37°$일 때, $y-x$의 값은?

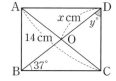

① 46　② 47　③ 48　④ 49　⑤ 50

### 06 하

오른쪽 그림과 같은 직사각형 ABCD에서 두 대각선의 교점을 O라 하자. $\overline{AO}=5x-3$, $\overline{CO}=2x+6$일 때, $\overline{BD}$의 길이는?

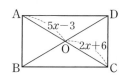

① 20　② 22　③ 24　④ 26　⑤ 28

### 07 하

오른쪽 그림과 같이 지름의 길이가 20인 원 O 위에 점 B가 있다. □OABC가 직사각형일 때, $\overline{AC}$의 길이를 구하시오.

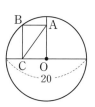

### 08 중

다음은 '직사각형의 두 대각선의 길이는 같다.'를 설명하는 과정이다. (가)~(마)에 알맞은 것을 구하시오.

> 직사각형 ABCD에서 두 대각선 AC, BD를 그으면
> 직사각형은 평행사변형이므로
> △ABC와 △DCB에서
> $\overline{AB}=$ (가) , (나) 는 공통, (다) $=\angle DCB=90°$이므로
> △ABC≡ (라) ( (마) 합동)
> ∴ $\overline{AC}=\overline{DB}$
> 따라서 직사각형의 두 대각선의 길이는 같다.

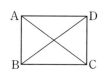

### 09 중

오른쪽 그림과 같은 직사각형 ABCD에서 두 대각선의 교점을 O라 하자. $\angle AOB=46°$일 때, $\angle a-\angle b$의 크기는?

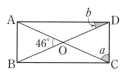

① 41°　② 42°　③ 43°　④ 44°　⑤ 45°

Pick
### 10 중 서술형

오른쪽 그림과 같이 직사각형 ABCD를 $\overline{EF}$를 접는 선으로 하여 꼭짓점 C가 꼭짓점 A와 겹쳐지도록 접었다. $\angle BAE=24°$일 때, $\angle AEF$의 크기를 구하시오.

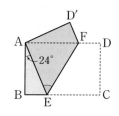

### 유형 02 평행사변형이 직사각형이 되는 조건

**11** 대표 문제

다음 중 평행사변형이 직사각형이 되는 조건은?

① 두 대각선이 수직으로 만난다.
② 이웃하는 두 변의 길이가 같다.
③ 두 대각선이 서로 다른 것을 이등분한다.
④ 두 쌍의 대변의 길이가 각각 같다.
⑤ 한 내각이 직각이다.

Pick
**12** 중

오른쪽 그림과 같은 평행사변형
ABCD에서 $\overline{AD}=4\,cm$,
$\overline{BD}=6\,cm$일 때, 한 가지 조건을 추
가하여 □ABCD가 직사각형이 되
도록 하려고 한다. 이때 필요한 조건을 다음 보기에서 모두
고르시오. (단, 점 O는 두 대각선의 교점이다.)

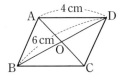

| 보기 |
| --- |
| ㄱ. $\overline{AB}=4\,cm$  ㄴ. $\overline{AC}=6\,cm$ |
| ㄷ. $\overline{OD}=3\,cm$  ㄹ. $\angle A=90°$ |
| ㅁ. $\angle AOB=90°$ |

**13** 중

다음은 '두 대각선의 길이가 같은 평행사변형은 직사각형이다.'
를 설명하는 과정이다. ㈎~㈐에 알맞은 것을 구하시오.

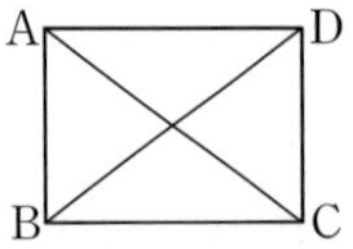

$\overline{AC}=\overline{BD}$인 평행사변형 ABCD에
대하여 △ABC와 △DCB에서
$\overline{AB}=\overline{DC}$, $\overline{AC}=$ ㈎ ,
$\overline{BC}$는 공통이므로
△ABC≡△DCB( ㈏ 합동)
∴ ∠ABC= ㈐  … ㉠
이때 □ABCD는 평행사변형이므로
∠ABC=∠CDA, ∠BCD=∠DAB  … ㉡
㉠, ㉡에 의해 ∠DAB=∠ABC=∠BCD=∠CDA
따라서 □ABCD는 직사각형이다.

**14** 중

오른쪽 그림과 같은 평행사변형
ABCD에서 ∠OAB=∠OBA일 때,
□ABCD는 어떤 사각형인가?
(단, 점 O는 두 대각선의 교점이다.)

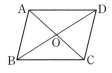

① 마름모 ② 직사각형 ③ 정사각형
④ 사다리꼴 ⑤ 등변사다리꼴

**15** 중

오른쪽 그림과 같은 평행사변형
ABCD에서 $\overline{AD}$의 중점을 M이라
하자. $\overline{MB}=\overline{MC}$일 때, □ABCD가
어떤 사각형이 되는지 말하고, ∠A
의 크기를 구하시오.

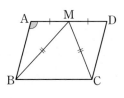

### 유형 03 마름모의 뜻과 성질 중요

**16** 대표 문제

오른쪽 그림과 같은 마름모 ABCD
에서 두 대각선의 교점을 O라 하자.
∠ADB=30°일 때, ∠$x$−∠$y$의
크기를 구하시오.

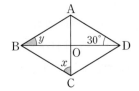

• 정답과 해설 32쪽

**17** 하

오른쪽 그림과 같은 마름모
ABCD에서 ∠BDC=34°일 때,
∠A의 크기를 구하시오.

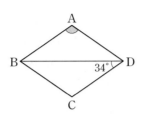

**18** 중

다음은 '마름모의 두 대각선은 서로 수직이다.'를 설명하는 과정이다. ㈎～㈑에 알맞은 것을 구하시오.

마름모 ABCD에서 두 대각선의
교점을 O라 하자. 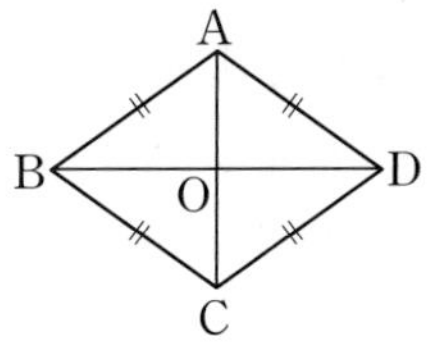
△ABO와 △ADO에서
$\overline{AB}=$ ㈎ , $\overline{BO}=\overline{DO}$ ,
$\overline{AO}$ 는 공통이므로
△ABO≡△ADO ( ㈏ 합동)
∴ ㈐ $=\angle AOD$
이때 ∠AOB+∠AOD= ㈑ 이므로
∠AOB=∠AOD=90°
따라서 마름모의 두 대각선은 서로 수직이다.

**19** 중 서술형

오른쪽 그림과 같은 직사각형
ABCD에서 ∠ABD의 이등분선과
$\overline{AD}$ 의 교점을 E, ∠BDC의 이등분선
과 $\overline{BC}$ 의 교점을 F라 하자.
□EBFD가 마름모일 때, ∠BFD의 크기를 구하시오.

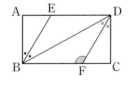

**20** 중 Pick

오른쪽 그림과 같은 마름모
ABCD의 꼭짓점 A에서 $\overline{CD}$ 에
내린 수선의 발을 E, $\overline{AE}$ 와 $\overline{BD}$
의 교점을 F라 하자. ∠C=126°
일 때, ∠AFB의 크기는?

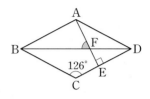

① 60°　　　② 61°　　　③ 62°
④ 63°　　　⑤ 64°

**21** 중

오른쪽 그림과 같은 마름모 ABCD의
꼭짓점 A에서 $\overline{BC}$, $\overline{CD}$ 에 내린 수선
의 발을 각각 P, Q라 하자.
∠B=70°일 때, ∠APQ의 크기를
구하시오.

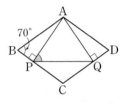

**22** 상 Pick

오른쪽 그림과 같은 마름모
ABCD에서 두 대각선의 교점을
O라 하고, $\overline{CE}$ 와 $\overline{BD}$ 의 교점을 F
라 하자. $\overline{BC}=10$ cm,
$\overline{BE}=\overline{BF}=6$ cm일 때, $\overline{BD}$ 의 길
이를 구하시오.

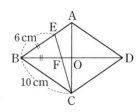

### 유형 04 평행사변형이 마름모가 되는 조건

**23** 대표 문제

다음 중 평행사변형이 마름모가 되는 조건을 모두 고르면?

(정답 2개)

① 두 대각선이 직교한다.
② 두 대각선의 길이가 같다.
③ 한 내각의 크기가 90°이다.
④ 이웃하는 두 변의 길이가 같다.
⑤ 이웃하는 두 내각의 크기가 같다.

**24** 중

오른쪽 그림과 같은 평행사변형 ABCD에서 $\overline{AB}=5\,cm$일 때, 한 가지 조건을 추가하여 □ABCD가 마름모가 되도록 하려고 한다. 이때 필요한 조건을 다음 보기에서 모두 고르시오.

(단, 점 O는 두 대각선의 교점이다.)

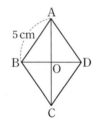

┌ 보기 ┐
ㄱ. $\overline{AD}=5\,cm$           ㄴ. $\angle A=90°$

ㄷ. $\angle AOB=90°$          ㄹ. $\overline{AC}=5\,cm$

ㅁ. $\overline{AC}=\overline{BD}$

**25** 중

다음은 '두 대각선이 직교하는 평행사변형은 마름모이다.'를 설명하는 과정이다. (개)~(매)에 알맞은 것을 구하시오.

┌─────────────────────────────┐
$\overline{AC}\perp\overline{BD}$인 평행사변형 ABCD에서
두 대각선의 교점을 O라 하자. 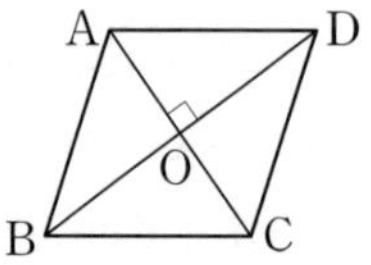
□ABCD는 [ (개) ]이므로
$\overline{AB}=\overline{DC}$, [ (내) ] $=\overline{BC}$   … ㉠
△ABO와 △ADO에서
$\overline{BO}=\overline{DO}$, $\angle AOB=\angle AOD$, [ (다) ]는 공통이므로
△ABO≡△ADO([ (라) ] 합동)
∴ $\overline{AB}=$ [ (매) ]   … ㉡
㉠, ㉡에 의해 $\overline{AB}=\overline{BC}=\overline{CD}=\overline{DA}$
따라서 □ABCD는 마름모이다.
└─────────────────────────────┘

**26** 중

오른쪽 그림과 같은 평행사변형 ABCD에서 대각선 BD가 ∠B의 이등분선일 때, □ABCD는 어떤 사각형인지 말하시오.

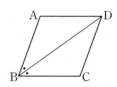

**27** 중

오른쪽 그림과 같은 평행사변형 ABCD에서 두 대각선의 교점을 O라 하자. $\overline{AB}=2a+1$, $\overline{BC}=a+13$, $\overline{CD}=3a-11$일 때, ∠$x$의 크기를 구하시오.

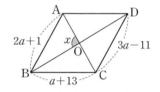

**28** 중 서술형

오른쪽 그림과 같은 평행사변형 ABCD에서 두 대각선의 교점을 O라 하자. $\overline{AD}=6\,cm$, $\angle BAC=56°$, $\angle BDC=34°$일 때, $x+y$의 값을 구하시오.

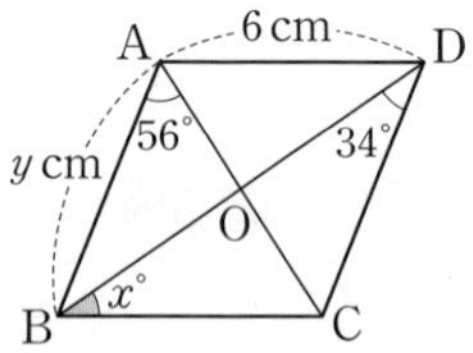

• 정답과 해설 33쪽

## 유형 05 　정사각형의 뜻과 성질 　중요

(1) 정사각형: 네 변의 길이가 같고, 네 내각의
크기가 같은 사각형
→ $\overline{AB}=\overline{BC}=\overline{CD}=\overline{DA}$,
$\angle A=\angle B=\angle C=\angle D=90°$

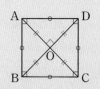

(2) 정사각형의 성질: 정사각형의 두 대각선은 길이가 같고, 서로
다른 것을 수직이등분한다.
→ $\overline{AC}=\overline{BD}$, $\overline{AC}\perp\overline{BD}$, $\overline{AO}=\overline{BO}=\overline{CO}=\overline{DO}$

**대표 문제**

**29** 오른쪽 그림과 같은 정사각형
ABCD에서 대각선 BD 위에
$\angle DAE=25°$가 되도록 점 E를 잡을
때, $\angle x$의 크기를 구하시오.

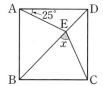

## 유형 06 　정사각형이 되는 조건

$\overline{AB}=\overline{BC}$ 또는 $\overline{AC}\perp\overline{BD}$

$\angle A=90°$ 또는 $\overline{AC}=\overline{BD}$

참고 평행사변형이 직사각형이 되는 조건과 마름모가 되는 조건을 모두 만족
시키면 정사각형이 된다.

**대표 문제**

**30** 오른쪽 그림과 같은 직사각형
ABCD가 정사각형이 되는 조건을
다음 보기에서 모두 고르시오.
(단, 점 O는 두 대각선의 교점이다.)

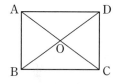

┌ 보기 ┐
ㄱ. $\overline{AC}=\overline{BD}$　　　　ㄴ. $\angle BCD=90°$
ㄷ. $\overline{AB}=\overline{BC}$　　　　ㄹ. $\angle AOB=\angle AOD$

## 유형 07 　등변사다리꼴의 뜻과 성질

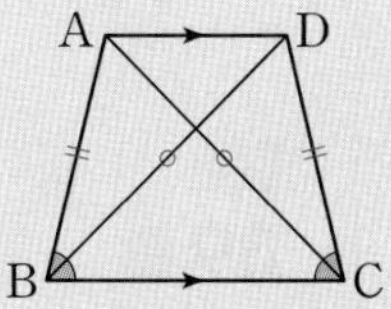

(1) 등변사다리꼴: 아랫변의 양 끝 각의 크기
가 같은 사다리꼴
→ $\overline{AD}/\!/\overline{BC}$, $\angle B=\angle C$

(2) 등변사다리꼴의 성질
① 평행하지 않은 한 쌍의 대변의 길이가 같다. → $\overline{AB}=\overline{DC}$
② 두 대각선의 길이가 같다.　　　　　　　→ $\overline{AC}=\overline{BD}$

**대표 문제**

**31** 오른쪽 그림과 같이
$\overline{AD}/\!/\overline{BC}$인 등변사다리꼴
ABCD에서 $\angle ABD=30°$,
$\angle C=70°$일 때, $\angle ADB$의 크기
를 구하시오.

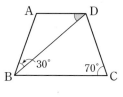

## 유형 08 　등변사다리꼴의 성질의 응용 　중요

$\overline{AD}/\!/\overline{BC}$인 등변사다리꼴 ABCD에서 다음이 성립한다.

(1)
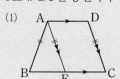
△ABE → 이등변삼각형
▱AECD → 평행사변형

(2)
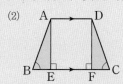
△ABE≡△DCF
(RHA 합동)

**대표 문제**

**32** 오른쪽 그림과 같이
$\overline{AD}/\!/\overline{BC}$인 등변사다리꼴
ABCD에서 $\overline{AB}=6\,cm$,
$\overline{AD}=5\,cm$, $\angle B=60°$일 때,
$\overline{BC}$의 길이를 구하시오.

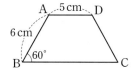

중요

**유형 05** 정사각형의 뜻과 성질

Pick
**33** 대표 문제

오른쪽 그림과 같은 정사각형 ABCD에서 대각선 AC 위에 ∠BPC=75°가 되도록 점 P를 잡을 때, ∠ADP의 크기를 구하시오.

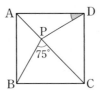

**34** 하

오른쪽 그림과 같은 정사각형 ABCD에서 두 대각선의 교점을 O라 할 때, 다음 중 옳지 <u>않은</u> 것은?

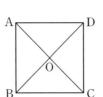

① $\overline{AO}=\overline{DO}$　② $\overline{AB}=\overline{AD}$
③ $\overline{BO}=\overline{BC}$　④ $\overline{AC}\perp\overline{BD}$
⑤ ∠ABC=90°

**35** 하

오른쪽 그림과 같은 정사각형 ABCD에서 두 대각선의 교점을 O라 하자. $\overline{AO}=2$ cm일 때, □ABCD의 넓이를 구하시오.

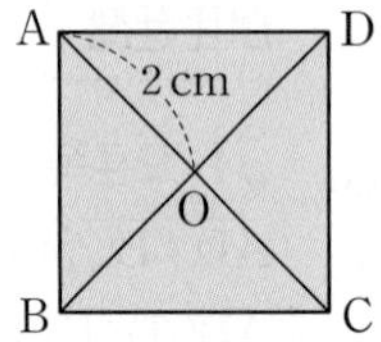

Pick
**36** 중 서술형

오른쪽 그림과 같은 정사각형 ABCD에서 $\overline{AD}=\overline{AE}$이고 ∠ABE=30°일 때, ∠ADE의 크기를 구하시오.

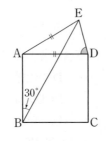

**37** 중

오른쪽 그림과 같은 정사각형 ABCD에서 △EBC가 정삼각형일 때, ∠$x$의 크기는?

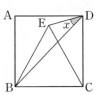

① 22.5°　② 25°
③ 27.5°　④ 30°
⑤ 32.5°

**38** 중

오른쪽 그림과 같은 정사각형 ABCD에서 $\overline{BC}$, $\overline{CD}$ 위에 $\overline{BE}=\overline{CF}$가 되도록 각각 점 E, F를 잡았다. ∠AEC=110°일 때, ∠FBC의 크기를 구하시오.

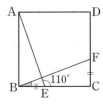

Pick
**39** 상

오른쪽 그림에서 □ABCD, □OEFG는 한 변의 길이가 4 cm인 정사각형이고 점 O는 □ABCD의 두 대각선의 교점일 때, 색칠한 부분의 넓이를 구하시오.

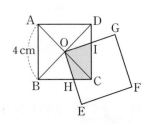

**유형 06** 정사각형이 되는 조건

**40** 대표 문제

다음 중 오른쪽 그림과 같은 마름모 ABCD가 정사각형이 되는 조건은? (단, 점 O는 두 대각선의 교점이다.)

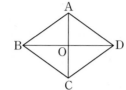

① $\overline{AC} \perp \overline{BD}$    ② $\overline{AC} = \overline{BD}$

③ $\overline{AO} = \overline{CO}$    ④ $\overline{AD} = \overline{BC}$

⑤ $\overline{AB} = \overline{AD}$

**Pick**
**41** 중

다음 중 오른쪽 그림과 같은 평행사변형 ABCD가 정사각형이 되는 조건은?

(단, 점 O는 두 대각선의 교점이다.)

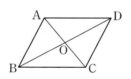

① $\overline{AC} = \overline{BD}$, $\overline{CO} = \overline{DO}$    ② $\angle ABC = 90°$, $\overline{AO} = \overline{BO}$

③ $\overline{AC} \perp \overline{BD}$, $\overline{AO} = \overline{DO}$    ④ $\overline{AC} \perp \overline{BD}$, $\overline{AB} = \overline{BC}$

⑤ $\overline{AB} = \overline{AD}$, $\angle AOB = 90°$

**42** 중

다음 중 항상 정사각형이라고 할 수 없는 것은?

① 두 대각선이 수직으로 만나는 직사각형

② 이웃하는 두 내각의 크기가 같은 마름모

③ 네 변의 길이가 모두 같고 두 대각선의 길이가 같은 사각형

④ 이웃하는 두 변의 길이가 같은 평행사변형

⑤ 두 대각선의 길이가 같고 서로 다른 것을 수직이등분하는 사각형

**유형 07** 등변사다리꼴의 뜻과 성질

**43** 대표 문제

오른쪽 그림과 같이 $\overline{AD} /\!/ \overline{BC}$인 등변사다리꼴 ABCD에서 $\angle ABD = \angle DBC$이고 $\angle C = 80°$일 때, $\angle ADB$의 크기를 구하시오.

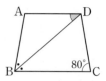

**Pick**
**44** 하

오른쪽 그림과 같이 $\overline{AD} /\!/ \overline{BC}$인 등변사다리꼴 ABCD에서 $\overline{AD} = 5x - 11$, $\overline{AC} = 4x - 7$, $\overline{BD} = \dfrac{2}{3}x + 5$일 때, $\overline{AD}$의 길이를 구하시오.

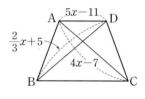

**45** 중

다음은 '등변사다리꼴에서 평행하지 않은 한 쌍의 대변의 길이는 같다.'를 설명하는 과정이다. ㈎~㈐에 알맞은 것을 구하시오.

---

$\overline{AD} /\!/ \overline{BC}$인 등변사다리꼴 ABCD에서 점 D를 지나고 $\overline{AB}$에 평행한 직선을 그어 $\overline{BC}$와 만나는 점을 E라 하면

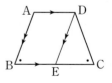

□ABED는 ㈎ 이므로

$\overline{AB} = \overline{DE}$   … ㉠

$\angle B = \angle C$이고, $\angle B = $ ㈏ (동위각)이므로

㈏ $= \angle C$

즉, △DEC는 이등변삼각형이므로

㈐ $= \overline{DC}$   … ㉡

따라서 ㉠, ㉡에 의해 $\overline{AB} = $ ㈑ 이므로 등변사다리꼴에서 평행하지 않은 한 쌍의 대변의 길이는 같다.

---

**46** 중

오른쪽 그림과 같이 $\overline{AD}/\!/\overline{BC}$인 등변사다리꼴 ABCD에 대하여 다음 중 옳지 <u>않은</u> 것은?

(단, 점 O는 두 대각선의 교점이다.)

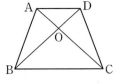

① $\overline{AC}=\overline{BD}$      ② $\overline{AO}=\overline{DO}$

③ $\overline{AC}\perp\overline{BD}$      ④ $\angle BAD=\angle ADC$

⑤ $\angle BAC=\angle CDB$

**47** 중

오른쪽 그림과 같이 $\overline{AD}/\!/\overline{BC}$인 등변사다리꼴 ABCD에서 $\overline{AE}/\!/\overline{DB}$가 되도록 $\overline{CB}$의 연장선 위에 점 E를 잡았다. $\angle ACB=40°$일 때, $\angle x$의 크기를 구하시오.

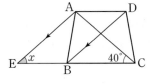

**48** 중

오른쪽 그림과 같이 $\overline{AD}/\!/\overline{BC}$인 등변사다리꼴 ABCD에서 $\overline{AD}=\overline{CD}$이고 $\angle BAC=72°$일 때, $\angle x$의 크기는?

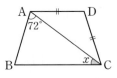

① 34°      ② 36°      ③ 38°

④ 40°      ⑤ 42°

---

**유형 08**    등변사다리꼴의 성질의 응용

Pick
**49** 대표 문제

오른쪽 그림과 같이 $\overline{AD}/\!/\overline{BC}$인 등변사다리꼴 ABCD에서 $\overline{AB}=14\,\text{cm}$, $\overline{AD}=10\,\text{cm}$이고 $\angle A=120°$일 때, □ABCD의 둘레의 길이를 구하시오.

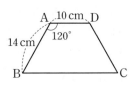

**50** 중

다음 그림과 같이 $\overline{AD}/\!/\overline{BC}$인 등변사다리꼴 ABCD의 꼭짓점 D에서 $\overline{BC}$에 내린 수선의 발을 E라 하자. $\overline{AD}=8\,\text{cm}$, $\overline{BC}=12\,\text{cm}$, $\angle B=65°$일 때, $x+y$의 값을 구하시오.

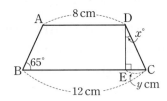

**51** 중

오른쪽 그림과 같이 $\overline{AD}/\!/\overline{BC}$인 등변사다리꼴 ABCD에서 $\overline{AB}=\overline{AD}$, $\overline{BC}=2\overline{AD}$일 때, $\angle C$의 크기를 구하시오.

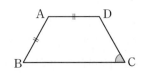

## 유형 09   여러 가지 사각형의 판별

(1) 평행사변형: 두 쌍의 대변이 각각 평행하다.
(2) 직사각형: 네 각이 모두 직각이다.
(3) 마름모: 네 변의 길이가 모두 같다.
(4) 정사각형: 네 각의 크기와 네 변의 길이가 각각 같다.
(5) 등변사다리꼴: 아랫변의 양 끝 각의 크기가 같은 사다리꼴이다.

### 대표 문제

**52** 오른쪽 그림과 같은 평행사변형 ABCD에서 네 내각의 이등분선의 교점을 각각 P, Q, R, S라 할 때, □PQRS는 어떤 사각형인지 말하시오.

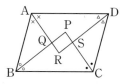

## 유형 10   여러 가지 사각형 사이의 관계   중요

① 한 쌍의 대변이 평행하다.
② 다른 한 쌍의 대변이 평행하다.
③ 한 내각이 직각이거나 두 대각선의 길이가 같다.
④ 이웃하는 두 변의 길이가 같거나 두 대각선이 직교한다.

### 대표 문제

**53** 다음 중 옳지 <u>않은</u> 것은?
① 한 쌍의 대변이 평행하고 그 길이가 같은 사각형은 평행사변형이다.
② 정사각형의 두 대각선은 길이가 같고, 서로 다른 것을 수직이등분한다.
③ 두 대각선의 길이가 같은 평행사변형은 마름모이다.
④ 이웃하는 두 변의 길이가 같은 평행사변형은 마름모이다.
⑤ 두 대각선이 수직인 직사각형은 정사각형이다.

## 유형 11   여러 가지 사각형의 대각선의 성질

| 대각선 \ 사각형 | 서로를 이등분한다. | 길이가 같다. | 서로 수직이다. |
|---|---|---|---|
| 평행사변형 | ○ | × | × |
| 직사각형 | ○ | ○ | × |
| 마름모 | ○ | × | ○ |
| 정사각형 | ○ | ○ | ○ |
| 등변사다리꼴 | × | ○ | × |

### 대표 문제

**54** 다음 보기 중 두 대각선의 길이가 같은 사각형을 모두 고르시오.

┌ 보기 ┐
ㄱ. 평행사변형        ㄴ. 직사각형
ㄷ. 마름모            ㄹ. 정사각형
ㅁ. 등변사다리꼴      ㅂ. 사다리꼴
└─────────┘

## 유형 12   사각형의 각 변의 중점을 연결하여 만든 사각형

사각형의 각 변의 중점을 연결하여 만든 사각형은 다음과 같다.
(1) 사각형, 사다리꼴, 평행사변형 ➡ 평행사변형
(2) 직사각형, 등변사다리꼴        ➡ 마름모
(3) 마름모                        ➡ 직사각형
(4) 정사각형                      ➡ 정사각형

### 대표 문제

**55** 다음 중 직사각형의 각 변의 중점을 연결하여 만든 사각형에 대한 설명으로 옳지 <u>않은</u> 것을 모두 고르면? (정답 2개)
① 두 대각선의 길이가 같다.
② 두 대각선이 직교한다.
③ 이웃하는 두 변의 길이가 같다.
④ 두 대각의 크기의 합은 180°이다.
⑤ 두 쌍의 대변의 길이가 각각 같다.

## 유형 09    여러 가지 사각형의 판별

### 56 대표 문제

오른쪽 그림과 같은 평행사변형 ABCD에서 네 내각의 이등분선의 교점을 각각 P, Q, R, S라 할 때, 다음 중 옳지 않은 것은?

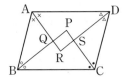

① $\angle QPS = 90°$　② $\overline{QR} /\!/ \overline{PS}$　③ $\overline{QS} = \overline{PR}$
④ $\overline{QS} \perp \overline{PR}$　⑤ $\angle PQR = \angle QRS$

### 57 중

오른쪽 그림과 같은 직사각형 ABCD에서 $\overline{BE} = \overline{DF}$일 때, □EBFD는 어떤 사각형인지 말하시오.

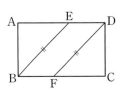

### 58 중

오른쪽 그림과 같은 정사각형 ABCD의 각 변 위에 $\overline{AE} = \overline{BF} = \overline{CG} = \overline{DH}$가 되도록 네 점 E, F, G, H를 잡을 때, □EFGH는 어떤 사각형인지 말하시오.

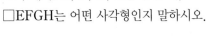
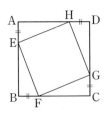

### 59 중 Pick

오른쪽 그림과 같은 직사각형 ABCD에서 대각선 AC의 수직이등분선이 $\overline{AD}$, $\overline{BC}$와 만나는 점을 각각 E, F라 하자. $\overline{AD} = 8\,cm$, $\overline{BF} = 2\,cm$일 때, $\overline{AF}$의 길이를 구하시오.

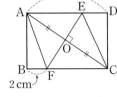

### 60 중 서술형

오른쪽 그림과 같은 평행사변형 ABCD에서 $\angle A$, $\angle B$의 이등분선이 $\overline{BC}$, $\overline{AD}$와 만나는 점을 각각 E, F라 하자. $\overline{AB} = 8\,cm$, $\overline{BC} = 11\,cm$일 때, □ABEF는 어떤 사각형인지 말하고, 그 둘레의 길이를 구하시오.

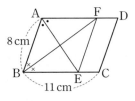

### 61 상

오른쪽 그림과 같은 평행사변형 ABCD에서 $\overline{AD} = 2\overline{AB}$이다. $\overline{AD}$, $\overline{BC}$의 중점을 각각 E, F라 하고, $\overline{AF}$와 $\overline{BE}$의 교점을 P, $\overline{EC}$와 $\overline{FD}$의 교점을 Q라 할 때, 다음 중 □EPFQ에 대한 설명으로 옳지 않은 것은?

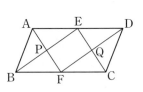

① 두 쌍의 대변의 길이가 각각 같다.
② 두 대각선의 길이가 같다.
③ 두 대각선이 서로를 이등분한다.
④ 두 대각선이 서로 수직이다.
⑤ 네 내각의 크기가 모두 같다.

• 정답과 해설 36쪽

**유형 10** 여러 가지 사각형 사이의 관계

**62 대표 문제**

다음 보기 중 옳은 것을 모두 고르시오.

┌ 보기 ┐
ㄱ. 한 쌍의 대변이 평행한 사각형은 사다리꼴이다.
ㄴ. 이웃하는 두 내각의 크기가 같은 사각형은 직사각형이다.
ㄷ. 두 대각선의 길이가 같은 사다리꼴은 등변사다리꼴이다.
ㄹ. 두 대각선이 직교하는 평행사변형은 직사각형이다.
ㅁ. 한 내각의 크기가 90°인 마름모는 정사각형이다.
ㅂ. 두 대각선의 길이가 같고, 서로 다른 것을 이등분하는 평행사변형은 마름모이다.

**63 중**

다음 중 옳지 않은 것을 모두 고르면? (정답 2개)

① 정사각형은 직사각형이다.
② 마름모는 정사각형이다.
③ 평행사변형은 사다리꼴이다.
④ 직사각형이고, 마름모이면 정사각형이다.
⑤ 등변사다리꼴은 평행사변형이다.

P̓ick
**64 중**

다음 그림은 사다리꼴에 조건이 하나씩 추가되어 여러 가지 사각형이 되는 과정을 나타낸 것이다. ①~⑤에 알맞은 조건으로 옳지 않은 것은?

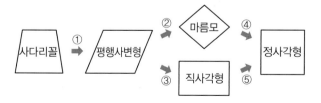

① 다른 한 쌍의 대변이 평행하다.
② 이웃하는 두 변의 길이가 같다.
③ 두 대각선의 길이가 같다.
④ 두 대각선이 서로 다른 것을 수직이등분한다.
⑤ 두 대각선이 수직이다.

**65 중**

오른쪽 그림과 같은 평행사변형 ABCD에서 두 대각선의 교점을 O라 할 때, 다음 중 옳지 않은 것을 모두 고르면? (정답 2개)

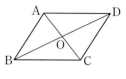

① ∠A=90°이면 □ABCD는 직사각형이다.
② $\overline{AC}=\overline{BD}$이면 □ABCD는 마름모이다.
③ ∠ACB=∠ACD이면 □ABCD는 마름모이다.
④ $\overline{AO}=\overline{BO}$, $\overline{AC}\perp\overline{BD}$이면 □ABCD는 정사각형이다.
⑤ $\overline{AB}=\overline{AD}$이면 □ABCD는 직사각형이다.

**유형 11** 여러 가지 사각형의 대각선의 성질

**66 대표 문제**

다음 중 두 대각선이 서로 다른 것을 이등분하는 사각형이 아닌 것은?

① 평행사변형    ② 직사각형    ③ 마름모
④ 정사각형    ⑤ 등변사다리꼴

**67 중**

다음 보기의 사각형 중 두 대각선의 길이가 같은 것은 $a$개, 두 대각선이 직교하는 것은 $b$개, 두 대각선의 길이가 같고 서로 다른 것을 수직이등분하는 것은 $c$개일 때, $a+b+c$의 값을 구하시오.

┌ 보기 ┐
ㄱ. 사다리꼴          ㄴ. 평행사변형
ㄷ. 직사각형          ㄹ. 마름모
ㅁ. 등변사다리꼴      ㅂ. 정사각형

**유형 12** 사각형의 각 변의 중점을 연결하여 만든 사각형

**68** 대표 문제

다음은 '평행사변형의 각 변의 중점을 연결하여 만든 사각형은 평행사변형이다.'를 설명하는 과정이다. (개)~(래)에 알맞은 것을 구하시오.

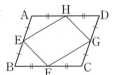

평행사변형 ABCD의 각 변의 중점을
각각 E, F, G, H라 하면
△AEH≡△CGF ( (개) 합동)
∴ $\overline{EH}=$ (내) ··· ㉠
△BFE≡△DHG ( (대) 합동)
∴ $\overline{EF}=$ (래) ··· ㉡
따라서 ㉠, ㉡에 의해 □EFGH는 평행사변형이다.

**69** 하

다음 중 사각형과 그 사각형의 각 변의 중점을 연결하여 만든 사각형을 짝 지은 것으로 옳지 <u>않은</u> 것을 모두 고르면?

(정답 2개)

① 사다리꼴 – 평행사변형     ② 직사각형 – 정사각형
③ 마름모 – 직사각형         ④ 정사각형 – 마름모
⑤ 등변사다리꼴 – 마름모

**70** 중

오른쪽 그림과 같이 직사각형 ABCD의 각 변의 중점을 각각 P, Q, R, S라 하자. $\overline{AB}=6$ cm, $\overline{AD}=8$ cm, $\overline{PQ}=5$ cm일 때, □PQRS의 둘레의 길이를 구하시오.

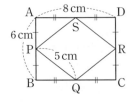

**71** 중 서술형

오른쪽 그림과 같이 마름모 ABCD의 각 변의 중점을 각각 P, Q, R, S라 할 때, □PQRS는 어떤 사각형인지 말하시오.

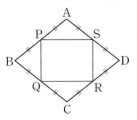

**72** 중

오른쪽 그림과 같은 정사각형 ABCD의 각 변의 중점을 각각 P, Q, R, S라 하자. $\overline{QR}=5$ cm일 때, □PQRS의 넓이를 구하시오.

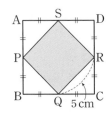

**73** 중

오른쪽 그림과 같은 사각형 ABCD의 각 변의 중점을 각각 P, Q, R, S라 하자. $\overline{PQ}=8$ cm, $\overline{QR}=9$ cm일 때, □PQRS의 둘레의 길이는?

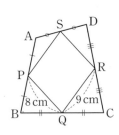

① 32 cm     ② 34 cm
③ 36 cm     ④ 38 cm
⑤ 40 cm

• 정답과 해설 37쪽

**유형 13** 평행선과 삼각형의 넓이 📍중요

(1) 두 직선 $l$과 $m$이 평행할 때, △ABC와 △DBC는 밑변 BC가 공통이고 높이는 $h$로 같으므로 넓이가 같다.

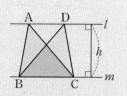

(2) 평행선과 삼각형의 넓이의 응용
$\overline{AC}/\!/\overline{DE}$이므로
① △ACD=△ACE
② □ABCD=△ABC+△ACD
   =△ABC+△ACE
   =△ABE

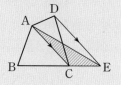

**대표 문제**

**74** 오른쪽 그림에서 $\overline{AC}/\!/\overline{DE}$이고 △ABC, △ACE의 넓이가 각각 $7\,cm^2$, $3\,cm^2$일 때, □ABCD의 넓이는?

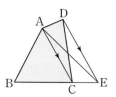

① $6\,cm^2$   ② $9\,cm^2$
③ $10\,cm^2$   ④ $13\,cm^2$
⑤ $14\,cm^2$

---

**유형 14** 높이가 같은 두 삼각형의 넓이

높이가 같은 두 삼각형의 넓이의 비는 밑변의 길이의 비와 같다.
➡ △ABD : △ADC=$\overline{BD}$ : $\overline{DC}$

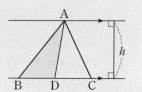

참고 △ABD : △ADC=$\left(\dfrac{1}{2}\times\overline{BD}\times h\right):\left(\dfrac{1}{2}\times\overline{DC}\times h\right)=\overline{BD}:\overline{DC}$

**대표 문제**

**75** 오른쪽 그림에서 점 D는 $\overline{BC}$의 중점이고, $\overline{AE}:\overline{ED}=2:3$이다. △ABC의 넓이가 $40\,cm^2$일 때, △EDC의 넓이를 구하시오.

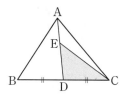

---

**유형 15** 평행사변형에서 높이가 같은 두 삼각형의 넓이 📍중요

평행사변형 ABCD에서
(1) △ABC=△EBC=△DBC
   =$\dfrac{1}{2}$□ABCD

(2) △ABC=△ACD, △ABD=△BCD

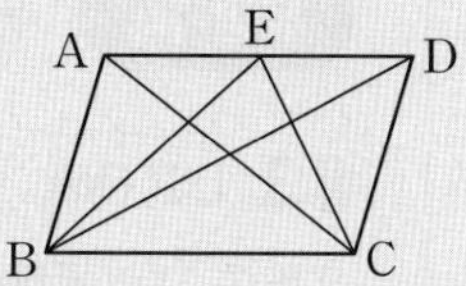

**대표 문제**

**76** 오른쪽 그림과 같은 마름모 ABCD에서 $\overline{BP}:\overline{PC}=4:3$이고 $\overline{AC}=14\,cm$, $\overline{BD}=18\,cm$일 때, △DBP의 넓이를 구하시오.

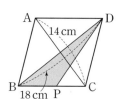

---

**유형 16** 사다리꼴에서 높이가 같은 두 삼각형의 넓이

$\overline{AD}/\!/\overline{BC}$인 사다리꼴 ABCD에서
(1) △ABC=△DBC이므로
   △ABO=△ABC−△OBC
       =△DBC−△OBC
       =△DOC
(2) △ABO : △OBC=$\overline{AO}$ : $\overline{CO}$=△AOD : △DOC

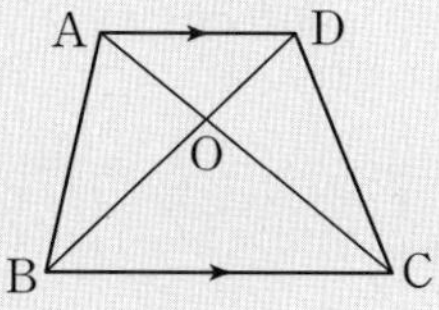

**대표 문제**

**77** 오른쪽 그림과 같이 $\overline{AD}/\!/\overline{BC}$인 사다리꼴 ABCD에서 두 대각선의 교점을 O라 하자. △ABD, △AOD의 넓이가 각각 $56\,cm^2$, $24\,cm^2$일 때, △DOC의 넓이를 구하시오.

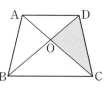

**유형 13** 평행선과 삼각형의 넓이 ⓒ

**78** 대표 문제

오른쪽 그림에서 $\overline{AE}/\!/\overline{DB}$이고
□ABCD의 넓이가 $50\,\text{cm}^2$일 때,
△DEC의 넓이를 구하시오.

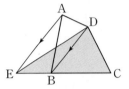

**Pick**
**79** ⓒ

오른쪽 그림에서 $\overline{AC}/\!/\overline{DE}$이고, $\overline{AC}$
는 □ABCD의 이등분선이다.
□ABCD의 넓이가 $78\,\text{cm}^2$,
△OCE의 넓이가 $24\,\text{cm}^2$일 때,
△ACO의 넓이는?

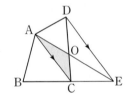

① $12\,\text{cm}^2$     ② $13\,\text{cm}^2$     ③ $14\,\text{cm}^2$
④ $15\,\text{cm}^2$     ⑤ $16\,\text{cm}^2$

**Pick**
**80** ⓒ

오른쪽 그림에서 $\overline{AC}/\!/\overline{DE}$,
$\overline{AH}\perp\overline{BE}$이다. $\overline{AH}=5\,\text{cm}$,
$\overline{BC}=6\,\text{cm}$, $\overline{CE}=4\,\text{cm}$일 때,
□ABCD의 넓이를 구하시오.

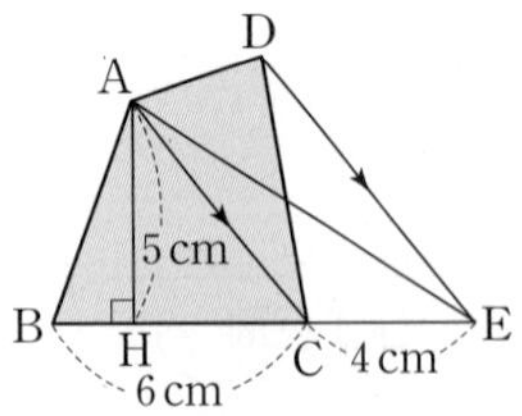

**81** ⓒ

오른쪽 그림에서 $\overline{AC}/\!/\overline{DE}$이고,
점 F는 $\overline{AE}$와 $\overline{DC}$의 교점이다.
△ABE의 넓이가 $24\,\text{cm}^2$,
□ABCF의 넓이가 $19\,\text{cm}^2$일 때,
△AFD의 넓이는?

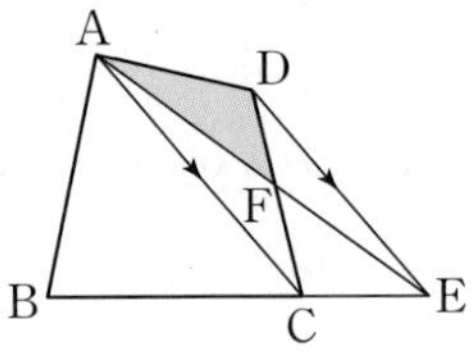

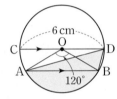

① $4\,\text{cm}^2$     ② $5\,\text{cm}^2$     ③ $6\,\text{cm}^2$
④ $7\,\text{cm}^2$     ⑤ $8\,\text{cm}^2$

**82** ⓢ

오른쪽 그림에서 $\overline{CD}$는 원 O의 지름
이고, $\overline{AB}/\!/\overline{CD}$이다. $\overline{CD}=6\,\text{cm}$,
$\angle AOB=120°$일 때, 색칠한 부분의
넓이를 구하시오.

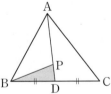

**유형 14** 높이가 같은 두 삼각형의 넓이

**83** 대표 문제

오른쪽 그림에서 점 D는 $\overline{BC}$의 중점
이고, $\overline{AP}:\overline{PD}=3:1$이다. △ABC
의 넓이가 $24\,\text{cm}^2$일 때, △PBD의
넓이는?

① $3\,\text{cm}^2$     ② $4\,\text{cm}^2$
③ $5\,\text{cm}^2$     ④ $6\,\text{cm}^2$
⑤ $7\,\text{cm}^2$

**84** 중 서술형

오른쪽 그림에서 $\overline{BD} : \overline{DC} = 2 : 1$, $\overline{AE} : \overline{EC} = 3 : 2$이다. △ABC의 넓이가 $30\,\text{cm}^2$일 때, △ADE의 넓이를 구하시오.

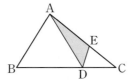

**Pick**

**85** 중

오른쪽 그림에서 $\overline{AC} /\!/ \overline{DF}$이고, $\overline{BE} : \overline{EC} = 2 : 3$이다. △DBE의 넓이가 $12\,\text{cm}^2$일 때, □ADEF의 넓이를 구하시오.

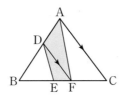

**86** 상

오른쪽 그림과 같은 정사각형 ABCD에서 두 대각선의 교점을 O라 하고, $\overline{AB}$, $\overline{AD}$ 위에 $\overline{AE} = \overline{DF}$가 되도록 두 점 E, F를 잡았다. $\overline{AE} = 4\,\text{cm}$, $\overline{AF} = 6\,\text{cm}$일 때, △AEO의 넓이는?

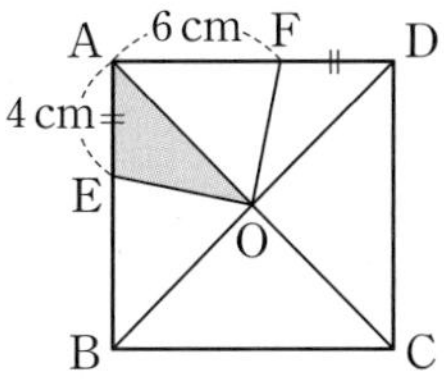

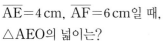

① $8\,\text{cm}^2$ ② $9\,\text{cm}^2$ ③ $10\,\text{cm}^2$
④ $11\,\text{cm}^2$ ⑤ $12\,\text{cm}^2$

**유형 15** 평행사변형에서 높이가 같은 두 삼각형의 넓이

**87** 대표 문제

오른쪽 그림과 같은 마름모 ABCD에서 $\overline{BP} = 2\overline{PC}$이고 $\overline{AC} = 8\,\text{cm}$, $\overline{BD} = 12\,\text{cm}$일 때, △APC의 넓이는?

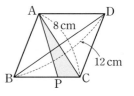

① $6\,\text{cm}^2$ ② $\dfrac{13}{2}\,\text{cm}^2$ ③ $7\,\text{cm}^2$
④ $\dfrac{15}{2}\,\text{cm}^2$ ⑤ $8\,\text{cm}^2$

**88** 중

오른쪽 그림과 같은 평행사변형 ABCD에서 △DPC의 넓이가 $24\,\text{cm}^2$일 때, △APD+△PBC의 넓이를 구하시오.

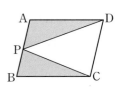

**89** 중

오른쪽 그림과 같은 평행사변형 ABCD에서 $\overline{BD} /\!/ \overline{EF}$일 때, 다음 삼각형 중 넓이가 나머지 넷과 다른 하나는?

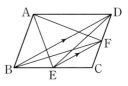

① △ABE ② △AFD ③ △AEF
④ △BED ⑤ △BFD

**90** 중

오른쪽 그림과 같은 평행사변형
ABCD의 넓이가 60 cm²이고
$\overline{AP} : \overline{PD} = 2 : 3$일 때, △PCD의
넓이는?

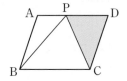

① 12 cm²     ② 14 cm²     ③ 16 cm²
④ 18 cm²     ⑤ 20 cm²

Pick
**91** 중

오른쪽 그림과 같은 평행사변형
ABCD에서 $\overline{AD}$의 연장선 위에
한 점 E를 잡고 $\overline{BE}$와 $\overline{DC}$의 교점
을 F, $\overline{AF}$와 $\overline{BD}$의 교점을 G라
하자. △AGD, △DGF, △DFE의 넓이가 각각 11 cm²,
3 cm², 6 cm²일 때, △EFC의 넓이를 구하시오.

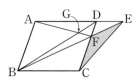

**92** 상

오른쪽 그림과 같은 평행사변형
ABCD에서 두 대각선의 교점을
O, $\overline{BC}$의 중점을 M, $\overline{AM}$과 $\overline{BD}$
의 교점을 N이라 하자.
$\overline{AN} : \overline{NM} = 2 : 1$이고 □ABCD의 넓이가 36 cm²일 때,
△ANO의 넓이는?

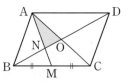

① 2 cm²     ② 3 cm²     ③ 4 cm²
④ 5 cm²     ⑤ 6 cm²

**유형 16** 사다리꼴에서 높이가 같은 두 삼각형의 넓이

**93** 대표 문제

오른쪽 그림과 같이 $\overline{AD} /\!/ \overline{BC}$인 사
다리꼴 ABCD에서 두 대각선의 교
점을 O라 하자. △ABO, △DBC의
넓이가 각각 20 cm², 70 cm²일 때,
△OBC의 넓이를 구하시오.

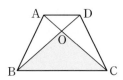

Pick
**94** 중

오른쪽 그림과 같이 $\overline{AD} /\!/ \overline{BC}$인 사다
리꼴 ABCD에서 두 대각선의 교점을
O라 하자. $\overline{BO} : \overline{DO} = 3 : 2$이고
△OBC의 넓이가 24 cm²일 때,
△ABO의 넓이는?

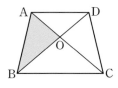

① 14 cm²     ② 15 cm²     ③ 16 cm²
④ 17 cm²     ⑤ 18 cm²

**95** 상

오른쪽 그림과 같이 $\overline{AD} /\!/ \overline{BC}$인 사다리
꼴 ABCD에서 두 대각선의 교점을 O라
하자. $\overline{AO} : \overline{OC} = 3 : 4$이고
△AOD의 넓이가 9 cm²일 때,
□ABCD의 넓이를 구하시오.

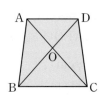

• 정답과 해설 39쪽

## 96

유형 01

오른쪽 그림과 같은 직사각형 ABCD에서 두 대각선의 교점을 O라 하자. $\overline{OD}=5\,cm$, $\angle ACB=38°$일 때, $x-y$의 값을 구하시오.

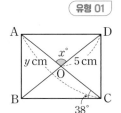

## 97

유형 01

오른쪽 그림은 직사각형 모양의 종이 ABCD를 꼭짓점 C가 꼭짓점 A에 오도록 접은 것이다. $\angle BAE=32°$일 때, $\angle AFE$의 크기는?

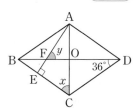

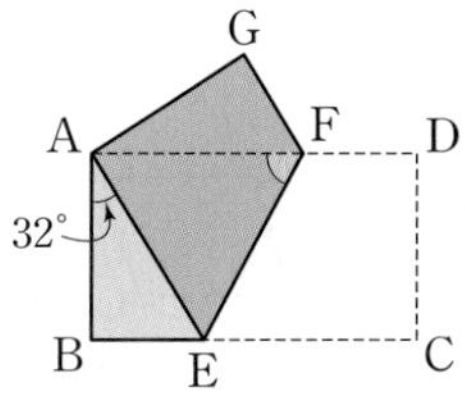

① 58°　② 59°　③ 60°　④ 61°　⑤ 62°

## 98

유형 02

오른쪽 그림과 같은 평행사변형 ABCD에서 점 O는 두 대각선의 교점이고 $\overline{BO}=4\,cm$일 때, 한 가지 조건을 추가하여 □ABCD가 직사각형이 되도록 하려고 한다. 이때 필요한 조건을 모두 고르면? (정답 2개)

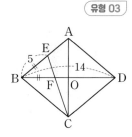

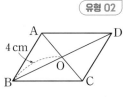

① $\overline{AB}=4\,cm$　② $\overline{AC}=8\,cm$　③ $\overline{AD}=8\,cm$　④ $\angle BAD=90°$　⑤ $\angle AOB=90°$

## 99

유형 03

오른쪽 그림과 같은 마름모 ABCD에서 $\overline{AE}\perp\overline{BC}$이고, $\overline{AE}$와 $\overline{BD}$의 교점을 F라 하자. $\angle BDC=36°$일 때, $\angle x+\angle y$의 크기를 구하시오.

(단, 점 O는 두 대각선의 교점이다.)

## 100

유형 03

오른쪽 그림과 같은 마름모 ABCD에서 두 대각선의 교점을 O라 하고, $\overline{CE}$와 $\overline{BD}$의 교점을 F라 하자. $\overline{BD}=14$, $\overline{BE}=\overline{BF}=5$일 때, $\overline{AE}$의 길이는?

① 3　② $\frac{7}{2}$　③ 4　④ $\frac{9}{2}$　⑤ 5

## 101

유형 05

오른쪽 그림과 같은 정사각형 ABCD에서 $\overline{AD}=\overline{ED}$이고 $\angle EAD=66°$일 때, $\angle ECB$의 크기를 구하시오.

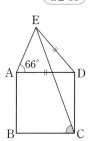

## Pick 점검하기

**102** 유형 05

오른쪽 그림과 같이 한 변의 길이가
10 cm인 정사각형 ABCD의 두 대
각선의 교점을 O라 하자. 정사각형
ABCD와 정사각형 OEFG가 합동
일 때, □OPCQ의 넓이를 구하시오.

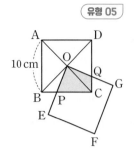

**103** 유형 06

오른쪽 그림과 같은 평행사변형
ABCD에서 $\overline{AB}=\overline{BC}$일 때, 다음 중
□ABCD가 정사각형이 되는 조건은?
(단, 점 O는 두 대각선의 교점이다.)

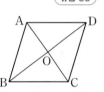

① $\overline{BC}=\overline{CD}$                    ② $\angle AOD=90°$

③ $\angle ABC=\angle BCD$          ④ $\angle ABO=\angle ADO$

⑤ $\angle OAB=\angle OAD$

**104** 유형 07

오른쪽 그림과 같이 $\overline{AD}\;/\!/\;\overline{BC}$인
등변사다리꼴 ABCD에서 두 대각
선의 교점을 O라 하자.
$\overline{AO}=4\,cm$, $\overline{OC}=7\,cm$,
$\angle DAC=35°$일 때, $x+y$의 값은?

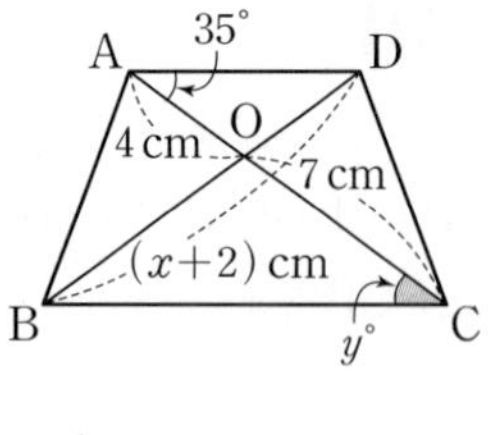

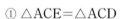

① 44              ② 45              ③ 46

④ 47              ⑤ 48

**105** 유형 08

오른쪽 그림과 같이 $\overline{AD}\;/\!/\;\overline{BC}$인
등변사다리꼴 ABCD에서
$\overline{AB}=8\,cm$, $\overline{BC}=14\,cm$이고
$\angle B=60°$일 때, $\overline{AD}$의 길이를
구하시오.

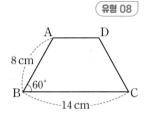

**106** 유형 10

다음 그림은 사각형 사이의 관계를 나타낸 것이다. ㉠, ㉡에
알맞은 조건은?

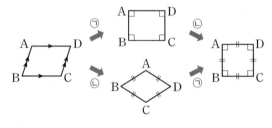

| | ㉠ | ㉡ |
|---|---|---|
| ① | $\overline{AB}=\overline{BC}$ | $\angle A=90°$ |
| ② | $\angle A=90°$ | $\overline{AC}=\overline{BD}$ |
| ③ | $\overline{AC}=\overline{BD}$ | $\overline{AB}\perp\overline{BC}$ |
| ④ | $\overline{AB}=\overline{BC}$ | $\overline{AC}\perp\overline{BD}$ |
| ⑤ | $\overline{AC}=\overline{BD}$ | $\overline{AB}=\overline{BC}$ |

**107** 유형 13

오른쪽 그림에서 $\overline{AC}\;/\!/\;\overline{DE}$이고 $\overline{AE}$
와 $\overline{DC}$의 교점을 O라 할 때, 다음 중
옳지 <u>않은</u> 것은?

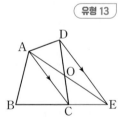

① $\triangle ACE=\triangle ACD$

② $\triangle AOD=\triangle OCE$

③ $\triangle AED=\triangle CED$

④ $\triangle ACO=\triangle DOE$

⑤ $\triangle ABE=\square ABCD$

## 108

유형 13

오른쪽 그림에서 $\overline{AE} /\!/ \overline{DB}$, $\overline{DH} \perp \overline{EC}$이다. $\overline{DH}=6\,cm$, $\overline{EC}=10\,cm$일 때, $\square ABCD$의 넓이는?

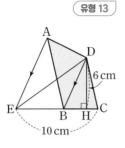

① $24\,cm^2$      ② $26\,cm^2$

③ $28\,cm^2$      ④ $30\,cm^2$

⑤ $32\,cm^2$

## 109

유형 15

오른쪽 그림과 같은 평행사변형 ABCD에서 $\overline{AB}$의 연장선 위에 한 점 E를 잡고, $\overline{DE}$와 $\overline{BC}$의 교점을 F, $\overline{AF}$와 $\overline{BD}$의 교점을 G라 하자. $\triangle ABG$, $\triangle BFG$, $\triangle BEF$의 넓이가 각각 $15\,cm^2$, $6\,cm^2$, $10\,cm^2$일 때, $\triangle FEC$의 넓이를 구하시오.

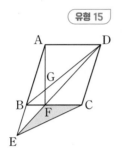

## 110

유형 16

오른쪽 그림과 같이 $\overline{AD} /\!/ \overline{BC}$인 사다리꼴 ABCD에서 두 대각선의 교점을 O라 하자. $\overline{CO}=2\overline{AO}$이고 $\triangle ABO$의 넓이가 $16\,cm^2$일 때, $\triangle DBC$의 넓이는?

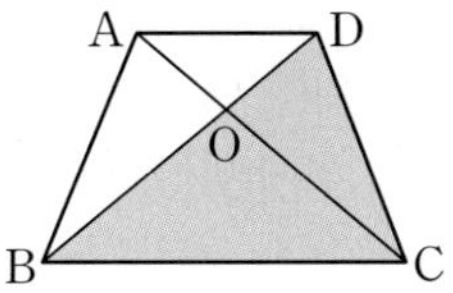

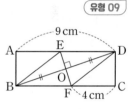

① $46\,cm^2$      ② $48\,cm^2$      ③ $50\,cm^2$

④ $52\,cm^2$      ⑤ $54\,cm^2$

## 서술형 문제

## 111

유형 05

오른쪽 그림과 같은 정사각형 ABCD의 대각선 BD 위의 점 E에 대하여 $\overline{AE}$의 연장선과 $\overline{BC}$의 연장선의 교점을 F라 하자. $\angle F=36°$일 때, $\angle x$의 크기를 구하시오.

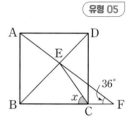

## 112

유형 09

오른쪽 그림과 같은 직사각형 ABCD에서 대각선 BD의 수직이 등분선과 $\overline{AD}$, $\overline{BC}$의 교점을 각각 E, F라 하자. $\overline{AD}=9\,cm$, $\overline{FC}=4\,cm$일 때, $\square EBFD$의 둘레의 길이를 구하시오.

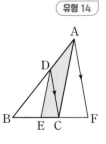

## 113

유형 14

오른쪽 그림과 같은 $\triangle ABC$에서 점 A를 지나고 $\overline{DC}$에 평행한 직선을 그어 $\overline{BC}$의 연장선과 만나는 점을 F라 하자. $\overline{BE} : \overline{EF}=3 : 5$이고 $\triangle DBE$의 넓이가 $9\,cm^2$일 때, $\square ADEC$의 넓이를 구하시오.

**114** 오른쪽 그림과 같은 직사각형 ABCD에서 ∠D의 이등분선이 $\overline{BC}$ 와 만나는 점을 E라 하자. $\overline{AD}:\overline{AB}=4:3$일 때, □ABED 와 △DEC의 넓이의 비는?

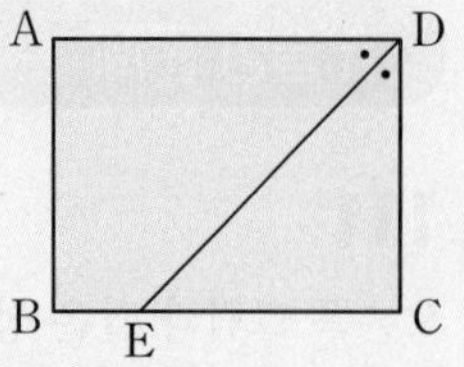

① 3 : 2      ② 4 : 3      ③ 5 : 3

④ 6 : 5      ⑤ 7 : 4

**115** 오른쪽 그림과 같이 한 변의 길이가 15인 마름모 ABCD에서 $\overline{AC}=24$, $\overline{BD}=18$이다. □ABCD의 내부의 한 점 P에서 네 변에 내린 수선의 길이를 각각 $l_1$, $l_2$, $l_3$, $l_4$라 할 때, $l_1+l_2+l_3+l_4$의 길이를 구하시오.

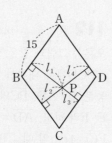

**116** 오른쪽 그림과 같은 정사각형 ABCD에서 $\overline{AD}$, $\overline{BC}$ 위에 $\overline{AE}=\overline{CF}$ 가 되도록 각각 점 E, F를 잡고, $\overline{AC}$가 $\overline{BE}$, $\overline{DF}$와 만나는 점을 각각 G, H라 하자. ∠ABE=22°일 때, ∠AHD의 크기를 구하시오.

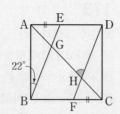

**117** 오른쪽 그림과 같은 정사각형 ABCD에서 △PBC가 정삼각형일 때, ∠APD의 크기를 구하시오.

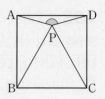

**118** 오른쪽 그림과 같은 정사각형 ABCD에서 ∠AEF=60°, ∠EAF=45°일 때, ∠AFD의 크기는?

① 65°      ② 70°

③ 75°      ④ 80°

⑤ 85°

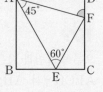

**119** 오른쪽 그림과 같이 정사각형 PQRS의 두 꼭짓점 P, R는 각각 직사각형 ABCD의 두 변 AD, BC 위에 있고, 두 점 Q, S는 대각선 AC 위에 있다. ∠QRB=74°일 때, ∠$x$의 크기는?

① 26°      ② 27°      ③ 28°

④ 29°      ⑤ 30°

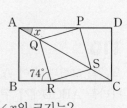

**120** 오른쪽 그림과 같이 $\overline{AD} \parallel \overline{BC}$인 등변사다리꼴 ABCD에서 $\overline{AD}=\overline{AB}=\dfrac{1}{2}\overline{BC}$ 일 때, ∠ACD의 크기를 구하시오.

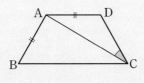

**121** 오른쪽 그림과 같은 평행사변형 ABCD에서 $\overline{CD}$의 연장선 위에 $\overline{CE}=\overline{CD}=\overline{DF}$ 가 되도록 점 E, F를 잡고, $\overline{AE}$와 $\overline{BF}$의 교점을 P라 하자. $\overline{AD}=2\overline{AB}$이고 ∠ABP=25°일 때, ∠FDG+∠GPH의 크기를 구하시오.

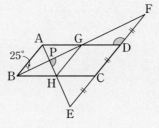

**122** 오른쪽 그림과 같은 직사각형 모양의 논이 꺾어진 경계선에 의해 두 부분으로 나누어져 있다. 경계선 위의 세 점을 각각 A, B, C라 할 때, 두 논의 넓이를 변화시키지 않고 점 A를 지나는 선분으로 새로운 경계선을 그리시오.

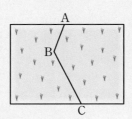

**123** 오른쪽 그림과 같은 직사각형 ABCD에서 $\overline{AD}$ 위의 점 E와 $\overline{DC}$ 위의 점 F에 대하여 $\overline{AC} \parallel \overline{EF}$이고, $\overline{DF}:\overline{FC}=2:3$이다. □ABCD의 넓이가 $40\,cm^2$일 때, △ABE의 넓이를 구하시오.

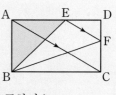

**124** 오른쪽 그림과 같은 평행사변형 ABCD에서 $\overline{BC}$, $\overline{CD}$의 중점을 각각 M, N이라 하자. □ABCD의 넓이가 $64\,cm^2$일 때, △AMN의 넓이를 구하시오.

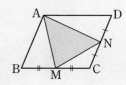

**125** 오른쪽 그림과 같은 평행사변형 ABCD에서 $\overline{CD}$ 위에 한 점 E를 잡고, $\overline{AE}$와 $\overline{BD}$의 교점을 F라 하자. △ABF, △BCE의 넓이가 각각 $18\,cm^2$, $14\,cm^2$일 때, △DFE의 넓이는?

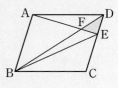

① $3\,cm^2$  ② $4\,cm^2$  ③ $5\,cm^2$
④ $6\,cm^2$  ⑤ $7\,cm^2$

# 5

# 도형의 닮음

**유형 01** 닮은 도형

(1) **닮음**: 한 도형을 일정한 비율로 확대하거나 축소한 도형이 다른 도형과 합동일 때, 이 두 도형은 서로 닮음인 관계가 있다고 한다.
(2) **닮은 도형**: 닮음인 관계가 있는 두 도형
(3) △ABC와 △DEF가 서로 닮은 도형일 때, 기호 ∽를 사용하여 나타낸다.
➡ △ABC∽△DEF

대응점
대응변
대응각

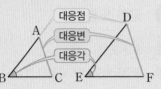

**대표 문제**

**01** 오른쪽 그림에서 △ABC∽△DEF일 때, $\overline{BC}$의 대응변과 ∠C의 대응각을 차례로 구하시오.

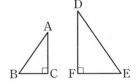

**유형 02** 평면도형에서의 닮음의 성질

(1) △ABC와 △DEF가 서로 닮은 도형이면

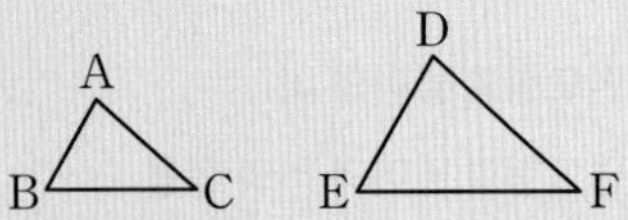

① 대응변의 길이의 비는 일정하다. → $\overline{AB}:\overline{DE}=\overline{BC}:\overline{EF}=\overline{AC}:\overline{DF}$
② 대응각의 크기는 각각 같다. → ∠A=∠D, ∠B=∠E, ∠C=∠F
(2) **닮음비**: 서로 닮은 두 평면도형에서 대응변의 길이의 비

**대표 문제**

**02** 다음 그림에서 □ABCD∽□EFGH일 때, ∠H의 크기와 $\overline{CD}$의 길이를 각각 구하시오.

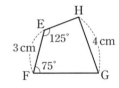

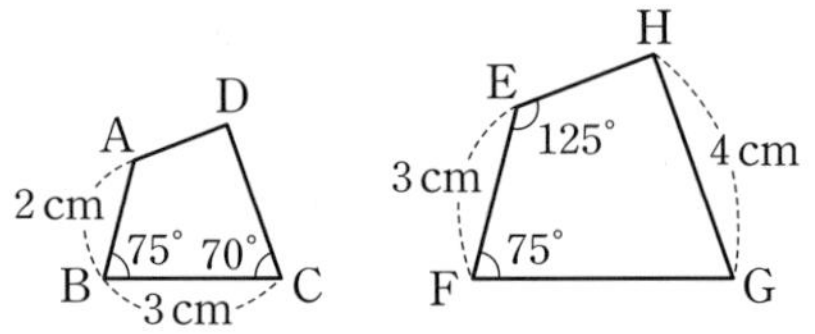

**유형 03** 입체도형에서의 닮음의 성질

(1) 두 삼각뿔 A−BCD와 E−FGH가 서로 닮은 도형이면

$\overline{AB}:\overline{EF}=\overline{BC}:\overline{FG}$
$=\cdots$
① 대응하는 모서리의 길이의 비는 일정하다.
② 대응하는 면은 서로 닮은 도형이다. △ABC∽△EFG, △ACD∽△EGH, ⋯
(2) **닮음비**: 서로 닮은 두 입체도형에서 대응하는 모서리의 길이의 비

**대표 문제**

**03** 오른쪽 그림에서 두 삼각기둥은 서로 닮은 도형이고 △ABC∽△GHI일 때, $x+y$의 값을 구하시오.

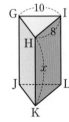

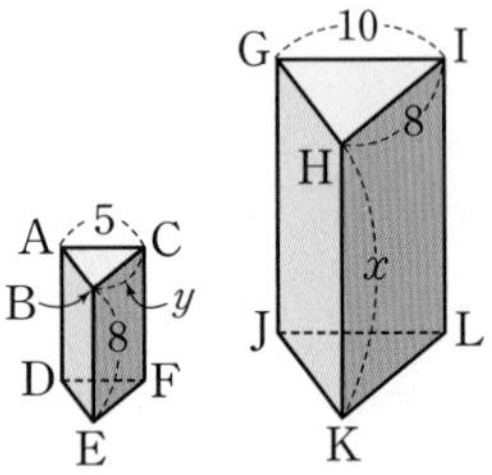

**유형 04** 원기둥 또는 원뿔의 닮음비

두 원기둥(또는 두 원뿔)이 서로 닮은 도형이면
(닮음비)=(높이의 비)=(밑면의 반지름의 길이의 비)
　　　=(밑면의 둘레의 길이의 비)=(모선의 길이의 비)
참고 뿔을 밑면에 평행한 평면으로 자를 때 생기는 작은 뿔은 처음 뿔과 서로 닮음이다.

**대표 문제**

**04** 오른쪽 그림에서 두 원기둥이 서로 닮은 도형일 때, $h$의 값을 구하시오.

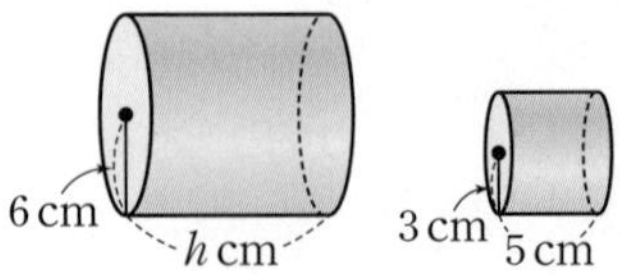

# 유형 완성하기

• 정답과 해설 44쪽

## 유형 01 닮은 도형

### 05 대표 문제

다음 그림에서 사면체 A−BCD와 사면체 E−FGH는 서로 닮은 도형이고 △BCD∽△FGH일 때, $\overline{BC}$에 대응하는 모서리와 면 EFG에 대응하는 면을 차례로 구하시오.

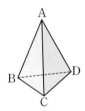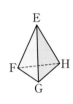

### 06 하

다음 보기 중 항상 닮은 도형인 것을 모두 고르시오.

┌ 보기 ┐
ㄱ. 두 마름모          ㄴ. 두 정사각형
ㄷ. 두 직육면체        ㄹ. 두 정사면체
ㅁ. 두 원기둥          ㅂ. 두 직각이등변삼각형
ㅅ. 두 구              ㅇ. 두 부채꼴

### Pick
### 07 중

다음 중 항상 닮은 도형이라 할 수 없는 것은?

① 중심각의 크기가 같은 두 부채꼴
② 한 내각의 크기가 같은 두 평행사변형
③ 꼭지각의 크기가 같은 두 이등변삼각형
④ 한 변의 길이가 다른 두 정육각형
⑤ 반지름의 길이가 다른 두 원

## 유형 02 평면도형에서의 닮음의 성질 중요

### 02-1 평면도형에서의 닮음의 성질

### 08 대표 문제

아래 그림에서 △ABC∽△DEF일 때, 다음 보기 중 옳은 것을 모두 고르시오.

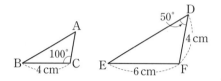

┌ 보기 ┐
ㄱ. ∠A=60°      ㄴ. ∠E=30°      ㄷ. $\overline{AC}$=3cm
ㄹ. △ABC와 △DEF의 닮음비는 2 : 3이다.

### 09 하

다음 그림에서 △ABC∽△EFD일 때, 두 삼각형의 닮음비는?

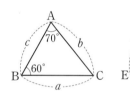

① $a:d$      ② $a:f$      ③ $b:d$
④ $b:e$      ⑤ $c:d$

### Pick
### 10 중 서술형

다음 그림에서 □ABCD∽□EFGH일 때, $x$, $y$, $z$의 값을 각각 구하시오.

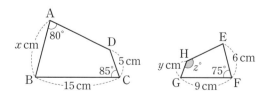

# 유형 완성하기 ✽

**11** 상

오른쪽 그림에서
△AEC∽△BED일 때, $\overline{\text{AE}}$의
길이는?

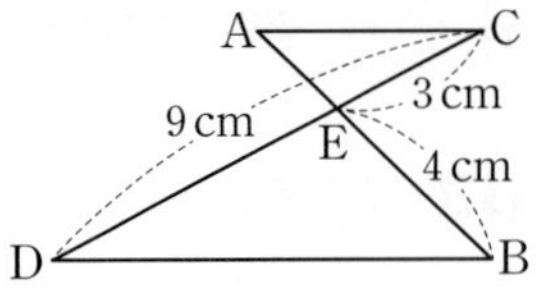

① $\dfrac{3}{2}$ cm    ② $\dfrac{9}{5}$ cm

③ 2 cm    ④ $\dfrac{11}{5}$ cm

⑤ $\dfrac{5}{2}$ cm

**12** 중  서술형

오른쪽 그림과 같은 직사각
형 ABCD에서
□ABCD∽□DEFC이고
$\overline{\text{AB}}$=8 cm, $\overline{\text{ED}}$=2 cm일
때, $\overline{\text{BF}}$의 길이를 구하시오.

**13** 상

오른쪽 그림과 같이 A4 용지를 반으로 접
을 때마다 생기는 용지의 크기를 차례로
A5, A6, A7, …이라 할 때, A4 용지와
A8 용지의 닮음비는?

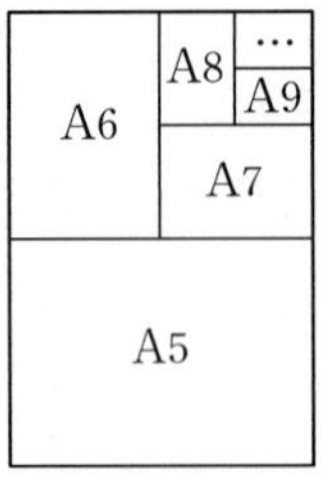

① 2 : 1    ② 4 : 1
③ 8 : 1    ④ 16 : 1
⑤ 64 : 1

02-2  **평면도형에서 닮음비를 이용하여 둘레의 길이 구하기**

**14** 중

다음 그림의 두 평행사변형 ABCD, EFGH에 대하여
□ABCD∽□EFGH이고 닮음비가 5 : 3일 때, □ABCD
의 둘레의 길이를 구하시오.

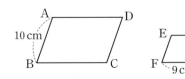

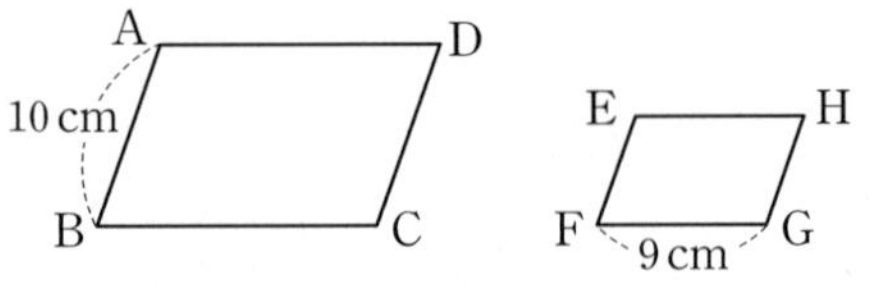

**15** 중

원 O와 원 O′의 닮음비가 4 : 3이고 원 O의 반지름의 길이가
8 cm일 때, 원 O′의 둘레의 길이는?

① 8π cm    ② 10π cm    ③ 12π cm
④ 14π cm    ⑤ 16π cm

**16** 중

오른쪽 그림과 같은 △ABC와 서로
닮음이고 가장 긴 변의 길이가 30 cm
인 △DEF가 있을 때, △DEF의 둘
레의 길이를 구하시오.

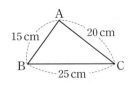

유형 03    입체도형에서의 닮음의 성질

Pick
**17** 대표 문제

오른쪽 그림에서 두 직육면체
는 서로 닮은 도형이고
□ABCD∽□IJKL일 때,
$y-x$의 값을 구하시오.

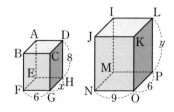

**18** 중

오른쪽 그림에서 두 삼각기둥은
서로 닮은 도형이고 △DEF에
대응하는 면이 △JKL일 때, 다
음 중 옳지 않은 것을 모두 고르
면? (정답 2개)

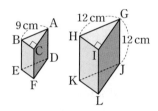

① ∠ABC=∠GHI
② □BEFC∽□HKJG
③ $\overline{CF}:\overline{IL}=3:4$
④ $\overline{BC}=\dfrac{3}{4}\overline{HI}$
⑤ $\overline{AD}=12\,cm$

**19** 중

다음 그림에서 두 정사면체 A, B는 서로 닮은 도형이고 A와
B의 닮음비가 4:7일 때, 정사면체 B의 모든 모서리의 길이
의 합을 구하시오.

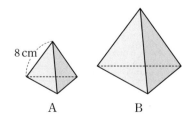

유형 04    원기둥 또는 원뿔의 닮음비

Pick
**20** 대표 문제

오른쪽 그림에서 두 원뿔이
서로 닮은 도형일 때, 작은
원뿔의 높이를 구하시오.

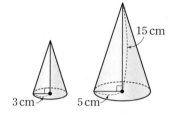

**21** 중    서술형

오른쪽 그림에서 두 원기둥은
서로 닮은 도형이고, 작은 원기
둥의 밑면의 둘레의 길이가
$8\pi\,cm$일 때, 큰 원기둥의 높이
를 구하시오.

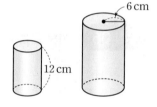

**22** 중

오른쪽 그림과 같이 원뿔을 밑면에 평행
한 평면으로 잘라서 생기는 작은 원뿔의
밑면의 반지름의 길이가 6 cm일 때, 처
음 원뿔의 밑면의 반지름의 길이를 구하
시오.

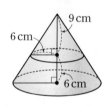

**23** 중

오른쪽 그림과 같은 원뿔 모양의 그릇에
물을 부어서 그릇 높이의 $\dfrac{1}{3}$만큼 채웠을
때, 수면의 넓이를 구하시오.
(단, 그릇의 두께는 생각하지 않는다.)

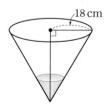

**유형 05** **서로 닮은 두 평면도형의 넓이의 비** 중요

서로 닮은 두 평면도형의 닮음비가 $m : n$이면
(1) 둘레의 길이의 비 ➡ $m : n$
(2) 넓이의 비 ➡ $m^2 : n^2$

예 오른쪽 그림과 같이 서로 닮은 두 직각삼각형 A, B
의 닮음비가 1 : 2이면 넓이의 비는

➡ $\dfrac{1}{2}ab : 2ab = 1 : 4 = 1^2 : 2^2$
$\phantom{➡} \underset{\frac{1}{2} \times 2a \times 2b}{\llcorner}$

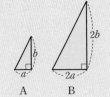

**대표 문제**

**24** 다음 그림에서 □ABCD와 □EFGH는 서로 닮은 도형이고 □ABCD의 넓이가 $50\,\text{cm}^2$일 때, □EFGH의 넓이를 구하시오.

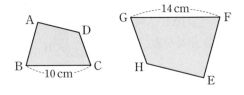

**유형 06** **서로 닮은 두 평면도형의 넓이의 비의 활용**

서로 닮은 두 평면도형의 넓이의 비의 활용 문제는 다음과 같은 순서대로 해결한다.
❶ 닮음비 $m : n$을 구한다.
❷ 넓이의 비 $m^2 : n^2$을 구한다.
❸ 비례식을 이용하여 넓이를 구한다.

**대표 문제**

**25** 한 변의 길이가 $2.4\,\text{m}$인 정사각형 모양의 현수막을 제작하는 데 $60000$원의 비용이 들 때, 한 변의 길이가 $4.8\,\text{m}$인 정사각형 모양의 현수막을 제작하는 데 드는 비용을 구하시오. (단, 현수막의 제작 비용은 현수막의 넓이에 정비례한다.)

**유형 07** **서로 닮은 두 입체도형의 겉넓이의 비**

서로 닮은 두 입체도형의 닮음비가 $m : n$이면
(1) 밑넓이의 비 ➡ $m^2 : n^2$
(2) 옆넓이의 비 ➡ $m^2 : n^2$
(3) 겉넓이의 비 ➡ $m^2 : n^2$

예 오른쪽 그림과 같이 서로 닮은 두 직육면체 A, B
의 닮음비가 1 : 2이면 겉넓이의 비는
➡ $2(ab+bc+ca) : 8(ab+bc+ca)$
$= 1 : 4 = 1^2 : 2^2$ $\underset{2(4ab+4bc+4ca)}{\llcorner}$

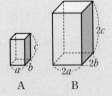

**대표 문제**

**26** 다음 그림과 같이 서로 닮은 두 원뿔 A, B의 밑면의 반지름의 길이가 각각 $6\,\text{cm}$, $10\,\text{cm}$이다. 원뿔 B의 옆넓이가 $150\pi\,\text{cm}^2$일 때, 원뿔 A의 옆넓이를 구하시오.

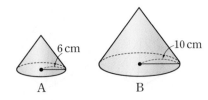

**유형 08** 　**서로 닮은 두 입체도형의 겉넓이의 비의 활용**

서로 닮은 두 입체도형의 겉넓이의 비의 활용 문제는 다음과 같은 순서대로 해결한다.
❶ 닮음비 $m:n$을 구한다.
❷ 겉넓이의 비 $m^2:n^2$을 구한다.
❸ 비례식을 이용하여 겉넓이를 구한다.

**대표 문제**

**27** 다음 그림과 같이 서로 닮은 두 직육면체 모양의 나무 상자 A, B의 닮음비가 2 : 3이다. 나무 상자 A의 겉면을 모두 칠하는 데 64 mL의 페인트가 필요할 때, 나무 상자 B의 겉면을 모두 칠하는 데 몇 mL의 페인트가 필요한지 구하시오. (단, 필요한 페인트의 양은 나무 상자의 겉넓이에 정비례한다.)

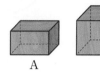

A 　　　　B

---

**유형 09** 　**서로 닮은 두 입체도형의 부피의 비** 〔중요〕

서로 닮은 두 입체도형의 닮음비가 $m:n$이면
부피의 비 ➡ $m^3:n^3$

〔예〕 오른쪽 그림과 같이 서로 닮은 두 직육면체 A, B의 닮음비가 1 : 2이면 부피의 비는
➡ $abc : 8abc = 1 : 8 = 1^3 : 2^3$
　　　$\underset{2a\times2b\times2c}{}$

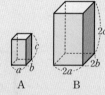

A 　B

**대표 문제**

**28** 다음 그림과 같이 서로 닮은 두 원기둥 A, B의 높이가 각각 2 cm, 4 cm이다. 원기둥 A의 부피가 $2\pi$ cm$^3$일 때, 원기둥 B의 부피를 구하시오.

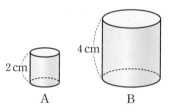

2 cm　　　4 cm

A 　　　　B

---

**유형 10** 　**서로 닮은 두 입체도형의 부피의 비의 활용** 〔중요〕

서로 닮은 두 입체도형의 부피의 비의 활용 문제는 다음과 같은 순서대로 해결한다.
❶ 닮음비 $m:n$을 구한다.
❷ 부피의 비 $m^3:n^3$을 구한다.
❸ 비례식을 이용하여 부피를 구한다.

**대표 문제**

**29** 오른쪽 그림과 같이 높이가 12 cm인 원뿔 모양의 그릇에 물을 부었더니 수면의 높이가 3 cm가 되었다. 다음 물음에 답하시오.
(단, 그릇의 두께는 생각하지 않는다.)

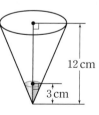

12 cm
3 cm

(1) 물의 부피와 전체 그릇의 부피의 비를 가장 간단한 자연수의 비로 나타내시오.
(2) 그릇에 들어 있는 물의 부피가 5 cm$^3$일 때, 이 그릇에 물을 가득 채우려면 물을 얼마나 더 부어야 하는지 구하시오.

## 유형 05 서로 닮은 두 평면도형의 넓이의 비 <sup>중요</sup>

**P͟i͟c͟k**
**30** 대표 문제

오른쪽 그림과 같은 두 원 O와
O′의 닮음비가 3 : 2이고 원 O
의 넓이가 $54\pi\ \text{cm}^2$일 때, 원 O′
의 넓이를 구하시오.

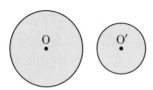

**31** <sup>중</sup>

오른쪽 그림에서 □ABCD∽□EBFG
이고, □ABCD와 □EBFG의 넓이의 비
가 16 : 9이다. $\overline{\text{BF}}=8\ \text{cm}$일 때, $\overline{\text{CF}}$의
길이는?

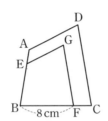

① $\dfrac{5}{2}\ \text{cm}$     ② $\dfrac{8}{3}\ \text{cm}$

③ $3\ \text{cm}$     ④ $\dfrac{7}{2}\ \text{cm}$

⑤ $\dfrac{11}{3}\ \text{cm}$

**32** <sup>중</sup>

오른쪽 그림에서 점 O와 점 O′은 각각 큰
원과 작은 원의 중심일 때, 작은 원과 색
칠한 부분의 넓이의 비를 가장 간단한 자
연수의 비로 나타내시오.

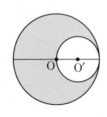

## 유형 06 서로 닮은 두 평면도형의 넓이의 비의 활용

**33** 대표 문제

가로, 세로의 길이가 각각 3 m, 4 m인 직사각형 모양의 벽에
그림을 그리는 데 물감 6 L가 필요하다고 한다. 이 그림을 가
로, 세로의 길이가 각각 9 m, 12 m인 직사각형 모양의 벽에
확대하여 그릴 때, 필요한 물감의 양은 몇 L인지 구하시오.
(단, 필요한 물감의 양은 벽의 넓이에 정비례한다.)

**34** <sup>중</sup>

다음 그림과 같이 두 텔레비전 A, B의 화면은 직사각형 모양
이고, 화면의 대각선의 길이는 각각 32인치, 40인치이다. 두
텔레비전 A와 B의 화면은 서로 닮은 도형일 때, 텔레비전 B
의 화면의 넓이는 텔레비전 A의 화면의 넓이의 몇 배인지 구
하시오.

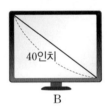

**P͟i͟c͟k**
**35** <sup>중</sup> [서술형]

다음 표는 어느 피자 가게에서 판매하는 원 모양의 피자의 종
류와 가격을 나타낸 것이다. 피자의 두께를 생각하지 않을 때,
56000원으로 S피자 4판을 사는 것과 L피자 2판을 사는 것 중
어느 것이 더 유리한지 말하시오.

| 종류 | 지름의 길이 | 가격 |
|---|---|---|
| S(1~2인용) | 24 cm | 14000원 |
| L(3~4인용) | 36 cm | 28000원 |

**유형 07** 서로 닮은 두 입체도형의 겉넓이의 비

Pick
**36** 대표 문제

오른쪽 그림과 같이 서로 닮은 두 사각기둥 A, B의 밑면은 한 변의 길이가 각각 12 cm, 18 cm 인 정사각형이다. 사각기둥 A의 옆넓이가 240 cm²일 때, 사각기둥 B의 옆넓이를 구하시오.

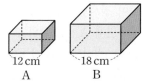

**37** 중 서술형

오른쪽 그림과 같이 서로 닮은 두 원기둥 A와 B의 옆넓이의 비가 9 : 25일 때, $r+h$의 값을 구하시오.

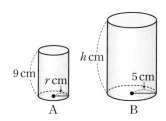

**38** 중

오른쪽 그림과 같이 서로 닮은 두 삼각기둥 A, B의 밑면의 둘레의 길이가 각각 13 cm, 26 cm이다. 삼각기둥 B의 겉넓이가 400 cm²일 때, 삼각기둥 A의 겉넓이는?

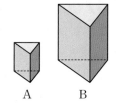

① 100 cm²  ② 125 cm²  ③ 150 cm²
④ 175 cm²  ⑤ 200 cm²

**유형 08** 서로 닮은 두 입체도형의 겉넓이의 비의 활용

**39** 대표 문제

오른쪽 그림과 같이 서로 닮은 두 원기둥 모양의 음료수 A, B가 있다. 음료수 A의 용기의 높이가 음료수 B의 용기의 높이의 $\frac{3}{4}$이고, 음료수 A의 용기의 겉면을 싸는 데 45 cm²의 포장재가 필요하다고 할 때, 음료수 B의 용기의 겉면을 싸는 데 몇 cm²의 포장재가 필요한지 구하시오.

(단, 포장재가 겹치는 부분은 생각하지 않는다.)

**40** 중

어느 식품 회사에서는 정육면체 모양의 치즈의 크기를 늘려서 판매하려고 한다. 치즈의 각 모서리의 길이를 $\frac{5}{4}$배가 되도록 늘이면 치즈의 겉넓이는 30 cm²가 된다고 할 때, 크기를 늘리기 전의 치즈의 겉넓이는?

① 18 cm²  ② $\frac{92}{5}$ cm²  ③ $\frac{94}{5}$ cm²

④ $\frac{96}{5}$ cm²  ⑤ 20 cm²

**41** 상

다음 그림과 같이 크기가 같은 정육면체 모양의 두 상자 A와 B가 있다. 상자 A에는 큰 구슬 1개를 꼭 맞게 넣고, 상자 B에는 크기가 같은 작은 구슬 8개를 꼭 맞게 넣었을 때, 두 상자 A와 B 각각에 들어 있는 구슬 전체의 겉넓이의 비를 가장 간단한 자연수의 비로 나타내시오. (단, 구슬은 구 모양이다.)

### 유형 09 | 서로 닮은 두 입체도형의 부피의 비 (중요)

Pick

**42** 대표 문제

다음 그림에서 두 삼각기둥은 서로 닮은 도형이고, △ABC 에 대응하는 면은 △A′B′C′이다. △ABC의 넓이가 8 cm²일 때, 큰 삼각기둥의 부피는?

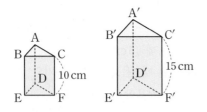

① 265 cm³        ② 270 cm³        ③ 275 cm³
④ 280 cm³        ⑤ 285 cm³

**43** (하) 多 보기

다음 중 옳지 않은 것을 모두 고르면?

① 닮은 두 평면도형의 대응변의 길이의 비는 일정하다.
② 합동인 두 평면도형의 닮음비는 항상 1 : 1이다.
③ 넓이가 같은 두 평면도형은 닮은 도형이다.
④ 닮은 두 입체도형에서 대응하는 면은 닮은 도형이다.
⑤ 닮은 두 입체도형에서 대응하는 모서리의 길이는 같다.
⑥ 닮은 두 각기둥에서 옆넓이의 비와 밑넓이의 비는 같다.
⑦ 닮은 두 입체도형의 닮음비가 1 : 2이면 부피의 비는 1 : 6이다.

Pick

**44** (중) 서술형

닮은 두 사각기둥 A, B의 겉넓이가 각각 128 cm², 72 cm²이고 사각기둥 B의 부피가 81 cm³일 때, 사각기둥 A의 부피를 구하시오.

**45** (중)

오른쪽 그림과 같이 정사면체 A-BCD의 각 모서리의 길이를 $\frac{2}{3}$로 줄여 정사면체 E-BFG를 만들었다. 정사면체 A-BCD의 부피가 108 cm³일 때, 정사면체 E-BFG의 부피는?

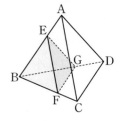

① 28 cm³        ② 30 cm³        ③ 32 cm³
④ 36 cm³        ⑤ 40 cm³

**46** (중)

오른쪽 그림과 같이 부피가 810 cm³이고 높이가 12 cm인 오각뿔을 밑면과 평행하게 잘라 높이가 8 cm인 오각뿔대를 만들었다. 이 오각뿔대의 부피를 구하시오.

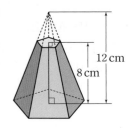

Pick

**47** (상)

오른쪽 그림과 같이 원뿔을 밑면에 평행한 두 평면으로 원뿔의 높이가 3등분이 되도록 나눌 때 생기는 세 입체도형을 차례로 A, B, C라 하자. 입체도형 C의 부피가 38 cm³일 때, 입체도형 B의 부피를 구하시오.

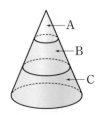

**유형 10** 서로 닮은 두 입체도형의 부피의 비의 활용

**48** 대표 문제

오른쪽 그림과 같이 원뿔 모양의 그릇에 시간당 일정한 양의 물을 채우고 있다. 물을 전체 높이의 $\frac{1}{3}$ 만큼 채우는 데 3분이 걸렸다면 가득 채울 때까지 몇 분이 더 걸리는지 구하시오. (단, 그릇의 두께는 생각하지 않는다.)

**49** 중

조나단 스위프트의 소설 "걸리버 여행기"에는 걸리버가 소인국, 대인국 등에서 겪는 이야기가 나온다. 이 소설에서 걸리버의 키는 소인국 사람들의 키의 12배이고 한 끼의 식사량은 사람의 부피에 정비례한다고 할 때, 소인국 사람들이 걸리버를 위해 만들어야 하는 한 끼 식사량은 소인국 사람 1명의 한 끼 식사량의 몇 배인지 구하시오.

(단, 소인국 사람과 걸리버를 닮은 도형으로 생각한다.)

Pick
**50** 중

지름의 길이가 8 cm인 구 모양의 초콜릿을 녹여서 지름의 길이가 2 cm인 구 모양의 초콜릿을 최대 몇 개 만들 수 있는가?

① 4개  ② 16개  ③ 24개
④ 48개  ⑤ 64개

**51** 중

영화관에서 다음 그림과 같이 서로 닮은 두 용기에 팝콘을 담아 판매하고 있다. 용기의 높이가 18 cm인 팝콘의 가격이 2700원이고, 팝콘의 가격은 용기의 부피에 정비례하게 정하려고 할 때, 용기의 높이가 24 cm인 팝콘의 가격은 얼마로 정해야 하는지 구하시오.

(단, 용기의 두께는 생각하지 않는다.)

**52** 중

오른쪽 그림과 같은 원기둥 모양의 코펠 A, B는 서로 닮은 도형이다. 두 코펠 A, B의 밑면의 지름의 길이가 각각 12 cm, 24 cm일 때, 코펠 B에 물을 가득 채우려면 코펠 A로 물을 가득 담아 최소한 몇 번 부어야 하는지 구하시오.

(단, 코펠의 두께는 생각하지 않는다.)

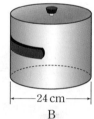

**53** 상

점토를 이용하여 속이 꽉 찬 크기가 다른 두 개의 닮은 미니어처 마카롱을 만들어서 겉면에 물감을 칠하는 데 각각 36 mL, 100 mL의 물감을 사용하였다. 큰 마카롱을 만드는 데 375 cm³의 점토가 필요할 때, 작은 마카롱을 만드는 데 몇 cm³의 점토가 필요한지 구하시오.

(단, 필요한 물감의 양은 마카롱의 겉넓이에 정비례한다.)

• 정답과 해설 48쪽

**유형 11** 삼각형의 닮음 조건

두 삼각형은 다음의 각 경우에 서로 닮음이다.

(1) 세 쌍의 대응변의 길이의 비가
 같을 때(SSS 닮음)
 ➡ $a : a' = b : b' = c : c'$

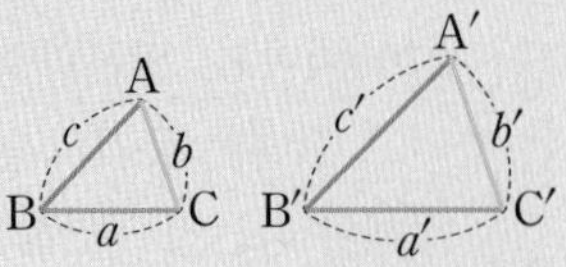

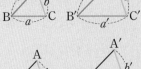

(2) 두 쌍의 대응변의 길이의 비가
 같고 그 끼인각의 크기가 같을
 때(SAS 닮음)
 ➡ $a : a' = b : b'$, $\angle C = \angle C'$

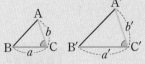

(3) 두 쌍의 대응각의 크기가 각각
 같을 때(AA 닮음)
 ➡ $\angle B = \angle B'$, $\angle C = \angle C'$

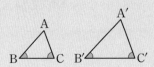

대표 문제

**54** 다음 보기 중 오른쪽 그림의 △ABC와 닮은 삼각형을 모두 고르시오.

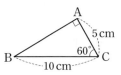

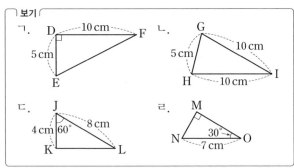

**유형 12** 삼각형의 닮음 조건 – SAS 닮음

공통인 각과 두 변의 길이가 주어지면 SAS 닮음을 생각한다.
➡ 대응하는 각과 변의 위치를 맞추어 두 삼각형을 분리한다.

(예)
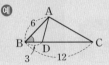 ➡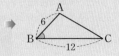

➡ $\overline{AB} : \overline{DB} = \overline{BC} : \overline{BA} = 2 : 1$, $\angle B$는 공통
∴ △ABC∽△DBA(SAS 닮음)

대표 문제

**55** 오른쪽 그림과 같은 △ABC에서 $\overline{AC}$의 길이를 구하시오.

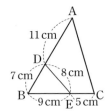

**유형 13~14** 삼각형의 닮음 조건 – AA 닮음 (중요)

공통인 각과 다른 한 각의 크기가 주어지면 AA 닮음을 생각한다.
➡ 대응하는 각의 위치를 맞추어 두 삼각형을 분리한다.

(예)
 ➡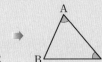

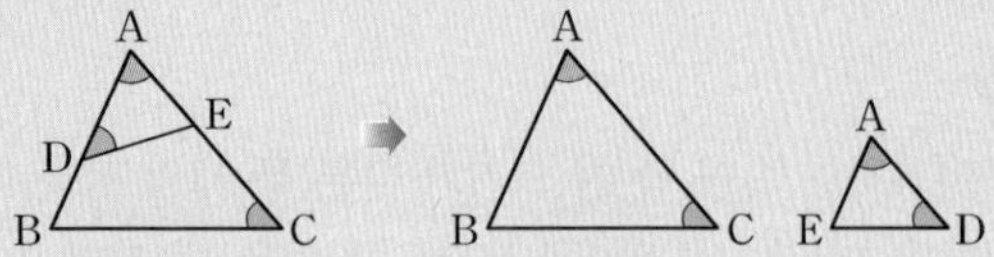

➡ $\angle A$는 공통, $\angle ACB = \angle ADE$
∴ △ABC∽△AED(AA 닮음)

대표 문제

**56** 오른쪽 그림과 같은 △ABC에서 $\angle ABC = \angle AED$ 이고 $\overline{AD} = 3$, $\overline{AE} = 4$, $\overline{BD} = 5$ 일 때, $\overline{CE}$의 길이를 구하시오.

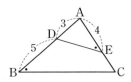

대표 문제

**57** 오른쪽 그림과 같이 $\overline{AD} /\!/ \overline{BC}$인 사다리꼴 ABCD에서 $\overline{AC}$와 $\overline{BD}$의 교점을 O 라 하자. $\overline{BO} = 8$, $\overline{CO} = 6$, $\overline{DO} = 4$일 때, $x$의 값을 구하시오.

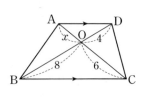

# 유형 완성하기

• 정답과 해설 48쪽

### 유형 11    삼각형의 닮음 조건

#### 58 대표 문제

다음 보기에서 서로 닮은 삼각형을 모두 찾아 기호 ∽를 써서
나타내고, 각각의 닮음 조건을 말하시오.

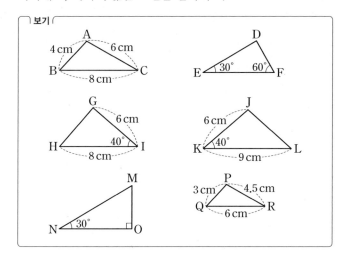

#### 59 하

다음 중 아래 그림의 △ABC와 △DEF가 서로 닮은 도형이
되는 경우가 아닌 것은?

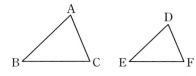

① ∠A=∠D, ∠B=∠E    ② ∠B=∠E, ∠C=∠F

③ $\overline{BC}=\overline{EF}$, ∠A=∠D    ④ $\dfrac{\overline{AB}}{\overline{DE}}=\dfrac{\overline{BC}}{\overline{EF}}=\dfrac{\overline{CA}}{\overline{FD}}$

⑤ $\overline{AB}:\overline{DE}=\overline{BC}:\overline{EF}$, ∠B=∠E

#### Pick
#### 60 중

오른쪽 그림과 같은
△ABC와 △FDE가 서로
닮은 도형이 되려면 다음
중 어느 조건을 추가해야
하는가?

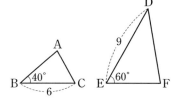

① $\overline{AB}=8$, $\overline{DF}=12$    ② $\overline{AB}=8$, $\overline{EF}=12$

③ $\overline{AC}=4$, $\overline{EF}=6$    ④ ∠A=80°, ∠D=40°

⑤ ∠C=50°, ∠F=90°

### 유형 12    삼각형의 닮음 조건 – SAS 닮음

#### 61 대표 문제

오른쪽 그림과 같은 △ABC에서 $\overline{DE}$
의 길이는?

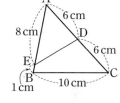

① 6 cm    ② $\dfrac{19}{3}$ cm

③ $\dfrac{20}{3}$ cm    ④ 7 cm

⑤ $\dfrac{22}{3}$ cm

#### 62 하

다음 그림에서 점 O는 $\overline{AB}$와 $\overline{CD}$의 교점일 때, $\overline{BD}$의 길이를
구하시오.

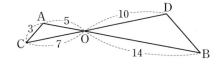

**63** 중

오른쪽 그림에서 ∠BAC＝∠DBC일 때, $x$의 값을 구하시오.

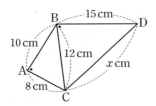

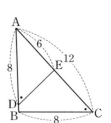

**66** 대표 문제

오른쪽 그림과 같은 △ABC에서 ∠ACB＝∠ADE일 때, 다음 중 옳지 않은 것을 모두 고르면? (정답 2개)

① △ABC∽△AED

② ∠ABC＝∠AED

③ $\overline{BD}=1$

④ $\overline{DE}=5$

⑤ △ABC와 △AED의 닮음비는 4 : 3이다.

Pick

**64** 중  서술형

오른쪽 그림과 같은 △ABC에 대하여 다음 물음에 답하시오.

(1) 서로 닮은 두 삼각형을 찾아 기호 ∽를 써서 나타내고, 닮음 조건을 말하시오.

(2) $\overline{AD}$의 길이를 구하시오.

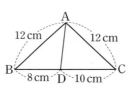

**67** 하

오른쪽 그림에서 ∠CAB＝∠DBC, ∠ACB＝∠BDC이고 $\overline{BC}=15\,cm$, $\overline{CD}=20\,cm$일 때, $\overline{AB}$의 길이를 구하시오.

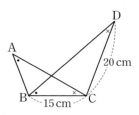

**65** 중

오른쪽 그림과 같은 △ABC에서 $\overline{AD}=\overline{CD}=\overline{DE}$가 되도록 점 D, E를 잡았다. $\overline{AC}=24\,cm$, $\overline{AE}=16\,cm$, $\overline{BE}=2\,cm$일 때, $\overline{BC}$의 길이는?

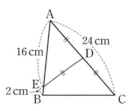

① 15 cm       ② 16 cm       ③ 17 cm

④ 18 cm       ⑤ 19 cm

Pick

**68** 중

오른쪽 그림과 같은 △ABC에서 ∠BAC＝∠BCD이고 $\overline{BC}=12\,cm$, $\overline{BD}=8\,cm$일 때, $\overline{AD}$의 길이는?

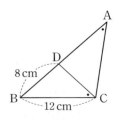

① $\dfrac{17}{2}\,cm$       ② 9 cm

③ $\dfrac{19}{2}\,cm$       ④ 10 cm

⑤ $\dfrac{21}{2}\,cm$

• 정답과 해설 49쪽

**69** 중

오른쪽 그림에서 ∠CAB=∠CFD
이고 $\overline{AD}$=4 cm, $\overline{CD}$=6 cm,
$\overline{DE}$=3 cm, $\overline{BC}$=5 cm일 때, $\overline{FB}$의
길이는?

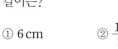

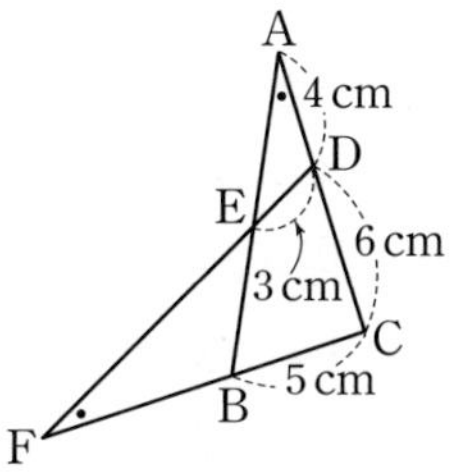

① 6 cm
② $\dfrac{13}{2}$ cm
③ 7 cm
④ $\dfrac{15}{2}$ cm
⑤ 8 cm

**70** 상

오른쪽 그림과 같은 △ABC에서
$\overline{BC}$∥$\overline{DE}$이고, $\overline{AD}$=9 cm,
$\overline{BD}$=6 cm이다. △ADE의 넓이
가 18 cm²일 때, □DBCE의 넓이
는?

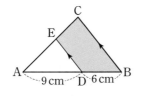

① 24 cm²
② 28 cm²
③ 32 cm²
④ 36 cm²
⑤ 40 cm²

**71** 상 Pick

오른쪽 그림과 같은 △ABC에서
∠BAE=∠CBF=∠ACD이
고 $\overline{AB}$=5 cm, $\overline{BC}$=7 cm,
$\overline{AC}$=8 cm일 때, $\overline{EF}$ : $\overline{FD}$를
가장 간단한 자연수의 비로 나타
내시오.

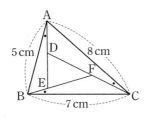

**유형 14** 삼각형의 닮음 조건 – AA 닮음 (2)

**72** 대표 문제

오른쪽 그림과 같은 평행사변형
ABCD에서 $\overline{AC}$와 $\overline{BE}$의 교점
을 O라 하자. $\overline{AO}$=4, $\overline{CO}$=6,
$\overline{BC}$=12일 때, $\overline{AE}$의 길이를
구하시오.

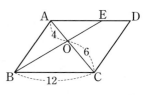

**73** 중 서술형

오른쪽 그림에서 $\overline{AB}$∥$\overline{DE}$,
$\overline{AD}$∥$\overline{BC}$이고 $\overline{AE}$=5 cm,
$\overline{CE}$=4 cm, $\overline{BC}$=8 cm일 때, $\overline{AD}$의
길이를 구하시오.

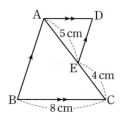

**74** 중 Pick

오른쪽 그림과 같은 마름모 ABCD
에서 $\overline{AE}$의 연장선과 $\overline{DC}$의 연장
선의 교점을 F라 하자.
$\overline{AB}$=12 cm, $\overline{BE}$=9 cm일 때,
$\overline{CF}$의 길이를 구하시오.

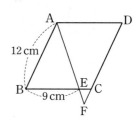

**75** 중

오른쪽 그림과 같이 $\overline{AD}$∥$\overline{BC}$인
사다리꼴 ABCD에서
$\overline{AD}$=8 cm, $\overline{BC}$=12 cm이고
△AOD의 넓이가 16 cm²일 때,
△OBC의 넓이를 구하시오.

(단, 점 O는 두 대각선의 교점이다.)

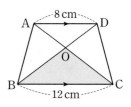

# 유형 모아 보기 ✱ **04** 삼각형의 닮음 조건의 응용

**유형 15** **직각삼각형의 닮음**

(1) **직각삼각형의 닮음**

한 예각의 크기가 같은 두 직각삼각형은 서로 닮은 도형이다.

➡ 대응하는 각의 위치를 맞추어 두 직각삼각형을 분리한다.

예

∠BAC=∠BED=90°, ∠B는 공통

∴ △ABC∽△EBD(AA 닮음)

(2) **사각형에서 삼각형의 닮음**

삼각형의 닮음 조건과 사각형의 성질을 이용하여 서로 닮은 삼각형을 찾은 후 닮음비를 이용하여 선분의 길이를 구한다.

**대표 문제**

**76** 오른쪽 그림과 같이 ∠C=90°인 직각삼각형 ABC에서 ∠ADE=90°이고 $\overline{AB}$=14 cm, $\overline{AE}$=8 cm, $\overline{DE}$=4 cm일 때, $\overline{BC}$의 길이는?

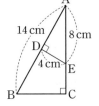

① 5 cm
② $\frac{11}{2}$ cm
③ 6 cm
④ $\frac{13}{2}$ cm
⑤ 7 cm

**유형 16** **직각삼각형의 닮음의 응용** 중요

∠A=90°인 직각삼각형 ABC에서 $\overline{AD}\perp\overline{BC}$일 때

(1) △ABC∽△DBA(AA 닮음)이므로

$\overline{AB}:\overline{DB}=\overline{BC}:\overline{BA}$

➡ $\overline{AB}^2=\overline{BD}\times\overline{BC}$

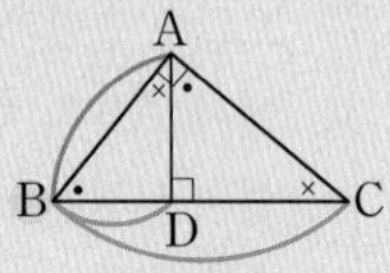

(2) △ABC∽△DAC(AA 닮음)이므로

$\overline{AC}:\overline{DC}=\overline{BC}:\overline{AC}$

➡ $\overline{AC}^2=\overline{CD}\times\overline{CB}$

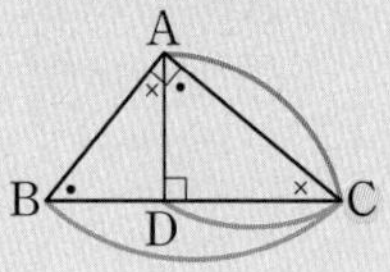

(3) △DBA∽△DAC(AA 닮음)이므로

$\overline{DB}:\overline{DA}=\overline{DA}:\overline{DC}$

➡ $\overline{AD}^2=\overline{DB}\times\overline{DC}$

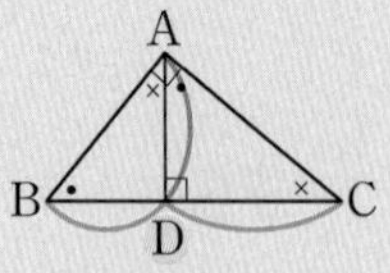

참고 직각삼각형 ABC의 넓이에서

$\frac{1}{2}\times\overline{AD}\times\overline{BC}=\frac{1}{2}\times\overline{AB}\times\overline{AC}$

➡ $\overline{AD}\times\overline{BC}=\overline{AB}\times\overline{AC}$

**대표 문제**

**77** 오른쪽 그림과 같이 ∠C=90°인 직각삼각형 ABC에서 $\overline{AB}\perp\overline{CD}$이고 $\overline{AC}$=20, $\overline{BD}$=9, $\overline{CD}$=12일 때, $x+y$의 값은?

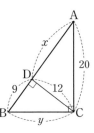

① 30
② 31
③ 32
④ 33
⑤ 34

## 유형 17　닮음의 활용

닮음을 이용하여 높이를 구하는 문제는 다음과 같은 순서대로 해결한다.
❶ 서로 닮은 두 도형을 찾는다.
❷ 닮음비를 구한다.
❸ 비례식을 이용하여 높이를 구한다.

### 대표 문제

**78** 오른쪽 그림과 같이 키가 1.6 m인 민수가 나무로부터 3.6 m 떨어진 곳에 서 있다. 민수의 그림자의 길이가 1.8 m이고 민수의 그림자의 끝이 나무의 그림자의 끝과 일치할 때, 나무의 높이는 몇 m인지 구하시오.

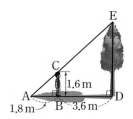

## 유형 18　종이접기와 삼각형의 닮음

(1) 정삼각형 접기

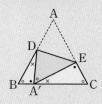

➡ △BA′D∽△CEA′
(AA 닮음)

(2) 정사각형 접기

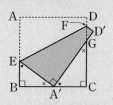

➡ △EBA′∽△A′CG
(AA 닮음)

(3) 직사각형 접기 ①

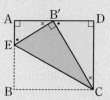

➡ △AEB′∽△DB′C
(AA 닮음)

(4) 직사각형 접기 ②

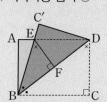

➡ △BCD∽△BFE
(AA 닮음)

### 대표 문제

**79** 다음 그림과 같이 직사각형 ABCD의 꼭짓점 C가 $\overline{AD}$ 위의 점 F에 오도록 접었다. $\overline{AB}=9\,cm$, $\overline{DE}=4\,cm$, $\overline{DF}=3\,cm$일 때, $\overline{BF}$의 길이를 구하시오.

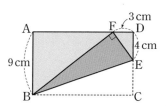

## 유형 15  직각삼각형의 닮음

### 80 대표 문제

오른쪽 그림과 같이 ∠A=90°인 직각삼각형 ABC에서 점 M은 $\overline{BC}$의 중점이고, $\overline{DM}\perp\overline{BC}$이다. $\overline{AB}=8\,cm$, $\overline{AC}=6\,cm$, $\overline{BC}=10\,cm$일 때, $\overline{DM}$의 길이는?

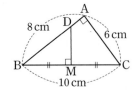

① $\dfrac{7}{2}\,cm$   ② $\dfrac{15}{4}\,cm$   ③ $4\,cm$

④ $\dfrac{17}{4}\,cm$   ⑤ $\dfrac{9}{2}\,cm$

### 81 중

오른쪽 그림과 같은 △ABC에서 $\overline{AB}\perp\overline{CD}$, $\overline{AC}\perp\overline{BF}$일 때, 다음 중 나머지 넷과 닮음이 아닌 하나는?

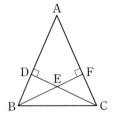

① △ABF   ② △ACD
③ △BCD   ④ △EBD
⑤ △ECF

### Pick
### 82 중

오른쪽 그림에서 $\overline{AD}\perp\overline{BC}$, $\overline{BE}\perp\overline{AC}$이고 $\overline{AC}=24$, $\overline{BC}=32$, $\overline{AE}:\overline{EC}=1:3$일 때, $\overline{CD}$의 길이를 구하시오.

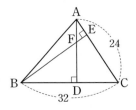

### 83 중 서술형

오른쪽 그림과 같이 ∠B=90°인 직각삼각형 ABC의 꼭짓점 A, C에서 꼭짓점 B를 지나는 직선에 내린 수선의 발을 각각 D, E라 하자. $\overline{AD}=9\,cm$, $\overline{BE}=15\,cm$, $\overline{CE}=20\,cm$일 때, $\overline{BD}$의 길이를 구하시오.

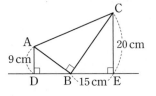

### Pick
### 84 중

오른쪽 그림과 같은 직사각형 ABCD에서 $\overline{EF}$가 대각선 AC를 수직이등분하고 $\overline{AB}=6\,cm$, $\overline{BC}=8\,cm$, $\overline{AC}=10\,cm$일 때, $\overline{AE}$의 길이를 구하시오.

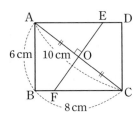

### 85 상

오른쪽 그림과 같이 ∠C=90°인 직각삼각형 ABC의 변 AB 위의 점 D에서 $\overline{BC}$, $\overline{AC}$에 내린 수선의 발을 각각 E, F라 하면 □DECF는 정사각형이다. $\overline{BC}=21\,cm$, $\overline{AC}=28\,cm$일 때, □DECF의 둘레의 길이는?

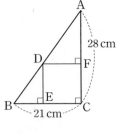

① $42\,cm$   ② $44\,cm$   ③ $46\,cm$
④ $48\,cm$   ⑤ $50\,cm$

**유형 16** 직각삼각형의 닮음의 응용 중요

**Pick**

**86** 대표 문제

오른쪽 그림과 같이 ∠A=90°인 직각삼각형 ABC에서 $\overline{AD} \perp \overline{BC}$이고 $\overline{AC}=5\,cm$, $\overline{CD}=3\,cm$일 때, $x-y$의 값은?

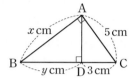

① $\dfrac{2}{3}$　　　② 1　　　③ $\dfrac{4}{3}$

④ $\dfrac{5}{3}$　　　⑤ 2

**87** 중

오른쪽 그림과 같이 ∠B=90°인 직각삼각형 ABC에서 $\overline{AC} \perp \overline{BD}$일 때, 다음 중 옳지 않은 것은?

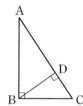

① △ABC∽△ADB
② △ABD∽△BCD
③ $\overline{AB}^2 = \overline{AD} \times \overline{AC}$
④ $\overline{BC}^2 = \overline{CD} \times \overline{DA}$
⑤ $\overline{BD}^2 = \overline{AD} \times \overline{CD}$

**88** 중 서술형

오른쪽 그림과 같이 ∠A=90°인 직각삼각형 ABC에서 $\overline{AD} \perp \overline{BC}$이고 $\overline{BD}=2\,cm$, $\overline{CD}=8\,cm$일 때, △ABC의 넓이를 구하시오.

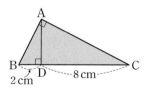

**89** 중

오른쪽 그림과 같은 직사각형 ABCD에서 $\overline{AH} \perp \overline{BD}$이고 $\overline{BC}=20\,cm$, $\overline{DH}=16\,cm$일 때, △ABD의 넓이는?

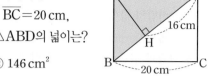

① $144\,cm^2$　　　② $146\,cm^2$
③ $148\,cm^2$　　　④ $150\,cm^2$
⑤ $152\,cm^2$

**90** 중

오른쪽 그림과 같이 ∠A=90°인 직각삼각형 ABC에서 $\overline{AD} \perp \overline{BC}$, $\overline{DE} \perp \overline{AC}$이고 $\overline{AB}=9\,cm$, $\overline{BC}=15\,cm$, $\overline{AC}=12\,cm$일 때, $\overline{DE}$의 길이를 구하시오.

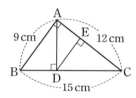

**유형 17** 닮음의 활용

**91** 대표 문제

다음 그림은 강의 폭을 구하기 위해 필요한 거리를 잰 것이다. 점 C는 $\overline{AD}$와 $\overline{BE}$의 교점이고 $\overline{BC}=72\,m$, $\overline{CE}=16\,m$, $\overline{DE}=8\,m$일 때, 강의 폭인 $\overline{AB}$의 길이는 몇 m인지 구하시오.

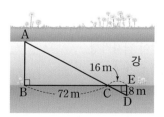

**92** 중

눈높이가 1.7 m인 은수가 송신탑으로부터 5 m 떨어진 지점에서 송신탑의 꼭대기를 올려다본 각의 크기가 25°이었다. 송신탑의 높이를 구하기 위해 직각삼각형 A′B′C′을 그렸더니 다음 그림과 같을 때, 송신탑의 실제 높이는 몇 m인지 구하시오.

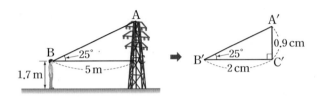

**93** 중

다음 그림은 밑면이 정사각형인 사각뿔 모양의 피라미드의 높이를 구하기 위해 길이가 1 m인 막대를 지면에 수직으로 세운 후 막대의 그림자의 길이가 1 m가 될 때, 피라미드의 그림자의 길이를 측정한 것이다. 이 피라미드의 높이는 몇 m인지 구하시오.

(단, 태양 빛은 지구 어느 곳이나 평행하게 들어온다.)

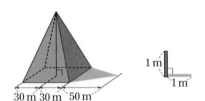

**유형 18** 종이접기와 삼각형의 닮음

**94** 대표 문제

오른쪽 그림과 같이 직사각형 ABCD의 꼭짓점 C가 $\overline{AD}$ 위의 점 F에 오도록 접었다. $\overline{AB}=8$ cm, $\overline{BF}=10$ cm, $\overline{DE}=3$ cm일 때, $\overline{DF}$의 길이를 구하시오.

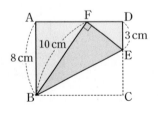

**95** 중

오른쪽 그림과 같이 정사각형 ABCD를 $\overline{EF}$를 접는 선으로 하여 꼭짓점 A가 $\overline{BC}$ 위의 점 H에 오도록 접었다. $\overline{AE}=5$ cm, $\overline{BE}=3$ cm, $\overline{BH}=4$ cm일 때, $\overline{GH}$의 길이를 구하시오.

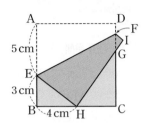

Pick

**96** 중 서술형

오른쪽 그림과 같이 정삼각형 ABC의 꼭짓점 A가 $\overline{BC}$ 위의 점 E에 오도록 접었다. $\overline{BD}=8$ cm, $\overline{BE}=3$ cm, $\overline{DE}=7$ cm일 때, 다음 물음에 답하시오.

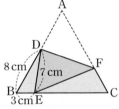

(1) 서로 닮은 두 삼각형을 찾아 기호 ∽를 써서 나타내고, 닮음 조건을 말하시오. (단, 합동인 도형은 제외한다.)

(2) $\overline{EC}$의 길이를 구하시오.

(3) $\overline{EF}$의 길이를 구하시오.

**97** 상

오른쪽 그림은 직사각형 ABCD를 대각선 BD를 접는 선으로 하여 접은 것이다. $\overline{AD}$와 $\overline{BG}$의 교점을 E, 점 E에서 $\overline{BD}$에 내린 수선의 발을 F라 하고 $\overline{BC}=8$ cm, $\overline{BD}=10$ cm, $\overline{CD}=6$ cm일 때, $\overline{EF}$의 길이를 구하시오.

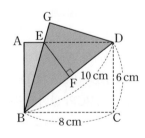

• 정답과 해설 53쪽

## 98
유형 01

다음 중 항상 닮은 도형이라 할 수 <u>없는</u> 것은?

① 한 변의 길이가 다른 두 정오각형
② 한 각의 크기가 같은 두 마름모
③ 이웃하는 변의 길이의 비가 같은 두 직사각형
④ 이웃하는 변의 길이가 같은 두 평행사변형
⑤ 세 내각의 크기가 같은 두 삼각형

## 99
유형 02

다음 그림에서 □ABCD∽□EFGH일 때, 다음 중 옳지 <u>않은</u> 것은?

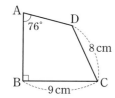

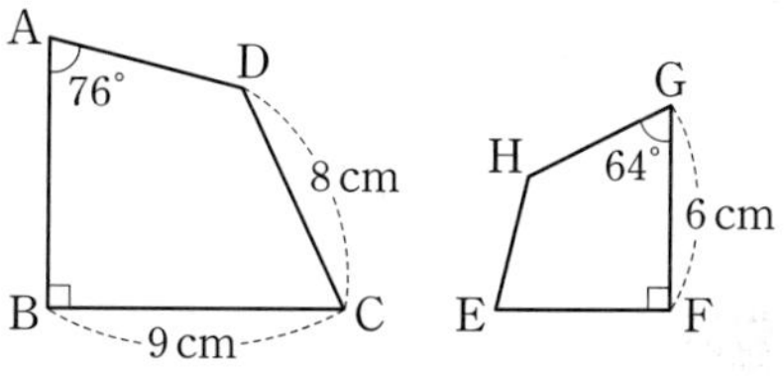

① $\overline{AD} : \overline{EH} = 3 : 2$
② $\angle E = 76°$
③ $\angle D = 130°$
④ $\overline{HG} = \dfrac{16}{3}$ cm
⑤ $\overline{AB} = 9$ cm

## 100
유형 02

오른쪽 그림에서 △ABC∽△EBD일 때, $\overline{AD}$의 길이는?

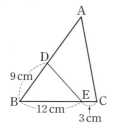

① 10 cm
② 11 cm
③ 12 cm
④ 13 cm
⑤ 14 cm

## 101
유형 03

다음 그림의 두 사면체는 서로 닮은 도형이고, △BCD와 △FGH가 서로 대응하는 면일 때, $x-y$의 값을 구하시오.

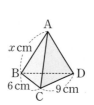
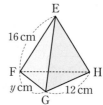

## 102
유형 05

오른쪽 그림에서 △ABC∽△ADE 이고, $\overline{AB} = 6$ cm, $\overline{BD} = 10$ cm이다. △ADE의 넓이가 16 cm²일 때, △ABC의 넓이를 구하시오.

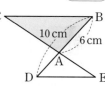

## 103
유형 06

어느 제과점에서는 지름의 길이가 18 cm인 팬케이크 1장을 1800원에 판매하고 있다. 이 제과점에서 판매하는 팬케이크의 가격은 팬케이크의 넓이에 정비례한다고 할 때, 지름의 길이가 30 cm인 팬케이크의 가격은 얼마인지 구하시오.

(단, 팬케이크의 두께는 생각하지 않는다.)

## 104
유형 07

오른쪽 그림에서 두 원기둥 A, B는 서로 닮은 도형이고 원기둥 A의 옆넓이가 $40\pi$ cm²일 때, 원기둥 B의 옆넓이를 구하시오.

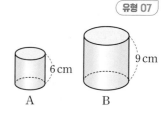

## 105
유형 09

다음 그림에서 두 삼각기둥 (가), (나)는 서로 닮은 도형이고 △DEF에 대응하는 면이 △JKL일 때, 삼각기둥 (가)의 부피를 구하시오.

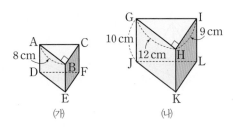

(가)                    (나)

## 106
유형 09

오른쪽 그림과 같이 사각뿔을 밑면에 평행한 두 평면으로 높이가 3등분이 되도록 나눌 때 생기는 세 입체도형을 차례로 A, B, C라 하자. 두 입체도형 A와 C의 부피의 비를 가장 간단한 자연수의 비로 나타내시오.

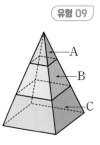

## 107
유형 10

구 모양의 큰 쇠구슬을 녹여서 구 모양의 같은 크기의 작은 쇠구슬 여러 개를 만들려고 한다. 작은 쇠구슬의 반지름의 길이가 큰 쇠구슬의 반지름의 길이의 $\frac{1}{6}$일 때, 큰 쇠구슬 1개를 녹여서 작은 쇠구슬을 최대 몇 개까지 만들 수 있는가?

① 91개          ② 125개          ③ 164개
④ 216개          ⑤ 242개

## 108
유형 11

오른쪽 그림의 △ABC와 △DEF가 서로 닮은 도형이 되게 하려면 다음 중 어느 조건을 추가해야 하는가?

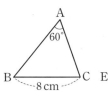

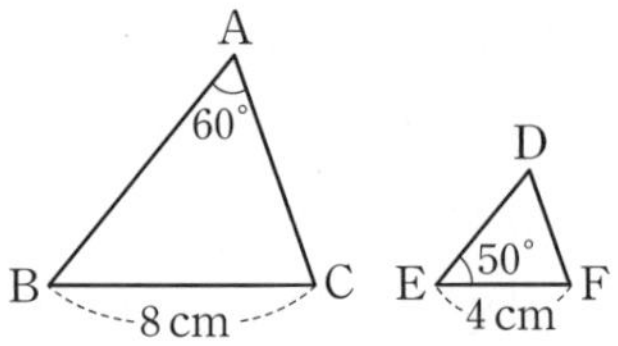

① $\overline{AB}=12\,cm$, $\overline{DE}=6\,cm$
② $\overline{AC}=12\,cm$, $\overline{DF}=6\,cm$
③ $\overline{AC}=10\,cm$, $\overline{DE}=5\,cm$
④ $\angle B=55°$, $\angle F=65°$
⑤ $\angle C=70°$, $\angle D=60°$

## 109
유형 12

오른쪽 그림과 같은 △ABC에서 $\overline{AB}=16$, $\overline{AD}=9$, $\overline{BC}=20$, $\overline{AC}=12$일 때, $x$의 값을 구하시오.

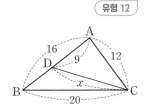

## 110
유형 13

오른쪽 그림과 같은 △ABC에서 $\angle ABC=\angle CAD$이고 $\overline{BC}=9\,cm$, $\overline{CD}=4\,cm$일 때, $\overline{AC}$의 길이를 구하시오.

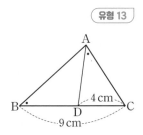

## 111
유형 13

오른쪽 그림과 같은 △ABC에서 $\overline{AB}=12\,cm$, $\overline{BC}=10\,cm$, $\overline{CA}=8\,cm$, $\overline{DE}=6\,cm$이고 $\angle ABD=\angle BCE=\angle CAF$일 때, △DEF의 둘레의 길이를 구하시오.

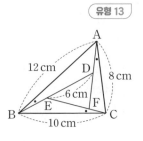

## 112

유형 14

오른쪽 그림과 같은 평행사변형
ABCD에서 $\overline{BC}$ 위의 점 E에
대하여 $\overline{AE}$의 연장선과 $\overline{DC}$의
연장선의 교점을 F라 하자.
$\overline{AD}=9\,cm$, $\overline{DC}=4\,cm$, $\overline{CF}=2\,cm$일 때, $\overline{BE}$의 길이를 구
하시오.

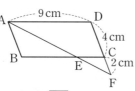

## 113

유형 15

오른쪽 그림과 같이 △ABC의
꼭짓점 A에서 $\overline{BC}$에 내린 수선의
발을 D, 꼭짓점 C에서 $\overline{AB}$에 내린
수선의 발을 E라 하자.
$\overline{AB}=14\,cm$, $\overline{BC}=16\,cm$,
$\overline{CD}=4\,cm$일 때, $\overline{BE}$의 길이를 구하시오.

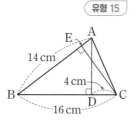

## 114

유형 16

오른쪽 그림과 같이 ∠C=90°인
직각삼각형 ABC에서 $\overline{AB}\perp\overline{CD}$이
고 $\overline{BD}=15\,cm$, $\overline{BC}=17\,cm$일 때,
$\overline{CD}$의 길이를 구하시오.

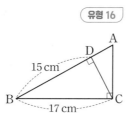

## 115

유형 18

오른쪽 그림과 같이 정삼각형 ABC
를 $\overline{DF}$를 접는 선으로 하여 꼭짓점
A가 $\overline{BC}$ 위의 점 E에 오도록 접었
다. $\overline{AF}=7\,cm$, $\overline{FC}=5\,cm$,
$\overline{BE}=4\,cm$일 때, $\overline{BD}$의 길이를 구
하시오.

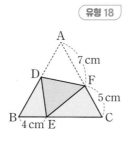

## 서술형 문제

## 116

유형 04

다음 그림에서 두 원뿔 A, B가 서로 닮은 도형일 때, 원뿔 B
의 밑면의 넓이를 구하시오.

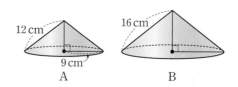

## 117

유형 09

닮은 두 원기둥 A, B의 겉넓이가 각각 $125\pi\,cm^2$, $20\pi\,cm^2$
이고 원기둥 A의 부피가 $250\pi\,cm^3$일 때, 원기둥 B의 부피를
구하시오.

## 118

유형 15

오른쪽 그림과 같은 직사각형
ABCD에서 대각선 $\overline{BD}$의 수직
이등분선인 $\overline{PQ}$와 $\overline{BD}$의 교점을
O라 하자. $\overline{BC}=16\,cm$,
$\overline{BO}=10\,cm$, $\overline{CD}=12\,cm$일 때,
△POD의 둘레의 길이를 구하시오.

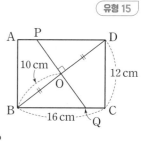

**119** 다음 그림과 같이 정삼각형의 각 변을 이등분 하여 4개의 정삼각형으로 나누고 한가운데 정삼각형을 지운다. 남은 3개의 정삼각형도 같은 방법으로 각각 4개의 정삼각형으로 나누고 한가운데 정삼각형을 지운다. 이와 같은 과정을 반복할 때, [5단계]에서 지운 한 정삼각형과 [8단계]에서 지운 한 정삼각형의 닮음비를 구하시오.

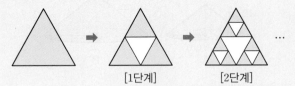

**122** 오른쪽 그림과 같이 두 밑면의 넓이가 각각 $15\pi$, $60\pi$인 원뿔대의 높이가 $x+4$이고 부피가 $315\pi$일 때, $x$의 값은?

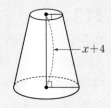

① 3    ② 4
③ 5    ④ 6
⑤ 7

**120** 오른쪽 그림과 같이 중심이 같은 세 원의 반지름의 길이의 비가 $1:2:3$이고 가장 큰 원의 넓이가 $36\pi \, \text{cm}^2$일 때, 색칠한 부분의 넓이를 구하시오.

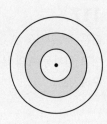

**123** 모양과 크기가 같은 원뿔 모양의 용기 두 개를 붙여 놓은 모래시계가 있다. 이 모래시계의 위쪽 용기에 가득 채워져 있던 모래가 아래 용기로 모두 떨어지는 데 54분이 걸린다고 한다. 이때 오른쪽 그림의 위쪽에 남은 모래가 모두 아래로 떨어지는 데 몇 분이 걸리는지 구하시오. (단, 시간당 떨어지는 모래의 양은 일정하고, 용기의 두께는 생각하지 않는다.)

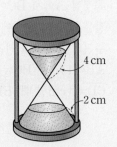

**121** 오른쪽 그림과 같이 높이가 10 cm인 원기둥이 지면에 닿아 있고, 이 원기둥의 한 밑면인 원 O의 중심 위의 A 지점에서 전등이 원기둥을 비추게 하였다. 지면에 생긴 고리 모양의 그림자의 넓이가 원기둥의 밑넓이의 8배가 되었을 때, 작은 원뿔의 높이 $\overline{\text{AO}}$는 몇 cm인지 구하시오.

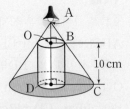

**124** 오른쪽 그림과 같이 한 변의 길이가 10 cm인 정삼각형 ABC에서 $\overline{\text{BD}} : \overline{\text{DC}} = 3 : 2$이고 $\angle \text{ADE} = 60°$일 때, $\overline{\text{BE}}$의 길이를 구하시오.

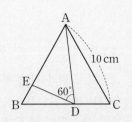

• 정답과 해설 55쪽

**125** 오른쪽 그림의 △ABC는
$\overline{AB}=\overline{AC}$인 이등변삼각형이다.
$\overline{DF}/\!/\overline{BC}$이고 $\overline{AD}=12$, $\overline{BD}=6$,
$\angle EDF=\angle FDC$일 때, $\overline{EF}$의 길이를
구하시오.

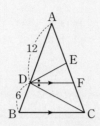

**128** 은서는 다음 그림과 같이 바닥에 거울을 놓고 빛의 입
사각과 반사각의 크기가 같음을 이용하여 세종대왕상의 높이
를 구하려고 한다. 은서의 눈높이는 1.6 m, 은서와 거울 사이
의 거리는 6.4 m, 거울과 세종대왕상 사이의 거리는 36 m일
때, 받침대를 포함한 세종대왕상의 총 높이는 몇 m인지 구하
시오. (단, 거울의 두께는 생각하지 않는다.)

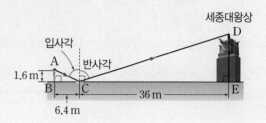

**126** 오른쪽 그림에서
△ABC∽△DCE이고,
$\overline{AB}=8$ cm, $\overline{BC}=6$ cm,
$\overline{CE}=9$ cm이다. $\overline{AE}$와 $\overline{CD}$의 교
점을 F라 할 때, $\overline{DF}$의 길이를 구
하시오. (단, 세 점 B, C, E는 한 직선 위에 있다.)

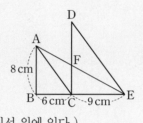

**129** 다음 그림과 같이 $\angle A=90°$인 직각삼각형 ABC에서
$\overline{AC}$의 중점을 D, 점 D에서 $\overline{BC}$에 내린 수선의 발을 E라 하
자. $\overline{DE}$를 접는 선으로 하여 꼭짓점 C가 $\overline{BC}$ 위의 점 F에 오
도록 접었다. $\overline{AC}=16$ cm, $\overline{BC}=20$ cm일 때, $\overline{BF}$의 길이를
구하시오.

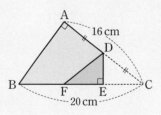

**127** 다음 그림과 같이 $\angle A=90°$인 직각삼각형 ABC에서
점 M은 $\overline{BC}$의 중점이고 $\overline{AD}\perp\overline{BC}$, $\overline{DE}\perp\overline{AM}$이다.
$\overline{BD}=4$ cm, $\overline{CD}=16$ cm일 때, $\overline{AE}$의 길이를 구하시오.

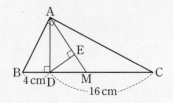

# 6.

# 평행선과 선분의
# 길이의 비

# 유형 모아 보기 01 삼각형에서 평행선과 선분의 길이의 비

• 정답과 해설 57쪽

## 유형 01 삼각형에서 평행선과 선분의 길이의 비 (1)

중요

△ABC에서 두 점 D, E가 각각 $\overline{AB}$, $\overline{AC}$ 또는 그 연장선 위의 점일 때, $\overline{BC}/\!/\overline{DE}$이면

(1) $a : a'=b : b'=c : c'$

(2) $a : a'=b : b'$

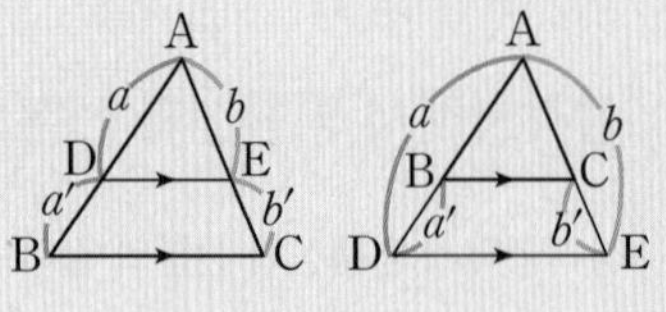

### 대표 문제

**01** 오른쪽 그림과 같은 △ABC에서 $\overline{BC}/\!/\overline{DE}$일 때, $xy$의 값을 구하시오.

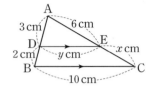

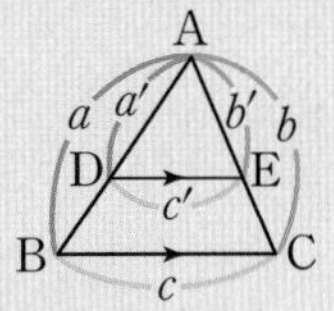

## 유형 02 삼각형에서 평행선과 선분의 길이의 비 (2)

중요

△ABC에서 두 점 D, E가 각각 $\overline{AB}$, $\overline{AC}$의 연장선 위의 점일 때, $\overline{BC}/\!/\overline{DE}$이면

(1) $a : a'=b : b'=c : c'$

(2) $a : a'=b : b'$

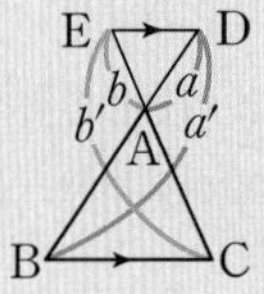

### 대표 문제

**02** 오른쪽 그림에서 $\overline{BC}/\!/\overline{DE}$일 때, $x+y$의 값을 구하시오.

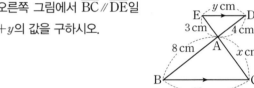

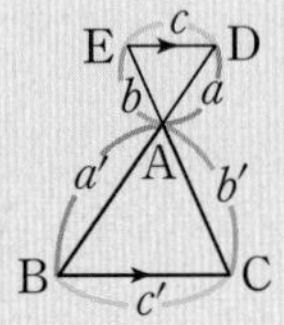

## 유형 03 삼각형에서 평행선과 선분의 길이의 비의 응용

(1) △ABC에서 $\overline{BC}/\!/\overline{DE}$일 때

➡ $a : b=c : d=e : f$

(2) △ABC에서 $\overline{BC}/\!/\overline{DE}$, $\overline{BE}/\!/\overline{DF}$일 때

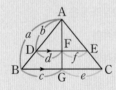

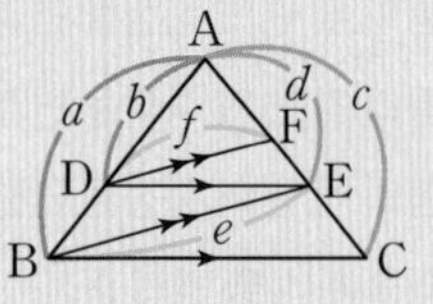

➡ $a : b=c : d=e : f$

### 대표 문제

**03** 오른쪽 그림과 같은 △ABC에서 $\overline{BC}/\!/\overline{DE}$일 때, $xy$의 값을 구하시오.

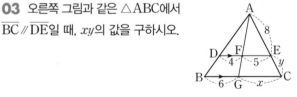

## 유형 04 삼각형에서 평행선 찾기

△ABC에서 두 점 D, E가 각각 $\overline{AB}$, $\overline{AC}$ 또는 그 연장선 위의 점일 때, $a : a'=b : b'$이면 $\overline{BC}/\!/\overline{DE}$이다.

(1)

(2)

(3)

(4)

(5)

### 대표 문제

**04** 다음 중 $\overline{BC}/\!/\overline{DE}$인 것은?

①

②

③

④

⑤

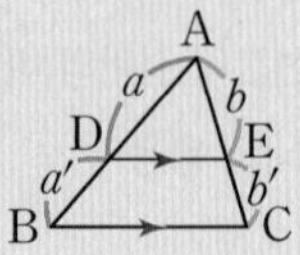

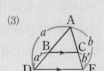

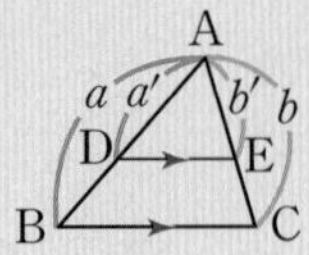

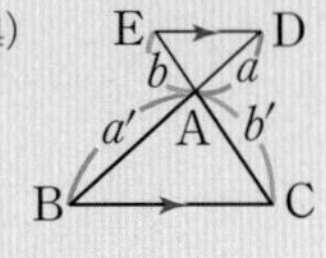

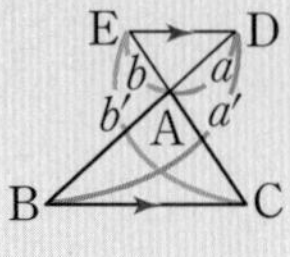

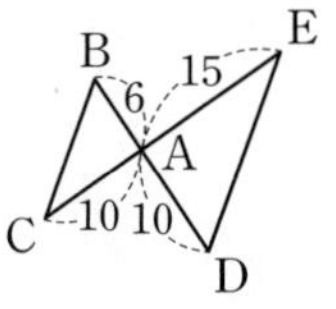

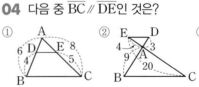

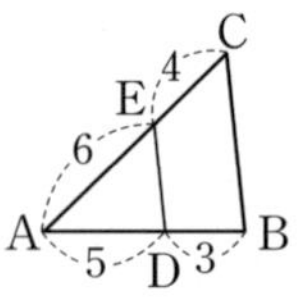

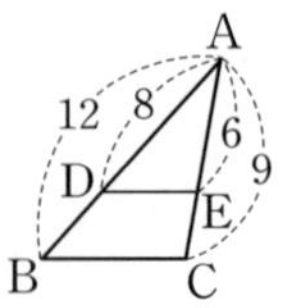

## 유형 01  삼각형에서 평행선과 선분의 길이의 비 (1) 중요

### Pick
**05 대표 문제**

오른쪽 그림과 같은 △ABC에서 $\overline{AC} \parallel \overline{DE}$일 때, $x+y$의 값을 구하시오.

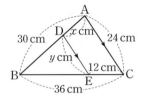

**06** 하

오른쪽 그림과 같은 삼각형 모양의 공원에서 길 $\overline{AC}$와 평행한 길 $\overline{DE}$가 있을 때, B 지점에서 D 지점까지의 거리는 몇 m인지 구하시오.

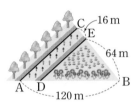

**07** 하

다음은 △ABC에서 $\overline{AB}$, $\overline{AC}$ 위에 각각 점 D, E가 있을 때, $\overline{BC} \parallel \overline{DE}$이면 $\overline{AD} : \overline{DB} = \overline{AE} : \overline{EC}$임을 설명하는 과정이다. (개)~(매)에 알맞은 것으로 옳지 <u>않은</u> 것은?

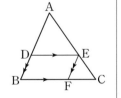

점 E에서 $\overline{AB}$에 평행한 직선을 그어 $\overline{BC}$와 만나는 점을 F라 하자.
△ADE와 △EFC에서
∠DAE= (개) (동위각) ··· ㉠
(내) =∠ECF (동위각) ··· ㉡
㉠, ㉡에 의해 △ADE∽△EFC ( (대) 닮음)이므로
$\overline{AD} : \overline{EF} = \overline{AE} :$ (래)
이때 □DBFE는 평행사변형이므로 $\overline{EF}=$ (매)
∴ $\overline{AD} : \overline{DB} = \overline{AE} : \overline{EC}$

① (개) ∠FEC       ② (내) ∠AED       ③ (대) SAS
④ (래) $\overline{EC}$       ⑤ (매) $\overline{DB}$

**08** 중

오른쪽 그림과 같은 평행사변형 ABCD에서 $\overline{AB}$의 연장선과 $\overline{DE}$의 연장선이 만나는 점을 F라 할 때, $\overline{EC}$의 길이는?

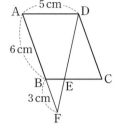

① 3 cm            ② $\dfrac{10}{3}$ cm

③ $\dfrac{18}{5}$ cm            ④ 4 cm

⑤ $\dfrac{9}{2}$ cm

**09** 중  서술형

오른쪽 그림과 같은 △ABC에서 $\overline{BC} \parallel \overline{DE}$, $\overline{AC} \parallel \overline{FH}$일 때, $\overline{GH}$의 길이를 구하시오.

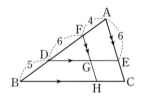

### Pick
**10** 상

오른쪽 그림과 같은 △ABC에서 □DBFE가 마름모이고 $\overline{AB}=6$ cm, $\overline{BC}=4$ cm일 때, □DBFE의 둘레의 길이는?

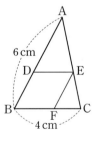

① 9 cm            ② $\dfrac{46}{5}$ cm

③ $\dfrac{48}{5}$ cm            ④ 10 cm

⑤ $\dfrac{52}{5}$ cm

**유형 02** 삼각형에서 평행선과 선분의 길이의 비 (2) 중요

P⁰ick
**11** 대표 문제

오른쪽 그림에서 $\overline{BC} /\!/ \overline{DE}$일 때, $x-y$의 값을 구하시오.

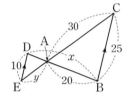

**12** 하

오른쪽 그림과 같은 평행사변형 ABCD에서 $\overline{AD}$ 위의 점 E에 대하여 $\overline{BE}$와 $\overline{AC}$의 교점을 F라 할 때, $\overline{DE}$의 길이를 구하시오.

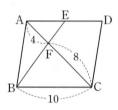

P⁰ick
**13** 중 서술형

오른쪽 그림에서 $\overline{BC} /\!/ \overline{DE}$, $\overline{AB} /\!/ \overline{FG}$일 때, $xy$의 값을 구하시오.

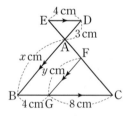

**14** 중

오른쪽 그림에서 $\overline{BC} /\!/ \overline{DE} /\!/ \overline{FG}$이고 $\overline{AB} : \overline{AD} : \overline{DF} = 4 : 1 : 2$일 때, $x$, $y$의 값을 각각 구하시오.

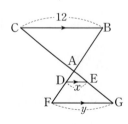

**유형 03** 삼각형에서 평행선과 선분의 길이의 비의 응용

03-1 꼭짓점에서 그은 선분이 평행선을 지나는 경우

**15** 대표 문제

오른쪽 그림과 같은 △ABC에서 $\overline{BC} /\!/ \overline{DE}$일 때, $x+y$의 값은?

① 10　　　② 11
③ 12　　　④ 13
⑤ 14

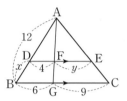

P⁰ick
**16** 중

오른쪽 그림과 같은 △ABC에서 $\overline{BC} /\!/ \overline{DE}$일 때, $\overline{DF}$의 길이는?

① $\dfrac{5}{2}$　　　② $\dfrac{14}{5}$
③ 3　　　④ $\dfrac{16}{5}$
⑤ $\dfrac{7}{2}$

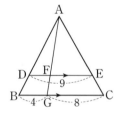

**17** 중

오른쪽 그림과 같은 △ABC에서 $\overline{BC} /\!/ \overline{DE}$일 때, $\overline{EF}$의 길이를 구하시오.

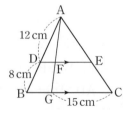

• 정답과 해설 58쪽

## 03-2 평행한 선분이 두 쌍인 경우

Pick
**18** 중

오른쪽 그림과 같은 △ABC에서 $\overline{BC} /\!/ \overline{DE}$, $\overline{BE} /\!/ \overline{DF}$이다. $\overline{AF}=10\,cm$, $\overline{FE}=6\,cm$일 때, $\overline{EC}$의 길이는?

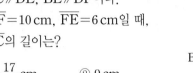

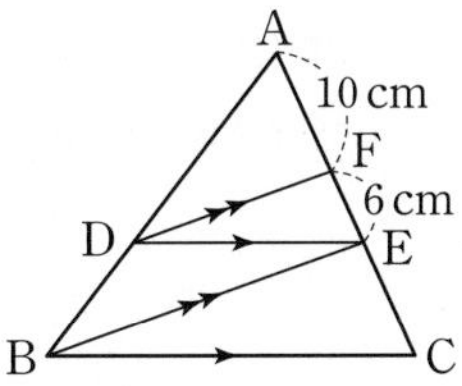

① $\frac{17}{2}$ cm ② 9 cm

③ $\frac{48}{5}$ cm ④ 10 cm

⑤ $\frac{52}{5}$ cm

**19** 중

오른쪽 그림과 같은 △ABC에서 $\overline{BC} /\!/ \overline{DE}$, $\overline{CD} /\!/ \overline{EF}$이다. $\overline{AF} : \overline{FD}=3 : 1$이고 $\overline{AD}=9\,cm$일 때, $\overline{DB}$의 길이를 구하시오.

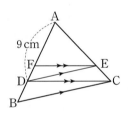

**20** 중

오른쪽 그림과 같은 △ABC에서 $\overline{BC} /\!/ \overline{DE}$, $\overline{CD} /\!/ \overline{EF}$이고 $\overline{AD}=10\,cm$, $\overline{DB}=5\,cm$일 때, $\overline{DF}$의 길이는?

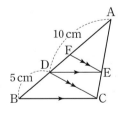

① 3 cm ② $\frac{10}{3}$ cm

③ $\frac{7}{2}$ cm ④ $\frac{11}{3}$ cm

⑤ 4 cm

## 유형 04 삼각형에서 평행선 찾기

Pick
**21** 대표 문제

다음 보기 중 $\overline{BC} /\!/ \overline{DE}$인 것은 모두 몇 개인지 구하시오.

보기

ㄱ.


ㄴ.


ㄷ.


ㄹ.


ㅁ.


ㅂ.


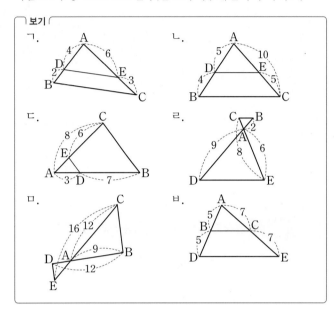

**22** 중

오른쪽 그림에서 서로 평행한 선분을 말하시오.

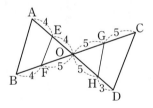

**23** 중

오른쪽 그림과 같은 △ABC에 대하여 다음 중 옳은 것을 모두 고르면? (정답 2개)

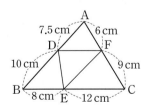

① $\overline{AB} /\!/ \overline{FE}$

② $\overline{BC} /\!/ \overline{DF}$

③ ∠AFD=∠FCE

④ △ABC∽△DBE

⑤ △ABC∽△FEC

• 정답과 해설 59쪽

**유형 05** **삼각형의 내각의 이등분선**

△ABC에서 ∠A의 이등분선이 $\overline{BC}$와 만나
는 점을 D라 하면 └ ∠BAD=∠CAD
➡ $\overline{AB}$ : $\overline{AC}$=$\overline{BD}$ : $\overline{CD}$

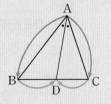

**대표 문제**

**24** 오른쪽 그림과 같은
△ABC에서 ∠A의 이등분선
이 $\overline{BC}$와 만나는 점을 D라 할
때, $\overline{CD}$의 길이를 구하시오.

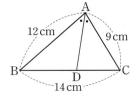

---

**유형 06** **삼각형의 내각의 이등분선과 넓이**

△ABC에서 ∠A의 이등분선이 $\overline{BC}$와 만나
는 점을 D라 하면
➡ △ABD : △ADC=$\overline{BD}$ : $\overline{CD}$
　　　　　　　　　=$\overline{AB}$ : $\overline{AC}$

[참고] △ABD와 △ADC의 높이가 같으므로 두
　　　삼각형의 넓이의 비는 밑변의 길이의 비와 같다.

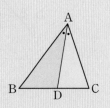

**대표 문제**

**25** 오른쪽 그림과 같은 △ABC
에서 $\overline{AD}$는 ∠A의 이등분선이고
△ABD의 넓이가 36일 때,
△ADC의 넓이를 구하시오.

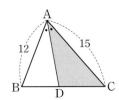

---

**유형 07** **삼각형의 외각의 이등분선**

△ABC에서 ∠A의 외각의 이등분선이
└ ∠CAD=∠EAD
$\overline{BC}$의 연장선과 만나는 점을 D라 하면
➡ $\overline{AB}$ : $\overline{AC}$=$\overline{BD}$ : $\overline{CD}$

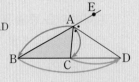

**대표 문제**

**26** 다음 그림과 같은 △ABC에서 ∠A의 외각의 이등분
선이 $\overline{BC}$의 연장선과 만나는 점을 D라 할 때, $\overline{BC}$의 길이를
구하시오.

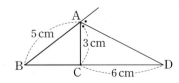

## 유형 05 삼각형의 내각의 이등분선

### 27 대표 문제

오른쪽 그림과 같은 △ABC에서
∠BAD=∠CAD일 때, $\overline{AB}$의
길이를 구하시오.

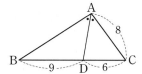

### 28 하

오른쪽 그림과 같은 △ABC에서 $\overline{BD}$
가 ∠B의 이등분선일 때, $x$의 값을 구
하시오.

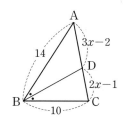

### 29 하

다음은 △ABC에서 ∠A의 이등분선이 $\overline{BC}$와 만나는 점을
D라 할 때, $\overline{AB}:\overline{AC}=\overline{BD}:\overline{CD}$임을 설명하는 과정이다.
(가)~(마)에 알맞은 것으로 옳지 <u>않은</u> 것은?

△ABC의 꼭짓점 C를 지나고 $\overline{AD}$에 평
행한 직선을 그어 $\overline{BA}$의 연장선과 만나
는 점을 E라 하면
$\overline{AD}/\!/\overline{EC}$이므로
∠BAD= [(가)] (동위각)
∠DAC=∠ACE (엇각)
즉, ∠AEC= [(나)] 이므로 △ACE는 [(다)] 이다.
∴ $\overline{AE}=$ [(라)]  ⋯ ㉠
△BCE에서 $\overline{AD}/\!/\overline{EC}$이므로
$\overline{BA}:\overline{AE}=$ [(마)] $:\overline{DC}$  ⋯ ㉡
따라서 ㉠, ㉡에 의해 $\overline{AB}:\overline{AC}=\overline{BD}:\overline{CD}$이다.

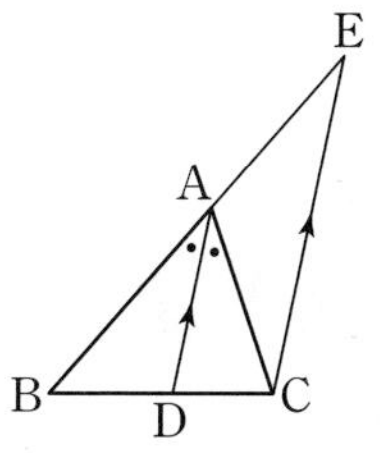

① (가) ∠E   ② (나) ∠ACE   ③ (다) 직각삼각형
④ (라) $\overline{AC}$   ⑤ (마) $\overline{BD}$

### 30 중

오른쪽 그림과 같은 △ABC에서
∠BAD=∠CAD이고, 꼭짓점 C를
지나고 $\overline{AD}$에 평행한 직선을 그어
$\overline{BA}$의 연장선과 만나는 점을 E라 할
때, $x+y$의 값은?

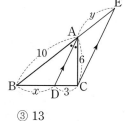

① 11   ② 12   ③ 13
④ 14   ⑤ 15

### 31 중

오른쪽 그림과 같은 △ABC에
서 $\overline{AE}$는 ∠A의 이등분선이고
$\overline{AC}/\!/\overline{DE}$일 때, $\overline{DE}$의 길이를 구
하시오.

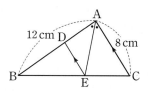

### 32 중

오른쪽 그림과 같은 △ABC에서
$\overline{AD}$는 ∠A의 이등분선이고
$\overline{AB}=\overline{AE}$일 때, $\overline{DE}$의 길이는?

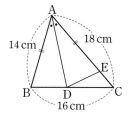

① 6 cm   ② $\frac{13}{2}$ cm
③ 7 cm   ④ $\frac{15}{2}$ cm
⑤ 8 cm

**33** 상

오른쪽 그림과 같은 △ABC에서 $\overline{AE}$, $\overline{CD}$는 각각 ∠A, ∠C의 이등분선일 때, $\overline{AD}$의 길이는?

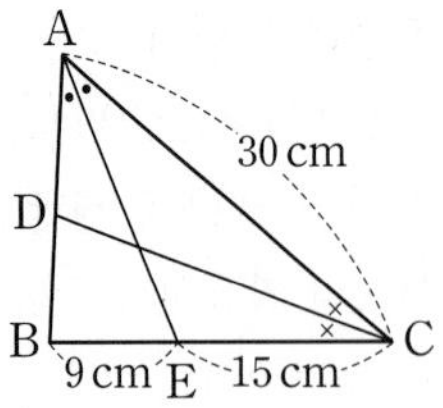

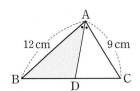

① 8 cm
② $\dfrac{17}{2}$ cm
③ 9 cm
④ $\dfrac{19}{2}$ cm
⑤ 10 cm

유형 06  삼각형의 내각의 이등분선과 넓이

**Pick**
**34** 대표 문제

오른쪽 그림과 같은 △ABC에서 $\overline{AD}$는 ∠A의 이등분선이고 △ABC의 넓이가 49 cm²일 때, △ABD의 넓이를 구하시오.

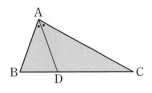

**35** 하

오른쪽 그림과 같은 △ABC에서 ∠BAD=∠CAD이고, $\overline{AB}:\overline{AC}=1:2$이다. △ADC의 넓이가 18 cm²일 때, △ABC의 넓이는?

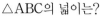

① 24 cm²
② 25 cm²
③ 26 cm²
④ 27 cm²
⑤ 28 cm²

**36** 중  서술형

오른쪽 그림과 같은 △ABC에서 $\overline{AD}$는 ∠A의 이등분선이고, $\overline{AB}\perp\overline{DE}$이다. △ADC의 넓이가 16 cm²일 때, $\overline{DE}$의 길이를 구하시오.

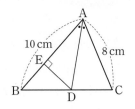

**37** 중

오른쪽 그림과 같은 △ABC에서 ∠BAD=∠CAD=45°일 때, △ADC의 넓이는?

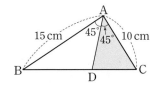

① 25 cm²
② $\dfrac{55}{2}$ cm²
③ 30 cm²
④ $\dfrac{65}{2}$ cm²
⑤ 35 cm²

유형 07  삼각형의 외각의 이등분선

**Pick**
**38** 대표 문제

오른쪽 그림과 같은 △ABC에서 ∠A의 외각의 이등분선이 $\overline{BC}$의 연장선과 만나는 점을 D라 할 때, $\overline{AB}$의 길이를 구하시오.

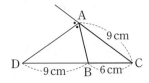

## 39 <sub>하</sub>

다음은 △ABC에서 ∠A의 외각의 이등분선이 $\overline{BC}$의 연장선과 만나는 점을 D라 할 때, $\overline{AB}:\overline{AC}=\overline{BD}:\overline{CD}$임을 설명하는 과정이다. (개)~(대)에 알맞은 것을 차례로 나열한 것은?

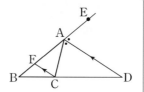

△ABC의 꼭짓점 C를 지나고 $\overline{AD}$에 평행한 직선을 그어 $\overline{AB}$와 만나는 점을 F라 하면 $\overline{AD}\,/\!/\,\overline{FC}$이므로

∠EAD = ∠AFC (동위각)

∠CAD = ☐(개) (엇각)

즉, ∠AFC = ☐(개) 이므로 △AFC는 이등변삼각형이다.

∴ $\overline{AF}$ = ☐(나) ⋯ ㉠

△ABD에서 $\overline{AD}\,/\!/\,\overline{FC}$이므로

$\overline{BA}:\overline{AF}$ = ☐(대) : $\overline{DC}$ ⋯ ㉡

따라서 ㉠, ㉡에 의해 $\overline{AB}:\overline{AC}=\overline{BD}:\overline{CD}$이다.

① ∠ACF, $\overline{AC}$, $\overline{BC}$  ② ∠ACF, $\overline{AC}$, $\overline{BD}$
③ ∠ACF, $\overline{AE}$, $\overline{BC}$  ④ ∠CAB, $\overline{AC}$, $\overline{BD}$
⑤ ∠CAB, $\overline{AE}$, $\overline{BC}$

## 40 <sub>중</sub>

오른쪽 그림과 같은 △ABC에서 ∠CAD = ∠EAD일 때, △ABC와 △ACD의 넓이의 비는?

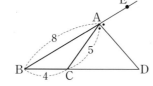

① 3 : 5  ② 3 : 8
③ 4 : 5  ④ 5 : 6
⑤ 5 : 8

## 41 <sub>중</sub>

오른쪽 그림과 같은 △ABC에서 $\overline{AD}$는 ∠A의 외각의 이등분선이고, △ABC의 넓이가 30 cm²일 때, △ABD의 넓이를 구하시오.

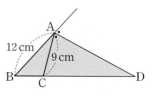

## 42 <sub>중</sub> 서술형

오른쪽 그림과 같은 △ABC에서 $\overline{AD}$가 ∠A의 외각의 이등분선이고 $\overline{AD}\,/\!/\,\overline{EC}$일 때, $\overline{BE}$의 길이를 구하시오.

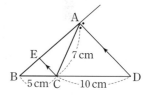

## 43 <sub>상</sub>

오른쪽 그림과 같은 △ABC에서 $\overline{AD}$는 ∠A의 이등분선이고, $\overline{AE}$는 ∠A의 외각의 이등분선일 때, $\overline{DE}$의 길이는?

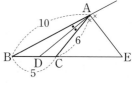

① 9  ② $\dfrac{75}{8}$  ③ $\dfrac{19}{2}$
④ $\dfrac{39}{4}$  ⑤ 10

# 유형 모아 보기 03 삼각형의 두 변의 중점을 연결한 선분의 성질

## 유형 08 삼각형의 두 변의 중점을 연결한 선분의 성질 (1) 중요

△ABC에서 $\overline{AM}=\overline{MB}$, $\overline{AN}=\overline{NC}$이면

➡ $\overline{MN}\,/\!/\,\overline{BC}$, $\overline{MN}=\frac{1}{2}\overline{BC}$

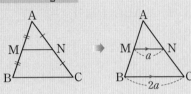

### 대표 문제

**44** 오른쪽 그림과 같은 △ABC에서 두 점 M, N은 각각 $\overline{AB}$, $\overline{AC}$의 중점이다. $\overline{BC}=8\,\text{cm}$, $\angle B=40°$일 때, $x$, $y$의 값을 각각 구하시오.

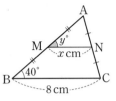

## 유형 09 삼각형의 두 변의 중점을 연결한 선분의 성질 (2)

△ABC에서 $\overline{AM}=\overline{MB}$, $\overline{MN}\,/\!/\,\overline{BC}$이면

➡ $\overline{AN}=\overline{NC}$

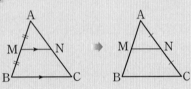

### 대표 문제

**45** 오른쪽 그림과 같은 △ABC에서 $\overline{AM}=\overline{MB}$이고, $\overline{MN}\,/\!/\,\overline{BC}$이다. $\overline{AN}=6\,\text{cm}$, $\overline{BC}=12\,\text{cm}$일 때, $x+y$의 값을 구하시오.

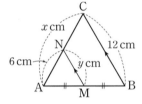

## 유형 10 삼각형의 두 변의 중점을 연결한 선분의 성질의 응용 (1)

△ABC에서 $\overline{BC}$의 중점을 D, $\overline{AB}$의 삼등분점을 E, F라 하면

(1) △EBC에서 $\overline{BF}=\overline{FE}$, $\overline{BD}=\overline{DC}$이므로

➡ $\overline{FD}\,/\!/\,\overline{EC}$, $\overline{EC}=2\overline{FD}$

(2) △AFD에서 $\overline{AE}=\overline{EF}$, $\overline{EP}\,/\!/\,\overline{FD}$이므로

➡ $\overline{AP}=\overline{PD}$, $\overline{FD}=2\overline{EP}$

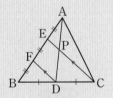

### 대표 문제

**46** 오른쪽 그림과 같은 △ABC에서 점 D는 $\overline{AB}$의 중점이고, 두 점 E, F는 $\overline{AC}$의 삼등분점이다. $\overline{GF}=6\,\text{cm}$일 때, $\overline{BG}$의 길이를 구하시오.

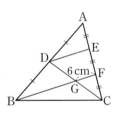

## 유형 11 삼각형의 두 변의 중점을 연결한 선분의 성질의 응용 (2)

$\overline{AB}=\overline{AD}$, $\overline{AM}=\overline{CM}$일 때, 점 A에서 $\overline{BC}$에 평행한 직선 AN을 그으면

△AMN≡△CME (ASA 합동)이므로

(1) $\overline{CE}=\overline{AN}=\frac{1}{2}\overline{BE}$

(2) $\overline{MN}=\overline{ME}=\frac{1}{2}\overline{NE}=\frac{1}{4}\overline{DE}$

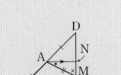

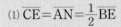

참고 삼각형의 두 변의 중점을 연결한 선분이 없을 때는 평행한 보조선을 그어 문제를 해결한다.

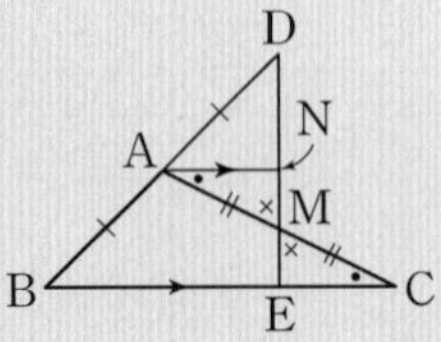

### 대표 문제

**47** 오른쪽 그림과 같은 △ABC에서 $\overline{BA}$의 연장선 위에 $\overline{AB}=\overline{AD}$인 점 D를 잡고, 점 D와 $\overline{AC}$의 중점 M을 연결한 직선이 $\overline{BC}$와 만나는 점을 E라 하자. $\overline{BE}=4\,\text{cm}$일 때, $\overline{EC}$의 길이를 구하시오.

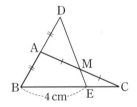

**유형 12** **삼각형의 각 변의 중점을 연결하여 만든 삼각형**

△ABC에서 $\overline{AB}$, $\overline{BC}$, $\overline{CA}$의 중점을 각각 D, E, F라 하면

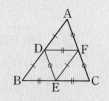

(1) $\overline{AB}/\!/\overline{FE}$, $\overline{FE}=\dfrac{1}{2}\overline{AB}$

$\overline{BC}/\!/\overline{DF}$, $\overline{DF}=\dfrac{1}{2}\overline{BC}$

$\overline{AC}/\!/\overline{DE}$, $\overline{DE}=\dfrac{1}{2}\overline{AC}$

(2) (△DEF의 둘레의 길이) $=\dfrac{1}{2}\times$ (△ABC의 둘레의 길이)
　　└ $\overline{DE}+\overline{EF}+\overline{FD}$

(3) △ADF≡△DBE≡△FEC≡△EFD (SSS 합동)

**대표 문제**

**48** 오른쪽 그림과 같은 △ABC에서 $\overline{AB}$, $\overline{BC}$, $\overline{CA}$의 중점을 각 D, E, F라 하자. $\overline{AB}=8$ cm, $\overline{BC}=12$ cm, $\overline{CA}=10$ cm일 때, △DEF의 둘레의 길이를 구하시오.

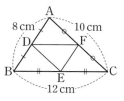

---

**유형 13** **사각형의 각 변의 중점을 연결하여 만든 사각형**

□ABCD에서 $\overline{AB}$, $\overline{BC}$, $\overline{CD}$, $\overline{DA}$의 중점을 각각 P, Q, R, S라 하면

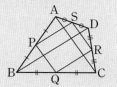

(1) $\overline{AC}/\!/\overline{PQ}/\!/\overline{SR}$, $\overline{PQ}=\overline{SR}=\dfrac{1}{2}\overline{AC}$

(2) $\overline{BD}/\!/\overline{PS}/\!/\overline{QR}$, $\overline{PS}=\overline{QR}=\dfrac{1}{2}\overline{BD}$

(3) (□PQRS의 둘레의 길이) $=\overline{AC}+\overline{BD}$
　　└ $\overline{PQ}+\overline{QR}+\overline{RS}+\overline{SP}$

**대표 문제**

**49** 오른쪽 그림과 같은 □ABCD에서 $\overline{AB}$, $\overline{BC}$, $\overline{CD}$, $\overline{DA}$의 중점을 각각 P, Q, R, S라 하자. $\overline{AC}=24$, $\overline{BD}=28$일 때, □PQRS의 둘레의 길이를 구하시오.

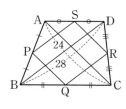

---

**유형 14** **사다리꼴에서 두 변의 중점을 연결한 선분의 성질** (중요)

$\overline{AD}/\!/\overline{BC}$인 사다리꼴 ABCD에서 $\overline{AB}$, $\overline{DC}$의 중점을 각각 M, N이라 하면 $\overline{AD}/\!/\overline{MN}/\!/\overline{BC}$이므로

(1) $\overline{MN}=\overline{MQ}+\overline{QN}=\dfrac{1}{2}(\overline{BC}+\overline{AD})$
　　└ △ABC에서 $\overline{MQ}=\dfrac{1}{2}\overline{BC}$
　　└ △ACD에서 $\overline{QN}=\dfrac{1}{2}\overline{AD}$

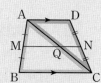

(2) $\overline{PQ}=\overline{MQ}-\overline{MP}=\dfrac{1}{2}(\overline{BC}-\overline{AD})$
　　└ △ABC에서 $\overline{MQ}=\dfrac{1}{2}\overline{BC}$
　　└ △ABD에서 $\overline{MP}=\dfrac{1}{2}\overline{AD}$

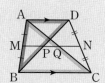

**대표 문제**

**50** 오른쪽 그림과 같이 $\overline{AD}/\!/\overline{BC}$인 사다리꼴 ABCD에서 $\overline{AB}$, $\overline{DC}$의 중점을 각각 M, N이라 하자. $\overline{AD}=20$ cm, $\overline{BC}=30$ cm일 때, 다음을 구하시오.

(1) $\overline{MN}$의 길이
(2) $\overline{PQ}$의 길이

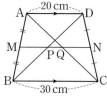

# 유형 완성하기

## 유형 08 삼각형의 두 변의 중점을 연결한 선분의 성질 (1)

중요

**51** 대표 문제

오른쪽 그림과 같이 $\angle A=90^\circ$인 직각삼각형 ABC에서 두 점 M, N은 각각 $\overline{BC}$, $\overline{AC}$의 중점이다. $\overline{MN}=7\,cm$, $\angle NMC=30^\circ$일 때, $x-y$의 값은?

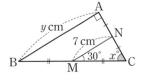

① 46 ② 47 ③ 48
④ 49 ⑤ 50

**52** 중

오른쪽 그림에서 네 점 M, N, P, Q는 각각 $\overline{AB}$, $\overline{AC}$, $\overline{DB}$, $\overline{DC}$의 중점이다. $\overline{MN}=6\,cm$일 때, $\overline{PQ}$의 길이를 구하시오.

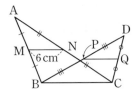

Pick

**53** 중

오른쪽 그림과 같은 □ABCD에서 세 점 M, N, P는 각각 $\overline{AD}$, $\overline{BC}$, $\overline{BD}$의 중점이다. $\overline{MN}=10\,cm$이고 $\overline{AB}+\overline{CD}=28\,cm$일 때, △MPN의 둘레의 길이는?

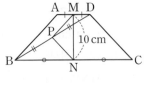

① 22 cm ② 24 cm ③ 26 cm
④ 28 cm ⑤ 30 cm

## 유형 09 삼각형의 두 변의 중점을 연결한 선분의 성질 (2)

**54** 대표 문제

오른쪽 그림과 같은 △ABC에서 점 M은 $\overline{AB}$의 중점이고, $\overline{MN}/\!/\overline{BC}$이다. $\overline{AC}=22\,cm$, $\overline{MN}=9\,cm$일 때, $y-x$의 값을 구하시오.

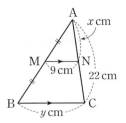

Pick

**55** 중

오른쪽 그림과 같은 △ABC에서 두 점 D, E는 각각 $\overline{AC}$, $\overline{BD}$의 중점이다. $\overline{AB}/\!/\overline{EG}/\!/\overline{DF}$이고 $\overline{DF}=5$일 때, $xy$의 값을 구하시오.

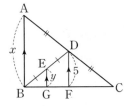

**56** 중

오른쪽 그림과 같은 △ABC에서 점 D는 $\overline{AB}$의 중점이고, $\overline{DE}/\!/\overline{BC}$, $\overline{DF}/\!/\overline{AC}$이다. $\overline{AC}=20\,cm$, $\overline{DE}=8\,cm$일 때, $\overline{BF}+\overline{CE}$의 길이를 구하시오.

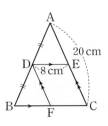

**57** 중 서술형

오른쪽 그림에서 점 M은 $\overline{AB}$의 중점이고, $\overline{AD}/\!/\overline{ME}/\!/\overline{BC}$이다. $\overline{AD}=6\,cm$, $\overline{BC}=10\,cm$일 때, $\overline{NE}$의 길이를 구하시오.

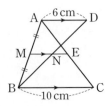

**유형 10** 삼각형의 두 변의 중점을 연결한 선분의 성질의 응용 (1)

**58 대표 문제**

오른쪽 그림과 같은 △ABC에서 점 D는 $\overline{AB}$의 중점이고, 두 점 E, F는 $\overline{AC}$의 삼등분점이다. $\overline{DE}=4$ cm일 때, $\overline{BG}$의 길이는?

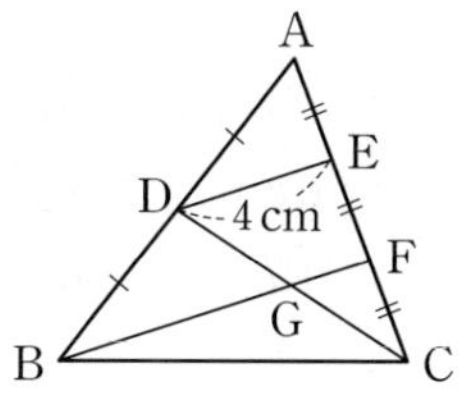

① 5 cm       ② $\dfrac{11}{2}$ cm

③ 6 cm       ④ $\dfrac{13}{2}$ cm

⑤ 7 cm

**59 중**

오른쪽 그림에서 점 G는 $\overline{AD}$의 중점이고, 두 점 E, F는 $\overline{AB}$의 삼등분점이다. $\overline{EC}=12$ cm일 때, $\overline{GC}$의 길이는?

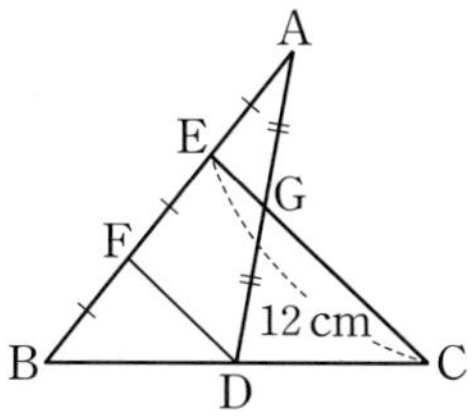

① $\dfrac{15}{2}$ cm       ② 8 cm

③ $\dfrac{17}{2}$ cm       ④ 9 cm

⑤ $\dfrac{19}{2}$ cm

**60 상**

오른쪽 그림과 같은 △ABC에서 두 점 D, F와 두 점 E, G는 각각 $\overline{AB}$와 $\overline{AC}$의 삼등분점이고 $\overline{DE}=8$ cm일 때, $\overline{PQ}$의 길이를 구하시오.

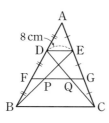

**유형 11** 삼각형의 두 변의 중점을 연결한 선분의 성질의 응용 (2)

**61 대표 문제**

오른쪽 그림에서 두 점 D, E는 각각 $\overline{AB}$, $\overline{DF}$의 중점이고 $\overline{CF}=3$ cm일 때, $\overline{BF}$의 길이를 구하시오.

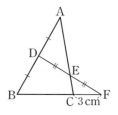

**62 중**

오른쪽 그림과 같은 △ABC에서 $\overline{AD}=\overline{DB}$, $\overline{DE}=\overline{EC}$이고 $\overline{EF}=5$일 때, $\overline{AF}$의 길이를 구하시오.

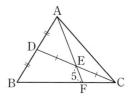

**63 중 서술형**

오른쪽 그림에서 $\overline{AF}=\overline{FC}$, $\overline{DE}=\overline{EF}$이고 $\overline{DC}=21$ cm일 때, $\overline{DB}$의 길이를 구하시오.

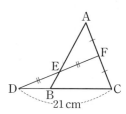

**64 상**

오른쪽 그림과 같은 △ABC에서 두 점 D, F는 각각 $\overline{AB}$, $\overline{DC}$의 중점이고 $\overline{AF}=12$ cm일 때, $\overline{AE}$의 길이를 구하시오.

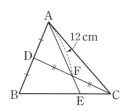

# 유형 완성하기

## 유형 12 삼각형의 각 변의 중점을 연결하여 만든 삼각형

Pick

**65** 대표 문제

오른쪽 그림과 같은 △ABC에서 세 점 D, E, F는 각각 $\overline{AB}$, $\overline{BC}$, $\overline{CA}$의 중점일 때, △ABC의 둘레의 길이는?

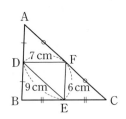

① 42 cm ② 44 cm
③ 46 cm ④ 48 cm
⑤ 50 cm

**66** 중

오른쪽 그림과 같은 △ABC에서 세 점 D, E, F는 각각 $\overline{AB}$, $\overline{BC}$, $\overline{CA}$의 중점일 때, 다음 중 옳지 않은 것을 모두 고르면? (정답 2개)

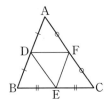

① $\overline{AB} /\!/ \overline{FE}$
② $\overline{DE}=\overline{DF}$
③ $\angle ADF=\angle FEC$
④ $\overline{DF} : \overline{BC}=1 : 3$
⑤ △ABC∽△ADF

**67** 중

오른쪽 그림과 같은 △ABC에서 $\overline{AB}$, $\overline{BC}$, $\overline{CA}$의 중점을 각각 D, E, F라 하자. △ABC의 넓이가 $64\,cm^2$일 때, △DEF의 넓이를 구하시오.

## 유형 13 사각형의 각 변의 중점을 연결하여 만든 사각형

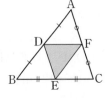

**68** 대표 문제

오른쪽 그림과 같은 직사각형 ABCD에서 $\overline{AB}$, $\overline{BC}$, $\overline{CD}$, $\overline{DA}$의 중점을 각각 E, F, G, H라 하자. $\overline{AC}=6\,cm$일 때, □EFGH의 둘레의 길이를 구하시오.

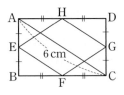

**69** 중

오른쪽 그림과 같은 □ABCD에서 $\overline{AB}$, $\overline{BC}$, $\overline{CD}$, $\overline{DA}$의 중점을 각각 E, F, G, H라 하자. □EFGH의 둘레의 길이가 48 cm일 때, $\overline{AC}+\overline{BD}$의 길이를 구하시오.

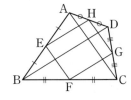

**70** 중

오른쪽 그림과 같은 마름모 ABCD에서 $\overline{AB}$, $\overline{BC}$, $\overline{CD}$, $\overline{DA}$의 중점을 각각 E, F, G, H라 하자. $\overline{AC}=14\,cm$, $\overline{BD}=22\,cm$일 때, □EFGH의 넓이는?

① $72\,cm^2$ ② $75\,cm^2$ ③ $77\,cm^2$
④ $80\,cm^2$ ⑤ $82\,cm^2$

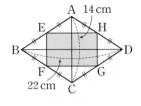

## 71 (상)

오른쪽 그림과 같은 직사각형 ABCD의 네 변의 중점을 각각 E, F, G, H라 하고, □EFGH 의 네 변의 중점을 각각 P, Q, R, S라 하자. $\overline{AB}=10\,cm$, $\overline{AD}=14\,cm$일 때, □PQRS의 둘레의 길이는?

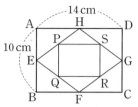

① 18 cm     ② 20 cm     ③ 22 cm

④ 24 cm     ⑤ 26 cm

---

### 유형 14   사다리꼴에서 두 변의 중점을 연결한 선분의 성질 (중요)

**Pick**

## 72 대표 문제

오른쪽 그림과 같이 $\overline{AD}\,/\!/\,\overline{BC}$인 사다리꼴 ABCD에서 $\overline{AB}$, $\overline{DC}$의 중점을 각각 M, N이라 하자. $\overline{AD}=10\,cm$, $\overline{BC}=16\,cm$일 때, $\overline{PQ}$의 길이를 구하시오.

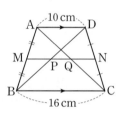

## 73 (하)

오른쪽 그림과 같이 $\overline{AD}\,/\!/\,\overline{BC}$인 사다리꼴 ABCD에서 $\overline{AB}$, $\overline{DC}$의 중점을 각각 M, N이라 하자. $\overline{MP}=4\,cm$, $\overline{BC}=14\,cm$일 때, $\overline{AD}+\overline{PN}$의 길이는?

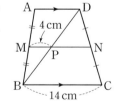

① 14 cm     ② 15 cm

③ 16 cm     ④ 17 cm

⑤ 18 cm

## 74 (중)

오른쪽 그림과 같이 $\overline{AD}\,/\!/\,\overline{BC}$인 사다리꼴 ABCD에서 $\overline{AB}$, $\overline{DC}$의 중점을 각각 M, N이라 하자. $\overline{AD}=6\,cm$, $\overline{PQ}=2\,cm$일 때, $\overline{BC}$의 길이는?

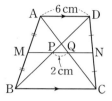

① 8 cm     ② 9 cm

③ 10 cm     ④ 11 cm

⑤ 12 cm

## 75 (중) 서술형

오른쪽 그림과 같이 $\overline{AD}\,/\!/\,\overline{BC}$인 사다리꼴 ABCD에서 $\overline{AB}$, $\overline{DC}$의 중점을 각각 M, N이라 하자. $\overline{MP}=\overline{PQ}=\overline{QN}$이고 $\overline{AD}=8\,cm$, 일 때, $\overline{BC}$의 길이를 구하시오.

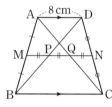

## 76 (상)

오른쪽 그림과 같이 $\overline{AD}\,/\!/\,\overline{BC}$인 사다리꼴 ABCD에서 $\overline{AB}$, $\overline{DC}$의 중점을 각각 M, N이라 하자. $\overline{MN}=4\,cm$, $\overline{BC}=6\,cm$일 때, $\overline{AD}$의 길이를 구하시오.

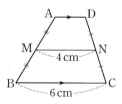

---

**유형 15**  **평행선 사이에 있는 선분의 길이의 비**  중요

세 개의 평행선이 다른 두 직선과 만나서 생긴 선분의 길이의 비는 같다.

➡ $l /\!/ m /\!/ n$이면 $a : b = c : d$

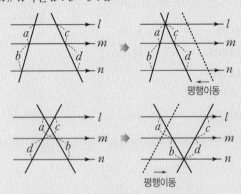

참고  '$a : b = c : d$이면 $l /\!/ m /\!/ n$이다.'는 성립하지 않는다.

**대표 문제**

**77** 오른쪽 그림에서 $l /\!/ m /\!/ n$일 때, $x$의 값은?

① 4
② $\dfrac{9}{2}$
③ 5
④ $\dfrac{11}{2}$
⑤ 6

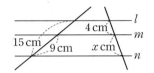

---

**유형 16**  **사다리꼴에서 평행선과 선분의 길이의 비**

$\overline{AD} /\!/ \overline{BC}$인 사다리꼴 ABCD에서 $\overline{EF} /\!/ \overline{BC}$일 때, $\overline{EF}$의 길이는 다음과 같은 방법으로 구한다.

방법❶ 평행선 이용하기 ── $\overline{DC}$와 평행한 $\overline{AH}$ 긋기

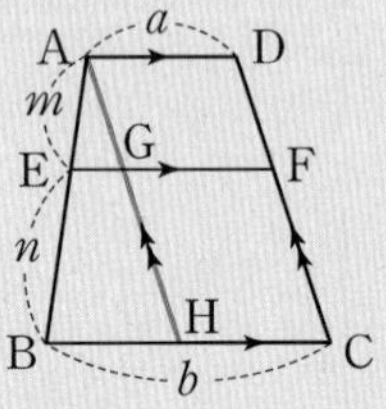

□AHCD에서 $\overline{GF} = \overline{HC} = \overline{AD} = a$

△ABH에서

$\overline{AE} : \overline{AB} = \overline{EG} : \overline{BH}$ ── $m : (m+n)$
$= \overline{EG} : (b-a)$

∴ $\overline{EG} = \dfrac{mb - ma}{m+n}$

➡ $\overline{EF} = \overline{EG} + \overline{GF} = \dfrac{mb + na}{m+n}$

방법❷ 대각선 이용하기 ── 대각선 AC 긋기

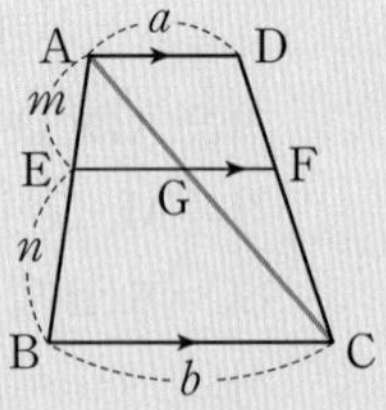

△ABC에서

$\overline{AE} : \overline{AB} = \overline{EG} : \overline{BC}$ ── $m : (m+n) = \overline{EG} : b$

∴ $\overline{EG} = \dfrac{mb}{m+n}$

△ACD에서

$\overline{CF} : \overline{CD} = \overline{GF} : \overline{AD}$ ── $n : (m+n) = \overline{GF} : a$

∴ $\overline{GF} = \dfrac{na}{m+n}$

➡ $\overline{EF} = \overline{EG} + \overline{GF} = \dfrac{mb + na}{m+n}$

**대표 문제**

**78** 오른쪽 그림과 같은 사다리꼴 ABCD에서 $\overline{AD} /\!/ \overline{EF} /\!/ \overline{BC}$일 때, $\overline{EF}$의 길이를 구하시오.

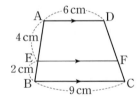

## 유형 17 | 사다리꼴에서 평행선과 선분의 길이의 비의 응용 (1)

사다리꼴 ABCD에서 $\overline{AD}\,/\!/\,\overline{EF}\,/\!/\,\overline{BC}$일 때,
$\overline{GH}$의 길이는 다음과 같은 순서대로 구한다.
❶ △ABC에서 $\overline{EH}$의 길이를 구하고,
　△ABD에서 $\overline{EG}$의 길이를 구한다.
❷ $\overline{GH}=\overline{EH}-\overline{EG}$임을 이용한다.

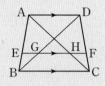

**대표 문제**

**79** 오른쪽 그림과 같은 사다리꼴
ABCD에서 $\overline{AD}\,/\!/\,\overline{EF}\,/\!/\,\overline{BC}$이고
$\overline{AE}:\overline{EB}=3:1$일 때, $\overline{GH}$의 길
이를 구하시오.

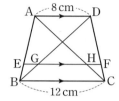

## 유형 18 | 사다리꼴에서 평행선과 선분의 길이의 비의 응용 (2)

사다리꼴 ABCD에서 $\overline{AD}\,/\!/\,\overline{EF}\,/\!/\,\overline{BC}$일 때,
△AOD∽△COB (AA 닮음)이므로
(1) $\overline{OA}:\overline{OC}=\overline{OD}:\overline{OB}$
　　　$=\overline{AD}:\overline{CB}=a:b$
(2) $\overline{AE}:\overline{EB}=\overline{DF}:\overline{FC}=a:b$

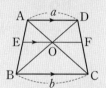

**대표 문제**

**80** 오른쪽 그림과 같이 $\overline{AD}\,/\!/\,\overline{BC}$
인 사다리꼴 ABCD에서 두 대각선
의 교점 O를 지나면서 $\overline{BC}$에 평행한
$\overline{EF}$를 그을 때, $\overline{EF}$의 길이를 구하
시오.

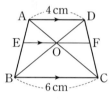

## 유형 19 | 평행선과 선분의 길이의 비의 응용

$\overline{AC}$와 $\overline{BD}$의 교점을 E라 하고,
$\overline{AB}\,/\!/\,\overline{EF}\,/\!/\,\overline{DC}$일 때
(1) $\overline{EF}=\dfrac{ab}{a+b}$
(2) $\overline{BF}:\overline{FC}=a:b$

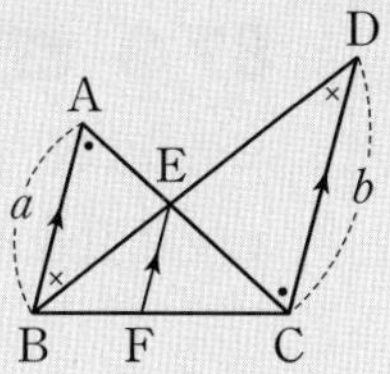

참고 닮은 삼각형은 다음과 같이 세 쌍이 있다.
　① △ABE∽△CDE ➡ 닮음비는 $a:b$
　② △CEF∽△CAB ➡ 닮음비는 $b:(a+b)$
　③ △BFE∽△BCD ➡ 닮음비는 $a:(a+b)$

**대표 문제**

**81** 오른쪽 그림에서
$\overline{AB}\,/\!/\,\overline{EF}\,/\!/\,\overline{DC}$일 때, $\overline{EF}$
의 길이를 구하시오.

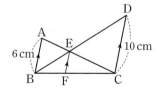

### 유형 15 평행선 사이에 있는 선분의 길이의 비 <sup>중요</sup>

#### 82 대표 문제

오른쪽 그림에서 $l /\!/ m /\!/ n$일 때, $x$의 값은?

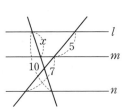

① 4
② $\dfrac{25}{6}$
③ $\dfrac{13}{3}$
④ $\dfrac{9}{2}$
⑤ $\dfrac{14}{3}$

#### 83 <sup>하</sup>

다음 그림에서 $l /\!/ m /\!/ n$일 때, 서점에서 집까지의 거리는 몇 m인지 구하시오.

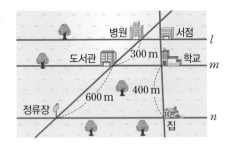

#### Pick
#### 84 <sup>하</sup>

오른쪽 그림에서 $l /\!/ m /\!/ n$일 때, $x+y$의 값을 구하시오.

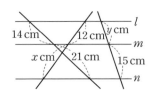

#### 85 <sup>중</sup>

오른쪽 그림에서 $p /\!/ q /\!/ r /\!/ s$일 때, $x-y$의 값은?

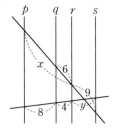

① 10
② 11
③ 12
④ 13
⑤ 14

#### 86 <sup>중</sup>

오른쪽 그림에서 $l /\!/ m /\!/ n$이고 $\overline{AG} : \overline{GF} = 2 : 3$일 때, $xy$의 값은?

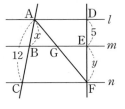

① 32
② 33
③ 34
④ 35
⑤ 36

#### 87 <sup>중</sup> 서술형

오른쪽 그림에서 $l /\!/ m /\!/ n$일 때, $x$, $y$의 값을 각각 구하시오.

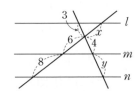

**유형 16** 사다리꼴에서 평행선과 선분의 길이의 비

**88** 대표 문제

오른쪽 그림과 같은 사다리꼴 ABCD에서 $\overline{AD} /\!/ \overline{EF} /\!/ \overline{BC}$일 때, $\overline{EF}$의 길이를 구하시오.

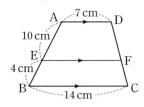

**89** 하

오른쪽 그림과 같은 사다리꼴 ABCD에서 $\overline{AD} /\!/ \overline{EF} /\!/ \overline{BC}$일 때, $\overline{EF}$의 길이를 구하시오.

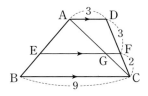

**90** 중

오른쪽 그림과 같은 사다리꼴 ABCD에서 $\overline{AD} /\!/ \overline{EF} /\!/ \overline{BC}$이고 $\overline{AE} : \overline{EB} = 2 : 3$일 때, $x$의 길이를 구하시오.

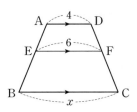

**Pick**
**91** 상

오른쪽 그림과 같이 일정한 간격으로 서로 평행하게 발판이 놓여 있는 모형 사다리에서 발판 하나가 파손되어 새로 만들려고 한다. 이때 새로 만들 발판의 길이를 구하시오.

(단, 발판의 굵기는 생각하지 않는다.)

**유형 17** 사다리꼴에서 평행선과 선분의 길이의 비의 응용 (1)

**Pick**
**92** 대표 문제

오른쪽 그림과 같은 사다리꼴 ABCD에서 $\overline{AD} /\!/ \overline{EF} /\!/ \overline{BC}$이고, 두 점 G, H는 각각 $\overline{EF}$와 $\overline{BD}$, $\overline{AC}$의 교점이다. $\overline{AE} = 4\overline{BE}$일 때, $\overline{GH}$의 길이는?

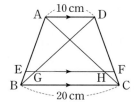

① 11 cm  ② 12 cm  ③ 13 cm
④ 14 cm  ⑤ 15 cm

**93** 중

오른쪽 그림과 같은 사다리꼴 ABCD에서 $\overline{AD} /\!/ \overline{EF} /\!/ \overline{BC}$일 때, $\overline{GH}$의 길이를 구하시오.

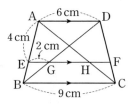

**94** 중

오른쪽 그림과 같은 사다리꼴 ABCD에서 $\overline{AD} /\!/ \overline{EF} /\!/ \overline{BC}$이고 $\overline{AE} : \overline{EB} = 3 : 2$일 때, $\overline{BC}$의 길이를 구하시오.

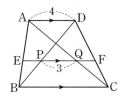

### 유형 18 사다리꼴에서 평행선과 선분의 길이의 비의 응용 (2)

**95 대표 문제**

오른쪽 그림과 같이 $\overline{AD} /\!/ \overline{BC}$인 사다리꼴 ABCD에서 두 대각선의 교점 O를 지나면서 $\overline{BC}$에 평행한 $\overline{EF}$를 그을 때, $\overline{EF}$의 길이를 구하시오.

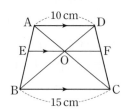

**96 (중)**

오른쪽 그림과 같은 사다리꼴 ABCD에서 $\overline{AD} /\!/ \overline{EF} /\!/ \overline{BC}$이고, 점 O는 두 대각선의 교점이다. $\overline{AE} : \overline{EB} = 1 : 2$일 때, $\overline{BC}$의 길이를 구하시오.

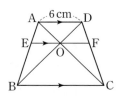

**97 (중)**

오른쪽 그림과 같은 사다리꼴 ABCD에서 $\overline{AD} /\!/ \overline{EF} /\!/ \overline{BC}$이고, 점 O는 두 대각선의 교점일 때, $x$의 값은?

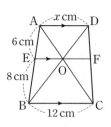

① 8  ② $\dfrac{17}{2}$

③ 9  ④ $\dfrac{19}{2}$

⑤ 10

### 유형 19 평행선과 선분의 길이의 비의 응용

**98 대표 문제**

오른쪽 그림에서 $\overline{AB} /\!/ \overline{EF} /\!/ \overline{DC}$이고 $\overline{EF} = 6\,cm$, $\overline{CD} = 24\,cm$일 때, $\overline{AB}$의 길이를 구하시오.

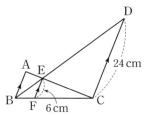

**99 (중)**

오른쪽 그림에서 $\overline{AB} /\!/ \overline{EF} /\!/ \overline{DC}$이고 $\overline{AB} = a$, $\overline{DC} = b$일 때, 다음 중 옳지 <u>않은</u> 것을 모두 고르면?

(정답 2개)

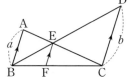

① $\triangle ABE \backsim \triangle CDE$  ② $\triangle BFE \backsim \triangle BCD$

③ $\triangle CEF \backsim \triangle CAB$  ④ $\overline{BF} : \overline{FC} = b : a$

⑤ $\overline{EF} = \dfrac{a+b}{ab}$

**Pick**

**100 (중)**

오른쪽 그림에서 $\overline{AD} /\!/ \overline{EF} /\!/ \overline{BC}$이고 $\overline{AB} = 50\,cm$, $\overline{AD} = 27\,cm$, $\overline{BC} = 18\,cm$일 때, $\overline{EB}$의 길이를 구하시오.

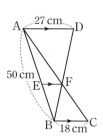

**101 (상)**

오른쪽 그림에서 $\overline{AB}$, $\overline{CD}$가 모두 $\overline{BC}$에 수직이고 $\overline{AB} = 9\,cm$, $\overline{BC} = 16\,cm$, $\overline{CD} = 15\,cm$일 때, $\triangle EBC$의 넓이를 구하시오.

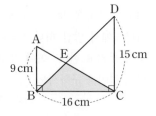

## 102 [유형 01]

오른쪽 그림과 같은 △ABC에서 $\overline{BC} /\!/ \overline{DE}$일 때, $x+y$의 값을 구하시오.

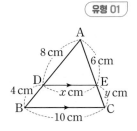

## 103 [유형 01]

오른쪽 그림과 같은 △ABC에서 $\overline{AB} /\!/ \overline{EF}$, $\overline{DE} /\!/ \overline{BC}$이다. $\overline{AD}=4\,cm$, $\overline{DB}=5\,cm$, $\overline{DE}=6\,cm$일 때, $\overline{FC}$의 길이를 구하시오.

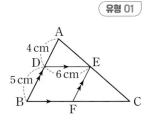

## 104 [유형 02]

오른쪽 그림에서 $\overline{BC} /\!/ \overline{DE}$일 때, △ABC의 둘레의 길이는?

① 28 cm  ② 29 cm
③ 30 cm  ④ 31 cm
⑤ 32 cm

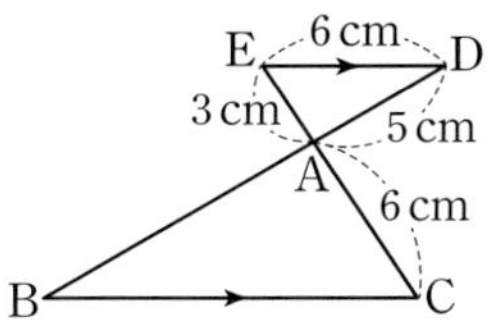

## 105 [유형 03]

오른쪽 그림과 같은 △ABC에서 $\overline{BC} /\!/ \overline{DE}$이고 점 F가 $\overline{AG}$와 $\overline{DE}$의 교점일 때, $\overline{DF}$의 길이를 구하시오.

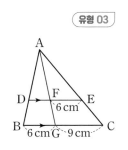

## 106 [유형 03]

오른쪽 그림과 같은 △ABC에서 $\overline{BC} /\!/ \overline{DE}$이다. 점 B를 지나고 $\overline{DC}$에 평행한 직선이 $\overline{AC}$의 연장선과 만나는 점을 F라 하자. $\overline{AE}=8\,cm$, $\overline{EC}=6\,cm$일 때, $\overline{CF}$의 길이를 구하시오.

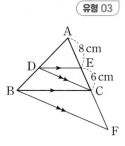

## 107 [유형 04]

다음 중 $\overline{BC} /\!/ \overline{DE}$인 것은?

①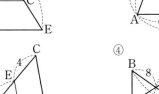

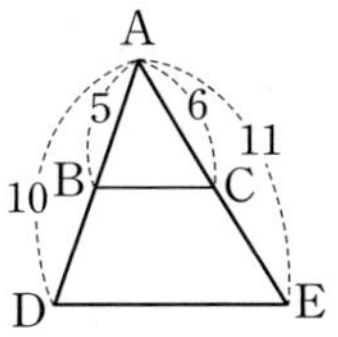

②

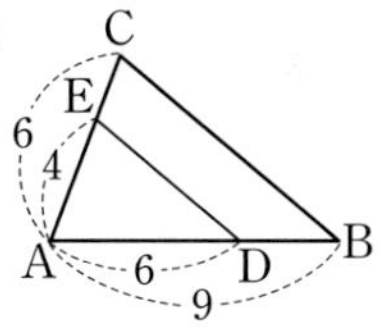

③

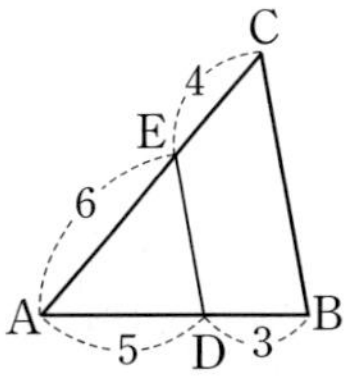

④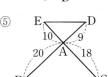

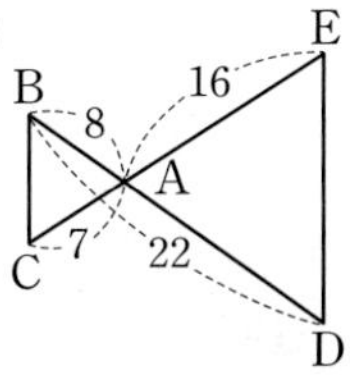

⑤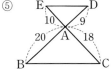

## 108 [유형 05]

오른쪽 그림과 같이 △ABC의 내심 I에 대하여 $\overline{AB}=15\,cm$, $\overline{BD}=10\,cm$, $\overline{BC}=16\,cm$일 때, $\overline{AC}$의 길이를 구하시오.

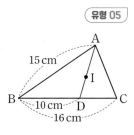

# Pick 점검하기

**109** 유형 06

오른쪽 그림과 같은 △ABC에서 $\overline{AD}$는 ∠A의 이등분선이고, $\overline{AB}:\overline{AC}=4:3$이다. △ABD의 넓이가 $12\,cm^2$일 때, △ADC의 넓이를 구하시오.

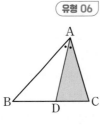

**110** 유형 07

오른쪽 그림과 같은 △ABC에서 ∠A의 외각의 이등분선과 $\overline{BC}$의 연장선의 교점을 D라 할 때, $\overline{AC}$의 길이를 구하시오.

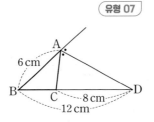

**111** 유형 08

오른쪽 그림과 같이 $\overline{AD}/\!/\overline{BC}$인 등변사다리꼴 ABCD에서 세 점 P, Q, R는 각각 $\overline{AD}$, $\overline{BD}$, $\overline{BC}$의 중점이다. $\overline{AB}=8\,cm$, $\overline{AD}=5\,cm$, $\overline{BC}=12\,cm$일 때, $\overline{PQ}+\overline{QR}$의 길이를 구하시오.

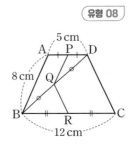

**112** 유형 09

오른쪽 그림과 같이 ∠C=90°인 직각삼각형 ABC에서 두 점 D, E는 각각 $\overline{AB}$, $\overline{DC}$의 중점이고, 두 점 D, E에서 $\overline{BC}$에 내린 수선의 발을 각각 F, G라 하자. $\overline{EG}=3\,cm$일 때, $\overline{AC}$의 길이를 구하시오.

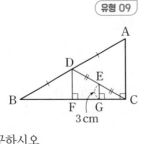

**113** 유형 11

오른쪽 그림과 같은 △ABC에서 두 점 D, E는 각각 $\overline{AB}$, $\overline{DC}$의 중점이고 $\overline{BC}=15$일 때, $\overline{BF}$의 길이를 구하시오.

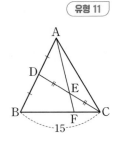

**114** 유형 12

오른쪽 그림과 같이 △ABC에서 각 변의 중점을 잡아 △DEF를 그리고, △DEF에서 각 변의 중점을 잡아 △GHI를 그렸다. △ABC의 둘레의 길이가 $20\,cm$일 때, △GHI의 둘레의 길이는?

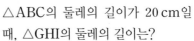

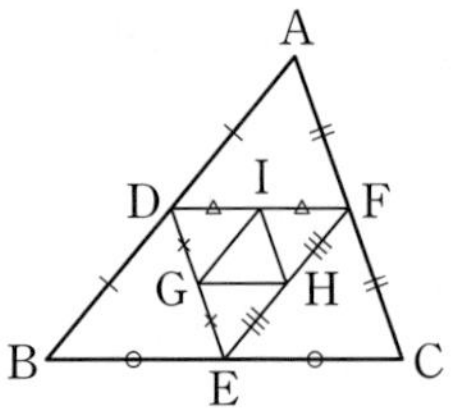

① $\dfrac{9}{2}\,cm$   ② $5\,cm$   ③ $\dfrac{11}{2}\,cm$

④ $6\,cm$   ⑤ $\dfrac{13}{2}\,cm$

**115** 유형 14

오른쪽 그림과 같이 $\overline{AD}/\!/\overline{BC}$인 사다리꼴 ABCD에서 $\overline{AB}$, $\overline{DC}$의 중점을 각각 M, N이라 하자. $\overline{AD}=12\,cm$, $\overline{BC}=18\,cm$일 때, $\overline{MP}:\overline{PQ}:\overline{QN}$을 가장 간단한 자연수의 비로 나타내시오.

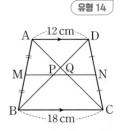

## 116 유형 15

오른쪽 그림에서 $l /\!/ m /\!/ n$일 때, $x-y$의 값은?

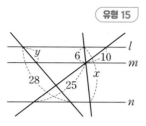

① 10          ② 11

③ 12          ④ 13

⑤ 14

## 117 유형 16

오른쪽 그림과 같은 사다리꼴 ABCD에서 $\overline{AD} /\!/ \overline{EF} /\!/ \overline{GH} /\!/ \overline{BC}$ 이고, $\overline{AE}=\overline{EG}=\overline{GB}$, $\overline{DF}=\overline{FH}=\overline{HC}$이다. $\overline{AD}=14\,cm$, $\overline{BC}=26\,cm$일 때, $\overline{GH}$의 길이를 구하시오.

## 118 유형 19

오른쪽 그림에서 $\overline{AB} /\!/ \overline{EF} /\!/ \overline{DC}$ 이고 $\overline{AB}=6$, $\overline{BC}=10$, $\overline{CD}=3$일 때, $x+y$의 값은?

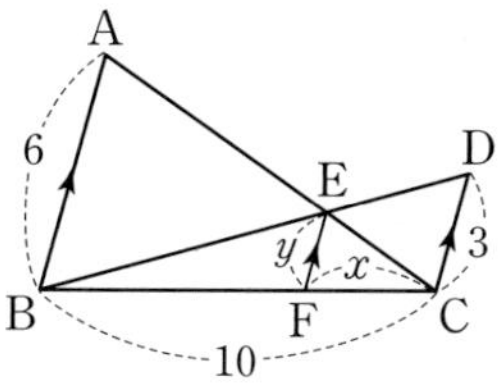

① 4          ② $\dfrac{13}{3}$

③ $\dfrac{14}{3}$          ④ 5

⑤ $\dfrac{16}{3}$

## 119 유형 02

오른쪽 그림과 같은 △ABC에서 두 점 D, E는 각각 $\overline{AB}$, $\overline{AC}$의 연장선 위의 점이고 $\overline{BC} /\!/ \overline{ED} /\!/ \overline{FG}$일 때, $xy$의 값을 구하시오.

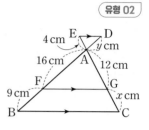

## 120 유형 10

오른쪽 그림과 같은 △ABC에서 $\overline{AB}$의 중점을 D, $\overline{AC}$의 삼등분점을 각각 E, F라 하자. $\overline{BF}=16\,cm$일 때, $\overline{GF}$의 길이를 구하시오.

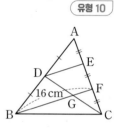

## 121 유형 17

오른쪽 그림과 같은 사다리꼴 ABCD에서 $\overline{AD} /\!/ \overline{EF} /\!/ \overline{BC}$이고, 두 점 G, H는 각각 $\overline{EF}$와 $\overline{BD}$, $\overline{AC}$의 교점이다. $\overline{AE}:\overline{EB}=3:2$일 때, $\overline{GH}$의 길이를 구하시오.

**122** 오른쪽 그림에서 원 I는
△ABC의 내접원이고 $\overline{AB}/\!/\overline{DE}$일 때,
$\overline{AB}$의 길이는?

① 18 cm      ② 19 cm

③ 20 cm      ④ 21 cm

⑤ 22 cm

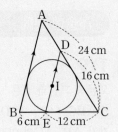

**123** 오른쪽 그림과 같은
△ABC에서 $\overline{DE}/\!/\overline{BC}$이고, 세 점
A, D, E에서 $\overline{BC}$에 내린 수선의
발을 각각 H, F, G라 하자.
$\overline{AH}=4$ cm, $\overline{BC}=6$ cm이고
$\overline{DF}:\overline{FG}=1:3$일 때, □DFGE
의 넓이를 구하시오.

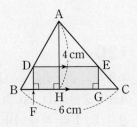

**124** 오른쪽 그림과 같은
△ABC에서 $\overline{AD}$는 ∠A의 이등
분선이고, 두 꼭짓점 B, C에서
$\overline{AD}$ 또는 그 연장선에 내린 수선
의 발을 각각 E, F라 할 때, $\overline{DE}$
의 길이를 구하시오.

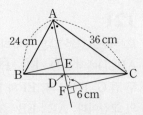

**125** 오른쪽 그림과 같은 △ABC에서
∠A = ∠DCB이고, $\overline{CE}$는 ∠ACD의
이등분선일 때, 다음 물음에 답하시오.

(1) △ABC와 닮은 삼각형을 찾아 기호 ∽을
써서 나타내고, 닮음 조건을 말하시오.

(2) $\overline{AD}$의 길이를 구하시오.

(3) $\overline{DE}$의 길이를 구하시오.

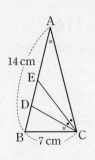

**126** 오른쪽 그림과 같은
△ABC에서
$\overline{BD}:\overline{DC}=4:3$이고
∠BAD=40°, ∠DAC=70°,
$\overline{AD}=15$ cm일 때, $\overline{AB}$의 길이를 구하시오.

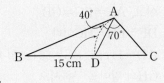

**127** 오른쪽 그림과 같이
$\overline{AD}/\!/\overline{BC}$인 등변사다리꼴
ABCD에서 두 점 M, N은 각각
$\overline{AD}$, $\overline{BC}$의 중점이고, 점 P는
$\overline{BD}$의 중점이다. ∠ABD=24°,
∠BDC=76°일 때, ∠PNM의 크기를 구하시오.

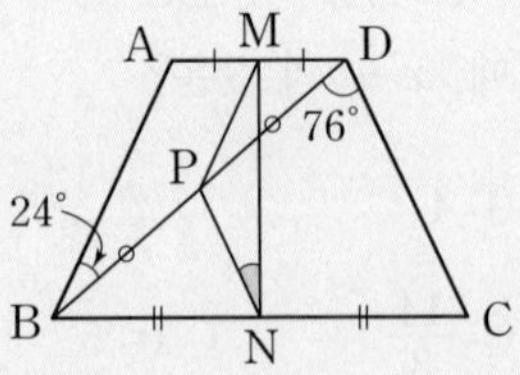

**128** 오른쪽 그림과 같은 △ABC에서 $\overline{AC}$의 중점을 D, $\overline{BC}$의 삼등분점을 각각 E, F라 하자. $\overline{AG}=15\,cm$일 때, $\overline{GE}$의 길이는?

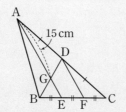

① 4 cm
② $\dfrac{9}{2}$ cm
③ 5 cm
④ $\dfrac{11}{2}$ cm
⑤ 6 cm

**129** 오른쪽 그림과 같은 △ABC에서 점 E는 $\overline{AB}$의 중점이고, 점 F는 $\overline{AD}$와 $\overline{CE}$의 교점이다. $\overline{BD}=5\,cm$, $\overline{CD}=6\,cm$일 때, $\overline{EF}:\overline{CF}$를 가장 간단한 자연수의 비로 나타내시오.

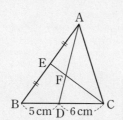

**130** 오른쪽 그림과 같이 $\overline{AD}/\!/\overline{BC}$인 사다리꼴 ABCD에서 $\overline{AB}$, $\overline{DC}$의 중점을 각각 M, N이라 하자. $\overline{AD}$와 $\overline{BC}$의 길이의 합이 20 cm이고 $\overline{MP}:\overline{PQ}=3:4$일 때, $\overline{AD}$의 길이를 구하시오.

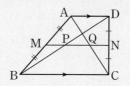

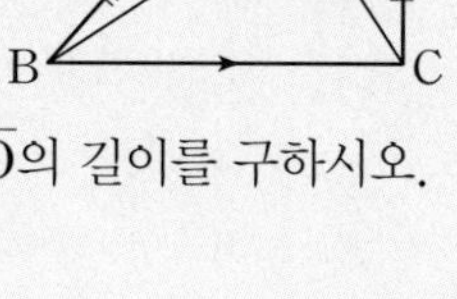

**131** 오른쪽 그림과 같이 $\overline{AD}/\!/\overline{BC}$인 사다리꼴 ABCD에서 $\overline{BC}$의 중점을 M이라 하고, $\overline{AM}$과 $\overline{BD}$, $\overline{DM}$과 $\overline{AC}$의 교점을 각각 P, Q라 하자. $\overline{AD}=4\,cm$, $\overline{BC}=6\,cm$일 때, $\overline{PQ}$의 길이를 구하시오.

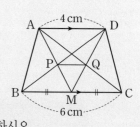

**132** 오른쪽 그림과 같은 사다리꼴 ABCD에서 $\overline{AD}/\!/\overline{EF}/\!/\overline{BC}$이고, 점 O는 두 대각선의 교점이다. $\overline{BD}$와 $\overline{CE}$의 교점 G를 지나면서 $\overline{EF}$에 평행한 직선과 $\overline{AC}$의 교점을 H라 하자. $\overline{AD}=20\,cm$, $\overline{BC}=30\,cm$일 때, $\overline{GH}$의 길이를 구하시오.

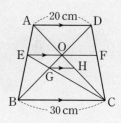

**133** 오른쪽 그림에서 $\overline{AB}$, $\overline{FG}$, $\overline{DC}$가 모두 $\overline{BC}$에 수직일 때, $\overline{FG}$의 길이를 구하시오.

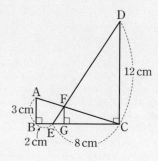

# 7

# 삼각형의 무게중심

• 정답과 해설 71쪽

**유형 01** **삼각형의 중선**

(1) **삼각형의 중선:** 삼각형에서 한 꼭짓점과
그 대변의 중점을 이은 선분

(2) 삼각형의 한 중선은 그 삼각형의 넓이를
이등분한다.

➡ $\overline{AD}$가 △ABC의 중선이면

$$\triangle ABD = \triangle ADC = \frac{1}{2}\triangle ABC$$

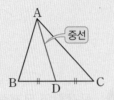

**대표 문제**

**01** 오른쪽 그림에서 $\overline{AM}$, $\overline{BN}$은
각각 △ABC, △ABM의 중선이
고 △ABC의 넓이가 $48\,\mathrm{cm}^2$일 때,
△ABN의 넓이를 구하시오.

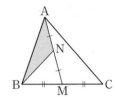

**유형 02** **삼각형의 무게중심** 〈중요〉

(1) **삼각형의 무게중심:** 삼각형의 세 중선의
교점

(2) 삼각형의 무게중심은 세 중선의 길이를
꼭짓점으로부터 각각 2 : 1로 나눈다.

➡ 점 G가 △ABC의 무게중심일 때

① $\overline{AG} : \overline{GD} = \overline{BG} : \overline{GE} = \overline{CG} : \overline{GF} = 2 : 1$

② $\overline{AG} = \dfrac{2}{3}\overline{AD}$, $\overline{GD} = \dfrac{1}{3}\overline{AD}$

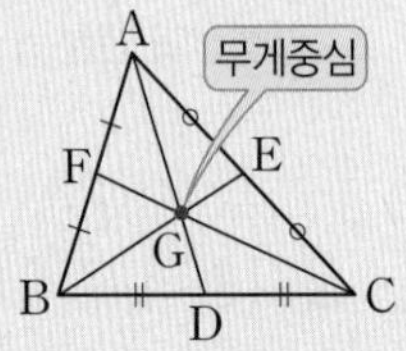

**대표 문제**

**02** 오른쪽 그림에서 점 G는
△ABC의 무게중심이다.
$\overline{AD}=12$, $\overline{DC}=8$일 때, $x+y$의
값을 구하시오.

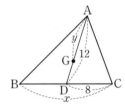

**유형 03** **삼각형의 무게중심의 응용 (1)**
**– 두 변의 중점을 연결한 선분의 성질 이용**

점 G가 △ABC의 무게중심이고,
점 F가 $\overline{CD}$의 중점일 때
△ADC에서 $\overline{AE}=\overline{EC}$, $\overline{DF}=\overline{FC}$이므로
$\overline{AD}=2\overline{EF}$

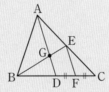

**대표 문제**

**03** 오른쪽 그림에서 점 G는
△ABC의 무게중심이고, 점 F는
$\overline{BD}$의 중점이다. $\overline{EF}=3\,\mathrm{cm}$일 때,
$\overline{GD}$의 길이를 구하시오.

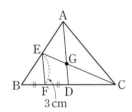

**유형 04** **삼각형의 무게중심의 응용 (2)** 〈중요〉
**– 평행선과 선분의 길이의 비 이용**

점 G가 △ABC의 무게중심이고,
$\overline{BC} \parallel \overline{DE}$일 때

(1) △ADG∽△ABM (AA 닮음)

➡ $\overline{DG} : \overline{BM} = \overline{AG} : \overline{AM} = 2 : 3$

(2) △AGE∽△AMC (AA 닮음)

➡ $\overline{GE} : \overline{MC} = \overline{AG} : \overline{AM} = 2 : 3$

**대표 문제**

**04** 오른쪽 그림에서 점 G는
△ABC의 무게중심이고, $\overline{EF} \parallel \overline{BC}$
이다. $\overline{BD}=3\,\mathrm{cm}$, $\overline{GD}=2\,\mathrm{cm}$일 때,
$x+y$의 값을 구하시오.

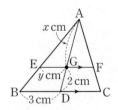

# 유형 완성하기

핵심 문제만 골라 Pick

• 정답과 해설 71쪽

## 유형 01 삼각형의 중선

**05** 대표 문제

오른쪽 그림에서 $\overline{AM}$, $\overline{CN}$은 각각 △ABC, △AMC의 중선이고 △ANC의 넓이가 $6\,cm^2$일 때, △ABC의 넓이를 구하시오.

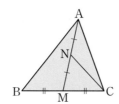

**06** 하

오른쪽 그림에서 $\overline{AM}$은 △ABC의 중선이고, $\overline{AP}=\overline{PQ}=\overline{QM}$이다. △ABC의 넓이가 $24\,cm^2$일 때, △PBQ의 넓이는?

① $4\,cm^2$ ② $5\,cm^2$
③ $6\,cm^2$ ④ $7\,cm^2$
⑤ $8\,cm^2$

**07** 중

오른쪽 그림에서 $\overline{AM}$은 △ABC의 중선이고, $\overline{AH}\perp\overline{BC}$이다. $\overline{BC}=12\,cm$이고 △ABM의 넓이가 $27\,cm^2$일 때, $\overline{AH}$의 길이는?

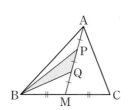

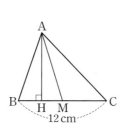

① 8 cm ② $\frac{17}{2}$ cm
③ 9 cm ④ $\frac{19}{2}$ cm
⑤ 10 cm

## 유형 02 삼각형의 무게중심

중요

Pick

**08** 대표 문제

오른쪽 그림에서 점 G는 △ABC의 무게중심이고 $\overline{AG}=14\,cm$, $\overline{CF}=24\,cm$일 때, $xy$의 값을 구하시오.

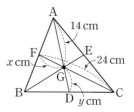

**09** 중 서술형

오른쪽 그림에서 점 G는 $\angle A=90°$인 직각삼각형 ABC의 무게중심이다. $\overline{AB}=12\,cm$, $\overline{BC}=20\,cm$, $\overline{AC}=16\,cm$일 때, $\overline{AG}$의 길이를 구하시오.

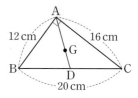

Pick

**10** 중

오른쪽 그림에서 두 점 G, G′은 각각 △ABC, △GBC의 무게중심이다. $\overline{AD}=27\,cm$일 때, $\overline{GG'}$의 길이를 구하시오.

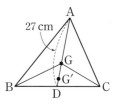

**11** 중

오른쪽 그림과 같이 이등변삼각형 AOB가 좌표평면 위에 있을 때, △AOB의 무게중심의 $x$좌표를 구하시오. (단, O는 원점이다.)

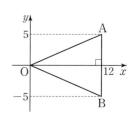

**유형 03** 삼각형의 무게중심의 응용 (1)
– 두 변의 중점을 연결한 선분의 성질 이용

Pick
**12** 대표 문제

오른쪽 그림에서 점 G는 △ABC의 무게중심이고, 점 F는 $\overline{DC}$의 중점이다. $\overline{AG}=12\,cm$일 때, $\overline{EF}$의 길이를 구하시오.

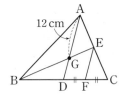

**13** 중

오른쪽 그림에서 점 G는 △ABC의 무게중심이고, $\overline{BE}/\!\!/\overline{DF}$이다. $\overline{DF}=6$일 때, $xy$의 값을 구하시오.

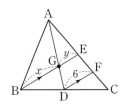

**14** 상

오른쪽 그림에서 점 G는 △ABC의 무게중심이고 $\overline{BE}/\!\!/\overline{DF}$일 때, $\overline{DF}:\overline{GE}:\overline{BG}$를 가장 간단한 자연수의 비로 나타내시오.

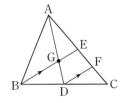

**유형 04** 삼각형의 무게중심의 응용 (2) 중요
– 평행선과 선분의 길이의 비 이용

Pick
**15** 대표 문제

오른쪽 그림에서 점 G는 △ABC의 무게중심이고, $\overline{EF}/\!\!/\overline{BC}$이다. $\overline{AF}=5$, $\overline{BD}=4$일 때, $3xy$의 값을 구하시오.

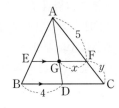

**16** 중

오른쪽 그림에서 점 G는 △ABC의 무게중심이고, $\overline{EF}/\!\!/\overline{BC}$이다. $\overline{AD}=9\,cm$일 때, $\overline{FG}$의 길이를 구하시오.

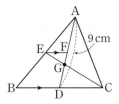

Pick
**17** 상

오른쪽 그림과 같은 △ABC에서 점 D은 $\overline{BC}$의 중점이고, 두 점 G, G′은 각각 △ABD, △ADC의 무게중심이다. $\overline{BC}=16\,cm$일 때, $\overline{GG'}$의 길이는?

① $5\,cm$  ② $\dfrac{16}{3}\,cm$

③ $\dfrac{11}{2}\,cm$  ④ $\dfrac{17}{3}\,cm$

⑤ $6\,cm$

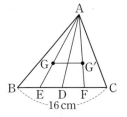

**18** 상

오른쪽 그림에서 점 G는 △ABC의 세 중선 AD, BE, CF의 교점이다. $\overline{FE}$와 $\overline{AD}$의 교점을 H라 할 때, $\overline{AH}:\overline{HG}:\overline{GD}$는?

① 2:1:2  ② 2:1:3
③ 3:1:2  ④ 3:1:4
⑤ 4:2:3

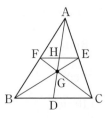

 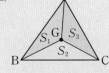
**유형 05** 삼각형의 무게중심과 넓이 〔중요〕

점 G가 △ABC의 무게중심일 때

(1) 
(2)

$S_1=S_2=S_3=S_4=S_5=S_6$

$=\dfrac{1}{6}\triangle ABC$

$S_1=S_2=S_3=\dfrac{1}{3}\triangle ABC$

**대표 문제**

**19** 오른쪽 그림에서 점 G는 △ABC의 무게중심이고 △ABC의 넓이가 $36\,cm^2$일 때, □AFGE의 넓이는?

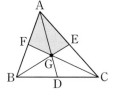

① $10\,cm^2$  ② $12\,cm^2$
③ $14\,cm^2$  ④ $16\,cm^2$
⑤ $18\,cm^2$

**유형 06** 삼각형의 무게중심과 넓이의 응용

점 G가 △ABC의 무게중심일 때,
△DBE에서 $\overline{BG}:\overline{GE}=2:1$이므로
△DBG : △DGE=2:1

➡ $\triangle DGE=\dfrac{1}{2}\underbrace{\triangle DBG}_{\frac{1}{6}\triangle ABC}=\dfrac{1}{12}\triangle ABC$

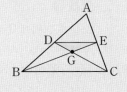

**대표 문제**

**20** 오른쪽 그림에서 점 G는 △ABC의 무게중심이고 △DGE의 넓이가 $5\,cm^2$일 때, △ABC의 넓이를 구하시오.

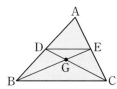

**유형 07~08** 평행사변형에서 삼각형의 무게중심의 응용 〔중요〕

평행사변형 ABCD에서 두 점 M, N이 각각 $\overline{BC}$, $\overline{CD}$의 중점일 때

(1) 점 P, Q는 각각 △ABC, △ACD의 무게중심이다.
(2) $\overline{BP}:\overline{PO}=\overline{DQ}:\overline{QO}=2:1$
(3) $\overline{BP}=\overline{PQ}=\overline{QD}=\dfrac{1}{3}\overline{BD}$ ── ▶ $\overline{BP}=2\overline{PO}$, $\overline{DQ}=2\overline{QO}$
   이때 $\overline{BO}=\overline{DO}$이므로 $\overline{PO}=\overline{QO}$
   ∴ $\overline{BP}=\overline{PQ}=\overline{QD}$
(4) △ABP=△APQ=△AQD
   $=\dfrac{1}{3}\triangle ABD=\dfrac{1}{6}\square ABCD$
   └ $\frac{1}{2}\square ABCD$

**대표 문제**

**21** 오른쪽 그림과 같은 평행사변형 ABCD에서 $\overline{BC}$, $\overline{CD}$의 중점을 각각 M, N이라 하고, $\overline{BD}$와 $\overline{AM}$, $\overline{AN}$의 교점을 각각 P, Q라 하자. $\overline{BD}=24\,cm$일 때, $\overline{PQ}$의 길이를 구하시오.

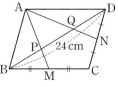

**22** 오른쪽 그림과 같은 평행사변형 ABCD에서 $\overline{BC}$, $\overline{CD}$의 중점을 각각 M, N이라 하고, $\overline{BD}$와 $\overline{AM}$, $\overline{AN}$의 교점을 각각 P, Q라 하자. □ABCD의 넓이가 $72\,cm^2$일 때, △APQ의 넓이를 구하시오.

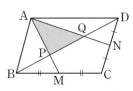

**유형 05** 삼각형의 무게중심과 넓이 〔중요〕

### 23 대표 문제

오른쪽 그림에서 점 G는 △ABC의 무게중심이고 □EBDG의 넓이가 18 cm² 일 때, △ABC의 넓이를 구하시오.

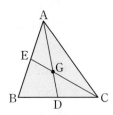

### Pick
### 24 ⓗ

오른쪽 그림에서 점 G는 △ABC의 무게중심이다. △ABG의 넓이가 20 cm²일 때, △GDC의 넓이를 구하시오.

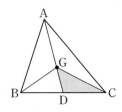

### 25 ⓒ

오른쪽 그림에서 점 G는 △ABC의 무게중심이고, 점 E는 $\overline{GC}$의 중점이다. △ABC의 넓이가 48 cm²일 때, △EDC의 넓이를 구하시오.

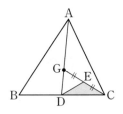

### Pick
### 26 ⓒ

오른쪽 그림에서 두 점 G, G'은 각각 △ABC, △GBC의 무게중심이다. △ABC의 넓이가 90 cm²일 때, △GBG'의 넓이를 구하시오.

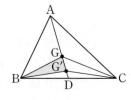

### Pick
### 27 ⓒ

오른쪽 그림과 같은 △ABC에서 두 점 D, E는 $\overline{BC}$의 삼등분점이고, 점 G는 $\overline{AD}$의 중점, 점 F는 $\overline{AE}$와 $\overline{CG}$의 교점이다. △ABC의 넓이가 54 cm²일 때, △FEC의 넓이는?

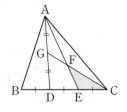

① $\frac{9}{2}$ cm²  ② 5 cm²  ③ $\frac{11}{2}$ cm²

④ 6 cm²  ⑤ $\frac{13}{2}$ cm²

### 28 ⓒ

오른쪽 그림에서 점 G는 △ABC의 무게중심이고, 두 점 D, E는 각각 $\overline{BG}$, $\overline{CG}$의 중점이다. △ABC의 넓이가 42 cm²일 때, 색칠한 부분의 넓이는?

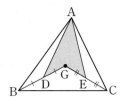

① 10 cm²  ② 12 cm²  ③ 14 cm²
④ 16 cm²  ⑤ 18 cm²

### 29 ⓢ

오른쪽 그림과 같은 △ABC에서 점 D는 $\overline{BC}$ 위의 점이고, 두 점 E, F는 각각 $\overline{AB}$, $\overline{AC}$의 중점, 두 점 M, N은 각각 $\overline{BD}$, $\overline{DC}$의 중점이다. △ABC의 넓이가 120 cm²일 때, □AGDH의 넓이를 구하시오.

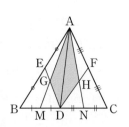

• 정답과 해설 73쪽

**유형 06** 삼각형의 무게중심과 넓이의 응용

**30 대표 문제**

오른쪽 그림에서 점 G는 △ABC의 무게중심이다. △ABC의 넓이가 24 cm²일 때, △DGE의 넓이를 구하시오.

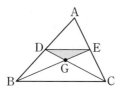

**Pick**
**31 중**

오른쪽 그림에서 점 G는 ∠B=90°인 직각삼각형 ABC의 무게중심이다. $\overline{BC}=9$ cm이고 △DGE의 넓이가 $\frac{9}{2}$ cm²일 때, $\overline{AB}$의 길이는?

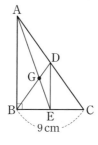

① 10 cm        ② 11 cm
③ 12 cm        ④ 13 cm
⑤ 14 cm

**32 중**

오른쪽 그림에서 점 G는 △ABC의 무게중심이고 △DGE의 넓이가 6 cm²일 때, △ADE의 넓이는?

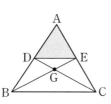

① 14 cm²        ② 15 cm²
③ 16 cm²        ④ 17 cm²
⑤ 18 cm²

**유형 07** 평행사변형에서 삼각형의 무게중심의 응용 (1) – 길이 구하기

**Pick**
**33 대표 문제**

오른쪽 그림과 같은 평행사변형 ABCD에서 $\overline{BC}$, $\overline{CD}$의 중점을 각각 M, N이라 하고, $\overline{BD}$와 $\overline{AM}$, $\overline{AN}$의 교점을 각각 P, Q라 하자. $\overline{PQ}=6$ cm일 때, $\overline{BD}$의 길이를 구하시오.

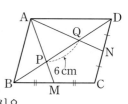

**34 중**

오른쪽 그림과 같은 평행사변형 ABCD에서 $\overline{CD}$의 중점을 M이라 하고, $\overline{BD}$와 $\overline{AC}$, $\overline{AM}$의 교점을 각각 O, P라 하자. $\overline{BD}=12$ cm일 때, $\overline{PD}$의 길이는?

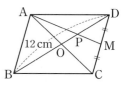

① $\frac{8}{3}$ cm        ② 3 cm        ③ $\frac{11}{3}$ cm

④ 4 cm        ⑤ $\frac{14}{3}$ cm

**35 중** 서술형

오른쪽 그림과 같은 평행사변형 ABCD에서 $\overline{BC}$의 중점을 M이라 하고, $\overline{AC}$와 $\overline{BD}$, $\overline{DM}$의 교점을 각각 O, P라 하자. $\overline{PC}=4$ cm일 때, $\overline{AP}$의 길이를 구하시오.

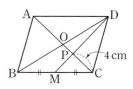

• 정답과 해설 74쪽

**36** 상

오른쪽 그림과 같은 평행사변형 ABCD에서 $\overline{BC}$, $\overline{CD}$의 중점을 각각 M, N이라 하고, $\overline{BD}$와 $\overline{AM}$, $\overline{AN}$의 교점을 각각 P, Q라 하자. $\overline{MN}=18$ cm일 때, $\overline{BP}$의 길이를 구하시오.

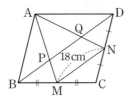

**39** 중

오른쪽 그림과 같은 평행사변형 ABCD에서 $\overline{AD}$의 중점을 M이라 하고, $\overline{AC}$와 $\overline{BM}$의 교점을 P라 하자. □ABCD의 넓이가 84 cm²일 때, △APM의 넓이는?

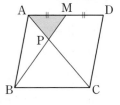

① 6 cm²　　② 7 cm²　　③ 8 cm²

④ 9 cm²　　⑤ 10 cm²

---

유형 **08** 평행사변형에서 삼각형의 무게중심의 응용 ⑵ – 넓이 구하기 〔중요〕

**37** 대표 문제

오른쪽 그림과 같은 평행사변형 ABCD에서 $\overline{AD}$, $\overline{CD}$의 중점을 각각 M, N이라 하고, $\overline{AC}$와 $\overline{BM}$, $\overline{BN}$의 교점을 각각 P, Q라 하자. △BQP의 넓이가 7 cm²일 때, □ABCD의 넓이를 구하시오.

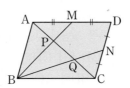

**40** 중

오른쪽 그림과 같은 평행사변형 ABCD에서 $\overline{AD}$의 중점을 M이라 하고, $\overline{BD}$와 $\overline{CM}$의 교점을 P라 하자. △PCD의 넓이가 12 cm²일 때, □ABCD의 넓이는?

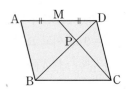

① 64 cm²　　② 68 cm²　　③ 72 cm²

④ 76 cm²　　⑤ 80 cm²

**38** 중

오른쪽 그림과 같은 평행사변형 ABCD에서 $\overline{BC}$, $\overline{CD}$의 중점을 각각 M, N이라 하고 $\overline{BD}$와 $\overline{AM}$, $\overline{AC}$, $\overline{AN}$의 교점을 각각 P, O, Q라 할 때, 다음 중 옳지 않은 것은?

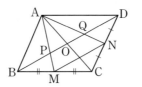

① △APO=△AQO

② △ABP=△AQD

③ △ACN=$\frac{1}{4}$□ABCD

④ △APQ=$\frac{1}{6}$□ABCD

⑤ △PBM=$\frac{1}{8}$□ABCD

**Pick**
**41** 상

오른쪽 그림과 같은 평행사변형 ABCD에서 $\overline{BC}$, $\overline{CD}$의 중점을 각각 M, N이라 하고, $\overline{BD}$와 $\overline{AM}$, $\overline{AC}$, $\overline{AN}$의 교점을 각각 P, O, Q라 하자. □ABCD의 넓이가 48 cm²일 때, 색칠한 부분의 넓이를 구하시오.

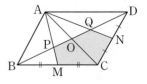

## 42
유형 02

오른쪽 그림에서 점 G는 △ABC의
무게중심이다. $\overline{AG}=10$ cm,
$\overline{BC}=18$ cm일 때, $x+y$의 값은?

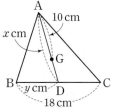

① 21        ② 22
③ 23        ④ 24
⑤ 25

## 43
유형 02

오른쪽 그림에서 두 점 G, G'은
각각 △ABC, △AGC의 무게중
심이다. $\overline{G'D}=4$ cm일 때, $\overline{BD}$의
길이를 구하시오.

## 44
유형 03

오른쪽 그림에서 점 G는 △ABC의
무게중심이고, $\overline{EF}=\overline{FC}$이다.
$\overline{GE}=8$ cm일 때, $x-y$의 값은?

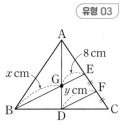

① 4        ② 5
③ 6        ④ 7
⑤ 8

## 45
유형 04

오른쪽 그림에서 $\overline{BD}=\overline{CD}$이고,
두 점 G, G'은 각각 △ABD,
△ADC의 무게중심이다.
$\overline{BC}=48$ cm일 때, $\overline{GG'}$의 길이를
구하시오.

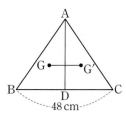

## 46
유형 05

오른쪽 그림에서 점 O는 ∠B=90°
인 직각삼각형 ABC의 외심이고,
점 E는 $\overline{BC}$의 중점이다.
$\overline{AB}=6$ cm, $\overline{BC}=10$ cm일 때,
△ADO의 넓이는?

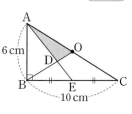

① $4$ cm$^2$        ② $\dfrac{9}{2}$ cm$^2$        ③ $5$ cm$^2$

④ $\dfrac{11}{2}$ cm$^2$        ⑤ $6$ cm$^2$

## 47
유형 05

오른쪽 그림에서 두 점 G, G'은 각
각 △ABC, △GBC의 무게중심이
다. △GBG'의 넓이가 $9$ cm$^2$일 때,
△ABC의 넓이는?

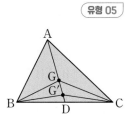

① $72$ cm$^2$        ② $75$ cm$^2$
③ $78$ cm$^2$        ④ $81$ cm$^2$
⑤ $84$ cm$^2$

**48**  유형 06

오른쪽 그림에서 점 G가 △ABC의 무게중심일 때, △GDE와 △GCA 의 넓이의 비는?

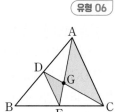

① 1:4        ② 1:3
③ 2:5        ④ 3:5
⑤ 2:3

**49**  유형 07

오른쪽 그림과 같은 평행사변형 ABCD에서 $\overline{BC}$, $\overline{CD}$의 중점을 각각 M, N이라 하고, $\overline{BD}$와 $\overline{AM}$, $\overline{AC}$, $\overline{AN}$의 교점을 각각 P, O, Q라 하자. $\overline{PO}$=3 cm일 때, $\overline{BD}$의 길이는?

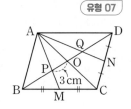

① 12 cm       ② 15 cm       ③ 18 cm
④ 21 cm       ⑤ 24 cm

**50**  유형 08

오른쪽 그림과 같은 평행사변형 ABCD에서 $\overline{AB}$, $\overline{BC}$의 중점을 각각 M, N이라 하고, $\overline{AN}$, $\overline{CM}$의 교점을 P라 하자. □ABCD의 넓이가 30 cm²일 때, □MBNP의 넓이를 구하시오.

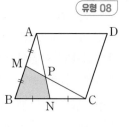

**51**  유형 04

오른쪽 그림에서 점 G는 △ABC의 무게중심이고, $\overline{DE}$∥$\overline{BC}$이다. $\overline{AG}$=8, $\overline{CM}$=6일 때, $\overline{GM}$+$\overline{DG}$의 길이를 구하시오.

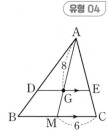

**52**  유형 05

오른쪽 그림과 같은 △ABC에서 두 점 D, E는 $\overline{BC}$의 삼등분점이고, 점 G는 $\overline{AD}$의 중점, 점 F는 $\overline{AE}$와 $\overline{CG}$ 의 교점이다. △AGF의 넓이가 3 cm²일 때, △ABC의 넓이를 구하시오.

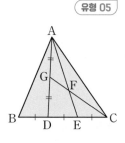

# 만점 문제 뛰어넘기

• 정답과 해설 76쪽

**53** 오른쪽 그림에서 $\overline{AD}$는
△ABC의 중선이고, 점 G는
△ABC의 무게중심이다. $\overline{GD}$를 지
름으로 하는 원 O의 넓이가
$16\pi\,cm^2$일 때, $\overline{AG}$를 지름으로 하는
원 O′의 넓이를 구하시오.

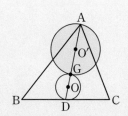

**54** 오른쪽 그림에서 두 점 G, G′은
각각 △ABC, △DBC의 무게중심이
다. 점 M은 $\overline{BC}$의 중점이고
$\overline{AD}=24\,cm$일 때, $\overline{GG'}$의 길이를 구
하시오.

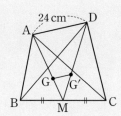

**55** 오른쪽 그림에서 점 G는 △ABC
의 무게중심이고, $\overline{AG}$의 연장선과 $\overline{BC}$
의 교점을 D라 하자. $\overline{EF}\,/\!/\,\overline{BC}$이고
△ABC의 넓이가 $36\,cm^2$일 때,
△EDG의 넓이는?

① $3\,cm^2$      ② $4\,cm^2$      ③ $5\,cm^2$
④ $6\,cm^2$      ⑤ $7\,cm^2$

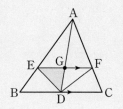

**56** 오른쪽 그림과 같은 평행
사변형 ABCD에서 $\overline{AD}$, $\overline{BC}$
의 중점을 각각 M, N이라 하
고, $\overline{AC}$와 $\overline{BD}$, $\overline{BM}$의 교점을
각각 O, P라 하자.
$\overline{AD}=18\,cm$, $\overline{DN}=15\,cm$, $\overline{OC}=9\,cm$일 때, △APM의
둘레의 길이는?

① 20 cm      ② 21 cm      ③ 22 cm
④ 23 cm      ⑤ 24 cm

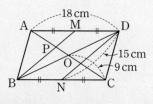

**57** 오른쪽 그림과 같은 평행사변
형 ABCD에서 $\overline{BC}$, $\overline{CD}$의 중점을
각각 M, N이라 하고, $\overline{BN}$과 $\overline{DM}$의
교점을 E라 하자. △BME의 넓이
가 $8\,cm^2$일 때, □ABED의 넓이를 구하시오.

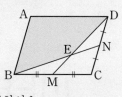

**58** 오른쪽 그림과 같은 평행사변
형 ABCD에서 $\overline{BC}$, $\overline{CD}$의 중점을
각각 M, N이라 하고, $\overline{BD}$와 $\overline{AM}$,
$\overline{AN}$의 교점을 각각 P, Q라 하자.
△MCN의 넓이가 $4\,cm^2$일 때,
□PMNQ의 넓이를 구하시오.

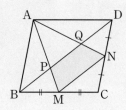

# 피타고라스 정리

**유형 01** **피타고라스 정리** 〔중요〕

직각삼각형에서 직각을 낀 두 변의 길이를 각
각 $a$, $b$라 하고, 빗변의 길이를 $c$라 하면
➡ $\underline{a^2+b^2=c^2}$
　　└ (밑변의 길이)²+(높이)²=(빗변의 길이)²

〔참고〕 • 직각삼각형에서 두 변의 길이를 알면 피타고라스 정리를 이용하여 나
　　　　머지 한 변의 길이를 구할 수 있다.
　　　　➡ $c^2=a^2+b^2$, $b^2=c^2-a^2$, $a^2=c^2-b^2$
　　　• 피타고라스 정리 $a^2+b^2=c^2$을 만족시키는 세 자연수 $a$, $b$, $c$를 피타
　　　　고라스의 수라 한다.
　　　　📝 (3, 4, 5), (5, 12, 13), (6, 8, 10), (7, 24, 25), …
〔주의〕 $a$, $b$, $c$는 변의 길이이므로 항상 양수이다.

**대표 문제**

**01** 오른쪽 그림과 같이
∠B=90°인 직각삼각형 ABC에
서 $\overline{AB}$=8 cm, $\overline{BC}$=15 cm일
때, △ABC의 둘레의 길이를 구
하시오.

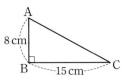

---

**유형 02** **삼각형에서 피타고라스 정리 이용하기** 〔중요〕

주어진 도형에서 직각삼각형을 찾은 후 피타고라스 정리를 이용한다.

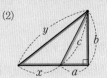

(1)
➡ $a^2+b^2=c^2$
➡ $x^2+b^2=y^2$

(2)
➡ $a^2+b^2=c^2$
➡ $(x+a)^2+b^2=y^2$

**대표 문제**

**02** 오른쪽 그림과 같은 △ABC
에서 $\overline{AD}\perp\overline{BC}$일 때, $\overline{AB}$의 길이
를 구하시오.

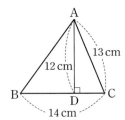

---

**유형 03** **사각형에서 피타고라스 정리 이용하기**

(1) 사각형에서 마주 보는 두 내각이 직각인
　　경우 보조선을 그어 두 개의 직각삼각형을
　　만든 후 피타고라스 정리를 이용한다.

(2) 사다리꼴에서 수선을 그어 직각삼각형을 만
　　든 후 피타고라스 정리를 이용한다.

**대표 문제**

**03** 오른쪽 그림과 같은
□ABCD에서
∠A=∠B=90°이고
$\overline{AB}$=12 cm, $\overline{AD}$=18 cm,
$\overline{BC}$=23 cm일 때, $\overline{CD}$의 길이를 구하시오.

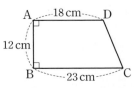

**유형 04** 이등변삼각형의 높이와 넓이

$\overline{AB}=\overline{AC}$인 이등변삼각형 ABC에서 높이를 $h$, 넓이를 $S$라 하면

(1) $h^2=b^2-\left(\dfrac{a}{2}\right)^2$

(2) $S=\dfrac{1}{2}ah$

참고 이등변삼각형의 꼭지각의 이등분선은 밑변을 수직이등분한다.

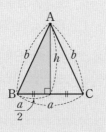

대표 문제

**04** 오른쪽 그림과 같이 $\overline{AB}=\overline{AC}=5\,\text{cm}$, $\overline{BC}=6\,\text{cm}$인 이등변삼각형 ABC의 넓이를 구하시오.

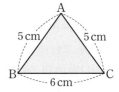

**유형 05** 직사각형의 대각선의 길이

가로, 세로의 길이가 각각 $a$, $b$인 직사각형의 대각선의 길이를 $l$이라 하면

➡ $l^2=a^2+b^2$

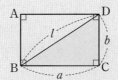

대표 문제

**05** 오른쪽 그림과 같이 세로의 길이가 9 cm이고 대각선의 길이가 15 cm인 직사각형의 넓이를 구하시오.

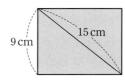

**유형 06** 종이접기

직사각형 ABCD를 꼭짓점 D가 $\overline{BC}$ 위의 점 P에 오도록 접었을 때

(1) △ABP에서 $\overline{BP}^2=b^2-a^2$

(2) $\overline{PC}=b-\overline{BP}$

(3) △ABP∽△PCQ (AA 닮음)

➡ $a:\overline{PC}=b:\overline{PQ}$

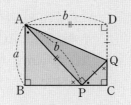

대표 문제

**06** 오른쪽 그림과 같이 $\overline{AB}=8\,\text{cm}$, $\overline{AD}=10\,\text{cm}$인 직사각형 ABCD를 꼭짓점 D가 $\overline{BC}$ 위의 점 E에 오도록 접었을 때, $\overline{EF}$의 길이를 구하시오.

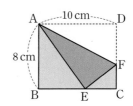

### 유형 01 피타고라스 정리 중요

Pick
**07 대표 문제**

오른쪽 그림과 같이 ∠A=90°인 직각삼각형 ABC에서 $\overline{AB}$=9 cm, $\overline{BC}$=15 cm일 때, △ABC의 넓이를 구하시오.

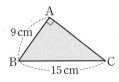

**08 하**

오른쪽 그림과 같이 벽에서 10 m 떨어져 있는 사다리차의 사다리의 길이가 26 m이고, 바닥에서 사다리 밑까지의 높이가 1 m일 때, 바닥에서 사다리가 건물에 닿은 부분까지의 높이는 몇 m인지 구하시오.

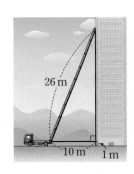

**09 중**

오른쪽 그림과 같이 두 대각선의 길이가 각각 12 cm, 16 cm인 마름모 ABCD의 한 변의 길이는?
(단, 점 O는 두 대각선의 교점이다.)

① 9 cm      ② 10 cm
③ 11 cm     ④ 12 cm
⑤ 13 cm

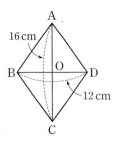

**10 중**

오른쪽 그림과 같이 모선의 길이가 17 cm, 높이가 15 cm인 원뿔의 부피는?

① $256\pi$ cm³      ② $272\pi$ cm³
③ $288\pi$ cm³      ④ $304\pi$ cm³
⑤ $320\pi$ cm³

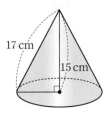

Pick
**11 중**

오른쪽 그림과 같이 넓이가 각각 25 cm², 49 cm²인 두 정사각형 ABCD, GCEF를 세 점 B, C, E가 한 직선 위에 오도록 이어 붙였을 때, $\overline{AE}$의 길이를 구하시오.

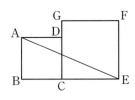

**12 중 서술형**

오른쪽 그림에서 점 G가 ∠A=90°인 직각삼각형 ABC의 무게중심이고 $\overline{AC}$=24 cm, $\overline{AG}$=10 cm일 때, $\overline{AB}$의 길이를 구하시오.

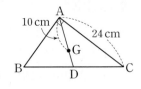

• 정답과 해설 79쪽

**13** 상

오른쪽 그림과 같이 ∠C=90°인 직각삼각형 ABC에서 ∠A의 이등분선이 $\overline{BC}$와 만나는 점을 D라 하자. $\overline{AB}$=20 cm, $\overline{AC}$=12 cm일 때, △ABD의 넓이를 구하시오.

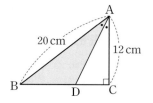

**Pick**
**16** 중

오른쪽 같이 ∠C=90°인 직각삼각형 ABC에서 $\overline{AB}$의 길이는?

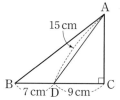

① 16 cm      ② 17 cm

③ 18 cm      ④ 19 cm

⑤ 20 cm

---

**유형 02** **삼각형에서 피타고라스 정리 이용하기** 중요

**Pick**
**14** 대표 문제

다음 그림과 같은 △ABC에서 $\overline{AD}\perp\overline{BC}$이고 $\overline{AB}$=10 cm, $\overline{BD}$=6 cm, $\overline{AC}$=17 cm일 때, △ABC의 넓이를 구하시오.

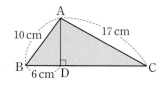

**17** 중

오른쪽 그림과 같이 ∠B=90°인 직각삼각형 ABC에서 $\overline{AD}=\overline{DC}$이고, $\overline{BD}$=3이다. △ABD의 넓이가 6일 때, $\overline{AC}^2$의 값은?

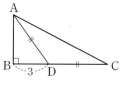

① 65      ② 68      ③ 72

④ 76      ⑤ 80

**Pick**
**15** 하

오른쪽 그림에서 $x+y$의 값은?

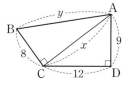

① 29      ② 30

③ 31      ④ 32

⑤ 33

**Pick**
**18** 중

오른쪽 그림과 같이 ∠A=90°인 직각삼각형 ABC에서 $\overline{AD}\perp\overline{BC}$이고 $\overline{AB}$=6, $\overline{AC}$=8일 때, $\overline{BD}$의 길이를 구하시오.

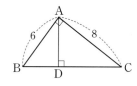

# 유형 완성하기

**19** 중

오른쪽 그림에서
$\overline{AB}=\overline{BC}=\overline{CD}=\overline{DE}=\overline{EF}=2$
일 때, $\overline{AF}^2$의 값은?

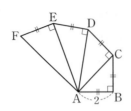

① 16 ② 18
③ 20 ④ 22
⑤ 24

**20** 중

오른쪽 그림에서 $\triangle ABC$는 $\angle B=90^\circ$인 직각삼각형이고, $\overline{BC}\perp\overline{CD}$이다. $\overline{AB}=5\,cm$, $\overline{AC}=13\,cm$, $\overline{CD}=4\,cm$일 때, $\overline{AD}$의 길이는?

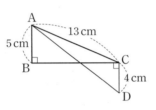

① 14 cm ② 15 cm ③ 16 cm
④ 17 cm ⑤ 18 cm

**21** 상

오른쪽 그림과 같이 $\angle B=90^\circ$인 직각삼각형 ABC의 한 변 AB 위의 점 D에서 $\overline{AC}$에 내린 수선의 발을 E라 하자. $\triangle ADC$의 넓이가 $42\,cm^2$일 때, $\overline{DE}$의 길이를 구하시오.

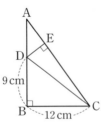

**유형 03** 사각형에서 피타고라스 정리 이용하기

Pick
**22** 대표 문제

오른쪽 그림과 같이 $\angle A=\angle B=90^\circ$인 사다리꼴 ABCD에서 $\overline{AB}=8\,cm$, $\overline{AD}=9\,cm$, $\overline{DC}=10\,cm$일 때, $\overline{BC}$의 길이를 구하시오.

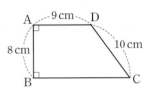

**23** 중

오른쪽 그림과 같은 □ABCD에서 $\angle A=\angle C=90^\circ$이고 $\overline{AB}=15\,cm$, $\overline{AD}=20\,cm$, $\overline{CD}=7\,cm$일 때, □ABCD의 둘레의 길이는?

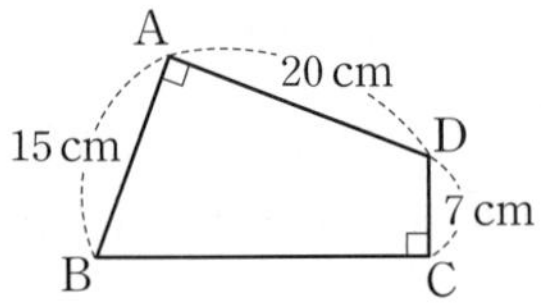

① 62 cm ② 64 cm ③ 66 cm
④ 68 cm ⑤ 70 cm

**24** 중

오른쪽 그림과 같이 $\overline{AD}/\!/\overline{BC}$인 등변사다리꼴 ABCD에서 $\overline{AB}=\overline{DC}=13\,cm$, $\overline{AD}=5\,cm$, $\overline{BC}=15\,cm$일 때, □ABCD의 넓이를 구하시오.

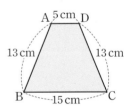

**25** 중

오른쪽 그림과 같이
∠C=∠D=90°인 사다리꼴
ABCD에서 $\overline{AB}$=17 cm,
$\overline{AD}$=12 cm, $\overline{BC}$=20 cm일 때,
$\overline{BD}$의 길이를 구하시오.

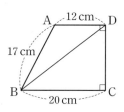

**28** 상

오른쪽 그림과 같이 $\overline{AB}=\overline{AC}$=13 cm
인 이등변삼각형 ABC에서 점 G는
△ABC의 무게중심이고 $\overline{BC}$=10 cm
일 때, △GDC의 넓이를 구하시오.

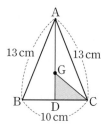

**유형 04** 이등변삼각형의 높이와 넓이

**26** 대표 문제

오른쪽 그림과 같이 반지름의 길이가
15 cm인 원 O에서 $\overline{AB}$=18 cm일 때,
△OAB의 넓이는?

① 96 cm² ② 100 cm²
③ 104 cm² ④ 108 cm²
⑤ 112 cm²

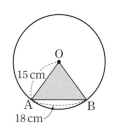

**유형 05** 직사각형의 대각선의 길이

**29** 대표 문제

오른쪽 그림과 같이 가로, 세로의 길
이가 각각 3 cm, 2 cm인 직사각형
ABCD의 대각선을 한 변으로 하는
정사각형의 넓이를 구하시오.

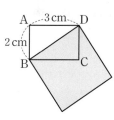

**27** 중 서술형

오른쪽 그림과 같이 $\overline{AB}=\overline{AC}$인
이등변삼각형 ABC의 넓이가
48 cm²일 때, △ABC의 둘레의
길이를 구하시오.

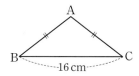

**30** 중

오른쪽 그림과 같이 가로, 세로의 길이가
각각 3 cm, 4 cm인 직사각형 ABCD에
외접하는 원의 넓이는?

① $\frac{11}{2}\pi$ cm² ② $\frac{25}{4}\pi$ cm²
③ $\frac{29}{4}\pi$ cm² ④ $\frac{15}{2}\pi$ cm²
⑤ 8π cm²

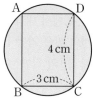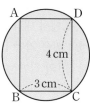

**31** 중

오른쪽 그림과 같이 반지름의 길이가 13 cm인 사분원 위의 점 C에서 $\overline{OA}$, $\overline{OB}$에 내린 수선의 발을 각각 D, E 라 하자. $\overline{OE}=12$ cm일 때, □ODCE의 넓이를 구하시오.

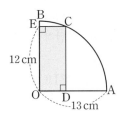

**32** 상

오른쪽 그림에서 □ABCD는 한 변의 길이가 1인 정사각형이고 $\overline{BD}=\overline{BE}$, $\overline{BF}=\overline{BG}$일 때, $\overline{BH}$의 길이를 구하시오.

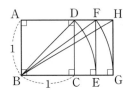

**33** 상

오른쪽 그림과 같이 가로, 세로의 길이가 각각 16 cm, 12 cm인 직사각형 ABCD의 두 꼭짓점 A, C에서 대각선 BD에 내린 수선의 발을 각각 E, F라 하자. 이때 $\overline{EF}$의 길이는?

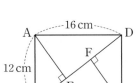

① $\dfrac{26}{5}$ cm    ② $\dfrac{27}{5}$ cm    ③ $\dfrac{28}{5}$ cm

④ $\dfrac{29}{5}$ cm    ⑤ 6 cm

---

**유형 06**  종이접기

**34** 대표 문제

오른쪽 그림과 같이 $\overline{AB}=9$ cm, $\overline{AD}=15$ cm인 직사각형 ABCD 를 꼭짓점 D가 $\overline{BC}$ 위의 점 E에 오도록 접었을 때, $\overline{EF}$의 길이를 구하시오.

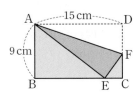

**35** 중

오른쪽 그림은 직사각형 ABCD 를 꼭짓점 B가 꼭짓점 D에 오도록 접은 것이다. $\overline{AB}=15$ cm, $\overline{QD}=17$ cm일 때, $\overline{BC}$의 길이를 구하시오.

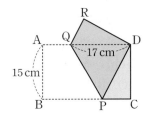

**36** 상

오른쪽 그림과 같이 정사각형 ABCD를 $\overline{EF}$를 접는 선으로 하여 꼭짓점 A가 $\overline{BC}$ 위의 점 P에 오도록 접었다. $\overline{BE}=3$ cm, $\overline{BC}=8$ cm일 때, △EPH의 넓이는?

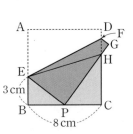

① 15 cm²    ② $\dfrac{48}{3}$ cm²    ③ $\dfrac{50}{3}$ cm²

④ $\dfrac{52}{3}$ cm²    ⑤ 18 cm²

• 정답과 해설 82쪽

**유형 07** 피타고라스 정리의 확인 (1)
– 유클리드의 방법 〔중요〕

(1) $\triangle ACE = \triangle ABE = \triangle AFC$
  $= \triangle AFL$
  ➡ $\square ACDE = \square AFML$

(2) $\triangle BCH = \triangle BAH = \triangle BGC$
  $= \triangle BGL$
  ➡ $\square BHIC = \square LMGB$

(3) $\square ACDE + \square BHIC = \square AFGB$
  ➡ $\overline{AC}^2 + \overline{BC}^2 = \overline{AB}^2$

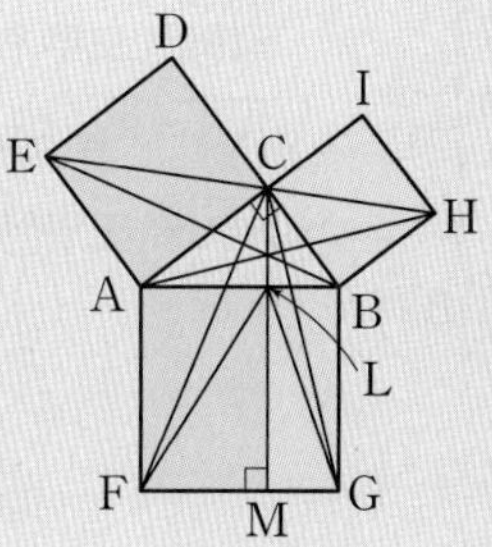

〔참고〕 (1) $\overline{AE} /\!/ \overline{BD}$이므로 $\triangle ACE = \triangle ABE$
  $\triangle ABE \equiv \triangle AFC$ (SAS 합동)이므로 $\triangle ABE = \triangle AFC$
  $\overline{AF} /\!/ \overline{CM}$이므로 $\triangle AFC = \triangle AFL$

**대표 문제**

**37** 오른쪽 그림은 $\angle C = 90°$인 직각삼각형 ABC의 세 변 AB, BC, CA를 각각 한 변으로 하는 세 정사각형을 그린 것이다. $\overline{AB} = 5$, $\overline{BC} = 3$일 때, $\triangle AFC$의 넓이를 구하시오.

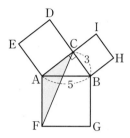

**유형 08** 피타고라스 정리의 확인 (2)
– 피타고라스의 방법

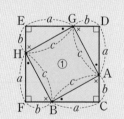 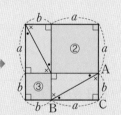

➡ (①의 넓이) = (②의 넓이) + (③의 넓이)이므로
$c^2 = a^2 + b^2$

〔참고〕 (1) $\triangle ABC \equiv \triangle GAD \equiv \triangle HGE \equiv \triangle BHF$ (SAS 합동)
  (2) $\square CDEF$, $\square AGHB$는 정사각형이다.
  (3) $\square CDEF = 4\triangle ABC + \square AGHB$

**대표 문제**

**38** 오른쪽 그림과 같은 정사각형 ABCD에서
$\overline{AE} = \overline{BF} = \overline{CG} = \overline{DH} = 5$,
$\overline{AH} = \overline{BE} = \overline{CF} = \overline{DG} = 8$일 때,
$\square EFGH$의 넓이를 구하시오.

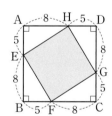

• 정답과 해설 82쪽

**유형 09** **피타고라스 정리의 응용**

∠C=90°인 직각삼각형 ABC와 합동인 직각삼각형 3개를 이용하여 정사각형 ABDE 를 만들었을 때

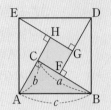

(1) △ABC≡△BDF≡△DEG≡△EAH 이므로

$\overline{CF}=\overline{FG}=\overline{GH}=\overline{HC}$ ⟶ $a-b$

(2) □ABDE, □CFGH는 정사각형이다.

**대표 문제**

**39** 오른쪽 그림에서 4개의 직각삼각형은 모두 합동이고 $\overline{AB}=17$, $\overline{AE}=8$일 때, □EFGH의 둘레의 길이를 구하시오.

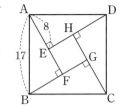

---

**유형 10** **직각삼각형이 되기 위한 조건**

세 변의 길이가 각각 $a$, $b$, $c$인 삼각형에서

$$a^2+b^2=c^2$$

이면 △ABC는 빗변의 길이가 $c$인 직각삼각형이다.

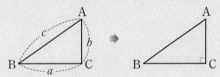

참고 삼각형의 세 변의 길이 사이의 관계
➡ (한 변의 길이)<(나머지 두 변의 길이의 합)

**대표 문제**

**40** 세 변의 길이가 각각 다음 보기와 같은 삼각형 중에서 직각삼각형인 것을 모두 고르시오.

┌ 보기 ┐
ㄱ. 2 cm, 3 cm, 4 cm
ㄴ. 3 cm, 4 cm, 5 cm
ㄷ. 3 cm, 5 cm, 7 cm
ㄹ. 5 cm, 12 cm, 13 cm
ㅁ. 8 cm, 12 cm, 15 cm

---

**유형 11** **삼각형의 변의 길이에 따른 삼각형의 종류**

△ABC에서 $\overline{AB}=c$, $\overline{BC}=a$, $\overline{CA}=b$ 이고, 가장 긴 변의 길이가 $c$일 때

(1) $c^2<a^2+b^2$이면 ∠C<90°
 ➡ △ABC는 예각삼각형
(2) $c^2=a^2+b^2$이면 ∠C=90°
 ➡ △ABC는 직각삼각형
(3) $c^2>a^2+b^2$이면 ∠C>90°
 ➡ △ABC는 둔각삼각형

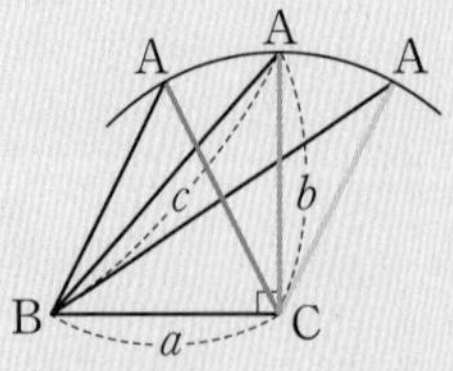

참고 삼각형에서 각의 크기가 작아지면 대변의 길이는 짧아지고, 각의 크기가 커지면 대변의 길이는 길어진다.

**대표 문제**

**41** 삼각형의 세 변의 길이가 각각 다음과 같을 때, 삼각형의 종류가 바르게 연결되지 <u>않은</u> 것은?

① 5 cm, 5 cm, 8 cm    ⇨ 둔각삼각형
② 6 cm, 7 cm, 9 cm    ⇨ 예각삼각형
③ 8 cm, 15 cm, 17 cm   ⇨ 직각삼각형
④ 9 cm, 13 cm, 15 cm   ⇨ 예각삼각형
⑤ 12 cm, 17 cm, 20 cm  ⇨ 둔각삼각형

**유형 07** 피타고라스 정리의 확인 (1) 중요
– 유클리드의 방법

Pick
**42 대표 문제**

오른쪽 그림은 ∠A=90°인 직각 삼각형 ABC의 세 변 AB, BC, CA를 각각 한 변으로 하는 세 정사각형을 그린 것이다. $\overline{AM} \perp \overline{FG}$ 이고 $\overline{AB}=8$ cm, $\overline{BC}=10$ cm일 때, △LGC의 넓이를 구하시오.

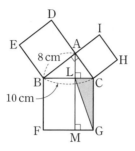

**43 하**

오른쪽 그림은 ∠C=90°인 직각삼각형 ABC의 세 변을 각각 한 변으로 하는 세 정사각형을 그린 것이다. □BHIC의 넓이가 36 cm², □AFGB의 넓이가 52 cm²일 때, □ACDE의 넓이를 구하시오.

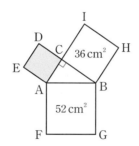

Pick
**44 중**

오른쪽 그림은 ∠C=90°인 직각삼각형 ABC의 세 변 AB, BC, CA를 각각 한 변으로 하는 세 정사각형을 그린 것이다. □ACDE, □AFGB의 넓이가 각각 81 cm², 225 cm²일 때, △ABC의 넓이를 구하시오.

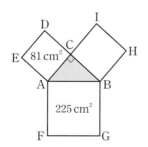

**45 중**

오른쪽 그림은 ∠A=90°인 직각삼각형 ABC의 세 변 AB, BC, CA를 각각 한 변으로 하는 세 정사각형을 그린 것이다. $\overline{AM} \perp \overline{FG}$일 때, 다음 보기 중 △EBA와 넓이가 같은 것을 모두 고르시오.

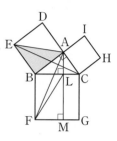

┌ 보기 ┐
ㄱ. △ABC      ㄴ. △ABF      ㄷ. △AEC
ㄹ. △EBC      ㅁ. △LBF      ㅂ. △LFM

**46 중**

오른쪽 그림은 ∠C=90°인 직각삼각형 ABC의 세 변 AB, BC, CA를 각각 한 변으로 하는 세 정사각형 P, Q, R를 그린 것이다. $\overline{AB}:\overline{CA}=5:4$일 때, 정사각형 P와 정사각형 Q의 넓이의 비는?

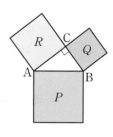

① 5 : 4          ② 5 : 3          ③ 16 : 9
④ 25 : 9         ⑤ 25 : 16

**47 상**

오른쪽 그림은 ∠A=90°인 직각삼각형 ABC에서 $\overline{BC}$를 한 변으로 하는 정사각형 BDEC를 그린 것이다. $\overline{AG} \perp \overline{DE}$이고 $\overline{AC}=16$, $\overline{BC}=20$일 때, 색칠한 부분의 넓이를 구하시오.

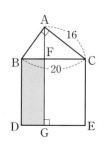

**유형 08** 피타고라스 정리의 확인 (2)
― 피타고라스의 방법

**48** 대표 문제

오른쪽 그림과 같은 정사각형 ABCD에서 $\overline{AD}=7$이고
$\overline{AE}=\overline{BF}=\overline{CG}=\overline{DH}=3$일 때, □EFGH의 넓이를 구하시오.

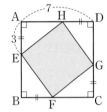

**49** 중

오른쪽 그림과 같은 정사각형 ABCD에서 $\overline{AH}=\overline{BE}=\overline{CF}=\overline{DG}=a$,
$\overline{AE}=\overline{BF}=\overline{CG}=\overline{DH}=b$이고
$a^2+b^2=74$일 때, □EFGH의 넓이를 구하시오.

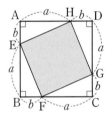

**50** 중

오른쪽 그림과 같은 정사각형 ABCD에서 $\overline{AE}=\overline{BF}=\overline{CG}=\overline{DH}=8\,cm$이고 □EFGH의 넓이가 $289\,cm^2$일 때, □ABCD의 둘레의 길이는?

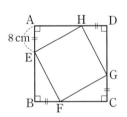

① 88 cm      ② 90 cm
③ 92 cm      ④ 94 cm
⑤ 96 cm

**유형 09** 피타고라스 정리의 응용

**51** 대표 문제

오른쪽 그림에서 4개의 직각삼각형은 모두 합동이고 $\overline{AB}=5$, $\overline{AF}=4$일 때, □EFGH의 넓이를 구하시오.

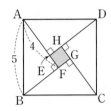

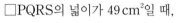

**52** 중

오른쪽 그림에서 4개의 직각삼각형은 모두 합동이고, $\overline{AS}=15\,cm$이다. □PQRS의 넓이가 $49\,cm^2$일 때, □ABCD의 넓이를 구하시오.

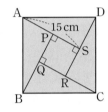

**53** 중

오른쪽 그림에서 두 직각삼각형 ABC, CDE는 서로 합동이고, 세 점 B, C, D는 한 직선 위에 있다. $\overline{AB}=5$, $\overline{DE}=12$일 때, △ACE의 넓이는?

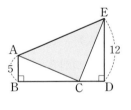

① 50      ② $\dfrac{121}{2}$      ③ 72
④ $\dfrac{169}{2}$      ⑤ 98

## 유형 10 직각삼각형이 되기 위한 조건

### Pick
### 54 대표 문제

세 변의 길이가 각각 다음과 같은 삼각형 중 직각삼각형인 것을 모두 고르면? (정답 2개)

① 3 cm, 3 cm, 4 cm

② 7 cm, 8 cm, 11 cm

③ 5 cm, 10 cm, 12 cm

④ 7 cm, 24 cm, 25 cm

⑤ 15 cm, 20 cm, 25 cm

### Pick
### 55 중 서술형

길이가 각각 14 cm, 10 cm, $x$ cm인 3개의 빨대를 이용하여 직각삼각형을 만들려고 할 때, 가능한 모든 $x^2$의 값의 합을 구하시오.

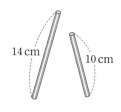

### 56 중

세 변의 길이가 각각 20 cm, 21 cm, 29 cm인 삼각형의 넓이는?

① 210 cm² ② 290 cm² ③ $\frac{609}{2}$ cm²

④ 320 cm² ⑤ 400 cm²

## 유형 11 삼각형의 변의 길이에 따른 삼각형의 종류

### 57 대표 문제

세 변의 길이가 각각 다음과 같은 삼각형 중 예각삼각형인 것은?

① 2 cm, 8 cm, 9 cm

② 3 cm, 5 cm, 6 cm

③ 7 cm, 9 cm, 11 cm

④ 8 cm, 13 cm, 16 cm

⑤ 9 cm, 12 cm, 15 cm

### Pick
### 58 중

$\overline{AB}=9$ cm, $\overline{BC}=13$ cm, $\overline{CA}=17$ cm일 때, △ABC는 어떤 삼각형인가?

① 예각삼각형

② ∠A=90°인 직각삼각형

③ ∠A>90°인 둔각삼각형

④ ∠B>90°인 둔각삼각형

⑤ ∠C=90°인 직각삼각형

### 59 상

세 변의 길이가 각각 8, 10, $x$인 삼각형에서 다음을 구하시오. (단, $x>10$)

⑴ 예각삼각형이 되기 위한 자연수 $x$의 값

⑵ 둔각삼각형이 되기 위한 자연수 $x$의 값

**유형 12** 피타고라스 정리를 이용한 직각삼각형의 성질

∠A=90°인 직각삼각형 ABC에서
$\overline{AB}$, $\overline{AC}$ 위의 점 D, E에 대하여
➡ $\overline{DE}^2+\overline{BC}^2=\overline{BE}^2+\overline{CD}^2$

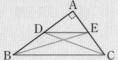

참고 두 직각삼각형 ADE와 ABC에서
$$\begin{aligned}\overline{DE}^2+\overline{BC}^2&=(\overline{AD}^2+\overline{AE}^2)+(\overline{AB}^2+\overline{AC}^2)\\&=(\overline{AE}^2+\overline{AB}^2)+(\overline{AD}^2+\overline{AC}^2)\\&=\overline{BE}^2+\overline{CD}^2\end{aligned}$$

**대표 문제**

**60** 오른쪽 그림과 같이 ∠A=90°인 직각삼각형 ABC에서 $\overline{BC}=12$, $\overline{BE}=10$, $\overline{CD}=8$일 때, $\overline{DE}^2$의 값을 구하시오.

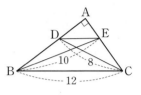

**유형 13** 두 대각선이 직교하는 사각형의 성질

□ABCD에서 두 대각선이 직교할 때
➡ $\overline{AB}^2+\overline{CD}^2=\overline{AD}^2+\overline{BC}^2$
  └ 사각형의 두 대변의 길이의 제곱의 합은
    서로 같다.

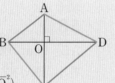

참고 $$\begin{aligned}\overline{AB}^2+\overline{CD}^2&=(\overline{AO}^2+\overline{BO}^2)+(\overline{CO}^2+\overline{DO}^2)\\&=(\overline{AO}^2+\overline{DO}^2)+(\overline{BO}^2+\overline{CO}^2)\\&=\overline{AD}^2+\overline{BC}^2\end{aligned}$$

**대표 문제**

**61** 오른쪽 그림과 같은 □ABCD에서 $\overline{AC}\perp\overline{BD}$이고 $\overline{AB}=7$, $\overline{CD}=6$, $\overline{AO}=4$, $\overline{DO}=3$일 때, $\overline{BC}^2$의 값을 구하시오.

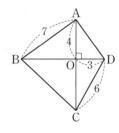

**유형 14** 피타고라스 정리를 이용한 직사각형의 성질

직사각형 ABCD의 내부에 있는 임의의 한 점 P에 대하여
➡ $\overline{AP}^2+\overline{CP}^2=\overline{BP}^2+\overline{DP}^2$

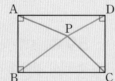

참고 $$\begin{aligned}&\overline{AP}^2+\overline{CP}^2\\&=(\overline{AH}^2+\overline{HP}^2)+(\overline{PG}^2+\overline{GC}^2)\\&=(\overline{AH}^2+\overline{GC}^2)+(\overline{HP}^2+\overline{PG}^2)\\&=(\overline{BF}^2+\overline{PF}^2)+(\overline{DG}^2+\overline{PG}^2)\\&=\overline{BP}^2+\overline{DP}^2\end{aligned}$$

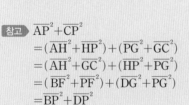

**대표 문제**

**62** 오른쪽 그림과 같은 직사각형 ABCD의 내부에 한 점 P가 있다. $\overline{BP}=6$, $\overline{CP}=4$, $\overline{DP}=8$일 때, $\overline{AP}^2$의 값을 구하시오.

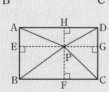

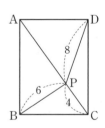

## 유형 15　직각삼각형의 세 반원 사이의 관계

$\angle A = 90°$인 직각삼각형 ABC에서 세 변
AB, AC, BC를 각각 지름으로 하는 반원의
넓이를 $S_1$, $S_2$, $S_3$이라 할 때
➡ $S_1 + S_2 = S_3$

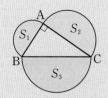

### 대표 문제

**63** 오른쪽 그림과 같이 $\angle A = 90°$
인 직각삼각형 ABC의 세 변을 각각
지름으로 하는 반원의 넓이를 $P$, $Q$,
$R$라 할 때, $P + Q + R$의 값을 구하
시오.

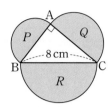

## 유형 16　히포크라테스의 원의 넓이　〔중요〕

$\angle A = 90°$인 직각삼각형 ABC의 세 변을
각각 지름으로 하는 세 반원에서

➡ (색칠한 부분의 넓이)$= \triangle ABC$
　　└ 히포크라테스의　　　 $= \dfrac{1}{2}bc$
　　　 원의 넓이

〔참고〕 $\overline{AB}$, $\overline{AC}$, $\overline{BC}$를 각각 지름으로 하는 반원의 넓이를 $S_1$, $S_2$, $S_3$이라 하면
　　(색칠한 부분의 넓이)$= S_1 + S_2 + \triangle ABC - S_3$
　　　　　　　　　　　　$= S_3 + \triangle ABC - S_3$
　　　　　　　　　　　　$= \triangle ABC$

### 대표 문제

**64** 오른쪽 그림은 $\angle A = 90°$인
직각삼각형 ABC의 세 변을 각각
지름으로 하는 반원을 그린 것이다.
$\overline{AB} = 8\,cm$, $\overline{BC} = 17\,cm$일 때, 색
칠한 부분의 넓이를 구하시오.

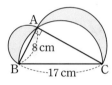

## 유형 17　입체도형에서의 최단 거리

(1) 각기둥의 전개도에서 옆면의 모양 ➡ 직사각형

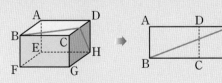

(2) 원기둥의 전개도에서 옆면의 모양 ➡ 직사각형

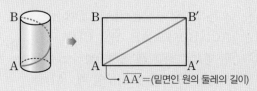

└ $\overline{AA'}$=(밑면인 원의 둘레의 길이)

### 대표 문제

**65** 오른쪽 그림과 같은 직육면체
의 꼭짓점 B에서 겉면을 따라 모서
리 CD를 지나 꼭짓점 H에 이르는
최단 거리를 구하시오.

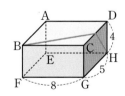

## 유형 12   피타고라스 정리를 이용한 직각삼각형의 성질

### 66 대표 문제

오른쪽 그림과 같이 ∠A=90°인 직각삼각형 ABC에서 $\overline{BC}=9\,cm$, $\overline{CD}=7\,cm$, $\overline{DE}=2\,cm$일 때, $\overline{BE}$의 길이를 구하시오.

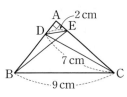

### Pick
### 67 하

오른쪽 그림과 같이 ∠C=90°인 직각삼각형 ABC에서 $\overline{AD}=6$, $\overline{BE}=8$일 때, $\overline{AB}^2+\overline{DE}^2$의 값을 구하시오.

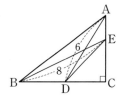

### 68 중

오른쪽 그림과 같이 ∠B=90°인 직각삼각형 ABC에서 $\overline{AB}$, $\overline{BC}$의 중점을 각각 D, E라 하자. $\overline{AC}=12$일 때, $\overline{AE}^2+\overline{CD}^2$의 값을 구하시오.

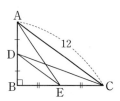

### 69 중

오른쪽 그림과 같이 ∠A=90°인 직각삼각형 ABC에서 $\overline{AD}=\overline{AE}=5$, $\overline{CE}=3$일 때, $\overline{BC}^2-\overline{BE}^2$의 값을 구하시오.

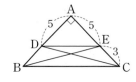

## 유형 13   두 대각선이 직교하는 사각형의 성질

### 70 대표 문제

오른쪽 그림과 같은 □ABCD에서 $\overline{AC}\perp\overline{BD}$이고 $\overline{AB}=4$, $\overline{AD}=6$, $\overline{DO}=5$, $\overline{CO}=12$일 때, $\overline{BC}^2$의 값은?

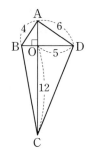

① 138      ② 142
③ 145      ④ 149
⑤ 152

### 71 하

오른쪽 그림과 같은 □ABCD에서 $\overline{AC}\perp\overline{BD}$이고 $\overline{AB}=10$, $\overline{AD}=5$일 때, $\overline{BC}^2-\overline{CD}^2$의 값을 구하시오.

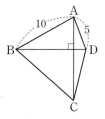

### 72 중   서술형

오른쪽 그림과 같은 □ABCD에서 $\overline{AC}\perp\overline{BD}$이고 $\overline{AB}=10$, $\overline{BC}=14$, $\overline{CD}=11$, $\overline{AO}=3$일 때, △AOD의 넓이를 구하시오.

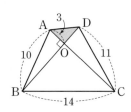

### 73 중

오른쪽 그림과 같은 □ABCD에서 $\overline{AC}\perp\overline{BD}$이고 $\overline{AB}$, $\overline{BC}$, $\overline{CD}$를 각각 한 변으로 하는 세 정사각형의 넓이가 $9\,cm^2$, $16\,cm^2$, $25\,cm^2$일 때, $\overline{AD}$를 한 변으로 하는 정사각형의 넓이를 구하시오.

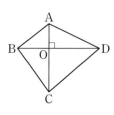

**유형 14** 피타고라스 정리를 이용한 직사각형의 성질

**74 대표 문제**

오른쪽 그림과 같은 직사각형 ABCD 의 내부에 한 점 P가 있다. $\overline{AP}=6$, $\overline{BP}=8$, $\overline{DP}=2$일 때, $\overline{CP}^2$의 값을 구하시오.

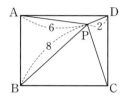

**75** 하

오른쪽 그림과 같은 직사각형 ABCD 의 내부에 한 점 P가 있다. $\overline{AP}=9$, $\overline{DP}=5$일 때, $\overline{BP}^2-\overline{CP}^2$의 값은?

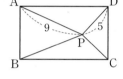

① 50 　　　② 53
③ 56 　　　④ 59
⑤ 62

**76** 중

오른쪽 그림과 같이 네 지점 A, B, C, D는 직선으로 연결하면 직사각형이 된다. 공원에서 A, B, D 지점까지의 거리가 각각 13 km, 15 km, 5 km일 때, 공원에서 출발하여 시속 1.5 km로 걸어서 C 지점까지 가는 데 몇 시간이 걸리는지 구하시오.

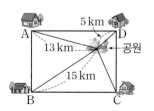

**유형 15** 직각삼각형의 세 반원 사이의 관계

**Pick**
**77 대표 문제**

오른쪽 그림은 ∠A=90°인 직각삼각형 ABC에서 $\overline{AB}$, $\overline{AC}$를 각각 지름으로 하는 반원을 그린 것이다. $\overline{BC}=6$ cm 일 때, 색칠한 부분의 넓이를 구하시오.

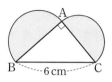

**78** 중

오른쪽 그림과 같이 ∠B=90°인 직각 삼각형 ABC에서 $\overline{AB}$, $\overline{AC}$를 각각 지름으로 하는 반원의 넓이가 $8\pi$ cm², $10\pi$ cm²일 때, $\overline{BC}$의 길이는?

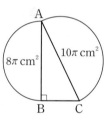

① 4 cm 　　　② $\frac{9}{2}$ cm
③ 5 cm 　　　④ $\frac{11}{2}$ cm
⑤ 6 cm

**79** 중

오른쪽 그림은 ∠C=90°인 직각삼각형 ABC의 세 변을 각각 지름으로 하는 반원을 그린 것이다. $\overline{AC}=2$ cm이고 $\overline{BC}$를 지름으로 하는 반원의 넓이가 $6\pi$ cm²일 때, $\overline{AB}$를 지름으로 하는 반원의 넓이를 구하시오.

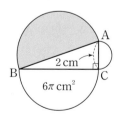

• 정답과 해설 85쪽

**유형 16** 히포크라테스의 원의 넓이

**80 대표 문제**

오른쪽 그림은 ∠A=90°인 직각삼각형 ABC의 세 변을 각각 지름으로 하는 반원을 그린 것이다. $\overline{AB}$=12 cm, $\overline{BC}$=15 cm일 때, 색칠한 부분의 넓이는?

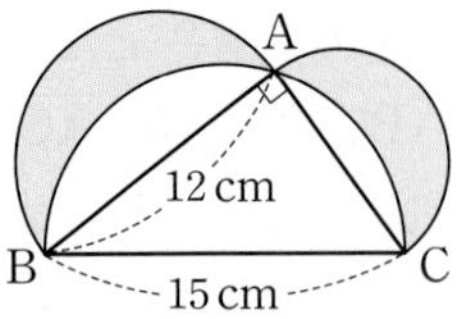

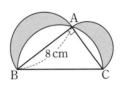

① 42 cm² ② 48 cm² ③ 54 cm²
④ 60 cm² ⑤ 64 cm²

**81 ⓒ**

오른쪽 그림은 ∠A=90°인 직각삼각형 ABC의 세 변을 각각 지름으로 하는 반원을 그린 것이다. $\overline{AB}$=8 cm이고 색칠한 부분의 넓이가 24 cm²일 때, $\overline{BC}$의 길이를 구하시오.

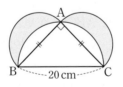

**82 ⓒ**

오른쪽 그림은 $\overline{AB}=\overline{AC}$인 직각이등변삼각형 ABC의 세 변을 각각 지름으로 하는 반원을 그린 것이다. $\overline{BC}$=20 cm일 때, 색칠한 부분의 넓이를 구하시오.

**83 ⓢ**

오른쪽 그림은 원에 내접하는 직사각형 ABCD의 네 변을 각각 지름으로 하는 네 반원을 그린 것이다. $\overline{AD}$=10 cm, $\overline{DC}$=15 cm일 때, 색칠한 부분의 넓이를 구하시오.

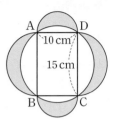

**유형 17** 입체도형에서의 최단 거리

**84 대표 문제**

오른쪽 그림과 같은 직육면체의 꼭짓점 A에서 겉면을 따라 모서리 BC를 지나 꼭짓점 G에 이르는 최단 거리는?

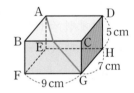

① 12 cm ② 13 cm
③ 14 cm ④ 15 cm
⑤ 16 cm

**85 ⓒ**

오른쪽 그림과 같이 밑면의 반지름의 길이가 8 cm, 높이가 12π cm인 원기둥이 있다. 점 A에서 옆면을 따라 한 바퀴 돌아 점 B에 이르는 최단 거리를 구하시오.

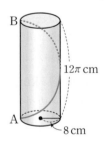

# Pick 점검하기

Pick한 문제들만 모아 한 번 더!

• 정답과 해설 85쪽

## 86

유형 01

오른쪽 그림과 같이 $\angle A=90^\circ$인 직각삼각형 ABC에서 $\overline{AC}=15\,cm$이고 $\triangle ABC$의 넓이가 $150\,cm^2$일 때, $\overline{BC}$의 길이를 구하시오.

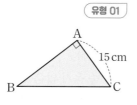

## 87

유형 01

지면에 서 있던 어떤 나무가 오른쪽 그림과 같이 부러져 기둥이 서로 직각을 이루고 있다. 이 나무의 높이가 28 m이었을 때, 나무가 서 있던 지점에서 부러진 끝이 닿은 지점까지의 거리는 몇 m인가?

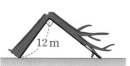

① 16 m ② 17 m ③ 18 m
④ 19 m ⑤ 20 m

## 88

유형 01

오른쪽 그림에서 □ABCD와 □GCEF는 정사각형이고 $\overline{AD}=8\,cm$, $\overline{AE}=17\,cm$일 때, $\overline{CE}$의 길이는?

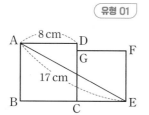

① 5 cm ② $\frac{11}{2}$ cm
③ 6 cm ④ $\frac{13}{2}$ cm
⑤ 7 cm

## 89

유형 02

오른쪽 그림과 같은 $\triangle ABC$에서 $\overline{AD}\perp\overline{BC}$이고 $\overline{AB}=15\,cm$, $\overline{AC}=20\,cm$, $\overline{CD}=16\,cm$일 때, $x+y$의 값은?

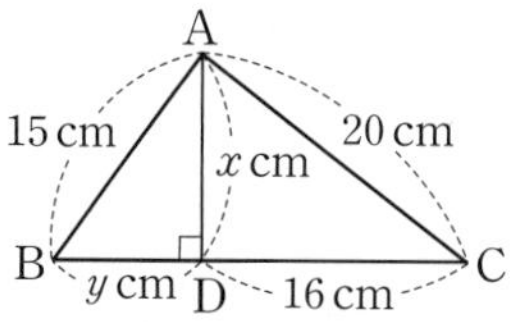

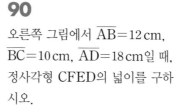

① 20 ② 21 ③ 22
④ 23 ⑤ 24

## 90

유형 02

오른쪽 그림에서 $\overline{AB}=12\,cm$, $\overline{BC}=10\,cm$, $\overline{AD}=18\,cm$일 때, 정사각형 CFED의 넓이를 구하시오.

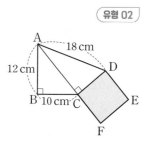

## 91

유형 02

오른쪽 그림과 같이 $\angle C=90^\circ$인 직각삼각형 ABC에서 $\overline{AB}\perp\overline{CD}$이고 $\overline{BC}=13\,cm$, $\overline{CD}=5\,cm$일 때, $\triangle ADC$의 넓이는?

① $5\,cm^2$ ② $\frac{61}{12}\,cm^2$ ③ $\frac{125}{24}\,cm^2$
④ $\frac{16}{3}\,cm^2$ ⑤ $\frac{65}{12}\,cm^2$

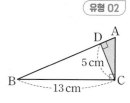

## 92

유형 03

오른쪽 그림과 같이 민호네 집에 직사각형 모양의 차양이 쳐져 있다. 차양의 가로의 길이가 6 m일 때, 차양의 넓이를 구하시오.

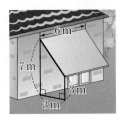

## 93

유형 07

오른쪽 그림은 ∠A=90°인 직각삼각형 ABC의 세 변 AB, BC, CA를 각각 한 변으로 하는 세 정사각형을 그린 것이다. $\overline{AM} \perp \overline{FG}$이고 $\overline{AC}=9$ cm, $\overline{CG}=15$ cm일 때, 다음 중 옳지 않은 것은?

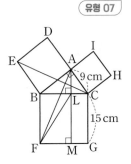

① △EBC=72 cm²
② △EBC=△ABC
③ △EBC≡△ABF
④ △LBF=72 cm²
⑤ □LMGC=81 cm²

## 94

유형 08

오른쪽 그림과 같은 정사각형 ABCD에서 $\overline{AE}=\overline{BF}=\overline{CG}=\overline{DH}=5$이고 □EFGH의 넓이가 169일 때, □ABCD의 넓이를 구하시오.

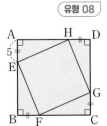

## 95

유형 09

오른쪽 그림에서 4개의 직각삼각형은 모두 합동이고 $\overline{AB}=10$, $\overline{AP}=6$일 때, 다음 중 옳지 않은 것은?

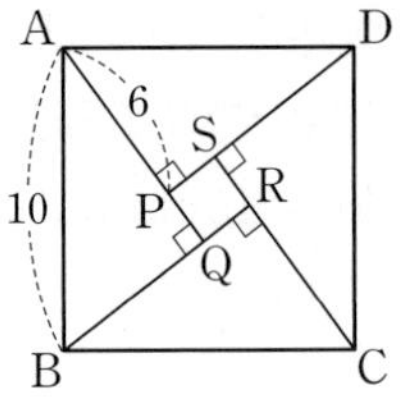

① $\overline{AQ}=8$
② $\overline{PQ}=2$
③ △ABQ=30
④ □PQRS=4
⑤ □ABCD=4△ABQ+□PQRS

## 96

유형 10

세 변의 길이가 각각 다음과 같은 삼각형 중 직각삼각형인 것은?

① 6 cm, 10 cm, 15 cm
② 7 cm, 12 cm, 13 cm
③ 8 cm, 15 cm, 16 cm
④ 9 cm, 40 cm, 41 cm
⑤ 12 cm, 15 cm, 20 cm

## 97

유형 11

$\overline{AB}=6$ cm, $\overline{BC}=8$ cm, $\overline{CA}=9$ cm일 때, △ABC는 어떤 삼각형인가?

① 예각삼각형
② ∠A=90°인 직각삼각형
③ ∠A>90°인 둔각삼각형
④ ∠B>90°인 둔각삼각형
⑤ ∠C=90°인 직각삼각형

## 98

유형 12

오른쪽 그림과 같이 ∠C=90°인 직각삼각형 ABC에서 $\overline{AD}=9$, $\overline{DE}=5$일 때, $\overline{AB}^2-\overline{BE}^2$의 값은?

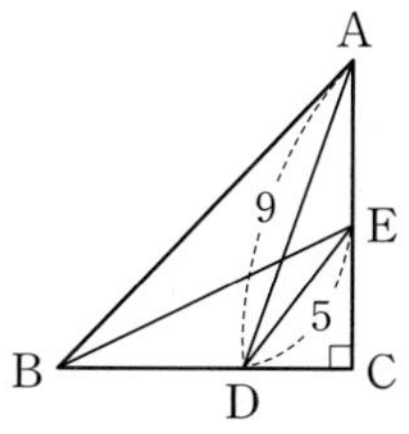

① 48　　　　② 50

③ 52　　　　④ 54

⑤ 56

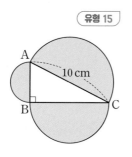

## 99

유형 15

오른쪽 그림은 ∠B=90°인 직각삼각형 ABC의 세 변을 각각 지름으로 하는 반원을 그린 것이다. $\overline{AC}=10$ cm일 때, 색칠한 부분의 넓이를 구하시오.

## 100

유형 16

오른쪽 그림은 ∠A=90°인 직각삼각형 ABC의 세 변을 각각 지름으로 하는 반원을 그린 것이다.
$\overline{AB}=24$ cm, $\overline{BC}=26$ cm일 때, 색칠한 부분의 넓이는?

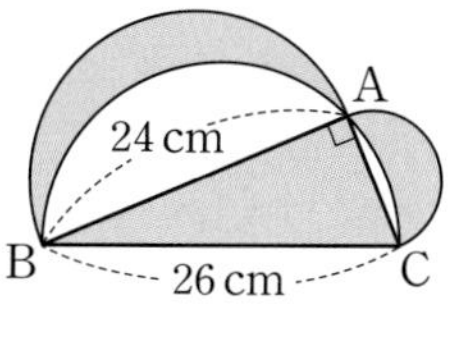

① 192 cm²　　② 210 cm²　　③ 240 cm²

④ 260 cm²　　⑤ 288 cm²

---

### 서술형 문제

## 101

유형 02

오른쪽 그림과 같이 ∠B=90°인 직각삼각형 ABC에서 $\overline{AB}=24$ cm, $\overline{BD}=7$ cm, $\overline{DC}=11$ cm일 때, △ADC의 둘레의 길이를 구하시오.

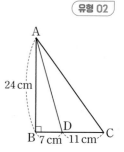

## 102

유형 07

오른쪽 그림은 ∠C=90°인 직각삼각형 ABC의 세 변을 각각 한 변으로 하는 정사각형을 그린 것이다. □BHIC, □AFGB의 넓이가 각각 64 cm², 289 cm²일 때, △ABC의 넓이를 구하시오.

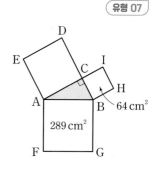

## 103

유형 10

세 변의 길이가 각각 5 cm, 6 cm, $x$ cm인 삼각형이 직각삼각형이 되도록 하는 $x^2$의 값을 모두 구하시오.

**104** 오른쪽 그림과 같이
∠A＝90°인 직각삼각형 ABC의
세 변에 각각 점 D, E, F를 잡아
□ADEF가 직사각형이 되도록
할 때, 이 직사각형의 넓이를 구하시오.

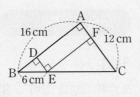

**107** 오른쪽 그림과 같이 직사각
형 ABCD를 대각선 BD를 접는
선으로 하여 접었다. $\overline{PD}=5\,cm$,
$\overline{CD}=4\,cm$일 때, □ABCD의 가
로의 길이는?

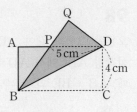

① 7 cm     ② $\dfrac{15}{2}$ cm     ③ 8 cm

④ $\dfrac{17}{2}$ cm     ⑤ 9 cm

**105** 오른쪽 그림과 같이
∠A＝90°인 직각삼각형 ABC에
서 점 M은 $\overline{BC}$의 중점이고,
$\overline{AH}\perp\overline{BC}$이다. $\overline{AB}=8\,cm$,
$\overline{AC}=6\,cm$일 때, $\overline{MH}$의 길이를 구하시오.

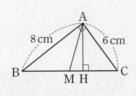

**108** 다음 그림은 ∠A＝90°인 직각삼각형 ABC를 이용하
여 '피타고라스의 나무'를 그린 것이다. $\overline{AB}=6\,cm$,
$\overline{AC}=3\,cm$일 때, 색칠한 부분의 넓이를 구하시오.
(단, 색칠한 도형은 모두 정사각형이고, 세 직각삼각형은 모
두 닮은 도형이다.)

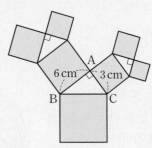

**106** 오른쪽 그림과 같이 높이가
20 m인 나무에서 40 m 떨어진
A 지점으로부터 50 m 상공에 새
한 마리가 있다. 이 새가 나무의 꼭
대기를 향해 초속 10 m로 날아갈
때, 새가 나무의 꼭대기에 도착할
때까지 걸리는 시간은 몇 초인지 구하시오.

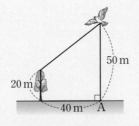

(단, 새는 최단 거리로 날아간다.)

**109** 오른쪽 그림은 ∠A=90° 인 직각삼각형 ABC의 세 변 AB, BC, CA를 각각 한 변으로 하는 세 정사각형을 그린 것이다. $\overline{AM} \perp \overline{FG}$이고 $\overline{CG}=25\,\text{cm}$, $\triangle EBC=200\,\text{cm}^2$일 때, $\overline{CL}$의 길이를 구하시오.

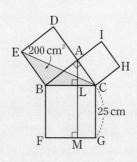

**112** 오른쪽 그림과 같이 ∠A=90° 인 직각삼각형 ABC의 세 변 AB, AC, BC를 각각 한 변으로 하는 정삼각형의 넓이를 $S_1$, $S_2$, $S_3$이라 하자. $S_3=30$일 때, $S_1+S_2+S_3$의 값은?

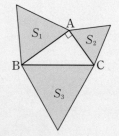

① 55　　　　② 60
③ 65　　　　④ 70
⑤ 75

**110** 길이가 5 cm, 7 cm, 9 cm, 12 cm, 13 cm인 막대 중에서 세 개를 골라 삼각형을 만들려고 한다. 이때 만들 수 있는 직각삼각형의 개수를 $a$, 둔각삼각형의 개수를 $b$라 할 때, $a+b$의 값을 구하시오.

**113** 오른쪽 그림과 같이 밑면의 반지름의 길이가 6 cm, 높이가 $10\pi$ cm인 원기둥이 있다. 점 A에서 옆면을 따라 두 바퀴 돌아 점 B에 이르는 최단 거리는?

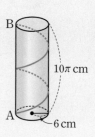

① $24\pi$ cm　　　　② $25\pi$ cm
③ $26\pi$ cm　　　　④ $27\pi$ cm
⑤ $28\pi$ cm

**111** 오른쪽 그림과 같은 직사각형 ABCD에서 $\overline{AP} \perp \overline{BD}$이고 $\overline{AD}=20$, $\overline{CD}=15$일 때, $\overline{CP}^2$의 값은?

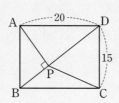

① 189　　　　② 190
③ 191　　　　④ 192
⑤ 193

# 9.

# 경우의 수

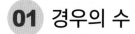
• 정답과 해설 89쪽

## 유형 01~02 경우의 수

(1) **사건:** 같은 조건에서 반복할 수 있는 실험이나 관찰에서 나타나는 결과

(2) **경우의 수:** 어떤 사건이 일어나는 가짓수
➡ 모든 경우를 빠짐없이, 중복되지 않게 나열하여 구한다.

| 예 | |
|---|---|
| 실험·관찰 | 한 개의 주사위를 던진다. |
| 사건 | 홀수의 눈이 나온다. |
| 경우 | ⚀ ⚂ ⚄ |
| 경우의 수 | 3 |

**참고** 경우를 나열할 때는 순서쌍, 나뭇가지 모양의 그림 등을 이용하면 편리하다.

### 대표 문제

**01** 서로 다른 두 개의 주사위를 동시에 던질 때, 나오는 두 눈의 수의 차가 2인 경우의 수는?

① 5
② 6
③ 7
④ 8
⑤ 9

### 대표 문제

**02** 길이가 4, 5, 6, 9인 선분이 각각 한 개씩 있다. 이 중 3개의 선분으로 만들 수 있는 삼각형의 개수를 구하시오.

## 유형 03 돈을 지불하는 방법의 수

❶ 액수가 큰 동전의 개수부터 정한다.

❷ 지불하는 금액에 맞게 나머지 동전의 개수를 정한다. 이때 표를 이용하면 편리하다.

예 50원, 100원짜리 동전이 각각 3개씩 있을 때, 이 두 종류의 동전을 각각 1개 이상씩 사용하여 250원을 지불하는 방법을 표로 나타내면 다음과 같다.

| 100원(개) | 2 | 1 |
|---|---|---|
| 50원(개) | 1 | 3 |

따라서 250원을 지불하는 방법은 2가지이다.

### 대표 문제

**03** 민주는 입장료가 900원인 동물원에 가려고 한다. 10원짜리 동전 5개, 50원짜리 동전 6개, 100원짜리 동전 9개를 가지고 있을 때, 입장료를 지불하는 방법의 수를 구하시오.
(단, 거스름돈은 없다.)

## 유형 01   경우의 수 (1) 〔중요〕

**Pick**

**04 대표 문제**

서로 다른 두 개의 주사위를 동시에 던질 때, 나오는 두 눈의 수의 합이 8인 경우의 수는?

① 4          ② 5

③ 6          ④ 7

⑤ 8

**05 〔하〕**

1부터 20까지의 자연수가 각각 하나씩 적힌 20개의 공이 들어 있는 상자에서 한 개의 공을 꺼낼 때, 소수가 적힌 공이 나오는 경우의 수를 구하시오.

**Pick**

**06 〔하〕**

한 개의 주사위를 던질 때, 다음 중 그 경우의 수가 가장 큰 사건은?

① 3 이하의 눈이 나온다.

② 4의 배수의 눈이 나온다.

③ 6의 약수의 눈이 나온다.

④ 홀수의 눈이 나온다.

⑤ 소수의 눈이 나온다.

**07 〔중〕**

한 개의 주사위를 던져서 나오는 눈의 수를 $A$라 할 때, 정수가 아닌 유리수 $\dfrac{1}{A}$이 유한소수가 되는 경우의 수는?

① 1          ② 2          ③ 3

④ 4          ⑤ 5

**08 〔중〕**

한 개의 주사위를 두 번 던져서 처음에 나오는 눈의 수를 $x$, 나중에 나오는 눈의 수를 $y$라 할 때, $2x+y=7$이 되는 경우의 수를 구하시오.

**09 〔중〕**

지우, 은서, 시하가 가위바위보를 할 때, 세 명 모두 서로 다른 것을 내는 경우의 수는?

① 3          ② 4          ③ 5

④ 6          ⑤ 7

**유형 02** 경우의 수 (2) 〈중요〉

**10** 대표 문제

길이가 각각 3, 5, 7, 11인 4개의 선분이 있다. 이 중 3개의 선분을 선택하여 만들 수 있는 삼각형의 개수는?

① 1        ② 2        ③ 3
④ 4        ⑤ 5

**11** 중

다음 그림과 같이 5개의 계단이 있다. 한 번에 한 계단 또는 두 계단을 오르는 방법으로만 계단을 오른다고 할 때, 지면에서부터 시작하여 계단 5개를 모두 오르는 경우의 수를 구하시오.

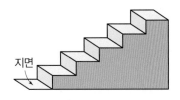

**12** 상

다음 그림과 같이 수직선 위의 원점에 점 P가 있다. 동전 한 개를 던져서 앞면이 나오면 오른쪽으로 1만큼, 뒷면이 나오면 왼쪽으로 2만큼 점 P를 움직이기로 하였다. 동전을 연속하여 5번 던졌을 때, 점 P에 대응하는 수가 2인 경우의 수는?

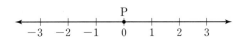

① 2        ② 3        ③ 4
④ 5        ⑤ 6

**유형 03** 돈을 지불하는 방법의 수

Pick
**13** 대표 문제

100원, 50원, 10원짜리 동전이 각각 7개씩 있다. 이 세 종류의 동전을 각각 1개 이상 사용하여 700원을 지불하는 방법의 수를 구하시오.

**14** 중

수아가 550원짜리 색연필 한 자루를 사려고 한다. 50원짜리 동전 9개, 100원짜리 동전 5개를 가지고 있을 때, 색연필 값을 지불하는 방법의 수는? (단, 거스름돈은 없다.)

① 3        ② 4        ③ 5
④ 6        ⑤ 7

**15** 중

100원짜리 동전 3개와 500원짜리 동전 2개가 있다. 100원짜리, 500원짜리 동전을 각각 1개 이상 사용하여 지불할 수 있는 금액은 모두 몇 가지인가?

① 5가지        ② 6가지        ③ 7가지
④ 8가지        ⑤ 9가지

## 유형 04 경우의 수의 합 (1) – 교통수단 또는 물건을 선택하는 경우

두 사건 $A$, $B$가 동시에 일어나지 않을 때,
사건 $A$가 일어나는 경우의 수를 $a$, 사건 $B$가 일어나는 경우의 수를 $b$라 하면

➡ (사건 $A$ 또는 사건 $B$가 일어나는 경우의 수)$=a+b$

참고 '또는', '~이거나'라는 표현이 있으면 일반적으로 두 사건이 일어나는 경우의 수를 더한다.

### 대표 문제

**16** 유미네 집에서 박물관까지 가는 버스 노선은 4가지, 지하철 노선은 3가지가 있다. 버스 또는 지하철로 유미네 집에서 박물관까지 가는 경우의 수를 구하시오.

## 유형 05 경우의 수의 합 (2) – 수를 뽑는 경우 (중요)

(1) 1부터 $n$까지의 자연수가 각각 하나씩 적힌 $n$장의 카드 중에서 한 장을 뽑을 때, $A$의 배수 또는 $B$의 배수가 적힌 카드가 나오는 경우의 수
   ① $A$, $B$의 공배수가 없는 경우
      ➡ ($A$의 배수의 개수)$+$($B$의 배수의 개수)
   ② $A$, $B$의 공배수가 있는 경우
      ➡ ($A$의 배수의 개수)$+$($B$의 배수의 개수)
         $-$($A$, $B$의 공배수의 개수)
(2) 서로 다른 두 개의 주사위를 동시에 던질 때, 나오는 두 눈의 수의 합이 $a$ 또는 $b$인 경우의 수
   ➡ (두 눈의 수의 합이 $a$인 경우의 수)
      $+$(두 눈의 수의 합이 $b$인 경우의 수)

### 대표 문제

**17** 1부터 15까지의 자연수가 각각 하나씩 적힌 15장의 카드 중에서 한 장을 뽑을 때, 3의 배수 또는 7의 배수가 적힌 카드가 나오는 경우의 수를 구하시오.

## 유형 06 경우의 수의 곱 (1) – 물건을 선택하는 경우 (중요)

사건 $A$가 일어나는 경우의 수를 $a$, 그 각각에 대하여 사건 $B$가 일어나는 경우의 수를 $b$라 하면

➡ (사건 $A$와 사건 $B$가 동시에 일어나는 경우의 수)$=a\times b$

참고 '동시에', '그리고', '~와', '~하고 나서'라는 표현이 있으면 일반적으로 두 사건이 일어나는 경우의 수를 곱한다.

주의 '사건 $A$와 사건 $B$가 동시에 일어난다.'에서 '동시에'의 의미는 시간적으로 같음만을 의미하는 것이 아니라 사건 $A$와 사건 $B$가 모두 일어난다는 것을 의미한다.

### 대표 문제

**18** 빨간색, 파란색, 노란색 티셔츠 3개와 흰색, 검은색 반바지 2개가 있다. 티셔츠와 반바지를 각각 하나씩 짝 지어 입는 경우의 수를 구하시오.

• 정답과 해설 90쪽

**유형 07** **경우의 수의 곱 (2) – 길을 선택하는 경우** 중요

A 지점에서 B 지점까지 가는 방법이 $m$가지, B 지점에서 C 지점까지 가는 방법이 $n$가지일 때

➡ A 지점에서 B 지점을 거쳐 C 지점까지 가는 방법의 수는
$m \times n$

**대표 문제**

**19** 오른쪽 그림과 같은 길을 따라 집에서 학교를 거쳐 공원까지 가는 방법의 수를 구하시오. (단, 한 번 지나간 지점은 다시 지나지 않는다.)

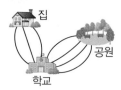

**유형 08** **경우의 수의 곱 (3)**
**– 동전 또는 주사위를 던지는 경우**

(1) 여러 개의 동전을 던지는 경우

한 개의 동전을 던질 때, 일어나는 모든 경우의 수는 $\underset{\text{앞면, 뒷면}}{2}$

➡ 서로 다른 $n$개의 동전을 동시에 던질 때, 일어나는 모든 경우의 수는 $\underbrace{2 \times 2 \times \cdots \times 2}_{n개} = 2^n$

(2) 여러 개의 주사위를 던지는 경우

한 개의 주사위를 던질 때, 일어나는 모든 경우의 수는 $\underset{1, 2, 3, 4, 5, 6}{6}$

➡ 서로 다른 $n$개의 주사위를 동시에 던질 때, 일어나는 모든 경우의 수는 $\underbrace{6 \times 6 \times \cdots \times 6}_{n개} = 6^n$

(3) 여러 개의 동전과 주사위를 동시에 던지는 경우

서로 다른 $m$개의 동전과 $n$개의 주사위를 동시에 던질 때, 일어나는 모든 경우의 수는 $2^m \times 6^n$

**대표 문제**

**20** 다음 사건에 대하여 일어날 수 있는 모든 경우의 수를 구하시오.

(1) 10원, 50원, 100원짜리 동전 3개를 동시에 던질 때

(2) 서로 다른 주사위 2개를 동시에 던질 때

(3) 100원짜리 동전 2개, 500원짜리 동전 1개, 주사위 1개를 동시에 던질 때

**유형 09** **경우의 수의 곱 (4) – 최단 거리로 가는 경우**

A 지점에서 P 지점을 거쳐 B 지점까지 최단 거리로 가는 방법의 수는 다음과 같은 순서로 구한다.

❶ A 지점에서 P 지점까지 최단 거리로 가는 방법의 수를 구한다. → ㉠, ㉡이므로 방법의 수는 2

❷ P 지점에서 B 지점까지 최단 거리로 가는 방법의 수를 구한다. → ㉢, ㉣이므로 방법의 수는 2

❸ ❶, ❷에서 구한 방법의 수를 곱한다.
└ $2 \times 2 = 4$

**대표 문제**

**21** 오른쪽 그림과 같은 길이 있다. 이때 A 지점에서 P 지점을 거쳐 B 지점까지 최단 거리로 가는 방법의 수를 구하시오.

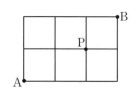

## 유형 04  경우의 수의 합 (1) – 교통수단 또는 물건을 선택하는 경우

### 22  대표 문제

시우가 명절에 할아버지 댁에 가려고 한다. 이용할 수 있는 기차의 종류는 KTX, 새마을호, 무궁화호의 3가지가 있고, 고속버스의 종류는 우등 고속, 일반 고속의 2가지가 있다. 이때 시우가 기차 또는 고속버스를 이용하여 할아버지 댁에 가는 경우의 수는?

① 2
② 3
③ 4
④ 5
⑤ 6

### Pick
### 23  하

서로 다른 종류의 사탕 5개와 초콜릿 3개가 들어 있는 유리병이 있다. 이 유리병에서 한 개를 꺼낼 때, 사탕 또는 초콜릿을 꺼내는 경우의 수를 구하시오.

### 24  중

어느 영화관에서 서로 다른 4편의 액션 영화, 2편의 SF 영화, 1편의 코미디 영화를 상영하고 있다. 이때 유미가 이 영화관에서 상영하고 있는 영화 중 한 편을 선택하여 관람하는 경우의 수는?

① 6
② 7
③ 8
④ 9
⑤ 10

## 유형 05  경우의 수의 합 (2) – 수를 뽑는 경우  중요

### Pick
### 25  대표 문제

각 면에 1부터 20까지의 자연수가 각각 하나씩 적힌 정이십면체 모양의 주사위가 있다. 이 주사위를 한 번 던질 때, 바닥에 닿는 면에 적힌 수가 4의 배수 또는 15의 약수인 경우의 수를 구하시오.

### 26  중

서로 다른 두 개의 주사위를 동시에 던질 때, 나오는 두 눈의 수의 합이 4 또는 6인 경우의 수를 구하시오.

### 27  중

1부터 30까지의 자연수가 각각 하나씩 적힌 30장의 카드가 들어 있는 상자가 있다. 이 상자에서 한 장의 카드를 꺼낼 때, 2의 배수 또는 5의 배수가 적힌 카드가 나오는 경우의 수를 구하시오.

### 28  중  서술형

다음 그림과 같이 8등분, 3등분된 서로 다른 두 개의 원판에 각각 1부터 8까지, 1부터 3까지의 자연수가 적혀 있다. 두 원판을 돌린 후 멈추었을 때, 두 원판의 각 바늘이 가리킨 수의 합이 3의 배수인 경우의 수를 구하시오.
(단, 바늘이 경계선을 가리키는 경우는 생각하지 않는다.)

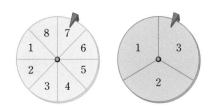

## 유형 완성하기 ✱

**유형 06** 경우의 수의 곱 ⑴ 〈중요〉
– 물건을 선택하는 경우

**Pick**
**29 대표 문제**

다음과 같이 3개의 자음과 4개의 모음이 각각 하나씩 적힌 7장의 카드가 있다. 이때 자음이 적힌 카드와 모음이 적힌 카드를 각각 한 장씩 사용하여 만들 수 있는 글자의 개수는?

① 8  ② 9  ③ 10
④ 11  ⑤ 12

**30** 〈중〉

도준이는 식당에서 저녁을 먹으려고 한다. 세트 메뉴를 주문하려고 하는데 스파게티, 피자, 음료수를 각각 한 가지씩 고를 수 있다고 한다. 메뉴판이 다음과 같을 때, 도준이가 세트 메뉴를 주문하는 경우의 수를 구하시오.

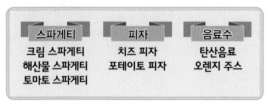

| 스파게티 | 피자 | 음료수 |
|---|---|---|
| 크림 스파게티 | 치즈 피자 | 탄산음료 |
| 해산물 스파게티 | 포테이토 피자 | 오렌지 주스 |
| 토마토 스파게티 | | |

**31** 〈중〉

A, B 두 사람이 가위바위보를 한 번 할 때, 일어나는 모든 경우의 수를 구하시오.

**32** 〈중〉

오른쪽은 어느 해 11월의 달력이다. 세호와 은지가 임의로 하루를 택하여 각자의 마을을 정화하는 봉사 활동에 참가하기로 하였다. 세호는 금요일에, 은지는 수요일에 봉사 활동을 하는 경우의 수를 구하시오.

| 11월 | | | | | | |
|---|---|---|---|---|---|---|
| 일 | 월 | 화 | 수 | 목 | 금 | 토 |
| | | | | | 1 | 2 |
| 3 | 4 | 5 | 6 | 7 | 8 | 9 |
| 10 | 11 | 12 | 13 | 14 | 15 | 16 |
| 17 | 18 | 19 | 20 | 21 | 22 | 23 |
| 24 | 25 | 26 | 27 | 28 | 29 | 30 |

**유형 07** 경우의 수의 곱 ⑵ 〈중요〉
– 길을 선택하는 경우

**33 대표 문제**

A 지역과 B 지역에 걸쳐 있는 산이 있다. A 지역에서 이 산의 정상까지 가는 등산로는 6개가 있고, B 지역에서 이 산의 정상까지 가는 등산로는 5개가 있다고 할 때, A 지역에서 이 산의 정상까지 올라갔다가 B 지역으로 내려오는 방법의 수를 구하시오. (단, 한 번 지나간 지점은 다시 지나지 않는다.)

**34** 〈중〉

오른쪽 그림과 같은 지도 위의 길을 따라 서울에서 부산까지 가는 방법의 수를 구하시오. (단, 한 번 지나간 지점은 다시 지나지 않는다.)

**Pick**
**35** 〈중〉

오른쪽 그림은 어느 도서관의 평면도이다. 매점에서 나와 복도를 거쳐 열람실로 들어가는 방법의 수를 구하시오.
(단, 같은 곳은 두 번 지나지 않는다.)

• 정답과 해설 91쪽

Pick
**36** 중

다음 그림과 같이 세 지점 A, B, C를 연결하는 도로가 있다. 이때 A 지점에서 출발하여 C 지점까지 가는 방법의 수를 구하시오. (단, 한 번 지나간 지점은 다시 지나지 않는다.)

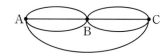

---

## 유형 08 경우의 수의 곱 (3)
### – 동전 또는 주사위를 동시에 던지는 경우

**37** 대표 문제

서로 다른 주사위 2개와 동전 1개를 동시에 던질 때, 일어나는 모든 경우의 수는?

① 24  ② 36  ③ 48
④ 60  ⑤ 72

**38** 중

한 개의 주사위를 두 번 던질 때, 처음에는 3의 배수의 눈이 나오고, 나중에는 4의 약수의 눈이 나오는 경우의 수는?

① 4  ② 5  ③ 6
④ 7  ⑤ 8

---

**39** 중

서로 다른 동전 2개와 주사위 1개를 동시에 던질 때, 동전은 서로 다른 면이 나오고, 주사위는 소수의 눈이 나오는 경우의 수를 구하시오.

---

## 유형 09 경우의 수의 곱 (4) – 최단 거리로 가는 경우

**40** 대표 문제

다음 그림과 같은 도로가 있다. 이때 집에서 출발하여 우체통에 편지를 넣고 학교까지 최단 거리로 가는 방법의 수를 구하시오.

**41** 상

다음 그림과 같은 미로의 입구에서 A 지점을 거쳐 출구까지 최단 거리로 가는 방법의 수는?

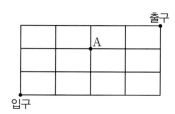

① 6  ② 9  ③ 12
④ 15  ⑤ 18

## 유형 10 · 한 줄로 세우는 경우의 수 (1) · 중요

(1) $n$명을 한 줄로 세우는 경우의 수는

➡ $n \times (n-1) \times (n-2) \times \cdots \times 3 \times 2 \times 1$

└ 2명을 뽑고, 남은 $(n-2)$명 중에서 1명을 뽑는 경우의 수

└ 1명을 뽑고, 남은 $(n-1)$명 중에서 1명을 뽑는 경우의 수

└ $n$명 중에서 1명을 뽑는 경우의 수

**예** 5명을 한 줄로 세우는 경우의 수 ➡ $5 \times 4 \times 3 \times 2 \times 1 = 120$

(2) $n$명 중에서 2명을 뽑아 한 줄로 세우는 경우의 수

➡ $n \times (n-1)$

(3) $n$명 중에서 3명을 뽑아 한 줄로 세우는 경우의 수

➡ $n \times (n-1) \times (n-2)$

**대표 문제**

**42** 7명의 학생 중에서 3명을 뽑아 한 줄로 세우는 경우의 수는?

① 90　　　② 120　　　③ 150

④ 180　　　⑤ 210

## 유형 11 · 한 줄로 세우는 경우의 수 (2) – 특정한 사람의 자리를 고정하는 경우

특정한 사람의 자리를 고정하고, 한 줄로 세우는 경우의 수는 자리가 정해진 사람을 제외한 나머지를 한 줄로 세우는 경우의 수와 같다.

**예** A, B, C, D 4명을 한 줄로 세울 때, A를 맨 앞에 세우는 경우의 수는

➡ A를 맨 앞에 고정시키고, A를 제외한 B, C, D 3명을 한 줄로 세우는 경우의 수와 같다.

A □ □ □
　↑ ↑ ↑
　$3 \times 2 \times 1$　∴ $3 \times 2 \times 1 = 6$

**대표 문제**

**43** E, N, G, L, I, S, H 7개의 알파벳이 각각 하나씩 적힌 7장의 카드를 한 줄로 나열할 때, H가 적힌 카드가 한가운데 오는 경우의 수를 구하시오.

## 유형 12 · 한 줄로 세우는 경우의 수 (3) – 이웃하는 경우 · 중요

❶ 이웃하는 것을 하나로 묶어 한 줄로 세우는 경우의 수를 구한다.

❷ 묶음 안에서 자리를 바꾸는 경우의 수를 구한다.

└ 묶음 안에서 한 줄로 세우는 경우의 수

❸ ❶, ❷에서 구한 경우의 수를 곱한다.

➡ ( 이웃하는 것을 하나로 묶어 한 줄로 세우는 경우의 수 ) × ( 묶음 안에서 자리를 바꾸는 경우의 수 )

**대표 문제**

**44** 상훈, 지민, 경수, 지호, 현준 5명이 한 줄로 앉아 뮤지컬을 관람할 때, 지민이와 지호가 이웃하여 앉는 경우의 수를 구하시오.

**유형 13**    **색칠하는 경우의 수**

(1) 모든 부분에 다른 색을 칠하는 경우

한 부분을 정하여 경우의 수를 구한 후 다른 부분으로 옮겨가면서 이전에 칠한 색을 제외한 경우의 수를 구하여 곱한다.

(2) 이웃하는 부분만 다른 색을 칠하는 경우

각 부분에서 이웃하는 부분에 칠한 색을 제외한 경우의 수를 구하여 곱한다.

**대표 문제**

**45** 4가지 색 중에서 3가지 색을 골라 오른쪽 그림과 같이 A, B, C 세 부분으로 나누어진 원판을 칠하려고 한다. 이때 A, B, C 세 부분에 서로 다른 색을 칠하는 경우의 수를 구하시오.

---

**유형 14**    **자연수의 개수 (1) – 0을 포함하지 않는 경우**

0을 포함하지 않는 서로 다른 한 자리의 숫자가 각각 하나씩 적힌 $n$장의 카드 중에서

(1) 2장을 동시에 뽑아 만들 수 있는 두 자리의 자연수의 개수

➡ $n \times (n-1)$

         └ 뽑은 1장을 제외한 $(n-1)$장 중에서 1장을 뽑는 경우의 수

     └ $n$장 중에서 1장을 뽑는 경우의 수

(2) 3장을 동시에 뽑아 만들 수 있는 세 자리의 자연수의 개수

➡ $n \times (n-1) \times (n-2)$

참고   홀수, 짝수는 일의 자리의 숫자로 결정되므로 일의 자리에 올 수 있는 숫자를 기준으로 다른 자리에 올 수 있는 숫자를 생각한다.

**대표 문제**

**46** 1, 2, 3, 4, 5, 6의 숫자가 각각 하나씩 적힌 6장의 카드가 있다. 다음을 구하시오.

(1) 2장을 동시에 뽑아 만들 수 있는 두 자리의 자연수의 개수

(2) 3장을 동시에 뽑아 만들 수 있는 세 자리의 자연수의 개수

---

**유형 15**    **자연수의 개수 (2) – 0을 포함하는 경우**   중요

0을 포함한 서로 다른 한 자리의 숫자가 각각 하나씩 적힌 $n$장의 카드 중에서

(1) 2장을 동시에 뽑아 만들 수 있는 두 자리의 자연수의 개수

➡ $(n-1) \times (n-1)$

         └ 뽑은 1장을 제외하고, 0을 포함한 $(n-1)$장 중에서 1장을 뽑는 경우의 수

     └ 0을 제외한 $(n-1)$장 중에서 1장을 뽑는 경우의 수

(2) 3장을 동시에 뽑아 만들 수 있는 세 자리의 자연수의 개수

➡ $(n-1) \times (n-1) \times (n-2)$

주의   0은 맨 앞자리에 올 수 없다.

**대표 문제**

**47** 0, 1, 2, 3, 4, 5의 숫자가 각각 하나씩 적힌 6장의 카드 중에서 3장을 동시에 뽑아 만들 수 있는 세 자리의 자연수의 개수를 구하시오.

## 유형 10 한 줄로 세우는 경우의 수 (1) 〔중요〕

### Pick
**48** 대표 문제

건우, 준수, 서진, 재현, 소연, 선미 6명은 이어달리기 후보이다. 이 중에서 4명을 뽑아 이어달리기 순서를 정하는 경우의 수를 구하시오.

**49** 하

4명의 학생이 가상현실 체험장에서 순서대로 체험을 하려고 한다. 이때 체험하는 순서를 정하는 방법의 수는?

① 4  ② 6  ③ 12
④ 18  ⑤ 24

**50** 중

서로 다른 종류의 과일 7개 중에서 4개를 골라 4명의 학생에게 각각 한 개씩 주는 방법의 수는?

① 120  ② 240  ③ 360
④ 720  ⑤ 840

## 유형 11 한 줄로 세우는 경우의 수 (2)
### – 특정한 사람의 자리를 고정하는 경우

**51** 대표 문제

가현, 정민, 승연, 연우, 재근 5명이 월요일부터 금요일까지 하루에 한 명씩 순서를 정하여 급식 당번을 하기로 하였다. 이때 가현이가 화요일에 급식 당번을 하는 경우의 수를 구하시오.

**52** 하

소설책, 수필집, 시집, 희곡집, 만화책 1권씩을 책꽂이에 나란히 꽂으려고 한다. 이때 시집을 가장 왼쪽에, 희곡집을 가장 오른쪽에 꽂는 경우의 수는?

① 2  ② 4  ③ 6
④ 12  ⑤ 18

**53** 중 〔서술형〕

A, B, C, D 4명의 학생을 일렬로 세울 때, A 또는 C를 맨 뒤에 세우는 경우의 수를 구하시오.

### Pick
**54** 중

아버지, 어머니, 언니, 오빠, 윤서가 한 줄로 서서 사진을 찍으려고 한다. 이때 부모님이 양 끝에 서는 경우의 수를 구하시오.

**유형 12** 한 줄로 세우는 경우의 수 (3)
– 이웃하는 경우 <sup>중요</sup>

**Pick**
**55** 대표 문제

$a$, $b$, $c$, $d$, $e$, $f$ 6개의 문자를 한 줄로 배열할 때, $a$와 $b$가 이웃하는 경우의 수를 구하시오.

**56** 중

빨간색, 노란색, 파란색, 보라색, 검은색의 모형 자동차 5대를 장식장에 한 줄로 세울 때, 노란색 자동차와 보라색 자동차를 이웃하여 맨 앞에 세우는 경우의 수를 구하시오.

**57** 중 [서술형]

2학년 1반 학생 2명, 2학년 2반 학생 3명을 한 줄로 세울 때, 같은 반 학생끼리 이웃하여 서는 경우의 수를 구하시오.

**58** 상

A, B, C, D, E 5명을 한 줄로 세울 때, A와 B는 이웃하고 E는 D의 바로 뒤에 서는 경우의 수는?

① 12          ② 15          ③ 18
④ 20          ⑤ 24

**유형 13** 색칠하는 경우의 수

**59** 대표 문제

오른쪽 그림과 같이 A, B, C, D 네 부분으로 나누어진 도형을 빨강, 파랑, 노랑, 보라의 4가지 색을 사용하여 칠하려고 한다. 각 부분에 모두 다른 색을 칠하는 경우의 수는?

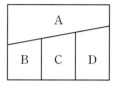

① 4          ② 8          ③ 12
④ 24          ⑤ 48

**60** 중

오른쪽 그림과 같이 A, B, C 세 부분으로 나누어진 도형을 4가지 색을 사용하여 칠하려고 한다. 같은 색을 여러 번 사용해도 좋으나 이웃하는 부분에는 서로 다른 색을 칠하는 경우의 수를 구하시오.

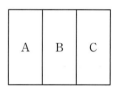

**Pick**
**61** 중

오른쪽 그림과 같이 A, B, C, D 네 부분으로 나누어진 도형을 빨강, 초록, 노랑, 보라, 검정의 5가지 색을 사용하여 칠하려고 한다. 다음을 구하시오.

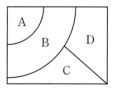

(1) 모든 부분에 서로 다른 색을 칠하는 경우의 수
(2) 같은 색을 여러 번 사용해도 좋으나 이웃하는 부분에는 서로 다른 색을 칠하는 경우의 수

• 정답과 해설 94쪽

## 유형 14  자연수의 개수 (1) – 0을 포함하지 않는 경우

### 62 대표 문제

1부터 9까지의 자연수가 각각 하나씩 적힌 9장의 카드 중에서 3장을 동시에 뽑아 만들 수 있는 세 자리의 자연수의 개수를 구하시오.

### Pick
### 63 중

1, 2, 3, 4, 5, 6의 숫자가 각각 하나씩 적힌 6장의 카드 중에서 2장을 동시에 뽑아 두 자리의 자연수를 만들 때, 홀수의 개수는?

① 9          ② 12          ③ 15
④ 18          ⑤ 20

### Pick
### 64 중

1, 2, 3, 4, 5의 숫자가 각각 하나씩 적힌 5장의 카드 중에서 2장을 동시에 뽑아 두 자리의 자연수를 만들 때, 40보다 작은 자연수의 개수를 구하시오.

### 65 상

1부터 8까지의 자연수가 각각 하나씩 적힌 8개의 공이 들어 있는 주머니에서 2개의 공을 동시에 꺼내 만들 수 있는 두 자리의 자연수 중에서 16번째로 큰 수를 구하시오.

## 유형 15  자연수의 개수 (2) – 0을 포함하는 경우  중요

### Pick
### 66 대표 문제

0부터 9까지 10개의 숫자를 사용하여 두 자리의 자연수를 만들려고 한다. 같은 숫자를 여러 번 사용해도 된다고 할 때, 만들 수 있는 두 자리의 자연수의 개수를 구하시오.

### Pick
### 67 중

0, 1, 2, 3, 4의 숫자가 각각 하나씩 적힌 5장의 카드 중에서 3장을 동시에 뽑아 세 자리의 자연수를 만들 때, 짝수의 개수를 구하시오.

### 68 중

0, 1, 2, 3, 4, 5의 숫자가 각각 하나씩 적힌 6장의 카드 중에서 2장을 동시에 뽑아 두 자리의 자연수를 만들 때, 42 미만인 자연수의 개수는?

① 16          ② 17          ③ 18
④ 19          ⑤ 20

### 69 상

0, 1, 2, 3, 4의 숫자가 각각 하나씩 적힌 5장의 카드 중에서 3장을 동시에 뽑아 세 자리의 자연수를 만들어 작은 수부터 차례로 나열할 때, 15번째의 수를 구하시오.

# 유형 모아 보기 04 여러 가지 경우의 수 (2)

• 정답과 해설 94쪽

## 유형 16 자격이 다른 대표를 뽑는 경우의 수

$n$명 중에서 자격이 다른 $r$명의 대표를 뽑는 경우의 수는 $n$명 중에서 $r$명을 뽑아 한 줄로 세우는 경우의 수와 같다. → 뽑는 순서와 관계가 있다.

(1) $n$명 중에서 자격이 다른 대표 2명을 뽑는 경우의 수
➡ $n\times(n-1)$

(2) $n$명 중에서 자격이 다른 대표 3명을 뽑는 경우의 수
➡ $n\times(n-1)\times(n-2)$

### 대표 문제

**70** 10명의 학생 중에서 반장, 부반장, 총무를 각각 1명씩 뽑는 경우의 수를 구하시오.

## 유형 17 자격이 같은 대표를 뽑는 경우의 수 (중요)

$n$명 중에서 자격이 같은 $r$명의 대표를 뽑는 경우의 수는 $n$명 중에서 $r$명을 뽑아 한 줄로 세우는 경우의 수를 중복되는 개수로 나눈 것과 같다. → 뽑는 순서와 관계 없다.

(1) $n$명 중에서 자격이 같은 대표 2명을 뽑는 경우의 수
➡ $\dfrac{n\times(n-1)}{2}$
→ 대표로 (A, B)와 (B, A)를 뽑는 경우는 같은 경우이므로 2로 나눈다.

(2) $n$명 중에서 자격이 같은 대표 3명을 뽑는 경우의 수
➡ $\dfrac{n\times(n-1)\times(n-2)}{6}$
→ 대표로 (A, B, C), (A, C, B), (B, A, C), (B, C, A), (C, A, B), (C, B, A)를 뽑는 경우는 같은 경우이므로 6으로 나눈다.

### 대표 문제

**71** 남학생 2명과 여학생 4명 중에서 다음과 같이 대표를 뽑는 경우의 수를 구하시오.

(1) 대표 3명

(2) 남학생 중에서 대표 1명, 여학생 중에서 대표 2명

## 유형 18 선분 또는 삼각형의 개수

한 직선 위에 있지 않은 $n$개의 점 중에서

(1) 두 점을 이어 만들 수 있는 선분의 개수
➡ $\dfrac{n\times(n-1)}{2}$ → $n$명 중에서 자격이 같은 2명의 대표를 뽑는 경우의 수

(2) 세 점을 이어 만들 수 있는 삼각형의 개수
➡ $\dfrac{n\times(n-1)\times(n-2)}{6}$ → $n$명 중에서 자격이 같은 3명의 대표를 뽑는 경우의 수

### 대표 문제

**72** 오른쪽 그림과 같이 5개의 점 A, B, C, D, E 중에서 두 점을 연결하여 만들 수 있는 선분의 개수를 구하시오. (단, 어느 세 점도 한 직선 위에 있지 않다.)

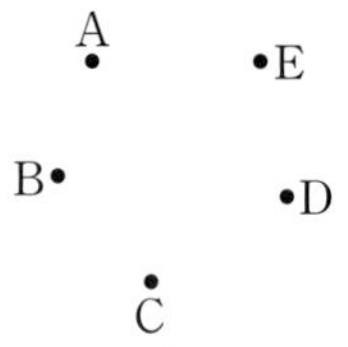

**유형 16**　자격이 다른 대표를 뽑는 경우의 수

### Pick
**73** 대표 문제

어느 중학교 방송부에서 점심시간에 음악 방송을 진행할 팀을 구성하려고 한다. 7명의 학생 중에서 아나운서, 엔지니어, 작가를 각각 1명씩 뽑는 경우의 수를 구하시오.

### 74 중

남학생 3명과 여학생 4명이 있다. 남학생 중에서 회장 1명을 뽑고, 여학생 중에서 회장 1명, 부회장 1명을 뽑는 경우의 수는?

① 24　　　　② 36　　　　③ 48
④ 60　　　　⑤ 72

### 75 중

A, B, C, D, E 5명의 학생 중에서 교내 체육 대회에 출전할 대표 선수를 뽑으려고 한다. 달리기 선수 1명, 씨름 선수 2명을 뽑을 때, A가 씨름 선수로 뽑히는 경우의 수를 구하시오.

### 76 중

1번부터 10번까지의 번호를 가진 10명의 선수 중에서 3명을 뽑아 각각 금메달, 은메달, 동메달을 주려고 한다. 이때 5번 선수가 금메달을 받는 경우의 수는?

① 30　　　　② 42　　　　③ 56
④ 72　　　　⑤ 90

---

**유형 17**　자격이 같은 대표를 뽑는 경우의 수　중요

**17-1**　자격이 같은 대표를 뽑는 경우의 수

### Pick
**77** 대표 문제

5명의 후보 중에서 회장 1명과 부회장 2명을 뽑는 경우의 수는?

① 12　　　　② 15　　　　③ 20
④ 24　　　　⑤ 30

### 78 하

다음 그림은 연기를 피워 적의 침입을 알렸던 봉수대이다. 5개의 봉수대 중에서 2개의 봉수대에 연기를 피우는 경우의 수를 구하시오.

### Pick
**79** 중

민기는 일주일에 3일은 건강을 위해 아침마다 산책로를 따라 조깅을 하려고 한다. 월요일부터 일요일까지의 요일 중에서 조깅을 할 3개의 요일을 선택하는 경우의 수는?

① 14　　　　② 21　　　　③ 28
④ 35　　　　⑤ 42

**80** 중  서술형

여학생 A, B, C, D 4명, 남학생 E, F, G, H, I 5명 중에서 영어 말하기 대회에 대표로 나갈 여학생 2명, 남학생 3명을 뽑으려고 한다. 이때 여학생 A와 남학생 H가 대표로 뽑히는 경우의 수를 구하시오.

**81** 중

1학년 학생 6명, 2학년 학생 7명으로 이루어진 어느 동아리에서 대표 2명을 뽑을 때, 2명의 학년이 같은 경우의 수는?

① 28       ② 32       ③ 36
④ 40       ⑤ 44

17-2  악수 또는 경기를 하는 경우의 수

Pick
**82** 대표 문제

어느 모임에서 만난 8명이 한 사람도 빠짐없이 서로 한 번씩 악수를 할 때, 악수를 한 총 횟수를 구하시오.

**83** 중

어느 바둑 대회에서 모든 선수가 서로 한 번씩 경기를 하도록 대진표를 만들면 45번의 경기가 치러진다고 한다. 이 대회에 참가한 선수는 모두 몇 명인지 구하시오.

유형 18  선분 또는 삼각형의 개수

**84** 대표 문제

어느 도시에는 오른쪽 그림과 같이 6개의 중요한 기관이 원형으로 모여 주민들의 행정을 돕고 있다. 각 기관을 직선으로 잇는 길을 만든다고 할 때, 만들 수 있는 길의 개수는?

① 6        ② 9
③ 12       ④ 15
⑤ 18

**85** 중

다음 그림과 같이 평행한 두 직선 $l$, $m$ 위에 9개의 점이 있다. 이때 직선 $l$ 위의 한 점과 직선 $m$ 위의 한 점을 연결하여 만들 수 있는 선분의 개수를 구하시오.

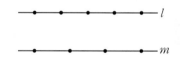

**86** 중

오른쪽 그림과 같이 한 원 위에 7개의 점 A, B, C, D, E, F, G가 있다. 이 중에서 세 점을 이어 만들 수 있는 삼각형의 개수를 구하시오.

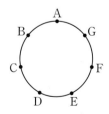

**87** 유형 01

오른쪽 그림과 같이 각 면에 1부터 8까지의 자연수가 각각 하나씩 적힌 정팔면체가 있다. 이 정팔면체를 두 번 던져서 바닥에 닿는 면에 적힌 수를 읽을 때, 두 수의 합이 10인 경우의 수를 구하시오.

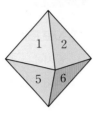

**88** 유형 01

1부터 9까지의 자연수가 각각 하나씩 적힌 9개의 공이 들어 있는 주머니에서 한 개의 공을 꺼낼 때, 다음 중 경우의 수가 나머지 넷과 다른 하나는?

① 소수가 나오는 경우의 수
② 짝수가 나오는 경우의 수
③ 3의 배수가 나오는 경우의 수
④ 8의 약수가 나오는 경우의 수
⑤ 5 미만의 수가 나오는 경우의 수

**89** 유형 03

현우는 500원, 100원, 50원짜리 동전을 각각 5개씩 가지고 있다. 편의점에서 1650원짜리 빵을 1개 살 때, 값을 지불하는 방법의 수를 구하시오. (단, 거스름돈은 없다.)

**90** 유형 04

다음 표는 지연이네 반 전체 학생들의 취미를 조사한 것이다. 지연이네 반 학생 중 한 명을 뽑을 때, 취미가 독서 또는 영화 감상인 경우의 수를 구하시오.

| 취미 | 독서 | 스포츠 관람 | 영화 감상 | 음악 감상 |
|---|---|---|---|---|
| 학생 수(명) | 8 | 12 | 6 | 7 |

**91** 유형 05

1부터 50까지의 자연수가 각각 하나씩 적힌 50개의 공이 들어 있는 주머니가 있다. 이 주머니에서 한 개의 공을 꺼낼 때, 8의 배수 또는 9의 배수가 적힌 공이 나오는 경우의 수를 구하시오.

**92** 유형 06

장미, 국화, 수국, 백합, 튤립의 5가지 종류의 꽃과 3가지 종류의 포장지가 있다. 이때 꽃과 포장지를 각각 한 가지씩 골라서 꽃다발을 만드는 경우의 수는?

① 8        ② 10        ③ 12
④ 15        ⑤ 18

**93** 유형 07

오른쪽 그림은 어느 영화관의 평면도이다. 복도에서 매점을 거쳐 상영관으로 들어가는 방법의 수는?
(단, 입구와 출구는 구분하지 않는다.)

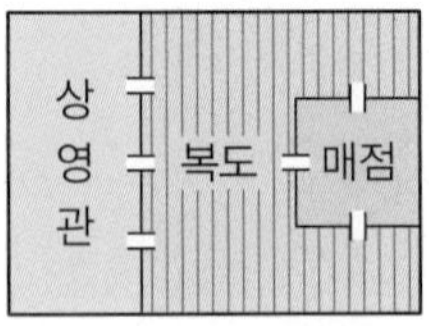

① 9        ② 15        ③ 18
④ 21        ⑤ 27

• 정답과 해설 96쪽

## 94

유형 10

A, B, C, D, E 5명의 학생 중에서 2명을 뽑아 오른쪽 그림과 같은 서로 다른 2개의 의자에 앉히는 방법은 모두 몇 가지인가?

① 4가지　　② 9가지　　③ 12가지

④ 20가지　　⑤ 24가지

## 95

유형 11

남학생 2명, 여학생 4명을 일렬로 세울 때, 남학생 2명을 양 끝에 세우는 경우의 수는?

① 12　　② 18　　③ 24

④ 36　　⑤ 48

## 96

유형 12

부모님을 포함한 4명의 가족이 한 줄로 서서 인터뷰를 할 때, 부모님이 이웃하여 서는 경우의 수를 구하시오.

## 97

유형 13

오른쪽 그림과 같이 A, B, C, D, E 다섯 부분으로 나누어진 도형을 5가지 색을 사용하여 칠하려고 한다. 같은 색을 여러 번 사용해도 좋으나 이웃하는 부분에는 서로 다른 색을 칠하는 경우의 수를 구하시오.

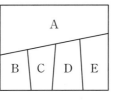

## 98

유형 14

1, 2, 3, 4, 5, 6의 숫자가 각각 하나씩 적힌 6장의 카드 중에서 3장을 동시에 뽑아 세 자리의 자연수를 만들 때, 짝수의 개수는?

① 36　　② 45　　③ 54

④ 60　　⑤ 72

## 99

유형 14

1, 2, 3, 4, 5의 숫자가 각각 하나씩 적힌 5장의 카드 중에서 2장을 동시에 뽑아 만들 수 있는 두 자리의 자연수 중 31보다 큰 자연수의 개수는?

① 10　　② 11　　③ 12

④ 13　　⑤ 14

## 100

유형 15

어느 모바일 앱에서는 0부터 9까지의 숫자를 사용하여 만든 네 자리의 자연수로 간편 비밀번호를 정할 수 있다고 한다. 같은 숫자를 여러 번 사용해도 된다고 할 때, 비밀번호를 만들 수 있는 방법의 수를 구하시오.

• 정답과 해설 97쪽

## 101 유형 16

어느 과학 발명품 경진 대회의 결선에 오른 9개의 팀 중에서 금상, 은상을 받는 팀을 각각 한 팀씩 뽑는 경우의 수는?

① 18      ② 27      ③ 36

④ 54      ⑤ 72

## 102 유형 17

점자는 지면 위에 도드라진 점을 찍어 손가락 끝의 촉각으로 읽을 수 있도록 만든 문자로 6개의 점으로 구성되어 있다. 한글의 기본적인 모음을 점자로 나타내면 다음 그림과 같고, ● 는 도드라진 점을 나타낸다.

| ㅏ | ㅑ | ㅓ | ㅕ | ㅗ | ㅛ | ㅜ | ㅠ | ㅡ | ㅣ |
|---|---|---|---|---|---|---|---|---|---|
| ●○ | ○● | ○● | ●○ | ●○ | ●○ | ○○ | ○○ | ○○ | ○● |
| ●○ | ●○ | ●○ | ●● | ○○ | ●● | ○● | ●● | ●○ | ●○ |
| ○○ | ○○ | ●○ | ○○ | ●● | ○○ | ●○ | ○○ | ●● | ○● |

이와 같이 6개의 점을 이용하여 문자를 만들 때, 3개의 도드라진 점으로 만들 수 있는 문자의 개수를 구하시오.

## 103 유형 17

어느 축구 대회에 참가한 12개의 팀이 서로 한 번씩 경기를 할 때, 경기의 총 횟수는?

① 48      ② 66      ③ 72

④ 80      ⑤ 91

---

### 서술형 문제

## 104 유형 07

오른쪽 그림은 A, B, C 세 지점 사이의 길을 나타낸 것이다. 한 번 지나간 지점은 다시 지나지 않는다고 할 때, A 지점에서 출발하여 C 지점까지 가는 방법의 수를 구하시오.

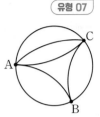

## 105 유형 15

0, 1, 2, 3, 4, 5의 숫자가 각각 하나씩 적힌 6장의 카드 중에서 3장을 동시에 뽑아 세 자리의 자연수를 만들 때, 5의 배수의 개수를 구하시오.

## 106 유형 17

여학생 3명과 남학생 4명 중에서 3명의 대의원을 뽑는 경우의 수를 $a$, 1명의 여자 대의원과 2명의 남자 대의원을 뽑는 경우의 수를 $b$라 할 때, $a+b$의 값을 구하시오.

• 정답과 해설 97쪽

**107** 오른쪽 그림과 같이 일정한 간격으로 놓여 있는 9개의 점이 있다. 이 중에서 서로 다른 4개의 점을 꼭짓점으로 하는 정사각형의 개수를 구하시오.

**108** 다음 그림과 같이 불빛의 색이 다른 5개의 전구를 켜거나 꺼서 신호를 만들려고 한다. 전구가 모두 꺼진 경우는 신호로 생각하지 않을 때, 만들 수 있는 신호의 개수를 구하시오.

**109** 남학생 3명, 여학생 3명이 한 줄로 설 때, 남학생과 여학생이 교대로 서는 경우의 수는?

① 36     ② 48     ③ 72
④ 96     ⑤ 120

**110** $a, b, c, d$ 4개의 문자를
$$abcd,\ abdc,\ acbd,\ \cdots,\ dcba$$
와 같이 사전식으로 나열할 때, 14번째에 나오는 것을 구하시오.

**111** 1번에서 5번까지의 등 번호를 가진 학생 5명이 1번에서 5번까지 번호가 적힌 의자 5개에 앉으려고 한다. 이때 2명만 자기 번호가 적힌 의자에 앉고, 나머지 3명은 다른 학생의 번호가 적힌 의자에 앉게 되는 경우의 수는?

① 6     ② 10     ③ 16
④ 20     ⑤ 24

**112** 오른쪽 그림과 같이 반원 위에 8개의 점이 있다. 이 중에서 세 점을 꼭짓점으로 하는 삼각형의 개수는?

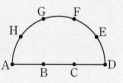

① 48     ② 49     ③ 50
④ 51     ⑤ 52

10

# 확률

## 유형 01  확률의 뜻

(1) **확률**

동일한 조건 아래에서 같은 실험이나 관찰을 여러 번 반복할 때, 어떤 사건이 일어나는 상대도수가 가까워지는 일정한 값

(2) **사건 $A$가 일어날 확률**

일반적으로 어떤 실험이나 관찰에서 각 경우가 일어날 가능성이 같을 때, 일어날 수 있는 모든 경우의 수를 $n$, 사건 $A$가 일어나는 경우의 수를 $a$라 하면

➡ (사건 $A$가 일어날 확률)$=\dfrac{(사건\ A가\ 일어나는\ 경우의\ 수)}{(모든\ 경우의\ 수)}$

$\qquad\qquad\qquad\qquad\qquad =\dfrac{a}{n}$

참고  확률은 보통 분수, 소수, 백분율로 나타낸다.

**대표 문제**

**01** 서로 다른 두 개의 주사위를 동시에 던질 때, 나오는 두 눈의 수의 합이 5일 확률은?

① $\dfrac{1}{12}$  ② $\dfrac{1}{9}$  ③ $\dfrac{5}{36}$

④ $\dfrac{1}{6}$  ⑤ $\dfrac{7}{36}$

## 유형 02  여러 가지 확률

❶ 모든 경우의 수를 구한다. ➡ $n$

❷ 사건 $A$가 일어나는 경우의 수를 구한다. ➡ $a$

❸ 사건 $A$가 일어날 확률을 구한다. ➡ $\dfrac{a}{n}$

참고  (1) $n$명을 한 줄로 세우는 경우의 수

➡ $n\times(n-1)\times(n-2)\times\cdots\times3\times2\times1$

(2) $n$명 중에서 자격이 같은 대표 2명을 뽑는 경우의 수

➡ $\dfrac{n\times(n-1)}{2}$

(3) $n$명 중에서 자격이 같은 대표 3명을 뽑는 경우의 수

➡ $\dfrac{n\times(n-1)\times(n-2)}{6}$

**대표 문제**

**02** A, B, C, D 4명이 한 줄로 설 때, C가 맨 앞에 설 확률을 구하시오.

## 유형 03  방정식, 부등식에서의 확률

❶ 모든 경우의 수를 구한다.

❷ 방정식 또는 부등식을 만족시키는 경우의 수를 구한다.

❸ 확률을 구한다.

➡ $\dfrac{(방정식\ 또는\ 부등식을\ 만족시키는\ 경우의\ 수)}{(모든\ 경우의\ 수)}$

참고  ❷의 단계에서 방정식 또는 부등식을 만족시키는 경우의 수를 구할 때, 순서쌍을 이용하면 편리하다.

**대표 문제**

**03** 한 개의 주사위를 두 번 던져서 처음에 나오는 눈의 수를 $x$, 나중에 나오는 눈의 수를 $y$라 할 때, $x+2y=9$일 확률을 구하시오.

## 유형 04    확률의 성질

(1) 어떤 사건이 일어날 확률을 $p$라 하면 $0 \le p \le 1$이다.
(2) 반드시 일어나는 사건의 확률은 1이다.
(3) 절대로 일어나지 않는 사건의 확률은 0이다.

**예** 한 개의 주사위를 던져서 나오는 눈의 수가

(1) 짝수일 확률은 $\dfrac{3}{6} = \dfrac{1}{2}$

(2) 6 이하일 확률은 1

(3) 7의 배수일 확률은 0

**대표 문제**

**04** 다음 중 그 확률이 0인 것은?

① 한 개의 동전을 던질 때, 앞면이 나올 확률

② 서로 다른 두 개의 동전을 동시에 던질 때, 뒷면이 2개 나올 확률

③ 한 개의 주사위를 던질 때, 6의 배수의 눈이 나올 확률

④ 한 개의 주사위를 던질 때, 6보다 큰 수의 눈이 나올 확률

⑤ 서로 다른 두 개의 주사위를 동시에 던질 때, 나오는 두 눈의 수의 합이 12 이하일 확률

## 유형 05    어떤 사건이 일어나지 않을 확률

사건 $A$가 일어날 확률을 $p$라 하면

➡ (사건 $A$가 일어나지 않을 확률)$=1-p$

**예** 한 개의 주사위를 던질 때, 2의 눈이 나오지 않을 확률은

➡ $1-(2의 눈이 나올 확률)=1-\dfrac{1}{6}=\dfrac{5}{6}$

**참고** • 일반적으로 문제에 '~않을', '~아닐', '~못할'이라는 말이 있으면 어떤 사건이 일어나지 않을 확률을 이용한다.

• 사건 $A$가 일어날 확률을 $p$, 사건 $A$가 일어나지 않을 확률을 $q$라 하면 $p+q=1$

**대표 문제**

**05** 1부터 20까지의 자연수가 각각 하나씩 적힌 20장의 카드 중에서 한 장의 카드를 뽑을 때, 그 카드에 적힌 수가 4의 배수가 아닐 확률을 구하시오.

## 유형 06    '적어도 ~일' 확률

(적어도 하나는 ~일 확률)$=1-($모두 ~가 아닐 확률$)$

**예** 두 개의 동전을 던질 때, 적어도 한 개는 앞면이 나올 확률은

➡ $1-($모두 뒷면이 나올 확률$)=1-\dfrac{1}{4}=\dfrac{3}{4}$

**참고** 일반적으로 문제에 '적어도', '최소한'이라는 말이 있으면 어떤 사건이 일어나지 않을 확률을 이용한다.

**대표 문제**

**06** 남학생 3명과 여학생 2명 중에서 대표 2명을 뽑을 때, 적어도 한 명은 여학생이 뽑힐 확률을 구하시오.

### 유형 01  확률의 뜻

Pick
**07 대표 문제**

서로 다른 두 개의 주사위를 동시에 던질 때, 나오는 두 눈의 수의 곱이 24 이상일 확률은?

① $\dfrac{1}{4}$　　　② $\dfrac{1}{6}$　　　③ $\dfrac{1}{9}$

④ $\dfrac{1}{12}$　　　⑤ $\dfrac{1}{18}$

**08 하**

다음 표는 민호네 학교 신입생 100명을 대상으로 교복을 구입한 업체를 조사한 것이다. 조사한 학생 중 임의로 한 명을 선택할 때, B사의 교복을 구입한 학생일 확률을 구하시오.

| 업체 | A사 | B사 | C사 | D사 | 기타 |
|---|---|---|---|---|---|
| 학생 수(명) | 31 | 21 | 19 | 17 | 12 |

**09 중**

100원짜리 동전 1개와 500원짜리 동전 1개를 동시에 던질 때, 뒷면이 1개만 나올 확률을 구하시오.

Pick
**10 중**

모양과 크기가 같은 흰 공 3개, 노란 공 5개, 파란 공 $x$개가 들어 있는 주머니가 있다. 이 주머니에서 한 개의 공을 꺼낼 때, 흰 공이 나올 확률이 $\dfrac{1}{4}$이라 한다. 이때 $x$의 값을 구하시오.

**11 중**

오른쪽 그림과 같은 원판에 화살을 쏘아서 맞힌 부분에 적힌 숫자만큼 점수를 받을 때, 화살을 한 번 쏘아서 9점을 받을 확률을 구하시오. (단, 화살이 원판을 벗어나거나 경계선에 맞는 경우는 생각하지 않는다.)

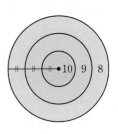

### 유형 02  여러 가지 확률

**12 대표 문제**

A, B, C, D, E 5명이 한 줄로 설 때, E가 맨 뒤에 설 확률은?

① $\dfrac{1}{5}$　　　② $\dfrac{1}{3}$　　　③ $\dfrac{2}{5}$

④ $\dfrac{3}{5}$　　　⑤ $\dfrac{2}{3}$

Pick
**13 중**

0, 1, 2, 3, 4의 숫자가 각각 하나씩 적힌 5장의 카드 중에서 2장을 동시에 뽑아 두 자리의 자연수를 만들 때, 25보다 클 확률을 구하시오.

**14 중**　서술형

2학년 학생이 5명, 3학년 학생이 7명인 어느 동아리에서 대표 2명을 뽑을 때, 모두 2학년일 확률을 구하시오.

• 정답과 해설 100쪽

## 15 (중)

길이가 1 cm, 2 cm, 3 cm, 4 cm, 5 cm인 5개의 막대가 있다. 이 막대 중에서 3개를 고를 때, 삼각형이 만들어질 확률을 구하시오.

## Pick
## 16 (상)

다음 그림과 같이 수직선 위의 원점에 점 P가 있다. 동전 한 개를 던져서 앞면이 나오면 오른쪽으로 1만큼, 뒷면이 나오면 왼쪽으로 1만큼 점 P를 움직이기로 하였다. 동전을 연속하여 5번 던졌을 때, 점 P에 대응하는 수가 3일 확률을 구하시오.

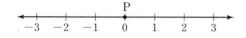

## 유형 03  방정식, 부등식에서의 확률

## Pick
## 17 대표 문제

한 개의 주사위를 두 번 던져서 첫 번째 나오는 눈의 수를 $x$, 두 번째에 나오는 눈의 수를 $y$라 할 때, $3x-y=5$일 확률을 구하시오.

## 18 (중)

두 개의 주사위 A, B를 동시에 던져서 A 주사위에서 나오는 눈의 수를 $x$, B 주사위에서 나오는 눈의 수를 $y$라 할 때, $2x+3y<9$일 확률을 구하시오.

## 19 (중)

한 개의 주사위를 두 번 던져서 처음에 나오는 눈의 수를 $a$, 나중에 나오는 눈의 수를 $b$라 할 때, $x$에 대한 방정식 $ax-b=0$의 해가 정수일 확률은?

① $\dfrac{5}{18}$  ② $\dfrac{1}{3}$  ③ $\dfrac{7}{18}$

④ $\dfrac{4}{9}$  ⑤ $\dfrac{1}{2}$

## 20 (상)

오른쪽 그림과 같이 두 점 P(2, 2), Q(4, 8)을 지나는 직선이 있다. 서로 다른 두 개의 주사위 A, B를 동시에 던져서 나오는 눈의 수를 각각 $a$, $b$라 할 때, 직선 $y=\dfrac{b}{a}x$가 직선 PQ와 평행할 확률을 구하시오.

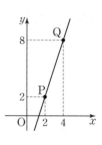

## 유형 04  확률의 성질

## 21 대표 문제

모양과 크기가 같은 흰 공 5개, 검은 공 4개, 노란 공 2개가 들어 있는 주머니에서 한 개의 공을 꺼낼 때, 다음 중 옳은 것은?

① 흰 공이 나올 확률은 $\dfrac{6}{11}$이다.

② 검은 공이 나올 확률은 1이다.

③ 노란 공이 나올 확률은 $\dfrac{4}{11}$이다.

④ 빨간 공이 나올 확률은 0이다.

⑤ 흰 공이 나올 확률은 검은 공이 나올 확률과 같다.

• 정답과 해설 101쪽

**P**i**ck**
**22** 중

사건 $A$가 일어날 확률이 $p$일 때, 다음 보기 중 옳은 것을 모두 고르시오.

┌ 보기 ┐
ㄱ. $p = \dfrac{(모든 \ 경우의 \ 수)}{(사건 \ A가 \ 일어나는 \ 경우의 \ 수)}$ 이다.
ㄴ. $p$의 값의 범위는 $0 < p < 1$이다.
ㄷ. $p = 1$이면 사건 $A$는 반드시 일어난다.
ㄹ. $p = 0$이면 사건 $A$는 절대로 일어나지 않는다.

---

**유형 05**  어떤 사건이 일어나지 않을 확률

**23** 대표 문제

1부터 30까지의 자연수가 각각 하나씩 적힌 30장의 카드가 있다. 이 중에서 한 장의 카드를 뽑아 나온 수를 7로 나눌 때, 그 수가 정수가 아닐 확률을 구하시오.

**24** 하

민기네 반과 석구네 반의 발야구 시합에서 민기네 반이 이길 확률이 $\dfrac{3}{8}$일 때, 석구네 반이 이길 확률을 구하시오.
(단, 비기는 경우는 없다.)

**P**i**ck**
**25** 중

한 개의 주사위를 두 번 던져서 나오는 두 눈의 수가 서로 다를 확률을 구하시오.

**26** 중  서술형

A, B, C, D, E 5명을 한 줄로 세울 때, A와 B가 이웃하여 서지 않을 확률을 구하시오.

---

**유형 06**  '적어도 ~일' 확률

**27** 대표 문제

미나는 서로 다른 새 건전지 4개와 서로 다른 폐건전지 3개를 실수로 섞었다. 이 중에서 임의로 2개의 건전지를 선택할 때, 새 건전지가 적어도 한 개 나올 확률을 구하시오.

**P**i**ck**
**28** 중

서로 다른 세 개의 동전을 동시에 던질 때, 적어도 한 개는 뒷면이 나올 확률은?

① $\dfrac{1}{4}$  ② $\dfrac{2}{3}$  ③ $\dfrac{3}{4}$

④ $\dfrac{5}{6}$  ⑤ $\dfrac{7}{8}$

**29** 중

서로 다른 주사위 두 개를 동시에 던질 때, 적어도 한 개는 홀수의 눈이 나올 확률을 구하시오.

• 정답과 해설 102쪽

---

**유형 07** **사건 $A$ 또는 사건 $B$가 일어날 확률** 〈중요〉

동일한 실험이나 관찰에서 두 사건 $A$, $B$가 동시에 일어나지 않을 때, 사건 $A$가 일어날 확률을 $p$, 사건 $B$가 일어날 확률을 $q$라 하면

➡ (사건 $A$ 또는 사건 $B$가 일어날 확률)$=p+q$

**참고** 일반적으로 문제에 '또는', '~이거나'라는 말이 있으면 두 사건이 일어날 확률을 더한다.

**대표 문제**

**30** 1부터 30까지의 자연수가 각각 하나씩 적힌 30장의 카드 중에서 한 장의 카드를 뽑을 때, 6의 배수이거나 28의 약수가 적힌 카드가 나올 확률을 구하시오.

---

**유형 08** **사건 $A$와 사건 $B$가 동시에 일어날 확률** 〈중요〉

두 사건 $A$, $B$가 서로 영향을 끼치지 않을 때, 사건 $A$가 일어날 확률을 $p$, 사건 $B$가 일어날 확률을 $q$라 하면

(1) (사건 $A$와 사건 $B$가 동시에 일어날 확률)$=p \times q$

(2) (사건 $A$가 일어나고, 사건 $B$가 일어나지 않을 확률)

➡ $p \times (1-q)$

(3) (두 사건 $A$, $B$가 모두 일어나지 않을 확률)

➡ $(1-p) \times (1-q)$

**참고** 일반적으로 문제에 '동시에', '그리고', '~와', '~하고 나서'라는 말이 있으면 두 사건이 일어날 확률을 곱한다.

**대표 문제**

**31** 서로 다른 동전 두 개와 주사위 한 개를 동시에 던질 때, 두 개의 동전은 같은 면이 나오고, 주사위는 홀수의 눈이 나올 확률을 구하시오.

---

**유형 09** **두 사건 $A$, $B$ 중에서 적어도 하나가 일어날 확률**

두 사건 $A$, $B$가 서로 영향을 끼치지 않을 때, 두 사건 $A$, $B$ 중에서 적어도 하나가 일어날 확률은

$1-$ (두 사건 $A$, $B$가 모두 일어나지 않을 확률)

**대표 문제**

**32** 공을 던져 표적을 맞히면 인형을 주는 게임이 있다. 표적을 맞힐 확률이 각각 $\frac{1}{3}$, $\frac{2}{5}$인 A, B 두 사람이 동시에 표적에 공을 던질 때, 인형을 받을 확률을 구하시오.

## 유형 07 사건 $A$ 또는 사건 $B$가 일어날 확률 중요

**33 대표 문제**

서로 다른 두 개의 주사위를 동시에 던질 때, 나오는 두 눈의 수의 합이 3 또는 8일 확률은?

① $\dfrac{1}{6}$　　② $\dfrac{7}{36}$　　③ $\dfrac{2}{9}$

④ $\dfrac{1}{4}$　　⑤ $\dfrac{5}{18}$

**34 하**

오른쪽은 정국이네 반 학생들의 일주일 동안의 독서 시간을 조사하여 나타낸 도수분포표이다. 정국이네 반 학생 중 한 명을 임의로 선택할 때, 독서 시간이 50분 이상일 확률을 구하시오.

| 독서 시간(분) | 도수(명) |
|---|---|
| 30$^{이상}$ ~ 40$^{미만}$ | 12 |
| 40 ~ 50 | 7 |
| 50 ~ 60 | 14 |
| 60 ~ 70 | 2 |
| 합계 | 35 |

**35 중**

0, 1, 2, 3, 4의 숫자가 각각 하나씩 적힌 5장의 카드가 있다. 이 중에서 2장의 카드를 한 장씩 차례로 뽑아 만든 두 자리의 자연수가 5의 배수 또는 7의 배수일 확률은?

① $\dfrac{5}{16}$　　② $\dfrac{3}{8}$　　③ $\dfrac{7}{16}$

④ $\dfrac{1}{2}$　　⑤ $\dfrac{9}{16}$

**36 상**

오른쪽 그림과 같이 한 변의 길이가 1인 정오각형 ABCDE에서 점 P는 꼭짓점 A를 출발하여 한 개의 주사위를 두 번 던져서 나온 두 눈의 수의 합만큼 변을 따라 화살표 방향으로 움직인다. 주사위를 두 번 던질 때, 점 P가 꼭짓점 E에 위치할 확률을 구하시오.

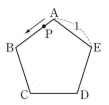

## 유형 08 사건 $A$와 사건 $B$가 동시에 일어날 확률 중요

**08-1** $p \times q$ 꼴

**37 대표 문제**

한 개의 주사위를 두 번 던질 때, 첫 번째에는 3의 배수의 눈이 나오고, 두 번째에는 6의 약수의 눈이 나올 확률은?

① $\dfrac{1}{18}$　　② $\dfrac{1}{9}$　　③ $\dfrac{1}{6}$

④ $\dfrac{2}{9}$　　⑤ $\dfrac{5}{18}$

**38 하**

어느 야구팀의 6번 타자와 7번 타자가 안타를 칠 확률은 각각 0.3, 0.2이다. 이때 두 타자가 연속으로 안타를 칠 확률은?

① 0.05　　② 0.06　　③ 0.32

④ 0.5　　⑤ 0.6

## 39 하

오른쪽 그림과 같은 전기회로에서 두 스위치 A, B가 닫힐 확률이 각각 $\frac{1}{4}$ 로 같을 때, 전구에 불이 들어올 확률은?

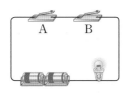

① $\frac{1}{16}$
② $\frac{1}{8}$
③ $\frac{3}{16}$
④ $\frac{1}{4}$
⑤ $\frac{3}{8}$

## 40 중

A 주머니에는 모양과 크기가 같은 파란 공 2개, 노란 공 4개가 들어 있고, B 주머니에는 모양과 크기가 같은 파란 공 5개, 노란 공 3개가 들어 있다. A, B 두 주머니에서 각각 1개씩 공을 꺼낼 때, A 주머니에서 노란 공이 나오고, B 주머니에서 파란 공이 나올 확률을 구하시오.

## 41 중

다음 그림과 같이 5등분, 6등분된 두 원판이 있다. 이 두 원판을 돌린 후 멈췄을 때, 두 바늘이 모두 B 영역을 가리킬 확률을 구하시오.
(단, 바늘이 경계선을 가리키는 경우는 생각하지 않는다.)

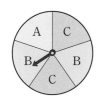 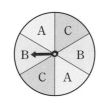

## 08-2 $p \times (1-q)$ 꼴

P̄ick
## 42 중

어느 수학 경시대회에서 우진이가 입상할 확률은 $\frac{3}{5}$, 수현이가 입상할 확률은 $\frac{3}{4}$일 때, 우진이만 수학 경시대회에 입상할 확률은?

① $\frac{1}{20}$
② $\frac{1}{10}$
③ $\frac{3}{20}$
④ $\frac{1}{5}$
⑤ $\frac{1}{4}$

## 43 중 서술형

영규와 혜원이가 가위바위보를 두 번 할 때, 첫 번째에는 비기고 두 번째에는 승부가 결정될 확률을 구하시오.

## 44 상

성찬이가 A, B 두 문제를 푸는데 A 문제를 맞힐 확률은 $\frac{2}{3}$, 두 문제를 모두 맞힐 확률은 $\frac{1}{2}$이다. 이때 성찬이가 A 문제는 맞히고, B 문제는 맞히지 못할 확률은?

① $\frac{1}{6}$
② $\frac{1}{4}$
③ $\frac{1}{3}$
④ $\frac{2}{3}$
⑤ $\frac{3}{4}$

• 정답과 해설 103쪽

**08-3** $(1-p) \times (1-q)$ 꼴

**45** 중

이번 주 토요일에 비가 올 확률은 $25\%$이고 일요일에 비가 올 확률은 $60\%$라 할 때, 이번 주 주말에 비가 오지 않을 확률은?

① $\dfrac{1}{10}$   ② $\dfrac{1}{4}$   ③ $\dfrac{3}{10}$

④ $\dfrac{2}{5}$   ⑤ $\dfrac{1}{2}$

**46** 중

지웅이가 사격을 할 때, 평균적으로 10발 중에서 6발은 표적을 맞힌다고 한다. 지웅이가 2발을 쏘았을 때, 표적을 한 번도 맞히지 못할 확률을 구하시오.

**유형 09** 두 사건 $A$, $B$ 중에서 적어도 하나가 일어날 확률

Pick
**47** 대표 문제

어떤 수학 문제를 민호가 맞힐 확률은 $\dfrac{4}{9}$, 준기가 맞힐 확률은 $\dfrac{3}{4}$일 때, 적어도 한 사람은 이 문제를 맞힐 확률은?

① $\dfrac{7}{9}$   ② $\dfrac{29}{36}$   ③ $\dfrac{5}{6}$

④ $\dfrac{31}{36}$   ⑤ $\dfrac{8}{9}$

**48** 중

보나와 태리가 서점에서 만나기로 약속하였다. 보나가 약속을 지킬 확률이 $\dfrac{5}{8}$, 태리가 약속을 지킬 확률이 $\dfrac{4}{7}$일 때, 두 사람이 만나지 못할 확률은?

① $\dfrac{4}{7}$   ② $\dfrac{9}{14}$   ③ $\dfrac{5}{7}$

④ $\dfrac{11}{14}$   ⑤ $\dfrac{6}{7}$

**49** 중

치료율이 $75\%$인 약을 두 명의 환자에게 처방할 때, 적어도 한 명이 치료될 확률은?

① $\dfrac{5}{8}$   ② $\dfrac{3}{4}$   ③ $\dfrac{33}{40}$

④ $\dfrac{7}{8}$   ⑤ $\dfrac{15}{16}$

**50** 중

기영이가 A, B, C 세 오디션에 합격할 확률이 각각 $\dfrac{1}{4}$, $\dfrac{1}{5}$, $\dfrac{1}{10}$이다. 기영이가 세 오디션에 지원했을 때, 적어도 한 오디션에는 합격할 확률을 구하시오.

• 정답과 해설 103쪽

---

**유형 10**　**확률의 덧셈과 곱셈** 🔵

확률의 덧셈과 곱셈이 섞인 문제는 각 사건의 확률을 확률의 곱셈을 이용하여 구한 후 각 확률을 더한다.

**대표 문제**

**51**　A 주머니에는 흰 바둑돌이 3개, 검은 바둑돌이 4개 들어 있고, B 주머니에는 흰 바둑돌이 2개, 검은 바둑돌이 5개 들어 있다. A, B 두 주머니에서 각각 바둑돌을 1개씩 꺼낼 때, 서로 다른 색이 나올 확률을 구하시오.

---

**유형 11**　**연속하여 꺼내는 경우의 확률 (1)**
**– 꺼낸 것을 다시 넣는 경우**

처음에 일어난 사건이 나중에 일어나는 사건에 영향을 주지 않는다.
➡ (처음에 꺼낼 때의 전체 개수) $=$ (나중에 꺼낼 때의 전체 개수)

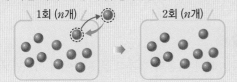

**대표 문제**

**52**　모양과 크기가 같은 빨간 공 5개, 파란 공 3개가 들어 있는 상자가 있다. 이 상자에서 1개의 공을 꺼내 확인하고 다시 넣은 후 1개의 공을 또 꺼낼 때, 2개 모두 파란 공이 나올 확률을 구하시오.

---

**유형 12**　**연속하여 꺼내는 경우의 확률 (2)**
**– 꺼낸 것을 다시 넣지 않는 경우** 🔵

처음에 일어난 사건이 나중에 일어나는 사건에 영향을 준다.
➡ (처음에 꺼낼 때의 전체 개수) $\neq$ (나중에 꺼낼 때의 전체 개수)

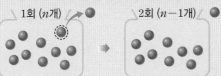

**대표 문제**

**53**　A 회사에서 생산한 장난감 50개가 들어 있는 상자를 검사했더니 불량품이 8개 섞여 있었다. 이 상자에서 장난감 2개를 연속하여 꺼낼 때, 2개 모두 불량품일 확률을 구하시오. (단, 꺼낸 장난감은 다시 넣지 않는다.)

---

**유형 13**　**승패에 대한 확률**

A 팀과 B 팀 중에서 먼저 한 번 성공한 팀이 우승하는 게임을 한다. A 팀부터 시작하여 두 팀이 번갈아 가며 게임을 할 때
(1) 4회 이내에 A 팀이 우승하는 경우
　➡ A 팀이 1회 또는 3회에 성공해야 한다.
(2) 4회 이내에 B 팀이 우승하는 경우
　➡ B 팀이 2회 또는 4회에 성공해야 한다.
[참고] A 팀과 B 팀이 비기는 경우가 없는 시합을 할 때
　➡ (A 팀의 승률)＝1−(B 팀의 승률)

**대표 문제**

**54**　A, B 두 사람이 1회에는 A, 2회에는 B, 3회에는 A, 4회에는 B, …의 순서대로 번갈아 가며 주사위 1개를 한 번씩 던지는 놀이를 한다. 짝수의 눈이 먼저 나오는 사람이 이기는 것으로 할 때, 4회 이내에 B가 이길 확률을 구하시오.

**유형 10** **확률의 덧셈과 곱셈** 🔴중요

## 55 대표 문제

A 접시에는 깨 송편 3개, 콩 송편 6개가 놓여 있고, B 접시에는 깨 송편 5개, 콩 송편 4개가 놓여 있다. 현우가 임의로 A, B 두 접시에서 각각 한 개씩 송편을 집어 먹을 때, 한 개만 콩 송편일 확률은? (단, 송편의 모양과 크기는 모두 같다.)

① $\frac{40}{81}$  ② $\frac{14}{27}$  ③ $\frac{44}{81}$

④ $\frac{46}{81}$  ⑤ $\frac{16}{27}$

## 56 🔴중

A 상자에는 모양과 크기가 같은 흰 공 3개, 노란 공 2개가 들어 있고, B 상자에는 모양과 크기가 같은 흰 공 2개, 노란 공 3개가 들어 있다. 임의로 한 상자를 선택하여 한 개의 공을 꺼낼 때, 그 공이 노란 공일 확률을 구하시오.

(단, 두 상자 A, B를 선택할 확률은 같다.)

## Pick

## 57 🔴중 서술형

어떤 자격 시험에서 향미가 합격할 확률은 $\frac{2}{5}$, 지선이가 합격할 확률은 $\frac{4}{7}$일 때, 두 사람 중에서 한 사람만 자격 시험에 합격할 확률을 구하시오.

## Pick

## 58 🔴중

두 자연수 $a$, $b$가 홀수일 확률이 각각 $\frac{2}{3}$, $\frac{5}{8}$일 때, $a+b$가 홀수일 확률은?

① $\frac{1}{8}$  ② $\frac{1}{4}$  ③ $\frac{3}{8}$

④ $\frac{11}{24}$  ⑤ $\frac{7}{12}$

## 59 🔴중

민지는 과학 시험의 객관식 문제 중에서 마지막 세 문제를 풀지 못해 임의로 답을 적어 제출하였다. 객관식 문제는 정답이 1개인 오지선다형일 때, 세 문제 중에서 한 문제만 맞힐 확률을 구하시오.

## 60 🔴중

각 면에 $-1$, $-1$, $0$, $1$, $1$, $1$이 각각 하나씩 적힌 정육면체 모양의 주사위가 있다. 이 주사위를 두 번 던져서 나온 두 눈의 수의 합이 0이 될 확률은?

① $\frac{1}{4}$  ② $\frac{5}{18}$  ③ $\frac{11}{36}$

④ $\frac{1}{3}$  ⑤ $\frac{13}{36}$

**61** 중

어느 지역의 기상청 통계 결과에 따르면 비가 온 다음 날 비가 오지 않을 확률은 $\frac{1}{3}$이고, 비가 오지 않은 다음 날 비가 올 확률은 $\frac{4}{5}$라 한다. 월요일에 비가 오지 않았을 때, 이틀 후인 수요일에도 비가 오지 않을 확률은?

① $\frac{4}{15}$   ② $\frac{23}{75}$   ③ $\frac{8}{25}$

④ $\frac{1}{3}$   ⑤ $\frac{9}{25}$

**62** 상

어느 중학교 2학년의 체육 실기 평가는 다음과 같은 규칙으로 진행한다고 한다.

┌ 규칙 ┐
• 학생당 주어진 자유투 기회는 총 3번이다.
• 자유투를 2번 연속으로 성공하면 던지는 것을 멈추고, 5점을 준다.
• 자유투를 2번 연속으로 성공하지 못하면 성공한 자유투 한 개당 2점을 준다.
└─────┘

자유투 성공률이 $\frac{3}{4}$인 학생이 이 실기 평가에서 점수를 4점 이상 받을 확률을 구하시오.

(단, 자유투 성공률은 던질 때마다 동일하다.)

**유형 11** 연속하여 꺼내는 경우의 확률 (1)
– 꺼낸 것을 다시 넣는 경우

**63** 대표 문제

3개의 당첨 제비를 포함한 5개의 제비가 들어 있는 상자에서 제비 1개를 꺼내 확인하고 다시 넣은 후 제비 1개를 또 꺼낼 때, 첫 번째에는 당첨되고 두 번째에는 당첨되지 않을 확률을 구하시오.

Pick
**64** 중

1부터 10까지의 자연수가 각각 하나씩 적힌 10개의 공이 들어 있는 상자에서 한 개의 공을 꺼내 확인하고 다시 넣은 후 한 개의 공을 또 꺼낼 때, 첫 번째에는 소수가 나오고, 두 번째에는 3의 배수가 나올 확률은? (단, 공의 모양과 크기는 모두 같다.)

① $\frac{9}{100}$   ② $\frac{3}{25}$   ③ $\frac{4}{25}$

④ $\frac{1}{5}$   ⑤ $\frac{1}{4}$

**65** 중

J, U, M, P의 문자가 각각 하나씩 적힌 4장의 카드가 들어 있는 상자에서 카드 1장을 꺼내 확인하고 다시 넣은 후 카드 1장을 또 꺼낼 때, 두 번 모두 같은 문자일 확률은?

J U M P

① $\frac{1}{8}$   ② $\frac{3}{16}$   ③ $\frac{1}{4}$

④ $\frac{3}{8}$   ⑤ $\frac{1}{2}$

**유형 12** 연속하여 꺼내는 경우의 확률 (2) <sup>중요</sup>
– 꺼낸 것을 다시 넣지 않는 경우

Pick
**66** 대표 문제

1, 2, 3, 4, 5, 6, 7, 8의 숫자가 각각 하나씩 적힌 8장의 카드가 들어 있는 상자에서 2장의 카드를 차례로 꺼낼 때, 두 번 모두 8의 약수가 적힌 카드가 나올 확률을 구하시오.

(단, 꺼낸 카드는 다시 넣지 않는다.)

**67** 중

흰 바둑돌 6개, 검은 바둑돌 4개가 들어 있는 상자에서 2개의 바둑돌을 연속하여 꺼낼 때, 적어도 1개는 흰 바둑돌일 확률은? (단, 꺼낸 바둑돌은 다시 넣지 않는다.)

① $\frac{2}{9}$  ② $\frac{8}{15}$  ③ $\frac{3}{5}$

④ $\frac{11}{15}$  ⑤ $\frac{13}{15}$

Pick
**68** 중

주머니에 모양과 크기가 같은 노란 공 3개, 빨간 공 6개가 들어 있다. 이 주머니에서 2개의 공을 차례로 꺼낼 때, 서로 다른 색의 공이 나올 확률을 구하시오.

(단, 꺼낸 공은 다시 넣지 않는다.)

**69** 중 서술형

3개의 당첨 제비를 포함한 8개의 제비가 들어 있는 상자에서 연서가 먼저 제비 1개를 뽑은 후 승재가 제비 1개를 뽑을 때, 승재가 당첨 제비를 뽑을 확률을 구하시오.

(단, 뽑은 제비는 다시 넣지 않는다.)

**유형 13** 승패에 대한 확률

**70** 대표 문제

A, B 두 사람이 1회에는 A, 2회에는 B, 3회에는 A, 4회에는 B, …의 순서대로 번갈아 가며 주사위 1개를 한 번씩 던지는 놀이를 한다. 5보다 작은 수의 눈이 먼저 나오는 사람이 이기는 것으로 할 때, 3회 이내에 A가 이길 확률을 구하시오.

**71** 상

A, B 두 팀이 게임을 하는데 4번을 먼저 이기는 팀이 우승팀이 된다. 현재 A 팀이 1번 이기고 B 팀이 3번 이겼을 때, B 팀이 우승할 확률은? (단, 한 번의 게임에서 두 팀 A, B가 이길 확률은 같고, 비기는 경우는 없다.)

① $\frac{5}{16}$  ② $\frac{1}{3}$  ③ $\frac{11}{32}$

④ $\frac{3}{8}$  ⑤ $\frac{7}{8}$

**72** 상

소민이와 은정이가 세 번의 경기 중에서 두 번을 먼저 이기면 승리하는 게임을 한다. 한 번의 경기에서 소민이가 이길 확률이 $\frac{3}{5}$일 때, 이 게임에서 소민이가 승리할 확률을 구하시오.

(단, 비기는 경우는 없다.)

**73** (유형 01)

서로 다른 두 개의 주사위를 동시에 던질 때, 나오는 두 눈의 합이 5의 배수일 확률은?

① $\dfrac{1}{12}$  ② $\dfrac{1}{9}$  ③ $\dfrac{5}{36}$

④ $\dfrac{1}{6}$  ⑤ $\dfrac{7}{36}$

**74** (유형 01)

모양과 크기가 같은 빨간 구슬 5개, 파란 구슬 8개가 들어 있는 주머니가 있다. 이 주머니에 빨간 구슬을 더 넣은 후 한 개의 구슬을 꺼낼 때, 파란 구슬이 나올 확률이 $\dfrac{2}{5}$가 되도록 하려고 한다. 이때 더 넣어야 하는 빨간 구슬은 몇 개인가?

① 4개  ② 5개  ③ 6개

④ 7개  ⑤ 8개

**75** (유형 02)

0, 1, 2, 3, 4, 5의 숫자가 각각 하나씩 적힌 6장의 카드 중에서 2장을 동시에 뽑아 두 자리의 자연수를 만들 때, 홀수일 확률을 구하시오.

**76** (유형 02)

다음 그림과 같이 수직선 위의 원점에 점 P가 있다. 동전 한 개를 던져서 앞면이 나오면 오른쪽으로 1만큼, 뒷면이 나오면 왼쪽으로 2만큼 점 P를 움직이기로 하였다. 동전을 연속하여 4번 던졌을 때, 점 P에 대응하는 수가 $-2$일 확률을 구하시오.

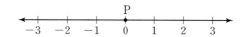

**77** (유형 03)

주사위 한 개를 두 번 던져서 처음에 나오는 눈의 수를 $x$, 나중에 나오는 눈의 수를 $y$라 할 때, $3x-2y=1$일 확률은?

① $\dfrac{1}{3}$  ② $\dfrac{1}{6}$  ③ $\dfrac{1}{9}$

④ $\dfrac{1}{12}$  ⑤ $\dfrac{1}{18}$

**78** (유형 04) + (유형 05)

사건 $A$가 일어날 확률을 $p$, 일어나지 않을 확률을 $q$라 할 때, 다음 중 옳지 <u>않은</u> 것은?

① $p=0$이면 $q=1$이다.

② $p=1-q$이다.

③ $0 \leq p \leq 1$이고, $0 \leq q \leq 1$이다.

④ $p=1$이면 사건 $A$는 반드시 일어난다.

⑤ $q=0$이면 사건 $A$는 절대로 일어나지 않는다.

**79** 유형 05

두 개의 주사위 A, B를 동시에 던져서 나오는 두 눈의 수의 차가 4가 아닐 확률을 구하시오.

**80** 유형 06

시험에 출제된 4개의 ○, × 문제에 임의로 답할 때, 적어도 한 문제 이상 맞힐 확률은?

① $\dfrac{3}{8}$　　　② $\dfrac{2}{3}$　　　③ $\dfrac{3}{4}$

④ $\dfrac{7}{8}$　　　⑤ $\dfrac{15}{16}$

**81** 유형 07

진호네 반 수학 선생님은 수업 시간에 학생의 번호를 임의로 택해 그 학생에게 질문을 한다고 한다. 진호네 반 학생의 번호가 1번부터 32번까지 있을 때, 5의 배수 또는 8의 배수인 번호를 택할 확률을 구하시오.

**82** 유형 08

각 면에 1부터 8까지의 자연수가 각각 하나씩 적힌 정팔면체 모양의 주사위를 두 번 던질 때, 바닥에 닿는 면에 적힌 수가 첫 번째에는 소수, 두 번째에는 4의 약수일 확률을 구하시오.

**83** 유형 08

시우와 유미는 내일 비가 오지 않으면 함께 공원에 가기로 하고, 공원 입구에서 만나기로 하였다. 내일 비가 올 확률은 $\dfrac{2}{5}$ 이고 시우와 유미가 약속을 지킬 확률은 각각 $\dfrac{2}{3}$, $\dfrac{5}{8}$일 때, 내일 두 사람이 함께 공원에 갈 확률을 구하시오.

**84** 유형 09

두 축구 선수 A, B가 승부차기를 성공할 확률은 각각 $\dfrac{1}{2}$, $\dfrac{5}{9}$ 이다. A, B가 각각 한 번씩 승부차기를 할 때, 적어도 한 선수가 승부차기를 성공할 확률은?

① $\dfrac{11}{18}$　　　② $\dfrac{2}{3}$　　　③ $\dfrac{13}{18}$

④ $\dfrac{7}{9}$　　　⑤ $\dfrac{5}{6}$

**85** 유형 10

은선, 유영, 정환 3명이 어떤 문제를 맞힐 확률이 각각 $\dfrac{2}{3}$, $\dfrac{4}{5}$, $\dfrac{1}{2}$이라 한다. 이때 두 명만 이 문제를 맞힐 확률은?

① $\dfrac{2}{5}$　　　② $\dfrac{7}{15}$　　　③ $\dfrac{3}{5}$

④ $\dfrac{11}{15}$　　　⑤ $\dfrac{13}{15}$

## 86 유형 11

1부터 9까지의 자연수가 각각 하나씩 적힌 9장의 카드 중에서 1장을 뽑아 확인하고 다시 넣은 후 1장을 또 뽑을 때, 첫 번째에는 홀수가 적힌 카드가 나오고, 두 번째에는 합성수가 적힌 카드가 나올 확률은?

① $\dfrac{2}{9}$       ② $\dfrac{20}{81}$       ③ $\dfrac{22}{81}$

④ $\dfrac{8}{27}$       ⑤ $\dfrac{26}{81}$

## 87 유형 12

모양과 크기가 같은 파란 구슬 3개와 빨간 구슬 5개가 들어 있는 주머니에서 2개의 구슬을 차례로 꺼낼 때, 첫 번째에는 파란 구슬, 두 번째에는 빨간 구슬이 나올 확률을 구하시오.

(단, 꺼낸 구슬은 다시 넣지 않는다.)

## 88 유형 12

모양과 크기가 같은 포도 맛 사탕 8개와 오렌지 맛 사탕 5개가 들어 있는 주머니가 있다. 이 주머니에서 선화와 현주가 차례로 사탕을 한 개씩 꺼내 먹을 때, 두 사람이 같은 맛 사탕을 먹을 확률은? (단, 꺼낸 사탕은 다시 넣지 않는다.)

① $\dfrac{5}{13}$       ② $\dfrac{17}{39}$       ③ $\dfrac{19}{39}$

④ $\dfrac{7}{13}$       ⑤ $\dfrac{22}{39}$

서술형 문제

## 89 유형 07

오른쪽 그림과 같이 한 변의 길이가 1인 정사각형 ABCD에서 점 P는 꼭짓점 A를 출발하여 한 개의 주사위를 두 번 던져서 나온 두 눈의 수의 합만큼 변을 따라 화살표 방향으로 움직인다. 주사위를 두 번 던질 때, 점 P가 꼭짓점 C에 있을 확률을 구하시오.

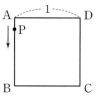

## 90 유형 10

두 상자 A, B에 자연수가 각각 하나씩 적힌 카드가 들어 있다. 각 상자에서 임의로 한 장씩 뽑은 카드에 적힌 수를 각각 $a$, $b$라 할 때, $a$가 짝수일 확률은 $\dfrac{3}{5}$, $b$가 홀수일 확률은 $\dfrac{4}{7}$라 한다. 다음 물음에 답하시오.

⑴ $a+b$가 짝수일 확률을 구하시오.
⑵ $ab$가 짝수일 확률을 구하시오.

# 만점 문제 뛰어넘기

• 정답과 해설 108쪽

**91** 모양과 크기가 같은 흰 공과 검은 공이 여러 개 들어 있는 상자가 있다. 이 상자에서 한 개의 공을 꺼낼 때 흰 공일 확률은 $\frac{3}{4}$이고, 처음 상자에 검은 공을 2개 더 넣은 다음 한 개의 공을 꺼낼 때 흰 공일 확률은 $\frac{2}{3}$이다. 처음 상자에 들어 있는 흰 공의 개수를 구하시오.

**92** 두 개의 주사위 A, B를 동시에 던져서 나오는 눈의 수를 각각 $a$, $b$라 할 때, 좌표평면 위의 네 점 P($a$, $2b$), Q($-a$, $2b$), R($-a$, $-2b$), S($a$, $-2b$)로 이루어진 □PQRS의 넓이가 64일 확률을 구하시오.

**93** 오른쪽 그림과 같이 크기가 같은 정육면체 64개를 쌓아서 큰 정육면체를 만들었다. 이 큰 정육면체의 겉면에 색칠을 하고 다시 흩어 놓은 다음 한 개의 작은 정육면체를 선택했을 때, 적어도 한 면이 색칠된 정육면체일 확률을 구하시오.

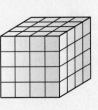

**94** 민희네 가족은 7월 1일부터 7월 8일까지의 기간 중 3박 4일 동안 여행을 갈 예정이고, 혜수네 가족은 7월 2일부터 7월 8일까지의 기간 중 2박 3일 동안 여행을 갈 예정이다. 두 가족 모두 여행 가는 날을 임의로 정한다고 할 때, 두 가족의 여행 날짜가 1일 이상 겹치게 될 확률을 구하시오.

**95** 미화, 은지, 경아 세 사람이 가위바위보를 할 때, 미화가 이길 확률을 구하시오.

**96** A, B, C, D, E, F 6개 중학교가 다음 그림과 같은 대진표에 따라 축구 경기를 한다. A 중학교가 결승전에서 D 중학교 또는 F 중학교와 경기를 할 확률을 구하시오. (단, 각 중학교가 시합에서 이길 확률은 모두 같고, 비기거나 기권하는 경우는 없다.)

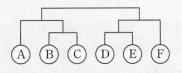

**97** 오른쪽 그림과 같은 모양의 장난감 입구에서 구슬을 떨어뜨리면 A, B, C, D 중에서 어느 한 곳으로 나온다고 한다. 구슬 한 개를 입구에서 떨어뜨릴 때, 그 구슬이 B로 나올 확률을 구하시오. (단, 구슬이 각 갈림길에서 어느 한 곳으로 빠져나갈 확률은 모두 같다.)

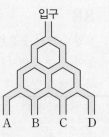

15개정 교육과정

내신 만점 **유형서**

# 만렙

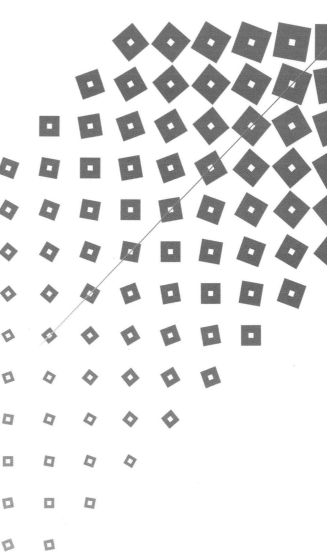

# 정답과 해설

### 중등수학 2´2

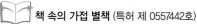 **책 속의 가접 별책** (특허 제 0557442호)

'정답과 해설'은 본책에서 쉽게 분리할 수 있도록 제작되었으므로
유통 과정에서 분리될 수 있으나 파본이 아닌 정상 제품입니다.

 visang

ABOVE IMAGINATION

우리는 남다른 상상과 혁신으로
교육 문화의 새로운 전형을 만들어
모든 이의 행복한 경험과 성장에 기여한다

# 1 삼각형의 성질

| | | |
|---|---|---|
| **01** ④ | **02** 80° | **03** $x=50$, $y=12$ |
| **04** 111° | **05** 24° | |

**06** (가) $\overline{\text{AD}}$ (나) $\triangle$ACD (다) $\overline{\text{BD}}$ (라) $\angle$ADC (마) $\overline{\text{AD}}$

| | | | |
|---|---|---|---|
| **07** ㄷ, ㅁ | **08** ④ | **09** 84° | **10** ③ |
| **11** 46° | **12** 100° | **13** 58° | **14** 46° |
| **15** ③ | **16** 42° | **17** 105° | **18** ③ |
| **19** 36° | **20** 15° | **21** 20° | **22** 62° |
| **23** 33° | **24** 40° | | |

**25** (가) $\angle$CAD (나) $\overline{\text{AD}}$ (다) $\angle$ADC (라) ASA (마) $\overline{\text{AC}}$

| | |
|---|---|
| **26** 9 cm | **27** 8 cm |

**28** (가) $\angle$ACB (나) $\angle$ABC (다) $\angle$DCB (라) $\overline{\text{DC}}$

| | | | |
|---|---|---|---|
| **29** ④ | **30** ③ | **31** ⑤ | **32** 8 cm |
| **33** 8 cm | **34** ⑤ | **35** 7 cm | **36** 60 |
| **37** ③ | **38** (1) 7 cm (2) 14 cm² | | **39** ⑤ |
| **40** 5 cm | **41** 36 | **42** ②, ④ | **43** ③ |

**44** $\triangle$ABC≡$\triangle$ONM(RHS 합동),
　　$\triangle$DEF≡$\triangle$PQR(RHA 합동)

**45** (가) $\overline{\text{DE}}$ (나) $\angle$E (다) $\angle$D (라) ASA　　**46** ②

| | | | |
|---|---|---|---|
| **47** 18 cm² | **48** ⑤ | **49** 18 cm² | **50** 12 cm² |
| **51** 5 cm | **52** ③ | **53** ① | **54** 118° |
| **55** ④ | **56** 30° | **57** 33° | **58** ② |

**59** (가) $\triangle$DOP (나) $\overline{\text{OP}}$ (다) $\overline{\text{PD}}$ (라) RHS (마) $\angle$DOP

| | | | |
|---|---|---|---|
| **60** 20 | **61** 25° | **62** ③ | **63** 40 cm² |
| **64** ② | **65** ④ | **66** ② | **67** 66° |
| **68** ④ | **69** 36° | **70** ⑤ | **71** ② |
| **72** ③ | **73** 6 cm | **74** ㄱ, ㄷ | **75** 14 cm² |
| **76** ① | **77** 31 | **78** ④ | **79** 4 cm |
| **80** 18° | **81** 24° | **82** (1) 4 cm (2) 40 cm² | |
| **83** 66° | **84** 21° | **85** 30 cm | **86** ⑤ |
| **87** ④ | **88** 80° | **89** ③ | **90** 5 cm |
| **91** ③ | **92** ④ | | |

유형 모아 보기 & 완성하기　　　8~12쪽

**01** 답 ④

④ (라) SAS

**02** 답 **80°**

$\angle$ACB$=180°-130°=50°$
$\triangle$ABC에서 $\overline{\text{AB}}=\overline{\text{AC}}$이므로 $\angle$B$=\angle$ACB$=50°$
$\therefore \angle x=180°-(50°+50°)=80°$

**03** 답 $x=50$, $y=12$

$\triangle$ABC에서 $\overline{\text{AD}}\perp\overline{\text{BC}}$이므로 $\angle$ADB$=90°$
이때 $\triangle$ABD에서 $\angle$B$=180°-(90°+40°)=50°$
$\therefore x=50$
또 $\triangle$ABC에서 $\overline{\text{BD}}=\overline{\text{CD}}$이므로
$\overline{\text{BC}}=2\overline{\text{CD}}=2\times6=12$(cm)　　$\therefore y=12$

**다른 풀이**

$\angle$BAC$=2\angle$BAD$=2\times40°=80°$
이때 $\triangle$ABC에서 $\overline{\text{AB}}=\overline{\text{AC}}$이므로
$\angle$B$=\dfrac{1}{2}\times(180°-80°)=50°$　　$\therefore x=50$

**04** 답 **111°**

$\triangle$ABC에서 $\overline{\text{AB}}=\overline{\text{AC}}$이므로 $\angle$ACB$=\angle$B$=37°$
$\therefore \angle$DAC$=\angle$B$+\angle$ACB$=37°+37°=74°$
$\triangle$DAC에서 $\overline{\text{CA}}=\overline{\text{CD}}$이므로 $\angle$D$=\angle$DAC$=74°$
따라서 $\triangle$DBC에서
$\angle$DCE$=\angle$B$+\angle$BDC$=37°+74°=111°$

**05** 답 **24°**

$\triangle$ABC에서 $\overline{\text{AB}}=\overline{\text{AC}}$이므로
$\angle$ABC$=\angle$ACB$=\dfrac{1}{2}\times(180°-48°)=66°$
$\therefore \angle$DBC$=\dfrac{1}{2}\angle$ABC$=\dfrac{1}{2}\times66°=33°$
이때 $\angle$ACE$=180°-\angle$ACB$=180°-66°=114°$이므로
$\angle$DCE$=\dfrac{1}{2}\angle$ACE$=\dfrac{1}{2}\times114°=57°$
따라서 $\triangle$DBC에서 $33°+\angle x=57°$　　$\therefore \angle x=24°$

**06** 답 (가) $\overline{\text{AD}}$ (나) $\triangle$ACD (다) $\overline{\text{BD}}$ (라) $\angle$ADC (마) $\overline{\text{AD}}$

**07** 답 ㄷ, ㅁ

ㄷ. 이등변삼각형의 꼭지각의 이등분선은 밑변을 수직이등분하므로
　　$\overline{\text{PD}}\perp\overline{\text{BC}}$

ㅁ. △PBD와 △PCD에서
$\overline{BD}=\overline{CD}$, ∠PDB=∠PDC=90°, $\overline{PD}$는 공통이므로
△PBD≡△PCD(SAS 합동)
따라서 $\overline{PB}=\overline{PC}$이므로 △PBC는 이등변삼각형이다.

## 08 답 ④
△ABC에서 $\overline{AB}=\overline{BC}$이므로
∠ACB=$\frac{1}{2}$×(180°−48°)=66°
∴ ∠$x$=180°−66°=114°

## 09 답 84°
△ABC에서 $\overline{AB}=\overline{AC}$이므로
∠ABC=∠ACB=$\frac{1}{2}$×(180°−52°)=64°
∴ ∠$y$=$\frac{1}{2}$∠ABC=$\frac{1}{2}$×64°=32°
△DBC에서 ∠DBC=∠DCB=$\frac{1}{2}$×64°=32°이므로
∠$x$=180°−(32°+32°)=116°
∴ ∠$x$−∠$y$=116°−32°=84°

## 10 답 ③
△ABC에서 $\overline{AB}=\overline{AC}$이므로 ∠ABC=∠C=70°
△BCD에서 $\overline{BC}=\overline{BD}$이므로 ∠BDC=∠C=70°
∴ ∠DBC=180°−(70°+70°)=40°
∴ ∠ABD=∠ABC−∠DBC=70°−40°=30°

## 11 답 46°
△ABD에서 $\overline{BA}=\overline{BD}$이므로
∠ADB=$\frac{1}{2}$×(180°−50°)=65°  ··· (i)
△EDC에서 $\overline{CD}=\overline{CE}$이므로
∠EDC=$\frac{1}{2}$×(180°−42°)=69°  ··· (ii)
∴ ∠ADE=180°−(∠ADB+∠EDC)
=180°−(65°+69°)=46°  ··· (iii)

**채점 기준**

| | |
|---|---|
| (i) ∠ADB의 크기 구하기 | 40 % |
| (ii) ∠EDC의 크기 구하기 | 40 % |
| (iii) ∠ADE의 크기 구하기 | 20 % |

## 12 답 100°
$\overline{AD}$∥$\overline{BC}$이므로 ∠B=∠EAD=40° (동위각)
△ABC에서 $\overline{AB}=\overline{AC}$이므로
∠C=∠B=40°
∴ ∠$x$=180°−(40°+40°)=100°

## 13 답 58°
△ABC에서 $\overline{AB}=\overline{AC}$이므로
∠B=∠C=$\frac{1}{2}$×(180°−64°)=58°

△BDF와 △CED에서
$\overline{BD}=\overline{CE}$, $\overline{BF}=\overline{CD}$, ∠B=∠C이므로
△BDF≡△CED(SAS 합동)
∴ ∠BFD=∠CDE
∴ ∠FDE=180°−(∠BDF+∠CDE)
=180°−(∠BDF+∠BFD)=∠B=58°

## 14 답 46°
∠A=∠$x$라 하면 ∠ABE=∠A=∠$x$
△ABC에서 $\overline{AB}=\overline{AC}$이므로
∠C=∠ABC=∠$x$+21°
따라서 △ABC에서
∠$x$+(∠$x$+21°)+(∠$x$+21°)=180°
3∠$x$=138°  ∴ ∠$x$=46°
∴ ∠A=46°

만렙비법 ∠A=∠$x$로 놓고, ∠B, ∠C의 크기를 ∠$x$에 대한 식으로 나타낸다.

## 15 답 ③
① $\overline{AD}$는 ∠A의 이등분선이므로 $\overline{BD}=\overline{CD}$=4 cm
② △ABC에서 $\overline{AB}=\overline{AC}$이므로 ∠C=∠B=55°
③ $\overline{AD}$⊥$\overline{BC}$이므로 ∠ADC=90°
△ADC에서 ∠CAD=180°−(90°+55°)=35°
④ $\overline{BC}=2\overline{CD}$=2×4=8(cm)이므로
△ABC=$\frac{1}{2}$×$\overline{BC}$×$\overline{AD}$=$\frac{1}{2}$×8×6=24(cm²)
⑤ △ABD와 △ACD에서
$\overline{AB}=\overline{AC}$, $\overline{AD}$는 공통, ∠BAD=∠CAD이므로
△ABD≡△ACD(SAS 합동)
따라서 옳지 않은 것은 ③이다.

## 16 답 42°
△ABC에서 $\overline{AB}=\overline{AC}$이므로 ∠B=∠C=48°
$\overline{AD}$는 꼭짓점 A와 밑변 BC의 중점 D를 잇는 선분이므로
∠ADB=90°
따라서 △ABD에서 ∠BAD=180°−(90°+48°)=42°

## 17 답 105°
△DBC에서 $\overline{DB}=\overline{DC}$이므로
∠B=$\frac{1}{2}$×(180°−110°)=35°
△ADC에서 $\overline{AC}=\overline{DC}$이므로
∠DAC=∠ADC=180°−110°=70°
따라서 △ABC에서
∠ACE=∠B+∠BAC=35°+70°=105°

## 18 답 ③
△ABD에서 $\overline{DA}=\overline{DB}$이므로 ∠BAD=∠B=36°
∴ ∠ADC=∠B+∠BAD=36°+36°=72°

따라서 △ADC에서 $\overline{DA}=\overline{DC}$이므로

$\angle x=\dfrac{1}{2}\times(180°-72°)=54°$

**19** 답 **36°**

△ABD에서 $\overline{DA}=\overline{DB}$이므로

$\angle ABD=\angle A=\angle x$

$\therefore \angle BDC=\angle A+\angle ABD$

$\qquad\qquad =\angle x+\angle x=2\angle x \qquad \cdots$ (i)

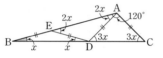

△DBC에서 $\overline{BC}=\overline{BD}$이므로

$\angle C=\angle BDC=2\angle x$

△ABC에서 $\overline{AB}=\overline{AC}$이므로

$\angle ABC=\angle C=2\angle x \qquad\qquad\qquad \cdots$ (ii)

따라서 △ABC에서 $\angle x+2\angle x+2\angle x=180°$이므로

$5\angle x=180° \qquad \therefore \angle x=36° \qquad\qquad \cdots$ (iii)

**채점 기준**

| | | |
|---|---|---|
| (i) $\angle BDC$의 크기를 $\angle x$에 대한 식으로 나타내기 | | 40 % |
| (ii) $\angle ABC$의 크기를 $\angle x$에 대한 식으로 나타내기 | | 40 % |
| (iii) $\angle x$의 크기 구하기 | | 20 % |

**20** 답 **15°**

$\angle B=\angle x$라 하면

△EBD에서 $\overline{EB}=\overline{ED}$이므로

$\angle EDB=\angle B=\angle x$

$\therefore \angle AED=\angle B+\angle EDB=\angle x+\angle x=2\angle x$

△AED에서 $\overline{DE}=\overline{DA}$이므로 $\angle EAD=\angle AED=2\angle x$

△ABD에서 $\angle ADC=\angle B+\angle BAD=\angle x+2\angle x=3\angle x$

△ADC에서 $\overline{AD}=\overline{AC}$이므로 $\angle ACD=\angle ADC=3\angle x$

따라서 △ABC에서 $120°+\angle x+3\angle x=180°$이므로

$4\angle x=60° \qquad \therefore \angle x=15°$

$\therefore \angle B=15°$

**21** 답 **20°**

△ABC에서 $\overline{AB}=\overline{AC}$이므로

$\angle ABC=\angle ACB=\dfrac{1}{2}\times(180°-40°)=70°$

$\therefore \angle DBC=\dfrac{1}{2}\angle ABC=\dfrac{1}{2}\times70°=35°$

이때 $\angle ACE=180°-\angle ACB=180°-70°=110°$이므로

$\angle DCE=\dfrac{1}{2}\angle ACE=\dfrac{1}{2}\times110°=55°$

따라서 △DBC에서 $35°+\angle x=55° \qquad \therefore \angle x=20°$

**22** 답 **62°**

△ABC에서 $\overline{AB}=\overline{AC}$이므로 $\angle DBC=\dfrac{1}{2}\angle C$

△DBC에서 $\angle ADB=\angle DBC+\angle C$

즉, $93°=\dfrac{1}{2}\angle C+\angle C$이므로

$\dfrac{3}{2}\angle C=93° \qquad \therefore \angle C=62°$

**23** 답 **33°**

△ABC에서 $\overline{AB}=\overline{AC}$이므로

$\angle ACB=\dfrac{1}{2}\times(180°-84°)=48°$

이때 $\angle ACE=180°-\angle ACB=180°-48°=132°$이므로

$\angle DCE=\dfrac{1}{2}\angle ACE=\dfrac{1}{2}\times132°=66°$

△DBC에서 $\overline{CB}=\overline{CD}$이므로

$\angle DBC=\angle BDC=\angle x$

따라서 △DBC에서 $\angle x+\angle x=66°$이므로

$2\angle x=66° \qquad \therefore \angle x=33°$

**24** 답 **40°**

△ABC에서 $\overline{AB}=\overline{AC}$이므로

$\angle ABC=\angle ACB=\dfrac{1}{2}\times(180°-28°)=76°$

$\therefore \angle DBC=\dfrac{1}{2}\angle ABC=\dfrac{1}{2}\times76°=38°$

이때 $\angle ACE=4\angle ACD$이므로

$\angle ACD=\dfrac{1}{4}\angle ACE$

$\qquad\quad =\dfrac{1}{4}\times(180°-\angle ACB)$

$\qquad\quad =\dfrac{1}{4}\times(180°-76°)=26°$

따라서 △DBC에서 $\angle D=180°-(38°+76°+26°)=40°$

**02** **이등변삼각형이 되는 조건**

유형 모아 보기 & 완성하기     13~15쪽

**25** 답 ㈎ $\angle CAD$ ㈏ $\overline{AD}$ ㈐ $\angle ADC$ ㈑ **ASA** ㈒ $\overline{AC}$

**26** 답 **9 cm**

△ABC에서 $\overline{AB}=\overline{AC}$이므로

$\angle ABC=\angle C=\dfrac{1}{2}\times(180°-36°)=72°$

$\therefore \angle ABD=\dfrac{1}{2}\angle ABC=\dfrac{1}{2}\times72°=36°$

즉, △ABD는 $\overline{AD}=\overline{BD}$인 이등변삼각형이다.

또 △ABD에서 $\angle BDC=\angle A+\angle ABD=36°+36°=72°$

즉, △BCD는 $\overline{BC}=\overline{BD}$인 이등변삼각형이다.

$\therefore \overline{AD}=\overline{BD}=\overline{BC}=9\,cm$

## 27 답 8 cm

오른쪽 그림과 같이 점 D를 정하면
$\overline{CB} /\!/ \overline{AD}$이므로 $\angle CBA = \angle BAD$(엇각)
$\angle CAB = \angle BAD$(접은 각)
$\therefore \angle CAB = \angle CBA$

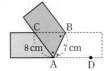

따라서 △CAB는 $\overline{CA} = \overline{CB}$인 이등변삼각형이므로
$\overline{BC} = \overline{AC} = 8\,cm$

## 28 답 (가) ∠ACB (나) ∠ABC (다) ∠DCB (라) $\overline{DC}$

## 29 답 ④

④ (라) SAS

## 30 답 ③

① △ABC에서 $\overline{AB} = \overline{AC}$이므로

$\angle ABC = \angle C = \dfrac{1}{2} \times (180° - 36°) = 72°$

$\therefore \angle ABD = \dfrac{1}{2}\angle ABC = \dfrac{1}{2} \times 72° = 36°$

② △ABD에서 $\angle BDC = \angle A + \angle ABD = 36° + 36° = 72°$

③, ④, ⑤ $\angle ABD = \angle A = 36°$이므로 △ABD는 $\overline{AD} = \overline{BD}$인 이등변삼각형이다.
또 $\angle BDC = \angle C = 72°$이므로 △BCD는 $\overline{BC} = \overline{BD}$인 이등변삼각형이다.
$\therefore \overline{AD} = \overline{BD} = \overline{BC}$

따라서 옳지 않은 것은 ③이다.

## 31 답 ⑤

△ABC에서 $\angle B = 180° - (65° + 50°) = 65°$
즉, $\angle A = \angle B$이므로 △ABC는 $\overline{AC} = \overline{BC}$인 이등변삼각형이다.
$\therefore \overline{BC} = \overline{AC} = 7\,cm$

## 32 답 8 cm

△ABC에서 $\angle A = 180° - (30° + 90°) = 60°$
△ADC에서 $\overline{AD} = \overline{CD}$이므로 $\angle DCA = \angle A = 60°$
$\therefore \angle ADC = 180° - (60° + 60°) = 60°$
즉, △ADC는 정삼각형이므로 $\overline{CD} = \overline{AD} = \overline{AC} = 4\,cm$
△DBC에서 $\angle DCB = 90° - 60° = 30°$이므로 $\angle DCB = \angle B$
즉, △DBC는 이등변삼각형이므로 $\overline{DB} = \overline{DC} = 4\,cm$
$\therefore \overline{AB} = \overline{AD} + \overline{DB} = 4 + 4 = 8\,(cm)$

## 33 답 8 cm

△DBC에서 $\angle DCB = \angle ADC - \angle B = 76° - 38° = 38°$
$\therefore \angle DCB = \angle B$
즉, △DBC는 $\overline{BD} = \overline{CD}$인 이등변삼각형이다.
△ADC에서 $\angle DAC = 180° - 104° = 76°$이므로
$\angle DAC = \angle ADC$
즉, △ADC는 $\overline{AC} = \overline{CD}$인 이등변삼각형이다.
$\therefore \overline{AC} = \overline{CD} = \overline{BD} = 8\,cm$

## 34 답 ⑤

△ABC에서 $\angle B = \angle C$이므로 $\overline{AC} = \overline{AB} = 10\,cm$
오른쪽 그림과 같이 $\overline{AP}$를 그으면 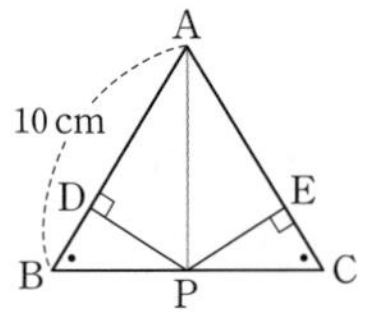
△ABC = △ABP + △APC이므로

$45 = \dfrac{1}{2} \times 10 \times \overline{PD} + \dfrac{1}{2} \times 10 \times \overline{PE}$

$45 = 5(\overline{PD} + \overline{PE})$
$\therefore \overline{PD} + \overline{PE} = 9\,(cm)$

## 35 답 7 cm

△ABC에서 $\overline{AB} = \overline{AC}$이므로 $\angle B = \angle C$
두 직각삼각형 QPC, MBP에서
$\angle Q = 90° - \angle C = 90° - \angle B = \angle BMP$
이때 $\angle AMQ = \angle BMP$(맞꼭지각)이므로
$\angle Q = \angle AMQ$
따라서 △AQM은 $\overline{AQ} = \overline{AM}$인 이등변삼각형이므로
$\overline{AQ} = \overline{AM} = \dfrac{1}{2}\overline{AB} = \dfrac{1}{2} \times 14 = 7\,(cm)$

## 36 답 60

$\overline{CB} /\!/ \overline{AD}$이므로 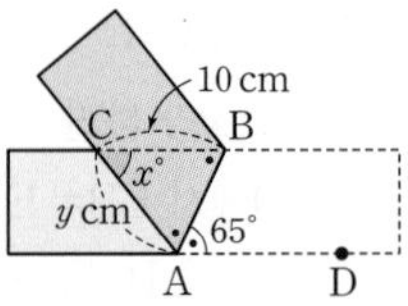
$\angle CBA = \angle BAD = 65°$(엇각)
$\angle CAB = \angle BAD = 65°$(접은 각)
$\therefore \angle CAB = \angle CBA = 65°$
따라서 △CAB는 $\overline{CA} = \overline{CB}$인 이등변삼각형이므로
$\angle BCA = 180° - (65° + 65°) = 50°$ ∴ $x = 50$
$\overline{CA} = \overline{CB} = 10\,cm$ ∴ $y = 10$
$\therefore x + y = 50 + 10 = 60$

## 37 답 ③

$\overline{AD} /\!/ \overline{BC}$이므로 $\angle DAC = \angle ACB$(엇각) (②)
$\angle BAC = \angle DAC$(접은 각) (①)
$\therefore \angle BAC = \angle BCA$ (⑤)
따라서 △ABC는 $\overline{BA} = \overline{BC}$인 이등변삼각형이다. (④)

## 38 답 (1) 7 cm (2) 14 cm²

(1) 오른쪽 그림과 같이 점 D를 정하면 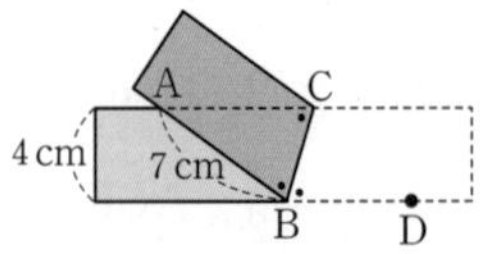
$\overline{AC} /\!/ \overline{BD}$이므로
$\angle ACB = \angle CBD$(엇각)
$\angle ABC = \angle CBD$(접은 각)
$\therefore \angle ABC = \angle ACB$ ⋯ (i)
따라서 △ABC는 $\overline{AB} = \overline{AC}$인 이등변삼각형이므로
$\overline{AC} = \overline{AB} = 7\,cm$ ⋯ (ii)

(2) △ABC $= \dfrac{1}{2} \times \overline{AC} \times 4 = \dfrac{1}{2} \times 7 \times 4 = 14\,(cm^2)$ ⋯ (iii)

### 채점 기준

| | |
|---|---|
| (i) $\angle ABC = \angle ACB$임을 설명하기 | 40 % |
| (ii) $\overline{AC}$의 길이 구하기 | 20 % |
| (iii) △ABC의 넓이 구하기 | 40 % |

# 03 직각삼각형의 합동

## 유형 모아 보기 & 완성하기　　　16~20쪽

**39** 답 ⑤
① SAS 합동　　　② RHS 합동
③ ASA 합동　　　④ RHA 합동 또는 ASA 합동
따라서 합동이 되기 위한 조건이 아닌 것은 ⑤이다.

**40** 답 **5 cm**
△DBA와 △EAC에서
$\angle BDA = \angle AEC = 90°$, $\overline{AB} = \overline{CA}$,
$\angle BAD = 90° - \angle CAE = \angle ACE$이므로
△DBA ≡ △EAC(RHA 합동)
따라서 $\overline{AE} = \overline{BD} = 8$ cm이므로
$\overline{CE} = \overline{AD} = \overline{DE} - \overline{AE} = 13 - 8 = 5$(cm)

**41** 답 **36**
△AED와 △ACD에서
$\angle AED = \angle ACD = 90°$, $\overline{AD}$는 공통, $\overline{AE} = \overline{AC}$이므로
△AED ≡ △ACD(RHS 합동)
따라서 $\overline{DC} = \overline{DE} = 9$ cm이므로 $x = 9$
또 $\angle EAD = \angle CAD$이므로
$\angle CAD = \dfrac{1}{2} \angle EAC = \dfrac{1}{2} \times (90° - 36°) = 27°$
∴ $y = 27$
∴ $x + y = 9 + 27 = 36$

**42** 답 ②, ④
△COP와 △DOP에서
$\angle PCO = \angle PDO = 90°$, $\overline{OP}$는 공통,
$\angle COP = \angle DOP$이므로
△COP ≡ △DOP(RHA 합동)(⑤)
∴ $\angle CPO = \angle DPO$(①), $\overline{PC} = \overline{PD}$(③)
따라서 옳지 않은 것은 ②, ④이다.

**43** 답 ③
③ △ABC에서 $\angle B = 180° - (90° + 27°) = 63°$
　△ABC와 △DEF에서
　$\angle C = \angle F = 90°$, $\overline{AB} = \overline{DE}$, $\angle B = \angle E$이므로
　△ABC ≡ △DEF(RHA 합동)

**44** 답 **△ABC ≡ △ONM(RHS 합동),**
　　　**△DEF ≡ △PQR(RHA 합동)**
△ABC와 △ONM에서
$\angle B = \angle N = 90°$, $\overline{AC} = \overline{OM} = 6$ cm,
$\overline{BC} = \overline{NM} = 5$ cm이므로
△ABC ≡ △ONM(RHS 합동)

△DEF와 △PQR에서
$\angle F = \angle R = 90°$, $\overline{DE} = \overline{PQ} = 6$ cm,
$\angle E = 180° - (90° + 35°) = 55° = \angle Q$이므로
△DEF ≡ △PQR(RHA 합동)

**45** 답 ㈎ $\overline{DE}$　㈏ $\angle E$　㈐ $\angle D$　㈑ **ASA**

**46** 답 ②
② ㈏ $\angle DCB$

**47** 답 **18 cm²**
△DBA와 △EAC에서
$\angle BDA = \angle AEC = 90°$, $\overline{AB} = \overline{CA}$,
$\angle BAD = 90° - \angle CAE = \angle ACE$이므로
△DBA ≡ △EAC(RHA 합동)
따라서 $\overline{DA} = \overline{EC} = 2$ cm, $\overline{AE} = \overline{BD} = 4$ cm이므로
(사각형 DBCE의 넓이) $= \dfrac{1}{2} \times (2 + 4) \times (2 + 4) = 18$(cm²)

**48** 답 ⑤
△ACM과 △BDM에서
$\angle ACM = \angle BDM = 90°$, $\overline{AM} = \overline{BM}$,
$\angle AMC = \angle BMD$(맞꼭지각)이므로
△ACM ≡ △BDM(RHA 합동)
이때 $\overline{AC} = \overline{BD} = 3$ cm이므로 $x = 3$
$\angle BMD = \angle AMC = 90° - 60° = 30°$이므로 $y = 30$
∴ $x + y = 3 + 30 = 33$

**49** 답 **18 cm²**
△BMD와 △CME에서
$\angle BDM = \angle CEM = 90°$, $\overline{BM} = \overline{CM}$, $\angle B = \angle C$이므로
△BMD ≡ △CME(RHA 합동)
∴ $\overline{EM} = \overline{DM} = 3$ cm
오른쪽 그림과 같이 $\overline{AM}$을 그으면
∴ △ABC = △ABM + △AMC
　$= \dfrac{1}{2} \times 6 \times 3 + \dfrac{1}{2} \times 6 \times 3$
　$= 18$(cm²)

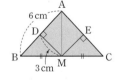

**50** 답 **12 cm²**
△BDM과 △CEM에서
$\angle BDM = \angle CEM = 90°$, $\overline{BM} = \overline{CM}$,
$\angle BMD = \angle CME$(맞꼭지각)이므로
△BDM ≡ △CEM(RHA 합동)　　　　　　　　 ⋯ (i)
따라서 $\overline{BD} = \overline{CE} = 3$ cm, $\overline{DM} = \overline{EM} = 2$ cm이므로 ⋯ (ii)
△ABD $= \dfrac{1}{2} \times 3 \times (6 + 2) = 12$(cm²)　　　　 ⋯ (iii)

| 채점 기준 | |
|---|---|
| (i) △BDM ≡ △CEM임을 설명하기 | 40 % |
| (ii) $\overline{BD}$, $\overline{DM}$의 길이 구하기 | 30 % |
| (iii) △ABD의 넓이 구하기 | 30 % |

1. 삼각형의 성질　**5**

**51** 답 **5 cm**

△DAB와 △EBC에서

∠ADB=∠BEC=90°, $\overline{AB}=\overline{BC}$,

∠DAB=90°−∠DBA=∠EBC이므로

△DAB≡△EBC(RHA 합동)

따라서 $\overline{EB}=\overline{DA}=8$ cm, $\overline{DB}=\overline{EC}=3$ cm이므로

$\overline{DE}=\overline{EB}-\overline{DB}=8-3=5$(cm)

**52** 답 **③**

△ABF와 △BCG에서

∠AFB=∠BGC=90°, $\overline{AB}=\overline{BC}$,

∠BAF=90°−∠ABF=∠CBG이므로

△ABF≡△BCG(RHA 합동)

따라서 $\overline{BF}=\overline{CG}=8$ cm, $\overline{BG}=\overline{AF}=12$ cm이므로

$\overline{FG}=\overline{BG}-\overline{BF}=12-8=4$(cm)

∴ △AFG$=\dfrac{1}{2}\times 4 \times 12 = 24$(cm²)

**53** 답 **①**

△ABC에서 ∠BAC$=180°-(90°+40°)=50°$

△ADE와 △ACE에서

∠ADE=∠ACE=90°, $\overline{AE}$는 공통, $\overline{AD}=\overline{AC}$이므로

△ADE≡△ACE(RHS 합동)

∴ $\overline{DE}=\overline{CE}$ (②), ∠AED=∠AEC (⑤)

① △DBE에서 ∠BED$=180°-(90°+40°)=50°$

　 즉, ∠B≠∠BED이므로 $\overline{BD}\neq\overline{DE}$

③ ∠EAD=∠EAC$=\dfrac{1}{2}$∠BAC$=\dfrac{1}{2}\times 50°=25°$

④ ∠EAC=25°이므로

　 △AEC에서 ∠AEC$=180°-(90°+25°)=65°$

따라서 옳지 않은 것은 ①이다.

**54** 답 **118°**

△AME와 △BMD에서

∠AEM=∠BDM=90°, $\overline{AM}=\overline{BM}$,

$\overline{ME}=\overline{MD}$이므로

△AME≡△BMD(RHS 합동)

따라서 ∠A=∠B=31°이므로

△ABC에서 ∠C$=180°-(31°+31°)=118°$

**55** 답 **④**

△ABD와 △AED에서

∠ABD=∠AED=90°, $\overline{AD}$는 공통,

$\overline{AB}=\overline{AE}$이므로

△ABD≡△AED(RHS 합동)

∴ ∠ADE=∠ADB=62°

이때 ∠EDC$=180°-(62°+62°)=56°$이므로

△EDC에서 ∠x$=180°-(90°+56°)=34°$

**56** 답 **30°**

△ANM과 △CNM에서

$\overline{AM}=\overline{CM}$, $\overline{MN}$은 공통, ∠AMN=∠CMN=90°이므로

△ANM≡△CNM(SAS 합동)

∴ ∠MAN=∠MCN=∠x

또 △ABN과 △AMN에서

∠ABN=∠AMN=90°, $\overline{AN}$은 공통, $\overline{BN}=\overline{MN}$이므로

△ABN≡△AMN(RHS 합동)

∴ ∠BAN=∠MAN=∠x

따라서 △ABC에서 $2\angle x+90°+\angle x=180°$이므로

$3\angle x=90°$　　∴ ∠x$=30°$

**57** 답 **33°**

△DBM과 △ECM에서

∠BDM=∠CEM=90°, $\overline{BM}=\overline{CM}$, $\overline{DM}=\overline{EM}$이므로

△DBM≡△ECM(RHS 합동)

이때 ∠B=∠C이므로

△ABC에서 ∠B$=\dfrac{1}{2}\times(180°-66°)=57°$

따라서 △DBM에서 ∠BMD$=90°-57°=33°$

**다른 풀이**

사각형 ADME에서 ∠DME$=360°-(90°+66°+90°)=114°$

이때 △DBM≡△ECM(RHS 합동)이므로

∠BMD=∠CME$=\dfrac{1}{2}\times(180°-114°)=33°$

**58** 답 **②**

오른쪽 그림과 같이 $\overline{AE}$를 그으면

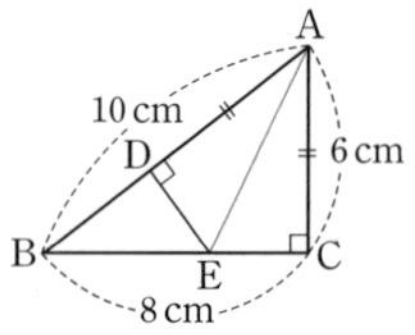

△ADE와 △ACE에서

∠ADE=∠ACE=90°,

$\overline{AE}$는 공통, $\overline{AD}=\overline{AC}$이므로

△ADE≡△ACE(RHS 합동)

∴ $\overline{DE}=\overline{CE}$

이때 $\overline{AD}=\overline{AC}=6$ cm이므로

$\overline{BD}=\overline{AB}-\overline{AD}=10-6=4$(cm)

∴ (△BED의 둘레의 길이)$=\overline{BD}+\overline{BE}+\overline{DE}$

$=4+\overline{BE}+\overline{CE}$

$=4+\overline{BC}$

$=4+8=12$(cm)

**59** 답 (가) **△DOP** (나) $\overline{OP}$ (다) $\overline{PD}$ (라) **RHS** (마) ∠**DOP**

**60** 답 **20**

△AOP와 △BOP에서

∠PAO=∠PBO=90°, $\overline{OP}$는 공통, ∠AOP=∠BOP이므로

△AOP≡△BOP(RHA 합동)

∴ $\overline{OA}=\overline{OB}=12$ cm, $\overline{PB}=\overline{PA}=8$ cm

따라서 $x=12$, $y=8$이므로

$x+y=12+8=20$

## 61 답 25°

$\triangle$AOP와 $\triangle$BOP에서

$\angle$PAO$=\angle$PBO$=90°$, $\overline{\text{OP}}$는 공통, $\overline{\text{AP}}=\overline{\text{BP}}$이므로

$\triangle$AOP$\equiv\triangle$BOP(RHS 합동) ··· (i)

$\therefore \angle$APO$=\angle$BPO$=\dfrac{1}{2}\angle$APB$=\dfrac{1}{2}\times130°=65°$ ··· (ii)

따라서 $\triangle$AOP에서 $\angle x=90°-65°=25°$ ··· (iii)

| 채점 기준 | |
|---|---|
| (i) $\triangle$AOP$\equiv\triangle$BOP임을 설명하기 | 40 % |
| (ii) $\angle$APO의 크기 구하기 | 30 % |
| (iii) $\angle x$의 크기 구하기 | 30 % |

## 62 답 ③

$\triangle$AED와 $\triangle$ACD에서

$\angle$AED$=\angle$ACD$=90°$, $\overline{\text{AD}}$는 공통,

$\angle$EAD$=\angle$CAD이므로

$\triangle$AED$\equiv\triangle$ACD(RHA 합동)

따라서 $\overline{\text{ED}}=\overline{\text{CD}}$, $\overline{\text{AE}}=\overline{\text{AC}}=5\,$cm이므로

$(\triangle$ABC의 둘레의 길이$)=\overline{\text{AB}}+\overline{\text{BC}}+\overline{\text{AC}}$

$=\overline{\text{AE}}+\overline{\text{EB}}+\overline{\text{BD}}+\overline{\text{DC}}+\overline{\text{AC}}$

$=\overline{\text{AE}}+(\overline{\text{EB}}+\overline{\text{BD}}+\overline{\text{ED}})+\overline{\text{AC}}$

$=5+10+5$

$=20\,($cm$)$

## 63 답 40 cm²

오른쪽 그림과 같이 점 D에서 $\overline{\text{AC}}$에 내린 수선

의 발을 E라 하면

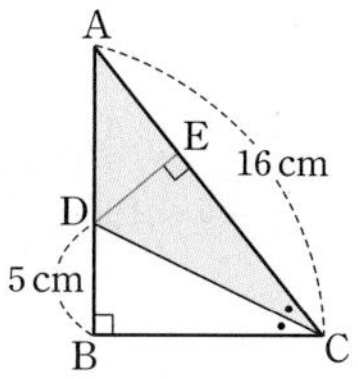

$\triangle$EDC와 $\triangle$BDC에서

$\angle$DEC$=\angle$DBC$=90°$, $\overline{\text{CD}}$는 공통,

$\angle$ECD$=\angle$BCD이므로

$\triangle$EDC$\equiv\triangle$BDC(RHA 합동)

따라서 $\overline{\text{DE}}=\overline{\text{DB}}=5\,$cm이므로

$\triangle$ADC$=\dfrac{1}{2}\times\overline{\text{AC}}\times\overline{\text{DE}}=\dfrac{1}{2}\times16\times5=40\,($cm²$)$

## 64 답 ②

$\triangle$ABC에서 $\overline{\text{AC}}=\overline{\text{BC}}$이므로

$\angle$ABC$=\angle$BAC$=\dfrac{1}{2}\times(180°-90°)=45°$

$\triangle$AED에서 $\angle$EDA$=90°-\angle$EAD$=90°-45°=45°$

즉, $\triangle$AED는 $\overline{\text{EA}}=\overline{\text{ED}}$인 직각이등변삼각형이다.

한편, $\triangle$EBD와 $\triangle$CBD에서

$\angle$DEB$=\angle$DCB$=90°$, $\overline{\text{BD}}$는 공통,

$\angle$EBD$=\angle$CBD이므로

$\triangle$EBD$\equiv\triangle$CBD(RHA 합동)

따라서 $\overline{\text{DE}}=\overline{\text{DC}}=10\,$cm이므로

$\overline{\text{EA}}=\overline{\text{ED}}=10\,$cm

$\therefore \triangle$AED$=\dfrac{1}{2}\times\overline{\text{EA}}\times\overline{\text{ED}}=\dfrac{1}{2}\times10\times10=50\,($cm²$)$

## 65 답 ④

①, ② 이등변삼각형의 꼭지각의 이등분선은 밑변을 수직이등분하

므로 $\overline{\text{BD}}=\overline{\text{CD}}$, $\overline{\text{PD}}\perp\overline{\text{BC}}$

$\therefore \overline{\text{BC}}=2\overline{\text{BD}}$, $\angle$PDB$=\angle$PDC$=90°$

③ $\triangle$PBD와 $\triangle$PCD에서

$\overline{\text{BD}}=\overline{\text{CD}}$, $\angle$PDB$=\angle$PDC$=90°$, $\overline{\text{PD}}$는 공통이므로

$\triangle$PBD$\equiv\triangle$PCD(SAS 합동)

$\therefore \angle$BPD$=\angle$CPD

⑤ $\triangle$ABP와 $\triangle$ACP에서

$\overline{\text{AB}}=\overline{\text{AC}}$, $\angle$BAP$=\angle$CAP, $\overline{\text{AP}}$는 공통이므로

$\triangle$ABP$\equiv\triangle$ACP(SAS 합동)

따라서 옳지 않은 것은 ④이다.

## 66 답 ②

$\triangle$ABC에서 $\overline{\text{AB}}=\overline{\text{AC}}$이므로

$\angle$B$=\angle$C$=\dfrac{1}{2}\times(180°-40°)=70°$

$\triangle$BDF와 $\triangle$CED에서

$\overline{\text{BD}}=\overline{\text{CE}}$, $\overline{\text{BF}}=\overline{\text{CD}}$, $\angle$B$=\angle$C이므로

$\triangle$BDF$\equiv\triangle$CED(SAS 합동)

$\therefore \overline{\text{DF}}=\overline{\text{ED}}$, $\angle$BFD$=\angle$CDE

이때 $\triangle$DEF에서

$\angle$FDE$=180°-(\angle$BDF$+\angle$CDE$)$

$=180°-(\angle$BDF$+\angle$BFD$)=\angle$B$=70°$

따라서 $\overline{\text{DE}}=\overline{\text{DF}}$이므로

$\angle$DFE$=\dfrac{1}{2}\times(180°-70°)=55°$

## 67 답 66°

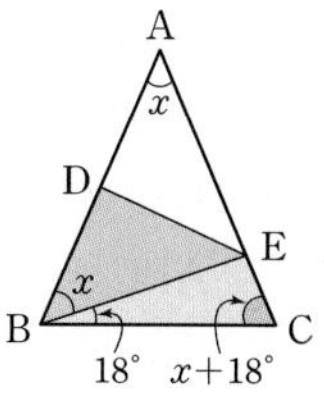

$\angle$A$=\angle x$라 하면

$\angle$ABE$=\angle$A$=\angle x$

$\triangle$ABC에서 $\overline{\text{AB}}=\overline{\text{AC}}$이므로

$\angle$C$=\angle$ABC$=\angle x+18°$

따라서 $\triangle$ABC에서

$\angle x+(\angle x+18°)+(\angle x+18°)=180°$

$3\angle x=144°$　$\therefore \angle x=48°$

$\therefore \angle$C$=48°+18°=66°$

## 68 답 ④

$\triangle$ABC에서 $\overline{\text{AB}}=\overline{\text{AC}}$이므로

$\angle$ACB$=\angle$B$=\angle x$

$\therefore \angle$DAC$=\angle$B$+\angle$ACB$=\angle x+\angle x=2\angle x$

$\triangle$ACD에서 $\overline{\text{AC}}=\overline{\text{DC}}$이므로

$\angle$ADC$=\angle$DAC$=2\angle x$

따라서 $\triangle$BCD에서 $\angle x+2\angle x=105°$이므로

$3\angle x=105°$　$\therefore \angle x=35°$

**69** 답 **36°**

△ABC에서 $\overline{AB}=\overline{AC}$이므로

$\angle ABC=\angle ACB=\dfrac{1}{2}\times(180°-72°)=54°$

$\therefore \angle DBC=\dfrac{1}{2}\angle ABC=\dfrac{1}{2}\times54°=27°$

이때 $\angle ACE=180°-\angle ACB=180°-54°=126°$이므로

$\angle DCE=\dfrac{1}{2}\angle ACE=\dfrac{1}{2}\times126°=63°$

따라서 △DBC에서 $27°+\angle D=63°$    $\therefore \angle D=36°$

**70** 답 **⑤**

△ABC에서 $\overline{CA}=\overline{CB}$이므로 $\angle BAC=\angle B=72°$

$\therefore \angle BAD=\angle CAD=\dfrac{1}{2}\angle BAC=\dfrac{1}{2}\times72°=36°$

△ABC에서 $\angle C=180°-(72°+72°)=36°$이므로

$\angle C=\angle CAD$

즉, △ADC는 이등변삼각형이므로 $\overline{AD}=\overline{CD}=6\,cm$

△ABD에서 $\angle ADB=180°-(36°+72°)=72°$이므로

$\angle B=\angle ADB$

즉, △ABD는 이등변삼각형이므로 $\overline{AB}=\overline{AD}=6\,cm$

**71** 답 **②**

△ABC에서 $\angle B=\angle C$이므로 $\overline{AC}=\overline{AB}=7\,cm$

오른쪽 그림과 같이 $\overline{AP}$를 그으면

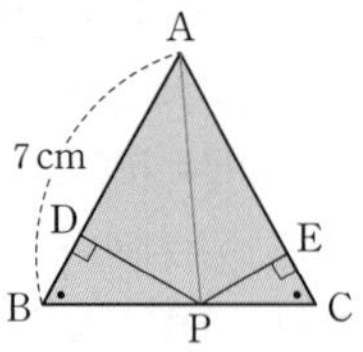

$\begin{aligned}\triangle ABC&=\triangle ABP+\triangle APC\\&=\dfrac{1}{2}\times7\times\overline{PD}+\dfrac{1}{2}\times7\times\overline{PE}\\&=\dfrac{1}{2}\times7\times(\overline{PD}+\overline{PE})\\&=\dfrac{1}{2}\times7\times8=28(cm^2)\end{aligned}$

**72** 답 **③**

오른쪽 그림과 같이 점 D를 정하면

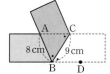

$\overline{AC}/\!/\overline{BD}$이므로 $\angle ACB=\angle CBD$ (엇각)

$\angle ABC=\angle CBD$ (접은 각)

$\therefore \angle ABC=\angle ACB$

따라서 △ABC는 $\overline{AB}=\overline{AC}$인 이등변삼각형이므로

$\overline{AC}=\overline{AB}=8\,cm$

$\therefore$ (△ABC의 둘레의 길이)$=\overline{AB}+\overline{BC}+\overline{CA}$
$=8+9+8=25(cm)$

**73** 답 **6 cm**

△ABC와 △FDE에서

$\angle C=\angle E=90°$, $\overline{AB}=\overline{FD}$, $\overline{BC}=\overline{DE}$이므로

△ABC≡△FDE(RHS 합동)

$\therefore \overline{EF}=\overline{CA}=6\,cm$

**74** 답 **ㄱ, ㄷ**

ㄱ. RHS 합동    ㄷ. RHA 합동

**75** 답 **14 cm²**

△BCF와 △CDG에서

$\angle BFC=\angle CGD=90°$, $\overline{BC}=\overline{CD}$,

$\angle BCF=90°-\angle DCG=\angle CDG$이므로

△BCF≡△CDG(RHA 합동)

따라서 $\overline{CF}=\overline{DG}=7\,cm$, $\overline{CG}=\overline{BF}=3\,cm$이므로

$\overline{FG}=\overline{CF}-\overline{CG}=7-3=4(cm)$

$\therefore \triangle DFG=\dfrac{1}{2}\times4\times7=14(cm^2)$

**76** 답 **①**

△ABD와 △AED에서

$\angle ABD=\angle AED=90°$, $\overline{AD}$는 공통, $\overline{AB}=\overline{AE}$이므로

△ABD≡△AED(RHS 합동)

따라서 $\overline{DE}=\overline{DB}=4\,cm$이므로 $x=4$

또 $\angle EAD=\angle BAD=24°$이므로

△ABC에서 $\angle C=180°-(90°+24°+24°)=42°$    $\therefore y=42$

$\therefore x+y=4+42=46$

**77** 답 **31**

△DBM과 △ECM에서

$\angle BDM=\angle CEM=90°$, $\overline{BM}=\overline{CM}$, $\overline{DM}=\overline{EM}$이므로

△DBM≡△ECM(RHS 합동)

이때 $\angle B=\angle C$이므로

△ABC에서 $\angle B=\dfrac{1}{2}\times(180°-80°)=50°$

따라서 △DBM에서 $\angle BMD=90°-50°=40°$    $\therefore x=40$

이때 $\overline{AC}=\overline{AB}=9\,cm$이므로 $y=9$

$\therefore x-y=40-9=31$

**78** 답 **④**

△QOP와 △ROP에서

$\angle PQO=\angle PRO=90°$, $\overline{OP}$는 공통, $\overline{PQ}=\overline{PR}$이므로

△QOP≡△ROP(RHS 합동)

$\therefore \angle QOP=\angle ROP=\dfrac{1}{2}\angle QOR=\dfrac{1}{2}\times52°=26°$

따라서 △QOP에서 $\angle QPO=90°-26°=64°$

**79** 답 **4 cm**

오른쪽 그림과 같이 점 D에서 $\overline{AC}$에 내린 수선의 발을 E라 하면

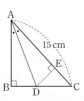

$\triangle ADC=\dfrac{1}{2}\times15\times\overline{DE}=30(cm^2)$

$\therefore \overline{DE}=4(cm)$

한편, △ABD와 △AED에서

$\angle ABD=\angle AED=90°$, $\overline{AD}$는 공통,

$\angle BAD=\angle EAD$이므로

△ABD≡△AED(RHA 합동)

$\therefore \overline{BD}=\overline{ED}=4\,cm$

## 80 답 18°

$\triangle ABC$에서 $\overline{AB}=\overline{AC}$이므로

$\angle ABC=\angle C=\dfrac{1}{2}\times(180°-48°)=66°$　　　… (i)

$\triangle BCD$에서 $\overline{BC}=\overline{BD}$이므로

$\angle BDC=\angle C=66°$　　　… (ii)

$\therefore \angle DBC=180°-(66°+66°)=48°$　　　… (iii)

$\therefore \angle ABD=\angle ABC-\angle DBC=66°-48°=18°$　　　… (iv)

**채점 기준**

| (i) $\angle ABC$의 크기 구하기 | 30 % |
| (ii) $\angle BDC$의 크기 구하기 | 30 % |
| (iii) $\angle DBC$의 크기 구하기 | 30 % |
| (iv) $\angle ABD$의 크기 구하기 | 10 % |

## 81 답 24°

$\triangle EBD$에서 $\overline{EB}=\overline{ED}$이므로

$\angle EDB=\angle B=\angle x$

$\therefore \angle AED=\angle B+\angle EDB$

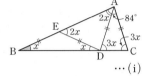

$\qquad=\angle x+\angle x=2\angle x$　　　… (i)

$\triangle AED$에서 $\overline{DE}=\overline{DA}$이므로 $\angle EAD=\angle AED=2\angle x$

$\triangle ABD$에서 $\angle ADC=\angle B+\angle BAD=\angle x+2\angle x=3\angle x$

　　　… (ii)

$\triangle ADC$에서 $\overline{AD}=\overline{AC}$이므로 $\angle ACD=\angle ADC=3\angle x$　… (iii)

따라서 $\triangle ABC$에서 $84°+\angle x+3\angle x=180°$이므로

$4\angle x=96°$　　$\therefore \angle x=24°$　　　… (iv)

**채점 기준**

| (i) $\angle AED$의 크기를 $\angle x$에 대한 식으로 나타내기 | 30 % |
| (ii) $\angle ADC$의 크기를 $\angle x$에 대한 식으로 나타내기 | 30 % |
| (iii) $\angle ACD$의 크기를 $\angle x$에 대한 식으로 나타내기 | 20 % |
| (iv) $\angle x$의 크기 구하기 | 20 % |

## 82 답 (1) 4 cm　(2) 40 cm²

(1) $\triangle DBA$와 $\triangle EAC$에서

$\angle BDA=\angle AEC=90°$, $\overline{AB}=\overline{CA}$,

$\angle BAD=90°-\angle CAE=\angle ACE$이므로

$\triangle DBA\equiv\triangle EAC$(RHA 합동)　　　… (i)

따라서 $\overline{AE}=\overline{BD}=8$ cm이므로

$\overline{CE}=\overline{AD}=\overline{DE}-\overline{AE}=12-8=4$(cm)　… (ii)

(2) (사각형 DBCE의 넓이)$=\dfrac{1}{2}\times(8+4)\times12=72$(cm²)　… (iii)

이때 $\triangle DBA=\triangle EAC=\dfrac{1}{2}\times4\times8=16$(cm²)이므로 … (iv)

$\triangle ABC=$(사각형 DBCE의 넓이)$-(\triangle DBA+\triangle EAC)$

$\qquad=72-(16+16)=40$(cm²)　　　… (v)

**채점 기준**

| (i) $\triangle DBA\equiv\triangle EAC$임을 설명하기 | 20 % |
| (ii) $\overline{CE}$의 길이 구하기 | 20 % |
| (iii) 사각형 DBCE의 넓이 구하기 | 20 % |
| (iv) $\triangle DBA$와 $\triangle EAC$의 넓이 구하기 | 20 % |
| (v) $\triangle ABC$의 넓이 구하기 | 20 % |

## 83 답 66°

$\triangle ABC$에서 $\overline{AB}=\overline{AC}$이므로

$\angle ABC=\angle ACB=\dfrac{1}{2}\times(180°-42°)=69°$

$\therefore \angle CBE=\angle ABC-\angle DBP=69°-36°=33°$

또 $\triangle BCD$와 $\triangle CBE$에서

$\overline{BD}=\overline{AB}-\overline{AD}=\overline{AC}-\overline{AE}=\overline{CE}$,

$\angle DBC=\angle ECB$, $\overline{BC}$는 공통이므로

$\triangle BCD\equiv\triangle CBE$(SAS 합동)

$\therefore \angle BCD=\angle CBE=33°$

따라서 $\triangle PBC$에서 $\angle EPC=33°+33°=66°$

## 84 답 21°

$\triangle ABE$와 $\triangle ACD$에서

$\overline{AB}=\overline{AC}$, $\overline{BE}=\overline{CD}$, $\angle B=\angle C$이므로

$\triangle ABE\equiv\triangle ACD$(SAS 합동)

즉, $\overline{AD}=\overline{AE}$이므로 $\triangle ADE$는 이등변삼각형이다.

$\therefore \angle ADE=\angle AED=\dfrac{1}{2}\times(180°-46°)=67°$

이때 $\triangle ABE$에서 $\overline{BA}=\overline{BE}$이므로

$\angle BAE=\angle BEA=67°$

$\therefore \angle BAD=\angle BAE-\angle DAE=67°-46°=21°$

## 85 답 30 cm

$\triangle ABC$에서 $\overline{AB}=\overline{AC}$, $\angle BAD=\angle CAD$이므로

$\overline{BD}=\overline{CD}$, $\overline{AD}\perp\overline{BC}$

$\triangle ABD$에서 $\angle ADB=90°$이므로

$\triangle ABD$의 넓이에서 $\dfrac{1}{2}\times\overline{BD}\times\overline{AD}=\dfrac{1}{2}\times\overline{AB}\times\overline{DE}$

$\dfrac{1}{2}\times\overline{BD}\times20=\dfrac{1}{2}\times25\times12$, $10\overline{BD}=150$　　$\therefore \overline{BD}=15$(cm)

$\therefore \overline{BC}=2\overline{BD}=2\times15=30$(cm)

## 86 답 ⑤

$\overline{AE}=a$, $\overline{BD}=b$라 하면 $\overline{AC}=3\overline{AE}=3a$

또 $\triangle ABC$에서 $\overline{AD}$는 $\angle A$의 이등분선이므로 $\overline{BD}=\overline{CD}$

$\therefore \overline{BC}=2\overline{BD}=2b$

즉, $\overline{AE}+\overline{BC}=20$에서 $a+2b=20$　　… ㉠

$\overline{AC}+\overline{BD}=30$에서 $3a+b=30$　　… ㉡

㉠, ㉡을 연립하여 풀면 $a=8$, $b=6$

$\therefore \overline{BD}=6$

## 87 답 ④

$\triangle BDC$에서 $\overline{BC}=\overline{BD}$이므로

$\angle BCD=\angle BDC=\angle a$라 하면

$\angle ABC=\angle a+\angle a=2\angle a$

$\triangle ABC$에서 $\overline{AB}=\overline{AC}$이므로

$\angle ACB=\angle ABC=2\angle a$

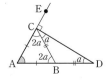

이때 ∠ACD=90°이므로

$2\angle a+\angle a=90°$, $3\angle a=90°$ ∴ ∠$a$=30°

따라서 △ADC에서 ∠A=90°−30°=60°

## 88 답 80°

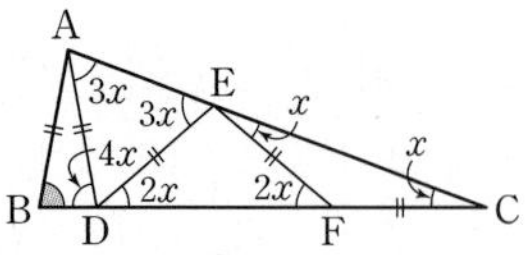

∠C=∠$x$라 하면

△EFC에서 $\overline{FC}=\overline{FE}$이므로

∠FEC=∠C=∠$x$

∴ ∠EFD=∠C+∠FEC

$= \angle x+\angle x=2\angle x$

△EDF에서 $\overline{ED}=\overline{EF}$이므로

∠EDF=∠EFD=2∠$x$

△EDC에서 ∠AED=∠C+∠EDC=∠$x$+2∠$x$=3∠$x$

△ADE에서 $\overline{DA}=\overline{DE}$이므로

∠EAD=∠AED=3∠$x$

△ADC에서 ∠ADB=∠C+∠DAC=∠$x$+3∠$x$=4∠$x$

△ABD에서 $\overline{AB}=\overline{AD}$이므로

∠B=∠ADB=4∠$x$

이때 △ABC에서 $\overline{CA}=\overline{CB}$이므로

∠CAB=∠B=4∠$x$

따라서 △ABC에서 4∠$x$+4∠$x$+∠$x$=180°이므로

9∠$x$=180° ∴ ∠$x$=20°

∴ ∠B=4∠$x$=4×20°=80°

## 89 답 ③

$\overline{AB}//\overline{C'B'}$이므로

∠ABD=∠DEB′ (엇각), ∠BAD=∠DB′E (엇각)

이때 △AB′C′은 △ABC를 회전시킨 것이므로

∠ABD=∠DB′E

∴ ∠ABD=∠DEB′=∠BAD=∠DB′E

즉, △DAB는 $\overline{DA}=\overline{DB}$인 이등변삼각형이고,

△DB′E는 $\overline{DB'}=\overline{DE}$인 이등변삼각형이다.

∴ $\overline{BE}=\overline{BD}+\overline{DE}=\overline{AD}+\overline{DB'}=\overline{AB'}=\overline{AB}$=9 cm

**만렙비법** 평행선에서 엇각의 크기는 같음을 이용하여 이등변삼각형을 찾는다.

## 90 답 5 cm

△BPF와 △PBE에서

∠BFP=∠PEB=90° ··· ㉠

$\overline{BP}$는 공통 ··· ㉡

△ABC에서 ∠EBP=∠ACB이고,

$\overline{FP}//\overline{AC}$에서 ∠FPB=∠ACB (동위각)이므로

∠FPB=∠EBP ··· ㉢

㉠, ㉡, ㉢에 의해 △BPF≡△PBE (RHA 합동)

∴ $\overline{BF}=\overline{PE}$=4 cm

또 △ABC의 넓이에서 $\frac{1}{2}×\overline{BD}×10$=45

$5\overline{BD}$=45 ∴ $\overline{BD}$=9(cm)

∴ $\overline{DF}=\overline{BD}-\overline{BF}$=9−4=5(cm)

## 91 답 ③

△EAD와 △FCD에서

∠EAD=∠FCD=90°, $\overline{AD}=\overline{CD}$, $\overline{DE}=\overline{DF}$이므로

△EAD≡△FCD (RHS 합동)

∴ ∠DEA=∠DFC=55°

이때 ∠EDA=∠FDC=180°−(90°+55°)=35°이므로

∠EDF=35°+(90°−35°)=90°

즉, △DEF는 $\overline{DE}=\overline{DF}$인 직각이등변삼각형이다.

∴ ∠DEF=45°

∴ ∠BEF=∠DEA−∠DEF=55°−45°=10°

## 92 답 ④

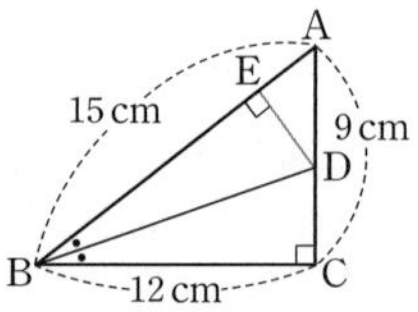

오른쪽 그림과 같이 점 D에서 $\overline{AB}$에
내린 수선의 발을 E라 하면

△EBD와 △CBD에서

∠DEB=∠DCB=90°, $\overline{DB}$는 공통,

∠EBD=∠CBD이므로

△EBD≡△CBD (RHA 합동)

이때 $\overline{CD}=\overline{ED}=x$ cm라 하면

△ABD의 넓이에서 $\frac{1}{2}×15×x=\frac{1}{2}×(9-x)×12$

$\frac{15}{2}x$=54−6$x$, $\frac{27}{2}x$=54 ∴ $x$=4

∴ $\overline{AD}=\overline{AC}-\overline{DC}$=9−4=5(cm)

# 2 삼각형의 외심과 내심

## 01 삼각형의 외심

### 유형 모아 보기 & 완성하기    28~33쪽

**01** 답 ㄷ, ㄹ

ㄱ. 외심에서 세 꼭짓점에 이르는 거리는 같으므로
$\overline{\text{OA}}=\overline{\text{OB}}=\overline{\text{OC}}$

ㄴ. 외심은 세 변의 수직이등분선의 교점이므로 $\overline{\text{AD}}=\overline{\text{BD}}$

ㄷ. $\triangle\text{OAF}$와 $\triangle\text{OCF}$에서
$\angle\text{OFA}=\angle\text{OFC}=90°$, $\overline{\text{OA}}=\overline{\text{OC}}$, $\overline{\text{OF}}$는 공통이므로
$\triangle\text{OAF}\equiv\triangle\text{OCF}$(RHS 합동)

ㅂ. $\triangle\text{OAD}$와 $\triangle\text{OBD}$에서
$\angle\text{ODA}=\angle\text{ODB}=90°$, $\overline{\text{OA}}=\overline{\text{OB}}$, $\overline{\text{OD}}$는 공통이므로
$\triangle\text{OAD}\equiv\triangle\text{OBD}$(RHS 합동)
$\therefore \triangle\text{OAD}=\triangle\text{OBD}$

따라서 옳지 않은 것은 ㄷ, ㄹ이다.

**02** 답 $25\pi\,\text{cm}^2$

직각삼각형의 외심은 빗변의 중점이므로
$\triangle\text{ABC}$의 외접원의 반지름의 길이는
$\dfrac{1}{2}\overline{\text{AC}}=\dfrac{1}{2}\times10=5(\text{cm})$
$\therefore (\triangle\text{ABC}$의 외접원의 넓이$)=\pi\times5^2=25\pi(\text{cm}^2)$

**03** 답 $22°$

$28°+40°+\angle x=90°$이므로 $\angle x=22°$

**04** 답 $152°$

$\triangle\text{OAB}$에서 $\overline{\text{OA}}=\overline{\text{OB}}$이므로 $\angle\text{OAB}=\angle\text{OBA}=50°$
따라서 $\angle\text{BAC}=50°+26°=76°$이므로
$\angle x=2\angle\text{BAC}=2\times76°=152°$

**05** 답 ②, ⑤

점 O는 세 변의 수직이등분선의 교점이므로 $\triangle\text{ABC}$의 외심이다.
② $\triangle\text{OBC}$는 $\overline{\text{OB}}=\overline{\text{OC}}$인 이등변삼각형이므로
$\angle\text{OBE}=\angle\text{OCE}$

**06** 답 (가) $\angle\text{ODC}$ (나) $\overline{\text{OC}}$ (다) $\triangle\text{OCD}$ (라) RHS (마) $\overline{\text{CD}}$

**07** 답 $150°$

$\triangle\text{OBC}$에서 $\overline{\text{OB}}=\overline{\text{OC}}$이므로 $\angle\text{OCB}=\angle\text{OBC}=15°$
$\therefore \angle\text{BOC}=180°-(15°+15°)=150°$

**08** 답 $42\,\text{cm}$

$\overline{\text{AD}}=\overline{\text{BD}}=8\,\text{cm}$, $\overline{\text{CE}}=\overline{\text{BE}}=7\,\text{cm}$, $\overline{\text{AF}}=\overline{\text{CF}}=6\,\text{cm}$
$\therefore (\triangle\text{ABC}$의 둘레의 길이$)=\overline{\text{AB}}+\overline{\text{BC}}+\overline{\text{CA}}$
$\qquad\qquad\qquad\qquad =2\times(8+7+6)=42(\text{cm})$

**09** 답 ⑤

△AOC에서 $\overline{OA}=\overline{OC}$이고, $\overline{AC}=2\overline{AD}=2\times5=10(cm)$이므로

$\overline{OA}=\overline{OC}=\dfrac{1}{2}\times(26-10)=8(cm)$

따라서 △ABC의 외접원의 반지름의 길이는 8 cm이다.

**10** 답 ④

④ 수막새의 중심은 △ABC의 외심이므로 $\overline{AB}$, $\overline{AC}$, $\overline{BC}$의 수직이등분선의 교점을 찾아 외심을 구한다.

**11** 답 ①

직각삼각형의 외심은 빗변의 중점이므로
△ABC의 외접원의 반지름의 길이는

$\dfrac{1}{2}\overline{AC}=\dfrac{1}{2}\times5=\dfrac{5}{2}(cm)$

∴ (△ABC의 외접원의 둘레의 길이)$=2\pi\times\dfrac{5}{2}=5\pi(cm)$

**12** 답 **16 cm**

점 O는 직각삼각형 ABC의 외심이므로

$\overline{OA}=\overline{OB}=\overline{OC}=8\,cm$

∴ $\overline{AB}=\overline{AO}+\overline{OB}=8+8=16(cm)$

**13** 답 **52°**

외심 O가 $\overline{BC}$ 위에 있으므로 △ABC는 ∠A=90°인 직각삼각형이다.

∴ ∠B=90°-38°=52°

이때 점 O는 직각삼각형 ABC의 외심이므로 $\overline{OA}=\overline{OB}$

따라서 △OAB에서 ∠OAB=∠B=52°

**14** 답 **18 cm**

점 M은 직각삼각형 ABC의 외심이므로

$\overline{AM}=\overline{BM}=\overline{CM}=\dfrac{1}{2}\overline{AC}=\dfrac{1}{2}\times13=\dfrac{13}{2}(cm)$

∴ (△ABM의 둘레의 길이)$=\overline{AB}+\overline{BM}+\overline{AM}$
$\qquad\qquad\qquad\qquad\quad=5+\dfrac{13}{2}+\dfrac{13}{2}=18(cm)$

**15** 답 ③

점 M은 직각삼각형 ABC의 외심이므로 $\overline{MA}=\overline{MB}$

즉, △MAB는 $\overline{MA}=\overline{MB}$인 이등변삼각형이므로

∠BAM=∠B=40°

따라서 △MAB에서 ∠x=∠BAM+∠B=40°+40°=80°

**16** 답 ②

점 O는 직각삼각형 ABC의 외심이므로 $\overline{OA}=\overline{OB}=\overline{OC}$

이때 $\overline{OB}=\overline{OC}$이므로 △ABO≡△AOC

∴ △ABO$=\dfrac{1}{2}$△ABC$=\dfrac{1}{2}\times\Big(\dfrac{1}{2}\times15\times8\Big)=30(cm^2)$

**17** 답 **36π cm²**

△ABC에서 ∠A=180°-(90°+30°)=60°   ···(i)

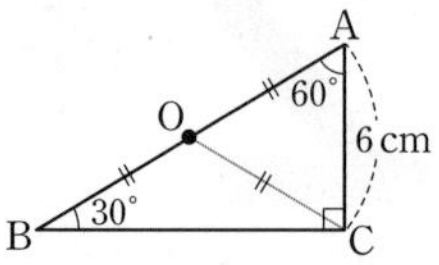

오른쪽 그림과 같이 $\overline{OC}$를 그으면

점 O는 직각삼각형 ABC의 외심이므로

$\overline{OA}=\overline{OB}=\overline{OC}$

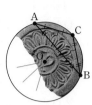

이때 △OCA에서 $\overline{OA}=\overline{OC}$이므로

∠OCA=∠A=60°

∴ ∠AOC=180°-(60°+60°)=60°   ···(ii)

즉, △AOC는 정삼각형이므로

$\overline{OA}=\overline{OC}=\overline{AC}=6\,cm$   ···(iii)

∴ (△ABC의 외접원의 넓이)$=\pi\times6^2=36\pi(cm^2)$   ···(iv)

**채점 기준**

| | |
|---|---|
| (i) ∠A의 크기 구하기 | 20 % |
| (ii) ∠OCA, ∠AOC의 크기 구하기 | 30 % |
| (iii) $\overline{OA}$의 길이 구하기 | 30 % |
| (iv) △ABC의 외접원의 넓이 구하기 | 20 % |

**18** 답 **36°**

∠AOC : ∠BOC=3 : 2이므로

∠AOC$=180°\times\dfrac{3}{5}=108°$

이때 점 O는 직각삼각형 ABC의 외심이므로 $\overline{OA}=\overline{OC}$

따라서 △OCA는 $\overline{OA}=\overline{OC}$인 이등변삼각형이므로

∠A$=\dfrac{1}{2}\times(180°-108°)=36°$

**19** 답 ③

점 D는 직각삼각형 ABC의 외심이므로 $\overline{DA}=\overline{DB}$

즉, △DAB는 $\overline{DA}=\overline{DB}$인 이등변삼각형이므로

∠BAD=∠B=33°

또 △ABE에서 ∠BAE=180°-(90°+33°)=57°

∴ ∠DAE=∠BAE-∠BAD=57°-33°=24°

**20** 답 **130°**

점 O는 △ABC의 외심이므로 $\overline{OA}=\overline{OB}=\overline{OC}$

△OAB에서 ∠OBA$=\dfrac{1}{2}\times(180°-24°)=78°$

△OBC에서 ∠OBC$=\dfrac{1}{2}\times(180°-76°)=52°$

∴ ∠ABC=∠OBA+∠OBC=78°+52°=130°

**21** 답 (1) **120°** (2) **50°** (3) **65°**

점 O는 △ABC의 외심이므로 $\overline{OA}=\overline{OB}=\overline{OC}$

(1) △OAC에서 ∠OAC=∠OCA=30°이므로

∠AOC=180°-(30°+30°)=120°

(2) △OAB에서 ∠OAB=∠OBA=55°이므로

∠AOB=180°-(55°+55°)=70°

∴ ∠BOC=∠AOC-∠AOB=120°-70°=50°

(3) △OBC에서 ∠OBC$=\dfrac{1}{2}\times(180°-50°)=65°$

**22** 답 ③

점 O는 △ABC의 외심이므로 $\overline{OA}=\overline{OB}=\overline{OC}$

△OBC에서 ∠OBC=∠OCB=∠$x$라 하면

△OAB에서 ∠OAB=∠OBA=∠$x$+40°

△OAC에서 ∠OAC=∠OCA=∠$x$+20°

따라서 △ABC에서 (∠$x$+40°)+(∠$x$+20°)+40°+20°=180°

$2\angle x=60°$ ∴ ∠$x$=30°

∴ ∠OAC=30°+20°=50°


**23** 답 **35°**

38°+17°+∠$x$=90°이므로 ∠$x$=35°


**24** 답 ⑤

27°+∠$x$+∠$y$=90°이므로 ∠$x$+∠$y$=63°


**25** 답 **120°**

점 O는 △ABC의 외심이므로

$3\angle x+2\angle x+4\angle x=90°$, $9\angle x=90°$ ∴ ∠$x$=10° ⋯(i)

이때 $\overline{OA}=\overline{OB}$이므로 △OAB는 이등변삼각형이다.

∠ABO=∠BAO=3×10°=30° ⋯(ii)

따라서 △ABO에서 ∠AOB=180°-(30°+30°)=120° ⋯(iii)

**채점 기준**

| (i) ∠$x$의 크기 구하기 | 40% |
|---|---|
| (ii) ∠ABO, ∠BAO의 크기 구하기 | 30% |
| (iii) ∠AOB의 크기 구하기 | 30% |


**26** 답 **∠A=70°, ∠B=48°**

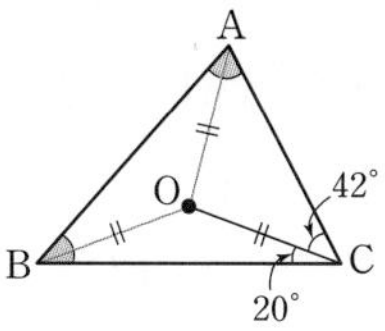

오른쪽 그림과 같이 $\overline{OA}$, $\overline{OB}$를 그으면

$\overline{OA}=\overline{OB}=\overline{OC}$이므로

△OCA에서 ∠OAC=∠OCA=42°

△OBC에서 ∠OBC=∠OCB=20°

△OAB에서 ∠OAB=∠OBA

이때 ∠OAB+20°+42°=90°이므로 ∠OAB=∠OBA=28°

∴ ∠A=∠OAB+∠OAC=28°+42°=70°,

∠B=∠OBA+∠OBC=28°+20°=48°


**27** 답 ⑤

20°+14°+∠OCA=90°이므로 ∠OCA=56°

△OBC에서 $\overline{OB}=\overline{OC}$이므로 ∠OCB=∠OBC=14°

∴ ∠ACH=∠ACO+∠OCB=56°+14°=70°

따라서 △ACH에서 ∠CAH=180°-(90°+70°)=20°


**28** 답 ③

△OAB에서 $\overline{OA}=\overline{OB}$이므로 ∠OAB=∠OBA=24°

△OCA에서 $\overline{OA}=\overline{OC}$이므로 ∠OAC=∠OCA=35°

따라서 ∠BAC=24°+35°=59°이므로

∠$x$=2∠BAC=2×59°=118°


**29** 답 ③

△OBC에서 $\overline{OB}=\overline{OC}$이므로

∠OBC=$\frac{1}{2}$×(180°-160°)=10°

따라서 ∠ABC=41°+10°=51°이므로

∠AOC=2∠ABC=2×51°=102°


**30** 답 **77°**

△OAB에서 $\overline{OA}=\overline{OB}$이므로

∠OAB=∠OBA=13° ⋯(i)

∴ ∠AOB=180°-(13°+13°)=154° ⋯(ii)

∴ ∠C=$\frac{1}{2}$∠AOB=$\frac{1}{2}$×154°=77° ⋯(iii)

**채점 기준**

| (i) ∠OAB의 크기 구하기 | 30% |
|---|---|
| (ii) ∠AOB의 크기 구하기 | 30% |
| (iii) ∠C의 크기 구하기 | 40% |


**31** 답 **30°**

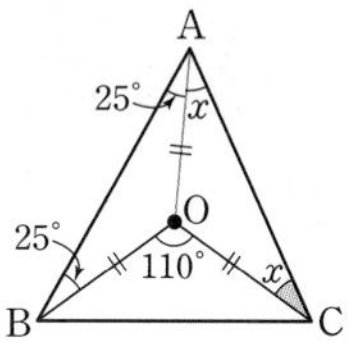

오른쪽 그림과 같이 $\overline{AO}$를 그으면

△OAB에서 $\overline{OA}=\overline{OB}$이므로

∠OAB=∠OBA=25°

△OCA에서 $\overline{OA}=\overline{OC}$이므로

∠OAC=∠OCA=∠$x$

이때 ∠BAC=$\frac{1}{2}$∠BOC=$\frac{1}{2}$×110°=55°이므로

25°+∠$x$=55° ∴ ∠$x$=30°

**다른 풀이**

△OBC에서 $\overline{OB}=\overline{OC}$이므로

∠OBC=$\frac{1}{2}$×(180°-110°)=35°

따라서 25°+35°+∠$x$=90°이므로

∠$x$=30°


**32** 답 **60°**

∠AOB : ∠BOC : ∠COA=2 : 3 : 4이므로

∠BOC=360°×$\frac{3}{9}$=120°

∴ ∠BAC=$\frac{1}{2}$∠BOC=$\frac{1}{2}$×120°=60°


**33** 답 ②

∠BOC=2∠A=2×48°=96°

△OBC에서 $\overline{OB}=\overline{OC}$이므로

∠OBC=∠OCB=$\frac{1}{2}$×(180°-96°)=42°

이때 $\overline{CD}=\overline{CB}$이므로

∠BDC=∠DBC=∠$x$+42°

따라서 △DBO에서 (∠$x$+42°)+∠$x$=96°이므로

$2\angle x=54°$ ∴ ∠$x$=27°

## 34 답 $\dfrac{16}{3}\pi \text{ cm}^2$

오른쪽 그림과 같이 $\overline{BC}$를 그으면 점 O는
$\triangle ABC$의 외심이다.

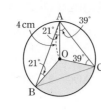

$\triangle OAB$에서 $\overline{OA}=\overline{OB}$이므로

$\angle OAB=\angle OBA=21^\circ$

$\triangle OCA$에서 $\overline{OA}=\overline{OC}$이므로

$\angle OAC=\angle OCA=39^\circ$

$\therefore \angle BAC=\angle OAB+\angle OAC=21^\circ+39^\circ=60^\circ$

따라서 $\angle BOC=2\angle BAC=2\times 60^\circ=120^\circ$이므로

(부채꼴 OBC의 넓이)$=\pi\times 4^2\times\dfrac{120}{360}=\dfrac{16}{3}\pi(\text{cm}^2)$

---

## 02 삼각형의 내심

### 유형 모아 보기 & 완성하기
34~42쪽

## 35 답 ④, ⑤

①, ②, ③ 점 I가 $\triangle ABC$의 외심일 때, 성립한다.

④ 내심에서 세 변에 이르는 거리는 같으므로 $\overline{ID}=\overline{IE}=\overline{IF}$

⑤ $\triangle ICE$와 $\triangle ICF$에서

$\angle IEC=\angle IFC=90^\circ$, $\overline{IC}$는 공통, $\angle ICE=\angle ICF$이므로

$\triangle ICE\equiv\triangle ICF$(RHA 합동)

따라서 옳은 것은 ④, ⑤이다.

## 36 답 $24^\circ$

$28^\circ+38^\circ+\angle x=90^\circ$이므로 $\angle x=24^\circ$

## 37 답 $115^\circ$

점 I가 $\triangle ABC$의 내심이므로 $\angle BAC=2\angle IAC$

$\therefore \angle x=90^\circ+\dfrac{1}{2}\angle BAC=90^\circ+\angle IAC=90^\circ+25^\circ=115^\circ$

## 38 답 $4 \text{ cm}$

$\triangle ABC$의 내접원의 반지름의 길이를 $r\text{ cm}$라 하면

$\dfrac{1}{2}\times r\times(14+15+13)=84$이므로

$21r=84$  $\therefore r=4$

따라서 $\triangle ABC$의 내접원의 반지름의 길이는 $4\text{ cm}$이다.

## 39 답 $5 \text{ cm}$

$\overline{AD}=\overline{AF}=x\text{ cm}$라 하면

$\overline{BE}=\overline{BD}=(16-x)\text{ cm}$, $\overline{CE}=\overline{CF}=(14-x)\text{ cm}$

이때 $\overline{BE}+\overline{CE}=\overline{BC}$이므로 $(16-x)+(14-x)=20$

$2x=10$  $\therefore x=5$

$\therefore \overline{AD}=5\text{ cm}$

## 40 답 $14 \text{ cm}$

점 I는 $\triangle ABC$의 내심이므로

$\angle DBI=\angle IBC$, $\angle ECI=\angle ICB$

이때 $\overline{DE} /\!/ \overline{BC}$이므로

$\angle DIB=\angle IBC$(엇각),

$\angle EIC=\angle ICB$(엇각)

$\therefore \angle DBI=\angle DIB$, $\angle ECI=\angle EIC$

즉, $\triangle DBI$, $\triangle EIC$는 각각 이등변삼각형이므로

$\overline{DI}=\overline{DB}$, $\overline{EI}=\overline{EC}$

$\therefore$ ($\triangle ADE$의 둘레의 길이)$=\overline{AD}+\overline{DE}+\overline{EA}$

$=\overline{AD}+(\overline{DI}+\overline{EI})+\overline{EA}$

$=(\overline{AD}+\overline{DB})+(\overline{EC}+\overline{EA})$

$=\overline{AB}+\overline{AC}$

$=6+8=14(\text{cm})$

## 41 답 $115^\circ$

점 O는 $\triangle ABC$의 외심이므로

$\angle A=\dfrac{1}{2}\angle BOC=\dfrac{1}{2}\times 100^\circ=50^\circ$

점 I는 $\triangle ABC$의 내심이므로

$\angle BIC=90^\circ+\dfrac{1}{2}\angle A=90^\circ+\dfrac{1}{2}\times 50^\circ=115^\circ$

## 42 답 $\dfrac{21}{2} \text{ cm}$

$\triangle ABC$의 외접원의 반지름의 길이를 $R\text{ cm}$라 하면

$R=\dfrac{1}{2}\overline{AB}=\dfrac{1}{2}\times 15=\dfrac{15}{2}$

$\triangle ABC$의 내접원의 반지름의 길이를 $r\text{ cm}$라 하면

$\triangle ABC=\dfrac{1}{2}\times r\times(15+12+9)=18r(\text{cm}^2)$

이때 $\triangle ABC=\dfrac{1}{2}\times 12\times 9=54(\text{cm}^2)$이므로

$18r=54$  $\therefore r=3$

따라서 $\triangle ABC$의 외접원과 내접원의 반지름의 길이의 합은

$\dfrac{15}{2}+3=\dfrac{21}{2}(\text{cm})$

## 43 답 ②, ⑤

① $\triangle IAD$와 $\triangle IAF$에서

$\angle IDA=\angle IFA=90^\circ$, $\overline{AI}$는 공통, $\angle IAD=\angle IAF$이므로

$\triangle IAD\equiv\triangle IAF$(RHA 합동)

$\therefore \overline{AD}=\overline{AF}$

②, ⑤ 점 I가 $\triangle ABC$의 외심일 때, 성립한다.

③ $\angle ICE=\angle ICF$이므로

$\angle CIE=90^\circ-\angle ICE=90^\circ-\angle ICF=\angle CIF$

④ $\triangle IBD$와 $\triangle IBE$에서

$\angle IDB=\angle IEB=90^\circ$, $\overline{IB}$는 공통, $\angle IBD=\angle IBE$이므로

$\triangle IBD\equiv\triangle IBE$(RHA 합동)

따라서 옳지 않은 것은 ②, ⑤이다.

## 44 답 ㈎ $\overline{IE}$  ㈏ $\overline{IF}$  ㈐ $\overline{AI}$  ㈑ RHS  ㈒ $\angle IAF$

**45** 답 **125°**

점 I는 △ABC의 내심이므로

∠IBC=∠ABI=25°, ∠ICB=∠ACI=30°

따라서 △IBC에서 ∠BIC=180°−(25°+30°)=125°

**46** 답 **③**

삼각형의 외심은 삼각형의 세 변의 수직이등분선의 교점이므로 ㄷ이다.

삼각형의 내심은 삼각형의 세 내각의 이등분선의 교점이므로 ㄴ이다.

**47** 답 **③**

△ICE와 △ICF에서

∠IEC=∠IFC=90°, $\overline{IC}$는 공통, ∠ICE=∠ICF이므로

△ICE≡△ICF(RHA 합동)

∴ $\overline{CE}=\overline{CF}$=3 cm

∴ $\overline{BE}=\overline{BC}-\overline{CE}$=9−3=6(cm)

**48** 답 **16°**

△ABC에서 $\overline{AB}=\overline{AC}$이므로

∠ABC=$\frac{1}{2}$×(180°−52°)=64°

점 I는 △ABC의 내심이므로

∠IBC=$\frac{1}{2}$∠ABC=$\frac{1}{2}$×64°=32°

점 I′은 △IBC의 내심이므로

∠I′BC=$\frac{1}{2}$∠IBC=$\frac{1}{2}$×32°=16°

**49** 답 **6°**

∠x=∠IAC=33°

또 33°+30°+∠y=90°이므로 ∠y=27°

∴ ∠x−∠y=33°−27°=6°

**50** 답 **⑤**

∠ICB=∠ICA=$\frac{1}{2}$∠ACB=$\frac{1}{2}$×72°=36°

△IBC에서 ∠x=180°−(34°+36°)=110°

또 ∠y+34°+36°=90°이므로 ∠y=20°

∴ ∠x+∠y=110°+20°=130°

**51** 답 **40°**

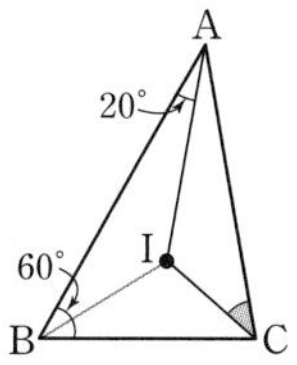

오른쪽 그림과 같이 $\overline{IB}$를 그으면

∠IBC=∠IBA=$\frac{1}{2}$∠B=$\frac{1}{2}$×60°=30°

따라서 20°+30°+∠ICA=90°이므로

∠ICA=40°

**다른 풀이**

∠IAC=∠IAB=20°이므로

∠BAC=20°+20°=40°

△ABC에서 ∠ACB=180°−(40°+60°)=80°

∴ ∠ICA=$\frac{1}{2}$∠ACB=$\frac{1}{2}$×80°=40°

**52** 답 **144°**

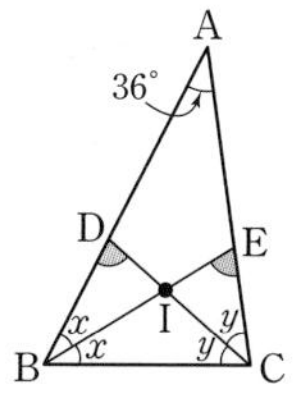

점 I는 △ABC의 내심이므로

∠IBD=∠IBC=∠x,

∠ICB=∠ICE=∠y라 하면

∠x+∠y+$\frac{1}{2}$×36°=90°이므로

∠x+∠y+18°=90°  ∴ ∠x+∠y=72°

△ADC에서 ∠BDC=36°+∠y

△ABE에서 ∠BEC=36°+∠x

∴ ∠BDC+∠BEC=(36°+∠y)+(36°+∠x)

=72°+∠x+∠y

=72°+72°

=144°

**만렙비법** ∠BDC는 △ADC의 한 외각이고, ∠BEC는 △ABE의 한 외각임을 이용한다.

**53** 답 **①**

점 I는 ∠A와 ∠B의 이등분선의 교점이므로 △ABC의 내심이다.

이때 118°=90°+$\frac{1}{2}$∠ACB이므로

$\frac{1}{2}$∠ACB=28°  ∴ ∠ACB=56°

∴ ∠x=$\frac{1}{2}$∠ACB=$\frac{1}{2}$×56°=28°

**54** 답 **115°**

△ABC에서 $\overline{AB}=\overline{AC}$이므로

∠C=$\frac{1}{2}$×(180°−80°)=50°

∴ ∠AIB=90°+$\frac{1}{2}$∠C=90°+$\frac{1}{2}$×50°=115°

**55** 답 **①**

$\frac{1}{2}$∠x+24°+32°=90°이므로

$\frac{1}{2}$∠x=34°  ∴ ∠x=68°

∴ ∠y=90°+$\frac{1}{2}$∠x=90°+$\frac{1}{2}$×68°=124°

∴ ∠y−∠x=124°−68°=56°

**다른 풀이**

∠ICB=∠ICA=32°이므로

△IBC에서 ∠y=180°−(24°+32°)=124°

**56** 답 **130°**

∠A : ∠ABC : ∠BCA=4 : 3 : 2이므로

∠A=180°×$\frac{4}{9}$=80°                      ⋯ (i)

∴ ∠BIC=90°+$\frac{1}{2}$∠A=90°+$\frac{1}{2}$×80°=130°        ⋯ (ii)

**채점 기준**

| | |
|---|---|
| (i) ∠A의 크기 구하기 | 40 % |
| (ii) ∠BIC의 크기 구하기 | 60 % |

## 57 답 ④

점 I는 △ABC의 내심이므로

$\angle BIC = 90° + \dfrac{1}{2} \angle A$

$\quad\quad\quad = 90° + \dfrac{1}{2} \times 60° = 120°$

점 I'은 △IBC의 내심이므로

$\angle BI'C = 90° + \dfrac{1}{2} \angle BIC$

$\quad\quad\quad = 90° + \dfrac{1}{2} \times 120° = 150°$

## 58 답 ②

△ABC의 내접원의 반지름의 길이를 $r$ cm라 하면

$\dfrac{1}{2} \times r \times (14 + 9 + 9) = 36$이므로

$16r = 36 \quad \therefore r = \dfrac{9}{4}$

따라서 △ABC의 내접원의 반지름의 길이는 $\dfrac{9}{4}$ cm이다.

## 59 답 32 cm

$\dfrac{1}{2} \times 3 \times (△ABC의 둘레의 길이) = 48$

$\therefore (△ABC의 둘레의 길이) = 32 (cm)$

## 60 답 $\pi$ cm²

△ABC의 내접원의 반지름의 길이를 $r$ cm라 하면

$△ABC = \dfrac{1}{2} \times r \times (5 + 4 + 3) = 6r (cm^2)$

이때 $△ABC = \dfrac{1}{2} \times 4 \times 3 = 6 (cm^2)$이므로

$6r = 6 \quad \therefore r = 1$

$\therefore (△ABC의 내접원의 넓이) = \pi \times 1^2 = \pi (cm^2)$

## 61 답 ②

△ABC의 내접원의 반지름의 길이를 $r$ cm라 하면

$\dfrac{1}{2} \times r \times 48 = 72$이므로 $24r = 72 \quad \therefore r = 3$

이때 $\angle BIC = 90° + \dfrac{1}{2} \angle A = 90° + \dfrac{1}{2} \times 70° = 125°$이므로

$(색칠한 부채꼴의 넓이) = \pi \times 3^2 \times \dfrac{125}{360} = \dfrac{25}{8} \pi (cm^2)$

## 62 답 $(16 - 4\pi)$ cm²

△ABC의 내접원의 반지름의 길이를 $r$ cm라 하면

$△ABC = \dfrac{1}{2} \times r \times (16 + 12 + 20) = 24r (cm^2)$

이때 $△ABC = \dfrac{1}{2} \times 12 \times 16 = 96 (cm^2)$이므로

$24r = 96 \quad \therefore r = 4$

$\therefore (색칠한 부분의 넓이)$

$= (정사각형 DBEI의 넓이) - (부채꼴 IDE의 넓이)$

$= 4 \times 4 - \dfrac{1}{4} \times \pi \times 4^2$

$= 16 - 4\pi (cm^2)$

## 63 답 ㄱ, ㄴ, ㄷ

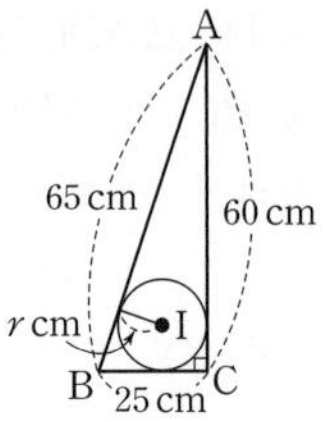

오른쪽 그림과 같이 박스의 밑면을 직각삼각형
ABC로 놓고, △ABC의 내접원의 반지름의 길
이를 $r$ cm라 하면

$△ABC = \dfrac{1}{2} \times r \times (65 + 25 + 60) = 75r (cm^2)$

이때 $△ABC = \dfrac{1}{2} \times 25 \times 60 = 750 (cm^2)$이므로

$75r = 750 \quad \therefore r = 10$

즉, △ABC의 내접원의 반지름의 길이는 10 cm이다.

따라서 지름의 길이가 20 cm보다 작거나 같은 공을 박스에 넣을 수
있으므로 박스에 넣을 수 있는 공은 ㄱ, ㄴ, ㄷ이다.

## 64 답 ④

$\overline{BE} = \overline{BD} = x$ cm라 하면

$\overline{AF} = \overline{AD} = (11 - x)$ cm, $\overline{CF} = \overline{CE} = (8 - x)$ cm

이때 $\overline{AF} + \overline{CF} = \overline{AC}$이므로 $(11 - x) + (8 - x) = 7$

$2x = 12 \quad \therefore x = 6$

$\therefore \overline{BE} = 6$ cm

## 65 답 ③

$\overline{AF} = \overline{AD} = 3$ cm, $\overline{BD} = \overline{BE} = 7$ cm, $\overline{CE} = \overline{CF} = 5$ cm

$\therefore (△ABC의 둘레의 길이) = 2 \times (3 + 7 + 5)$

$= 30 (cm)$

## 66 답 ②

$\overline{BE} = \overline{BD} = \overline{AB} - \overline{AD} = 12 - 4 = 8 (cm)$

$\overline{CE} = \overline{CF} = \overline{AC} - \overline{AF} = \overline{AC} - \overline{AD} = 10 - 4 = 6 (cm)$

$\therefore \overline{BC} = \overline{BE} + \overline{CE} = 8 + 6 = 14 (cm)$

## 67 답 12 cm

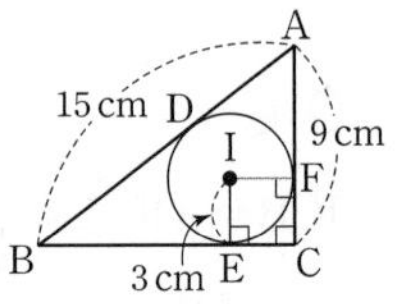

오른쪽 그림과 같이 $\overline{IF}$를 그으면 사각형
IECF는 정사각형이다.

$\therefore \overline{CE} = \overline{CF} = \overline{IE} = 3$ cm

$\overline{AD} = \overline{AF} = \overline{AC} - \overline{CF} = 9 - 3 = 6 (cm)$

$\overline{BE} = \overline{BD} = \overline{AB} - \overline{AD} = 15 - 6 = 9 (cm)$

$\therefore \overline{BC} = \overline{BE} + \overline{EC} = 9 + 3 = 12 (cm)$

## 68 답 12 cm

△ABC의 내접원의 반지름의 길이를 $r$ cm라 하면

$\dfrac{1}{2} \times r \times (9 + 7 + 8) = 24$이므로

$12r = 24 \quad \therefore r = 2$

$\therefore \overline{ID} = \overline{IE} = 2$ cm

$\overline{BD} = \overline{BE} = x$ cm라 하면

$\overline{AF} = \overline{AD} = (9 - x)$ cm, $\overline{CF} = \overline{CE} = (7 - x)$ cm

이때 $\overline{AF} + \overline{CF} = \overline{AC}$이므로 $(9 - x) + (7 - x) = 8$

$2x = 8 \quad \therefore x = 4$

$\therefore (사각형 DBEI의 둘레의 길이) = \overline{DB} + \overline{BE} + \overline{IE} + \overline{ID}$

$= 4 + 4 + 2 + 2 = 12 (cm)$

## 69 답 ③

오른쪽 그림과 같이 $\overline{IB}$, $\overline{IC}$를 그으면 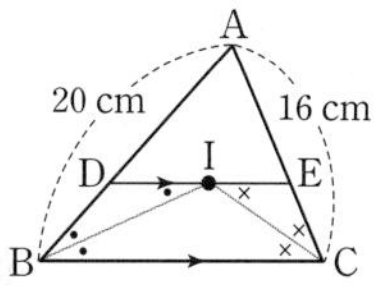
점 I는 △ABC의 내심이므로
$\angle DBI = \angle IBC$, $\angle ECI = \angle ICB$
이때 $\overline{DE} /\!/ \overline{BC}$이므로
$\angle DIB = \angle IBC$(엇각),
$\angle EIC = \angle ICB$(엇각)
$\therefore \angle DBI = \angle DIB$, $\angle ECI = \angle EIC$
즉, △DBI, △EIC는 각각 이등변삼각형이므로
$\overline{DI} = \overline{DB}$, $\overline{EI} = \overline{EC}$
$\therefore$ (△ADE의 둘레의 길이)
$= \overline{AD} + \overline{DE} + \overline{EA}$
$= \overline{AD} + (\overline{DI} + \overline{EI}) + \overline{EA}$
$= (\overline{AD} + \overline{DB}) + (\overline{EC} + \overline{EA})$
$= \overline{AB} + \overline{AC}$
$= 20 + 16 = 36\,(\text{cm})$

## 70 답 9 cm

△DBI에서 $\angle DBI = \angle DIB$이므로 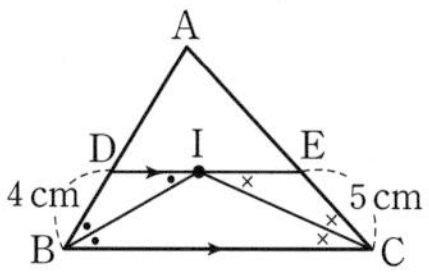
$\overline{DI} = \overline{DB} = 4\,\text{cm}$
△EIC에서 $\angle ECI = \angle EIC$이므로
$\overline{EI} = \overline{EC} = 5\,\text{cm}$
$\therefore \overline{DE} = \overline{DI} + \overline{EI} = 4 + 5 = 9\,(\text{cm})$

참고 ▷ △DBI, △EIC는 각각 이등변삼각형이다.

## 71 답 14 cm

$\angle DBI = \angle DIB$, $\angle ECI = \angle EIC$이므로 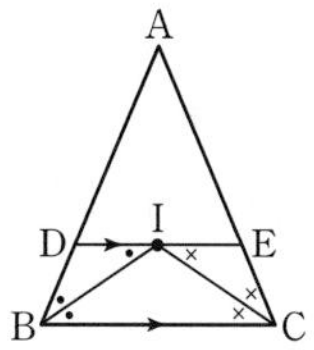
$\overline{DI} = \overline{DB}$, $\overline{EI} = \overline{EC}$
(△ADE의 둘레의 길이)
$= \overline{AD} + \overline{DE} + \overline{EA}$
$= \overline{AD} + (\overline{DI} + \overline{EI}) + \overline{EA}$
$= (\overline{AD} + \overline{DB}) + (\overline{EC} + \overline{EA})$
$= \overline{AB} + \overline{AC}$
$= 2\overline{AB}$
이때 △ADE의 둘레의 길이가 28 cm이므로
$2\overline{AB} = 28$ $\therefore \overline{AB} = 14\,(\text{cm})$

## 72 답 36 cm

오른쪽 그림과 같이 $\overline{IA}$, $\overline{IC}$를 그으면 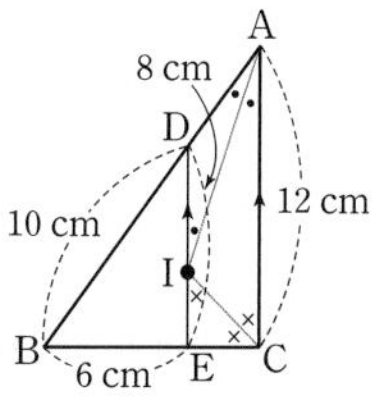
$\angle DAI = \angle DIA$, $\angle ECI = \angle EIC$이므로
$\overline{DA} = \overline{DI}$, $\overline{EC} = \overline{EI}$
$\therefore$ (△ABC의 둘레의 길이)
$= \overline{AB} + \overline{BC} + \overline{CA}$
$= (\overline{AD} + \overline{DB}) + (\overline{BE} + \overline{EC}) + \overline{CA}$
$= \overline{DI} + \overline{BD} + \overline{BE} + \overline{EI} + \overline{CA}$
$= \overline{BD} + \overline{BE} + \overline{DE} + \overline{CA}$
$= 10 + 6 + 8 + 12$
$= 36\,(\text{cm})$

## 73 답 ⑤

오른쪽 그림과 같이 $\overline{IB}$, $\overline{IC}$를 그으면 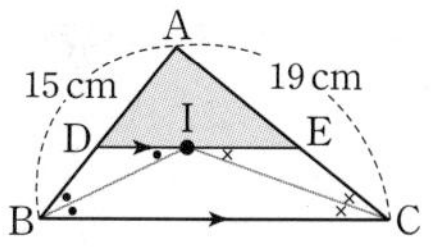
$\angle DBI = \angle DIB$, $\angle ECI = \angle EIC$이므로
$\overline{DI} = \overline{DB}$, $\overline{EI} = \overline{EC}$
$\therefore$ (△ADE의 둘레의 길이)
$= \overline{AD} + \overline{DE} + \overline{EA}$
$= \overline{AD} + (\overline{DI} + \overline{EI}) + \overline{EA}$
$= (\overline{AD} + \overline{DB}) + (\overline{EC} + \overline{EA})$
$= \overline{AB} + \overline{AC}$
$= 15 + 19 = 34\,(\text{cm})$
따라서 △ADE의 내접원의 반지름의 길이가 3 cm이므로
$\triangle ADE = \frac{1}{2} \times 3 \times (\triangle ADE의 둘레의 길이)$
$\qquad\quad = \frac{1}{2} \times 3 \times 34 = 51\,(\text{cm}^2)$

## 74 답 72°

점 I는 △ABC의 내심이므로
$108° = 90° + \frac{1}{2}\angle A$에서 $\frac{1}{2}\angle A = 18°$
$\therefore \angle A = 36°$
점 O는 △ABC의 외심이므로
$\angle BOC = 2\angle A = 2 \times 36° = 72°$

## 75 답 ①, ③, ④

① 삼각형의 외심에서 세 꼭짓점에 이르는 거리는 같다.
③ 삼각형의 내심에서 세 변에 이르는 거리는 같다.
④ 삼각형의 외심은 삼각형의 종류에 따라 위치가 다르다.

참고 삼각형의 외심의 위치
(1) 예각삼각형: 삼각형의 내부
(2) 둔각삼각형: 삼각형의 외부
(3) 직각삼각형: 빗변의 중점

## 76 답 120°

외심과 내심이 일치하므로 △ABC는 정삼각형이다.
따라서 $\angle A = 60°$이므로
$\angle x = 2\angle A = 2 \times 60° = 120°$

다른 풀이

$\angle x = 90° + \frac{1}{2}\angle A = 90° + \frac{1}{2} \times 60° = 120°$

## 77 답 ⑤

△ABC에서 $\angle A = 180° - (40° + 64°) = 76°$
점 O는 △ABC의 외심이므로
$\angle BOC = 2\angle A = 2 \times 76° = 152°$
점 I는 △ABC의 내심이므로
$\angle BIC = 90° + \frac{1}{2}\angle A = 90° + \frac{1}{2} \times 76° = 128°$
$\therefore \angle BOC - \angle BIC = 152° - 128° = 24°$

## 78 답 12°

점 O는 △ABC의 외심이므로

$\angle BOC = 2\angle A = 2 \times 44° = 88°$

△OBC에서 $\overline{OB} = \overline{OC}$이므로

$\angle OBC = \dfrac{1}{2} \times (180° - 88°) = 46°$

△ABC에서 $\overline{AB} = \overline{AC}$이므로

$\angle ABC = \dfrac{1}{2} \times (180° - 44°) = 68°$

점 I는 △ABC의 내심이므로

$\angle IBC = \dfrac{1}{2}\angle ABC = \dfrac{1}{2} \times 68° = 34°$

$\therefore \angle OBI = \angle OBC - \angle IBC = 46° - 34° = 12°$

## 79 답 ④

△ABC에서 $\angle BAC = 180° - (56° + 90°) = 34°$

점 I는 △ABC의 내심이므로

$\angle IAC = \dfrac{1}{2}\angle BAC = \dfrac{1}{2} \times 34° = 17°$

△OCA에서 $\overline{OC} = \overline{OA}$이므로

$\angle OCA = \angle OAC = 34°$

따라서 △APC에서 $\angle APC = 180° - (34° + 17°) = 129°$

## 80 답 $\dfrac{17}{2}$ cm

△ABC의 외접원의 반지름의 길이를 $R$ cm라 하면

$R = \dfrac{1}{2}\overline{BC} = \dfrac{1}{2} \times 13 = \dfrac{13}{2}$

△ABC의 내접원의 반지름의 길이를 $r$ cm라 하면

$\triangle ABC = \dfrac{1}{2} \times r \times (5 + 13 + 12) = 15r\,(\text{cm}^2)$

이때 $\triangle ABC = \dfrac{1}{2} \times 12 \times 5 = 30\,(\text{cm}^2)$이므로

$15r = 30$   $\therefore r = 2$

따라서 △ABC의 외접원과 내접원의 반지름의 길이의 합은

$\dfrac{13}{2} + 2 = \dfrac{17}{2}\,(\text{cm})$

## 81 답 28 cm²

오른쪽 그림에서 △ABC의 세 변 AB, BC, CA
와 내접원 I의 접점을 각각 D, E, F라 하고,
$\overline{BC} = x$ cm, $\overline{AC} = y$ cm라 하면
사각형 IECF는 정사각형이므로

$\overline{BD} = \overline{BE} = (x-2)$ cm,

$\overline{AD} = \overline{AF} = (y-2)$ cm

이때 $\overline{AB} = 2\overline{OB} = 2 \times 6 = 12\,(\text{cm})$이므로

$(x-2) + (y-2) = 12$

$\therefore x + y = 16$

$\therefore \triangle ABC = \dfrac{1}{2} \times 2 \times (x + y + 12)$

$= \dfrac{1}{2} \times 2 \times 28$

$= 28\,(\text{cm}^2)$

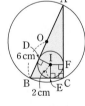

## 82 답 ②

△ABC의 외접원의 반지름의 길이를 $R$ cm라 하면

$R = \dfrac{1}{2}\overline{AB} = \dfrac{1}{2} \times 20 = 10$

△ABC의 내접원의 반지름의 길이를 $r$ cm라 하면

$\triangle ABC = \dfrac{1}{2} \times r \times (20 + 16 + 12) = 24r\,(\text{cm}^2)$

이때 $\triangle ABC = \dfrac{1}{2} \times 16 \times 12 = 96\,(\text{cm}^2)$이므로

$24r = 96$   $\therefore r = 4$

$\therefore$ (색칠한 부분의 넓이) = (외접원의 넓이) − (내접원의 넓이)

$= \pi \times 10^2 - \pi \times 4^2$

$= 100\pi - 16\pi$

$= 84\pi\,(\text{cm}^2)$

Pick 점검하기                                   43~45쪽

## 83 답 ⑤

△ABC의 외심에서 세 꼭짓점 A, B, C에 이르는 거리가 같으므로
△ABC의 외심의 위치에 보물이 묻혀 있다.
이때 세 변의 수직이등분선의 교점이 삼각형의 외심이므로 ⑤이다.

## 84 답 6 cm

△AOC에서 $\overline{OA} = \overline{OC}$이므로

$\overline{OA} = \overline{OC} = \dfrac{1}{2} \times (20 - 8) = 6\,(\text{cm})$

따라서 △ABC의 외접원의 반지름의 길이는 6 cm이다.

## 85 답 34°

점 O는 직각삼각형 ABC의 외심이므로 $\overline{OA} = \overline{OB}$

따라서 △OAB에서 $\angle B = \angle OAB$

$\angle B + \angle OAB = 2\angle B = 68°$   $\therefore \angle B = 34°$

## 86 답 20°

$\angle x + 30° + 40° = 90°$이므로 $\angle x = 20°$

## 87 답 ④

점 O는 $\overline{AB}$, $\overline{BC}$의 수직이등분선의 교점이므로 △ABC의 외심이다. 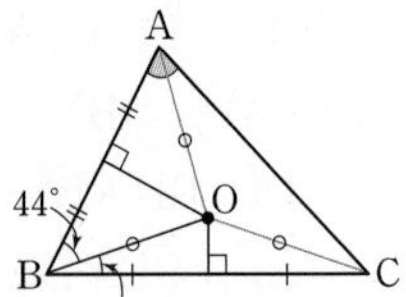
오른쪽 그림과 같이 $\overline{OA}$, $\overline{OC}$를 그으면

$\angle OAC + 44° + 18° = 90°$

$\therefore \angle OAC = 28°$

이때 △OAB에서 $\overline{OA} = \overline{OB}$이므로

$\angle OAB = \angle OBA = 44°$

$\therefore \angle A = \angle OAB + \angle OAC = 44° + 28° = 72°$

**88** 답 **31°**

오른쪽 그림과 같이 $\overline{OC}$를 그으면

$\triangle OCA$에서 $\overline{OA}=\overline{OC}$이므로

$\angle OCA = \angle OAC = 26°$

$\triangle OBC$에서 $\overline{OB}=\overline{OC}$이므로

$\angle OCB = \angle OBC = \angle x$

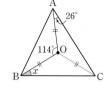

이때 $\angle ACB = \dfrac{1}{2}\angle AOB = \dfrac{1}{2}\times 114° = 57°$이므로

$26° + \angle x = 57°$    $\therefore \angle x = 31°$

**다른 풀이**

$\triangle OAB$에서 $\overline{OA}=\overline{OB}$이므로

$\angle OAB = \dfrac{1}{2}\times(180°-114°)=33°$

따라서 $33° + \angle x + 26° = 90°$이므로 $\angle x = 31°$

**89** 답 **140°**

$\angle BAC : \angle B : \angle ACB = 6:7:5$이므로

$\angle B = 180°\times\dfrac{7}{18}=70°$

$\therefore \angle AOC = 2\angle B = 2\times 70° = 140°$

**90** 답 **②, ④**

① 점 I가 $\triangle ABC$의 외심일 때, 성립한다.

② 내심은 삼각형의 세 내각의 이등분선의 교점이므로

  $\angle IAB = \angle IAC$

④ 점 I는 내심이므로 점 I에서 $\triangle ABC$의 세 변에 이르는 거리는 모두 같다.

⑤ 점 I를 $\triangle ABC$의 내심이라 한다.

따라서 옳은 것은 ②, ④이다.

**91** 답 **③**

$\angle x + 30° + 35° = 90°$이므로 $\angle x = 25°$

이때 $\angle IBA = \angle IBC = 30°$이므로

$\triangle ABI$에서 $\angle y = 180° - (25° + 30°) = 125°$

$\therefore \angle y - \angle x = 125° - 25° = 100°$

**92** 답 **195°**

점 I는 $\triangle ABC$의 내심이므로

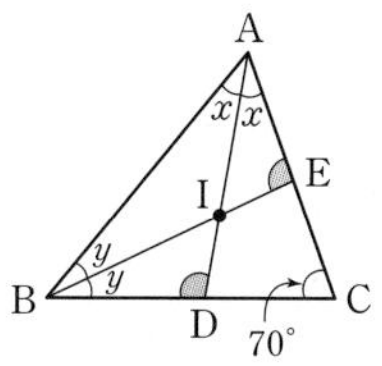

$\angle IAB = \angle IAE = \angle x$,

$\angle IBA = \angle IBD = \angle y$라 하면

$\angle x + \angle y + \dfrac{1}{2}\times 70° = 90°$

$\angle x + \angle y + 35° = 90°$    $\therefore \angle x + \angle y = 55°$

$\triangle BCE$에서 $\angle AEB = \angle y + 70°$

$\triangle ADC$에서 $\angle ADB = \angle x + 70°$

$\therefore \angle AEB + \angle ADB = (\angle y + 70°) + (\angle x + 70°)$

$\qquad\qquad\qquad\qquad = 140° + \angle x + \angle y$

$\qquad\qquad\qquad\qquad = 140° + 55°$

$\qquad\qquad\qquad\qquad = 195°$

**93** 답 **162°**

$40° + \dfrac{1}{2}\angle x + 26° = 90°$이므로

$\dfrac{1}{2}\angle x = 24°$    $\therefore \angle x = 48°$

$\therefore \angle y = 90° + \dfrac{1}{2}\angle x = 90° + \dfrac{1}{2}\times 48° = 114°$

$\therefore \angle x + \angle y = 48° + 114° = 162°$

**다른 풀이**

$\angle ICA = \angle ICB = 26°$이므로

$\triangle AIC$에서 $\angle y = 180° - (40° + 26°) = 114°$

**94** 답 **10 cm²**

$\triangle ABC$의 내접원의 반지름의 길이를 $r\,\mathrm{cm}$라 하면

$\triangle ABC = \dfrac{1}{2}\times r \times(10+8+6) = 12r\,(\mathrm{cm}^2)$

이때 $\triangle ABC = \dfrac{1}{2}\times 8 \times 6 = 24\,(\mathrm{cm}^2)$이므로

$12r = 24$    $\therefore r = 2$

$\therefore \triangle IAB = \dfrac{1}{2}\times 10 \times 2 = 10\,(\mathrm{cm}^2)$

**95** 답 **24 cm²**

$\overline{CE} = \overline{CF} = 3\,\mathrm{cm}$이므로

$\overline{BD} = \overline{BE} = \overline{BC} - \overline{CE} = 8 - 3 = 5\,(\mathrm{cm})$,

$\overline{AF} = \overline{AD} = \overline{AB} - \overline{BD} = 9 - 5 = 4\,(\mathrm{cm})$

따라서 $\overline{AC} = \overline{AF} + \overline{CF} = 4 + 3 = 7\,(\mathrm{cm})$이므로

$\triangle ABC = \dfrac{1}{2}\times 2 \times(9+8+7) = 24\,(\mathrm{cm}^2)$

**96** 답 **④**

$\angle IBC = \angle IBA = 25°$, $\angle ICB = \angle ICA = 35°$이므로

① $\angle A = 180° - (25°\times 2 + 35°\times 2) = 60°$

② $\overline{DE}/\!/\overline{BC}$이므로 $\angle EIC = \angle ICB = 35°$ (엇각)

③ $\overline{DE}/\!/\overline{BC}$이므로 $\angle DIB = \angle IBC = 25°$ (엇각)

④ $\triangle IBC$에서 $\angle BIC = 180° - (25° + 35°) = 120°$

⑤ ($\triangle ADE$의 둘레의 길이) $= \overline{AD} + \overline{DE} + \overline{EA}$

$\qquad\qquad = \overline{AD} + (\overline{DI} + \overline{EI}) + \overline{EA}$

$\qquad\qquad = (\overline{AD} + \overline{DB}) + (\overline{EC} + \overline{EA})$

$\qquad\qquad = \overline{AB} + \overline{AC} = 12 + 10 = 22\,(\mathrm{cm})$

따라서 옳지 않은 것은 ④이다.

**97** 답 **②**

ㄴ. 둔각삼각형의 외심은 삼각형의 외부에 위치한다. 즉, 꼭지각의 크기가 둔각인 이등변삼각형의 외심은 삼각형의 외부에 위치한다.

ㄹ. 직각삼각형의 내심은 삼각형의 내부에 있다.

**98** 답 **①**

점 O는 $\triangle ABC$의 외심이므로

$\angle BOC = 2\angle A = 2\times 52° = 104°$

$\triangle OBC$에서 $\overline{OB} = \overline{OC}$이므로

$\angle OCB = \dfrac{1}{2}\times(180° - 104°) = 38°$

△ABC에서 $\overline{AB}=\overline{AC}$이므로

$\angle ACB=\dfrac{1}{2}\times(180°-52°)=64°$

점 I는 △ABC의 내심이므로

$\angle ICB=\dfrac{1}{2}\angle ACB=\dfrac{1}{2}\times64°=32°$

$\therefore \angle OCI=\angle OCB-\angle ICB=38°-32°=6°$

## 99 답 7 cm

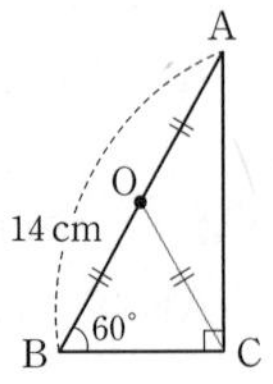

오른쪽 그림과 같이 $\overline{OC}$를 그으면 점 O는 직각삼각
형 ABC의 외심이므로 $\overline{OA}=\overline{OB}=\overline{OC}$

이때 △OBC에서 $\overline{OB}=\overline{OC}$이므로

$\angle OCB=\angle B=60°$ $\cdots$ (i)

$\therefore \angle BOC=180°-(60°+60°)=60°$ $\cdots$ (ii)

따라서 △OBC는 정삼각형이므로

$\overline{BC}=\overline{OB}=\dfrac{1}{2}\overline{AB}=\dfrac{1}{2}\times14=7\,(cm)$ $\cdots$ (iii)

| 채점 기준 | |
|---|---|
| (i) $\angle OCB$의 크기 구하기 | 40 % |
| (ii) $\angle BOC$의 크기 구하기 | 20 % |
| (iii) $\overline{BC}$의 길이 구하기 | 40 % |

## 100 답 130°

△ABC에서 $40°+\angle ABC+\angle C=180°$이므로

$\angle ABC+\angle C=140°$ $\cdots$ (i)

$\therefore \angle C=140°\times\dfrac{4}{7}=80°$ $\cdots$ (ii)

$\therefore \angle AIB=90°+\dfrac{1}{2}\angle C=90°+\dfrac{1}{2}\times80°=130°$ $\cdots$ (iii)

| 채점 기준 | |
|---|---|
| (i) $\angle ABC+\angle C$의 크기 구하기 | 30 % |
| (ii) $\angle C$의 크기 구하기 | 30 % |
| (iii) $\angle AIB$의 크기 구하기 | 40 % |

## 101 답 $11\pi$ cm

△ABC의 외접원의 반지름의 길이를 $R$ cm라 하면

$R=\dfrac{1}{2}\overline{AB}=\dfrac{1}{2}\times17=\dfrac{17}{2}$

$\therefore$ (외접원의 둘레의 길이)$=2\pi\times\dfrac{17}{2}=17\pi\,(cm)$ $\cdots$ (i)

△ABC의 내접원의 반지름의 길이를 $r$ cm라 하면

$\triangle ABC=\dfrac{1}{2}\times r\times(17+8+15)=20r\,(cm^2)$

이때 $\triangle ABC=\dfrac{1}{2}\times8\times15=60\,(cm^2)$이므로

$20r=60$ $\therefore r=3$

$\therefore$ (내접원의 둘레의 길이)$=2\pi\times3=6\pi\,(cm)$ $\cdots$ (ii)

따라서 △ABC의 외접원과 내접원의 둘레의 길이의 차는

$17\pi-6\pi=11\pi\,(cm)$ $\cdots$ (iii)

| 채점 기준 | |
|---|---|
| (i) 외접원의 둘레의 길이 구하기 | 40 % |
| (ii) 내접원의 둘레의 길이 구하기 | 40 % |
| (iii) 외접원과 내접원의 둘레의 길이의 차 구하기 | 20 % |

## 102 답 35°

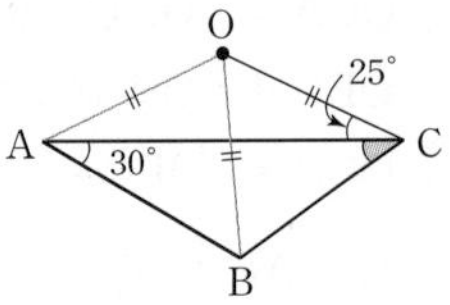

오른쪽 그림과 같이 $\overline{OA}$, $\overline{OB}$를 그으면
점 O는 △ABC의 외심이므로

$\overline{OA}=\overline{OB}=\overline{OC}$

△OAC에서 $\angle OAC=\angle OCA=25°$

$\therefore \angle OBA=\angle OAB=25°+30°=55°$

△OBC에서 $\angle OBC=\angle OCB=25°+\angle ACB$

따라서 △ABC에서 $30°+55°+(25°+\angle ACB)+\angle ACB=180°$

$2\angle ACB=70°$ $\therefore \angle ACB=35°$

## 103 답 110°

점 O는 △ABC의 외심이므로

$\angle AOC=2\angle B=2\times70°=140°$

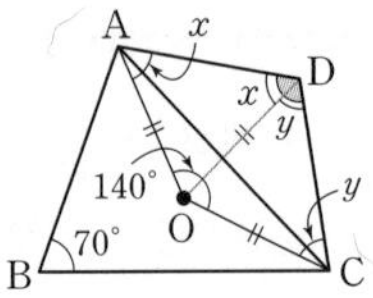

오른쪽 그림과 같이 $\overline{OD}$를 그으면 점 O는
△ACD의 외심이므로 $\overline{OA}=\overline{OD}=\overline{OC}$

$\angle OAD=\angle ODA=\angle x$,

$\angle ODC=\angle OCD=\angle y$라 하면

사각형 AOCD에서 $\angle x+140°+\angle y+(\angle x+\angle y)=360°$

$2(\angle x+\angle y)=220°$ $\therefore \angle x+\angle y=110°$

$\therefore \angle D=\angle x+\angle y=110°$

### 다른 풀이

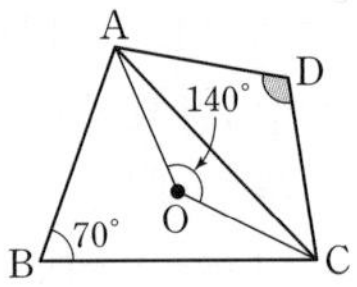

점 O는 △ABC의 외심이므로

$\angle AOC=2\angle B=2\times70°=140°$

또 점 O는 △ACD의 외심이므로

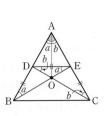

$\angle D=\dfrac{1}{2}\times(360°-140°)=110°$

## 104 답 ③

점 O는 △ABC의 외심이므로 $\overline{OA}=\overline{OB}$

$\therefore \angle OAB=\angle B=35°$

이때 △ABC의 외심 O가 $\overline{BC}$ 위에 있으므로 $\angle BAC=90°$

$\therefore \angle OAC=\angle BAC-\angle OAB=90°-35°=55°$

점 $O'$은 △AOC의 외심이므로

$\angle OO'C=2\angle OAC=2\times55°=110°$

따라서 △O'OC에서 $\overline{O'O}=\overline{O'C}$이므로

$\angle O'CO=\dfrac{1}{2}\times(180°-110°)=35°$

## 105 답 ④

오른쪽 그림과 같이 $\overline{AO}$를 긋고,

$\angle DBE=\angle a$, $\angle ECD=\angle b$라 하면

$\overline{BD}=\overline{DE}=\overline{EC}$이므로

$\angle DEB=\angle DBE=\angle a$,

$\angle EDC=\angle ECD=\angle b$

또 점 O는 △ABC의 외심이므로 $\overline{OA}=\overline{OB}=\overline{OC}$

$\therefore \angle OAB=\angle OBA=\angle a$, $\angle OAC=\angle OCA=\angle b$

$\therefore \angle BAC=\angle OAB+\angle OAC=\angle a+\angle b$

△DOE에서 ∠DOE$=180°-(\angle a+\angle b)$이므로

∠BOC$=180°-(\angle a+\angle b)$ (맞꼭지각)

이때 ∠BOC$=2$∠BAC이므로

$180°-(\angle a+\angle b)=2(\angle a+\angle b)$

$3(\angle a+\angle b)=180°$　∴ $\angle a+\angle b=60°$

∴ ∠A$=60°$

## 106 답 ④

점 I는 △ABC의 내심이므로

∠ABI$=\dfrac{1}{2}$∠ABC$=\dfrac{1}{2}\times32°=16°$

△ACD에서

∠ADC$=$∠BAC$-$∠ACD$=92°-56°=36°$

점 I′는 △ACD의 내심이므로

∠ADI′$=\dfrac{1}{2}$∠ADC$=\dfrac{1}{2}\times36°=18°$

따라서 △BPD에서 ∠IPI′$=180°-(16°+18°)=146°$

## 107 답 55°

△ABD는 $\overline{AB}=\overline{AD}$인 이등변삼각형이므로 꼭짓점 A와 내심 I를 지나는 직선은 $\overline{BD}$와 수직이다.

즉, $\overline{AP}\perp\overline{BD}$이므로 ∠APD$=90°$

∴ ∠DPQ$=90°$

△BCD에서 $\overline{BC}=\overline{BD}$이므로

∠BDC$=\dfrac{1}{2}\times(180°-40°)=70°$

이때 점 I′은 △BCD의 내심이므로

∠BDI′$=\dfrac{1}{2}$∠BDC$=\dfrac{1}{2}\times70°=35°$

따라서 △DPQ에서 ∠$x=180°-(90°+35°)=55°$

## 108 답 5 cm

오른쪽 그림과 같이 $\overline{IB}$, $\overline{IC}$를 그으면

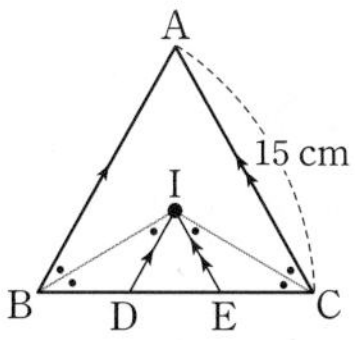

점 I는 △ABC의 내심이므로

∠ABI$=$∠IBD

$\overline{AB}/\!/\overline{ID}$이므로 ∠DIB$=$∠ABI (엇각)

즉, △DIB에서 ∠DBI$=$∠DIB이므로

$\overline{DB}=\overline{DI}$

같은 방법으로 하면

△ECI에서 ∠ECI$=$∠EIC이므로 $\overline{EC}=\overline{EI}$

이때 $\overline{AB}/\!/\overline{ID}$이므로 ∠IDE$=$∠B$=60°$ (동위각)

$\overline{AC}/\!/\overline{IE}$이므로 ∠IED$=$∠C$=60°$ (동위각)

따라서 △IDE는 정삼각형이다.

∴ $\overline{DB}=\overline{DI}=\overline{DE}=\overline{EI}=\overline{EC}$

∴ $\overline{DE}=\dfrac{1}{3}\overline{BC}=\dfrac{1}{3}\overline{AC}=\dfrac{1}{3}\times15=5(\text{cm})$

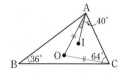

## 109 답 ④

△ABC에서 $\overline{AB}=\overline{AC}$이므로

∠ACB$=\dfrac{1}{2}\times(180°-80°)=50°$

이때 점 I는 △ABC의 내심이므로

∠ICD$=\dfrac{1}{2}$∠ACB$=\dfrac{1}{2}\times50°=25°$

△ABC의 외심 O는 세 변의 수직이등분선의 교점이므로

∠ODC$=90°$

따라서 △DEC에서 ∠DEC$=180°-(90°+25°)=65°$

## 110 답 14°

△ABC에서 ∠BAC$=180°-(36°+64°)=80°$

이때 점 I는 △ABC의 내심이므로

∠IAC$=\dfrac{1}{2}$∠BAC$=\dfrac{1}{2}\times80°=40°$

오른쪽 그림과 같이 $\overline{OC}$를 그으면

점 O는 △ABC의 외심이므로

∠AOC$=2$∠B$=2\times36°=72°$

△OCA에서 $\overline{OA}=\overline{OC}$이므로

∠OAC$=\dfrac{1}{2}\times(180°-72°)=54°$

∴ ∠OAI$=$∠OAC$-$∠IAC$=54°-40°=14°$

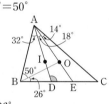

## 111 답 ⑤

∠CAD$=$∠BAD$=32°$이므로

∠DAE$=$∠CAD$-$∠CAE$=32°-14°=18°$

∴ ∠OAB$=$∠BAD$+$∠DAE$=32°+18°=50°$

오른쪽 그림과 같이 $\overline{OB}$를 그으면

△OAB에서 $\overline{OA}=\overline{OB}$이므로

∠OBA$=$∠OAB$=50°$

∠CAO$+$∠ABO$+$∠OBE$=90°$이므로

$14°+50°+$∠OBE$=90°$　∴ ∠OBE$=26°$

따라서 △ABD에서 ∠ADE$=32°+(50°+26°)=108°$

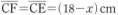

## 112 답 63 cm²

△ABC의 외접원의 반지름의 길이를 $R$ cm라 하면

$\pi R^2=81\pi$이고, $R>0$이므로 $R=9$

즉, 직각삼각형 ABC의 빗변의 길이는 18 cm이다.

△ABC의 내접원의 반지름의 길이를 $r$ cm라 하면

$\pi r^2=9\pi$이고, $r>0$이므로 $r=3$

오른쪽 그림과 같이 ∠A$=90°$인 직각삼각형 ABC의 내심을 I, 내접원과 세 변 AB, BC, CA의 접점을 각각 D, E, F라 하고, $\overline{BD}=\overline{BE}=x$ cm라 하면

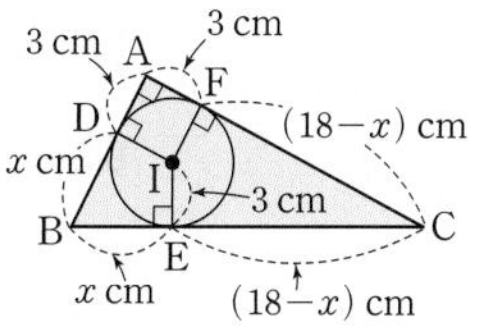

$\overline{CF}=\overline{CE}=(18-x)$ cm

또 사각형 ADIF는 한 변의 길이가 3 cm인 정사각형이므로

$\overline{AD}=\overline{AF}=3$ cm

∴ △ABC$=\dfrac{1}{2}\times3\times\{(x+3)+18+(21-x)\}$

$=\dfrac{1}{2}\times3\times42=63(\text{cm}^2)$

# 3 평행사변형

**01** 110°  **02** (개) $\overline{AC}$ (내) ∠DCA (대) ∠DAC (래) ASA

**03** ③  **04** 7 cm  **05** 108°  **06** 23 cm

**07** ∠$x$=27°, ∠$y$=38°  **08** ④  **09** 96°

**10** ④  **11** ②  **12** ㄱ, ㄷ, ㄹ, ㅂ

**13** 5  **14** ②, ③  **15** ②  **16** 12 cm

**17** 9 cm  **18** ③  **19** 12 cm  **20** 14 cm

**21** 3 cm  **22** ②  **23** ∠$x$=65°, ∠$y$=65°

**24** ①  **25** 90°  **26** 46°  **27** 58°

**28** 120°  **29** 18 cm  **30** ③  **31** 10 cm

**32** (개) SSS (내) $\overline{AD}$ // $\overline{BC}$  **33** 13  **34** ③

**35** (개) ∠EBF (내) ∠DFC (대) ∠BFD

**36** 38 cm  **37** (개) 180° (내) 180° (대) ∠DAE (래) $\overline{DC}$

**38** ③  **39** ③  **40** ②  **41** 5

**42** 45  **43** 76°  **44** ④  **45** ④

**46** ③  **47** (개) $\overline{AE}$ (내) $\overline{CB}$ (대) RHA (래) $\overline{CF}$

**48** ①  **49** 평행사변형

**50** (개) $\overline{QC}$ (내) 평행사변형 (대) $\overline{FC}$ (래) $\overline{RC}$ (매) $\overline{EC}$

**51** (개) ∠FCE (내) ASA (대) $\overline{AE}$

**52** 27 cm²  **53** ③  **54** $x$=108, $y$=7

**55** ②, ⑤  **56** ②  **57** 14 cm

**58** (1) 15 cm² (2) 13 cm²  **59** ③  **60** 64 cm²

**61** ②  **62** 15 cm²  **63** ④  **64** 50 cm²

**65** 15 cm²  **66** 9 cm²  **67** ⑤

**68** $x$=2, $y$=130  **69** ⑤  **70** 2 cm

**71** ②  **72** 150°  **73** ⑤  **74** 26 cm

**75** ㄹ, ㅁ  **76** 95  **77** ⑤  **78** ③

**79** ②  **80** ③  **81** 28 cm²  **82** 5 cm

**83** 40°  **84** 48 cm²  **85** 13 cm  **86** 20°

**87** 45°  **88** ④  **89** 8초 후  **90** 14 cm²

---

**유형 모아 보기 & 완성하기**  50~55쪽

**01** 답 **110°**

$\overline{AB}$ // $\overline{DC}$이므로 ∠ACD=∠BAC=70° (엇각)

따라서 △OCD에서 ∠$x$=40°+70°=110°

**02** 답 (개) $\overline{AC}$ (내) ∠DCA (대) ∠DAC (래) **ASA**

**03** 답 ③

③ $\overline{OC}$와 $\overline{OD}$의 길이가 같은지 알 수 없다.

⑤ △OAB와 △OCD에서

$\overline{OA}$=$\overline{OC}$, $\overline{OB}$=$\overline{OD}$, ∠AOB=∠COD (맞꼭지각)이므로

△OAB≡△OCD (SAS 합동)

따라서 옳지 않은 것은 ③이다.

**04** 답 **7 cm**

$\overline{AB}$ // $\overline{DE}$이므로 ∠DEA=∠BAE (엇각)

∴ ∠DAE=∠DEA

즉, △DAE는 $\overline{DA}$=$\overline{DE}$인 이등변삼각형이므로

$\overline{DE}$=$\overline{DA}$=15 cm

이때 $\overline{DC}$=$\overline{AB}$=8 cm이므로

$\overline{CE}$=$\overline{DE}$-$\overline{DC}$=15-8=7(cm)

**05** 답 **108°**

∠A+∠B=180°이고, ∠A : ∠B=2 : 3이므로

∠B=180°×$\frac{3}{5}$=108°

∴ ∠D=∠B=108°

**06** 답 **23 cm**

$\overline{AO}$=$\frac{1}{2}$$\overline{AC}$=$\frac{1}{2}$×12=6(cm)

$\overline{BO}$=$\frac{1}{2}$$\overline{BD}$=$\frac{1}{2}$×16=8(cm)

∴ (△ABO의 둘레의 길이)=$\overline{AB}$+$\overline{AO}$+$\overline{BO}$

$=9+6+8$

$=23(cm)$

**07** 답 **∠$x$=27°, ∠$y$=38°**

$\overline{AD}$ // $\overline{BC}$이므로 ∠$x$=∠ADB=27° (엇각)

△OBC에서 27°+∠$y$=65°  ∴ ∠$y$=38°

**08** 답 ④

$\overline{AD}$ // $\overline{BC}$이므로 ∠ACB=∠DAC=46° (엇각)

$\overline{AB}$ // $\overline{DC}$이므로 ∠BDC=∠ABD=43° (엇각)

따라서 △BCD에서 ∠$x$+(46°+∠$y$)+43°=180°

∴ ∠$x$+∠$y$=91°

## 09 답 96°

$\overline{AB} /\!/ \overline{DC}$이므로 $\angle ABD = \angle BDC = 42°$ (엇각)

$\angle EDB = \angle BDC = 42°$ (접은 각)

따라서 $\triangle QBD$에서 $\angle AQE = 180° - (42° + 42°) = 96°$

## 10 답 ④

④ (라) ASA

## 11 답 ②

② (나) $\angle OCD$

## 12 답 ㄱ, ㄷ, ㄹ, ㅂ

ㄱ. 평행사변형에서 두 쌍의 대변의 길이는 각각 같으므로
$\overline{AD} = \overline{BC}$

ㄴ. $\angle BAO$와 $\angle DAO$의 크기가 같은지 알 수 없다.

ㄷ. $\triangle AOD$와 $\triangle COB$에서
$\overline{AO} = \overline{CO}$, $\overline{DO} = \overline{BO}$, $\angle AOD = \angle COB$ (맞꼭지각)이므로
$\triangle AOD \equiv \triangle COB$ (SAS 합동)

ㄹ. 평행사변형에서 두 대각선은 서로 다른 것을 이등분하므로
$\overline{BO} = \overline{DO}$

ㅁ. $\triangle BCO$와 $\triangle DCO$가 합동인지 알 수 없다.

ㅂ. 평행사변형에서 두 쌍의 대각의 크기는 각각 같으므로
$\angle ABC = \angle ADC$

따라서 옳은 것은 ㄱ, ㄷ, ㄹ, ㅂ이다.

## 13 답 5

$\overline{BC} = \overline{AD} = 10\,\text{cm}$이므로

$3x + 1 = 10$, $3x = 9$ ∴ $x = 3$

$\overline{OC} = \overline{OA} = 6\,\text{cm}$이므로

$y + 4 = 6$ ∴ $y = 2$

∴ $x + y = 3 + 2 = 5$

## 14 답 ②, ③

① $\overline{AB} /\!/ \overline{DC}$이므로 $\angle DCO = \angle BAO = 40°$ (엇각)

② $\angle DAO$와 $\angle OBC$의 크기가 같은지 알 수 없다.

③ $\overline{AC}$의 길이는 알 수 없다.

④ $\overline{DC} = \overline{AB} = 8\,\text{cm}$

⑤ $\triangle ABC$와 $\triangle CDA$에서
$\overline{AB} = \overline{CD}$, $\overline{BC} = \overline{DA}$, $\angle ABC = \angle CDA$이므로
$\triangle ABC \equiv \triangle CDA$ (SAS 합동)

따라서 옳지 않은 것은 ②, ③이다.

## 15 답 ②

$\overline{AB} /\!/ \overline{EC}$이므로 $\angle CEB = \angle ABE$ (엇각)

∴ $\angle CBE = \angle CEB$

즉, $\triangle BCE$는 $\overline{CB} = \overline{CE}$인 이등변삼각형이므로

$\overline{CE} = \overline{CB} = 7\,\text{cm}$

이때 $\overline{CD} = \overline{AB} = 4\,\text{cm}$이므로

$\overline{DE} = \overline{CE} - \overline{CD} = 7 - 4 = 3\,(\text{cm})$

## 16 답 12 cm

$\overline{AB} = \overline{DC}$, $\overline{AD} = \overline{BC}$이므로

$\overline{AB} + \overline{BC} = \dfrac{1}{2} \times 54 = 27\,(\text{cm})$

이때 $\overline{AB} : \overline{BC} = 4 : 5$이므로

$\overline{AB} = 27 \times \dfrac{4}{9} = 12\,(\text{cm})$

∴ $\overline{CD} = \overline{AB} = 12\,\text{cm}$

## 17 답 9 cm

$\overline{AD} /\!/ \overline{BC}$이므로 $\angle BEA = \angle DAE$ (엇각)

∴ $\angle BAE = \angle BEA$

즉, $\triangle BEA$는 $\overline{BA} = \overline{BE}$인 이등변삼각형이므로

$\overline{BE} = \overline{BA} = 5\,\text{cm}$

∴ $\overline{AD} = \overline{BC} = \overline{BE} + \overline{CE} = 5 + 4 = 9\,(\text{cm})$

## 18 답 ③

점 D의 좌표를 $(a, 4)$라 하면

$\overline{AD} = a - 0 = a$, $\overline{BC} = 4 - (-3) = 7$

이때 $\overline{AD} = \overline{BC}$이므로 $a = 7$

∴ $D(7, 4)$

## 19 답 12 cm

$\triangle ABE$와 $\triangle FCE$에서

$\overline{BE} = \overline{CE}$, $\angle ABE = \angle FCE$ (엇각),

$\angle AEB = \angle FEC$ (맞꼭지각)이므로

$\triangle ABE \equiv \triangle FCE$ (ASA 합동)

∴ $\overline{CF} = \overline{BA} = 6\,\text{cm}$ ⋯ (i)

이때 $\overline{DC} = \overline{AB} = 6\,\text{cm}$이므로 ⋯ (ii)

$\overline{DF} = \overline{DC} + \overline{CF} = 6 + 6 = 12\,(\text{cm})$ ⋯ (iii)

| 채점 기준 | |
|---|---|
| (i) $\overline{CF}$의 길이 구하기 | 50 % |
| (ii) $\overline{DC}$의 길이 구하기 | 30 % |
| (iii) $\overline{DF}$의 길이 구하기 | 20 % |

## 20 답 14 cm

$\overline{AP} /\!/ \overline{RQ}$, $\overline{AR} /\!/ \overline{PQ}$이므로 $\square APQR$는 평행사변형이다.

∴ $\overline{AP} = \overline{RQ} = 10\,\text{cm}$

이때 $\angle B = \angle C$이고, $\angle PQB = \angle C$ (동위각)이므로

$\triangle PBQ$는 $\overline{PB} = \overline{PQ}$인 이등변삼각형이다.

∴ $\overline{PB} = \overline{PQ} = 4\,\text{cm}$

∴ $\overline{AB} = \overline{AP} + \overline{PB} = 10 + 4 = 14\,(\text{cm})$

## 21 답 3 cm

$\overline{AD} /\!/ \overline{BC}$이므로 $\angle BEA = \angle DAE$ (엇각)

∴ $\angle BAE = \angle BEA$

즉, $\triangle BEA$는 $\overline{BA} = \overline{BE}$인 이등변삼각형이므로

$\overline{BE} = \overline{BA} = 8\,\text{cm}$

∴ $\overline{CE} = \overline{BC} - \overline{BE} = \overline{AD} - \overline{BE} = 13 - 8 = 5\,(\text{cm})$

$\overline{AD} \, /\!/ \, \overline{BC}$이므로 $\angle CFD = \angle ADF$ (엇각)

$\therefore \angle CDF = \angle CFD$

즉, $\triangle CDF$는 $\overline{CD} = \overline{CF}$인 이등변삼각형이므로

$\overline{CF} = \overline{CD} = \overline{AB} = 8 \, \text{cm}$

$\therefore \overline{EF} = \overline{CF} - \overline{CE} = 8 - 5 = 3 \, (\text{cm})$

**다른 풀이**

$\overline{BC} = \overline{BE} + \overline{CF} - \overline{EF}$이므로

$13 = 8 + 8 - \overline{EF}$    $\therefore \overline{EF} = 3 \, (\text{cm})$

## 22 답 ②

$\angle C + \angle D = 180°$이고, $\angle C : \angle D = 5 : 4$이므로

$\angle C = 180° \times \dfrac{5}{9} = 100°$    $\therefore \angle A = \angle C = 100°$

## 23 답 $\angle x = 65°$, $\angle y = 65°$

$\angle BAD = \angle C$이므로

$\angle x + 40° = 105°$    $\therefore \angle x = 65°$

또 $\overline{AB} \, /\!/ \, \overline{DC}$이므로 $\angle y = \angle x = 65°$

## 24 답 ①

$\overline{AB} \, /\!/ \, \overline{DE}$이므로 $\angle BAE = \angle AED = 55°$ (엇각)

$\therefore \angle BAD = 2\angle BAE = 2 \times 55° = 110°$

$\therefore \angle x = \angle BAD = 110°$

## 25 답 90°

$\angle A + \angle B = 180°$이므로

$2(\angle BAP + \angle ABP) = 180°$    $\therefore \angle BAP + \angle ABP = 90°$

따라서 $\triangle ABP$에서

$\angle APB = 180° - (\angle BAP + \angle ABP) = 180° - 90° = 90°$

## 26 답 46°

$\overline{AD} \, /\!/ \, \overline{BE}$이므로 $\angle DAE = \angle AEC = 32°$ (엇각)

$\therefore \angle DAC = 2\angle DAE = 2 \times 32° = 64°$

이때 $\angle D = \angle B = 70°$이므로

$\triangle ACD$에서 $\angle x = 180° - (64° + 70°) = 46°$

## 27 답 58°

$\angle ADC = \angle B = 64°$이므로

$\angle ADF = \dfrac{1}{2}\angle ADC = \dfrac{1}{2} \times 64° = 32°$

$\triangle AFD$에서 $\angle DAF = 180° - (90° + 32°) = 58°$

또 $\angle BAD + \angle B = 180°$이므로

$\angle BAD = 180° - 64° = 116°$

$\therefore \angle BAF = \angle BAD - \angle DAF = 116° - 58° = 58°$

## 28 답 120°

$\angle AFB = 180° - 150° = 30°$

이때 $\overline{AD} \, /\!/ \, \overline{BC}$이므로 $\angle FBE = \angle AFB = 30°$ (엇각)

$\therefore \angle ABE = 2\angle FBE = 2 \times 30° = 60°$

또 $\angle FAB + \angle ABE = 180°$이므로

$\angle FAB = 180° - 60° = 120°$

$\therefore \angle BAE = \dfrac{1}{2}\angle FAB = \dfrac{1}{2} \times 120° = 60°$

따라서 $\triangle ABE$에서 $\angle x = 60° + 60° = 120°$

## 29 답 18 cm

$\overline{OA} = \overline{OC}$, $\overline{OB} = \overline{OD}$이므로

$\overline{AC} + \overline{BD} = (\overline{OA} + \overline{OC}) + (\overline{OB} + \overline{OD})$
$= 2(\overline{OA} + \overline{OB}) = 24$

$\therefore \overline{OA} + \overline{OB} = 12 \, (\text{cm})$

$\therefore (\triangle OAB$의 둘레의 길이$) = \overline{OA} + \overline{OB} + \overline{AB}$
$= 12 + 6 = 18 \, (\text{cm})$

## 30 답 ③

$\triangle APO$와 $\triangle CQO$에서

$\overline{AO} = \overline{CO}$, $\angle PAO = \angle QCO$ (엇각),

$\angle AOP = \angle COQ$ (맞꼭지각)이므로

$\triangle APO \equiv \triangle CQO$ (ASA 합동)

$\therefore \triangle APO = \triangle CQO$
$= \dfrac{1}{2} \times 5 \times 3 = \dfrac{15}{2} \, (\text{cm}^2)$

## 31 답 10 cm

$\overline{AE} \, /\!/ \, \overline{BC}$이므로 $\angle E = \angle CBE$ (엇각)

$\therefore \angle DBE = \angle E$

따라서 $\triangle DBE$는 $\overline{DB} = \overline{DE}$인 이등변삼각형이므로

$\overline{DE} = \overline{DB} = 2\overline{BO} = 2 \times 5 = 10 \, (\text{cm})$

---

**02** 평행사변형이 되는 조건

유형 모아 보기 & 완성하기                    56~61쪽

## 32 답 ㈎ SSS ㈏ $\overline{AD} \, /\!/ \, \overline{BC}$

## 33 답 13

□ABCD가 평행사변형이 되려면

$\overline{AB} = \overline{DC}$, $\overline{AD} = \overline{BC}$이어야 하므로

$3x - 2 = 2x + 5$    $\therefore x = 7$

$2y + 7 = 3y + 1$    $\therefore y = 6$

$\therefore x + y = 7 + 6 = 13$

**34** 답 ③

① 한 쌍의 대변만 평행하므로 평행사변형이 아니다.
② 한 쌍의 대변이 평행하고, 다른 한 쌍의 대변의 길이가 같으므로
　　평행사변형이 아니다.
③ 한 쌍의 대변이 평행하고 그 길이가 같으므로 평행사변형이다.
④ 두 대각선이 서로 다른 것을 이등분하지 않으므로 평행사변형이
　　아니다.
⑤ 두 쌍의 대변의 길이가 같지 않으므로 평행사변형이 아니다.
따라서 평행사변형인 것은 ③이다.

**35** 답 ⑺ ∠EBF  ⑷ ∠DFC  ⑸ ∠BFD

**36** 답 **38 cm**

$\overline{AD} /\!/ \overline{BC}$이므로 $\overline{AF} /\!/ \overline{EC}$ ⋯ ㉠
∠BEA=∠FAE(엇각)이고, ∠BAE=∠FAE이므로
∠BAE=∠BEA
즉, △BEA는 $\overline{BA}=\overline{BE}$인 이등변삼각형이므로
$\overline{BE}=\overline{BA}=12$ cm
같은 방법으로 하면
△DFC는 $\overline{DF}=\overline{DC}$인 이등변삼각형이므로
$\overline{DF}=\overline{DC}=\overline{AB}=12$ cm
$\therefore \overline{AF}=\overline{EC}=18-12=6$(cm) ⋯ ㉡
따라서 ㉠, ㉡에 의해 □AECF는 평행사변형이다.
$\therefore$ (□AECF의 둘레의 길이)$=2\times(6+13)=38$(cm)

**37** 답 ⑺ **180°**  ⑷ **180°**  ⑸ ∠**DAE**  ⑹ $\overline{DC}$

**38** 답 ③

① ⑺ ∠CAD　　② ⑷ SAS
④ ⑹ $/\!/$　　　　⑤ ⑸ 평행
따라서 옳은 것은 ③이다.

**39** 답 ③

③ ⑸ SAS

**40** 답 ②

□ABCD가 평행사변형이 되려면
$\overline{AB}=\overline{DC}$, $\overline{AD}=\overline{BC}$이어야 하므로
$3x+2=5x-4$에서 $2x=6$ $\therefore x=3$
$\therefore \overline{AB}=\overline{DC}=3x-2=3\times3-2=7$

**41** 답 **5**

□ABCD가 평행사변형이 되려면
$\overline{OA}=\overline{OC}$, $\overline{OB}=\overline{OD}$이어야 하므로
$5=x+3$ $\therefore x=2$
$4y-5=7$, $4y=12$ $\therefore y=3$
$\therefore x+y=2+3=5$

**42** 답 **45**

□ABCD가 평행사변형이 되려면 $\overline{AB} /\!/ \overline{DC}$, $\overline{AB}=\overline{DC}$이어야 한다.
$\overline{AB} /\!/ \overline{DC}$에서 ∠BAC=$180°-(70°+45°)=65°$이므로
∠ACD=∠BAC=65° (엇각)
$\therefore x=65$ ⋯ (ⅰ)
또 $\overline{AB}=\overline{DC}$에서 $\overline{DC}=\overline{AB}=20$ cm
$\therefore y=20$ ⋯ (ⅱ)
$\therefore x-y=65-20=45$ ⋯ (ⅲ)

**채점 기준**

| | |
|---|---|
| (ⅰ) $x$의 값 구하기 | 40 % |
| (ⅱ) $y$의 값 구하기 | 40 % |
| (ⅲ) $x-y$의 값 구하기 | 20 % |

**43** 답 **76°**

□ABCD가 평행사변형이 되려면
$\overline{AB} /\!/ \overline{DC}$, $\overline{AB}=\overline{DC}$이어야 하므로
$\overline{FB} /\!/ \overline{DC}$에서 ∠ECD=∠AFE=52° (엇각)
또 $\overline{DC}=\overline{AB}=\overline{DE}$에서 △DEC는 이등변삼각형이므로
∠DEC=∠DCE=52°
$\therefore ∠x=180°-(52°+52°)=76°$

**44** 답 ④

① 두 쌍의 대변의 길이가 각각 같으므로 평행사변형이다.
② 엇각의 크기가 같으므로 한 쌍의 대변이 평행하고 그 길이가 같다.
　　즉, 평행사변형이다.
③ 두 대각선이 서로 다른 것을 이등분하므로 평행사변형이다.
⑤ 엇각의 크기가 같으므로 두 쌍의 대변이 각각 평행하다.
　　즉, 평행사변형이다.
따라서 평행사변형이 아닌 것은 ④이다.

**45** 답 ④

④ $\overline{AB}=\overline{DC}=12$ cm
　　∠BAC=∠ACD=60° (엇각)이므로 $\overline{AB} /\!/ \overline{DC}$
　　따라서 한 쌍의 대변이 평행하고 그 길이가 같으므로 □ABCD
　　는 평행사변형이다.

**46** 답 ③

ㄱ. △ABD와 △CDB에서
　　∠A=∠C, ∠ADB=∠CBD이므로
　　∠ABD=∠CDB
　　$\therefore ∠B=∠D$
　　즉, 두 쌍의 대각의 크기가 각각 같으므로 평행사변형이다.

ㄴ. 한 쌍의 대변이 평행하고 다른 한 쌍의 대변의 길이가 같으므로
　　평행사변형이 아니다.

ㄷ. ∠A=∠C이고, $\overline{AB} /\!/ \overline{DC}$이므로
　　∠A+∠D=180°, ∠B+∠C=180°에서
　　∠D=∠B
　　즉, 두 쌍의 대각의 크기가 각각 같으므로 평행사변형이다.

ㄹ. △AOD≡△COB이므로

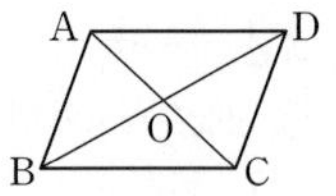

$\overline{OA}=\overline{OC}$, $\overline{OD}=\overline{OB}$

즉, 두 대각선이 서로 다른 것을 이등분하므로 평행사변형이다.

ㅁ. 오른쪽 그림과 같이 $\overline{OA}\neq\overline{OC}$, $\overline{OB}\neq\overline{OD}$일 수도 있다.

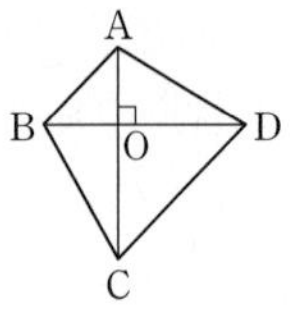

즉, 평행사변형이 아니다.

따라서 평행사변형인 것은 ㄱ, ㄷ, ㄹ이다.

**47** 답 ⑺ $\overline{AE}$ ⑷ $\overline{CB}$ ⒟ RHA ⑷ $\overline{CF}$

**48** 답 ①

□ABCD는 평행사변형이므로

$\overline{AO}=\overline{CO}$, $\overline{BO}=\overline{DO}$

또 두 점 E, F가 각각 $\overline{BO}$, $\overline{DO}$의 중점이므로

$\overline{BE}=\overline{EO}=\overline{FO}=\overline{DF}$

즉, $\overline{AO}=\overline{CO}$, $\overline{EO}=\overline{FO}$이므로 □AECF는 평행사변형이다.

∴ $\overline{AE}=\overline{CF}$(②), $\overline{AF}=\overline{CE}$(③)

또 $\overline{AE}/\!/\overline{FC}$이므로 ∠OEA=∠OFC (엇각)(④)

$\overline{AF}/\!/\overline{EC}$이므로 ∠OEC=∠OFA (엇각)(⑤)

따라서 옳지 않은 것은 ①이다.

**49** 답 평행사변형

□ABCD가 평행사변형이므로

$\overline{MB}/\!/\overline{DN}$ ⋯ ㉠ ⋯ (i)

또 $\overline{AB}=\overline{DC}$이므로 $\overline{MB}=\overline{DN}$ ⋯ ㉡ ⋯ (ii)

따라서 ㉠, ㉡에 의해 □MBND는 한 쌍의 대변이 평행하고 그 길이가 같으므로 평행사변형이다. ⋯ (iii)

**채점 기준**

| | | |
|---|---|---|
| (i) $\overline{MB}/\!/\overline{DN}$임을 알기 | | 40 % |
| (ii) $\overline{MB}=\overline{DN}$임을 알기 | | 40 % |
| (iii) □MBND가 평행사변형임을 알기 | | 20 % |

**50** 답 ⑺ $\overline{QC}$ ⑷ 평행사변형 ⒟ $\overline{FC}$ ⑷ $\overline{RC}$ ⒨ $\overline{EC}$

**51** 답 ⑺ ∠FCE ⑷ ASA ⒟ $\overline{AE}$

**52** 답 27 cm²

$\overline{AD}/\!/\overline{BC}$이므로 $\overline{ED}/\!/\overline{BF}$ ⋯ ㉠

∠AEB=∠EBF (엇각)이고, ∠ABE=∠EBF이므로

∠ABE=∠AEB

즉, △ABE는 $\overline{AB}=\overline{AE}$인 이등변삼각형이므로

$\overline{AE}=\overline{AB}=10$cm

같은 방법으로 하면

△CDF는 $\overline{CD}=\overline{CF}$인 이등변삼각형이므로

$\overline{CF}=\overline{CD}=\overline{AB}=10$cm

∴ $\overline{ED}=\overline{BF}=13-10=3$(cm) ⋯ ㉡

따라서 ㉠, ㉡에 의해 □EBFD는 평행사변형이다.

∴ □EBFD=$\overline{BF}\times\overline{DH}=3\times9=27$(cm²)

**53** 답 ③

∠AFC=180°-58°=122°

이때 $\overline{AE}/\!/\overline{FC}$, $\overline{AE}=\overline{FC}$이므로 □AFCE는 평행사변형이다.

∴ $\angle x$=∠AFC=122°

**54** 답 $x=108$, $y=7$

□ABCD가 평행사변형이므로 ∠B=∠D=72°

이때 $\overline{AB}/\!/\overline{GH}$, $\overline{AD}/\!/\overline{EF}/\!/\overline{BC}$에서 □EBHP는 평행사변형이므로

∠BEP=180°-∠B=180°-72°=108° ∴ $x=108$

또 □ABCD가 평행사변형이므로

$\overline{AB}/\!/\overline{DC}$, $\overline{AD}/\!/\overline{BC}$에서 $\overline{GH}/\!/\overline{DC}$, $\overline{EF}/\!/\overline{BC}$

즉, □PHCF는 평행사변형이므로

$\overline{PF}=\overline{HC}=\overline{BC}-\overline{BH}=12-5=7$(cm) ∴ $y=7$

**55** 답 ②, ⑤

①, ② □ABCD가 평행사변형이므로

$\overline{OA}=\overline{OC}$, $\overline{OB}=\overline{OD}$ ⋯ ㉠

이때 $\overline{BE}=\overline{DF}$이므로

$\overline{OE}=\overline{OB}-\overline{BE}=\overline{OD}-\overline{DF}=\overline{OF}$ ⋯ ㉡

㉠, ㉡에 의해 □AECF는 평행사변형이다.

③ $\overline{AF}/\!/\overline{EC}$이므로 ∠FAO=∠ECO=34° (엇각)

④ $\overline{AE}/\!/\overline{FC}$이므로 ∠FCO=∠EAO=40° (엇각)

⑤ △FAC에서 ∠AFC=180°-(34°+40°)=106°

따라서 옳지 않은 것은 ②, ⑤이다.

**56** 답 ②

∠APQ=∠CQP=90°이므로 $\overline{AP}/\!/\overline{CQ}$ ⋯ ㉠

△ABP와 △CDQ에서

∠APB=∠CQD=90°, $\overline{AB}=\overline{CD}$,

∠ABP=∠CDQ (엇각)이므로

△ABP≡△CDQ(RHA 합동)

∴ $\overline{AP}=\overline{CQ}$ ⋯ ㉡

㉠, ㉡에 의해 □APCQ는 평행사변형이다.

이때 $\overline{AQ}/\!/\overline{PC}$이므로

∠CPQ=∠AQP=64° (엇각)

따라서 △PCQ에서 ∠PCQ=180°-(90°+64°)=26°

**57** 답 14 cm

□ABCD는 평행사변형이므로 $\overline{AO}=\overline{CO}$

□OCDE는 평행사변형이므로 $\overline{OC}=\overline{ED}$

∴ $\overline{AO}=\overline{ED}$ ⋯ ㉠

$\overline{OC}/\!/\overline{ED}$이므로 $\overline{AO}/\!/\overline{ED}$ ⋯ ㉡

㉠, ㉡에 의해 □AODE는 평행사변형이다.

따라서 $\overline{AF}=\overline{DF}$, $\overline{OF}=\overline{EF}$이므로

$\overline{AF}=\frac{1}{2}\overline{AD}=\frac{1}{2}\overline{BC}=\frac{1}{2}\times16=8$(cm),

$\overline{OF}=\frac{1}{2}\overline{EO}=\frac{1}{2}\overline{DC}=\frac{1}{2}\overline{AB}=\frac{1}{2}\times12=6$(cm)

∴ $\overline{AF}+\overline{OF}=8+6=14$(cm)

**58** 답 (1) **15 cm²** (2) **13 cm²**

(1) $\triangle ACD = \dfrac{1}{2} \square ABCD = \triangle ABD = 15(cm^2)$

(2) $\triangle OCD = \dfrac{1}{4} \square ABCD = \dfrac{1}{4} \times 52 = 13(cm^2)$

**59** 답 ③

$\triangle PAB + \triangle PCD = \triangle PDA + \triangle PBC$이므로

$21 + 20 = \triangle PDA + 15$　∴ $\triangle PDA = 26(cm^2)$

**60** 답 **64 cm²**

$\square ABCD = 4\triangle AOD = 4 \times 16 = 64(cm^2)$

**61** 답 ②

$\triangle AOE$와 $\triangle COF$에서

$\angle EAO = \angle FCO$ (엇각), $\overline{AO} = \overline{CO}$,

$\angle AOE = \angle COF$ (맞꼭지각)이므로

$\triangle AOE \equiv \triangle COF$ (ASA 합동)

∴ $\triangle AOE = \triangle COF$

∴ (색칠한 부분의 넓이) $= \triangle EOD + \triangle COF$

$= \triangle EOD + \triangle AOE$

$= \triangle AOD = \dfrac{1}{4} \square ABCD$

$= \dfrac{1}{4} \times 100 = 25(cm^2)$

**62** 답 **15 cm²**

$\overline{AE} = \overline{BF}$, $\overline{AE} /\!/ \overline{BF}$이고, $\overline{ED} = \overline{FC}$, $\overline{ED} /\!/ \overline{FC}$이므로

$\square ABFE$와 $\square EFCD$는 평행사변형이다.

∴ $\square EPFQ = \triangle EPF + \triangle EFQ$

$= \dfrac{1}{4}\square ABFE + \dfrac{1}{4}\square EFCD$

$= \dfrac{1}{4}(\square ABFE + \square EFCD)$

$= \dfrac{1}{4}\square ABCD$

$= \dfrac{1}{4} \times 60 = 15(cm^2)$

**63** 답 ④

$\overline{CB} = \overline{CE}$, $\overline{CD} = \overline{CF}$이므로 $\square BFED$는 평행사변형이다.

① $\triangle OCD = \triangle ABO = 4\,cm^2$

② $\triangle ACD = 2\triangle ABO = 2 \times 4 = 8(cm^2)$

③ $\triangle BED = 2\triangle BCD = 2 \times 2\triangle ABO$
$\qquad = 4\triangle ABO = 4 \times 4 = 16(cm^2)$

④ $\triangle CFE = \triangle BCD = 2\triangle ABO = 2 \times 4 = 8(cm^2)$

⑤ $\square BFED = 4\triangle BCD = 4 \times 2\triangle ABO$
$\qquad = 8\triangle ABO = 8 \times 4 = 32(cm^2)$

따라서 옳지 않은 것은 ④이다.

참고 $\overline{AB} = \overline{CD} = \overline{CF}$, $\overline{AB} /\!/ \overline{CF}$이므로 $\square ABFC$는 평행사변형이고, $\overline{AD} = \overline{BC} = \overline{CE}$, $\overline{AD} /\!/ \overline{CE}$이므로 $\square ACED$도 평행사변형이다.

**64** 답 **50 cm²**

$\triangle PAB + \triangle PCD = \dfrac{1}{2}\square ABCD$이므로

$\square ABCD = 2(\triangle PAB + \triangle PCD)$
$\qquad\qquad = 2 \times (13 + 12) = 50(cm^2)$

**65** 답 **15 cm²**

$\square ABCD = 10 \times 5 = 50(cm^2)$이고,

$\triangle PAB + \triangle PCD = \dfrac{1}{2}\square ABCD$이므로

$10 + \triangle PCD = \dfrac{1}{2} \times 50$　∴ $\triangle PCD = 15(cm^2)$

**66** 답 **9 cm²**

$\triangle PBC + \triangle PDA = \dfrac{1}{2}\square ABCD$이므로

$\triangle PBC + \triangle PDA = \dfrac{1}{2} \times 54 = 27(cm^2)$　⋯ (i)

이때 $\triangle PBC : \triangle PDA = 1 : 2$이므로

$\triangle PBC = 27 \times \dfrac{1}{3} = 9(cm^2)$　⋯ (ii)

**채점 기준**

| | |
|---|---|
| (i) $\triangle PBC$와 $\triangle PDA$의 넓이의 합 구하기 | 60 % |
| (ii) $\triangle PBC$의 넓이 구하기 | 40 % |

**67** 답 ⑤

$\overline{AD} /\!/ \overline{BC}$이므로 $\angle ADB = \angle y$ (엇각)

$\overline{AB} /\!/ \overline{DC}$이므로 $\angle BAC = \angle ACD = 62°$ (엇각)

따라서 $\triangle ABD$에서 $(\angle x + 62°) + 40° + \angle y = 180°$

∴ $\angle x + \angle y = 78°$

**다른 풀이**

$\overline{AD} /\!/ \overline{BC}$이므로 $\angle ACB = \angle x$ (엇각)

이때 $\angle ABC + \angle BCD = 180°$이므로

$(40° + \angle y) + (\angle x + 62°) = 180°$

∴ $\angle x + \angle y = 78°$

**68** 답 $x = 2$, $y = 130$

$\overline{AD} = \overline{BC}$이므로

$x + 3 = 3x - 1$, $2x = 4$　∴ $x = 2$

$\angle B + \angle C = 180°$이므로

$\angle C = 180° - 50° = 130°$　∴ $y = 130$

**69** 답 ⑤

① $\overline{DC}=\overline{AB}=6\,cm$

② $\overline{BO}=\overline{DO}=\dfrac{1}{2}\overline{BD}=\dfrac{1}{2}\times10=5(cm)$

③ $\angle ABC=\angle ADC=60°$

④ $\angle BAD+\angle ADC=180°$이므로 $\angle BAD=180°-60°=120°$

⑤ $\overline{AC}$가 $\angle BAD$의 이등분선이 아니므로 $\angle BAO$의 크기는 알 수 없다.

따라서 옳지 않은 것은 ⑤이다.

**70** 답 **2 cm**

$\overline{AD}\,/\!/\,\overline{BC}$이므로 $\angle AEB=\angle EBC$(엇각)

$\therefore\ \angle ABE=\angle AEB$

즉, $\triangle ABE$는 $\overline{AB}=\overline{AE}$인 이등변삼각형이므로

$\overline{AE}=\overline{AB}=5\,cm$

이때 $\overline{AD}=\overline{BC}=7\,cm$이므로

$\overline{ED}=\overline{AD}-\overline{AE}=7-5=2(cm)$

**71** 답 ②

$\angle C+\angle D=180°$이고, $\angle C:\angle D=7:2$이므로

$\angle D=180°\times\dfrac{2}{9}=40°$　$\therefore\ \angle x=\angle D=40°$(엇각)

[다른 풀이]

$\angle C=180°\times\dfrac{7}{9}=140°$　$\therefore\ \angle BAD=\angle C=140°$

$\therefore\ \angle x=180°-140°=40°$

**72** 답 **150°**

$\angle B+\angle C=180°$이므로 $\angle B=180°-120°=60°$

이때 $\angle BAD=\angle C=120°$이므로

$\angle BAF=\dfrac{1}{2}\angle BAD=\dfrac{1}{2}\times120°=60°$

따라서 $\square ABEF$에서 $\angle BEF=360°-(60°+60°+90°)=150°$

**73** 답 ⑤

$\angle AEB=180°-126°=54°$

이때 $\overline{AD}\,/\!/\,\overline{BC}$이므로 $\angle FAE=\angle AEB=54°$(엇각)

$\therefore\ \angle FAB=2\angle FAE=2\times54°=108°$

또 $\angle FAB+\angle ABE=180°$이므로

$\angle ABE=180°-108°=72°$

$\therefore\ \angle ABF=\dfrac{1}{2}\angle ABE=\dfrac{1}{2}\times72°=36°$

따라서 $\triangle ABF$에서 $\angle x=108°+36°=144°$

**74** 답 **26 cm**

$\overline{OC}=\dfrac{1}{2}\overline{AC}=\dfrac{1}{2}\times12=6(cm)$

$\overline{OD}=\dfrac{1}{2}\overline{BD}=\dfrac{1}{2}\times14=7(cm)$

이때 $\square OCED$는 평행사변형이므로

$\overline{CE}=\overline{OD}=7\,cm,\ \overline{DE}=\overline{OC}=6\,cm$

$\therefore\ (\square OCED$의 둘레의 길이$)=\overline{OD}+\overline{OC}+\overline{CE}+\overline{DE}$
$=7+6+7+6=26(cm)$

**75** 답 **ㄹ, ㅁ**

$\triangle AOP$와 $\triangle COQ$에서

$\overline{AO}=\overline{CO}$, $\angle PAO=\angle QCO$(엇각),

$\angle AOP=\angle COQ$(맞꼭지각)이므로

$\triangle AOP\equiv\triangle COQ$(ASA 합동)

$\therefore\ \overline{OP}=\overline{OQ}$(ㄱ), $\overline{AP}=\overline{CQ}$(ㄴ), $\angle APO=\angle CQO$(ㅁ)

또 $\triangle POD$와 $\triangle QOB$에서

$\overline{DO}=\overline{BO}$, $\angle PDO=\angle QBO$(엇각),

$\angle POD=\angle QOB$(맞꼭지각)이므로

$\triangle POD\equiv\triangle QOB$(ASA 합동)

$\therefore\ \overline{DP}=\overline{BQ}$(ㄷ), $\triangle POD=\triangle QOB$(ㅂ)

따라서 옳지 않은 것은 ㄹ, ㅁ이다.

**76** 답 **95**

$\square ABCD$가 평행사변형이 되려면

$\overline{AD}\,/\!/\,\overline{BC}$, $\overline{AD}=\overline{BC}$이어야 하므로

$\overline{AD}\,/\!/\,\overline{BC}$에서 $\angle EBC=\angle AEB=50°$(엇각)

$\therefore\ \angle ABC=2\angle EBC=2\times50°=100°$

이때 $\angle ABC+\angle C=180°$이어야 하므로

$\angle C=180°-100°=80°$　$\therefore\ x=80$

또 $\overline{AD}=\overline{BC}$에서 $\overline{BC}=\overline{AD}=15\,cm$　$\therefore\ y=15$

$\therefore\ x+y=80+15=95$

**77** 답 ⑤

ㄱ. 한 쌍의 대변이 평행하고, 다른 한 쌍의 대변의 길이가 같으므로 평행사변형이 아니다.

ㄴ. 두 쌍의 대변의 길이가 각각 같으므로 평행사변형이다.

ㄷ. 두 대각선이 서로 다른 것을 이등분하지 않으므로 평행사변형이 아니다.

ㄹ. 오른쪽 그림에서 $\overline{AB}\,/\!/\,\overline{DC}$이므로

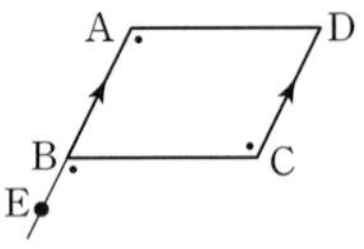

　$\angle C=\angle EBC$(엇각)

　이때 $\angle EBC=\angle A$에서 동위각의 크기가

　같으므로 $\overline{AD}\,/\!/\,\overline{BC}$

　즉, 두 쌍의 대변이 각각 평행하므로 평행사변형이다.

ㅁ. $\angle C=360°-(125°+55°+55°)=125°$

　$\therefore\ \angle A=\angle C$, $\angle B=\angle D$

　즉, 두 쌍의 대각의 크기가 각각 같으므로 평행사변형이다.

따라서 평행사변형인 것은 ㄴ, ㄹ, ㅁ이다.

**78** 답 ③

$\square ABCD$는 평행사변형이므로 $\overline{AO}=\overline{CO}$, $\overline{BO}=\overline{DO}$

$\overline{AO}=\overline{CO}$에서 $\overline{PO}=\dfrac{1}{2}\overline{AO}=\dfrac{1}{2}\overline{CO}=\overline{RO}$　$\cdots\ \bigcirc$

$\overline{BO}=\overline{DO}$에서 $\overline{QO}=\dfrac{1}{2}\overline{BO}=\dfrac{1}{2}\overline{DO}=\overline{SO}$　$\cdots\ \bigcirc$

따라서 ㉠, ㉡에 의해 □PQRS는 평행사변형이다.

∴ $\overline{PS}$∥$\overline{QR}$(①), $\overline{PQ}$=$\overline{SR}$(②), ∠SPQ=∠QRS(④),

∠PSR+∠SRQ=180°(⑤)

## 79 답 ②

$\overline{AD}$∥$\overline{BC}$이므로 $\overline{AF}$∥$\overline{EC}$ ⋯ ㉠

∠BEA=∠FAE(엇각)이고, ∠BAE=∠FAE이므로

∠BAE=∠BEA

즉, △BEA는 $\overline{BA}$=$\overline{BE}$인 이등변삼각형이다.

이때 ∠B=60°이므로 △BEA는 정삼각형이다.

∴ $\overline{AE}$=$\overline{BE}$=$\overline{AB}$=7 cm

같은 방법으로 하면

△DFC도 정삼각형이므로

$\overline{DF}$=$\overline{FC}$=$\overline{DC}$=$\overline{AB}$=7 cm

∴ $\overline{AF}$=$\overline{EC}$=12-7=5(cm) ⋯ ㉡

따라서 ㉠, ㉡에 의해 □AECF는 평행사변형이다.

∴ (□AECF의 둘레의 길이)=2×(5+7)
=24(cm)

## 80 답 ③

□ABCD가 평행사변형이므로

$\overline{OA}$=$\overline{OC}$, $\overline{OB}$=$\overline{OD}$ ⋯ ㉠

이때 $\overline{BE}$=$\overline{DF}$이므로

$\overline{OE}$=$\overline{OB}$-$\overline{BE}$=$\overline{OD}$-$\overline{DF}$=$\overline{OF}$ ⋯ ㉡

㉠, ㉡에 의해 □AECF는 평행사변형이다.

이때 $\overline{AF}$∥$\overline{EC}$이므로 ∠FAO=∠ECO=28°(엇각)

따라서 △AOF에서 ∠AOE=28°+46°=74°

## 81 답 28 cm²

$\triangle PDA+\triangle PBC=\dfrac{1}{2}\square ABCD$

$=\dfrac{1}{2}\times56=28(\text{cm}^2)$

## 82 답 5 cm

$\overline{AB}$=$x$ cm라 하면

$\overline{AD}$∥$\overline{BC}$이므로 ∠BEA=∠DAE(엇각)

∴ ∠BAE=∠BEA

즉, △BEA는 $\overline{BA}$=$\overline{BE}$인 이등변삼각형이므로

$\overline{BE}$=$\overline{BA}$=$x$ cm

∴ $\overline{CE}$=$\overline{BC}$-$\overline{BE}$=$\overline{AD}$-$\overline{BE}$=8-$x$(cm) ⋯ (i)

$\overline{AD}$∥$\overline{BC}$이므로 ∠CFD=∠ADF(엇각)

∴ ∠CDF=∠CFD

즉, △CDF는 $\overline{CD}$=$\overline{CF}$인 이등변삼각형이므로

$\overline{CF}$=$\overline{CD}$=$\overline{AB}$=$x$ cm ⋯ (ii)

이때 $\overline{EF}$=$\overline{CF}$-$\overline{CE}$이므로

$2=x-(8-x)$, $2x=10$ ∴ $x=5$

∴ $\overline{AB}$=5 cm ⋯ (iii)

## 83 답 40°

∠BPQ=∠DQP=90°이므로 $\overline{BP}$∥$\overline{DQ}$ ⋯ ㉠

△ABP와 △CDQ에서

∠APB=∠CQD=90°, $\overline{AB}$=$\overline{CD}$,

∠BAP=∠DCQ(엇각)이므로

△ABP≡△CDQ(RHA 합동)

∴ $\overline{BP}$=$\overline{DQ}$ ⋯ ㉡

㉠, ㉡에 의해 □PBQD는 평행사변형이다. ⋯ (i)

이때 $\overline{PD}$∥$\overline{BQ}$이므로 ∠BQP=∠DPQ=50°(엇각) ⋯ (ii)

따라서 △PBQ에서 ∠$x$=180°-(90°+50°)=40° ⋯ (iii)

## 84 답 48 cm²

△OEA와 △OFC에서

∠EAO=∠FCO(엇각), $\overline{OA}$=$\overline{OC}$,

∠AOE=∠COF(맞꼭지각)이므로

△OEA≡△OFC(ASA 합동)

∴ △OEA=△OFC ⋯ (i)

∴ △OBC=△OBF+△OFC
=△OBF+△OEA=12(cm²) ⋯ (ii)

∴ □ABCD=4△OBC=4×12=48(cm²) ⋯ (iii)

### 만점 문제 뛰어넘기 67쪽

## 85 답 13 cm

$\overline{AB}$∥$\overline{DE}$이므로 ∠DEA=∠BAE(엇각)

∴ ∠DAE=∠DEA

즉, △DAE는 $\overline{DA}$=$\overline{DE}$인 이등변삼각형이므로

$\overline{DE}$=$\overline{DA}$=9 cm

$\overline{AB}$∥$\overline{FC}$이므로 ∠CFB=∠ABF(엇각)

∴ ∠CBF=∠CFB

즉, △CFB는 $\overline{CB}$=$\overline{CF}$인 이등변삼각형이므로

$\overline{CF}$=$\overline{CB}$=$\overline{AD}$=9 cm

이때 $\overline{DC}$=$\overline{AB}$=5 cm이므로

$\overline{FE}$=$\overline{DE}$+$\overline{CF}$-$\overline{DC}$=9+9-5=13(cm)

## 86 답 20°

오른쪽 그림과 같이 $\overline{AD}$, $\overline{BM}$의 연장
선의 교점을 F라 하면

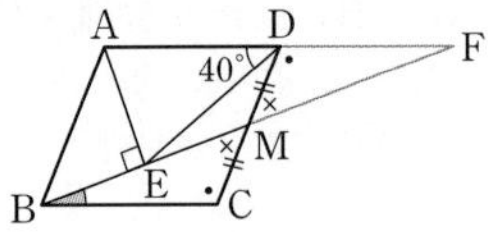

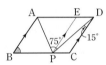

$\triangle DMF$와 $\triangle CMB$에서

$\overline{DM}=\overline{CM}$, $\angle FDM=\angle BCM$ (엇각),

$\angle DMF=\angle CMB$ (맞꼭지각)이므로

$\triangle DMF \equiv \triangle CMB$ (ASA 합동)

$\therefore \overline{DF}=\overline{CB}$

이때 $\overline{AD}=\overline{BC}$에서 $\overline{AD}=\overline{DF}$이므로 점 D는 직각삼각형 AEF의
외심이다.

$\therefore \overline{AD}=\overline{DE}=\overline{DF}$

따라서 $\triangle DEF$는 $\overline{DE}=\overline{DF}$인 이등변삼각형이므로

$\angle DFE=\angle DEF=\dfrac{1}{2}\angle ADE=\dfrac{1}{2}\times40°=20°$

$\therefore \angle MBC=\angle MFD=20°$

**만렙비법** $\overline{AD}$, $\overline{BM}$의 연장선의 교점을 F라 하고, $\triangle DMF \equiv \triangle CMB$
임을 이용한다.

## 87 답 45°

오른쪽 그림과 같이 $\overline{AB}$와 평행하고, 점 P를
지나는 직선이 $\overline{AD}$와 만나는 점을 E라 하자.

$\overline{EP}/\!/\overline{DC}$이므로

$\angle EPD=\angle PDC=15°$ (엇각)

$\therefore \angle APE=\angle APD-\angle EPD=75°-15°=60°$

또 $\overline{AB}/\!/\overline{EP}$이므로 $\angle BAP=\angle APE=60°$ (엇각)

이때 $\angle DAP : \angle BAP=5:4$이므로

$\angle DAP : 60°=5:4$, $4\angle DAP=300°$ $\therefore \angle DAP=75°$

$\therefore \angle DAB=\angle DAP+\angle BAP=75°+60°=135°$

따라서 $\angle DAB+\angle B=180°$이므로

$\angle B=180°-135°=45°$

## 88 답 ④

$\triangle ABC$와 $\triangle DBE$에서

$\overline{AB}=\overline{DB}$, $\overline{BC}=\overline{BE}$,

$\angle ABC=60°-\angle EBA=\angle DBE$ (①)이므로

$\triangle ABC \equiv \triangle DBE$ (SAS 합동) ... ㉠

$\triangle ABC$와 $\triangle FEC$에서

$\overline{AC}=\overline{FC}$, $\overline{BC}=\overline{EC}$,

$\angle ACB=60°-\angle ECA=\angle FCE$이므로

$\triangle ABC \equiv \triangle FEC$ (SAS 합동) (②) ... ㉡

㉠, ㉡에 의해 $\triangle ABC \equiv \triangle DBE \equiv \triangle FEC$

따라서 $\overline{DA}=\overline{DB}=\overline{EF}$, $\overline{DE}=\overline{AC}=\overline{AF}$ (③)이므로

$\square AFED$는 두 쌍의 대변의 길이가 각각 같다.

즉, $\square AFED$는 평행사변형이다. (⑤)

## 89 답 8초 후

$\overline{AP}/\!/\overline{CQ}$이므로 $\overline{AQ}/\!/\overline{PC}$이려면 $\square APCQ$가 평행사변형이어야
한다.

$\therefore \overline{AP}=\overline{CQ}$

점 Q가 점 C를 출발한 지 $x$초 후에 두 점 P, Q 움직인 거리는 각각
$\overline{AP}=4(x+4)$ cm, $\overline{CQ}=6x$ cm이므로

$4(x+4)=6x$에서 $2x=16$ $\therefore x=8$

따라서 처음으로 $\overline{AQ}/\!/\overline{PC}$가 되는 것은 점 Q가 출발한 지 8초 후이다.

**만렙비법** $\square APCQ$가 평행사변형이 되는 조건을 이용한다.

## 90 답 14 cm²

오른쪽 그림과 같이 $\overline{EF}$를 그으면 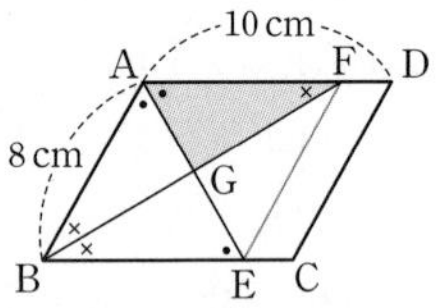
$\overline{AF}/\!/\overline{BE}$이므로 $\angle AFB=\angle EBF$ (엇각)

$\therefore \angle ABF=\angle AFB$

즉, $\triangle ABF$는 $\overline{AB}=\overline{AF}$인 이등변삼각형
이므로 $\overline{AF}=\overline{AB}=8$ cm

또 $\overline{AF}/\!/\overline{BE}$이므로 $\angle BEA=\angle FAE$ (엇각)

$\therefore \angle BAE=\angle BEA$

즉, $\triangle BEA$는 $\overline{BA}=\overline{BE}$인 이등변삼각형이므로

$\overline{BE}=\overline{BA}=8$ cm

따라서 $\overline{AF}/\!/\overline{BE}$, $\overline{AF}=\overline{BE}$이므로 $\square ABEF$는 평행사변형이다.

$\therefore \square ABEF=\dfrac{8}{10}\square ABCD=\dfrac{8}{10}\times70=56$ (cm²)

$\therefore \triangle AGF=\dfrac{1}{4}\square ABEF=\dfrac{1}{4}\times56=14$ (cm²)

# 4 여러 가지 사각형

**01** 38　**02** ③　**03** 39　**04** ②, ④

**05** ①　**06** ③　**07** 10

**08** (가) $\overline{DC}$ (나) $\overline{BC}$ (다) $\angle ABC$ (라) $\triangle DCB$ (마) SAS

**09** ④　**10** 57°　**11** ⑤　**12** ㄴ, ㄹ

**13** (가) $\overline{DB}$ (나) SSS (다) $\angle DCB$　**14** ②

**15** 직사각형, 90°　**16** 30°　**17** 112°

**18** (가) $\overline{AD}$ (나) SSS (다) $\angle AOB$ (라) 180°

**19** 120°　**20** ④　**21** 55°　**22** 16 cm

**23** ①, ④　**24** ㄱ, ㄷ

**25** (가) 평행사변형 (나) $\overline{AD}$ (다) $\overline{AO}$ (라) SAS (마) $\overline{AD}$

**26** 마름모　**27** 90°　**28** 40　**29** 70°

**30** ㄷ, ㄹ　**31** 40°　**32** 11 cm　**33** 30°

**34** ③　**35** 8 $cm^2$　**36** 75°　**37** ④

**38** 20°　**39** 4 $cm^2$　**40** ②　**41** ③

**42** ④　**43** 40°　**44** 7

**45** (가) 평행사변형 (나) $\angle DEC$ (다) $\overline{DE}$ (라) $\overline{DC}$

**46** ③　**47** 40°　**48** ②　**49** 62 cm

**50** 27　**51** 60°　**52** 직사각형　**53** ③

**54** ㄴ, ㄹ, ㅁ　**55** ①, ④　**56** ④

**57** 평행사변형　**58** 정사각형　**59** 6 cm

**60** 마름모, 32 cm　**61** ④　**62** ㄱ, ㄷ, ㅁ

**63** ②, ⑤　**64** ④　**65** ②, ⑤　**66** ⑤

**67** 6　**68** (가) SAS (나) $\overline{GF}$ (다) SAS (라) $\overline{GH}$

**69** ②, ④　**70** 20 cm　**71** 직사각형　**72** 25 $cm^2$

**73** ②　**74** ③　**75** 12 $cm^2$　**76** 36 $cm^2$

**77** 32 $cm^2$　**78** 50 $cm^2$　**79** ④　**80** 25 $cm^2$

**81** ②　**82** $3\pi$ $cm^2$　**83** ①　**84** 6 $cm^2$

**85** 18 $cm^2$　**86** ③　**87** ⑤　**88** 24 $cm^2$

**89** ③　**90** ④　**91** 14 $cm^2$　**92** ②

**93** 50 $cm^2$　**94** ③　**95** 49 $cm^2$　**96** 94

**97** ④　**98** ②, ④　**99** 108°　**100** ③

**101** 69°　**102** 25 $cm^2$　**103** ③　**104** ①

**105** 6 cm　**106** ⑤　**107** ④　**108** ④

**109** 21 $cm^2$　**110** ②　**111** 54°　**112** 20 cm

**113** 15 $cm^2$　**114** ③　**115** $\frac{144}{5}$　**116** 67°

**117** 150°　**118** ③　**119** ④　**120** 30°

**121** 220°　**122**

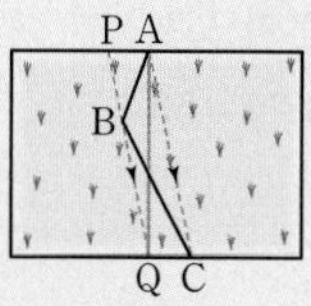


**123** 12 $cm^2$

**124** 24 $cm^2$　**125** ②

## 01 직사각형 / 마름모

### 유형 모아 보기 & 완성하기　70~74쪽

**01** 답 38

$\overline{BD}=\overline{AC}=2\overline{OC}=2\times4=8(cm)$　$\therefore x=8$

$\triangle OAB$에서 $\overline{OA}=\overline{OB}$이므로 $\angle OBA=\angle OAB=60°$

이때 $\angle ABC=90°$이므로

$\angle OBC=90°-60°=30°$　$\therefore y=30$

$\therefore x+y=8+30=38$

**02** 답 ③

⑤ $\overline{OA}=\overline{OB}$이면 $\overline{AC}=\overline{BD}$이므로 평행사변형 ABCD는 직사각형이 된다.

따라서 평행사변형 ABCD가 직사각형이 되는 조건이 아닌 것은 ③이다.

참고 ③ 평행사변형이 마름모가 되는 조건이다.

**03** 답 39

□ABCD는 마름모이므로

$\overline{AB}=\overline{BC}$에서 $2x+3=9$, $2x=6$　$\therefore x=3$

또 $\overline{AD}/\!/\overline{BC}$이므로 $\angle DAC=\angle ACB=54°$ (엇각)

$\triangle AOD$에서 $\angle AOD=90°$이므로

$\angle ADO=180°-(90°+54°)=36°$　$\therefore y=36$

$\therefore x+y=3+36=39$

**04** 답 ②, ④

①, ③ 평행사변형이 마름모가 되는 조건이다.

②, ④ 평행사변형이 직사각형이 되는 조건이다.

⑤ $\angle OBC+\angle OCB=90°$이면 $\triangle OBC$에서

$\angle BOC=180°-(\angle OBC+\angle OCB)=180°-90°=90°$

즉, $\overline{AC}\perp\overline{BD}$이므로 평행사변형 ABCD는 마름모가 된다.

따라서 평행사변형 ABCD가 마름모가 되는 조건이 아닌 것은 ②, ④이다.

**05** 답 ①

$\overline{OD}=\dfrac{1}{2}\overline{BD}=\dfrac{1}{2}\overline{AC}=\dfrac{1}{2}\times 14=7(\text{cm})$

$\therefore x=7$

△DBC에서 ∠BCD=90°이므로

∠BDC=180°−(90°+37°)=53°

$\therefore y=53$

$\therefore y-x=53-7=46$

**06** 답 ③

$\overline{AO}=\overline{CO}$이므로

$5x-3=2x+6,\ 3x=9$ $\therefore x=3$

$\therefore \overline{BD}=\overline{AC}=2\overline{AO}=2\times(5\times 3-3)=24$

**07** 답 10

직사각형의 두 대각선은 길이가 같으므로

$\overline{AC}=\overline{BO}=\dfrac{1}{2}\times 20=10$

**08** 답 ㈎ $\overline{DC}$ ㈏ $\overline{BC}$ ㈐ ∠ABC ㈑ △DCB ㈒ SAS

**09** 답 ④

∠DOC=∠AOB=46°(맞꼭지각)이고,

△OCD에서 $\overline{OC}=\overline{OD}$이므로

$\angle a=\angle ODC=\dfrac{1}{2}\times(180°-46°)=67°$

$\therefore \angle b=90°-\angle ODC=90°-67°=23°$

$\therefore \angle a-\angle b=67°-23°=44°$

**10** 답 57°

△ABE에서 ∠ABE=90°이므로

∠AEB=180°−(90°+24°)=66° ⋯ (i)

이때 ∠AEF=∠FEC(접은 각)이므로

$\angle AEF=\dfrac{1}{2}\times(180°-66°)=57°$ ⋯ (ii)

| 채점 기준 | |
|---|---|
| (i) ∠AEB의 크기 구하기 | 50% |
| (ii) ∠AEF의 크기 구하기 | 50% |

**11** 답 ⑤

⑤ 평행사변형의 한 내각이 직각이면 직사각형이 된다.

참고 ①, ② 평행사변형이 마름모가 되는 조건이다.

**12** 답 ㄴ, ㄹ

ㄴ. $\overline{AC}=\overline{BD}$이므로 평행사변형 ABCD는 직사각형이 된다.

ㄹ. ∠A=90°이면 평행사변형 ABCD는 직사각형이 된다.

**13** 답 ㈎ $\overline{DB}$ ㈏ SSS ㈐ ∠DCB

**14** 답 ②

△OAB에서 ∠OAB=∠OBA이면 $\overline{OA}=\overline{OB}$ ⋯ ㉠

평행사변형 ABCD에서 $\overline{OA}=\overline{OC},\ \overline{OB}=\overline{OD}$ ⋯ ㉡

㉠, ㉡에 의해 $\overline{OA}=\overline{OB}=\overline{OC}=\overline{OD}$이므로 $\overline{AC}=\overline{BD}$

따라서 평행사변형에서 두 대각선의 길이가 같으므로 □ABCD는 직사각형이다.

**15** 답 직사각형, 90°

△ABM과 △DCM에서

$\overline{AM}=\overline{DM},\ \overline{AB}=\overline{DC},\ \overline{MB}=\overline{MC}$이므로

△ABM≡△DCM(SSS 합동)

$\therefore \angle A=\angle D$

이때 ∠A+∠D=180°이므로 ∠A=∠D=90°

따라서 평행사변형에서 한 내각의 크기가 90°이므로 □ABCD는 직사각형이다.

**16** 답 30°

△ABD에서 $\overline{AB}=\overline{AD}$이므로

∠y=∠ADB=30°

또 $\overline{BC} \parallel \overline{AD}$이므로 ∠DBC=∠ADB=30°(엇각)

이때 $\overline{AC}\perp\overline{BD}$이므로 ∠BOC=90°

따라서 △BCO에서 ∠x=180°−(90°+30°)=60°

$\therefore \angle x-\angle y=60°-30°=30°$

**17** 답 112°

△BCD에서 $\overline{CB}=\overline{CD}$이므로

∠DBC=∠BDC=34°

$\therefore \angle C=180°-(34°+34°)=112°$

$\therefore \angle A=\angle C=112°$

다른 풀이

$\overline{AB} \parallel \overline{DC}$이므로 ∠ABD=∠BDC=34°(엇각)

△ABD에서 $\overline{AB}=\overline{AD}$이므로 ∠ADB=∠ABD=34°

$\therefore \angle A=180°-(34°+34°)=112°$

**18** 답 ㈎ $\overline{AD}$ ㈏ SSS ㈐ ∠AOB ㈑ 180°

**19** 답 120°

□EBFD가 마름모이므로 $\overline{BF}=\overline{DF}$

즉, △DBF에서 ∠DBF=∠BDF

이때 $\overline{ED} \parallel \overline{BF}$이므로 ∠EDB=∠DBF(엇각)

$\therefore \angle EDB=\angle BDF$ ⋯ (i)

즉, ∠EDB=∠BDF=∠FDC이므로

$\angle BDF=\dfrac{1}{3}\angle ADC=\dfrac{1}{3}\times 90°=30°$ ⋯ (ii)

따라서 △DBF에서 ∠BFD=180°−(30°+30°)=120° ⋯ (iii)

| 채점 기준 | |
|---|---|
| (i) ∠EDB=∠BDF임을 설명하기 | 40% |
| (ii) ∠BDF의 크기 구하기 | 30% |
| (iii) ∠BFD의 크기 구하기 | 30% |

## 20 답 ④

$\triangle BCD$에서 $\overline{CB}=\overline{CD}$이므로

$\angle BDC=\dfrac{1}{2}\times(180°-126°)=27°$

$\triangle DFE$에서 $\angle DFE=180°-(90°+27°)=63°$

$\therefore \angle AFB=\angle DFE=63°$ (맞꼭지각)

## 21 답 55°

$\triangle ABP$와 $\triangle ADQ$에서

$\angle APB=\angle AQD=90°$, $\overline{AB}=\overline{AD}$, $\angle ABP=\angle ADQ$이므로

$\triangle ABP\equiv\triangle ADQ$(RHA 합동)

$\therefore \overline{AP}=\overline{AQ}$, $\angle BAP=\angle DAQ=180°-(90°+70°)=20°$

이때 $\angle B+\angle BAD=180°$이므로 $\angle BAD=180°-70°=110°$

$\therefore \angle PAQ=110°-(20°+20°)=70°$

따라서 $\triangle APQ$에서 $\overline{AP}=\overline{AQ}$이므로

$\angle APQ=\dfrac{1}{2}\times(180°-70°)=55°$

## 22 답 16 cm

$\triangle BFE$에서 $\overline{BE}=\overline{BF}$이므로 $\angle BEF=\angle BFE$

이때 $\angle CFD=\angle BFE$ (맞꼭지각), $\angle FCD=\angle BEF$ (엇각)이므로

$\angle CFD=\angle FCD$

즉, $\triangle DFC$는 $\overline{DF}=\overline{DC}$인 이등변삼각형이므로

$\overline{DF}=\overline{DC}=\overline{BC}=10$ cm

$\therefore \overline{BD}=\overline{BF}+\overline{FD}=6+10=16$ (cm)

**만렙비법** $\triangle DFC$가 이등변삼각형임을 이용한다.

## 23 답 ①, ④

②, ③, ⑤ 평행사변형이 직사각형이 되는 조건이다.

## 24 답 ㄱ, ㄷ

ㄱ. $\overline{AD}=5$ cm이면 $\overline{AB}=\overline{AD}$이므로 평행사변형 ABCD는 마름모가 된다.

ㄷ. $\angle AOB=90°$이면 $\overline{AC}\perp\overline{BD}$이므로 평행사변형 ABCD는 마름모가 된다.

## 25 답 ㈎ 평행사변형 ㈏ $\overline{AD}$ ㈐ $\overline{AO}$ ㈑ SAS ㈒ $\overline{AD}$

## 26 답 마름모

$\overline{AD}\parallel\overline{BC}$이므로 $\angle ADB=\angle DBC$ (엇각)

즉, $\triangle ABD$에서 $\angle ABD=\angle ADB$이므로 $\overline{AB}=\overline{AD}$

따라서 평행사변형에서 이웃하는 두 변의 길이가 같으므로 $\square ABCD$는 마름모이다.

## 27 답 90°

$\overline{AB}=\overline{DC}$이므로 $2a+1=3a-11$ $\therefore a=12$

$\overline{AB}=2a+1=2\times12+1=25$,

$\overline{BC}=a+13=12+13=25$이므로 $\overline{AB}=\overline{BC}$

따라서 $\square ABCD$는 마름모이므로 $\overline{AC}\perp\overline{BD}$이다.

$\therefore \angle x=90°$

## 28 답 40

$\overline{AB}\parallel\overline{DC}$이므로 $\angle ACD=\angle BAC=56°$ (엇각)

$\triangle OCD$에서 $\angle DOC=180°-(34°+56°)=90°$

$\therefore \overline{AC}\perp\overline{BD}$

즉, $\square ABCD$는 마름모이므로 $\qquad\qquad\cdots$ (i)

$\overline{AB}=\overline{BC}=\overline{CD}=\overline{DA}$

따라서 $\triangle BCD$에서 $\overline{BC}=\overline{CD}$이므로

$\angle DBC=\angle BDC=34°$ $\therefore x=34$ $\qquad\cdots$ (ii)

또 $\overline{AB}=\overline{AD}=6$ cm이므로 $y=6$ $\qquad\qquad\cdots$ (iii)

$\therefore x+y=34+6=40$ $\qquad\qquad\qquad\cdots$ (iv)

**채점 기준**

| | |
|---|---|
| (i) $\square ABCD$가 마름모임을 설명하기 | 50% |
| (ii) $x$의 값 구하기 | 20% |
| (iii) $y$의 값 구하기 | 20% |
| (iv) $x+y$의 값 구하기 | 10% |

---

### 02 정사각형 / 등변사다리꼴

#### 유형 모아 보기 & 완성하기
75~78쪽

## 29 답 70°

$\triangle AED$와 $\triangle CED$에서

$\overline{AD}=\overline{CD}$, $\overline{DE}$는 공통, $\angle ADE=\angle CDE=45°$이므로

$\triangle AED\equiv\triangle CED$(SAS 합동)

$\therefore \angle DCE=\angle DAE=25°$

따라서 $\triangle DEC$에서 $\angle x=45°+25°=70°$

## 30 답 ㄷ, ㄹ

ㄷ. $\overline{AB}=\overline{BC}$이면 이웃하는 두 변의 길이가 같으므로 직사각형 ABCD는 정사각형이 된다.

ㄹ. $\angle AOB+\angle AOD=180°$이므로 $\angle AOB=\angle AOD$이면 $\angle AOB=\angle AOD=90°$이다.

즉, $\overline{AC}\perp\overline{BD}$이므로 직사각형 ABCD는 정사각형이 된다.

## 31 답 40°

$\angle ABC=\angle C=70°$이므로 $\angle DBC=70°-30°=40°$

이때 $\overline{AD}\parallel\overline{BC}$이므로 $\angle ADB=\angle DBC=40°$ (엇각)

**32** 답 **11 cm**

오른쪽 그림과 같이 점 A를 지나고 $\overline{DC}$에 평행한 직선이 $\overline{BC}$와 만나는 점을 E라 하면 □AECD는 평행사변형이므로

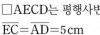

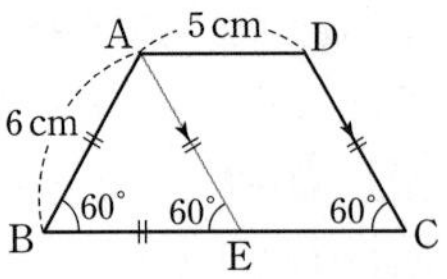

$\overline{EC}=\overline{AD}=5\,cm$

이때 ∠C=∠B=60°이고,

$\overline{AE} \parallel \overline{DC}$이므로 ∠AEB=∠C=60° (동위각)

△ABE에서 ∠BAE=180°−(60°+60°)=60°

즉, △ABE는 정삼각형이므로

$\overline{BE}=\overline{AB}=6\,cm$

∴ $\overline{BC}=\overline{BE}+\overline{EC}=6+5=11\,(cm)$

**33** 답 **30°**

△ABP에서 ∠BAP=45°이므로

∠ABP=75°−45°=30°

△ABP와 △ADP에서

$\overline{AB}=\overline{AD}$, $\overline{AP}$는 공통, ∠BAP=∠DAP=45°이므로

△ABP≡△ADP(SAS 합동)

∴ ∠ADP=∠ABP=30°

**34** 답 ③

**35** 답 **8 cm²**

$\overline{BD}=\overline{AC}=2\overline{AO}=2\times2=4\,(cm)$

∴ □ABCD=2△ABD=$2\times\left(\frac{1}{2}\times\overline{BD}\times\overline{AO}\right)$

$=2\times\left(\frac{1}{2}\times4\times2\right)=8\,(cm^2)$

**36** 답 **75°**

$\overline{AB}=\overline{AD}=\overline{AE}$이므로 △ABE는 $\overline{AB}=\overline{AE}$인 이등변삼각형이다.

∴ ∠AEB=∠ABE=30°

△ABE에서 ∠EAB=180°−(30°+30°)=120° ··· (ⅰ)

이때 ∠DAB=90°이므로

∠EAD=120°−90°=30° ··· (ⅱ)

따라서 △ADE에서 $\overline{AD}=\overline{AE}$이므로

∠ADE=$\frac{1}{2}\times(180°-30°)=75°$ ··· (ⅲ)

| 채점 기준 | |
|---|---|
| (ⅰ) ∠EAB의 크기 구하기 | 40 % |
| (ⅱ) ∠EAD의 크기 구하기 | 30 % |
| (ⅲ) ∠ADE의 크기 구하기 | 30 % |

**37** 답 ④

△EBC는 정삼각형이므로 ∠ECB=60°

∴ ∠ECD=90°−60°=30°

이때 △CDE는 $\overline{CD}=\overline{CE}$인 이등변삼각형이므로

∠CDE=$\frac{1}{2}\times(180°-30°)=75°$

∴ ∠x=∠CDE−∠BDC=75°−45°=30°

**38** 답 **20°**

△ABE와 △BCF에서

$\overline{AB}=\overline{BC}$, $\overline{BE}=\overline{CF}$, ∠ABE=∠BCF=90°이므로

△ABE≡△BCF(SAS 합동)

이때 ∠AEB=180°−110°=70°이므로

△ABE에서 ∠EAB=180°−(90°+70°)=20°

∴ ∠FBC=∠EAB=20°

**39** 답 **4 cm²**

△OBH와 △OCI에서

∠OBH=∠OCI, $\overline{OB}=\overline{OC}$,

∠BOH=90°−∠HOC=∠COI이므로

△OBH≡△OCI(ASA 합동)

∴ □OHCI=△OHC+△OCI

$=$△OHC+△OBH

$=$△OBC=$\frac{1}{4}$□ABCD

$=\frac{1}{4}\times4\times4=4\,(cm^2)$

**40** 답 ②

**41** 답 ③

①, ② 평행사변형이 직사각형이 되는 조건이다.

③ $\overline{AO}=\overline{DO}$이면 $\overline{AO}=\overline{BO}=\overline{CO}=\overline{DO}$이므로 $\overline{AC}=\overline{BD}$

따라서 $\overline{AC}\perp\overline{BD}$, $\overline{AC}=\overline{BD}$이므로 평행사변형 ABCD는 정사각형이 된다.

④, ⑤ 평행사변형이 마름모가 되는 조건이다.

따라서 평행사변형 ABCD가 정사각형이 되는 조건은 ③이다.

**42** 답 ④

④ 이웃하는 두 변의 길이가 같은 평행사변형은 마름모이다.

**43** 답 **40°**

∠ABC=∠C=80°이므로

∠ABD=∠DBC=$\frac{1}{2}$∠ABC=$\frac{1}{2}\times80°=40°$

이때 $\overline{AD}\parallel\overline{BC}$이므로

∠ADB=∠DBC=40° (엇각)

**44** 답 **7**

□ABCD는 등변사다리꼴이므로 $\overline{AC}=\overline{BD}$

즉, $4x-7=\frac{2}{3}x+5$이므로

$\frac{10}{3}x=12$ ∴ $x=\frac{18}{5}$

∴ $\overline{AD}=5x-11=5\times\frac{18}{5}-11=7$

**45** 답 ⑺ **평행사변형** ⑻ **∠DEC** ⒟ $\overline{DE}$ ⒠ $\overline{DC}$

## 46  답 ③

①, ⑤ △ABC와 △DCB에서

$\overline{AB}=\overline{DC}$, $\overline{BC}$는 공통, ∠ABC=∠DCB이므로

△ABC≡△DCB(SAS 합동)

∴ $\overline{AC}=\overline{DB}$, ∠BAC=∠CDB

② △ABC≡△DCB이므로 ∠ACB=∠DBC

즉, △OBC는 이등변삼각형이므로 $\overline{OB}=\overline{OC}$

이때 $\overline{AC}=\overline{DB}$이므로 $\overline{AO}=\overline{AC}-\overline{OC}=\overline{DB}-\overline{OB}=\overline{DO}$

④ $\overline{AD}/\!/\overline{BC}$이고, ∠ABC=∠DCB이므로

∠BAD=180°−∠ABC=180°−∠DCB=∠ADC

따라서 옳지 않은 것은 ③이다.

## 47  답 40°

△ABC와 △DCB에서

$\overline{AB}=\overline{DC}$, $\overline{BC}$는 공통, ∠ABC=∠DCB이므로

△ABC≡△DCB(SAS 합동)

∴ ∠DBC=∠ACB=40°

이때 $\overline{AE}/\!/\overline{DB}$이므로

∠x=∠DBC=40°(동위각)

## 48  답 ②

$\overline{AD}/\!/\overline{BC}$이므로 ∠DAC=∠x(엇각)

△DAC에서 $\overline{DA}=\overline{DC}$이므로

∠DCA=∠DAC=∠x

이때 ∠DCB=∠x+∠x=2∠x이므로

∠B=∠DCB=2∠x

따라서 △ABC에서 72°+2∠x+∠x=180°이므로

3∠x=108°    ∴ ∠x=36°

## 49  답 62 cm

오른쪽 그림과 같이 점 D를 지나고 $\overline{AB}$에 평행한 직선을 그어 $\overline{BC}$와 만나는 점을 E라 하면 □ABED는 평행사변형이므로

$\overline{BE}=\overline{AD}=10$ cm

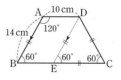

이때 ∠A+∠B=180°이므로 ∠B=180°−120°=60°

∴ ∠C=∠B=60°

$\overline{AB}/\!/\overline{DE}$이므로 ∠DEC=∠B=60°(동위각)

△DEC에서 ∠EDC=180°−(60°+60°)=60°

즉, △DEC는 정삼각형이므로

$\overline{EC}=\overline{DC}=\overline{AB}=14$ cm

∴ (□ABCD의 둘레의 길이)=$\overline{AB}+\overline{BE}+\overline{EC}+\overline{CD}+\overline{DA}$

$=14+10+14+14+10$

$=62$(cm)

## 50  답 27

∠C=∠B=65°이므로

△DEC에서 ∠CDE=180°−(90°+65°)=25°

∴ $x=25$

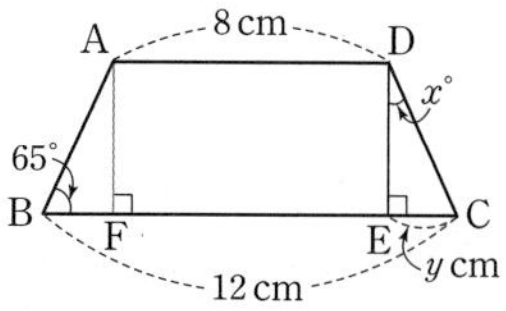

---

오른쪽 그림과 같이 꼭짓점 A에서 $\overline{BC}$에 내린 수선의 발을 F라 하면

$\overline{FE}=\overline{AD}=8$ cm

또 △ABF≡△DCE(RHA 합동)

이므로

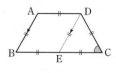

$\overline{CE}=\overline{BF}=\dfrac{1}{2}\times(\overline{BC}-\overline{FE})=\dfrac{1}{2}\times(12-8)=2$(cm)

∴ $y=2$

∴ $x+y=25+2=27$

## 51  답 60°

오른쪽 그림과 같이 $\overline{AB}/\!/\overline{DE}$가 되도록 $\overline{DE}$를 그으면 □ABED는 평행사변형이고, $\overline{AB}=\overline{AD}$이므로 □ABED는 마름모이다.

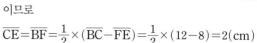

∴ $\overline{AB}=\overline{BE}=\overline{ED}=\overline{AD}$

이때 $\overline{BC}=2\overline{AD}$이므로 $\overline{BE}=\overline{EC}$

따라서 $\overline{DE}=\overline{EC}=\overline{DC}$이므로 △DEC는 정삼각형이다.

∴ ∠C=60°

---

03  여러 가지 사각형 사이의 관계

유형 모아 보기 & 완성하기  79~82쪽

## 52  답 직사각형

∠DAB+∠ABC=180°이므로 ∠QAB+∠QBA=90°

△ABQ에서 ∠AQB=180°−90°=90°

∴ ∠PQR=∠AQB=90°(맞꼭지각)        ⋯㉠

같은 방법으로 하면 ∠PSR=90°        ⋯㉡

또 ∠ABC+∠BCD=180°이므로

∠PBC+∠PCB=90°

△PBC에서 ∠BPC=180°−90°=90°, 즉 ∠QPS=90°        ⋯㉢

같은 방법으로 하면 ∠QRS=90°        ⋯㉣

따라서 ㉠~㉣에 의해 □PQRS는 네 내각의 크기가 모두 같으므로 직사각형이다.

## 53  답 ③

③ 두 대각선의 길이가 같은 평행사변형은 직사각형이다.

## 54  답 ㄴ, ㄹ, ㅁ

## 55  답 ①, ④

직사각형의 각 변의 중점을 연결하여 만든 사각형은 마름모이다.

따라서 마름모에 대한 설명으로 옳지 않은 것은 ①, ④이다.

## 56 답 ④

$\angle DAB + \angle ABC = 180°$이므로 $\angle QAB + \angle QBA = 90°$

$\triangle ABQ$에서 $\angle AQB = 180° - 90° = 90°$

$\therefore \angle PQR = \angle AQB = 90°$ (맞꼭지각) $\quad \cdots \㉠$

같은 방법으로 하면 $\angle PSR = 90°$ $\quad \cdots \㉡$

또 $\angle ABC + \angle BCD = 180°$이므로

$\angle PBC + \angle PCB = 90°$

$\triangle PBC$에서 $\angle BPC = 180° - 90° = 90°$, 즉 $\angle QPS = 90°$ $\quad \cdots \㉢$

같은 방법으로 하면 $\angle QRS = 90°$ $\quad \cdots \㉣$

따라서 ㉠~㉣에 의해 □PQRS는 네 내각의 크기가 모두 같으므로 직사각형이다.

④ $\overline{QS} \perp \overline{PR}$는 □PQRS가 마름모일 때, 성립한다.

## 57 답 평행사변형

$\triangle ABE$와 $\triangle CDF$에서

$\angle A = \angle C = 90°$, $\overline{BE} = \overline{DF}$, $\overline{AB} = \overline{CD}$이므로

$\triangle ABE \equiv \triangle CDF$(RHS 합동)

$\therefore \overline{AE} = \overline{CF}$

이때 $\overline{AD} = \overline{BC}$이므로

$\overline{ED} = \overline{AD} - \overline{AE} = \overline{BC} - \overline{CF} = \overline{BF}$

따라서 □EBFD는 두 쌍의 대변의 길이가 각각 같으므로 평행사변형이다.

## 58 답 정사각형

$\triangle AEH$, $\triangle BFE$, $\triangle CGF$, $\triangle DHG$에서

$\overline{AE} = \overline{BF} = \overline{CG} = \overline{DH}$, $\overline{AH} = \overline{BE} = \overline{CF} = \overline{DG}$,

$\angle A = \angle B = \angle C = \angle D = 90°$이므로

$\triangle AEH \equiv \triangle BFE \equiv \triangle CGF \equiv \triangle DHG$(SAS 합동)

$\therefore \overline{HE} = \overline{EF} = \overline{FG} = \overline{GH}$ $\quad \cdots \㉠$

이때 $\angle AEH + \angle AHE = 90°$이고, $\angle AHE = \angle BEF$이므로

$\angle AEH + \angle BEF = 90°$

$\therefore \angle HEF = 90°$ $\quad \cdots \㉡$

따라서 ㉠, ㉡에 의해 □EFGH는 한 내각의 크기가 90°인 마름모이므로 정사각형이다.

## 59 답 6 cm

$\triangle AOE$와 $\triangle COF$에서

$\angle EAO = \angle FCO$ (엇각), $\overline{AO} = \overline{CO}$,

$\angle AOE = \angle COF$ (맞꼭지각)이므로

$\triangle AOE \equiv \triangle COF$(ASA 합동)

$\therefore \overline{AE} = \overline{CF}$

따라서 □AFCE는 $\overline{AE} \parallel \overline{FC}$, $\overline{AE} = \overline{FC}$이므로 평행사변형이고, 이때 두 대각선이 서로 다른 것을 수직이등분하므로 마름모이다.

$\therefore \overline{AF} = \overline{CF} = \overline{BC} - \overline{BF} = 8 - 2 = 6 \text{(cm)}$

## 60 답 마름모, 32 cm

$\overline{AF} \parallel \overline{BE}$이므로 $\angle AFB = \angle FBE$ (엇각)

즉, $\triangle ABF$에서 $\angle ABF = \angle AFB$이므로 $\overline{AB} = \overline{AF}$ $\quad \cdots \㉠$

$\overline{AF} \parallel \overline{BE}$이므로 $\angle BEA = \angle FAE$ (엇각)

즉, $\triangle ABE$에서 $\angle BAE = \angle BEA$이므로 $\overline{AB} = \overline{BE}$ $\quad \cdots \㉡$

㉠, ㉡에 의해 $\overline{AF} = \overline{BE}$

따라서 □ABEF는 $\overline{AF} \parallel \overline{BE}$, $\overline{AF} = \overline{BE}$이므로 평행사변형이고, 이때 이웃하는 두 변의 길이가 같으므로 마름모이다. $\quad \cdots \text{(i)}$

$\therefore$ (□ABEF의 둘레의 길이) $= 4 \times 8 = 32 \text{(cm)}$ $\quad \cdots \text{(ii)}$

### 채점 기준

| | |
|---|---|
| (i) □ABEF가 마름모임을 설명하기 | 70% |
| (ii) □ABEF의 둘레의 길이 구하기 | 30% |

## 61 답 ④

$\overline{AE} = \overline{ED} = \overline{BF} = \overline{FC}$이므로 □AFCE, □EBFD는 평행사변형이다.

이때 $\overline{PF} \parallel \overline{EQ}$, $\overline{EP} \parallel \overline{QF}$이므로 □EPFQ는 평행사변형이다.

오른쪽 그림과 같이 $\overline{EF}$를 그으면

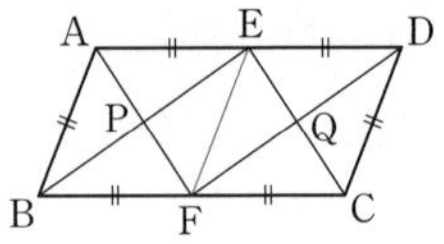

$\overline{AB} = \frac{1}{2}\overline{AD} = \overline{AE}$이므로 □ABFE는

이웃하는 두 변의 길이가 같으므로 마름모이다.

즉, $\angle EPF = 90°$이므로 □EPFQ는 직사각형이다.

따라서 직사각형에 대한 설명으로 옳지 않은 것은 ④이다.

## 62 답 ㄱ, ㄷ, ㅁ

ㄴ. 등변사다리꼴과 같이 이웃하는 두 내각의 크기가 같지만 직사각형이 아닌 사각형도 있다.

ㄹ. 두 대각선이 직교하는 평행사변형은 마름모이다.

ㅂ. 두 대각선의 길이가 같고, 서로 다른 것을 이등분하는 평행사변형은 직사각형이다.

따라서 옳은 것은 ㄱ, ㄷ, ㅁ이다.

## 63 답 ②, ⑤

② 마름모 중에는 정사각형이 아닌 것도 있다.

⑤ 등변사다리꼴은 평행사변형이 아니다.

## 64 답 ④

④ 한 내각이 직각이다. 또는 두 대각선의 길이가 같다.

## 65 답 ②, ⑤

① 한 내각이 직각인 평행사변형은 직사각형이다.

② 두 대각선의 길이가 같은 평행사변형은 직사각형이다.

③ $\angle DAC = \angle ACB$ (엇각)이므로 $\angle ACB = \angle ACD$이면

$\angle DAC = \angle DCA$ $\quad \therefore \overline{DA} = \overline{DC}$

즉, 이웃하는 두 변의 길이가 같은 평행사변형이므로 마름모이다.

④ $\overline{AO} = \overline{CO}$, $\overline{BO} = \overline{DO}$이므로 $\overline{AO} = \overline{BO}$이면 $\overline{AC} = \overline{BD}$

즉, 두 대각선의 길이가 같고 수직인 평행사변형이므로 정사각형이다.

⑤ 이웃하는 두 변의 길이가 같은 평행사변형은 마름모이다.

따라서 옳지 않은 것은 ②, ⑤이다.

**66** 답 ⑤

⑤ 등변사다리꼴의 두 대각선은 길이는 같지만 서로 다른 것을 이등분하지는 않는다.


**67** 답 6

두 대각선의 길이가 같은 사각형은 ㄷ, ㅁ, ㅂ의 3개이므로 $a=3$

두 대각선이 직교하는 사각형은 ㄹ, ㅂ의 2개이므로 $b=2$

두 대각선의 길이가 같고 서로 다른 것을 수직이등분하는 사각형은 ㅂ의 1개이므로 $c=1$

$\therefore a+b+c=3+2+1=6$


**68** 답 ㈎ SAS ㈏ $\overline{GF}$ ㈐ SAS ㈑ $\overline{GH}$


**69** 답 ②, ④

② 직사각형 – 마름모    ④ 정사각형 – 정사각형


**70** 답 20 cm

$\triangle APS \equiv \triangle BPQ \equiv \triangle CRQ \equiv \triangle DRS$ (SAS 합동)이므로

$\overline{PS}=\overline{PQ}=\overline{RQ}=\overline{RS}$

즉, □PQRS는 마름모이다.

$\therefore$ (□PQRS의 둘레의 길이)$=4\times5=20$(cm)


**71** 답 직사각형

$\triangle APS \equiv \triangle CQR$ (SAS 합동)이므로

$\angle APS = \angle ASP = \angle CQR = \angle CRQ$

$\triangle BPQ \equiv \triangle DSR$ (SAS 합동)이므로

$\angle BPQ = \angle BQP = \angle DSR = \angle DRS$ ··· (ⅰ)

□PQRS에서

$\angle SPQ = 180° - (\angle APS + \angle BPQ)$

$\qquad\quad = \angle PQR = \angle QRS = \angle RSP$ ··· (ⅱ)

따라서 네 내각의 크기가 모두 같으므로 □PQRS는 직사각형이다. ··· (ⅲ)

**채점 기준**

| | |
|---|---|
| (ⅰ) 삼각형의 합동 조건을 이용하여 크기가 같은 각 찾기 | 40 % |
| (ⅱ) □PQRS에서 크기가 같은 각 찾기 | 40 % |
| (ⅲ) □PQRS가 어떤 사각형인지 말하기 | 20 % |


**72** 답 25 cm²

정사각형의 각 변의 중점을 연결하여 만든 사각형은 정사각형이므로 □PQRS는 정사각형이다.

$\therefore$ □PQRS$=5\times5=25$(cm²)


**73** 답 ②

사각형의 각 변의 중점을 연결하여 만든 사각형은 평행사변형이므로 □PQRS는 평행사변형이다.

따라서 $\overline{SR}=\overline{PQ}=8$cm, $\overline{PS}=\overline{QR}=9$cm이므로

(□PQRS의 둘레의 길이)$=\overline{PQ}+\overline{QR}+\overline{RS}+\overline{SP}$

$\qquad\qquad\qquad\qquad\qquad =8+9+8+9=34$(cm)

**74** 답 ③

$\overline{AC}\,/\!/\,\overline{DE}$이므로 $\triangle ACD=\triangle ACE$

$\therefore$ □ABCD$=\triangle ABC+\triangle ACD$

$\qquad\qquad\quad =\triangle ABC+\triangle ACE$

$\qquad\qquad\quad =7+3=10$(cm²)


**75** 답 12 cm²

$\overline{BD}=\overline{DC}$이므로 $\triangle ADC=\dfrac{1}{2}\triangle ABC=\dfrac{1}{2}\times40=20$(cm²)

이때 $\overline{AE}:\overline{ED}=2:3$이므로 $\triangle AEC:\triangle EDC=2:3$

$\therefore \triangle EDC=\dfrac{3}{5}\triangle ADC=\dfrac{3}{5}\times20=12$(cm²)


**76** 답 36 cm²

$\triangle DBC=\dfrac{1}{2}$□ABCD$=\dfrac{1}{2}\times\left(\dfrac{1}{2}\times14\times18\right)=63$(cm²)

이때 $\overline{BP}:\overline{PC}=4:3$이므로 $\triangle DBP:\triangle DPC=4:3$

$\therefore \triangle DBP=\dfrac{4}{7}\triangle DBC=\dfrac{4}{7}\times63=36$(cm²)


**77** 답 32 cm²

$\overline{AD}\,/\!/\,\overline{BC}$이므로 $\triangle ACD=\triangle ABD$

$\therefore \triangle DOC=\triangle ACD-\triangle AOD$

$\qquad\qquad\quad =\triangle ABD-\triangle AOD$

$\qquad\qquad\quad =56-24=32$(cm²)


**78** 답 50 cm²

$\overline{AE}\,/\!/\,\overline{DB}$이므로 $\triangle DEB=\triangle DAB$

$\therefore \triangle DEC=\triangle DEB+\triangle DBC$

$\qquad\qquad\quad =\triangle DAB+\triangle DBC$

$\qquad\qquad\quad =$□ABCD$=50$(cm²)


**79** 답 ④

$\triangle ACD=\dfrac{1}{2}$□ABCD$=\dfrac{1}{2}\times78=39$(cm²)

이때 $\overline{AC}\,/\!/\,\overline{DE}$이므로 $\triangle ACE=\triangle ACD=39$cm²

$\therefore \triangle ACO=\triangle ACE-\triangle OCE$

$\qquad\qquad\quad =39-24=15$(cm²)


**80** 답 25 cm²

$\overline{AC}\,/\!/\,\overline{DE}$이므로 $\triangle ACD=\triangle ACE$

$\therefore$ □ABCD$=\triangle ABC+\triangle ACD$

$\qquad\qquad\quad =\triangle ABC+\triangle ACE$

$\qquad\qquad\quad =\triangle ABE$

$\qquad\qquad\quad =\dfrac{1}{2}\times(6+4)\times5=25$(cm²)

**81** 답 ②

$\overline{AC}\,/\!/\,\overline{DE}$이므로 $\triangle ACD=\triangle ACE$

이때 $\square ABCD=\triangle ABE$이므로

$\triangle AFD=\square ABCD-\square ABCF$

$\qquad=\triangle ABE-\square ABCF$

$\qquad=24-19=5(\mathrm{cm}^2)$

**82** 답 $3\pi\,\mathrm{cm}^2$

$\overline{AB}\,/\!/\,\overline{CD}$이므로 $\triangle DAB=\triangle OAB$

따라서 색칠한 부분의 넓이는 부채꼴 OAB의 넓이와 같다.

$\therefore$ (색칠한 부분의 넓이)$=\pi\times3^2\times\dfrac{120}{360}=3\pi(\mathrm{cm}^2)$

**83** 답 ①

$\overline{BD}=\overline{DC}$이므로 $\triangle ABD=\dfrac{1}{2}\triangle ABC=\dfrac{1}{2}\times24=12(\mathrm{cm}^2)$

이때 $\overline{AP}:\overline{PD}=3:1$이므로 $\triangle ABP:\triangle PBD=3:1$

$\therefore \triangle PBD=\dfrac{1}{4}\triangle ABD=\dfrac{1}{4}\times12=3(\mathrm{cm}^2)$

**84** 답 $6\,\mathrm{cm}^2$

$\overline{BD}:\overline{DC}=2:1$이므로 $\triangle ABD:\triangle ADC=2:1$

$\therefore \triangle ADC=\dfrac{1}{3}\triangle ABC=\dfrac{1}{3}\times30=10(\mathrm{cm}^2)$ $\cdots$ (i)

이때 $\overline{AE}:\overline{EC}=3:2$이므로 $\triangle ADE:\triangle EDC=3:2$

$\therefore \triangle ADE=\dfrac{3}{5}\triangle ADC=\dfrac{3}{5}\times10=6(\mathrm{cm}^2)$ $\cdots$ (ii)

| 채점 기준 | |
|---|---|
| (i) △ADC의 넓이 구하기 | 50 % |
| (ii) △ADE의 넓이 구하기 | 50 % |

**85** 답 $18\,\mathrm{cm}^2$

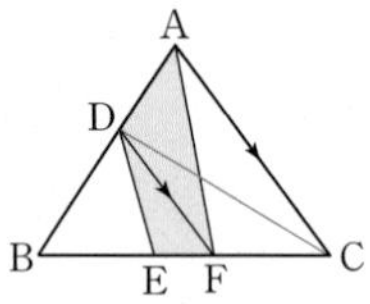

오른쪽 그림과 같이 $\overline{DC}$를 그으면

$\overline{AC}\,/\!/\,\overline{DF}$이므로 $\triangle ADF=\triangle CDF$

$\therefore \square ADEF=\triangle DEF+\triangle ADF$

$\qquad=\triangle DEF+\triangle CDF$

$\qquad=\triangle DEC$

이때 $\overline{BE}:\overline{EC}=2:3$이므로 $\triangle DBE:\triangle DEC=2:3$

즉, $12:\triangle DEC=2:3$이므로

$2\triangle DEC=36$ $\therefore \triangle DEC=18(\mathrm{cm}^2)$

$\therefore \square ADEF=\triangle DEC=18\,\mathrm{cm}^2$

**86** 답 ③

$\overline{AB}=\overline{AD}=\overline{AF}+\overline{FD}=\overline{AF}+\overline{AE}=6+4=10(\mathrm{cm})$이므로

$\triangle ABO=\dfrac{1}{4}\square ABCD=\dfrac{1}{4}\times10\times10=25(\mathrm{cm}^2)$

이때 $\overline{AE}:\overline{EB}=4:(10-4)=2:3$이므로

$\triangle AEO:\triangle EBO=2:3$

$\therefore \triangle AEO=\dfrac{2}{5}\triangle ABO=\dfrac{2}{5}\times25=10(\mathrm{cm}^2)$

**87** 답 ⑤

$\triangle ABC=\dfrac{1}{2}\square ABCD=\dfrac{1}{2}\times\left(\dfrac{1}{2}\times8\times12\right)=24(\mathrm{cm}^2)$

이때 $\overline{BP}:\overline{PC}=2:1$이므로 $\triangle ABP:\triangle APC=2:1$

$\therefore \triangle APC=\dfrac{1}{3}\triangle ABC=\dfrac{1}{3}\times24=8(\mathrm{cm}^2)$

**88** 답 $24\,\mathrm{cm}^2$

오른쪽 그림과 같이 점 P를 지나고 $\overline{AD}$에 평행한 직선을 그어 $\overline{CD}$와 만나는 점을 Q라 하면

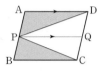

$\triangle APD=\triangle DPQ$, $\triangle PBC=\triangle PCQ$이므로

$\triangle APD+\triangle PBC=\triangle DPQ+\triangle PCQ$

$\qquad=\triangle DPC=24(\mathrm{cm}^2)$

**89** 답 ③

$\overline{AD}\,/\!/\,\overline{BC}$이므로 $\triangle ABE=\triangle BED$

$\overline{BD}\,/\!/\,\overline{EF}$이므로 $\triangle BED=\triangle BFD$

$\overline{AB}\,/\!/\,\overline{DC}$이므로 $\triangle BFD=\triangle AFD$

$\therefore \triangle ABE=\triangle BED=\triangle BFD=\triangle AFD$

따라서 넓이가 나머지 넷과 다른 삼각형은 ③이다.

**90** 답 ④

오른쪽 그림과 같이 $\overline{AC}$를 그으면

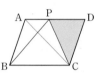

$\triangle ACD=\dfrac{1}{2}\square ABCD=\dfrac{1}{2}\times60=30(\mathrm{cm}^2)$

이때 $\overline{AP}:\overline{PD}=2:3$이므로

$\triangle ACP:\triangle PCD=2:3$

$\therefore \triangle PCD=\dfrac{3}{5}\triangle ACD=\dfrac{3}{5}\times30=18(\mathrm{cm}^2)$

**91** 답 $14\,\mathrm{cm}^2$

$\overline{AB}\,/\!/\,\overline{DC}$이므로 $\triangle DAF=\triangle DBF$

$\overline{AE}\,/\!/\,\overline{BC}$이므로 $\triangle DBE=\triangle DCE$

$\therefore \triangle EFC=\triangle DCE-\triangle DFE$

$\qquad=\triangle DBE-\triangle DFE$

$\qquad=\triangle DBF=\triangle DAF$

$\qquad=\triangle AGD+\triangle DGF$

$\qquad=11+3=14(\mathrm{cm}^2)$

**92** 답 ②

$\overline{BM}=\overline{MC}$이므로 $\triangle ABM=\triangle AMC$

$\triangle ABM=\dfrac{1}{2}\triangle ABC=\dfrac{1}{2}\times\dfrac{1}{2}\square ABCD$

$\qquad=\dfrac{1}{4}\square ABCD=\dfrac{1}{4}\times36=9(\mathrm{cm}^2)$

이때 $\overline{AN}:\overline{NM}=2:1$이므로

$\triangle ABN:\triangle NBM=2:1$

$\therefore \triangle ABN=\dfrac{2}{3}\triangle ABM=\dfrac{2}{3}\times9=6(\mathrm{cm}^2)$

$\triangle ABO=\dfrac{1}{4}\square ABCD=\dfrac{1}{4}\times36=9(\mathrm{cm}^2)$이므로

$\triangle ANO=\triangle ABO-\triangle ABN=9-6=3(\mathrm{cm}^2)$

**93** 답 **50 cm²**

$\overline{AD}/\!/\overline{BC}$이므로 $\triangle ABC=\triangle DBC$

$\therefore \triangle OBC=\triangle ABC-\triangle ABO$

$\qquad\quad =\triangle DBC-\triangle ABO$

$\qquad\quad =70-20=50(\text{cm}^2)$

**94** 답 ③

$\overline{BO}:\overline{DO}=3:2$이므로 $\triangle OBC:\triangle DOC=3:2$

즉, $24:\triangle DOC=3:2$이므로

$3\triangle DOC=48$ $\quad\therefore \triangle DOC=16(\text{cm}^2)$

이때 $\overline{AD}/\!/\overline{BC}$이므로 $\triangle ABC=\triangle DBC$

$\therefore \triangle ABO=\triangle ABC-\triangle OBC$

$\qquad\quad =\triangle DBC-\triangle OBC$

$\qquad\quad =\triangle DOC=16(\text{cm}^2)$

**95** 답 **49 cm²**

$\overline{AO}:\overline{OC}=3:4$이므로 $\triangle AOD:\triangle DOC=3:4$

즉, $9:\triangle DOC=3:4$이므로

$3\triangle DOC=36$ $\quad\therefore \triangle DOC=12(\text{cm}^2)$

이때 $\overline{AD}/\!/\overline{BC}$이므로 $\triangle ABD=\triangle ACD$

$\therefore \triangle ABO=\triangle ABD-\triangle AOD$

$\qquad\quad =\triangle ACD-\triangle AOD$

$\qquad\quad =\triangle DOC=12(\text{cm}^2)$

또 $\overline{AO}:\overline{OC}=3:4$이므로 $\triangle ABO:\triangle OBC=3:4$

즉, $12:\triangle OBC=3:4$이므로

$3\triangle OBC=48$ $\quad\therefore \triangle OBC=16(\text{cm}^2)$

$\therefore \square ABCD=\triangle ABO+\triangle OBC+\triangle DOC+\triangle AOD$

$\qquad\qquad\quad =12+16+12+9=49(\text{cm}^2)$

---

**Pick 점검하기**
87~89쪽

**96** 답 **94**

$\triangle OBC$에서 $\overline{OB}=\overline{OC}$이므로 $\angle OBC=\angle OCB=38°$

$\therefore \angle BOC=180°-(38°+38°)=104°$

이때 $\angle AOD=\angle BOC=104°$ (맞꼭지각)이므로 $x=104$

$\overline{AC}=\overline{BD}=2\overline{OD}=2\times 5=10(\text{cm})$ $\quad\therefore y=10$

$\therefore x-y=104-10=94$

**97** 답 ④

$\angle DAB=90°$이므로 $\angle DAE=90°-32°=58°$

이때 $\angle AEF=\angle FEC$ (접은 각), $\angle AFE=\angle FEC$ (엇각)이므로

$\angle AEF=\angle AFE$

따라서 $\triangle AEF$에서 $\overline{AE}=\overline{AF}$이므로

$\angle AFE=\dfrac{1}{2}\times(180°-58°)=61°$

**98** 답 ②, ④

② $\overline{BD}=2\overline{BO}=2\times 4=8(\text{cm})$

즉, $\overline{AC}=8\text{cm}$이면 $\overline{AC}=\overline{BD}$이므로 평행사변형 ABCD는 직사각형이 된다.

④ 한 내각이 직각인 평행사변형은 직사각형이 된다.

⑤ 평행사변형이 마름모가 되는 조건이다.

따라서 필요한 조건은 ②, ④이다.

**99** 답 **108°**

$\triangle BCD$에서 $\overline{CB}=\overline{CD}$이므로

$\angle DBC=\angle BDC=36°$

이때 $\triangle BCO$에서 $\angle BOC=90°$이므로

$\angle x=180°-(90°+36°)=54°$

또 $\triangle BEF$에서 $\angle BFE=180°-(90°+36°)=54°$이므로

$\angle y=\angle BFE=54°$ (맞꼭지각)

$\therefore \angle x+\angle y=54°+54°=108°$

**100** 답 ③

$\triangle BFE$에서 $\overline{BE}=\overline{BF}$이므로 $\angle BEF=\angle BFE$

이때 $\angle CFD=\angle BFE$ (맞꼭지각), $\angle FCD=\angle BEF$ (엇각)이므로

$\angle CFD=\angle FCD$

즉, $\triangle DFC$는 $\overline{DF}=\overline{DC}$인 이등변삼각형이므로

$\overline{CD}=\overline{DF}=\overline{BD}-\overline{BF}=14-5=9$

따라서 $\overline{AB}=\overline{CD}=9$이므로

$\overline{AE}=\overline{AB}-\overline{BE}=9-5=4$

**101** 답 **69°**

$\triangle DEA$는 $\overline{DE}=\overline{DA}$인 이등변삼각형이므로

$\angle DEA=\angle DAE=66°$

$\therefore \angle EDA=180°-(66°+66°)=48°$

이때 $\angle ADC=90°$이므로

$\angle EDC=\angle EDA+\angle ADC=48°+90°=138°$

$\overline{DE}=\overline{DA}=\overline{DC}$이므로

$\triangle DEC$에서 $\angle DCE=\dfrac{1}{2}\times(180°-138°)=21°$

$\therefore \angle ECB=\angle DCB-\angle DCE=90°-21°=69°$

**102** 답 **25 cm²**

$\triangle OBP$와 $\triangle OCQ$에서

$\angle OBP=\angle OCQ$, $\overline{BO}=\overline{CO}$,

$\angle BOP=90°-\angle POC=\angle COQ$이므로

$\triangle OBP\equiv\triangle OCQ$ (ASA 합동)

$\therefore \square OPCQ=\triangle OPC+\triangle OCQ$

$\qquad\qquad =\triangle OPC+\triangle OBP$

$\qquad\qquad =\triangle OBC$

$\qquad\qquad =\dfrac{1}{4}\square ABCD$

$\qquad\qquad =\dfrac{1}{4}\times 10\times 10=25(\text{cm}^2)$

## 103 답 ③

$\overline{AB}=\overline{BC}$인 평행사변형 ABCD는 마름모이다.

③ ∠ABC+∠BCD=180°이므로

∠ABC=∠BCD이면 ∠ABC=∠BCD=90°

따라서 ∠ABC=∠BCD이면 마름모 ABCD는 정사각형이 된다.

## 104 답 ①

$\overline{BD}=\overline{AC}=4+7=11\,(cm)$이므로

$x+2=11$ ∴ $x=9$

$\overline{AD}\,\text{//}\,\overline{BC}$이므로 ∠ACB=∠DAC=35° (엇각)

∴ $y=35$

∴ $x+y=9+35=44$

## 105 답 6 cm

오른쪽 그림과 같이 점 A를 지나고 $\overline{DC}$에 평행한 직선을 그어 $\overline{BC}$와 만나는 점을 E라 하면

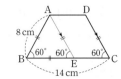

∠C=∠B=60°이고, $\overline{AE}\,\text{//}\,\overline{DC}$이므로

∠AEB=∠C=60° (동위각)

△ABE에서 ∠BAE=180°−(60°+60°)=60°

즉, △ABE는 정삼각형이므로

$\overline{BE}=\overline{AB}=8\,cm$

이때 □AECD는 평행사변형이므로

$\overline{AD}=\overline{EC}=\overline{BC}-\overline{BE}=14-8=6\,(cm)$

## 106 답 ⑤

㉠ 두 대각선의 길이가 같다.

또는 한 내각이 직각이다.

㉡ 이웃하는 두 변의 길이가 같다.

또는 두 대각선이 수직으로 만난다.

## 107 답 ④

① $\overline{AC}\,\text{//}\,\overline{DE}$이므로 △ACE=△ACD

② △ACD=△ACE이므로

△AOD=△ACD−△OAC

=△ACE−△OAC=△OCE

③ $\overline{AC}\,\text{//}\,\overline{DE}$이므로 △AED=△CED

⑤ △ACE=△ACD이므로

△ABE=△ABC+△ACE

=△ABC+△ACD=□ABCD

따라서 옳지 않은 것은 ④이다.

## 108 답 ④

$\overline{AE}\,\text{//}\,\overline{DB}$이므로 △ABD=△EBD

∴ □ABCD=△ABD+△DBC

=△EBD+△DBC

=△DEC

$=\dfrac{1}{2}\times 10\times 6=30\,(cm^2)$

## 109 답 21 cm²

$\overline{AE}\,\text{//}\,\overline{DC}$이므로 △BEC=△BED

$\overline{AD}\,\text{//}\,\overline{BC}$이므로 △BDF=△BAF

∴ △FEC=△BEC−△BEF

=△BED−△BEF

=△BDF

=△BAF

=△ABG+△BFG

=15+6=21\,(cm²)

## 110 답 ②

$\overline{CO}=2\overline{AO}$이므로

△OBC=2△ABO=2×16=32\,(cm²)

$\overline{AD}\,\text{//}\,\overline{BC}$이므로 △ABC=△DBC

∴ △DBC=△ABC

=△ABO+△OBC

=16+32=48\,(cm²)

## 111 답 54°

△ABF에서 ∠ABF=90°이므로

∠BAF=180°−(90°+36°)=54°  ⋯ (i)

△ABE와 △CBE에서

$\overline{AB}=\overline{CB}$, $\overline{BE}$는 공통,

∠ABE=∠CBE=45°이므로

△ABE≡△CBE(SAS 합동)  ⋯ (ii)

∴ ∠x=∠BAE=54°  ⋯ (iii)

**채점 기준**

| | |
|---|---|
| (i) ∠BAF의 크기 구하기 | 30 % |
| (ii) △ABE≡△CBE임을 설명하기 | 50 % |
| (iii) ∠x의 크기 구하기 | 20 % |

## 112 답 20 cm

△DEO와 △BFO에서

∠EDO=∠FBO (엇각), $\overline{DO}=\overline{BO}$,

∠EOD=∠FOB (맞꼭지각)이므로

△DEO≡△BFO(ASA 합동)

∴ $\overline{DE}=\overline{BF}$  ⋯ (i)

따라서 □EBFD는 $\overline{ED}\,\text{//}\,\overline{BF}$, $\overline{ED}=\overline{BF}$이므로 평행사변형이고, 이때 두 대각선이 서로 다른 것을 수직이등분하므로 마름모이다.  ⋯ (ii)

즉, $\overline{BC}=\overline{AD}=9\,cm$이므로

$\overline{BF}=\overline{BC}-\overline{FC}=9-4=5\,(cm)$

∴ (□EBFD의 둘레의 길이)=4×5

=20\,(cm)  ⋯ (iii)

**채점 기준**

| | |
|---|---|
| (i) $\overline{DE}=\overline{BF}$임을 설명하기 | 30 % |
| (ii) □EBFD가 마름모임을 설명하기 | 40 % |
| (iii) □EBFD의 둘레의 길이 구하기 | 30 % |

## 113 <sub>답</sub> 15 cm²

오른쪽 그림과 같이 $\overline{DF}$를 그으면
$\overline{DC}$ // $\overline{AF}$이므로 △ADC=△FDC
∴ □ADEC=△DEC+△ADC
　　　　　 =△DEC+△FDC
　　　　　 =△DEF　　　 ···(i)

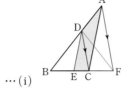

이때 $\overline{BE}:\overline{EF}=3:5$이므로
△DBE : △DEF=3 : 5
즉, 9 : △DEF=3 : 5이므로
3△DEF=45　∴ △DEF=15(cm²)　 ···(ii)
∴ □ADEC=△DEF=15 cm²　 ···(iii)

| 채점 기준 | |
|---|---|
| (i) □ADEC=△DEF임을 설명하기 | 40% |
| (ii) △DEF의 넓이 구하기 | 40% |
| (iii) □ADEC의 넓이 구하기 | 20% |

## 만점 문제 뛰어넘기　　　90~91쪽

## 114 <sub>답</sub> ③

$\overline{AD}$ // $\overline{BC}$이므로 ∠DEC=∠ADE (엇각)
즉, △DEC는 $\overline{CD}=\overline{CE}$인 이등변삼각형이다.
이때 $\overline{AD}:\overline{AB}=4:3$이므로
$\overline{AD}=4k$, $\overline{AB}=3k\,(k>0)$라 하면
$\overline{CE}=\overline{CD}=\overline{AB}=3k$
따라서 □ABED=$\frac{1}{2}\times\{4k+(4k-3k)\}\times3k=\frac{15}{2}k^2$,
△DEC=$\frac{1}{2}\times3k\times3k=\frac{9}{2}k^2$이므로
□ABED : △DEC=$\frac{15}{2}k^2:\frac{9}{2}k^2$=5 : 3

## 115 <sub>답</sub> $\frac{144}{5}$

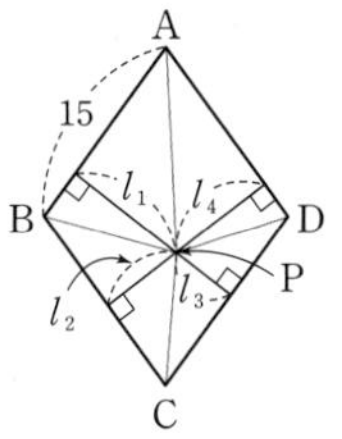

오른쪽 그림과 같이 점 P와 □ABCD의 각 꼭짓점을 연결하면
□ABCD
=△PAB+△PBC+△PCD+△PDA
=$\frac{1}{2}\times\overline{AB}\times(l_1+l_2+l_3+l_4)$
=$\frac{15}{2}(l_1+l_2+l_3+l_4)$
이때 □ABCD=$\frac{1}{2}\times\overline{AC}\times\overline{BD}=\frac{1}{2}\times24\times18=216$이므로
$\frac{15}{2}(l_1+l_2+l_3+l_4)=216$
∴ $l_1+l_2+l_3+l_4=\frac{144}{5}$

## 116 <sub>답</sub> 67°

△ABE와 △CDF에서
$\overline{AB}=\overline{CD}$, $\overline{AE}=\overline{CF}$, ∠BAE=∠DCF=90°이므로
△ABE≡△CDF(SAS 합동)
∴ ∠CDF=∠ABE=22°
이때 ∠ACD=45°이므로
△DHC에서 ∠AHD=45°+22°=67°

## 117 <sub>답</sub> 150°

∠PBC=∠PCB=60°이므로
∠ABP=∠DCP=90°-60°=30°
이때 $\overline{BA}=\overline{BP}$, $\overline{CD}=\overline{CP}$이므로
∠APB=∠DPC=$\frac{1}{2}\times(180°-30°)$=75°
따라서 ∠BPC=60°이므로
∠APD=360°-(75°+60°+75°)=150°

## 118 <sub>답</sub> ③

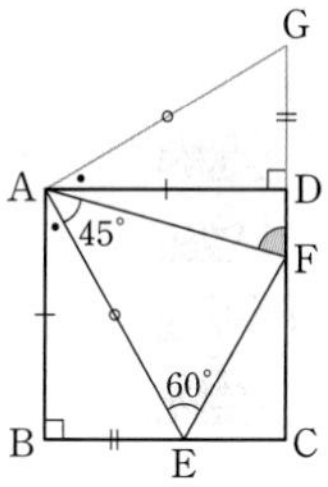

오른쪽 그림과 같이 $\overline{CD}$의 연장선 위에
$\overline{BE}=\overline{DG}$가 되도록 점 G를 잡으면
△ABE와 △ADG에서
$\overline{AB}=\overline{AD}$, ∠ABE=∠ADG=90°,
$\overline{BE}=\overline{DG}$이므로
△ABE≡△ADG(SAS 합동)
∴ $\overline{AE}=\overline{AG}$, ∠EAB=∠GAD
또 △AEF와 △AGF에서
$\overline{AE}=\overline{AG}$, $\overline{AF}$는 공통,
∠EAF=45°=∠EAB+∠DAF
　　　 =∠GAD+∠DAF=∠GAF
이므로 △AEF≡△AGF(SAS 합동)
∴ ∠AFD=∠AFE=180°-(45°+60°)=75°

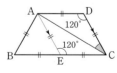

## 119 <sub>답</sub> ④

$\overline{AD}$ // $\overline{BC}$이므로 ∠ACB=∠DAC=∠x (엇각)
이때 $\overline{QS}$는 정사각형 PQRS의 대각선이므로 ∠SQR=45°
따라서 △QRC에서 45°+∠x=74°　∴ ∠x=29°

## 120 <sub>답</sub> 30°

오른쪽 그림과 같이 점 A를 지나고 $\overline{DC}$에 평행한 직선을 그어 $\overline{BC}$와 만나는 점을 E라 하면
□AECD는 $\overline{AD}$ // $\overline{EC}$, $\overline{AE}$ // $\overline{DC}$이므로 평행사변형이고, 이때 $\overline{AD}=\overline{AB}=\overline{DC}$이므로 마름모이다.
∴ $\overline{AE}=\overline{EC}=\overline{CD}=\overline{DA}$
또 $\overline{AD}=\frac{1}{2}\overline{BC}=\overline{EC}$이므로 $\overline{BE}=\overline{EC}$
즉, △ABE는 정삼각형이므로 ∠AEC=180°-60°=120°
따라서 ∠D=∠AEC=120°이고, $\overline{AD}=\overline{DC}$이므로
△DAC에서 ∠ACD=$\frac{1}{2}\times(180°-120°)$=30°

**121** 답 **220°**

△ABG와 △DFG에서

$\overline{AB}=\overline{CD}=\overline{DF}$, ∠ABG=∠DFG (엇각),

∠BAG=∠FDG (엇각)이므로

△ABG≡△DFG(ASA 합동)

∴ $\overline{AG}=\overline{DG}$   ···㉠

같은 방법으로 하면

△ABH≡△ECH(ASA 합동)이므로

$\overline{BH}=\overline{CH}$   ···㉡

그런데 $\overline{AD}=\overline{BC}$이므로 ㉠, ㉡에 의해 $\overline{AG}=\overline{BH}$

또 $\overline{AG}$∥$\overline{BH}$이므로 □ABHG는 평행사변형이다.

이때 $\overline{AD}=2\overline{AB}$에서 $\overline{AG}=\overline{AB}$, 즉 이웃하는 두 변의 길이가 같으므로 □ABHG는 마름모이다.

∴ ∠GPH=90°

한편, △DFG는 $\overline{DF}=\overline{DG}$인 이등변삼각형이므로

∠DGF=∠DFG=∠ABG=25°

∴ ∠FDG=180°−(25°+25°)=130°

∴ ∠FDG+∠GPH=130°+90°=220°

(만렙비법) △ABG≡△DFG, △ABH≡△ECH임을 이용하여 □ABHG가 마름모임을 보인다.

**122** 답 **풀이 참조**

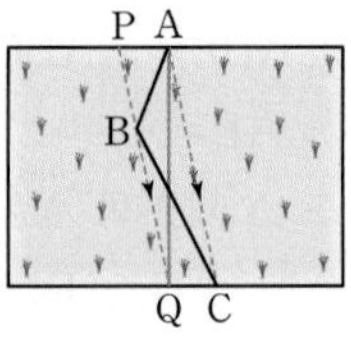

오른쪽 그림과 같이 $\overline{AC}$를 긋고, 점 B를 지나면서 $\overline{AC}$에 평행한 $\overline{PQ}$를 긋는다.

이때 $\overline{AQ}$를 그으면 $\overline{AC}$∥$\overline{PQ}$이므로

△ABC=△AQC

따라서 새로운 경계선을 $\overline{AQ}$로 하면 두 논의 넓이는 변하지 않는다.

**123** 답 **12 cm²**

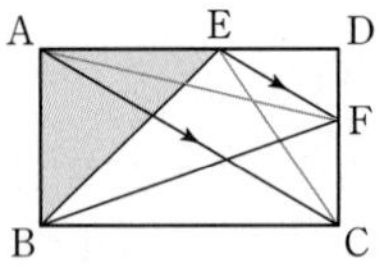

오른쪽 그림과 같이 $\overline{AF}$, $\overline{EC}$를 그으면

$\overline{AD}$∥$\overline{BC}$이므로 △ABE=△ACE

$\overline{AC}$∥$\overline{EF}$이므로 △ACE=△ACF

이때 $\overline{DF}:\overline{FC}=2:3$이므로

$$\triangle ACF=\frac{3}{5}\triangle ACD=\frac{3}{5}\times\frac{1}{2}\square ABCD$$
$$=\frac{3}{10}\square ABCD=\frac{3}{10}\times40=12(cm^2)$$

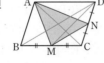

**124** 답 **24 cm²**

오른쪽 그림과 같이 $\overline{AC}$, $\overline{BD}$, $\overline{DM}$을 그으면

$$\triangle ABM=\frac{1}{2}\triangle ABC$$
$$=\frac{1}{2}\times\frac{1}{2}\square ABCD=\frac{1}{4}\square ABCD$$

$$\triangle AND=\frac{1}{2}\triangle ACD=\frac{1}{2}\times\frac{1}{2}\square ABCD=\frac{1}{4}\square ABCD$$

$$\triangle NMC=\frac{1}{2}\triangle DMC=\frac{1}{2}\times\frac{1}{2}\triangle DBC=\frac{1}{4}\triangle DBC$$
$$=\frac{1}{4}\times\frac{1}{2}\square ABCD=\frac{1}{8}\square ABCD$$

∴ △AMN=□ABCD−(△ABM+△AND+△NMC)

=□ABCD

$\qquad-\left(\dfrac{1}{4}\square ABCD+\dfrac{1}{4}\square ABCD+\dfrac{1}{8}\square ABCD\right)$

$=\square ABCD-\dfrac{5}{8}\square ABCD$

$=\dfrac{3}{8}\square ABCD$

$=\dfrac{3}{8}\times64=24(cm^2)$

**125** 답 **②**

$\overline{AB}$∥$\overline{DC}$이므로 △AED=△BED

△AFD+△DFE=△BEF+△DFE

∴ △AFD=△BEF   ···㉠

이때 △ABD=△DBC이므로

△ABF+△AFD=△BCE+△BEF+△DFE

18+△AFD=14+△BEF+△DFE

따라서 ㉠에 의해

△DFE=18−14=4(cm²)

# 5 도형의 닮음

**01** $\overline{\text{EF}}$, ∠F   **02** ∠H=90°, $\overline{\text{CD}}=\dfrac{8}{3}$ cm   **03** 20

**04** 10   **05** $\overline{\text{FG}}$, 면 ABC

**06** ㄴ, ㄹ, ㅂ, ㅅ   **07** ②   **08** ㄴ, ㄹ

**09** ⑤   **10** $x=10$, $y=3$, $z=120$   **11** ③

**12** 30 cm   **13** ②   **14** 50 cm   **15** ③

**16** 72 cm   **17** 8   **18** ②, ⑤   **19** 84 cm

**20** 9 cm   **21** 18 cm   **22** 10 cm   **23** $36\pi$ cm²

**24** 98 cm²   **25** 240000원   **26** $54\pi$ cm²   **27** 144 mL

**28** $16\pi$ cm³   **29** (1) 1 : 64  (2) 315 cm³   **30** $24\pi$ cm²

**31** ②   **32** 1 : 3   **33** 54 L   **34** $\dfrac{25}{16}$배

**35** L 피자 2판   **36** 540 cm²   **37** 18   **38** ①

**39** 80 cm²   **40** ④   **41** 1 : 2   **42** ②

**43** ③, ⑤, ⑦   **44** 192 cm³   **45** ③   **46** 780 cm³

**47** 14 cm³   **48** 78분   **49** 1728배   **50** ⑤

**51** 6400원   **52** 8번   **53** 81 cm³   **54** ㄷ, ㄹ

**55** 16 cm   **56** 2   **57** 3

**58** △ABC∽△PQR(SSS 닮음),
　　△DEF∽△ONM(AA 닮음)

**59** ③   **60** ④   **61** ③   **62** 6

**63** 18

**64** (1) △ABC∽△DBA(SAS 닮음)  (2) 8 cm

**65** ④   **66** ④, ⑤   **67** $\dfrac{45}{4}$ cm   **68** ④

**69** ③   **70** ③   **71** 7 : 8   **72** 8

**73** $\dfrac{40}{9}$ cm   **74** 4 cm   **75** 36 cm²   **76** ⑤

**77** ②   **78** 4.8 m   **79** 15 cm   **80** ②

**81** ③   **82** $\dfrac{27}{2}$   **83** 12 cm   **84** $\dfrac{25}{4}$ cm

**85** ④   **86** ④   **87** ④   **88** 20 cm²

**89** ④   **90** $\dfrac{144}{25}$ cm   **91** 36 m   **92** 3.95 m

**93** 80 m   **94** 4 cm   **95** $\dfrac{20}{3}$ cm

**96** (1) △DBE∽△ECF(AA 닮음)  (2) 12 cm  (3) $\dfrac{21}{2}$ cm

**97** $\dfrac{15}{4}$ cm   **98** ④   **99** ⑤   **100** ②

**101** 4   **102** 36 cm²   **103** 5000원   **104** $90\pi$ cm²

**105** 160 cm³   **106** 1 : 19   **107** ④   **108** ⑤

**109** 15   **110** 6 cm   **111** 15 cm   **112** 6 cm

**113** $\dfrac{96}{7}$ cm   **114** 8 cm   **115** $\dfrac{32}{5}$ cm   **116** $144\pi$ cm²

**117** $16\pi$ cm³   **118** 30 cm   **119** 8 : 1   **120** $12\pi$ cm²

**121** 5 cm   **122** ③   **123** 16분   **124** $\dfrac{12}{5}$ cm

**125** 4   **126** $\dfrac{36}{5}$ cm   **127** $\dfrac{32}{5}$ cm   **128** 9 m

**129** $\dfrac{36}{5}$ cm

## 01 닮은 도형

### 유형 모아 보기 & 완성하기
94~97쪽

**01** 답 $\overline{\text{EF}}$, ∠F

△ABC∽△DEF이므로 $\overline{\text{BC}}$의 대응변은 $\overline{\text{EF}}$이고, ∠C의 대응각은 ∠F이다.

**02** 답 ∠H=90°, $\overline{\text{CD}}=\dfrac{8}{3}$ cm

∠G=∠C=70°이므로
∠H=360°−(125°+75°+70°)=90°
닮음비가 $\overline{\text{AB}}:\overline{\text{EF}}=2:3$이므로
$\overline{\text{CD}}:\overline{\text{GH}}=2:3$에서 $\overline{\text{CD}}:4=2:3$
$3\overline{\text{CD}}=8$ 　∴ $\overline{\text{CD}}=\dfrac{8}{3}$(cm)

**03** 답 20

두 삼각기둥의 닮음비는
$\overline{\text{AC}}:\overline{\text{GI}}=5:10=1:2$
$\overline{\text{BE}}:\overline{\text{HK}}=1:2$에서 $8:x=1:2$
∴ $x=16$
$\overline{\text{BC}}:\overline{\text{HI}}=1:2$에서 $y:8=1:2$이므로
$2y=8$ 　∴ $y=4$
∴ $x+y=16+4=20$

**04** 답 10

두 원기둥의 닮음비는 6 : 3=2 : 1이므로
$h:5=2:1$ 　∴ $h=10$

## 05 답 $\overline{FG}$, 면 ABC

$\overline{BC}$에 대응하는 모서리는 $\overline{FG}$이고, 면 EFG에 대응하는 면은 면 ABC이다.

## 06 답 ㄴ, ㄹ, ㅂ, ㅅ

다음의 경우에는 닮은 도형이 아니다.

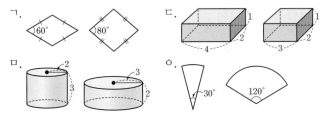

따라서 항상 닮은 도형인 것은 ㄴ, ㄹ, ㅂ, ㅅ이다.

참고 • 항상 닮음인 평면도형: 두 원, 중심각의 크기가 같은 두 부채꼴, 변의 개수가 같은 두 정다각형, 두 직각이등변삼각형
• 항상 닮음인 입체도형: 두 구, 면의 개수가 같은 두 정다면체

## 07 답 ②

② 다음 그림과 같이 한 내각의 크기가 같은 두 평행사변형은 닮은 도형이 아닐 수도 있다.

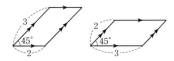

## 08 답 ㄴ, ㄹ

ㄱ. $\angle A=\angle D=50°$

ㄴ. $\angle F=\angle C=100°$이므로

$\angle E=180°-(50°+100°)=30°$

ㄷ, ㄹ. $\triangle ABC$와 $\triangle DEF$의 닮음비는

$\overline{BC}:\overline{EF}=4:6=2:3$

$\overline{AC}:\overline{DF}=2:3$에서 $\overline{AC}:4=2:3$

$3\overline{AC}=8 \qquad \therefore \overline{AC}=\frac{8}{3}(\text{cm})$

따라서 옳은 것은 ㄴ, ㄹ이다.

## 09 답 ⑤

$\triangle ABC$와 $\triangle EFD$의 닮음비는

$\overline{AB}:\overline{EF}=\overline{BC}:\overline{FD}=\overline{CA}:\overline{DE}$

$=c:d=a:e=b:f$

## 10 답 $x=10$, $y=3$, $z=120$

□ABCD와 □EFGH의 닮음비는

$\overline{BC}:\overline{FG}=15:9=5:3$ … (i)

$\overline{AB}:\overline{EF}=5:3$에서 $x:6=5:3$

$3x=30 \qquad \therefore x=10$ … (ii)

$\overline{CD}:\overline{GH}=5:3$에서 $5:y=5:3$

$5y=15 \qquad \therefore y=3$ … (iii)

또 $\angle E=\angle A=80°$, $\angle G=\angle C=85°$이므로

$\angle H=360°-(85°+75°+80°)=120° \qquad \therefore z=120$ … (iv)

채점 기준

| | |
|---|---|
| (i) □ABCD와 □EFGH의 닮음비 구하기 | 25 % |
| (ii) $x$의 값 구하기 | 25 % |
| (iii) $y$의 값 구하기 | 25 % |
| (iv) $z$의 값 구하기 | 25 % |

## 11 답 ③

$\triangle AEC$와 $\triangle BED$의 닮음비는

$\overline{CE}:\overline{DE}=3:(9-3)=1:2$

$\overline{AE}:\overline{BE}=1:2$에서 $\overline{AE}:4=1:2$

$2\overline{AE}=4 \qquad \therefore \overline{AE}=2(\text{cm})$

## 12 답 30 cm

□ABCD와 □DEFC의 닮음비는

$\overline{AB}:\overline{DE}=8:2=4:1$ … (i)

즉, $\overline{BC}:\overline{EF}=4:1$이고, $\overline{EF}=\overline{AB}=8\text{cm}$이므로

$\overline{BC}:8=4:1 \qquad \therefore \overline{BC}=32(\text{cm})$ … (ii)

따라서 $\overline{FC}=\overline{ED}=2\text{cm}$이므로

$\overline{BF}=\overline{BC}-\overline{FC}=32-2=30(\text{cm})$ … (iii)

채점 기준

| | |
|---|---|
| (i) □ABCD와 □DEFC의 닮음비 구하기 | 30 % |
| (ii) $\overline{BC}$의 길이 구하기 | 40 % |
| (iii) $\overline{BF}$의 길이 구하기 | 30 % |

## 13 답 ②

A4 용지의 짧은 변의 길이를 $a$라 하면

A6 용지의 짧은 변의 길이는 $\frac{1}{2}a$이고,

A8 용지의 짧은 변의 길이는 $\frac{1}{4}a$이다.

따라서 A4 용지와 A8 용지의 닮음비는

$a:\frac{1}{4}a=4:1$

참고 A4 용지의 긴 변의 길이를 $b$로 놓고, A4 용지와 A8 용지의 긴 변의 길이의 비를 이용하여 닮음비를 구할 수도 있다.

## 14 답 50 cm

□ABCD와 □EFGH의 닮음비가 $5:3$이므로

$\overline{BC}:\overline{FG}=5:3$에서 $\overline{BC}:9=5:3$

$3\overline{BC}=45 \qquad \therefore \overline{BC}=15(\text{cm})$

$\therefore$ (□ABCD의 둘레의 길이)$=2\times(10+15)$

$=50(\text{cm})$

## 15 답 ③

원 O와 원 O′의 닮음비가 $4:3$이므로 원 O′의 반지름의 길이를 $r\text{cm}$라 하면

$8:r=4:3$, $4r=24 \qquad \therefore r=6$

$\therefore$ (원 O′의 둘레의 길이)$=2\pi\times6=12\pi(\text{cm})$

참고 두 원의 닮음비는 반지름의 길이의 비이다.

## 16 답 72 cm

$\triangle ABC$의 가장 긴 변의 길이가 25 cm이므로
$\triangle ABC$와 $\triangle DEF$의 닮음비는
$\overline{BC} : \overline{EF} = 25 : 30 = 5 : 6$
$15 : \overline{DE} = 5 : 6$에서 $5\overline{DE} = 90$ ∴ $\overline{DE} = 18 (\text{cm})$
$20 : \overline{DF} = 5 : 6$에서 $5\overline{DF} = 120$ ∴ $\overline{DF} = 24 (\text{cm})$
∴ $(\triangle DEF$의 둘레의 길이$) = \overline{DE} + \overline{EF} + \overline{DF}$
$= 18 + 30 + 24 = 72 (\text{cm})$

## 17 답 8

두 직육면체의 닮음비는 $\overline{FG} : \overline{NO} = 6 : 9 = 2 : 3$
$\overline{GH} : \overline{OP} = 2 : 3$에서 $x : 6 = 2 : 3$
$3x = 12$ ∴ $x = 4$
$\overline{DH} : \overline{LP} = 2 : 3$에서 $8 : y = 2 : 3$
$2y = 24$ ∴ $y = 12$
∴ $y - x = 12 - 4 = 8$

## 18 답 ②, ⑤

두 삼각기둥의 닮음비는 $\overline{AB} : \overline{GH} = 9 : 12 = 3 : 4$
② $\square BEFC \backsim \square HKLI$
④ $\overline{BC} : \overline{HI} = 3 : 4$이므로 $4\overline{BC} = 3\overline{HI}$ ∴ $\overline{BC} = \dfrac{3}{4}\overline{HI}$
⑤ $\overline{AD} : \overline{GJ} = 3 : 4$에서 $\overline{AD} : 12 = 3 : 4$
$4\overline{AD} = 36$ ∴ $\overline{AD} = 9 (\text{cm})$
따라서 옳지 않은 것은 ②, ⑤이다.

## 19 답 84 cm

두 정사면체 A, B의 닮음비가 $4 : 7$이므로
정사면체 B의 한 모서리의 길이를 $x$ cm라 하면
$8 : x = 4 : 7$, $4x = 56$ ∴ $x = 14$
따라서 정사면체 B의 한 모서리의 길이는 14 cm이고, 모서리는 6개
이므로 모든 모서리의 길이의 합은
$14 \times 6 = 84 (\text{cm})$

## 20 답 9 cm

두 원뿔의 닮음비가 $3 : 5$이므로
작은 원뿔의 높이를 $x$ cm라 하면
$x : 15 = 3 : 5$, $5x = 45$ ∴ $x = 9$
따라서 작은 원뿔의 높이는 9 cm이다.

## 21 답 18 cm

작은 원기둥의 밑면의 반지름의 길이를 $r$ cm라 하면
$2\pi r = 8\pi$ ∴ $r = 4$ ⋯ (i)
이때 두 원기둥의 닮음비는 $4 : 6 = 2 : 3$ ⋯ (ii)
큰 원기둥의 높이를 $h$ cm라 하면
$12 : h = 2 : 3$, $2h = 36$ ∴ $h = 18$
따라서 큰 원기둥의 높이는 18 cm이다. ⋯ (iii)

채점 기준

| (i) 작은 원기둥의 밑면의 반지름의 길이 구하기 | 30 % |
| --- | --- |
| (ii) 두 원기둥의 닮음비 구하기 | 30 % |
| (iii) 큰 원기둥의 높이 구하기 | 40 % |

## 22 답 10 cm

처음 원뿔과 잘라서 생기는 작은 원뿔의 닮음비는
$(9 + 6) : 9 = 15 : 9 = 5 : 3$
처음 원뿔의 밑면의 반지름의 길이를 $r$ cm라 하면
$r : 6 = 5 : 3$, $3r = 30$ ∴ $r = 10$
따라서 처음 원뿔의 밑면의 반지름의 길이는 10 cm이다.

## 23 답 $36\pi$ cm²

원뿔 모양으로 물이 담긴 부분과 원뿔 모양의 그릇의 닮음비는
$\dfrac{1}{3} : 1 = 1 : 3$
수면의 반지름의 길이를 $r$ cm라 하면
$r : 18 = 1 : 3$, $3r = 18$ ∴ $r = 6$
따라서 수면의 반지름의 길이는 6 cm이다.
∴ $($수면의 넓이$) = \pi \times 6^2 = 36\pi (\text{cm}^2)$

## 02 닮은 도형의 넓이와 부피

### 유형 모아 보기 & 완성하기
98~103쪽

## 24 답 98 cm²

$\square ABCD$와 $\square EFGH$의 닮음비가
$\overline{BC} : \overline{FG} = 10 : 14 = 5 : 7$이므로
넓이의 비는 $5^2 : 7^2 = 25 : 49$
즉, $50 : \square EFGH = 25 : 49$이므로
$25\square EFGH = 2450$ ∴ $\square EFGH = 98 (\text{cm}^2)$

## 25 답 240000원

두 정사각형 모양의 현수막의 닮음비가 $2.4 : 4.8 = 1 : 2$이므로
넓이의 비는 $1^2 : 2^2 = 1 : 4$
구하는 현수막의 제작 비용을 $x$원이라 하면
$60000 : x = 1 : 4$ ∴ $x = 240000$
따라서 구하는 비용은 240000원이다.

## 26 답 $54\pi$ cm²

두 원뿔 A, B의 닮음비가 $6 : 10 = 3 : 5$이므로
옆넓이의 비는 $3^2 : 5^2 = 9 : 25$
원뿔 A의 옆넓이를 $x$ cm²라 하면
$x : 150\pi = 9 : 25$, $25x = 1350\pi$ ∴ $x = 54\pi$
따라서 원뿔 A의 옆넓이는 $54\pi$ cm²이다.

**27** 답 **144 mL**

두 나무 상자 A, B의 닮음비가 $2:3$이므로

겉넓이의 비는 $2^2:3^2=4:9$

나무 상자 B의 겉면을 모두 칠하는 데 필요한 페인트의 양을 $x$ mL라 하면

$64:x=4:9$, $4x=576$ $\therefore x=144$

따라서 나무 상자 B의 겉면을 모두 칠하는 데 144 mL의 페인트가 필요하다.

**28** 답 **$16\pi$ cm³**

두 원기둥 A, B의 닮음비가 $2:4=1:2$이므로

부피의 비는 $1^3:2^3=1:8$

원기둥 B의 부피를 $x$ cm³라 하면

$2\pi:x=1:8$ $\therefore x=16\pi$

따라서 원기둥 B의 부피는 $16\pi$ cm³이다.

**29** 답 **(1) $1:64$ (2) $315$ cm³**

(1) 원뿔 모양으로 물이 담긴 부분과 원뿔 모양의 그릇의 닮음비가

$3:12=1:4$이므로 부피의 비는 $1^3:4^3=1:64$

(2) 그릇의 부피를 $x$ cm³라 하면

$5:x=1:64$ $\therefore x=320$

따라서 더 부어야 하는 물의 양은 $320-5=315$(cm³)

**30** 답 **$24\pi$ cm²**

두 원 O와 O'의 닮음비가 $3:2$이므로

넓이의 비는 $3^2:2^2=9:4$

원 O'의 넓이를 $x$ cm²라 하면

$54\pi:x=9:4$, $9x=216\pi$ $\therefore x=24\pi$

따라서 원 O'의 넓이는 $24\pi$ cm²이다.

**31** 답 **②**

□ABCD와 □EBFG의 넓이의 비가 $16:9=4^2:3^2$이므로

닮음비는 $4:3$

따라서 $\overline{BC}:\overline{BF}=4:3$이므로

$(8+\overline{CF}):8=4:3$, $24+3\overline{CF}=32$

$3\overline{CF}=8$ $\therefore \overline{CF}=\dfrac{8}{3}$(cm)

**32** 답 **$1:3$**

작은 원의 반지름의 길이를 $r$ cm라 하면 큰 원의 반지름의 길이는 $2r$ cm이다.

두 원의 닮음비가 $r:2r=1:2$이므로

넓이의 비는 $1^2:2^2=1:4$

따라서 작은 원과 색칠한 부분의 넓이의 비는

$1:(4-1)=1:3$

**33** 답 **$54$ L**

두 직사각형 모양의 벽의 가로의 길이의 비는 $3:9=1:3$,

세로의 길이의 비는 $4:12=1:3$이므로 두 벽은 서로 닮은 도형이다.

이때 닮음비가 $1:3$이므로 넓이의 비는 $1^2:3^2=1:9$

그림을 벽에 확대하여 그릴 때, 필요한 물감의 양을 $x$ L라 하면

$6:x=1:9$ $\therefore x=54$

따라서 필요한 물감의 양은 $54$ L이다.

**34** 답 **$\dfrac{25}{16}$배**

두 텔레비전 A, B의 화면의 닮음비가 $32:40=4:5$이므로

넓이의 비는 $4^2:5^2=16:25$

따라서 텔레비전 B의 화면의 넓이는 텔레비전 A의 화면의 넓이의 $\dfrac{25}{16}$배이다.

**35** 답 **L 피자 2판**

S 피자와 L 피자의 닮음비가 $24:36=2:3$이므로 $\qquad\cdots$ (i)

넓이의 비는 $2^2:3^2=4:9$ $\qquad\cdots$ (ii)

즉, S 피자 4판과 L 피자 2판의 넓이의 비는

$(4\times4):(9\times2)=16:18=8:9$ $\qquad\cdots$ (iii)

따라서 L 피자 2판을 사는 것이 더 유리하다. $\qquad\cdots$ (iv)

| 채점 기준 | |
|---|---|
| (i) S 피자와 L 피자의 닮음비 구하기 | 30 % |
| (ii) S 피자와 L 피자의 넓이의 비 구하기 | 30 % |
| (iii) S 피자 4판과 L 피자 2판의 넓이의 비 구하기 | 30 % |
| (iv) 더 유리한 경우 말하기 | 10 % |

**36** 답 **$540$ cm²**

두 사각기둥 A, B의 닮음비가 $12:18=2:3$이므로

옆넓이의 비는 $2^2:3^2=4:9$

사각기둥 B의 옆넓이를 $x$ cm²라 하면

$240:x=4:9$, $4x=2160$ $\therefore x=540$

따라서 사각기둥 B의 옆넓이는 $540$ cm²이다.

**37** 답 **18**

두 원기둥 A와 B의 옆넓이의 비가 $9:25=3^2:5^2$이므로

닮음비는 $3:5$ $\qquad\cdots$ (i)

$r:5=3:5$에서 $r=3$ $\qquad\cdots$ (ii)

$9:h=3:5$에서 $3h=45$ $\therefore h=15$ $\qquad\cdots$ (iii)

$\therefore r+h=3+15=18$ $\qquad\cdots$ (iv)

| 채점 기준 | |
|---|---|
| (i) 두 원기둥의 닮음비 구하기 | 30 % |
| (ii) $r$의 값 구하기 | 30 % |
| (iii) $h$의 값 구하기 | 30 % |
| (iv) $r+h$의 값 구하기 | 10 % |

**38** 답 **①**

두 삼각기둥 A, B의 닮음비가 $13:26=1:2$이므로

겉넓이의 비는 $1^2:2^2=1:4$

삼각기둥 A의 겉넓이를 $x$ cm²라 하면

$x:400=1:4$, $4x=400$ $\therefore x=100$

따라서 삼각기둥 A의 겉넓이는 $100$ cm²이다.

## 39 답 80 cm²

두 음료수 A, B의 용기의 닮음비가 3 : 4이므로
겉넓이의 비는 $3^2 : 4^2 = 9 : 16$
음료수 B의 용기의 겉면을 싸는 데 필요한 포장재의 넓이를 $x$ cm²
라 하면
$45 : x = 9 : 16$, $9x = 720$ ∴ $x = 80$
따라서 음료수 B의 용기의 겉면을 싸는 데 80 cm²의 포장재가 필요
하다.

## 40 답 ④

크기를 늘리기 전의 치즈와 늘린 치즈의 닮음비가
$1 : \frac{5}{4} = 4 : 5$이므로 겉넓이의 비는 $4^2 : 5^2 = 16 : 25$
크기를 늘리기 전의 치즈의 겉넓이를 $x$ cm²라 하면
$x : 30 = 16 : 25$, $25x = 480$ ∴ $x = \frac{96}{5}$

따라서 크기를 늘리기 전의 치즈의 겉넓이는 $\frac{96}{5}$ cm²이다.

## 41 답 1 : 2

두 상자 A와 B 각각에 들어 있는 구슬 한 개의 반지름의 길이의 비가
2 : 1이므로 구슬 한 개의 겉넓이의 비는 $2^2 : 1^2 = 4 : 1$
이때 두 상자 A와 B 각각에 들어 있는 구슬의 개수는 1개, 8개이므로
두 상자 A와 B 각각에 들어 있는 구슬 전체의 겉넓이의 비는
$(4 \times 1) : (1 \times 8) = 4 : 8 = 1 : 2$

## 42 답 ②

두 삼각기둥의 닮음비가 $\overline{CF} : \overline{C'F'} = 10 : 15 = 2 : 3$이므로
부피의 비는 $2^3 : 3^3 = 8 : 27$
큰 삼각기둥의 부피를 $x$ cm³라 하면
$(8 \times 10) : x = 8 : 27$, $8x = 2160$ ∴ $x = 270$
따라서 큰 삼각기둥의 부피는 270 cm³이다.

## 43 답 ③, ⑤, ⑦

③ 오른쪽 그림의 두 직사각형
은 넓이가 모두 6 cm²이지
만, 닮은 도형이 아니다.
⑤ 닮은 두 입체도형에서 대응하는 모서리의 길이의 비는 같다.
⑥ 닮은 두 각기둥의 닮음비가 $m : n$이면 옆넓이의 비와 밑넓이의
비는 모두 $m^2 : n^2$이다.
⑦ 닮은 두 입체도형의 닮음비가 1 : 2이면 부피의 비는 1 : 8이다.
따라서 옳지 않은 것은 ③, ⑤, ⑦이다.

## 44 답 192 cm³

두 사각기둥 A, B의 겉넓이의 비가 $128 : 72 = 16 : 9 = 4^2 : 3^2$이므로
닮음비는 4 : 3 ··· (i)
따라서 부피의 비는 $4^3 : 3^3 = 64 : 27$ ··· (ii)
사각기둥 A의 부피를 $x$ cm³라 하면
$x : 81 = 64 : 27$, $27x = 5184$ ∴ $x = 192$
즉, 사각기둥 A의 부피는 192 cm³이다. ··· (iii)

### 채점 기준

| (i) 두 사각기둥의 닮음비 구하기 | 40 % |
|---|---|
| (ii) 두 사각기둥의 부피의 비 구하기 | 30 % |
| (iii) 사각기둥 A의 부피 구하기 | 30 % |

## 45 답 ③

두 정사면체 A-BCD와 E-BFG의 닮음비가 3 : 2이므로
부피의 비는 $3^3 : 2^3 = 27 : 8$
정사면체 E-BFG의 부피를 $x$ cm³라 하면
$108 : x = 27 : 8$, $27x = 864$ ∴ $x = 32$
따라서 정사면체 E-BFG의 부피는 32 cm³이다.

## 46 답 780 cm³

잘린 오각뿔과 처음 오각뿔은 서로 닮은 도형이고,
닮음비가 $(12-8) : 12 = 4 : 12 = 1 : 3$이므로
부피의 비는 $1^3 : 3^3 = 1 : 27$
잘린 오각뿔의 부피를 $x$ cm³라 하면
$x : 810 = 1 : 27$, $27x = 810$ ∴ $x = 30$
따라서 잘린 오각뿔의 부피가 30 cm³이므로
구하는 오각뿔대의 부피는 $810 - 30 = 780$(cm³)

## 47 답 14 cm³

세 원뿔은 서로 닮은 도형이고,
닮음비가 $1 : (1+1) : (1+1+1) = 1 : 2 : 3$이므로
부피의 비는 $1^3 : 2^3 : 3^3 = 1 : 8 : 27$
따라서 세 입체도형 A, B, C의 부피의 비는
$1 : (8-1) : (27-8) = 1 : 7 : 19$
입체도형 B의 부피를 $x$ cm³라 하면
$x : 38 = 7 : 19$, $19x = 266$ ∴ $x = 14$
즉, 입체도형 B의 부피는 14 cm³이다.

## 48 답 78분

원뿔 모양으로 물이 담긴 부분과 원뿔 모양의 그릇의 닮음비가 1 : 3
이므로 부피의 비는 $1^3 : 3^3 = 1 : 27$
그릇에 물을 가득 채우는 데 걸리는 시간을 $x$분이라 하면
$3 : x = 1 : 27$ ∴ $x = 81$
따라서 그릇에 물을 가득 채울 때까지 $81 - 3 = 78$(분)이 더 걸린다.

## 49 답 1728배

소인국 사람 1명과 걸리버의 닮음비가 1 : 12이므로
부피의 비는 $1^3 : 12^3 = 1 : 1728$
따라서 걸리버를 위해 만들어야 하는 한 끼 식사량은 소인국 사람
1명의 한 끼 식사량의 1728배이다.

## 50 답 ⑤

처음 초콜릿과 녹여서 만든 초콜릿의 닮음비가 $8 : 2 = 4 : 1$이므로
부피의 비는 $4^3 : 1^3 = 64 : 1$
즉, 처음 초콜릿의 부피는 녹여서 만든 초콜릿 1개의 부피의 64배이다.
따라서 지름의 길이가 2 cm인 구 모양의 초콜릿은 최대 64개 만들
수 있다.

## 51 답 6400원

작은 용기와 큰 용기의 닮음비가 $18:24=3:4$이므로

부피의 비는 $3^3:4^3=27:64$

용기의 높이가 $24\,cm$인 팝콘의 가격을 $x$원이라 하면

$2700:x=27:64$, $27x=172800$ $\therefore x=6400$

따라서 용기의 높이가 $24\,cm$인 팝콘의 가격은 6400원으로 정해야
한다.

## 52 답 8번

두 코펠 A, B의 닮음비가 $12:24=1:2$이므로

부피의 비는 $1^3:2^3=1:8$

따라서 코펠 B의 부피는 코펠 A의 부피의 8배이므로 코펠 B에 물
을 가득 채우려면 코펠 A로 물을 가득 담아 최소한 8번 부어야 한다.

## 53 답 $81\,cm^3$

두 마카롱의 겉넓이의 비가 $36:100=9:25=3^2:5^2$이므로

닮음비는 $3:5$

따라서 두 마카롱의 부피의 비는

$3^3:5^3=27:125$

작은 마카롱을 만드는 데 필요한 점토의 양을 $x\,cm^3$라 하면

$x:375=27:125$, $125x=10125$ $\therefore x=81$

즉, 작은 마카롱을 만드는 데 $81\,cm^3$의 점토가 필요하다.

## 03 삼각형의 닮음 조건

### 유형 모아 보기 & 완성하기
104~107쪽

## 54 답 ㄷ, ㄹ

ㄷ. △ABC와 △KLJ에서

$\overline{BC}:\overline{LJ}=10:8=5:4$,

$\overline{AC}:\overline{KJ}=5:4$,

$\angle C=\angle J=60°$

$\therefore$ △ABC∽△KLJ(SAS 닮음)

ㄹ. △ABC와 △MON에서

$\angle A=\angle M=90°$,

$\angle B=180°-(90°+60°)=30°$이므로

$\angle B=\angle O=30°$

$\therefore$ △ABC∽△MON(AA 닮음)

## 55 답 16 cm

△ABC와 △EBD에서

$\overline{AB}:\overline{EB}=(11+7):9=2:1$,

$\overline{BC}:\overline{BD}=(9+5):7=2:1$,

$\angle B$는 공통이므로

△ABC∽△EBD(SAS 닮음)

따라서 △ABC와 △EBD의 닮음비가 $2:1$이므로

$\overline{AC}:\overline{ED}=2:1$에서 $\overline{AC}:8=2:1$

$\therefore \overline{AC}=16(cm)$

## 56 답 2

△ABC와 △AED에서

$\angle ABC=\angle AED$, $\angle A$는 공통이므로

△ABC∽△AED(AA 닮음)

따라서 $\overline{AB}:\overline{AE}=\overline{AC}:\overline{AD}$이므로

$(3+5):4=(4+\overline{CE}):3$, $16+4\overline{CE}=24$

$4\overline{CE}=8$ $\therefore \overline{CE}=2$

## 57 답 3

△AOD와 △COB에서

$\overline{AD}/\!/\overline{BC}$이므로

$\angle DAO=\angle BCO$(엇각), $\angle ADO=\angle CBO$(엇각)

$\therefore$ △AOD∽△COB(AA 닮음)

따라서 $\overline{AO}:\overline{CO}=\overline{DO}:\overline{BO}$이므로

$x:6=4:8$, $8x=24$ $\therefore x=3$

## 58 답 △ABC∽△PQR(SSS 닮음), △DEF∽△ONM(AA 닮음)

△ABC와 △PQR에서

$\overline{AB}:\overline{PQ}=4:3$,

$\overline{BC}:\overline{QR}=8:6=4:3$,

$\overline{CA}:\overline{RP}=6:4.5=4:3$

$\therefore$ △ABC∽△PQR(SSS 닮음)

△DEF와 △ONM에서

$\angle D=180°-(30°+60°)=90°$이므로 $\angle D=\angle O=90°$,

$\angle E=\angle N=30°$

$\therefore$ △DEF∽△ONM(AA 닮음)

## 59 답 ③

①, ② △ABC∽△DEF(AA 닮음)

③ 오른쪽 그림의 △ABC와
△DEF는 $\overline{BC}=\overline{EF}$,
$\angle A=\angle D$이지만 서로 닮은
도형이 아니다.

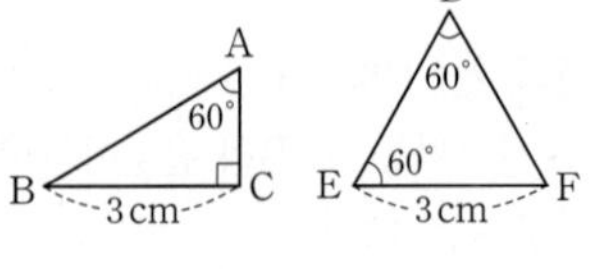

④ △ABC∽△DEF(SSS 닮음)

⑤ △ABC∽△DEF(SAS 닮음)

따라서 △ABC와 △DEF가 서로 닮은 도형이 되는 경우가 아닌 것
은 ③이다.

## 60 답 ④

④ △ABC에서 ∠A=80°, ∠B=40°이므로

∠C=180°−(80°+40°)=60°

△ABC와 △FDE에서

∠B=∠D=40°, ∠C=∠E=60°이므로

△ABC∽△FDE(AA 닮음)

## 61 답 ③

△ABC와 △ADE에서

$\overline{AB}:\overline{AD}=(8+1):6=3:2$,

$\overline{AC}:\overline{AE}=(6+6):8=3:2$,

∠A는 공통이므로

△ABC∽△ADE(SAS 닮음)

따라서 △ABC와 △ADE의 닮음비가 3:2이므로

$\overline{BC}:\overline{DE}=3:2$에서 $10:\overline{DE}=3:2$

$3\overline{DE}=20$  ∴ $\overline{DE}=\dfrac{20}{3}$(cm)

## 62 답 6

△ACO와 △DBO에서

$\overline{AO}:\overline{DO}=5:10=1:2$,

$\overline{CO}:\overline{BO}=7:14=1:2$,

∠AOC=∠DOB(맞꼭지각)이므로

△ACO∽△DBO(SAS 닮음)

따라서 △ACO와 △DBO의 닮음비가 1:2이므로

$\overline{CA}:\overline{BD}=1:2$에서 $3:\overline{BD}=1:2$  ∴ $\overline{BD}=6$

## 63 답 18

△ACB와 △BCD에서

$\overline{AC}:\overline{BC}=8:12=2:3$,

$\overline{AB}:\overline{BD}=10:15=2:3$,

∠BAC=∠DBC이므로

△ACB∽△BCD(SAS 닮음)

따라서 △ACB와 △BCD의 닮음비가 2:3이므로

$\overline{CB}:\overline{CD}=2:3$에서 $12:x=2:3$

$2x=36$  ∴ $x=18$

## 64 답 (1) △ABC∽△DBA(SAS 닮음) (2) 8 cm

(1) △ABC와 △DBA에서

$\overline{AB}:\overline{DB}=12:8=3:2$,

$\overline{BC}:\overline{BA}=(8+10):12=3:2$,

∠B는 공통이므로

△ABC∽△DBA(SAS 닮음)  ··· (i)

(2) △ABC와 △DBA의 닮음비가 3:2이므로

$\overline{CA}:\overline{AD}=3:2$에서 $12:\overline{AD}=3:2$

$3\overline{AD}=24$  ∴ $\overline{AD}=8$(cm)  ··· (ii)

**채점 기준**

| | |
|---|---|
| (i) 서로 닮은 두 삼각형을 찾아 기호로 나타내고, 닮음 조건 말하기 | 60 % |
| (ii) $\overline{AD}$의 길이 구하기 | 40 % |

## 65 답 ④

$\overline{AD}=\overline{CD}=\overline{DE}=\dfrac{1}{2}\overline{AC}=\dfrac{1}{2}\times24=12$(cm)

△ABC와 △ADE에서

$\overline{AC}:\overline{AE}=24:16=3:2$,

$\overline{AB}:\overline{AD}=(16+2):12=3:2$,

∠A는 공통이므로

△ABC∽△ADE(SAS 닮음)

따라서 △ABC와 △ADE의 닮음비가 3:2이므로

$\overline{BC}:\overline{DE}=3:2$에서 $\overline{BC}:12=3:2$

$2\overline{BC}=36$  ∴ $\overline{BC}=18$(cm)

## 66 답 ④, ⑤

① △ABC와 △AED에서

∠ACB=∠ADE, ∠A는 공통이므로

△ABC∽△AED(AA 닮음)

② △ABC∽△AED이므로 ∠ABC=∠AED

③, ④, ⑤ △ABC와 △AED의 닮음비는

$\overline{AC}:\overline{AD}=12:8=3:2$이므로

$\overline{AB}:\overline{AE}=3:2$에서 $(8+\overline{BD}):6=3:2$

$16+2\overline{BD}=18$, $2\overline{BD}=2$  ∴ $\overline{BD}=1$

또 $\overline{BC}:\overline{ED}=3:2$에서 $8:\overline{DE}=3:2$

$3\overline{DE}=16$  ∴ $\overline{DE}=\dfrac{16}{3}$

따라서 옳지 않은 것은 ④, ⑤이다.

## 67 답 $\dfrac{45}{4}$ cm

△ABC와 △BCD에서

∠CAB=∠DBC, ∠ACB=∠BDC이므로

△ABC∽△BCD(AA 닮음)

따라서 $\overline{AB}:\overline{BC}=\overline{BC}:\overline{CD}$이므로

$\overline{AB}:15=15:20$, $20\overline{AB}=225$  ∴ $\overline{AB}=\dfrac{45}{4}$(cm)

## 68 답 ④

△ABC와 △CBD에서

∠BAC=∠BCD, ∠B는 공통이므로

△ABC∽△CBD(AA 닮음)

따라서 $\overline{AB}:\overline{CB}=\overline{BC}:\overline{BD}$이므로

$(\overline{AD}+8):12=12:8$, $8\overline{AD}+64=144$

$8\overline{AD}=80$  ∴ $\overline{AD}=10$(cm)

## 69 답 ③

△ABC와 △FDC에서

∠CAB=∠CFD, ∠C는 공통이므로

△ABC∽△FDC(AA 닮음)

따라서 $\overline{AC}:\overline{FC}=\overline{BC}:\overline{DC}$이므로

$(4+6):\overline{FC}=5:6$, $5\overline{FC}=60$  ∴ $\overline{FC}=12$(cm)

∴ $\overline{FB}=\overline{FC}-\overline{BC}=12-5=7$(cm)

## 70 답 ③

△ADE와 △ABC에서

$\overline{BC} /\!/ \overline{DE}$이므로 ∠ADE=∠ABC (동위각),

∠A는 공통

∴ △ADE∽△ABC(AA 닮음)

이때 △ADE와 △ABC의 닮음비가

$\overline{AD} : \overline{AB}=9 : (9+6)=3 : 5$이므로

넓이의 비는 $3^2 : 5^2=9 : 25$

따라서 △ADE와 □DBCE의 넓이의 비는

$9 : (25-9)=9 : 16$이므로

$18 : \square DBCE=9 : 16$, $9\square DBCE=288$

∴ $\square DBCE=32(cm^2)$

## 71 답 7 : 8

△ABC와 △DEF에서

∠BAC=∠BAE+∠CAD

　　　$=∠ACD+∠CAD=∠EDF$

∠ABC=∠CBF+∠ABE

　　　$=∠BAE+∠ABE=∠DEF$

∴ △ABC∽△DEF(AA 닮음)

∴ $\overline{EF} : \overline{FD}=\overline{BC} : \overline{CA}=7 : 8$

만렙비법 삼각형의 한 외각의 크기는 그와 이웃하지 않는 두 내각의 크기의 합과 같음을 이용하여 서로 닮은 두 삼각형을 찾는다.

## 72 답 8

△AOE와 △COB에서 $\overline{AD} /\!/ \overline{BC}$이므로

∠EAO=∠BCO(엇각), ∠AEO=∠CBO(엇각)이므로

△AOE∽△COB(AA 닮음)

따라서 $\overline{AO} : \overline{CO}=\overline{AE} : \overline{CB}$이므로

$4 : 6=\overline{AE} : 12$, $6\overline{AE}=48$　　∴ $\overline{AE}=8$

## 73 답 $\dfrac{40}{9}$ cm

△ABC와 △EDA에서

$\overline{AB} /\!/ \overline{DE}$이므로 ∠BAC=∠DEA (엇각),

$\overline{AD} /\!/ \overline{BC}$이므로 ∠BCA=∠DAE (엇각)

∴ △ABC∽△EDA(AA 닮음)　　　　　 ···(i)

따라서 $\overline{AC} : \overline{EA}=\overline{BC} : \overline{DA}$이므로

$(5+4) : 5=8 : \overline{AD}$, $9\overline{AD}=40$

∴ $\overline{AD}=\dfrac{40}{9}(cm)$　　　　　　　　　 ···(ii)

| 채점 기준 | |
|---|---|
| (i) △ABC∽△EDA임을 설명하기 | 60 % |
| (ii) $\overline{AD}$의 길이 구하기 | 40 % |

## 74 답 4 cm

△ABE와 △FCE에서 $\overline{AB} /\!/ \overline{DF}$이므로

∠BAE=∠CFE(엇각), ∠ABE=∠FCE(엇각)

∴ △ABE∽△FCE(AA 닮음)

따라서 $\overline{AB} : \overline{FC}=\overline{BE} : \overline{CE}$이고,

$\overline{CE}=\overline{BC}-\overline{BE}=\overline{AB}-\overline{BE}=12-9=3(cm)$이므로

$12 : \overline{CF}=9 : 3$, $9\overline{CF}=36$　　∴ $\overline{CF}=4(cm)$

## 75 답 $36\,cm^2$

△AOD와 △COB에서 $\overline{AD} /\!/ \overline{BC}$이므로

∠DAO=∠BCO(엇각), ∠ADO=∠CBO(엇각)

∴ △AOD∽△COB(AA 닮음)

이때 △AOD와 △COB의 닮음비가 $\overline{AD} : \overline{CB}=8 : 12=2 : 3$

이므로 넓이의 비는 $2^2 : 3^2=4 : 9$

따라서 △AOD : △OBC=4 : 9이므로

$16 : △OBC=4 : 9$, $4△OBC=144$

∴ $△OBC=36(cm^2)$

---

### 유형 모아 보기 & 완성하기　　　　　 108~112쪽

## 76 답 ⑤

△ABC와 △AED에서

∠ACB=∠ADE=90°, ∠A는 공통이므로

△ABC∽△AED(AA 닮음)

따라서 $\overline{AB} : \overline{AE}=\overline{BC} : \overline{ED}$이므로

$14 : 8=\overline{BC} : 4$, $8\overline{BC}=56$　　∴ $\overline{BC}=7(cm)$

## 77 답 ②

$\overline{CD}^2=\overline{DA}\times\overline{DB}$이므로

$12^2=x\times 9$, $9x=144$　　∴ $x=16$

$\overline{CB}^2=\overline{BD}\times\overline{BA}$이므로

$y^2=9\times(9+16)=225$

이때 $y>0$이므로 $y=15$

∴ $x+y=16+15=31$

## 78 답 4.8 m

△ABC와 △ADE에서

∠ABC=∠ADE=90°, ∠A는 공통이므로

△ABC∽△ADE(AA 닮음)

따라서 $\overline{AB} : \overline{AD}=\overline{BC} : \overline{DE}$이므로

$1.8 : (1.8+3.6)=1.6 : \overline{DE}$

$1.8\overline{DE}=8.64$　　∴ $\overline{DE}=4.8(m)$

따라서 나무의 높이는 4.8 m이다.

**79** 답 **15 cm**

△ABF와 △DFE에서

∠BAF=∠FDE=90°,

∠ABF=90°−∠AFB=∠DFE이므로

△ABF∽△DFE(AA 닮음)

따라서 $\overline{AB}:\overline{DF}=\overline{BF}:\overline{FE}$이고,

$\overline{FE}=\overline{CE}=\overline{DC}-\overline{DE}=\overline{AB}-\overline{DE}=9-4=5$(cm)이므로

$9:3=\overline{BF}:5$, $3\overline{BF}=45$ ∴ $\overline{BF}=15$(cm)

**80** 답 ②

△ABC와 △MBD에서

∠BAC=∠BMD=90°, ∠B는 공통이므로

△ABC∽△MBD(AA 닮음)

따라서 $\overline{AB}:\overline{MB}=\overline{AC}:\overline{MD}$이고,

$\overline{BM}=\overline{CM}=\dfrac{1}{2}\overline{BC}=\dfrac{1}{2}\times10=5$(cm)이므로

$8:5=6:\overline{DM}$, $8\overline{DM}=30$ ∴ $\overline{DM}=\dfrac{15}{4}$(cm)

**81** 답 ③

△ABF와 △ACD에서

∠AFB=∠ADC=90°, ∠A는 공통이므로

△ABF∽△ACD(AA 닮음) ⋯ ㉠

△ABF와 △EBD에서

∠AFB=∠EDB=90°, ∠ABF는 공통이므로

△ABF∽△EBD(AA 닮음) ⋯ ㉡

△ACD와 △ECF에서

∠ADC=∠EFC=90°, ∠ACD는 공통이므로

△ACD∽△ECF(AA 닮음) ⋯ ㉢

㉠∼㉢에 의해 △ABF∽△ACD∽△EBD∽△ECF

따라서 나머지 넷과 닮음이 아닌 것은 ③이다.

**82** 답 $\dfrac{27}{2}$

△ACD와 △BCE에서

∠ADC=∠BEC=90°, ∠C는 공통이므로

△ACD∽△BCE(AA 닮음)

따라서 $\overline{AC}:\overline{BC}=\overline{CD}:\overline{CE}$이고,

$\overline{CE}=\dfrac{3}{4}\overline{AC}=\dfrac{3}{4}\times24=18$이므로

$24:32=\overline{CD}:18$, $32\overline{CD}=432$ ∴ $\overline{CD}=\dfrac{27}{2}$

**83** 답 **12 cm**

△ADB와 △BEC에서

∠ADB=∠BEC=90°,

∠DAB=90°−∠ABD=∠EBC이므로

△ADB∽△BEC(AA 닮음) ⋯(i)

따라서 $\overline{AD}:\overline{BE}=\overline{BD}:\overline{CE}$이므로

$9:15=\overline{BD}:20$, $15\overline{BD}=180$ ∴ $\overline{BD}=12$(cm) ⋯(ii)

**채점 기준**

| | |
|---|---|
| (i) △ADB∽△BEC임을 설명하기 | 60% |
| (ii) $\overline{BD}$의 길이 구하기 | 40% |

**84** 답 $\dfrac{25}{4}$ **cm**

△AOE와 △ADC에서

∠AOE=∠ADC=90°, ∠EAO는 공통이므로

△AOE∽△ADC(AA 닮음)

따라서 $\overline{AE}:\overline{AC}=\overline{AO}:\overline{AD}$이고,

$\overline{AO}=\overline{CO}=\dfrac{1}{2}\overline{AC}=\dfrac{1}{2}\times10=5$(cm)이므로

$\overline{AE}:10=5:8$, $8\overline{AE}=50$ ∴ $\overline{AE}=\dfrac{25}{4}$(cm)

**85** 답 ④

△ABC와 △ADF에서

∠ACB=∠AFD=90°, ∠A는 공통이므로

△ABC∽△ADF(AA 닮음)

따라서 $\overline{AC}:\overline{AF}=\overline{BC}:\overline{DF}$이므로

정사각형 DECF의 한 변의 길이를 $x$ cm라 하면

$28:(28-x)=21:x$, $28x=588-21x$

$49x=588$ ∴ $x=12$

∴ (□DECF의 둘레의 길이)$=4\times12=48$(cm)

**86** 답 ③

$\overline{AC}^2=\overline{CD}\times\overline{CB}$이므로

$5^2=3\times(y+3)$, $3y+9=25$

$3y=16$ ∴ $y=\dfrac{16}{3}$

$\overline{AB}^2=\overline{BD}\times\overline{BC}$이므로

$x^2=\dfrac{16}{3}\times\left(\dfrac{16}{3}+3\right)=\dfrac{400}{9}$

이때 $x>0$이므로 $x=\dfrac{20}{3}$

∴ $x-y=\dfrac{20}{3}-\dfrac{16}{3}=\dfrac{4}{3}$

**87** 답 ④

①, ③ △ABC와 △ADB에서

∠ABC=∠ADB=90°, ∠A는 공통이므로

△ABC∽△ADB(AA 닮음)

즉, $\overline{AB}:\overline{AD}=\overline{AC}:\overline{AB}$이므로 $\overline{AB}^2=\overline{AD}\times\overline{AC}$

②, ⑤ △ABD와 △BCD에서

∠ADB=∠BDC=90°,

∠BAD=90°−∠ABD=∠CBD이므로

△ABD∽△BCD(AA 닮음)

즉, $\overline{AD}:\overline{BD}=\overline{BD}:\overline{CD}$이므로 $\overline{BD}^2=\overline{AD}\times\overline{CD}$

④ △ABC와 △BDC에서

∠ABC=∠BDC=90°, ∠C는 공통이므로

△ABC∽△BDC(AA 닮음)

즉, $\overline{AC}:\overline{BC}=\overline{BC}:\overline{DC}$이므로 $\overline{BC}^2=\overline{CD}\times\overline{CA}$

따라서 옳지 않은 것은 ④이다.

## 88  답 20 cm²

$\overline{AD}^2 = \overline{DB} \times \overline{DC}$이므로

$\overline{AD}^2 = 2 \times 8 = 16$

이때 $\overline{AD} > 0$이므로 $\overline{AD} = 4(cm)$  ⋯ (i)

$\therefore \triangle ABC = \dfrac{1}{2} \times \overline{BC} \times \overline{AD}$

$= \dfrac{1}{2} \times (2+8) \times 4 = 20(cm^2)$  ⋯ (ii)

**채점 기준**

| (i) $\overline{AD}$의 길이 구하기 | 60% |
|---|---|
| (ii) $\triangle ABC$의 넓이 구하기 | 40% |

## 89  답 ④

$\triangle ABD$에서 $\overline{AD}^2 = \overline{DH} \times \overline{DB}$이므로

$20^2 = 16 \times (16 + \overline{BH})$, $400 = 256 + 16\overline{BH}$

$16\overline{BH} = 144$  $\therefore \overline{BH} = 9(cm)$

또 $\overline{AH}^2 = \overline{HB} \times \overline{HD}$이므로

$\overline{AH}^2 = 9 \times 16 = 144$

이때 $\overline{AH} > 0$이므로 $\overline{AH} = 12(cm)$

$\therefore \triangle ABD = \dfrac{1}{2} \times \overline{BD} \times \overline{AH} = \dfrac{1}{2} \times (9+16) \times 12 = 150(cm^2)$

## 90  답 $\dfrac{144}{25}$ cm

$\triangle ABC$에서 $\overline{AB}^2 = \overline{BD} \times \overline{BC}$이므로

$9^2 = \overline{BD} \times 15$, $15\overline{BD} = 81$  $\therefore \overline{BD} = \dfrac{27}{5}(cm)$

$\therefore \overline{DC} = \overline{BC} - \overline{BD} = 15 - \dfrac{27}{5} = \dfrac{48}{5}(cm)$

한편, $\triangle ABC$와 $\triangle EDC$에서

$\angle BAC = \angle DEC = 90°$, $\angle C$는 공통이므로

$\triangle ABC \backsim \triangle EDC$(AA 닮음)

따라서 $\overline{AB} : \overline{ED} = \overline{BC} : \overline{DC}$이므로

$9 : \overline{DE} = 15 : \dfrac{48}{5}$, $15\overline{DE} = \dfrac{432}{5}$  $\therefore \overline{DE} = \dfrac{144}{25}(cm)$

## 91  답 36 m

$\triangle ABC$와 $\triangle DEC$에서

$\angle ABC = \angle DEC = 90°$, $\angle ACB = \angle DCE$(맞꼭지각)이므로

$\triangle ABC \backsim \triangle DEC$(AA 닮음)

따라서 $\overline{AB} : \overline{DE} = \overline{BC} : \overline{EC}$이므로

$\overline{AB} : 8 = 72 : 16$, $16\overline{AB} = 576$  $\therefore \overline{AB} = 36(m)$

## 92  답 3.95 m

$\triangle ABC$와 $\triangle A'B'C'$에서

$\angle ABC = \angle A'B'C' = 25°$,

$\angle ACB = \angle A'C'B' = 90°$이므로

$\triangle ABC \backsim \triangle A'B'C'$(AA 닮음)

따라서 $\overline{AC} : \overline{A'C'} = \overline{BC} : \overline{B'C'}$이므로

$\overline{AC} : 0.9 = 500 : 2$, $2\overline{AC} = 450$

$\therefore \overline{AC} = 225(cm) = 2.25(m)$

즉, 송신탑의 실제 높이는 2.25 + 1.7 = 3.95(m)

## 93  답 80 m

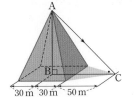

위의 그림의 $\triangle ABC$와 $\triangle A'B'C'$에서

$\angle ABC = \angle A'B'C' = 90°$,

$\angle ACB = \angle A'C'B'$이므로

$\triangle ABC \backsim \triangle A'B'C'$(AA 닮음)

따라서 $\overline{AB} : \overline{A'B'} = \overline{BC} : \overline{B'C'}$이므로

$\overline{AB} : 1 = (30+50) : 1$  $\therefore \overline{AB} = 80(m)$

즉, 피라미드의 높이는 80 m이다.

## 94  답 4 cm

$\triangle ABF$와 $\triangle DFE$에서

$\angle BAF = \angle FDE = 90°$,

$\angle ABF = 90° - \angle AFB = \angle DFE$이므로

$\triangle ABF \backsim \triangle DFE$(AA 닮음)

따라서 $\overline{AB} : \overline{DF} = \overline{BF} : \overline{FE}$이고,

$\overline{FE} = \overline{CE} = \overline{DC} - \overline{DE} = \overline{AB} - \overline{DE} = 8 - 3 = 5(cm)$이므로

$8 : \overline{DF} = 10 : 5$, $10\overline{DF} = 40$  $\therefore \overline{DF} = 4(cm)$

## 95  답 $\dfrac{20}{3}$ cm

$\triangle EBH$와 $\triangle HCG$에서

$\angle EBH = \angle HCG = 90°$,

$\angle BEH = 90° - \angle BHE = \angle CHG$이므로

$\triangle EBH \backsim \triangle HCG$(AA 닮음)

따라서 $\overline{EB} : \overline{HC} = \overline{EH} : \overline{HG}$이고,

$\overline{HC} = (5+3) - 4 = 4(cm)$, $\overline{EH} = \overline{EA} = 5 cm$이므로

$3 : 4 = 5 : \overline{GH}$, $3\overline{GH} = 20$  $\therefore \overline{GH} = \dfrac{20}{3}(cm)$

## 96  답 (1) $\triangle DBE \backsim \triangle ECF$(AA 닮음) (2) 12 cm (3) $\dfrac{21}{2}$ cm

(1) $\triangle DBE$와 $\triangle ECF$에서

$\angle DBE = \angle ECF = 60°$,

$\angle BDE = 180° - (\angle DBE + \angle DEB)$

$= 180° - (\angle DEF + \angle DEB)$

$= \angle CEF$

$\therefore \triangle DBE \backsim \triangle ECF$(AA 닮음)  ⋯ (i)

(2) $\overline{AD} = \overline{ED} = 7 cm$이므로

$\overline{AB} = \overline{AD} + \overline{DB} = 7 + 8 = 15(cm)$

즉, 정삼각형 ABC의 한 변의 길이는 15 cm이다.

$\therefore \overline{EC} = \overline{BC} - \overline{BE} = 15 - 3 = 12(cm)$  ⋯ (ii)

(3) $\overline{DB} : \overline{EC} = \overline{DE} : \overline{EF}$이므로

$8 : 12 = 7 : \overline{EF}$, $8\overline{EF} = 84$

$\therefore \overline{EF} = \dfrac{21}{2}(cm)$  ⋯ (iii)

**채점 기준**

| | |
|---|---|
| (i) 서로 닮은 두 삼각형을 찾아 기호로 나타내고, 닮음 조건 말하기 | 50% |
| (ii) $\overline{EC}$의 길이 구하기 | 20% |
| (iii) $\overline{EF}$의 길이 구하기 | 30% |

## 97 답 $\dfrac{15}{4}$ cm

$\overline{AD}\,/\!/\,\overline{BC}$이므로 $\angle EDB=\angle DBC$ (엇각)

$\angle EBD=\angle DBC$ (접은 각)

$\therefore \angle EBD=\angle EDB$

즉, $\triangle EBD$는 $\overline{EB}=\overline{ED}$인 이등변삼각형이므로

$\overline{BF}=\overline{DF}=\dfrac{1}{2}\overline{BD}=\dfrac{1}{2}\times 10=5\,(\text{cm})$

한편, $\triangle DBC$와 $\triangle EBF$에서

$\angle DBC=\angle EBF,\ \angle BCD=\angle BFE=90°$이므로

$\triangle DBC\infty\triangle EBF$ (AA 닮음)

따라서 $\overline{BC}:\overline{BF}=\overline{DC}:\overline{EF}$이므로

$8:5=6:\overline{EF},\ 8\overline{EF}=30$ $\therefore \overline{EF}=\dfrac{15}{4}\,(\text{cm})$

---

### Pick 점검하기

113~115쪽

## 98 답 ④

④ 이웃하는 변의 길이가 같은 두 평행사변형, 즉 두 마름모는 항상 닮은 도형이라 할 수 없다.

## 99 답 ⑤

① $\square ABCD$와 $\square EFGH$의 닮음비는 $\overline{BC}:\overline{FG}=9:6=3:2$

$\therefore \overline{AD}:\overline{EH}=3:2$

② $\angle E=\angle A=76°$

③ $\angle C=\angle G=64°$이므로

$\square ABCD$에서 $\angle D=360°-(76°+90°+64°)=130°$

④ $\overline{DC}:\overline{HG}=3:2$에서 $8:\overline{HG}=3:2$

$3\overline{HG}=16$ $\therefore \overline{HG}=\dfrac{16}{3}\,(\text{cm})$

⑤ $\overline{EF}$의 길이가 주어져 있지 않으므로 $\overline{AB}$의 길이는 구할 수 없다.

따라서 옳지 않은 것은 ⑤이다.

## 100 답 ②

$\triangle ABC$와 $\triangle EBD$의 닮음비는 $\overline{BC}:\overline{BD}=(12+3):9=5:3$

$\overline{AB}:\overline{EB}=5:3$에서 $(\overline{AD}+9):12=5:3$

$3\overline{AD}+27=60,\ 3\overline{AD}=33$ $\therefore \overline{AD}=11\,(\text{cm})$

## 101 답 4

두 사면체의 닮음비는 $\overline{CD}:\overline{GH}=9:12=3:4$

$\overline{AB}:\overline{EF}=3:4$에서 $x:16=3:4$

$4x=48$ $\therefore x=12$

---

$\overline{BC}:\overline{FG}=3:4$에서 $6:y=3:4$

$3y=24$ $\therefore y=8$

$\therefore x-y=12-8=4$

## 102 답 36 cm²

$\overline{AD}=\overline{BD}-\overline{AB}=10-6=4\,(\text{cm})$

$\triangle ABC$와 $\triangle ADE$의 닮음비가 $\overline{AB}:\overline{AD}=6:4=3:2$이므로

넓이의 비는 $3^2:2^2=9:4$

즉, $\triangle ABC:\triangle ADE=9:4$이므로

$\triangle ABC:16=9:4,\ 4\triangle ABC=144$ $\therefore \triangle ABC=36\,(\text{cm}^2)$

## 103 답 5000원

지름의 길이가 18 cm인 팬케이크와 30 cm인 팬케이크의 닮음비가

$18:30=3:5$이므로 넓이의 비는 $3^2:5^2=9:25$

지름의 길이가 30 cm인 팬케이크의 가격을 $x$원이라 하면

$1800:x=9:25,\ 9x=45000$ $\therefore x=5000$

따라서 지름의 길이가 30 cm인 팬케이크의 가격은 5000원이다.

## 104 답 90π cm²

두 원기둥 A, B의 닮음비가 $6:9=2:3$이므로

옆넓이의 비는 $2^2:3^2=4:9$

원기둥 B의 옆넓이를 $x\,\text{cm}^2$라 하면

$40\pi:x=4:9,\ 4x=360\pi$ $\therefore x=90\pi$

따라서 원기둥 B의 옆넓이는 $90\pi\,\text{cm}^2$이다.

## 105 답 160 cm³

두 삼각기둥 ⑦, ⑷의 닮음비가 $\overline{AB}:\overline{GH}=8:12=2:3$이므로

부피의 비는 $2^3:3^3=8:27$

이때 삼각기둥 ⑷의 부피는

$\left(\dfrac{1}{2}\times 12\times 9\right)\times 10=540\,(\text{cm}^3)$이므로

삼각기둥 ⑦의 부피를 $x\,\text{cm}^3$라 하면

$x:540=8:27,\ 27x=4320$ $\therefore x=160$

따라서 삼각기둥 ⑦의 부피는 $160\,\text{cm}^3$이다.

## 106 답 1 : 19

세 사각뿔은 서로 닮은 도형이고,

닮음비가 $1:(1+1):(1+1+1)=1:2:3$이므로

부피의 비는 $1^3:2^3:3^3=1:8:27$

따라서 두 입체도형 A와 C의 부피의 비는

$1:(27-8)=1:19$

## 107 답 ④

작은 쇠구슬과 큰 쇠구슬의 닮음비가 $\dfrac{1}{6}:1=1:6$이므로

부피의 비는 $1^3:6^3=1:216$

즉, 큰 쇠구슬의 부피는 작은 쇠구슬 1개의 부피의 216배이다.

따라서 큰 쇠구슬 1개를 녹여서 작은 쇠구슬을 최대 216개까지 만들 수 있다.

## 108 답 ⑤

⑤ $\triangle ABC$에서 $\angle A=60°$, $\angle C=70°$이므로

$\angle B=180°-(60°+70°)=50°$

$\triangle ABC$와 $\triangle DEF$에서

$\angle A=\angle D=60°$, $\angle B=\angle E=50°$이므로

$\triangle ABC\circeq\triangle DEF$(AA 닮음)

## 109 답 15

$\triangle ABC$와 $\triangle ACD$에서

$\overline{AB}:\overline{AC}=16:12=4:3$,

$\overline{AC}:\overline{AD}=12:9=4:3$,

$\angle A$는 공통이므로

$\triangle ABC\circeq\triangle ACD$(SAS 닮음)

따라서 $\triangle ABC$와 $\triangle ACD$의 닮음비가 $4:3$이므로

$\overline{BC}:\overline{CD}=4:3$에서 $20:x=4:3$

$4x=60$ $\therefore x=15$

## 110 답 6 cm

$\triangle ABC$와 $\triangle DAC$에서

$\angle ABC=\angle DAC$, $\angle C$는 공통이므로

$\triangle ABC\circeq\triangle DAC$(AA 닮음)

따라서 $\overline{AC}:\overline{DC}=\overline{BC}:\overline{AC}$이므로

$\overline{AC}:4=9:\overline{AC}$, $\overline{AC}^2=36$

이때 $\overline{AC}>0$이므로 $\overline{AC}=6$(cm)

## 111 답 15 cm

$\triangle ABC$와 $\triangle DEF$에서

$\angle BAC=\angle BAD+\angle CAF$

$\qquad=\angle BAD+\angle ABD=\angle EDF$

$\angle ABC=\angle ABD+\angle CBE$

$\qquad=\angle BCE+\angle CBE=\angle DEF$

$\therefore \triangle ABC\circeq\triangle DEF$(AA 닮음)

따라서 $\triangle ABC$와 $\triangle DEF$의 닮음비는

$\overline{AB}:\overline{DE}=12:6=2:1$

$\overline{BC}:\overline{EF}=2:1$에서 $10:\overline{EF}=2:1$

$2\overline{EF}=10$ $\therefore \overline{EF}=5$(cm)

$\overline{AC}:\overline{DF}=2:1$에서 $8:\overline{DF}=2:1$

$2\overline{DF}=8$ $\therefore \overline{DF}=4$(cm)

$\therefore$ ($\triangle DEF$의 둘레의 길이)$=\overline{DE}+\overline{EF}+\overline{DF}$

$\qquad=6+5+4$

$\qquad=15$(cm)

## 112 답 6 cm

$\triangle ABE$와 $\triangle FDA$에서

$\overline{AB}/\!/\overline{DF}$이므로 $\angle BAE=\angle DFA$ (엇각),

$\overline{AD}/\!/\overline{BC}$이므로 $\angle BEA=\angle DAF$ (엇각)

$\therefore \triangle ABE\circeq\triangle FDA$(AA 닮음)

따라서 $\overline{AB}:\overline{FD}=\overline{BE}:\overline{DA}$이고,

$\overline{AB}=\overline{DC}=4$cm이므로

$4:(2+4)=\overline{BE}:9$, $6\overline{BE}=36$ $\therefore \overline{BE}=6$(cm)

## 113 답 $\dfrac{96}{7}$ cm

$\triangle ABD$와 $\triangle CBE$에서

$\angle ADB=\angle CEB=90°$, $\angle B$는 공통이므로

$\triangle ABD\circeq\triangle CBE$(AA 닮음)

따라서 $\overline{AB}:\overline{CB}=\overline{BD}:\overline{BE}$이므로

$14:16=(16-4):\overline{BE}$, $14\overline{BE}=192$

$\therefore \overline{BE}=\dfrac{96}{7}$(cm)

## 114 답 8 cm

$\overline{CB}^2=\overline{BD}\times\overline{BA}$이므로

$17^2=15\times(15+\overline{AD})$, $289=225+15\overline{AD}$

$15\overline{AD}=64$ $\therefore \overline{AD}=\dfrac{64}{15}$(cm)

$\overline{CD}^2=\overline{DA}\times\overline{DB}$이므로

$\overline{CD}^2=\dfrac{64}{15}\times15=64$

이때 $\overline{CD}>0$이므로 $\overline{CD}=8$(cm)

## 115 답 $\dfrac{32}{5}$ cm

$\triangle DBE$와 $\triangle ECF$에서

$\angle DBE=\angle ECF=60°$,

$\angle BDE=180°-(\angle DBE+\angle DEB)$

$\qquad=180°-(\angle DEF+\angle DEB)=\angle CEF$

$\therefore \triangle DBE\circeq\triangle ECF$(AA 닮음)

따라서 $\overline{BD}:\overline{CE}=\overline{BE}:\overline{CF}$이고,

$\overline{CE}=\overline{BC}-4=\overline{AC}-4=(7+5)-4=8$(cm)이므로

$\overline{BD}:8=4:5$, $5\overline{BD}=32$ $\therefore \overline{BD}=\dfrac{32}{5}$(cm)

## 116 답 $144\pi$ cm²

두 원뿔 A, B의 닮음비는

$12:16=3:4$ ··· (i)

원뿔 B의 밑면의 반지름의 길이를 $r$ cm라 하면

$9:r=3:4$, $3r=36$ $\therefore r=12$ ··· (ii)

$\therefore$ (원뿔 B의 밑면의 넓이)$=\pi\times12^2=144\pi$(cm²) ··· (iii)

**채점 기준**

| | | |
|---|---|---|
| (i) 두 원뿔의 닮음비 구하기 | | 30 % |
| (ii) 원뿔 B의 밑면의 반지름의 길이 구하기 | | 40 % |
| (iii) 원뿔 B의 밑면의 넓이 구하기 | | 30 % |

## 117 답 $16\pi$ cm³

두 원기둥 A, B의 겉넓이의 비가

$125\pi:20\pi=25:4=5^2:2^2$이므로 닮음비는 $5:2$ ··· (i)

따라서 부피의 비는 $5^3:2^3=125:8$ ··· (ii)

원기둥 B의 부피를 $x\,\text{cm}^3$라 하면

$250\pi : x=125 : 8$, $125x=2000\pi$ $\therefore x=16\pi$

따라서 원기둥 B의 부피는 $16\pi\,\text{cm}^3$이다. … (iii)

**채점 기준**

| | |
|---|---|
| (i) 두 원기둥의 닮음비 구하기 | 40 % |
| (ii) 두 원기둥의 부피의 비 구하기 | 30 % |
| (iii) 원기둥 B의 부피 구하기 | 30 % |

## 118 답 30 cm

$\triangle BAD$와 $\triangle POD$에서

$\angle A=\angle POD=90^\circ$, $\angle PDO$는 공통이므로

$\triangle BAD \backsim \triangle POD$(AA 닮음) … (i)

이때 $\overline{AB} : \overline{OP}=\overline{AD} : \overline{OD}$이고, $\overline{OD}=\overline{OB}=10\,\text{cm}$이므로

$12 : \overline{OP}=16 : 10$, $16\overline{OP}=120$ $\therefore \overline{OP}=\frac{15}{2}(\text{cm})$ … (ii)

또 $\overline{BD} : \overline{PD}=\overline{AD} : \overline{OD}$이므로

$(10+10) : \overline{PD}=16 : 10$, $16\overline{PD}=200$ $\therefore \overline{PD}=\frac{25}{2}(\text{cm})$ … (iii)

$\therefore$ ($\triangle POD$의 둘레의 길이)$=\overline{PO}+\overline{OD}+\overline{PD}$

$=\frac{15}{2}+10+\frac{25}{2}$

$=30(\text{cm})$ … (iv)

**채점 기준**

| | |
|---|---|
| (i) $\triangle BAD \backsim \triangle POD$임을 설명하기 | 20 % |
| (ii) $\overline{OP}$의 길이 구하기 | 30 % |
| (iii) $\overline{PD}$의 길이 구하기 | 30 % |
| (iv) $\triangle POD$의 둘레의 길이 구하기 | 20 % |

# 만점 문제 뛰어넘기 116~117쪽

## 119 답 8 : 1

처음 정삼각형의 한 변의 길이를 $a$라 하면

[1단계]에서 지운 정삼각형의 한 변의 길이는 $\frac{1}{2}a$이다.

[2단계]에서 지운 한 정삼각형의 한 변의 길이는

$\frac{1}{2}\times\frac{1}{2}a=\frac{1}{2^2}a$이다.

⋮

같은 방법으로 하면

[$n$단계]에서 지운 한 정삼각형의 한 변의 길이는 $\frac{1}{2^n}a$이다.

따라서 [5단계]에서 지운 한 정삼각형의 한 변의 길이는 $\frac{1}{2^5}a$이고, [8단계]에서 지운 한 정삼각형의 한 변의 길이는 $\frac{1}{2^8}a$이므로 [5단계]에서 지운 한 정삼각형과 [8단계]에서 지운 한 정삼각형의 닮음비는

$\frac{1}{2^5}a : \frac{1}{2^8}a=2^3 : 1=8 : 1$

## 120 답 $12\pi\,\text{cm}^2$

세 원의 닮음비가 $1 : 2 : 3$이므로

넓이의 비는 $1^2 : 2^2 : 3^2=1 : 4 : 9$

이때 색칠한 부분과 가장 큰 원의 넓이의 비는

$(4-1) : 9=3 : 9=1 : 3$

색칠한 부분의 넓이를 $x\,\text{cm}^2$라 하면

$x : 36\pi=1 : 3$, $3x=36\pi$ $\therefore x=12\pi$

따라서 색칠한 부분의 넓이는 $12\pi\,\text{cm}^2$이다.

## 121 답 5 cm

지면에 생긴 고리 모양의 그림자의 넓이가 원기둥의 밑넓이의 8배이므로 반지름이 $\overline{OB}$인 원과 반지름이 $\overline{DC}$인 원의 넓이의 비는

$1 : (1+8)=1 : 9$

이때 작은 원뿔과 큰 원뿔은 서로 닮은 도형이고, 두 원뿔의 겉넓이의 비가 $1 : 9=1^2 : 3^2$이므로 닮음비는 $1 : 3$이다.

즉, $\overline{AO} : \overline{AD}=1 : 3$이므로

$\overline{AO} : (\overline{AO}+10)=1 : 3$, $3\overline{AO}=\overline{AO}+10$

$2\overline{AO}=10$ $\therefore \overline{AO}=5(\text{cm})$

## 122 답 ③

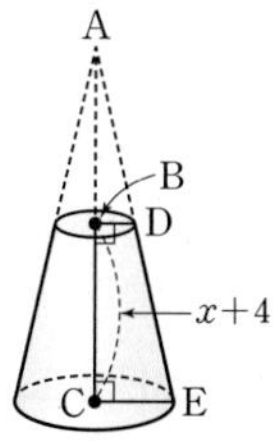


오른쪽 그림과 같이 원뿔대의 모선을 연장하여 원뿔을 그려 보면 두 원뿔의 밑면의 넓이의 비가

$15\pi : 60\pi=1 : 4=1^2 : 2^2$이므로

두 원뿔의 닮음비는 $1 : 2$이다.

$\therefore \overline{AB}=\overline{BC}=x+4$

이때 두 원뿔의 부피의 비가 $1^3 : 2^3=1 : 8$이므로

작은 원뿔과 원뿔대의 부피의 비는 $1 : (8-1)=1 : 7$

작은 원뿔의 부피를 $y\,\text{cm}^2$라 하면

$y : 315\pi=1 : 7$, $7y=315\pi$ $\therefore y=45\pi$

따라서 $\frac{1}{3}\times15\pi\times(x+4)=45\pi$이므로

$5\pi x+20\pi=45\pi$, $5\pi x=25\pi$ $\therefore x=5$

## 123 답 16분

위쪽 용기와 위쪽 용기에 있는 모래의 닮음비가 $6 : 4=3 : 2$이므로

부피의 비는 $3^3 : 2^3=27 : 8$

이때 모래가 아래로 떨어지는 데 걸리는 시간은 모래의 양에 정비례하므로 위쪽에 남은 모래가 모두 아래로 떨어지는 데 걸리는 시간을 $x$분이라 하면

$54 : x=27 : 8$, $27x=432$ $\therefore x=16$

따라서 남은 모래가 모두 아래로 떨어지는 데 16분이 걸린다.

## 124 답 $\frac{12}{5}$ cm

$\triangle EBD$와 $\triangle DCA$에서

$\angle B=\angle C=60^\circ$,

$\angle BED=180^\circ-(\angle B+\angle BDE)$

$=180^\circ-(\angle ADE+\angle BDE)=\angle CDA$

$\therefore \triangle EBD \backsim \triangle DCA$(AA 닮음)

따라서 $\overline{BE} : \overline{CD} = \overline{DB} : \overline{AC}$이고,

$\overline{BD} = \dfrac{3}{5}\overline{BC} = \dfrac{3}{5} \times 10 = 6(cm)$, $\overline{DC} = 10 - 6 = 4(cm)$이므로

$\overline{BE} : 4 = 6 : 10$, $10\overline{BE} = 24$ $\quad \therefore \overline{BE} = \dfrac{12}{5}(cm)$

## 125 답 4

$\triangle ABC$와 $\triangle ADF$에서

$\overline{DF} /\!/ \overline{BC}$이므로 $\angle ACB = \angle AFD$(동위각), $\angle A$는 공통

$\therefore \triangle ABC \backsim \triangle ADF$(AA 닮음)

이때 $\triangle ABC$와 $\triangle ADF$의 닮음비는

$\overline{BC} : \overline{DF} = \overline{AB} : \overline{AD} = (12+6) : 12 = 3 : 2$

또 $\triangle DBC$와 $\triangle EFD$에서 $\overline{DF} /\!/ \overline{BC}$이므로

$\angle DBC = \angle FCB = \angle EFD$(동위각),

$\angle DCB = \angle FDC$(엇각)$= \angle EDF$

$\therefore \triangle DBC \backsim \triangle EFD$(AA 닮음)

따라서 $\overline{BC} : \overline{FD} = \overline{DB} : \overline{EF}$이므로

$3 : 2 = 6 : \overline{EF}$, $3\overline{EF} = 12$ $\quad \therefore \overline{EF} = 4$

## 126 답 $\dfrac{36}{5}$ cm

$\triangle ABC \backsim \triangle DCE$이므로

$\overline{AB} : \overline{DC} = \overline{BC} : \overline{CE}$에서 $8 : \overline{DC} = 6 : 9$

$6\overline{DC} = 72$ $\quad \therefore \overline{DC} = 12(cm)$

$\triangle ABE$와 $\triangle FCE$에서

$\angle ABE = \angle FCE$, $\angle FEC$는 공통이므로

$\triangle ABE \backsim \triangle FCE$(AA 닮음)

따라서 $\overline{AB} : \overline{FC} = \overline{BE} : \overline{CE}$이므로

$8 : \overline{FC} = (6+9) : 9$, $15\overline{FC} = 72$ $\quad \therefore \overline{FC} = \dfrac{24}{5}(cm)$

$\therefore \overline{DF} = \overline{DC} - \overline{FC} = 12 - \dfrac{24}{5} = \dfrac{36}{5}(cm)$

## 127 답 $\dfrac{32}{5}$ cm

직각삼각형의 외심은 빗변의 중점이므로 점 M은 직각삼각형 ABC의 외심이다.

$\therefore \overline{AM} = \overline{BM} = \overline{CM} = \dfrac{1}{2}\overline{BC} = \dfrac{1}{2} \times (4+16) = 10(cm)$

이때 $\overline{DM} = \overline{CD} - \overline{CM} = 16 - 10 = 6(cm)$이고,

$\triangle ADM$에서 $\overline{DM}^2 = \overline{EM} \times \overline{AM}$이므로

$6^2 = \overline{EM} \times 10$, $10\overline{EM} = 36$ $\quad \therefore \overline{EM} = \dfrac{18}{5}(cm)$

$\therefore \overline{AE} = \overline{AM} - \overline{EM} = 10 - \dfrac{18}{5} = \dfrac{32}{5}(cm)$

## 128 답 9 m

$\triangle ABC$와 $\triangle DEC$에서

$\angle ABC = \angle DEC = 90°$,

거울에서 입사각과 반사각의 크기는 같으므로

$\angle ACB = \angle DCE$

$\therefore \triangle ABC \backsim \triangle DEC$(AA 닮음)

따라서 $\overline{AB} : \overline{DE} = \overline{BC} : \overline{EC}$이므로

$1.6 : \overline{DE} = 6.4 : 36$, $6.4\overline{DE} = 57.6$ $\quad \therefore \overline{DE} = 9(m)$

따라서 받침대를 포함한 세종대왕상의 총 높이는 9 m이다.

## 129 답 $\dfrac{36}{5}$ cm

$\triangle ABC$와 $\triangle EDC$에서

$\angle BAC = \angle DEC = 90°$, $\angle C$는 공통이므로

$\triangle ABC \backsim \triangle EDC$(AA 닮음)

따라서 $\overline{AC} : \overline{EC} = \overline{BC} : \overline{DC}$이고,

$\overline{DC} = \dfrac{1}{2}\overline{AC} = \dfrac{1}{2} \times 16 = 8(cm)$이므로

$16 : \overline{EC} = 20 : 8$, $20\overline{EC} = 128$ $\quad \therefore \overline{EC} = \dfrac{32}{5}(cm)$

$\therefore \overline{BF} = \overline{BC} - \overline{CF} = \overline{BC} - 2\overline{EC}$

$\qquad = 20 - 2 \times \dfrac{32}{5} = \dfrac{36}{5}(cm)$

# 6 평행선과 선분의 길이의 비

| | | | |
|---|---|---|---|
| **01** 24 | **02** 11 | **03** 30 | **04** ④ |
| **05** 26 | **06** 96 m | **07** ③ | **08** ② |
| **09** 3 | **10** ③ | **11** 16 | **12** 5 |
| **13** 54 | **14** $x=3, y=9$ | **15** ① | **16** ③ |
| **17** 9 cm | **18** ③ | **19** 3 cm | **20** ② |
| **21** 3개 | **22** $\overline{CD}$와 $\overline{EF}$ | **23** ①, ⑤ | |
| **24** 6 cm | **25** 45 | **26** 4 cm | **27** 12 |
| **28** 3 | **29** ③ | **30** ① | **31** $\frac{24}{5}$ cm |
| **32** ③ | **33** ⑤ | **34** 28 cm² | **35** ④ |
| **36** 4 cm | **37** ③ | **38** $\frac{27}{5}$ cm | **39** ② |
| **40** ① | **41** 120 cm² | **42** $\frac{7}{2}$ cm | **43** ② |
| **44** $x=4, y=40$ | | **45** 18 | **46** 18 cm |
| **47** 2 cm | **48** 15 cm | **49** 52 | |
| **50** (1) 25 cm (2) 5 cm | | **51** ① | **52** 6 cm |
| **53** ② | **54** 7 | **55** 25 | **56** 18 cm |
| **57** 2 cm | **58** ③ | **59** ④ | **60** 8 cm |
| **61** 9 cm | **62** 20 | **63** 7 cm | **64** 16 cm |
| **65** ② | **66** ②, ④ | **67** 16 cm² | **68** 12 cm |
| **69** 48 cm | **70** ③ | **71** ④ | **72** 3 cm |
| **73** ② | **74** ③ | **75** 16 cm | **76** 2 cm |
| **77** ⑤ | **78** 8 cm | **79** 7 cm | **80** $\frac{24}{5}$ cm |
| **81** $\frac{15}{4}$ cm | **82** ② | **83** 600 m | **84** 28 |
| **85** ③ | **86** ⑤ | **87** $x=\frac{9}{2}, y=\frac{16}{3}$ | |
| **88** 12 cm | **89** $\frac{33}{5}$ | **90** 9 | **91** 9 cm |
| **92** ④ | **93** 4 cm | **94** $\frac{23}{3}$ | **95** 12 cm |
| **96** 12 cm | **97** ③ | **98** 8 cm | **99** ④, ⑤ |
| **100** 20 cm | **101** 45 cm² | **102** $\frac{29}{3}$ | **103** $\frac{15}{2}$ cm |
| **104** ① | **105** 4 cm | **106** $\frac{21}{2}$ cm | **107** ② |
| **108** 9 cm | **109** 9 cm² | **110** 4 cm | **111** 8 cm |
| **112** 12 cm | **113** 10 | **114** ② | **115** 2 : 1 : 2 |
| **116** ④ | **117** 22 cm | **118** ⑤ | **119** 36 |
| **120** 4 cm | **121** 8 cm | **122** ④ | **123** $\frac{16}{3}$ cm² |
| **124** 4 cm | | | |
| **125** (1) △ABC∽△CBD(AA 닮음) (2) $\frac{21}{2}$ cm (3) $\frac{7}{2}$ cm | | | |
| **126** 35 cm | **127** 26° | **128** ③ | **129** 5 : 12 |
| **130** 6 cm | **131** $\frac{12}{7}$ cm | **132** $\frac{60}{7}$ cm | **133** 2 cm |

## 01 삼각형에서 평행선과 선분의 길이의 비

### 유형 모아 보기 & 완성하기

120~123쪽

**01** 📋 **24**

$\overline{AD} : \overline{DB} = \overline{AE} : \overline{EC}$에서

$3 : 2 = 6 : x$, $3x = 12$ ∴ $x = 4$

$\overline{AD} : \overline{AB} = \overline{DE} : \overline{BC}$에서

$3 : (3+2) = y : 10$, $5y = 30$ ∴ $y = 6$

∴ $xy = 4 \times 6 = 24$

**02** 📋 **11**

$\overline{AD} : \overline{AB} = \overline{AE} : \overline{AC}$에서

$4 : 8 = 3 : x$, $4x = 24$ ∴ $x = 6$

$\overline{AD} : \overline{AB} = \overline{DE} : \overline{BC}$에서

$4 : 8 = y : 10$, $8y = 40$ ∴ $y = 5$

∴ $x + y = 6 + 5 = 11$

**03** 📋 **30**

$\overline{DF} : \overline{BG} = \overline{FE} : \overline{GC}$에서

$4 : 6 = 5 : x$, $4x = 30$ ∴ $x = \frac{15}{2}$

$\overline{AE} : \overline{AC} = \overline{FE} : \overline{GC}$에서

$8 : (8+y) = 5 : \frac{15}{2}$, $40 + 5y = 60$

$5y = 20$ ∴ $y = 4$

∴ $xy = \frac{15}{2} \times 4 = 30$

**04** 📋 ④

① $\overline{AB} : \overline{DB} = 6 : 4 = 3 : 2$, $\overline{AC} : \overline{EC} = 8 : 5$이므로

$\overline{AB} : \overline{DB} \neq \overline{AC} : \overline{EC}$

즉, $\overline{BC}$와 $\overline{DE}$는 평행하지 않다.

② $\overline{AD}:\overline{AB}=3:9=1:3$, $\overline{AE}:\overline{AC}=4:(20-4)=1:4$이므로

$\overline{AD}:\overline{AB}\neq\overline{AE}:\overline{AC}$

즉, $\overline{BC}$와 $\overline{DE}$는 평행하지 않다.

③ $\overline{AB}:\overline{AD}=6:10=3:5$, $\overline{AC}:\overline{AE}=10:15=2:3$이므로

$\overline{AB}:\overline{AD}\neq\overline{AC}:\overline{AE}$

즉, $\overline{BC}$와 $\overline{DE}$는 평행하지 않다.

④ $\overline{AD}:\overline{AB}=8:12=2:3$, $\overline{AE}:\overline{AC}=6:9=2:3$이므로

$\overline{AD}:\overline{AB}=\overline{AE}:\overline{AC}$

즉, $\overline{BC}/\!/\overline{DE}$

⑤ $\overline{AD}:\overline{DB}=5:3$, $\overline{AE}:\overline{EC}=6:4=3:2$이므로

$\overline{AD}:\overline{DB}\neq\overline{AE}:\overline{EC}$

즉, $\overline{BC}$와 $\overline{DE}$는 평행하지 않다.

따라서 $\overline{BC}/\!/\overline{DE}$인 것은 ④이다.

## 05 답 26

$\overline{BC}:\overline{EC}=\overline{BA}:\overline{DA}$에서

$36:12=30:x$, $36x=360$ $\therefore x=10$

$\overline{BE}:\overline{BC}=\overline{DE}:\overline{AC}$에서

$(36-12):36=y:24$, $36y=576$ $\therefore y=16$

$\therefore x+y=10+16=26$

## 06 답 96 m

$\overline{BD}:\overline{BA}=\overline{BE}:\overline{BC}$에서

$\overline{BD}:120=64:(64+16)$, $80\overline{BD}=7680$ $\therefore \overline{BD}=96(\text{m})$

따라서 B 지점에서 D 지점까지의 거리는 96 m이다.

## 07 답 ③

③ ㈐ AA

## 08 답 ②

△FDA에서 $\overline{AD}/\!/\overline{BE}$이므로

$\overline{FB}:\overline{FA}=\overline{BE}:\overline{AD}$에서

$3:(3+6)=\overline{BE}:5$, $9\overline{BE}=15$ $\therefore \overline{BE}=\dfrac{5}{3}(\text{cm})$

이때 □ABCD는 평행사변형이므로 $\overline{BC}=\overline{AD}=5\,\text{cm}$

$\therefore \overline{EC}=\overline{BC}-\overline{BE}=5-\dfrac{5}{3}=\dfrac{10}{3}(\text{cm})$

## 09 답 3

△DEA에서 $\overline{AE}/\!/\overline{FG}$이므로

$\overline{DF}:\overline{DA}=\overline{FG}:\overline{AE}$에서 $6:(6+4)=\overline{FG}:6$

$10\overline{FG}=36$ $\therefore \overline{FG}=\dfrac{18}{5}$ ···(i)

△FBH에서 $\overline{BH}/\!/\overline{DG}$이므로

$\overline{FD}:\overline{DB}=\overline{FG}:\overline{GH}$에서 $6:5=\dfrac{18}{5}:\overline{GH}$

$6\overline{GH}=18$ $\therefore \overline{GH}=3$ ···(ii)

**채점 기준**

| | |
|---|---|
| (i) $\overline{FG}$의 길이 구하기 | 50 % |
| (ii) $\overline{GH}$의 길이 구하기 | 50 % |

## 10 답 ③

△ABC에서 $\overline{BC}/\!/\overline{DE}$이므로

마름모 DBFE의 한 변의 길이를 $x\,\text{cm}$라 하면

$\overline{AD}:\overline{AB}=\overline{DE}:\overline{BC}$에서 $(6-x):6=x:4$

$6x=24-4x$, $10x=24$ $\therefore x=\dfrac{12}{5}$

$\therefore (\text{□DBFE의 둘레의 길이})=\dfrac{12}{5}\times4=\dfrac{48}{5}(\text{cm})$

## 11 답 16

$\overline{AD}:\overline{AB}=\overline{DE}:\overline{BC}$에서

$(x-20):20=10:25$, $25x-500=200$

$25x=700$ $\therefore x=28$

$\overline{AE}:\overline{AC}=\overline{DE}:\overline{BC}$에서

$y:30=10:25$, $25y=300$ $\therefore y=12$

$\therefore x-y=28-12=16$

## 12 답 5

$\overline{AE}/\!/\overline{BC}$이므로 $\overline{AF}:\overline{CF}=\overline{AE}:\overline{BC}$에서

$4:8=\overline{AE}:10$, $8\overline{AE}=40$ $\therefore \overline{AE}=5$

$\therefore \overline{DE}=\overline{AD}-\overline{AE}=10-5=5$

## 13 답 54

$\overline{BC}/\!/\overline{DE}$이므로 $\overline{AD}:\overline{AB}=\overline{DE}:\overline{BC}$에서

$3:x=4:(4+8)$, $4x=36$ $\therefore x=9$ ···(i)

$\overline{AB}/\!/\overline{FG}$이므로 $\overline{CG}:\overline{CB}=\overline{FG}:\overline{AB}$에서

$8:(8+4)=y:9$, $12y=72$ $\therefore y=6$ ···(ii)

$\therefore xy=9\times6=54$ ···(iii)

**채점 기준**

| | |
|---|---|
| (i) $x$의 값 구하기 | 40 % |
| (ii) $y$의 값 구하기 | 40 % |
| (iii) $xy$의 값 구하기 | 20 % |

## 14 답 $x=3$, $y=9$

$\overline{AB}:\overline{AD}=\overline{BC}:\overline{DE}$이고, $\overline{AB}:\overline{AD}=4:1$이므로

$4:1=12:x$, $4x=12$ $\therefore x=3$

$\overline{AD}:\overline{AF}=\overline{DE}:\overline{FG}$이고, $\overline{AD}:\overline{AF}=1:(1+2)=1:3$이므로

$1:3=3:y$ $\therefore y=9$

## 15 답 ①

$\overline{AD}:\overline{AB}=\overline{DF}:\overline{BG}$에서 $(12-x):12=4:6$

$72-6x=48$, $6x=24$ $\therefore x=4$

$\overline{DF}:\overline{BG}=\overline{FE}:\overline{GC}$에서 $4:6=y:9$

$6y=36$ $\therefore y=6$

$\therefore x+y=4+6=10$

## 16 답 ③

$\overline{DF}:\overline{BG}=\overline{FE}:\overline{GC}$에서

$\overline{DF}:4=(9-\overline{DF}):8$, $8\overline{DF}=36-4\overline{DF}$

$12\overline{DF}=36$ $\therefore \overline{DF}=3$

**17** 답 **9 cm**

$\overline{AF} : \overline{AG} = \overline{AD} : \overline{AB} = 12 : (12+8) = 3 : 5$

따라서 $\overline{FE} : \overline{GC} = \overline{AF} : \overline{AG}$이므로

$\overline{EF} : 15 = 3 : 5$, $5\overline{EF} = 45$ ∴ $\overline{EF} = 9$(cm)

**18** 답 **③**

△ABE에서 $\overline{BE} /\!/ \overline{DF}$이므로

$\overline{AD} : \overline{DB} = \overline{AF} : \overline{FE} = 10 : 6 = 5 : 3$

△ABC에서 $\overline{BC} /\!/ \overline{DE}$이므로

$\overline{AE} : \overline{EC} = \overline{AD} : \overline{DB} = 5 : 3$

즉, $(10+6) : \overline{EC} = 5 : 3$이므로

$5\overline{EC} = 48$ ∴ $\overline{EC} = \dfrac{48}{5}$(cm)

**19** 답 **3 cm**

△ADC에서 $\overline{CD} /\!/ \overline{EF}$이므로

$\overline{AE} : \overline{EC} = \overline{AF} : \overline{FD} = 3 : 1$

△ABC에서 $\overline{BC} /\!/ \overline{DE}$이므로

$\overline{AD} : \overline{DB} = \overline{AE} : \overline{EC} = 3 : 1$

즉, $9 : \overline{DB} = 3 : 1$이므로

$3\overline{DB} = 9$ ∴ $\overline{DB} = 3$(cm)

**20** 답 **②**

△ABC에서 $\overline{BC} /\!/ \overline{DE}$이므로

$\overline{AE} : \overline{EC} = \overline{AD} : \overline{DB} = 10 : 5 = 2 : 1$

△ADC에서 $\overline{CD} /\!/ \overline{EF}$이므로

$\overline{AF} : \overline{FD} = \overline{AE} : \overline{EC} = 2 : 1$

∴ $\overline{DF} = \dfrac{1}{3}\overline{AD} = \dfrac{1}{3} \times 10 = \dfrac{10}{3}$(cm)

**21** 답 **3개**

ㄱ. $\overline{AD} : \overline{DB} = 4 : 2 = 2 : 1$, $\overline{AE} : \overline{EC} = 6 : 3 = 2 : 1$이므로

$\overline{AD} : \overline{DB} = \overline{AE} : \overline{EC}$

즉, $\overline{BC} /\!/ \overline{DE}$

ㄴ. $\overline{AD} : \overline{DB} = 5 : 4$, $\overline{AE} : \overline{EC} = (10-5) : 5 = 1 : 1$이므로

$\overline{AD} : \overline{DB} \neq \overline{AE} : \overline{EC}$

즉, $\overline{BC}$와 $\overline{DE}$는 평행하지 않다.

ㄷ. $\overline{AD} : \overline{DB} = 3 : 7$, $\overline{AE} : \overline{EC} = (8-6) : 6 = 1 : 3$이므로

$\overline{AD} : \overline{DB} \neq \overline{AE} : \overline{EC}$

즉, $\overline{BC}$와 $\overline{DE}$는 평행하지 않다.

ㄹ. $\overline{AB} : \overline{AD} = 2 : 9$, $\overline{AC} : \overline{AE} = (8-6) : 6 = 1 : 3$이므로

$\overline{AB} : \overline{AD} \neq \overline{AC} : \overline{AE}$

즉, $\overline{BC}$와 $\overline{DE}$는 평행하지 않다.

ㅁ. $\overline{AC} : \overline{CE} = 12 : 16 = 3 : 4$, $\overline{AB} : \overline{BD} = 9 : 12 = 3 : 4$이므로

$\overline{AC} : \overline{CE} = \overline{AB} : \overline{BD}$

즉, $\overline{BC} /\!/ \overline{DE}$

ㅂ. $\overline{AB} : \overline{BD} = 5 : 5 = 1 : 1$, $\overline{AC} : \overline{CE} = 7 : 7 = 1 : 1$이므로

$\overline{AB} : \overline{BD} = \overline{AC} : \overline{CE}$

즉, $\overline{BC} /\!/ \overline{DE}$

따라서 $\overline{BC} /\!/ \overline{DE}$인 것은 ㄱ, ㅁ, ㅂ의 3개이다.

**22** 답 **$\overline{CD}$와 $\overline{EF}$**

$\overline{OE} : \overline{OD} = 4 : (5+3) = 1 : 2$, $\overline{OF} : \overline{OC} = 5 : (5+5) = 1 : 2$이므로

$\overline{OE} : \overline{OD} = \overline{OF} : \overline{OC}$ ∴ $\overline{CD} /\!/ \overline{EF}$

**23** 답 **①, ⑤**

① $\overline{CF} : \overline{FA} = 9 : 6 = 3 : 2$, $\overline{CE} : \overline{EB} = 12 : 8 = 3 : 2$이므로

$\overline{CF} : \overline{FA} = \overline{CE} : \overline{EB}$

즉, $\overline{AB} /\!/ \overline{FE}$

② $\overline{AD} : \overline{DB} = 7.5 : 10 = 3 : 4$, $\overline{AF} : \overline{FC} = 6 : 9 = 2 : 3$이므로

$\overline{AD} : \overline{DB} \neq \overline{AF} : \overline{FC}$

즉, $\overline{BC}$와 $\overline{DF}$는 평행하지 않다.

③ △ADF와 △FEC에서 $\overline{DF}$와 $\overline{EC}$가 평행하지 않으므로

∠AFD ≠ ∠FCE

④ △ABC와 △DBE에서

$\overline{BD} : \overline{DA} = 10 : 7.5 = 4 : 3$, $\overline{BE} : \overline{EC} = 8 : 12 = 2 : 3$이므로

$\overline{BD} : \overline{DA} \neq \overline{BE} : \overline{EC}$

즉, △ABC와 △DBE는 서로 닮은 도형이 아니다.

⑤ △ABC와 △FEC에서

$\overline{AB} /\!/ \overline{FE}$이므로 ∠A = ∠EFC (동위각), ∠C는 공통

∴ △ABC∽△FEC (AA 닮음)

따라서 옳은 것은 ①, ⑤이다.

---

**02** **삼각형의 각의 이등분선**

**24** 답 **6 cm**

$\overline{BD} : \overline{CD} = \overline{AB} : \overline{AC} = 12 : 9 = 4 : 3$이므로

$\overline{CD} = \dfrac{3}{7}\overline{BC} = \dfrac{3}{7} \times 14 = 6$(cm)

**25** 답 **45**

$\overline{BD} : \overline{CD} = \overline{AB} : \overline{AC} = 12 : 15 = 4 : 5$이므로

△ABD : △ADC = $\overline{BD} : \overline{CD} = 4 : 5$

즉, $36 : △ADC = 4 : 5$이므로

$4△ADC = 180$ ∴ △ADC = 45

**26** 답 **4 cm**

$\overline{AB} : \overline{AC} = \overline{BD} : \overline{CD}$에서

$5 : 3 = (\overline{BC}+6) : 6$, $3\overline{BC} + 18 = 30$

$3\overline{BC} = 12$ ∴ $\overline{BC} = 4$(cm)

**27** 답 **12**

$\overline{AB} : \overline{AC} = \overline{BD} : \overline{CD}$에서

$\overline{AB} : 8 = 9 : 6$, $6\overline{AB} = 72$ ∴ $\overline{AB} = 12$

**28** 답 3

$\overline{AB} : \overline{BC} = \overline{AD} : \overline{CD}$에서

$14 : 10 = (3x-2) : (2x-1)$, $30x-20 = 28x-14$

$2x = 6$ ∴ $x = 3$


**29** 답 ③

③ (다) 이등변삼각형


**30** 답 ①

△ABC에서 $\overline{AB} : \overline{AC} = \overline{BD} : \overline{CD}$이므로

$10 : 6 = x : 3$, $6x = 30$ ∴ $x = 5$

△BCE에서 $\overline{BA} : \overline{AE} = \overline{BD} : \overline{DC}$이므로

$10 : y = 5 : 3$, $5y = 30$ ∴ $y = 6$

∴ $x + y = 5 + 6 = 11$


**31** 답 $\dfrac{24}{5}$ cm

$\overline{BE} : \overline{CE} = \overline{AB} : \overline{AC} = 12 : 8 = 3 : 2$이므로

$\overline{BE} : \overline{BC} = \overline{DE} : \overline{AC}$에서

$3 : (3+2) = \overline{DE} : 8$, $5\overline{DE} = 24$ ∴ $\overline{DE} = \dfrac{24}{5}$ (cm)


**32** 답 ③

$\overline{AB} : \overline{AC} = \overline{BD} : \overline{CD}$에서

$14 : 18 = \overline{BD} : (16-\overline{BD})$, $18\overline{BD} = 224 - 14\overline{BD}$

$32\overline{BD} = 224$ ∴ $\overline{BD} = 7$ (cm)

이때 △ABD와 △AED에서

$\overline{AB} = \overline{AE}$, $\overline{AD}$는 공통, ∠BAD = ∠EAD이므로

△ABD ≡ △AED(SAS 합동)

∴ $\overline{DE} = \overline{DB} = 7$ cm


**33** 답 ⑤

$\overline{AB} : \overline{AC} = \overline{BE} : \overline{CE}$에서

$\overline{AB} : 30 = 9 : 15$, $15\overline{AB} = 270$ ∴ $\overline{AB} = 18$ (cm)

이때 $\overline{AD} : \overline{BD} = \overline{AC} : \overline{BC} = 30 : (9+15) = 5 : 4$이므로

$\overline{AD} = \dfrac{5}{9}\overline{AB} = \dfrac{5}{9} \times 18 = 10$ (cm)


**34** 답 28 cm²

$\overline{BD} : \overline{CD} = \overline{AB} : \overline{AC} = 12 : 9 = 4 : 3$이므로

△ABD : △ADC = $\overline{BD} : \overline{CD}$ = 4 : 3

∴ △ABD = $\dfrac{4}{7}$△ABC = $\dfrac{4}{7} \times 49 = 28$ (cm²)


**35** 답 ④

$\overline{BD} : \overline{CD} = \overline{AB} : \overline{AC} = 1 : 2$이므로

△ABD : △ADC = $\overline{BD} : \overline{CD}$ = 1 : 2

즉, △ABD : 18 = 1 : 2이므로

$2$△ABD = 18 ∴ △ABD = 9 (cm²)

∴ △ABC = △ABD + △ADC = 9 + 18 = 27 (cm²)


**36** 답 4 cm

$\overline{BD} : \overline{CD} = \overline{AB} : \overline{AC} = 10 : 8 = 5 : 4$이므로

△ABD : △ADC = $\overline{BD} : \overline{CD}$ = 5 : 4

즉, △ABD : 16 = 5 : 4이므로

$4$△ABD = 80 ∴ △ABD = 20 (cm²) ···(i)

이때 △ABD = $\dfrac{1}{2} \times \overline{AB} \times \overline{DE}$이므로

$20 = \dfrac{1}{2} \times 10 \times \overline{DE}$ ∴ $\overline{DE} = 4$ (cm) ···(ii)

**채점 기준**

| (i) △ABD의 넓이 구하기 | 60 % |
|---|---|
| (ii) $\overline{DE}$의 길이 구하기 | 40 % |


**37** 답 ③

△ABC는 ∠BAC = 90°인 직각삼각형이므로

△ABC = $\dfrac{1}{2} \times 15 \times 10 = 75$ (cm²)

이때 $\overline{BD} : \overline{CD} = \overline{AB} : \overline{AC} = 15 : 10 = 3 : 2$이므로

△ABD : △ADC = $\overline{BD} : \overline{CD}$ = 3 : 2

∴ △ADC = $\dfrac{2}{5}$△ABC = $\dfrac{2}{5} \times 75 = 30$ (cm²)


**38** 답 $\dfrac{27}{5}$ cm

$\overline{AC} : \overline{AB} = \overline{CD} : \overline{BD}$에서

$9 : \overline{AB} = (9+6) : 9$, $15\overline{AB} = 81$ ∴ $\overline{AB} = \dfrac{27}{5}$ (cm)


**39** 답 ②


**40** 답 ①

$\overline{AB} : \overline{AC} = \overline{BD} : \overline{CD}$에서

$8 : 5 = (4+\overline{CD}) : \overline{CD}$, $8\overline{CD} = 20 + 5\overline{CD}$

$3\overline{CD} = 20$ ∴ $\overline{CD} = \dfrac{20}{3}$

∴ △ABC : △ACD = $\overline{BC} : \overline{CD}$ = 4 : $\dfrac{20}{3}$ = 3 : 5


**41** 답 120 cm²

$\overline{BD} : \overline{CD} = \overline{AB} : \overline{AC} = 12 : 9 = 4 : 3$

∴ $\overline{BC} : \overline{BD} = (4-3) : 4 = 1 : 4$

△ABC : △ABD = $\overline{BC} : \overline{BD}$ = 1 : 4이므로

$30 : $△ABD = 1 : 4 ∴ △ABD = 120 (cm²)


**42** 답 $\dfrac{7}{2}$ cm

$\overline{AB} : \overline{AC} = \overline{BD} : \overline{CD}$에서 $\overline{AB} : 7 = (5+10) : 10$

$10\overline{AB} = 105$ ∴ $\overline{AB} = \dfrac{21}{2}$ (cm) ···(i)

△ABD에서 $\overline{AD} /\!/ \overline{EC}$이므로

$\overline{BA} : \overline{BE} = \overline{BD} : \overline{BC}$에서 $\dfrac{21}{2} : \overline{BE} = (5+10) : 5$

$15\overline{BE} = \dfrac{105}{2}$ ∴ $\overline{BE} = \dfrac{7}{2}$ (cm) ···(ii)

**채점 기준**

| | |
|---|---|
| (i) $\overline{AB}$의 길이 구하기 | 50 % |
| (ii) $\overline{BE}$의 길이 구하기 | 50 % |

## 43 답 ②

$\overline{AD}$는 $\angle A$의 이등분선이므로

$\overline{AB} : \overline{AC} = \overline{BD} : \overline{CD}$에서

$10 : 6 = (5-\overline{CD}) : \overline{CD}$, $10\overline{CD} = 30 - 6\overline{CD}$

$16\overline{CD} = 30 \qquad \therefore \overline{CD} = \frac{15}{8}$

$\overline{AE}$는 $\angle A$의 외각의 이등분선이므로

$\overline{AB} : \overline{AC} = \overline{BE} : \overline{CE}$에서

$10 : 6 = (5+\overline{CE}) : \overline{CE}$, $10\overline{CE} = 30 + 6\overline{CE}$

$4\overline{CE} = 30 \qquad \therefore \overline{CE} = \frac{15}{2}$

$\therefore \overline{DE} = \overline{DC} + \overline{CE} = \frac{15}{8} + \frac{15}{2} = \frac{75}{8}$

# 03 삼각형의 두 변의 중점을 연결한 선분의 성질

## 유형 모아 보기 & 완성하기 128~133쪽

## 44 답 $x=4$, $y=40$

$\overline{AM} = \overline{MB}$, $\overline{AN} = \overline{NC}$이므로

$\overline{MN} = \frac{1}{2}\overline{BC} = \frac{1}{2} \times 8 = 4(\text{cm}) \qquad \therefore x = 4$

또 $\overline{MN} /\!/ \overline{BC}$이므로 $\angle AMN = \angle B = 40°$ (동위각)

$\therefore y = 40$

## 45 답 18

$\overline{AM} = \overline{MB}$, $\overline{MN} /\!/ \overline{BC}$이므로 $\overline{AN} = \overline{NC}$

$\therefore \overline{AC} = 2\overline{AN} = 2 \times 6 = 12(\text{cm})$

$\therefore x = 12$

또 $\overline{MN} = \frac{1}{2}\overline{BC} = \frac{1}{2} \times 12 = 6(\text{cm}) \qquad \therefore y = 6$

$\therefore x + y = 12 + 6 = 18$

## 46 답 18 cm

$\triangle ABF$에서 $\overline{AD} = \overline{DB}$, $\overline{AE} = \overline{EF}$이므로

$\overline{DE} /\!/ \overline{BF}$

$\triangle DCE$에서 $\overline{EF} = \overline{FC}$, $\overline{DE} /\!/ \overline{GF}$이므로

$\overline{DE} = 2\overline{GF} = 2 \times 6 = 12(\text{cm})$

$\triangle ABF$에서 $\overline{BF} = 2\overline{DE} = 2 \times 12 = 24(\text{cm})$

$\therefore \overline{BG} = \overline{BF} - \overline{GF} = 24 - 6 = 18(\text{cm})$

## 47 답 2 cm

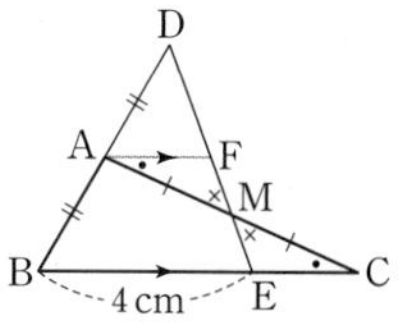

오른쪽 그림과 같이 점 A를 지나고 $\overline{BC}$에 평행한 직선을 그어 $\overline{DE}$와 만나는 점을 F라 하면

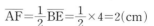

$\triangle DBE$에서 $\overline{DA} = \overline{AB}$, $\overline{AF} /\!/ \overline{BE}$이므로

$\overline{AF} = \frac{1}{2}\overline{BE} = \frac{1}{2} \times 4 = 2(\text{cm})$

이때 $\triangle AMF \equiv \triangle CME$(ASA 합동)이므로

$\overline{EC} = \overline{FA} = 2\text{cm}$

## 48 답 15 cm

$\overline{DE} = \frac{1}{2}\overline{AC} = \frac{1}{2} \times 10 = 5(\text{cm})$

$\overline{EF} = \frac{1}{2}\overline{AB} = \frac{1}{2} \times 8 = 4(\text{cm})$

$\overline{FD} = \frac{1}{2}\overline{BC} = \frac{1}{2} \times 12 = 6(\text{cm})$

$\therefore$ ($\triangle DEF$의 둘레의 길이) $= \overline{DE} + \overline{EF} + \overline{FD}$

$= 5 + 4 + 6 = 15(\text{cm})$

**다른 풀이**

($\triangle DEF$의 둘레의 길이) $= \frac{1}{2} \times$ ($\triangle ABC$의 둘레의 길이)

$= \frac{1}{2} \times (8 + 12 + 10) = 15(\text{cm})$

## 49 답 52

$\overline{PQ} = \overline{SR} = \frac{1}{2}\overline{AC} = \frac{1}{2} \times 24 = 12$

$\overline{PS} = \overline{QR} = \frac{1}{2}\overline{BD} = \frac{1}{2} \times 28 = 14$

$\therefore$ ($\square PQRS$의 둘레의 길이) $= \overline{PQ} + \overline{QR} + \overline{RS} + \overline{SP}$

$= 12 + 14 + 12 + 14 = 52$

## 50 답 (1) 25 cm (2) 5 cm

$\overline{AD} /\!/ \overline{BC}$, $\overline{AM} = \overline{MB}$, $\overline{DN} = \overline{NC}$이므로

$\overline{AD} /\!/ \overline{MN} /\!/ \overline{BC}$

(1) $\triangle ABC$에서 $\overline{AM} = \overline{MB}$, $\overline{MQ} /\!/ \overline{BC}$이므로

$\overline{MQ} = \frac{1}{2}\overline{BC} = \frac{1}{2} \times 30 = 15(\text{cm})$

$\triangle ACD$에서 $\overline{DN} = \overline{NC}$, $\overline{AD} /\!/ \overline{QN}$이므로

$\overline{QN} = \frac{1}{2}\overline{AD} = \frac{1}{2} \times 20 = 10(\text{cm})$

$\therefore \overline{MN} = \overline{MQ} + \overline{QN} = 15 + 10 = 25(\text{cm})$

(2) (1)에서 $\overline{MQ} = 15\text{cm}$

$\triangle ABD$에서 $\overline{AM} = \overline{MB}$, $\overline{AD} /\!/ \overline{MP}$이므로

$\overline{MP} = \frac{1}{2}\overline{AD} = \frac{1}{2} \times 20 = 10(\text{cm})$

$\therefore \overline{PQ} = \overline{MQ} - \overline{MP} = 15 - 10 = 5(\text{cm})$

## 51 답 ①

$\overline{AN} = \overline{NC}$, $\overline{BM} = \overline{MC}$이므로 $\overline{MN} /\!/ \overline{BA}$

$\therefore \angle MNC = \angle A = 90°$ (동위각)

$\triangle NMC$에서 $\angle C = 180° - (30° + 90°) = 60° \qquad \therefore x = 60$

또 $\overline{AB} = 2\overline{MN} = 2 \times 7 = 14(\text{cm}) \qquad \therefore y = 14$

$\therefore x - y = 60 - 14 = 46$

## 52 답 6 cm

$\triangle ABC$에서 $\overline{AM}=\overline{MB}$, $\overline{AN}=\overline{NC}$이므로

$\overline{BC}=2\overline{MN}=2\times 6=12(\text{cm})$

$\triangle DBC$에서 $\overline{DP}=\overline{PB}$, $\overline{DQ}=\overline{QC}$이므로

$\overline{PQ}=\dfrac{1}{2}\overline{BC}=\dfrac{1}{2}\times 12=6(\text{cm})$

## 53 답 ②

$\triangle DAB$에서 $\overline{AM}=\overline{MD}$, $\overline{BP}=\overline{PD}$이므로

$\overline{MP}=\dfrac{1}{2}\overline{AB}$

$\triangle BCD$에서 $\overline{BN}=\overline{NC}$, $\overline{BP}=\overline{PD}$이므로

$\overline{NP}=\dfrac{1}{2}\overline{CD}$

이때 $\overline{AB}+\overline{CD}=28\,\text{cm}$이므로

$\overline{MP}+\overline{NP}=\dfrac{1}{2}(\overline{AB}+\overline{CD})=\dfrac{1}{2}\times 28=14(\text{cm})$

$\therefore (\triangle MPN\text{의 둘레의 길이})=\overline{MP}+\overline{NP}+\overline{MN}$
$=14+10=24(\text{cm})$

## 54 답 7

$\triangle ABC$에서 $\overline{AM}=\overline{MB}$, $\overline{MN}\,\text{∥}\,\overline{BC}$이므로

$\overline{AN}=\dfrac{1}{2}\overline{AC}=\dfrac{1}{2}\times 22=11(\text{cm})$ $\quad\therefore x=11$

$\overline{BC}=2\overline{MN}=2\times 9=18(\text{cm})$ $\quad\therefore y=18$

$\therefore y-x=18-11=7$

## 55 답 25

$\triangle ABC$에서 $\overline{AD}=\overline{DC}$, $\overline{AB}\,\text{∥}\,\overline{DF}$이므로

$\overline{AB}=2\overline{DF}=2\times 5=10$ $\quad\therefore x=10$

$\triangle BFD$에서 $\overline{BE}=\overline{ED}$, $\overline{EG}\,\text{∥}\,\overline{DF}$이므로

$\overline{EG}=\dfrac{1}{2}\overline{DF}=\dfrac{1}{2}\times 5=\dfrac{5}{2}$ $\quad\therefore y=\dfrac{5}{2}$

$\therefore xy=10\times\dfrac{5}{2}=25$

## 56 답 18 cm

$\triangle ABC$에서 $\overline{AD}=\overline{DB}$, $\overline{DE}\,\text{∥}\,\overline{BC}$이므로

$\overline{CE}=\overline{AE}=\dfrac{1}{2}\overline{AC}=\dfrac{1}{2}\times 20=10(\text{cm})$

$\overline{BC}=2\overline{DE}=2\times 8=16(\text{cm})$

$\triangle BCA$에서 $\overline{BD}=\overline{DA}$, $\overline{DF}\,\text{∥}\,\overline{AC}$이므로

$\overline{BF}=\overline{FC}=\dfrac{1}{2}\overline{BC}=\dfrac{1}{2}\times 16=8(\text{cm})$

$\therefore \overline{BF}+\overline{CE}=8+10=18(\text{cm})$

**다른 풀이**

$\triangle ABC$에서 $\overline{AD}=\overline{DB}$, $\overline{DE}\,\text{∥}\,\overline{BC}$이므로

$\overline{CE}=\overline{AE}=\dfrac{1}{2}\overline{AC}=\dfrac{1}{2}\times 20=10(\text{cm})$

$\overline{BC}=2\overline{DE}=2\times 8=16(\text{cm})$

이때 $\square DFCE$는 평행사변형이므로 $\overline{FC}=\overline{DE}=8\,\text{cm}$

$\therefore \overline{BF}=\overline{BC}-\overline{FC}=16-8=8(\text{cm})$

$\therefore \overline{BF}+\overline{CE}=8+10=18(\text{cm})$

## 57 답 2 cm

$\triangle ABC$에서 $\overline{AM}=\overline{MB}$, $\overline{ME}\,\text{∥}\,\overline{BC}$이므로

$\overline{ME}=\dfrac{1}{2}\overline{BC}=\dfrac{1}{2}\times 10=5(\text{cm})$ $\quad\cdots$(i)

$\triangle ABD$에서 $\overline{AM}=\overline{MB}$, $\overline{AD}\,\text{∥}\,\overline{MN}$이므로

$\overline{MN}=\dfrac{1}{2}\overline{AD}=\dfrac{1}{2}\times 6=3(\text{cm})$ $\quad\cdots$(ii)

$\therefore \overline{NE}=\overline{ME}-\overline{MN}=5-3=2(\text{cm})$ $\quad\cdots$(iii)

**채점 기준**

| | |
|---|---|
| (i) $\overline{ME}$의 길이 구하기 | 40 % |
| (ii) $\overline{MN}$의 길이 구하기 | 40 % |
| (iii) $\overline{NE}$의 길이 구하기 | 20 % |

## 58 답 ③

$\triangle ABF$에서 $\overline{AD}=\overline{DB}$, $\overline{AE}=\overline{EF}$이므로 $\overline{DE}\,\text{∥}\,\overline{BF}$

$\therefore \overline{BF}=2\overline{DE}=2\times 4=8(\text{cm})$

$\triangle DCE$에서 $\overline{EF}=\overline{FC}$, $\overline{DE}\,\text{∥}\,\overline{GF}$이므로

$\overline{GF}=\dfrac{1}{2}\overline{DE}=\dfrac{1}{2}\times 4=2(\text{cm})$

$\therefore \overline{BG}=\overline{BF}-\overline{GF}=8-2=6(\text{cm})$

## 59 답 ④

$\triangle AFD$에서 $\overline{AE}=\overline{EF}$, $\overline{AG}=\overline{GD}$이므로

$\overline{EG}\,\text{∥}\,\overline{FD}$

$\triangle BCE$에서 $\overline{BF}=\overline{FE}$, $\overline{FD}\,\text{∥}\,\overline{EC}$이므로

$\overline{FD}=\dfrac{1}{2}\overline{EC}=\dfrac{1}{2}\times 12=6(\text{cm})$

$\triangle AFD$에서 $\overline{EG}=\dfrac{1}{2}\overline{FD}=\dfrac{1}{2}\times 6=3(\text{cm})$

$\therefore \overline{GC}=\overline{EC}-\overline{EG}=12-3=9(\text{cm})$

## 60 답 8 cm

$\triangle AFG$에서 $\overline{AD}=\overline{DF}$, $\overline{AE}=\overline{EG}$이므로

$\overline{DE}\,\text{∥}\,\overline{FG}$

$\triangle BED$에서 $\overline{DF}=\overline{FB}$, $\overline{DE}\,\text{∥}\,\overline{FP}$이므로

$\overline{FP}=\dfrac{1}{2}\overline{DE}=\dfrac{1}{2}\times 8=4(\text{cm})$

$\triangle CED$에서 $\overline{EG}=\overline{GC}$, $\overline{DE}\,\text{∥}\,\overline{QG}$이므로

$\overline{QG}=\dfrac{1}{2}\overline{DE}=\dfrac{1}{2}\times 8=4(\text{cm})$

$\triangle AFG$에서 $\overline{FG}=2\overline{DE}=2\times 8=16(\text{cm})$

$\therefore \overline{PQ}=\overline{FG}-\overline{FP}-\overline{QG}=16-4-4=8(\text{cm})$

## 61 답 9 cm

오른쪽 그림과 같이 점 D를 지나고 $\overline{BF}$에 평행
한 직선을 그어 $\overline{AC}$와 만나는 점을 G라 하면
$\triangle DEG\equiv\triangle FEC(\text{ASA 합동})$이므로

$\overline{DG}=\overline{FC}=3\,\text{cm}$

$\triangle ABC$에서 $\overline{AD}=\overline{DB}$, $\overline{DG}\,\text{∥}\,\overline{BC}$이므로

$\overline{BC}=2\overline{DG}=2\times 3=6(\text{cm})$

$\therefore \overline{BF}=\overline{BC}+\overline{CF}=6+3=9(\text{cm})$

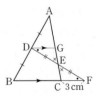

## 62 답 20

오른쪽 그림과 같이 점 D를 지나고 $\overline{BC}$에 평행한 직선을 그어 $\overline{AF}$와 만나는 점을 G라 하면

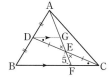

$\triangle DEG \equiv \triangle CEF$ (ASA 합동)이므로

$\overline{GE} = \overline{FE} = 5$

$\therefore \overline{GF} = \overline{GE} + \overline{EF} = 5 + 5 = 10$

따라서 $\triangle ABF$에서 $\overline{AD} = \overline{DB}$, $\overline{DG} /\!/ \overline{BF}$이므로

$\overline{AG} = \overline{GF} = 10$

$\therefore \overline{AF} = \overline{AG} + \overline{GF} = 10 + 10 = 20$

## 63 답 7 cm

오른쪽 그림과 같이 점 F를 지나고 $\overline{DC}$에 평행한 직선을 그어 $\overline{AB}$와 만나는 점을 G라 하자. $\overline{DB} = x$ cm라 하면

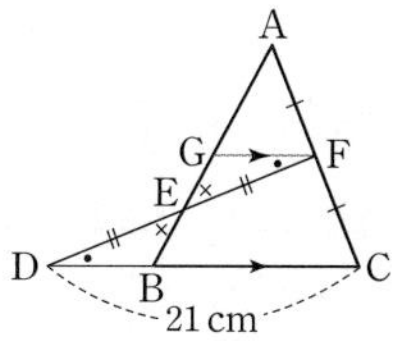

$\triangle GEF \equiv \triangle BED$ (ASA 합동)이므로

$\overline{GF} = \overline{BD} = x$ cm $\quad \cdots$ (i)

$\triangle ABC$에서 $\overline{AF} = \overline{FC}$, $\overline{GF} /\!/ \overline{BC}$이므로

$\overline{BC} = 2\overline{GF} = 2x$ (cm) $\quad \cdots$ (ii)

따라서 $\overline{DC} = \overline{DB} + \overline{BC} = x + 2x = 21$이므로

$3x = 21 \quad \therefore x = 7$

$\therefore \overline{DB} = 7$ cm $\quad \cdots$ (iii)

**채점 기준**

| | |
|---|---|
| (i) $\overline{GF} = \overline{BD}$임을 알기 | 40 % |
| (ii) $\overline{BC}$의 길이를 $\overline{BD}$의 길이를 이용하여 나타내기 | 30 % |
| (iii) $\overline{DB}$의 길이 구하기 | 30 % |

## 64 답 16 cm

오른쪽 그림과 같이 점 D를 지나고 $\overline{BC}$에 평행한 직선을 그어 $\overline{AE}$와 만나는 점을 G라 하면

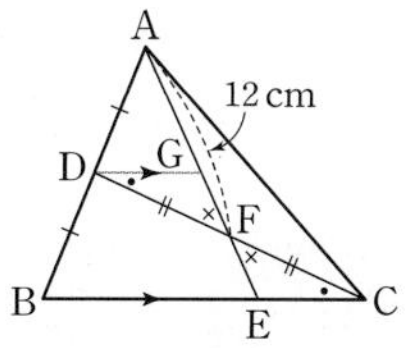

$\triangle DFG \equiv \triangle CFE$ (ASA 합동)이므로

$\overline{GF} = \overline{EF}$

$\triangle ABE$에서 $\overline{AD} = \overline{DB}$, $\overline{DG} /\!/ \overline{BE}$이므로

$\overline{AG} = \overline{GE} = 2\overline{FE}$

이때 $\overline{AF} = \overline{AG} + \overline{GF} = 2\overline{FE} + \overline{FE} = 3\overline{FE}$이므로

$3\overline{FE} = 12 \quad \therefore \overline{FE} = 4$ (cm)

$\therefore \overline{AE} = \overline{AF} + \overline{FE} = 12 + 4 = 16$ (cm)

## 65 답 ②

$\overline{AB} = 2\overline{FE} = 2 \times 6 = 12$ (cm)

$\overline{BC} = 2\overline{DF} = 2 \times 7 = 14$ (cm)

$\overline{CA} = 2\overline{DE} = 2 \times 9 = 18$ (cm)

$\therefore$ ($\triangle ABC$의 둘레의 길이) $= \overline{AB} + \overline{BC} + \overline{CA}$

$\qquad\qquad = 12 + 14 + 18 = 44$ (cm)

**다른 풀이**

($\triangle ABC$의 둘레의 길이) $= 2 \times$ ($\triangle DEF$의 둘레의 길이)

$\qquad\qquad\qquad = 2 \times (9 + 6 + 7) = 44$ (cm)

## 66 답 ②, ④

① $\overline{CF} = \overline{FA}$, $\overline{CE} = \overline{EB}$이므로 $\overline{AB} /\!/ \overline{FE}$

② $\overline{DE} = \dfrac{1}{2}\overline{AC}$, $\overline{DF} = \dfrac{1}{2}\overline{BC}$

이때 $\overline{AC}$, $\overline{BC}$의 길이가 같은지 알 수 없으므로 $\overline{DE} = \overline{DF}$라 할 수 없다.

③ $\triangle ADF$와 $\triangle FEC$에서

$\overline{AF} = \overline{FC}$, $\overline{AD} = \dfrac{1}{2}\overline{AB} = \overline{FE}$, $\overline{DF} = \dfrac{1}{2}\overline{BC} = \overline{EC}$이므로

$\triangle ADF \equiv \triangle FEC$ (SSS 합동)

$\therefore \angle ADF = \angle FEC$

④ $\overline{DF} = \dfrac{1}{2}\overline{BC}$이므로 $\overline{DF} : \overline{BC} = 1 : 2$

⑤ $\triangle ABC$와 $\triangle ADF$에서

$\overline{AB} : \overline{AD} = 2 : 1$, $\overline{AC} : \overline{AF} = 2 : 1$, $\angle A$는 공통이므로

$\triangle ABC \backsim \triangle ADF$ (SAS 닮음)

따라서 옳지 않은 것은 ②, ④이다.

## 67 답 16 cm²

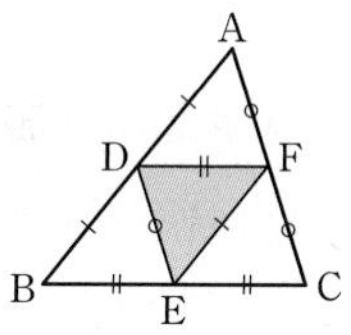

$\overline{DE} = \dfrac{1}{2}\overline{AC}$이므로 $\overline{DE} = \overline{AF} = \overline{FC}$

$\overline{FE} = \dfrac{1}{2}\overline{AB}$이므로 $\overline{FE} = \overline{AD} = \overline{DB}$

$\overline{DF} = \dfrac{1}{2}\overline{BC}$이므로 $\overline{DF} = \overline{BE} = \overline{EC}$

따라서 $\triangle ADF \equiv \triangle DBE \equiv \triangle FEC \equiv \triangle EFD$ (SSS 합동)이므로

$\triangle DEF = \dfrac{1}{4}\triangle ABC = \dfrac{1}{4} \times 64 = 16$ (cm²)

## 68 답 12 cm

직사각형의 두 대각선의 길이는 같으므로 $\overline{BD} = \overline{AC} = 6$ cm

$\overline{EF} = \overline{HG} = \dfrac{1}{2}\overline{AC} = \dfrac{1}{2} \times 6 = 3$ (cm)

$\overline{EH} = \overline{FG} = \dfrac{1}{2}\overline{BD} = \dfrac{1}{2} \times 6 = 3$ (cm)

$\therefore$ (□EFGH의 둘레의 길이) $= \overline{EF} + \overline{FG} + \overline{GH} + \overline{HE}$

$\qquad\qquad\qquad = 3 + 3 + 3 + 3 = 12$ (cm)

## 69 답 48 cm

$\overline{EF} = \overline{HG} = \dfrac{1}{2}\overline{AC}$이므로 $\overline{AC} = \overline{EF} + \overline{HG}$

$\overline{EH} = \overline{FG} = \dfrac{1}{2}\overline{BD}$이므로 $\overline{BD} = \overline{EH} + \overline{FG}$

$\therefore \overline{AC} + \overline{BD} = \overline{EF} + \overline{HG} + \overline{EH} + \overline{FG}$

$\qquad\qquad = $ (□EFGH의 둘레의 길이) $= 48$ (cm)

## 70 답 ③

마름모의 각 변의 중점을 연결하여 만든 사각형은 직사각형이므로 □EFGH는 직사각형이다.

$\overline{EF} = \overline{HG} = \dfrac{1}{2}\overline{AC} = \dfrac{1}{2} \times 14 = 7$ (cm)

$\overline{EH} = \overline{FG} = \dfrac{1}{2}\overline{BD} = \dfrac{1}{2} \times 22 = 11$ (cm)

$\therefore$ □EFGH $= 7 \times 11 = 77$ (cm²)

참고 사각형의 각 변의 중점을 연결하여 만든 사각형은 다음과 같다.
(1) 사각형, 사다리꼴, 평행사변형 ⇨ 평행사변형
(2) 직사각형, 등변사다리꼴 ⇨ 마름모
(3) 마름모 ⇨ 직사각형
(4) 정사각형 ⇨ 정사각형

## 71 답 ④

□EFGH는 마름모이고, □PQRS는 직사각형이므로
오른쪽 그림과 같이 $\overline{EG}$, $\overline{HF}$를 그으면

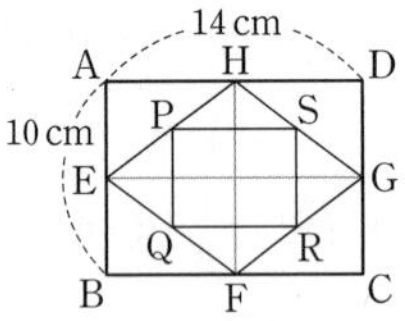

$\overline{PQ} = \overline{SR} = \dfrac{1}{2}\overline{HF} = \dfrac{1}{2}\overline{AB}$

$\quad = \dfrac{1}{2} \times 10 = 5(cm)$

$\overline{PS} = \overline{QR} = \dfrac{1}{2}\overline{EG} = \dfrac{1}{2}\overline{AD}$

$\quad = \dfrac{1}{2} \times 14 = 7(cm)$

∴ (□PQRS의 둘레의 길이) $= \overline{PQ} + \overline{QR} + \overline{RS} + \overline{SP}$

$\quad\quad\quad = 5 + 7 + 5 + 7$

$\quad\quad\quad = 24(cm)$

## 72 답 3 cm

$\overline{AD} /\!/ \overline{BC}$, $\overline{AM} = \overline{MB}$, $\overline{DN} = \overline{NC}$이므로
$\overline{AD} /\!/ \overline{MN} /\!/ \overline{BC}$
△ABC에서 $\overline{AM} = \overline{MB}$, $\overline{MQ} /\!/ \overline{BC}$이므로
$\overline{MQ} = \dfrac{1}{2}\overline{BC} = \dfrac{1}{2} \times 16 = 8(cm)$
△ABD에서 $\overline{AM} = \overline{MB}$, $\overline{AD} /\!/ \overline{MP}$이므로
$\overline{MP} = \dfrac{1}{2}\overline{AD} = \dfrac{1}{2} \times 10 = 5(cm)$
∴ $\overline{PQ} = \overline{MQ} - \overline{MP} = 8 - 5 = 3(cm)$

## 73 답 ②

$\overline{AD} /\!/ \overline{BC}$, $\overline{AM} = \overline{MB}$, $\overline{DN} = \overline{NC}$이므로
$\overline{AD} /\!/ \overline{MN} /\!/ \overline{BC}$
△ABD에서 $\overline{AM} = \overline{MB}$, $\overline{AD} /\!/ \overline{MP}$이므로
$\overline{AD} = 2\overline{MP} = 2 \times 4 = 8(cm)$
△DBC에서 $\overline{DN} = \overline{NC}$, $\overline{PN} /\!/ \overline{BC}$이므로
$\overline{PN} = \dfrac{1}{2}\overline{BC} = \dfrac{1}{2} \times 14 = 7(cm)$
∴ $\overline{AD} + \overline{PN} = 8 + 7 = 15(cm)$

## 74 답 ③

$\overline{AD} /\!/ \overline{BC}$, $\overline{AM} = \overline{MB}$, $\overline{DN} = \overline{NC}$이므로
$\overline{AD} /\!/ \overline{MN} /\!/ \overline{BC}$
△ABD에서 $\overline{AM} = \overline{MB}$, $\overline{AD} /\!/ \overline{MP}$이므로
$\overline{MP} = \dfrac{1}{2}\overline{AD} = \dfrac{1}{2} \times 6 = 3(cm)$
∴ $\overline{MQ} = \overline{MP} + \overline{PQ} = 3 + 2 = 5(cm)$
따라서 △ABC에서 $\overline{AM} = \overline{MB}$, $\overline{MQ} /\!/ \overline{BC}$이므로
$\overline{BC} = 2\overline{MQ} = 2 \times 5 = 10(cm)$

## 75 답 16 cm

$\overline{AD} /\!/ \overline{BC}$, $\overline{AM} = \overline{MB}$, $\overline{DN} = \overline{NC}$이므로
$\overline{AD} /\!/ \overline{MN} /\!/ \overline{BC}$
△ABD에서 $\overline{AM} = \overline{MB}$, $\overline{AD} /\!/ \overline{MP}$이므로
$\overline{MP} = \dfrac{1}{2}\overline{AD} = \dfrac{1}{2} \times 8 = 4(cm)$ ⋯ (i)
∴ $\overline{MQ} = 2\overline{MP} = 2 \times 4 = 8(cm)$ ⋯ (ii)
따라서 △ABC에서 $\overline{AM} = \overline{MB}$, $\overline{MQ} /\!/ \overline{BC}$이므로
$\overline{BC} = 2\overline{MQ} = 2 \times 8 = 16(cm)$ ⋯ (iii)

| 채점 기준 | |
|---|---|
| (i) $\overline{MP}$의 길이 구하기 | 40 % |
| (ii) $\overline{MQ}$의 길이 구하기 | 20 % |
| (iii) $\overline{BC}$의 길이 구하기 | 40 % |

## 76 답 2 cm

$\overline{AD} /\!/ \overline{BC}$, $\overline{AM} = \overline{MB}$, $\overline{DN} = \overline{NC}$이므로
$\overline{AD} /\!/ \overline{MN} /\!/ \overline{BC}$
오른쪽 그림과 같이 $\overline{AC}$를 그어 $\overline{MN}$과 만나
는 점을 P라 하면
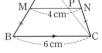
△ABC에서 $\overline{AM} = \overline{MB}$, $\overline{MP} /\!/ \overline{BC}$이므로
$\overline{MP} = \dfrac{1}{2}\overline{BC} = \dfrac{1}{2} \times 6 = 3(cm)$
∴ $\overline{PN} = \overline{MN} - \overline{MP} = 4 - 3 = 1(cm)$
따라서 △ACD에서 $\overline{DN} = \overline{NC}$, $\overline{AD} /\!/ \overline{PN}$이므로
$\overline{AD} = 2\overline{PN} = 2 \times 1 = 2(cm)$

## 04 평행선 사이의 선분의 길이의 비

### 유형 모아 보기 & 완성하기
134~138쪽

## 77 답 ⑤

$(15-9) : 9 = 4 : x$에서 $6x = 36$ ∴ $x = 6$

## 78 답 8 cm

오른쪽 그림과 같이 점 A를 지나고 $\overline{DC}$에
평행한 직선을 그어 $\overline{EF}$, $\overline{BC}$와 만나는 점을
각각 G, H라 하면 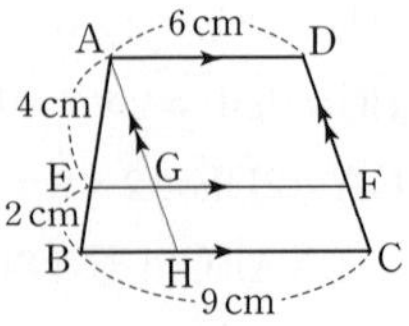
$\overline{GF} = \overline{HC} = \overline{AD} = 6cm$이므로
$\overline{BH} = \overline{BC} - \overline{HC} = 9 - 6 = 3(cm)$
△ABH에서 $\overline{AE} : \overline{AB} = \overline{EG} : \overline{BH}$이므로
$4 : (4+2) = \overline{EG} : 3$, $6\overline{EG} = 12$ ∴ $\overline{EG} = 2(cm)$
∴ $\overline{EF} = \overline{EG} + \overline{GF} = 2 + 6 = 8(cm)$

오른쪽 그림과 같이 대각선 AC를 그어 $\overline{EF}$
와 만나는 점을 G라 하면

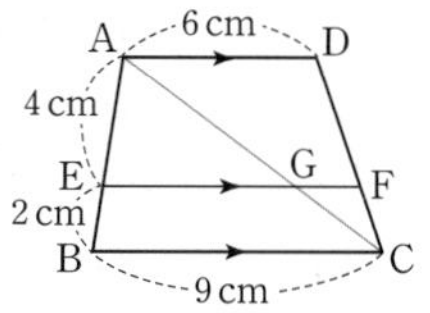

$\triangle ABC$에서 $\overline{AE}:\overline{AB}=\overline{EG}:\overline{BC}$이므로

$4:(4+2)=\overline{EG}:9,\ 6\overline{EG}=36$

$\therefore \overline{EG}=6(cm)$

$\triangle ACD$에서 $\overline{CF}:\overline{CD}=\overline{GF}:\overline{AD}$이므로

$2:(2+4)=\overline{GF}:6,\ 6\overline{GF}=12\qquad \therefore \overline{GF}=2(cm)$

$\therefore \overline{EF}=\overline{EG}+\overline{GF}=6+2=8(cm)$

## 79 답 7 cm

$\triangle ABC$에서 $\overline{AE}:\overline{AB}=\overline{EH}:\overline{BC}$이므로

$3:(3+1)=\overline{EH}:12,\ 4\overline{EH}=36\qquad \therefore \overline{EH}=9(cm)$

$\triangle ABD$에서 $\overline{BE}:\overline{BA}=\overline{EG}:\overline{AD}$이므로

$1:(1+3)=\overline{EG}:8,\ 4\overline{EG}=8\qquad \therefore \overline{EG}=2(cm)$

$\therefore \overline{GH}=\overline{EH}-\overline{EG}=9-2=7(cm)$

## 80 답 $\dfrac{24}{5}$ cm

$\triangle AOD\varpropto\triangle COB$(AA 닮음)이므로

$\overline{OA}:\overline{OC}=\overline{AD}:\overline{CB}=4:6=2:3$

$\triangle ABC$에서 $\overline{AO}:\overline{AC}=\overline{EO}:\overline{BC}$이므로

$2:(2+3)=\overline{EO}:6,\ 5\overline{EO}=12\qquad \therefore \overline{EO}=\dfrac{12}{5}(cm)$

$\triangle ACD$에서 $\overline{CO}:\overline{CA}=\overline{OF}:\overline{AD}$이므로

$3:(3+2)=\overline{OF}:4,\ 5\overline{OF}=12\qquad \therefore \overline{OF}=\dfrac{12}{5}(cm)$

$\therefore \overline{EF}=\overline{EO}+\overline{OF}=\dfrac{12}{5}+\dfrac{12}{5}=\dfrac{24}{5}(cm)$

## 81 답 $\dfrac{15}{4}$ cm

$\triangle ABE\varpropto\triangle CDE$(AA 닮음)이므로

$\overline{BE}:\overline{DE}=\overline{AB}:\overline{CD}=6:10=3:5$

$\triangle BCD$에서 $\overline{BE}:\overline{BD}=\overline{EF}:\overline{DC}$이므로

$3:(3+5)=\overline{EF}:10,\ 8\overline{EF}=30\qquad \therefore \overline{EF}=\dfrac{15}{4}(cm)$

## 82 답 ②

$x:(10-x)=5:7$에서 $7x=50-5x$

$12x=50\qquad \therefore x=\dfrac{25}{6}$

## 83 답 600 m

서점에서 학교까지의 거리를 $x$ m라 하면

$300:600=x:400$에서 $600x=120000$

$\therefore x=200$

따라서 서점에서 집까지의 거리는

$200+400=600(m)$

## 84 답 28

$14:21=12:x$에서 $14x=252\qquad \therefore x=18$

$14:21=y:15$에서 $21y=210\qquad \therefore y=10$

$\therefore x+y=18+10=28$

## 85 답 ③

$(x-6):6=8:4$에서 $4x-24=48$

$4x=72\qquad \therefore x=18$

$6:9=4:y$에서 $6y=36\qquad \therefore y=6$

$\therefore x-y=18-6=12$

## 86 답 ⑤

$x:(12-x)=2:3$에서 $3x=24-2x$

$5x=24\qquad \therefore x=\dfrac{24}{5}$

$5:y=2:3$에서 $2y=15\qquad \therefore y=\dfrac{15}{2}$

$\therefore xy=\dfrac{24}{5}\times\dfrac{15}{2}=36$

## 87 답 $x=\dfrac{9}{2}$, $y=\dfrac{16}{3}$

$3:4=x:6$에서 $4x=18\qquad \therefore x=\dfrac{9}{2}$　　　　$\cdots$(i)

$(3+4):y=\left(\dfrac{9}{2}+6\right):8$에서 $\dfrac{21}{2}y=56$

$\therefore y=\dfrac{16}{3}$　　　　$\cdots$(ii)

**채점 기준**

| | |
|---|---|
| (i) $x$의 값 구하기 | 50 % |
| (ii) $y$의 값 구하기 | 50 % |

## 88 답 12 cm

오른쪽 그림과 같이 점 A를 지나고 $\overline{DC}$에
평행한 직선을 그어 $\overline{EF}$, $\overline{BC}$와 만나는 점
을 각각 G, H라 하면

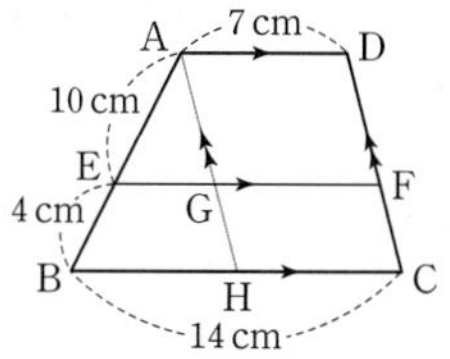

$\overline{GF}=\overline{HC}=\overline{AD}=7cm$이므로

$\overline{BH}=\overline{BC}-\overline{HC}=14-7=7(cm)$

$\triangle ABH$에서 $\overline{AE}:\overline{AB}=\overline{EG}:\overline{BH}$이므로

$10:(10+4)=\overline{EG}:7,\ 14\overline{EG}=70\qquad \therefore \overline{EG}=5(cm)$

$\therefore \overline{EF}=\overline{EG}+\overline{GF}=5+7=12(cm)$

## 89 답 $\dfrac{33}{5}$

$\triangle ACD$에서 $\overline{CF}:\overline{CD}=\overline{GF}:\overline{AD}$이므로

$2:(2+3)=\overline{GF}:3,\ 5\overline{GF}=6\qquad \therefore \overline{GF}=\dfrac{6}{5}$

$\triangle ABC$에서 $\overline{EG}:\overline{BC}=\overline{AG}:\overline{AC}=\overline{DF}:\overline{DC}$이므로

$\overline{EG}:9=3:(3+2),\ 5\overline{EG}=27\qquad \therefore \overline{EG}=\dfrac{27}{5}$

$\therefore \overline{EF}=\overline{EG}+\overline{GF}=\dfrac{27}{5}+\dfrac{6}{5}=\dfrac{33}{5}$

**90** 답 **9**

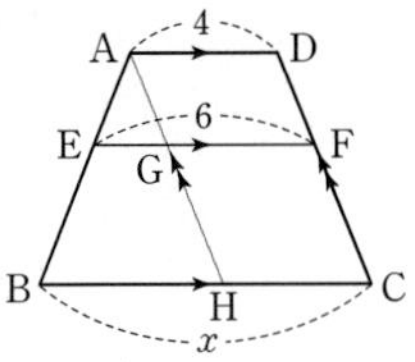

오른쪽 그림과 같이 점 A를 지나고 $\overline{DC}$에 평행한 직선을 그어 $\overline{EF}$, $\overline{BC}$와 만나는 점을 각각 G, H라 하면

$\overline{GF}=\overline{HC}=\overline{AD}=4$이므로

$\overline{EG}=\overline{EF}-\overline{GF}=6-4=2$

이때 $\overline{AE}:\overline{EB}=2:3$이고,

$\triangle ABH$에서 $\overline{AE}:\overline{AB}=\overline{EG}:\overline{BH}$이므로

$2:(2+3)=2:(x-4)$, $2x-8=10$

$2x=18$ ∴ $x=9$

**91** 답 **9 cm**

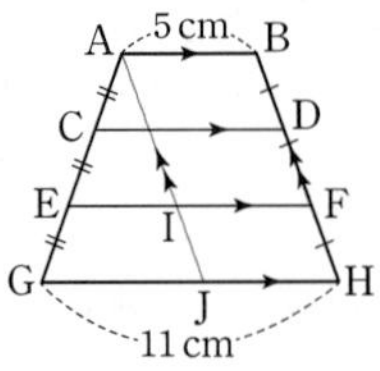

오른쪽 그림과 같이 점 A를 지나고 $\overline{BH}$에 평행한 직선을 그어 $\overline{EF}$, $\overline{GH}$와 만나는 점을 각각 I, J라 하면

$\overline{IF}=\overline{JH}=\overline{AB}=5\,cm$이므로

$\overline{GJ}=\overline{GH}-\overline{JH}=11-5=6(cm)$

$\triangle AGJ$에서 $\overline{AE}:\overline{AG}=\overline{EI}:\overline{GJ}$이므로

$2:3=\overline{EI}:6$, $3\overline{EI}=12$ ∴ $\overline{EI}=4(cm)$

∴ $\overline{EF}=\overline{EI}+\overline{IF}=4+5=9(cm)$

따라서 새로 만들 발판의 길이는 9 cm이다.

**92** 답 **④**

$\overline{AE}:\overline{BE}=4:1$이고,

$\triangle ABC$에서 $\overline{AE}:\overline{AB}=\overline{EH}:\overline{BC}$이므로

$4:(4+1)=\overline{EH}:20$, $5\overline{EH}=80$ ∴ $\overline{EH}=16(cm)$

$\triangle ABD$에서 $\overline{BE}:\overline{BA}=\overline{EG}:\overline{AD}$이므로

$1:(1+4)=\overline{EG}:10$, $5\overline{EG}=10$ ∴ $\overline{EG}=2(cm)$

∴ $\overline{GH}=\overline{EH}-\overline{EG}=16-2=14(cm)$

**93** 답 **4 cm**

$\triangle ABD$에서 $\overline{BE}:\overline{BA}=\overline{EG}:\overline{AD}$이므로

$\overline{BE}:(\overline{BE}+4)=2:6$, $6\overline{BE}=2\overline{BE}+8$

$4\overline{BE}=8$ ∴ $\overline{BE}=2(cm)$

$\triangle ABC$에서 $\overline{AE}:\overline{AB}=\overline{EH}:\overline{BC}$이므로

$4:(4+2)=\overline{EH}:9$, $6\overline{EH}=36$ ∴ $\overline{EH}=6(cm)$

∴ $\overline{GH}=\overline{EH}-\overline{EG}=6-2=4(cm)$

**94** 답 $\dfrac{23}{3}$

$\triangle ABD$에서 $\overline{BE}:\overline{BA}=\overline{EP}:\overline{AD}$이므로

$2:(2+3)=\overline{EP}:4$, $5\overline{EP}=8$ ∴ $\overline{EP}=\dfrac{8}{5}$

$\triangle ABC$에서 $\overline{AE}:\overline{AB}=\overline{EQ}:\overline{BC}$이므로

$3:(3+2)=\left(\dfrac{8}{5}+3\right):\overline{BC}$, $3\overline{BC}=23$ ∴ $\overline{BC}=\dfrac{23}{3}$

**95** 답 **12 cm**

$\triangle AOD\sim\triangle COB$(AA 닮음)이므로

$\overline{OA}:\overline{OC}=\overline{AD}:\overline{CB}=10:15=2:3$

$\triangle ABC$에서 $\overline{AO}:\overline{AC}=\overline{EO}:\overline{BC}$이므로

$2:(2+3)=\overline{EO}:15$, $5\overline{EO}=30$ ∴ $\overline{EO}=6(cm)$

$\triangle ACD$에서 $\overline{CO}:\overline{CA}=\overline{OF}:\overline{AD}$이므로

$3:(3+2)=\overline{OF}:10$, $5\overline{OF}=30$ ∴ $\overline{OF}=6(cm)$

∴ $\overline{EF}=\overline{EO}+\overline{OF}=6+6=12(cm)$

**96** 답 **12 cm**

$\triangle ABC$에서 $\overline{AO}:\overline{OC}=\overline{AE}:\overline{EB}=1:2$

$\triangle AOD\sim\triangle COB$(AA 닮음)이므로

$\overline{AD}:\overline{CB}=\overline{OA}:\overline{OC}$에서 $6:\overline{BC}=1:2$

∴ $\overline{BC}=12(cm)$

**97** 답 **③**

$\triangle ABC$에서 $\overline{AO}:\overline{OC}=\overline{AE}:\overline{EB}=6:8=3:4$

$\triangle AOD\sim\triangle COB$(AA 닮음)이므로

$\overline{OA}:\overline{OC}=\overline{AD}:\overline{CB}$에서

$3:4=x:12$, $4x=36$ ∴ $x=9$

**98** 답 **8 cm**

$\triangle BCD$에서 $\overline{BF}:\overline{BC}=\overline{EF}:\overline{DC}=6:24=1:4$

$\triangle ABC$에서 $\overline{CF}:\overline{CB}=\overline{EF}:\overline{AB}$이므로

$(4-1):4=6:\overline{AB}$, $3\overline{AB}=24$

∴ $\overline{AB}=8(cm)$

**99** 답 **④, ⑤**

① $\triangle ABE$와 $\triangle CDE$에서

∠AEB=∠CED(맞꼭지각), ∠BAE=∠DCE(엇각)

∴ $\triangle ABE\sim\triangle CDE$(AA 닮음)

② $\triangle BFE$와 $\triangle BCD$에서

∠EBF는 공통, ∠BEF=∠BDC(동위각)

∴ $\triangle BFE\sim\triangle BCD$(AA 닮음)

③ $\triangle CEF$와 $\triangle CAB$에서

∠ECF는 공통, ∠CEF=∠CAB(동위각)

∴ $\triangle CEF\sim\triangle CAB$(AA 닮음)

④ $\triangle ABE\sim\triangle CDE$(AA 닮음)이므로

$\overline{BE}:\overline{DE}=\overline{AB}:\overline{CD}=a:b$

$\triangle BCD$에서 $\overline{BF}:\overline{FC}=\overline{BE}:\overline{ED}=a:b$

⑤ $\triangle BCD$에서 $\overline{BE}:\overline{BD}=\overline{EF}:\overline{DC}$이므로

$a:(a+b)=\overline{EF}:b$, $(a+b)\overline{EF}=ab$ ∴ $\overline{EF}=\dfrac{ab}{a+b}$

따라서 옳지 않은 것은 ④, ⑤이다.

**100** 답 **20 cm**

$\triangle AFD\sim\triangle CFB$(AA 닮음)이므로

$\overline{AF}:\overline{CF}=\overline{AD}:\overline{CB}=27:18=3:2$

$\triangle ABC$에서 $\overline{AE}:\overline{EB}=\overline{AF}:\overline{FC}=3:2$이므로

$\overline{EB}=\dfrac{2}{5}\overline{AB}=\dfrac{2}{5}\times50=20(cm)$

## 101 답 $45\,\text{cm}^2$

오른쪽 그림과 같이 점 E에서 $\overline{BC}$에 내린 수선의 발을 H라 하면 동위각의 크기가 $90°$로 같으므로

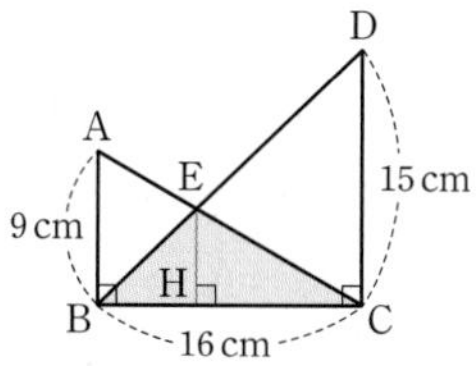

$\overline{AB}\,/\!/\,\overline{EH}\,/\!/\,\overline{DC}$

이때 $\triangle ABE\backsim\triangle CDE$(AA 닮음)이므로

$\overline{BE}:\overline{DE}=\overline{AB}:\overline{CD}=9:15=3:5$

$\triangle BCD$에서 $\overline{BE}:\overline{BD}=\overline{EH}:\overline{DC}$이므로

$3:(3+5)=\overline{EH}:15$, $8\overline{EH}=45$ $\therefore \overline{EH}=\dfrac{45}{8}(\text{cm})$

$\therefore \triangle EBC=\dfrac{1}{2}\times16\times\dfrac{45}{8}=45(\text{cm}^2)$

**다른 풀이**

$\overline{AE}:\overline{CE}=\overline{AB}:\overline{CD}=9:15=3:5$이므로

$\triangle ABE:\triangle EBC=\overline{AE}:\overline{EC}=3:5$

$\therefore \triangle EBC=\dfrac{5}{8}\triangle ABC$

$=\dfrac{5}{8}\times\left(\dfrac{1}{2}\times16\times9\right)=45(\text{cm}^2)$

---

**Pick 점검하기** 139~141쪽

## 102 답 $\dfrac{29}{3}$

$\overline{AD}:\overline{AB}=\overline{DE}:\overline{BC}$에서

$8:(8+4)=x:10$, $12x=80$ $\therefore x=\dfrac{20}{3}$

$\overline{AD}:\overline{DB}=\overline{AE}:\overline{EC}$에서

$8:4=6:y$, $8y=24$ $\therefore y=3$

$\therefore x+y=\dfrac{20}{3}+3=\dfrac{29}{3}$

## 103 답 $\dfrac{15}{2}\,\text{cm}$

$\triangle ABC$에서 $\overline{AD}:\overline{AB}=\overline{DE}:\overline{BC}$이므로

$4:(4+5)=6:\overline{BC}$, $4\overline{BC}=54$ $\therefore \overline{BC}=\dfrac{27}{2}(\text{cm})$

이때 $\square DBFE$는 평행사변형이므로 $\overline{BF}=\overline{DE}=6\,\text{cm}$

$\therefore \overline{FC}=\overline{BC}-\overline{BF}=\dfrac{27}{2}-6=\dfrac{15}{2}(\text{cm})$

## 104 답 ①

$\overline{AD}:\overline{AB}=\overline{AE}:\overline{AC}$에서

$5:\overline{AB}=3:6$, $3\overline{AB}=30$ $\therefore \overline{AB}=10(\text{cm})$

$\overline{AE}:\overline{AC}=\overline{DE}:\overline{BC}$에서

$3:6=6:\overline{BC}$, $3\overline{BC}=36$ $\therefore \overline{BC}=12(\text{cm})$

$\therefore (\triangle ABC$의 둘레의 길이$)=\overline{AB}+\overline{BC}+\overline{CA}$

$=10+12+6=28(\text{cm})$

## 105 답 $4\,\text{cm}$

$\overline{DF}:\overline{BG}=\overline{FE}:\overline{GC}$에서

$\overline{DF}:6=6:9$, $9\overline{DF}=36$ $\therefore \overline{DF}=4(\text{cm})$

## 106 답 $\dfrac{21}{2}\,\text{cm}$

$\triangle ABC$에서 $\overline{BC}\,/\!/\,\overline{DE}$이므로

$\overline{AD}:\overline{DB}=\overline{AE}:\overline{EC}=8:6=4:3$

$\triangle ABF$에서 $\overline{BF}\,/\!/\,\overline{DC}$이므로

$\overline{AC}:\overline{CF}=\overline{AD}:\overline{DB}=4:3$

즉, $(8+6):\overline{CF}=4:3$이므로

$4\overline{CF}=42$ $\therefore \overline{CF}=\dfrac{21}{2}(\text{cm})$

## 107 답 ②

① $\overline{AB}:\overline{AD}=5:10=1:2$, $\overline{AC}:\overline{AE}=6:11$이므로

$\overline{AB}:\overline{AD}\neq\overline{AC}:\overline{AE}$

즉, $\overline{BC}$와 $\overline{DE}$는 평행하지 않다.

② $\overline{AE}:\overline{AC}=4:6=2:3$, $\overline{AD}:\overline{AB}=6:9=2:3$이므로

$\overline{AE}:\overline{AC}=\overline{AD}:\overline{AB}$

즉, $\overline{BC}\,/\!/\,\overline{DE}$

③ $\overline{AE}:\overline{EC}=6:4=3:2$, $\overline{AD}:\overline{DB}=5:3$이므로

$\overline{AE}:\overline{EC}\neq\overline{AD}:\overline{DB}$

즉, $\overline{BC}$와 $\overline{DE}$는 평행하지 않다.

④ $\overline{AB}:\overline{AD}=8:(22-8)=4:7$, $\overline{AC}:\overline{AE}=7:16$이므로

$\overline{AB}:\overline{AD}\neq\overline{AC}:\overline{AE}$

즉, $\overline{BC}$와 $\overline{DE}$는 평행하지 않다.

⑤ $\overline{AD}:\overline{AB}=9:20$, $\overline{AE}:\overline{AC}=10:18=5:9$이므로

$\overline{AD}:\overline{AB}\neq\overline{AE}:\overline{AC}$

즉, $\overline{BC}$와 $\overline{DE}$는 평행하지 않다.

따라서 $\overline{BC}\,/\!/\,\overline{DE}$인 것은 ②이다.

## 108 답 $9\,\text{cm}$

$\angle BAD=\angle CAD$이므로 $\overline{AB}:\overline{AC}=\overline{BD}:\overline{CD}$에서

$15:\overline{AC}=10:(16-10)$, $10\overline{AC}=90$ $\therefore \overline{AC}=9(\text{cm})$

## 109 답 $9\,\text{cm}^2$

$\overline{BD}:\overline{CD}=\overline{AB}:\overline{AC}=4:3$이므로

$\triangle ABD:\triangle ADC=\overline{BD}:\overline{CD}=4:3$

즉, $12:\triangle ADC=4:3$이므로

$4\triangle ADC=36$ $\therefore \triangle ADC=9(\text{cm}^2)$

## 110 답 $4\,\text{cm}$

$\overline{AB}:\overline{AC}=\overline{BD}:\overline{CD}$에서

$6:\overline{AC}=12:8$, $12\overline{AC}=48$ $\therefore \overline{AC}=4(\text{cm})$

## 111 답 $8\,\text{cm}$

$\triangle ABD$에서 $\overline{DP}=\overline{PA}$, $\overline{DQ}=\overline{QB}$이므로

$\overline{PQ}=\dfrac{1}{2}\overline{AB}=\dfrac{1}{2}\times8=4(\text{cm})$

$\triangle BCD$에서 $\overline{BQ}=\overline{QD}$, $\overline{BR}=\overline{RC}$이므로

$\overline{QR}=\dfrac{1}{2}\overline{DC}=\dfrac{1}{2}\overline{AB}=\dfrac{1}{2}\times8=4(\text{cm})$

$\therefore \overline{PQ}+\overline{QR}=4+4=8(\text{cm})$

## 112 답 12 cm

동위각의 크기가 90°로 같으므로 $\overline{DF}\,/\!/\,\overline{EG}\,/\!/\,\overline{AC}$

△DFC에서 $\overline{CE}=\overline{ED}$, $\overline{DF}\,/\!/\,\overline{EG}$이므로

$\overline{DF}=2\overline{EG}=2\times3=6(cm)$

△ABC에서 $\overline{AD}=\overline{DB}$, $\overline{DF}\,/\!/\,\overline{AC}$이므로

$\overline{AC}=2\overline{DF}=2\times6=12(cm)$

## 113 답 10

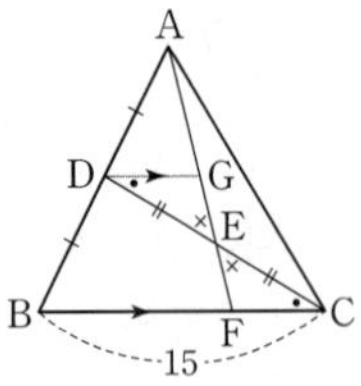

오른쪽 그림과 같이 점 D를 지나고 $\overline{BC}$에 평행
한 직선을 그어 $\overline{AF}$와 만나는 점을 G라 하자.

$\overline{BF}=x$라 하면

△ABF에서 $\overline{AD}=\overline{DB}$, $\overline{DG}\,/\!/\,\overline{BF}$이므로

$\overline{DG}=\dfrac{1}{2}\overline{BF}=\dfrac{1}{2}x$

이때 △DEG≡△CEF(ASA 합동)이므로

$\overline{CF}=\overline{DG}=\dfrac{1}{2}x$

따라서 $\overline{BC}=\overline{BF}+\overline{CF}=x+\dfrac{1}{2}x=15$이므로

$\dfrac{3}{2}x=15$  ∴ $x=10$  ∴ $\overline{BF}=10$

## 114 답 ②

(△DEF의 둘레의 길이)$=\dfrac{1}{2}\times$(△ABC의 둘레의 길이)

$=\dfrac{1}{2}\times20=10(cm)$

∴ (△GHI의 둘레의 길이)$=\dfrac{1}{2}\times$(△DEF의 둘레의 길이)

$=\dfrac{1}{2}\times10=5(cm)$

## 115 답 2 : 1 : 2

$\overline{AD}\,/\!/\,\overline{BC}$, $\overline{AM}=\overline{MB}$, $\overline{DN}=\overline{NC}$이므로

$\overline{AD}\,/\!/\,\overline{MN}\,/\!/\,\overline{BC}$

△ABD에서 $\overline{AM}=\overline{MB}$, $\overline{AD}\,/\!/\,\overline{MP}$이므로

$\overline{MP}=\dfrac{1}{2}\overline{AD}=\dfrac{1}{2}\times12=6(cm)$

△ACD에서 $\overline{DN}=\overline{NC}$, $\overline{AD}\,/\!/\,\overline{QN}$이므로

$\overline{QN}=\dfrac{1}{2}\overline{AD}=\dfrac{1}{2}\times12=6(cm)$

△DBC에서 $\overline{DN}=\overline{NC}$, $\overline{PN}\,/\!/\,\overline{BC}$이므로

$\overline{PN}=\dfrac{1}{2}\overline{BC}=\dfrac{1}{2}\times18=9(cm)$

∴ $\overline{PQ}=\overline{PN}-\overline{QN}=9-6=3(cm)$

∴ $\overline{MP}:\overline{PQ}:\overline{QN}=6:3:6=2:1:2$

## 116 답 ④

$10:25=6:(x-6)$에서 $10x-60=150$

$10x=210$  ∴ $x=21$

$y:(28-y)=10:25$에서 $25y=280-10y$

$35y=280$  ∴ $y=8$

∴ $x-y=21-8=13$

## 117 답 22 cm

오른쪽 그림과 같이 점 A를 지나고 $\overline{DC}$에
평행한 직선을 그어 $\overline{GH}$, $\overline{BC}$와 만나는 점을
각각 P, Q라 하면

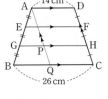

$\overline{PH}=\overline{QC}=\overline{AD}=14\,cm$이므로

$\overline{BQ}=\overline{BC}-\overline{QC}=26-14=12(cm)$

△ABQ에서 $\overline{AG}:\overline{AB}=\overline{GP}:\overline{BQ}$이므로

$2:3=\overline{GP}:12$, $3\overline{GP}=24$  ∴ $\overline{GP}=8(cm)$

∴ $\overline{GH}=\overline{GP}+\overline{PH}=8+14=22(cm)$

## 118 답 ⑤

△ABE∽△CDE(AA닮음)이므로

$\overline{AE}:\overline{CE}=\overline{AB}:\overline{CD}=6:3=2:1$

△ABC에서 $\overline{CE}:\overline{CA}=\overline{CF}:\overline{CB}$이므로

$1:(1+2)=x:10$, $3x=10$  ∴ $x=\dfrac{10}{3}$

또 $\overline{CE}:\overline{CA}=\overline{EF}:\overline{AB}$이므로

$1:(1+2)=y:6$, $3y=6$  ∴ $y=2$

∴ $x+y=\dfrac{10}{3}+2=\dfrac{16}{3}$

## 119 답 36

$\overline{FG}\,/\!/\,\overline{BC}$이므로 $\overline{AF}:\overline{FB}=\overline{AG}:\overline{GC}$에서

$16:9=12:x$, $16x=108$  ∴ $x=\dfrac{27}{4}$  ··· (i)

$\overline{ED}\,/\!/\,\overline{FG}$이므로 $\overline{AE}:\overline{AG}=\overline{AD}:\overline{AF}$에서

$4:12=y:16$, $12y=64$  ∴ $y=\dfrac{16}{3}$  ··· (ii)

∴ $xy=\dfrac{27}{4}\times\dfrac{16}{3}=36$  ··· (iii)

| 채점 기준 | |
|---|---|
| (i) $x$의 값 구하기 | 40 % |
| (ii) $y$의 값 구하기 | 40 % |
| (iii) $xy$의 값 구하기 | 20 % |

## 120 답 4 cm

△ABF에서 $\overline{AD}=\overline{DB}$, $\overline{AE}=\overline{EF}$이므로

$\overline{DE}\,/\!/\,\overline{BF}$  ··· (i)

∴ $\overline{DE}=\dfrac{1}{2}\overline{BF}=\dfrac{1}{2}\times16=8(cm)$  ··· (ii)

△DCE에서 $\overline{EF}=\overline{FC}$, $\overline{DE}\,/\!/\,\overline{GF}$이므로

$\overline{GF}=\dfrac{1}{2}\overline{DE}=\dfrac{1}{2}\times8=4(cm)$  ··· (iii)

| 채점 기준 | |
|---|---|
| (i) $\overline{DE}\,/\!/\,\overline{BF}$임을 알기 | 20 % |
| (ii) $\overline{DE}$의 길이 구하기 | 40 % |
| (iii) $\overline{GF}$의 길이 구하기 | 40 % |

## 121 답 8 cm

△ABC에서 $\overline{AE}:\overline{AB}=\overline{EH}:\overline{BC}$이므로

$3:(3+2)=\overline{EH}:24$, $5\overline{EH}=72$  ∴ $\overline{EH}=\dfrac{72}{5}(cm)$  ··· (i)

△ABD에서 $\overline{BE}:\overline{BA}=\overline{EG}:\overline{AD}$이므로

$2:(2+3)=\overline{EG}:16,\ 5\overline{EG}=32$   ∴ $\overline{EG}=\dfrac{32}{5}$(cm)   ··· (ii)

∴ $\overline{GH}=\overline{EH}-\overline{EG}=\dfrac{72}{5}-\dfrac{32}{5}=8$(cm)   ··· (iii)

**채점 기준**

| | |
|---|---|
| (ⅰ) $\overline{EH}$의 길이 구하기 | 40 % |
| (ⅱ) $\overline{EG}$의 길이 구하기 | 40 % |
| (ⅲ) $\overline{GH}$의 길이 구하기 | 20 % |

## 만점 문제 뛰어넘기

### 122 답 ④

점 I는 △ABC의 내심이므로 오른쪽 그림과 같이 $\overline{AI}$, $\overline{BI}$를 그으면 △DAI, △EBI는 각각 이등변삼각형이다.

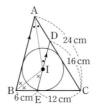

$\overline{DI}=\overline{DA}=24-16=8$(cm),

$\overline{EI}=\overline{EB}=6$ cm

∴ $\overline{DE}=\overline{DI}+\overline{EI}=8+6=14$(cm)

이때 △ABC에서 $\overline{CD}:\overline{CA}=\overline{DE}:\overline{AB}$이므로

$16:24=14:\overline{AB},\ 16\overline{AB}=336$   ∴ $\overline{AB}=21$(cm)

참고 삼각형의 내심은 세 내각의 이등분선의 교점이다.

### 123 답 $\dfrac{16}{3}$ cm²

$\overline{DE}/\!/\overline{BC}$, $\overline{DF}/\!/\overline{EG}$, ∠DFG=90°이므로

▭DFGE는 직사각형이다.

$\overline{DF}=x$ cm라 하면

$\overline{DE}=\overline{FG}=3x$ cm

$\overline{AH}$와 $\overline{DE}$의 교점을 P라 하면

$\overline{DE}/\!/\overline{BC}$이므로

$\overline{DE}:\overline{BC}=\overline{AD}:\overline{AB}=\overline{AP}:\overline{AH}$에서

$3x:6=(4-x):4,\ 12x=24-6x$

$18x=24$   ∴ $x=\dfrac{4}{3}$

∴ ▭DFGE$=\overline{DF}\times\overline{DE}$

$=\dfrac{4}{3}\times\left(3\times\dfrac{4}{3}\right)=\dfrac{16}{3}$(cm²)

### 124 답 4 cm

$\overline{BD}:\overline{CD}=\overline{AB}:\overline{AC}=24:36=2:3$

이때 △BDE와 △CDF에서

∠BDE=∠CDF(맞꼭지각), ∠BED=∠CFD=90°이므로

△BDE∽△CDF(AA닮음)

따라서 $\overline{DE}:\overline{DF}=\overline{BD}:\overline{CD}$이므로

$\overline{DE}:6=2:3,\ 3\overline{DE}=12$   ∴ $\overline{DE}=4$(cm)

### 125 답 (1) △ABC∽△CBD(AA 닮음) (2) $\dfrac{21}{2}$ cm (3) $\dfrac{7}{2}$ cm

(1) △ABC와 △CBD에서

∠A=∠BCD, ∠B는 공통이므로

△ABC∽△CBD(AA 닮음)

(2) △ABC∽△CBD(AA 닮음)이므로

$\overline{AB}:\overline{CB}=\overline{BC}:\overline{BD}$에서 $14:7=7:\overline{BD}$

$14\overline{BD}=49$   ∴ $\overline{BD}=\dfrac{7}{2}$(cm)

∴ $\overline{AD}=\overline{AB}-\overline{BD}=14-\dfrac{7}{2}=\dfrac{21}{2}$(cm)

(3) △ABC∽△CBD(AA 닮음)이므로

$\overline{AC}:\overline{CD}=\overline{AB}:\overline{CB}=14:7=2:1$

이때 $\overline{CE}$는 ∠ACD의 이등분선이므로

$\overline{AE}:\overline{DE}=\overline{CA}:\overline{CD}=2:1$

∴ $\overline{DE}=\dfrac{1}{3}\overline{AD}=\dfrac{1}{3}\times\dfrac{21}{2}=\dfrac{7}{2}$(cm)

**다른 풀이**

△ABC∽△CBD(AA 닮음)이므로

$\overline{AB}:\overline{CB}=\overline{BC}:\overline{BD}$에서 $14:7=7:\overline{BD}$

$14\overline{BD}=49$   ∴ $\overline{BD}=\dfrac{7}{2}$(cm)

△AEC에서

∠BEC=∠A+∠ACE

$=$∠DCB+∠ECD=∠BCE

즉, △BCE는 $\overline{BE}=\overline{BC}$인 이등변삼각형이므로

$\overline{BE}=\overline{BC}=7$ cm

∴ $\overline{DE}=\overline{BE}-\overline{BD}=7-\dfrac{7}{2}=\dfrac{7}{2}$(cm)

참고 삼각형의 한 외각의 크기는 그와 이웃하지 않는 두 내각의 크기의 합과 같다.

### 126 답 35 cm

오른쪽 그림과 같이 $\overline{BA}$의 연장선 위에 점 E를 잡으면

∠CAE=180°-(40°+70°)

$=70°=$∠DAC

따라서 △ABD에서 $\overline{AC}$는 ∠BAD의 외각의 이등분선이므로

$\overline{AB}:\overline{AD}=\overline{BC}:\overline{CD}=(4+3):3=7:3$

즉, $\overline{AB}:15=7:3$이므로

$3\overline{AB}=105$   ∴ $\overline{AB}=35$(cm)

만렙비법 $\overline{BA}$의 연장선을 긋고, $\overline{AC}$가 ∠BAD의 외각의 이등분선임을 이용한다.

### 127 답 26°

△ABD에서 $\overline{AM}=\overline{MD}$, $\overline{BP}=\overline{PD}$이므로 $\overline{AB}/\!/\overline{MP}$

∴ ∠MPD=∠ABD=24°(동위각)

△BCD에서 $\overline{BP}=\overline{PD}$, $\overline{BN}=\overline{NC}$이므로 $\overline{PN}/\!/\overline{DC}$

∴ ∠BPN=∠BDC=76°(동위각)

즉, ∠DPN=180°-76°=104°이므로

∠MPN=∠MPD+∠DPN=24°+104°=128°

6. 평행선과 선분의 길이의 비 **69**

이때 △ABD에서 $\overline{MP}=\dfrac{1}{2}\overline{AB}$, △BCD에서 $\overline{PN}=\dfrac{1}{2}\overline{DC}$이고,

$\overline{AB}=\overline{DC}$이므로 $\overline{MP}=\overline{PN}$

따라서 △PNM은 이등변삼각형이므로

$\angle PNM=\dfrac{1}{2}\times(180°-128°)=26°$

## 128 답 ③

△AEC에서 $\overline{AD}=\overline{DC}$, $\overline{EF}=\overline{FC}$이므로

$\overline{AE}/\!/\overline{DF}$

△BFD에서 $\overline{BE}=\overline{EF}$, $\overline{GE}/\!/\overline{DF}$이므로

$\overline{DF}=2\overline{GE}$

△AEC에서 $\overline{AE}=2\overline{DF}=4\overline{GE}$이므로

$15+\overline{GE}=4\overline{GE}$, $3\overline{GE}=15$ ∴ $\overline{GE}=5(\text{cm})$

## 129 답 5 : 12

오른쪽 그림과 같이 점 E를 지나고 $\overline{BC}$에 평행
한 직선을 그어 $\overline{AD}$와 만나는 점을 G라 하면 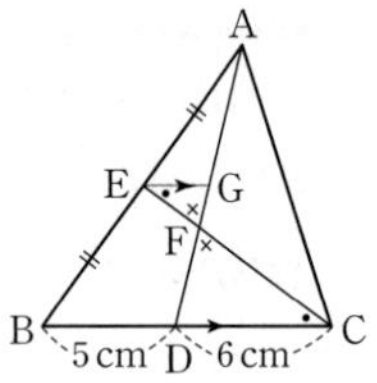
△ABD에서 $\overline{AE}=\overline{EB}$, $\overline{EG}/\!/\overline{BD}$이므로

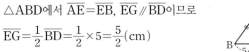

$\overline{EG}=\dfrac{1}{2}\overline{BD}=\dfrac{1}{2}\times5=\dfrac{5}{2}(\text{cm})$

△EFG와 △CFD에서

$\angle GEF=\angle DCF$ (엇각), $\angle EFG=\angle CFD$ (맞꼭지각)이므로

△EFG∽△CFD(AA 닮음)

∴ $\overline{EF}:\overline{CF}=\overline{EG}:\overline{CD}=\dfrac{5}{2}:6=5:12$

## 130 답 6 cm

$\overline{MP}:\overline{PQ}=3:4$이므로

$\overline{MP}=3k\,\text{cm}$, $\overline{PQ}=4k\,\text{cm}\,(k>0)$라 하면

$\overline{MQ}=\overline{MP}+\overline{PQ}=3k+4k=7k(\text{cm})$

$\overline{AD}/\!/\overline{BC}$, $\overline{AM}=\overline{MB}$, $\overline{DN}=\overline{NC}$이므로

$\overline{AD}/\!/\overline{MN}/\!/\overline{BC}$

△ABC에서 $\overline{AM}=\overline{MB}$, $\overline{MQ}/\!/\overline{BC}$이므로

$\overline{BC}=2\overline{MQ}=2\times7k=14k(\text{cm})$

△ABD에서 $\overline{AM}=\overline{MB}$, $\overline{AD}/\!/\overline{MP}$이므로

$\overline{AD}=2\overline{MP}=2\times3k=6k(\text{cm})$

이때 $\overline{AD}$와 $\overline{BC}$의 길이의 합이 20 cm이므로

$6k+14k=20$, $20k=20$ ∴ $k=1$

∴ $\overline{AD}=6k=6\times1=6(\text{cm})$

## 131 답 $\dfrac{12}{7}$ cm

$\overline{BM}=\overline{CM}=\dfrac{1}{2}\overline{BC}=\dfrac{1}{2}\times6=3(\text{cm})$

△APD∽△MPB(AA 닮음)이므로

$\overline{DP}:\overline{BP}=\overline{DA}:\overline{BM}=4:3$

△AQD∽△CQM(AA 닮음)이므로

$\overline{DQ}:\overline{MQ}=\overline{DA}:\overline{MC}=4:3$

즉, $\overline{DP}:\overline{PB}=\overline{DQ}:\overline{QM}=4:3$이므로

$\overline{PQ}/\!/\overline{BM}$

따라서 △DBM에서 $\overline{DP}:\overline{DB}=\overline{PQ}:\overline{BM}$이므로

$4:(4+3)=\overline{PQ}:3$, $7\overline{PQ}=12$ ∴ $\overline{PQ}=\dfrac{12}{7}(\text{cm})$

## 132 답 $\dfrac{60}{7}$ cm

△AOD∽△COB(AA 닮음)이므로

$\overline{DO}:\overline{BO}=\overline{AD}:\overline{CB}=20:30=2:3$

△ABD에서 $\overline{BO}:\overline{BD}=\overline{EO}:\overline{AD}$이므로

$3:(3+2)=\overline{EO}:20$, $5\overline{EO}=60$ ∴ $\overline{EO}=12(\text{cm})$

△EGO∽△CGB(AA 닮음)이므로

$\overline{EG}:\overline{CG}=\overline{EO}:\overline{CB}=12:30=2:5$

△COE에서 $\overline{CG}:\overline{CE}=\overline{GH}:\overline{EO}$이므로

$5:(5+2)=\overline{GH}:12$, $7\overline{GH}=60$ ∴ $\overline{GH}=\dfrac{60}{7}(\text{cm})$

## 133 답 2 cm

동위각의 크기가 90°로 같으므로

$\overline{AB}/\!/\overline{FG}/\!/\overline{DC}$

△ECD에서 $\overline{EG}:\overline{FG}=\overline{EC}:\overline{DC}=8:12=2:3$

$\overline{EG}=2k\,\text{cm}$, $\overline{FG}=3k\,\text{cm}\,(k>0)$라 하면

△CAB에서 $\overline{CG}:\overline{CB}=\overline{FG}:\overline{AB}$이므로

$(8-2k):(8+2)=3k:3$, $30k=24-6k$

$36k=24$ ∴ $k=\dfrac{2}{3}$

∴ $\overline{FG}=3k=3\times\dfrac{2}{3}=2(\text{cm})$

# 7 삼각형의 무게중심

## 01 삼각형의 무게중심

유형 모아 보기 & 완성하기 　　146~148쪽

**01** 답 $12\,\mathrm{cm}^2$

$$\triangle\mathrm{ABN}=\frac{1}{2}\triangle\mathrm{ABM}=\frac{1}{2}\times\frac{1}{2}\triangle\mathrm{ABC}$$
$$=\frac{1}{4}\triangle\mathrm{ABC}=\frac{1}{4}\times48=12\,(\mathrm{cm}^2)$$

**02** 답 24

$\overline{\mathrm{AD}}$는 $\triangle\mathrm{ABC}$의 중선이므로
$\overline{\mathrm{BC}}=2\overline{\mathrm{DC}}=2\times8=16$ 　　$\therefore x=16$
점 G는 $\triangle\mathrm{ABC}$의 무게중심이므로
$\overline{\mathrm{AG}}=\dfrac{2}{3}\overline{\mathrm{AD}}=\dfrac{2}{3}\times12=8$ 　　$\therefore y=8$
$\therefore x+y=16+8=24$

**03** 답 $2\,\mathrm{cm}$

$\triangle\mathrm{ABD}$에서 $\overline{\mathrm{BE}}=\overline{\mathrm{EA}}$, $\overline{\mathrm{BF}}=\overline{\mathrm{FD}}$이므로
$\overline{\mathrm{AD}}=2\overline{\mathrm{EF}}=2\times3=6\,(\mathrm{cm})$
점 G는 $\triangle\mathrm{ABC}$의 무게중심이므로
$\overline{\mathrm{GD}}=\dfrac{1}{3}\overline{\mathrm{AD}}=\dfrac{1}{3}\times6=2\,(\mathrm{cm})$

**04** 답 6

점 G는 $\triangle\mathrm{ABC}$의 무게중심이므로
$\overline{\mathrm{AG}}=2\overline{\mathrm{GD}}=2\times2=4\,(\mathrm{cm})$ 　　$\therefore x=4$
$\triangle\mathrm{ABD}$에서 $\overline{\mathrm{EG}}\,/\!/\,\overline{\mathrm{BD}}$이므로
$\overline{\mathrm{EG}}:\overline{\mathrm{BD}}=\overline{\mathrm{AG}}:\overline{\mathrm{AD}}=2:3$
즉, $y:3=2:3$이므로 $3y=6$ 　　$\therefore y=2$
$\therefore x+y=4+2=6$

**05** 답 $24\,\mathrm{cm}^2$

$$\triangle\mathrm{ABC}=2\triangle\mathrm{AMC}=2\times2\triangle\mathrm{ANC}$$
$$=4\triangle\mathrm{ANC}=4\times6=24\,(\mathrm{cm}^2)$$

**06** 답 ①

$$\triangle\mathrm{PBQ}=\frac{1}{3}\triangle\mathrm{ABM}=\frac{1}{3}\times\frac{1}{2}\triangle\mathrm{ABC}$$
$$=\frac{1}{6}\triangle\mathrm{ABC}=\frac{1}{6}\times24=4\,(\mathrm{cm}^2)$$

**07** 답 ③

$\triangle\mathrm{ABC}=2\triangle\mathrm{ABM}=2\times27=54\,(\mathrm{cm}^2)$이므로
$\dfrac{1}{2}\times12\times\overline{\mathrm{AH}}=54$, $6\overline{\mathrm{AH}}=54$ 　　$\therefore \overline{\mathrm{AH}}=9\,(\mathrm{cm})$

다른 풀이

$\overline{\mathrm{BM}}=\dfrac{1}{2}\overline{\mathrm{BC}}=\dfrac{1}{2}\times12=6\,(\mathrm{cm})$

이때 $\triangle\mathrm{ABM}$의 넓이가 $27\,\mathrm{cm}^2$이므로
$\dfrac{1}{2}\times6\times\overline{\mathrm{AH}}=27$, $3\overline{\mathrm{AH}}=27$ 　　$\therefore \overline{\mathrm{AH}}=9\,(\mathrm{cm})$

**08** 답 56

점 G는 △ABC의 무게중심이므로

$\overline{GF} = \frac{1}{3}\overline{CF} = \frac{1}{3} \times 24 = 8(\text{cm})$  ∴ $x = 8$

$\overline{GD} = \frac{1}{2}\overline{AG} = \frac{1}{2} \times 14 = 7(\text{cm})$  ∴ $y = 7$

∴ $xy = 8 \times 7 = 56$

**09** 답 $\frac{20}{3}$ cm

$\overline{AD}$는 △ABC의 중선이고, 직각삼각형의 외심은 빗변의 중점이므로 점 D는 직각삼각형 ABC의 외심이다.  … (i)

∴ $\overline{AD} = \overline{BD} = \overline{CD} = \frac{1}{2}\overline{BC} = \frac{1}{2} \times 20 = 10(\text{cm})$  … (ii)

점 G는 △ABC의 무게중심이므로

$\overline{AG} = \frac{2}{3}\overline{AD} = \frac{2}{3} \times 10 = \frac{20}{3}(\text{cm})$  … (iii)

**채점 기준**

| | |
|---|---|
| (i) 점 D가 직각삼각형 ABC의 외심임을 알기 | 30 % |
| (ii) $\overline{AD}$의 길이 구하기 | 30 % |
| (iii) $\overline{AG}$의 길이 구하기 | 40 % |

**10** 답 6 cm

점 G는 △ABC의 무게중심이므로

$\overline{GD} = \frac{1}{3}\overline{AD} = \frac{1}{3} \times 27 = 9(\text{cm})$

점 G′은 △GBC의 무게중심이므로

$\overline{GG'} = \frac{2}{3}\overline{GD} = \frac{2}{3} \times 9 = 6(\text{cm})$

**11** 답 8

$\overline{AB}$와 $x$축이 만나는 점을 C라 하면 $\overline{OC}$는 △AOB의 중선이므로 △AOB의 무게중심은 $\overline{OC}$, 즉 $x$축 위에 있다.

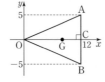

△AOB의 무게중심을 G라 하면

$\overline{OG} = \frac{2}{3}\overline{OC} = \frac{2}{3} \times 12 = 8$

따라서 △AOB의 무게중심의 $x$좌표는 8이다.

**참고** 이등변삼각형의 꼭지각의 꼭짓점에서 밑변에 내린 수선은 밑변을 이등분하므로 중선이다.

**12** 답 9 cm

점 G는 △ABC의 무게중심이므로

$\overline{AD} = \frac{3}{2}\overline{AG} = \frac{3}{2} \times 12 = 18(\text{cm})$

△ADC에서 $\overline{CE} = \overline{EA}$, $\overline{CF} = \overline{FD}$이므로

$\overline{EF} = \frac{1}{2}\overline{AD} = \frac{1}{2} \times 18 = 9(\text{cm})$

**13** 답 32

△BCE에서 $\overline{BD} = \overline{DC}$, $\overline{BE} // \overline{DF}$이므로

$\overline{BE} = 2\overline{DF} = 2 \times 6 = 12$

점 G는 △ABC의 무게중심이므로

$\overline{BG} = \frac{2}{3}\overline{BE} = \frac{2}{3} \times 12 = 8$  ∴ $x = 8$

$\overline{GE} = \frac{1}{3}\overline{BE} = \frac{1}{3} \times 12 = 4$  ∴ $y = 4$

∴ $xy = 8 \times 4 = 32$

**14** 답 3 : 2 : 4

△BCE에서 $\overline{BD} = \overline{DC}$, $\overline{BE} // \overline{DF}$이므로 $\overline{DF} = \frac{1}{2}\overline{BE}$

점 G는 △ABC의 무게중심이므로

$\overline{GE} = \frac{1}{3}\overline{BE}$, $\overline{BG} = \frac{2}{3}\overline{BE}$

∴ $\overline{DF} : \overline{GE} : \overline{BG} = \frac{1}{2}\overline{BE} : \frac{1}{3}\overline{BE} : \frac{2}{3}\overline{BE} = 3 : 2 : 4$

**15** 답 20

점 G는 △ABC의 무게중심이므로 $\overline{CD} = \overline{BD} = 4$

△ADC에서 $\overline{GF} // \overline{DC}$이므로

$\overline{GF} : \overline{DC} = \overline{AG} : \overline{AD} = 2 : 3$

즉, $x : 4 = 2 : 3$이므로 $3x = 8$  ∴ $x = \frac{8}{3}$

$\overline{AF} : \overline{FC} = \overline{AG} : \overline{GD} = 2 : 1$

즉, $5 : y = 2 : 1$이므로 $2y = 5$  ∴ $y = \frac{5}{2}$

∴ $3xy = 3 \times \frac{8}{3} \times \frac{5}{2} = 20$

**16** 답 $\frac{3}{2}$ cm

점 G는 △ABC의 무게중심이므로

$\overline{GD} = \frac{1}{3}\overline{AD} = \frac{1}{3} \times 9 = 3(\text{cm})$

이때 $\overline{EF} // \overline{DC}$이므로 $\overline{FG} : \overline{DG} = \overline{EG} : \overline{CG} = 1 : 2$

즉, $\overline{FG} : 3 = 1 : 2$이므로

$2\overline{FG} = 3$  ∴ $\overline{FG} = \frac{3}{2}(\text{cm})$

**다른 풀이**

점 G는 △ABC의 무게중심이므로

$\overline{GD} = \frac{1}{3}\overline{AD} = \frac{1}{3} \times 9 = 3(\text{cm})$

△ABD에서 $\overline{AE} = \overline{EB}$, $\overline{EF} // \overline{BD}$이므로

$\overline{FD} = \overline{AF} = \frac{1}{2}\overline{AD} = \frac{1}{2} \times 9 = \frac{9}{2}(\text{cm})$

∴ $\overline{FG} = \overline{FD} - \overline{GD} = \frac{9}{2} - 3 = \frac{3}{2}(\text{cm})$

**17** 답 ②

$\overline{AE}$, $\overline{AF}$는 각각 △ABD, △ADC의 중선이므로

$\overline{ED} = \frac{1}{2}\overline{BD}$, $\overline{DF} = \frac{1}{2}\overline{DC}$

∴ $\overline{EF} = \overline{ED} + \overline{DF} = \frac{1}{2}\overline{BD} + \frac{1}{2}\overline{DC} = \frac{1}{2}(\overline{BD} + \overline{DC})$

$= \frac{1}{2}\overline{BC} = \frac{1}{2} \times 16 = 8(\text{cm})$

△AEF에서 $\overline{AG} : \overline{AE} = \overline{AG'} : \overline{AF} = 2 : 3$이므로

$\overline{GG'} // \overline{EF}$

따라서 $\overline{GG'} : \overline{EF} = \overline{AG} : \overline{AE} = 2 : 3$이므로

$\overline{GG'} : 8 = 2 : 3$, $3\overline{GG'} = 16$  ∴ $\overline{GG'} = \frac{16}{3}(\text{cm})$

## 18 답 ③

$\triangle ABC$에서 $\overline{AF}=\overline{FB}$, $\overline{AE}=\overline{EC}$이므로 $\overline{FE} /\!/ \overline{BC}$

$\triangle GEH$와 $\triangle GBD$에서

$\angle HEG = \angle DBG$ (엇각), $\angle HGE = \angle DGB$ (맞꼭지각)이므로

$\triangle GEH \backsim \triangle GBD$ (AA 닮음)

$\therefore \overline{HG} : \overline{DG} = \overline{EG} : \overline{BG}$

이때 점 G는 $\triangle ABC$의 무게중심이므로

$\overline{HG} : \overline{GD} = 1 : 2$ $\qquad \therefore \overline{HG} = \dfrac{1}{2}\overline{GD}$

또 $\overline{AG} : \overline{GD} = 2 : 1$이므로 $\overline{AG} = 2\overline{GD}$

따라서 $\overline{AH} = \overline{AG} - \overline{HG} = 2\overline{GD} - \dfrac{1}{2}\overline{GD} = \dfrac{3}{2}\overline{GD}$이므로

$\overline{AH} : \overline{HG} : \overline{GD} = \dfrac{3}{2}\overline{GD} : \dfrac{1}{2}\overline{GD} : \overline{GD}$

$\qquad\qquad\qquad\quad = 3 : 1 : 2$

## 02 삼각형의 무게중심과 넓이

## 19 답 ②

$\square AFGE = \triangle AFG + \triangle AGE$

$\qquad\quad = \dfrac{1}{6}\triangle ABC + \dfrac{1}{6}\triangle ABC$

$\qquad\quad = \dfrac{1}{3}\triangle ABC$

$\qquad\quad = \dfrac{1}{3} \times 36 = 12 (cm^2)$

## 20 답 60 cm²

$\triangle DBE$에서 $\overline{BG} : \overline{GE} = 2 : 1$이므로

$\triangle DBG : \triangle DGE = 2 : 1$

$\therefore \triangle DBG = 2\triangle DGE = 2 \times 5 = 10 (cm^2)$

$\therefore \triangle ABC = 6\triangle DBG = 6 \times 10 = 60 (cm^2)$

## 21 답 8 cm

오른쪽 그림과 같이 $\overline{AC}$를 긋고, $\overline{AC}$와 $\overline{BD}$의 교점을 O라 하면 두 점 P, Q는 각각 $\triangle ABC$, $\triangle ACD$의 무게중심이다.

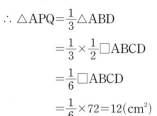

즉, $\overline{PO} = \dfrac{1}{3}\overline{BO}$, $\overline{OQ} = \dfrac{1}{3}\overline{OD}$이므로

$\overline{PQ} = \overline{PO} + \overline{OQ} = \dfrac{1}{3}\overline{BO} + \dfrac{1}{3}\overline{OD}$

$\qquad\quad = \dfrac{1}{3}(\overline{BO} + \overline{OD}) = \dfrac{1}{3}\overline{BD}$

$\qquad\quad = \dfrac{1}{3} \times 24 = 8 (cm)$

## 22 답 12 cm²

오른쪽 그림과 같이 $\overline{AC}$를 그으면 두 점 P, Q는 각각 $\triangle ABC$, $\triangle ACD$의 무게중심이므로

$\overline{BP} = \overline{PQ} = \overline{QD}$

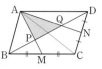

$\therefore \triangle APQ = \dfrac{1}{3}\triangle ABD$

$\qquad\qquad = \dfrac{1}{3} \times \dfrac{1}{2}\square ABCD$

$\qquad\qquad = \dfrac{1}{6}\square ABCD$

$\qquad\qquad = \dfrac{1}{6} \times 72 = 12 (cm^2)$

## 23 답 54 cm²

오른쪽 그림과 같이 $\overline{BG}$를 그으면

$\square EBDG = \triangle EBG + \triangle GBD$

$\qquad\qquad = \dfrac{1}{6}\triangle ABC + \dfrac{1}{6}\triangle ABC$

$\qquad\qquad = \dfrac{1}{3}\triangle ABC$

$\therefore \triangle ABC = 3\square EBDG = 3 \times 18 = 54 (cm^2)$

## 24 답 10 cm²

$\triangle GBC = \triangle ABG = 20 cm^2$

$\therefore \triangle GDC = \dfrac{1}{2}\triangle GBC = \dfrac{1}{2} \times 20 = 10 (cm^2)$

## 25 답 4 cm²

$\triangle GDC = \dfrac{1}{6}\triangle ABC = \dfrac{1}{6} \times 48 = 8 (cm^2)$

이때 $\overline{GE} = \overline{EC}$이므로

$\triangle EDC = \dfrac{1}{2}\triangle GDC = \dfrac{1}{2} \times 8 = 4 (cm^2)$

## 26 답 10 cm²

점 G는 $\triangle ABC$의 무게중심이므로

$\triangle GBC = \dfrac{1}{3}\triangle ABC = \dfrac{1}{3} \times 90 = 30 (cm^2)$

점 G'은 $\triangle GBC$의 무게중심이므로

$\triangle GBG' = \dfrac{1}{3}\triangle GBC = \dfrac{1}{3} \times 30 = 10 (cm^2)$

### 다른 풀이

점 G는 $\triangle ABC$의 무게중심이므로

$\triangle GBD = \dfrac{1}{6}\triangle ABC = \dfrac{1}{6} \times 90 = 15 (cm^2)$

$\triangle GBD$에서 $\overline{GG'} : \overline{G'D} = 2 : 1$이므로

$\triangle GBG' : \triangle G'BD = 2 : 1$

$\therefore \triangle GBG' = \dfrac{2}{3}\triangle GBD = \dfrac{2}{3} \times 15 = 10 (cm^2)$

## 27 답 ④

$\triangle ABC$에서 $\overline{BC} : \overline{DC} = 3 : 2$이므로

$\triangle ABC : \triangle ADC = 3 : 2$

$\therefore \triangle ADC = \dfrac{2}{3}\triangle ABC = \dfrac{2}{3} \times 54 = 36 (cm^2)$

이때 점 F는 △ADC의 무게중심이므로

$$\triangle FEC = \frac{1}{6}\triangle ADC = \frac{1}{6} \times 36 = 6(\text{cm}^2)$$

## 28 답 ③

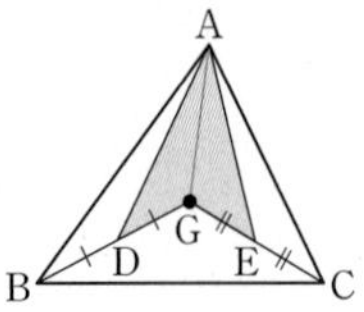

오른쪽 그림과 같이 $\overline{AG}$를 그으면

(색칠한 부분의 넓이)

$$= \triangle ADG + \triangle AGE$$

$$= \frac{1}{2}\triangle ABG + \frac{1}{2}\triangle AGC$$

$$= \frac{1}{2} \times \frac{1}{3}\triangle ABC + \frac{1}{2} \times \frac{1}{3}\triangle ABC$$

$$= \frac{1}{6}\triangle ABC + \frac{1}{6}\triangle ABC$$

$$= \frac{1}{3}\triangle ABC$$

$$= \frac{1}{3} \times 42 = 14(\text{cm}^2)$$

## 29 답 40 cm²

점 G는 △ABD의 무게중심이므로

$$\triangle AGD = \frac{1}{3}\triangle ABD$$

점 H는 △ADC의 무게중심이므로

$$\triangle ADH = \frac{1}{3}\triangle ADC$$

$$\therefore \square AGDH = \triangle AGD + \triangle ADH$$

$$= \frac{1}{3}\triangle ABD + \frac{1}{3}\triangle ADC$$

$$= \frac{1}{3}(\triangle ABD + \triangle ADC)$$

$$= \frac{1}{3}\triangle ABC$$

$$= \frac{1}{3} \times 120 = 40(\text{cm}^2)$$

## 30 답 2 cm²

△DBE에서 $\overline{BG} : \overline{GE} = 2 : 1$이므로

△DBG : △DGE = 2 : 1

$$\therefore \triangle DGE = \frac{1}{2}\triangle DBG$$

$$= \frac{1}{2} \times \frac{1}{6}\triangle ABC$$

$$= \frac{1}{12}\triangle ABC$$

$$= \frac{1}{12} \times 24 = 2(\text{cm}^2)$$

## 31 답 ③

△DBE에서 $\overline{BG} : \overline{GD} = 2 : 1$이므로

△GBE : △DGE = 2 : 1

$$\therefore \triangle GBE = 2\triangle DGE = 2 \times \frac{9}{2} = 9(\text{cm}^2)$$

$$\therefore \triangle ABC = 6\triangle GBE = 6 \times 9 = 54(\text{cm}^2)$$

따라서 △ABC의 넓이에서

$$\frac{1}{2} \times 9 \times \overline{AB} = 54, \quad \frac{9}{2}\overline{AB} = 54 \quad \therefore \overline{AB} = 12(\text{cm})$$

## 32 답 ⑤

△DBE에서 $\overline{BE} : \overline{GE} = 3 : 1$이므로

△DBE : △DGE = 3 : 1

$$\therefore \triangle DBE = 3\triangle DGE = 3 \times 6 = 18(\text{cm}^2)$$

따라서 △ABE에서 $\overline{AD} = \overline{DB}$이므로

△ADE = △DBE = 18 cm²

## 33 답 18 cm

오른쪽 그림과 같이 $\overline{AC}$를 긋고, $\overline{AC}$와 $\overline{BD}$
의 교점을 O라 하면 두 점 P, Q는 각각
△ABC, △ACD의 무게중심이다.

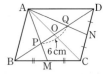

즉, $\overline{BO} = 3\overline{PO}$, $\overline{OD} = 3\overline{OQ}$이므로

$$\overline{BD} = \overline{BO} + \overline{OD} = 3\overline{PO} + 3\overline{OQ} = 3(\overline{PO} + \overline{OQ})$$

$$= 3\overline{PQ} = 3 \times 6 = 18(\text{cm})$$

## 34 답 ④

$\overline{BO} = \overline{OD}$이므로 $\overline{OD} = \frac{1}{2}\overline{BD} = \frac{1}{2} \times 12 = 6(\text{cm})$

이때 점 P는 △ACD의 무게중심이므로

$$\overline{PD} = \frac{2}{3}\overline{OD} = \frac{2}{3} \times 6 = 4(\text{cm})$$

## 35 답 8 cm

점 P는 △DBC의 무게중심이므로

$$\overline{OP} = \frac{1}{2}\overline{PC} = \frac{1}{2} \times 4 = 2(\text{cm}) \qquad \cdots (\text{i})$$

$$\therefore \overline{AO} = \overline{CO} = \overline{CP} + \overline{OP} = 4 + 2 = 6(\text{cm}) \qquad \cdots (\text{ii})$$

$$\therefore \overline{AP} = \overline{AO} + \overline{OP} = 6 + 2 = 8(\text{cm}) \qquad \cdots (\text{iii})$$

| 채점 기준 | |
|---|---|
| (i) $\overline{OP}$의 길이 구하기 | 40 % |
| (ii) $\overline{AO}$의 길이 구하기 | 40 % |
| (iii) $\overline{AP}$의 길이 구하기 | 20 % |

## 36 답 12 cm

△BCD에서 $\overline{BM} = \overline{MC}$, $\overline{DN} = \overline{NC}$이므로

$$\overline{BD} = 2\overline{MN} = 2 \times 18 = 36(\text{cm})$$

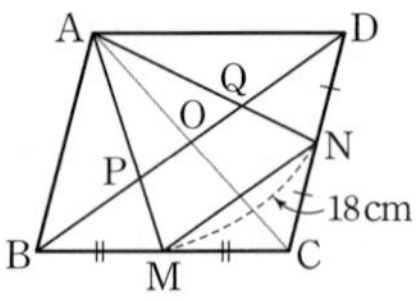

오른쪽 그림과 같이 $\overline{AC}$를 긋고, $\overline{AC}$와
$\overline{BD}$의 교점을 O라 하면
$\overline{BO} = \overline{DO}$이므로

$$\overline{BO} = \frac{1}{2}\overline{BD} = \frac{1}{2} \times 36 = 18(\text{cm})$$

이때 점 P는 △ABC의 무게중심이므로

$$\overline{BP} = \frac{2}{3}\overline{BO} = \frac{2}{3} \times 18 = 12(\text{cm})$$

## 37 답 42 cm²

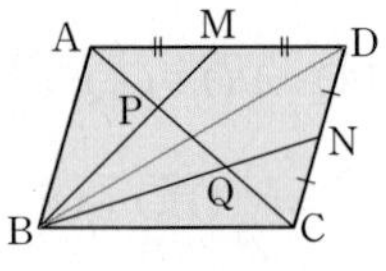

오른쪽 그림과 같이 $\overline{BD}$를 그으면 두 점 P, Q
는 각각 △ABD, △BCD의 무게중심이므로
$\overline{AP} = \overline{PQ} = \overline{QC}$

$$\therefore \triangle ABC = 3\triangle BQP = 3 \times 7 = 21(\text{cm}^2)$$

$$\therefore \square ABCD = 2\triangle ABC = 2 \times 21 = 42(\text{cm}^2)$$

## 38 답 ⑤

두 점 P, Q는 각각 △ABC, △ACD의 무게중심이다.

① $\overline{BP}=2\overline{PO}$, $\overline{DQ}=2\overline{QO}$이고, $\overline{BO}=\overline{DO}$이므로 $\overline{PO}=\overline{QO}$

　∴ △APO=△AQO

② $\overline{BP}=\overline{QD}$이므로 △ABP=△AQD

③ $\triangle ACN=\dfrac{1}{2}\triangle ACD=\dfrac{1}{2}\times\dfrac{1}{2}\square ABCD=\dfrac{1}{4}\square ABCD$

④ $\overline{BP}=\overline{PQ}=\overline{QD}$이므로

　$\triangle APQ=\dfrac{1}{3}\triangle ABD=\dfrac{1}{3}\times\dfrac{1}{2}\square ABCD=\dfrac{1}{6}\square ABCD$

⑤ $\triangle PBM=\dfrac{1}{6}\triangle ABC=\dfrac{1}{6}\times\dfrac{1}{2}\square ABCD=\dfrac{1}{12}\square ABCD$

따라서 옳지 않은 것은 ⑤이다.

## 39 답 ②

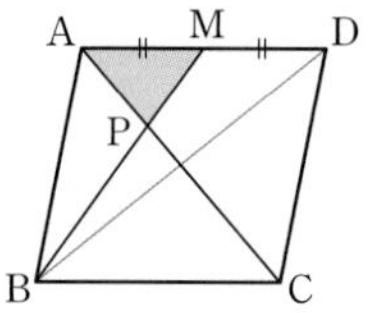

오른쪽 그림과 같이 $\overline{BD}$를 그으면 점 P는
△ABD의 무게중심이므로

$\triangle APM=\dfrac{1}{6}\triangle ABD$

　$=\dfrac{1}{6}\times\dfrac{1}{2}\square ABCD$

　$=\dfrac{1}{12}\square ABCD$

　$=\dfrac{1}{12}\times84=7(\text{cm}^2)$

## 40 답 ③

오른쪽 그림과 같이 $\overline{AC}$를 그으면 점 P는
△ACD의 무게중심이므로

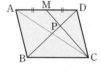

$\square ABCD=2\triangle ACD$

　$=2\times3\triangle PCD$

　$=6\triangle PCD$

　$=6\times12=72(\text{cm}^2)$

## 41 답 16 cm²

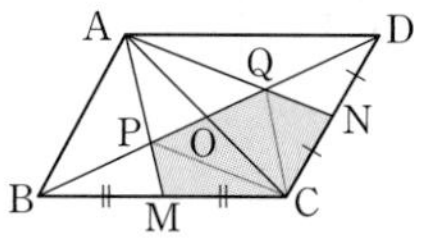

오른쪽 그림과 같이 $\overline{PC}$, $\overline{QC}$를 각각 그으면
점 P는 △ABC의 무게중심이므로

$\square PMCO=\triangle PMC+\triangle PCO$

　$=\dfrac{1}{6}\triangle ABC+\dfrac{1}{6}\triangle ABC$

　$=\dfrac{1}{3}\triangle ABC=\dfrac{1}{3}\times\dfrac{1}{2}\square ABCD$

　$=\dfrac{1}{6}\square ABCD=\dfrac{1}{6}\times48=8(\text{cm}^2)$

점 Q는 △ACD의 무게중심이므로

$\square OCNQ=\triangle QOC+\triangle QCN$

　$=\dfrac{1}{6}\triangle ACD+\dfrac{1}{6}\triangle ACD$

　$=\dfrac{1}{3}\triangle ACD=\dfrac{1}{3}\times\dfrac{1}{2}\square ABCD$

　$=\dfrac{1}{6}\square ABCD=\dfrac{1}{6}\times48=8(\text{cm}^2)$

∴ (색칠한 부분의 넓이)$=\square PMCO+\square OCNQ$
　　　　　　　　$=8+8=16(\text{cm}^2)$

## 42 답 ④

점 G는 △ABC의 무게중심이므로

$\overline{AD}=\dfrac{3}{2}\overline{AG}=\dfrac{3}{2}\times10=15(\text{cm})$　∴ $x=15$

$\overline{AD}$는 △ABC의 중선이므로

$\overline{BD}=\dfrac{1}{2}\overline{BC}=\dfrac{1}{2}\times18=9(\text{cm})$　∴ $y=9$

∴ $x+y=15+9=24$

## 43 답 36 cm

점 G'은 △AGC의 무게중심이므로

$\overline{GD}=3\overline{G'D}=3\times4=12(\text{cm})$

점 G는 △ABC의 무게중심이므로

$\overline{BD}=3\overline{GD}=3\times12=36(\text{cm})$

## 44 답 ①

점 G는 △ABC의 무게중심이므로

$\overline{BG}=2\overline{GE}=2\times8=16(\text{cm})$　∴ $x=16$

△BCE에서 $\overline{BD}=\overline{DC}$, $\overline{EF}=\overline{FC}$이므로

$\overline{DF}=\dfrac{1}{2}\overline{BE}=\dfrac{1}{2}\times(16+8)=12(\text{cm})$　∴ $y=12$

∴ $x-y=16-12=4$

## 45 답 16 cm

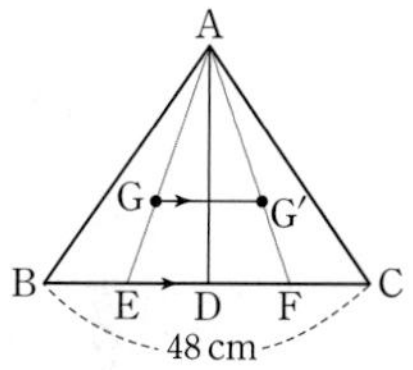

오른쪽 그림과 같이 $\overline{AG}$, $\overline{AG'}$의 연장선과
$\overline{BC}$의 교점을 각각 E, F라 하면 $\overline{AE}$, $\overline{AF}$는
각각 △ABD, △ADC의 중선이므로

$\overline{EF}=\overline{ED}+\overline{DF}=\dfrac{1}{2}\overline{BD}+\dfrac{1}{2}\overline{DC}$

　$=\dfrac{1}{2}(\overline{BD}+\overline{DC})=\dfrac{1}{2}\overline{BC}$

　$=\dfrac{1}{2}\times48=24(\text{cm})$

△AEF에서 $\overline{AG}:\overline{AE}=\overline{AG'}:\overline{AF}=2:3$이므로

$\overline{GG'}\,/\!/\,\overline{EF}$

따라서 $\overline{GG'}:\overline{EF}=\overline{AG}:\overline{AE}=2:3$이므로

$\overline{GG'}:24=2:3$, $3\overline{GG'}=48$　∴ $\overline{GG'}=16(\text{cm})$

## 46 답 ③

직각삼각형의 외심은 빗변의 중점이므로 점 D는 △ABC의 무게중심이다.

$\triangle ABC=\dfrac{1}{2}\times10\times6=30(\text{cm}^2)$이므로

$\triangle ADO=\dfrac{1}{6}\triangle ABC=\dfrac{1}{6}\times30=5(\text{cm}^2)$

## 47 답 ④

점 G'은 △GBC의 무게중심이므로

$\triangle GBC=3\triangle GBG'=3\times9=27(\text{cm}^2)$

점 G는 △ABC의 무게중심이므로

$\triangle ABC=3\triangle GBC=3\times27=81(\text{cm}^2)$

△GBD에서 $\overline{GG'}:\overline{G'D}=2:1$이므로

$△GBG':△G'BD=2:1$

$\therefore △GBD=\dfrac{3}{2}△GBG'=\dfrac{3}{2}\times9=\dfrac{27}{2}(cm^2)$

점 G는 △ABC의 무게중심이므로

$△ABC=6△GBD=6\times\dfrac{27}{2}=81(cm^2)$

## 48 답 ①

△GDE와 △GCA에서

$\overline{DG}:\overline{CG}=\overline{EG}:\overline{AG}=1:2$,

∠DGE=∠AGC(맞꼭지각)이므로

△GDE∽△GCA(SAS 닮음)

따라서 △GDE와 △GCA의 닮음비가 1:2이므로

$△GDE:△GCA=1^2:2^2=1:4$

## 49 답 ③

점 P는 △ABC의 무게중심이므로

$\overline{BO}=3\overline{PO}=3\times3=9(cm)$

따라서 $\overline{BO}=\overline{DO}$이므로

$\overline{BD}=2\overline{BO}=2\times9=18(cm)$

## 50 답 5 cm²

오른쪽 그림과 같이 $\overline{AC}$, $\overline{BP}$를 각각 그으면 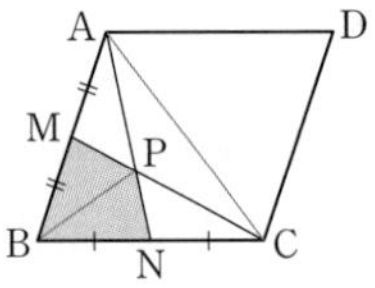
점 P는 △ABC의 무게중심이므로

$\square MBNP=△PMB+△PBN$

$\qquad=\dfrac{1}{6}△ABC+\dfrac{1}{6}△ABC$

$\qquad=\dfrac{1}{3}△ABC$

$\qquad=\dfrac{1}{3}\times\dfrac{1}{2}\square ABCD$

$\qquad=\dfrac{1}{6}\square ABCD$

$\qquad=\dfrac{1}{6}\times30=5(cm^2)$

## 51 답 8

점 G는 △ABC의 무게중심이므로

$\overline{GM}=\dfrac{1}{2}\overline{AG}=\dfrac{1}{2}\times8=4$ ··· (i)

이때 $\overline{BM}=\overline{CM}=6$이고,

△ABM에서 $\overline{DG}/\!/\overline{BM}$이므로

$\overline{DG}:\overline{BM}=\overline{AG}:\overline{AM}=2:3$

즉, $\overline{DG}:6=2:3$이므로

$3\overline{DG}=12$ ∴ $\overline{DG}=4$ ··· (ii)

$\therefore \overline{GM}+\overline{DG}=4+4=8$ ··· (iii)

| | |
|---|---|
| (i) $\overline{GM}$의 길이 구하기 | 30% |
| (ii) $\overline{DG}$의 길이 구하기 | 50% |
| (iii) $\overline{GM}+\overline{DG}$의 길이 구하기 | 20% |

## 52 답 27 cm²

점 F는 △ADC의 무게중심이므로

$△ADC=6△AGF=6\times3=18(cm^2)$ ··· (i)

△ABC에서 $\overline{BD}:\overline{DC}=1:2$이므로

△ABD:△ADC=1:2

$\therefore △ABD=\dfrac{1}{2}△ADC=\dfrac{1}{2}\times18=9(cm^2)$ ··· (ii)

$\therefore △ABC=△ABD+△ADC$

$\qquad=9+18=27(cm^2)$ ··· (iii)

| | |
|---|---|
| (i) △ADC의 넓이 구하기 | 30% |
| (ii) △ABD의 넓이 구하기 | 50% |
| (iii) △ABC의 넓이 구하기 | 20% |

# 만점 문제 뛰어넘기  155쪽

## 53 답 64π cm²

원 O의 넓이가 $16π$ cm²이므로

$π\times\overline{OG}^2=16π$, $\overline{OG}^2=16$

이때 $\overline{OG}>0$이므로 $\overline{OG}=4(cm)$

$\therefore \overline{GD}=2\overline{OG}=2\times4=8(cm)$

점 G는 △ABC의 무게중심이므로

$\overline{AG}=2\overline{GD}=2\times8=16(cm)$

$\therefore \overline{AO'}=\dfrac{1}{2}\overline{AG}=\dfrac{1}{2}\times16=8(cm)$

$\therefore$ (원 O'의 넓이)$=π\times8^2=64π(cm^2)$

**만점 비법** 원 O의 넓이와 삼각형의 무게중심의 성질을 이용하여 $\overline{AG}$의 길이를 구한다.

## 54 답 8 cm

△AMD에서 $\overline{GM}:\overline{AM}=\overline{G'M}:\overline{DM}=1:3$이므로

$\overline{GG'}/\!/\overline{AD}$

따라서 $\overline{GG'}:\overline{AD}=\overline{GM}:\overline{AM}=1:3$이므로

$\overline{GG'}:24=1:3$, $3\overline{GG'}=24$ $\therefore \overline{GG'}=8(cm)$

## 55 답 ②

$\overline{AD}$는 △ABC의 중선이므로 $\overline{BD}=\overline{DC}$

$\therefore △ABD=\dfrac{1}{2}△ABC=\dfrac{1}{2}\times36=18(cm^2)$

△ABD에서 $\overline{EG}/\!/\overline{BD}$이므로

$\overline{AE}:\overline{AB}=\overline{AG}:\overline{AD}=2:3$

즉, △AED:△ABD=2:3이므로

$\therefore △AED=\dfrac{2}{3}△ABD=\dfrac{2}{3}\times18=12(cm^2)$

△AED에서 $\overline{AD}:\overline{GD}=3:1$이므로

△AED:△EDG=3:1

$\therefore △EDG=\dfrac{1}{3}△AED=\dfrac{1}{3}\times12=4(cm^2)$

## 56 답 ①

점 P는 $\triangle ABD$의 무게중심이므로

$\overline{AP} = \dfrac{2}{3}\overline{AO} = \dfrac{2}{3}\overline{OC} = \dfrac{2}{3} \times 9 = 6\,(cm)$

또 $\overline{MD} /\!/ \overline{BN}$, $\overline{MD} = \overline{BN}$이므로 $\square MBND$는 평행사변형이다.

$\therefore \overline{MP} = \dfrac{1}{3}\overline{MB} = \dfrac{1}{3}\overline{DN} = \dfrac{1}{3} \times 15 = 5\,(cm)$

이때 $\overline{AM} = \dfrac{1}{2}\overline{AD} = \dfrac{1}{2} \times 18 = 9\,(cm)$이므로

$(\triangle APM$의 둘레의 길이$) = \overline{AP} + \overline{MP} + \overline{AM}$
$= 6 + 5 + 9 = 20\,(cm)$

## 57 답 $64\,cm^2$

오른쪽 그림과 같이 $\overline{BD}$를 그으면 점 E는
$\triangle BCD$의 무게중심이다.

즉, $\overline{DE} : \overline{EM} = 2 : 1$이므로

$\triangle BED = 2\triangle BME = 2 \times 8 = 16\,(cm^2)$

$\therefore \triangle ABD = \triangle BCD = 3\triangle BED = 3 \times 16 = 48\,(cm^2)$

$\therefore \square ABED = \triangle ABD + \triangle BED$
$= 48 + 16 = 64\,(cm^2)$

## 58 답 $\dfrac{20}{3}\,cm^2$

$\triangle MCN \backsim \triangle BCD$ (SAS 닮음)이고, $\overline{CN} : \overline{CD} = 1 : 2$이므로

$\triangle MCN : \triangle BCD = 1^2 : 2^2 = 1 : 4$

즉, $4 : \triangle BCD = 1 : 4$이므로 $\triangle BCD = 16\,(cm^2)$

$\therefore \triangle ABD = \triangle BCD = 16\,cm^2$

오른쪽 그림과 같이 $\overline{AC}$를 그으면 두 점 P, Q
는 각각 $\triangle ABC$, $\triangle ACD$의 무게중심이므로

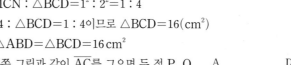

$\overline{BP} = \overline{PQ} = \overline{QD}$

$\therefore \triangle APQ = \dfrac{1}{3}\triangle ABD$

$= \dfrac{1}{3} \times 16 = \dfrac{16}{3}\,(cm^2)$

또 $\triangle APQ \backsim \triangle AMN$ (SAS 닮음)이고, $\overline{AP} : \overline{AM} = 2 : 3$이므로

$\triangle APQ : \triangle AMN = 2^2 : 3^2 = 4 : 9$

즉, $\triangle APQ : \square PMNQ = 4 : (9-4) = 4 : 5$이므로

$\dfrac{16}{3} : \square PMNQ = 4 : 5$, $4\square PMNQ = \dfrac{80}{3}$

$\therefore \square PMNQ = \dfrac{20}{3}\,(cm^2)$

만렙비법 $\triangle MCN$과 $\triangle BCD$, $\triangle APQ$와 $\triangle AMN$의 닮음비를 이용하여 넓이의 비를 구한다.

# 8 피타고라스 정리

| | | | |
|---|---|---|---|
| **01** 40 cm | **02** 15 cm | **03** 13 cm | **04** 12 cm² |
| **05** 108 cm² | **06** 5 cm | **07** 54 cm² | **08** 25 m |
| **09** ② | **10** ⑤ | **11** 13 cm | **12** 18 cm |
| **13** 60 cm² | **14** 84 cm² | **15** ④ | **16** ⑤ |
| **17** ⑤ | **18** $\frac{18}{5}$ | **19** ③ | **20** ② |
| **21** $\frac{21}{5}$ cm | **22** 15 cm | **23** ③ | **24** 120 cm² |
| **25** 25 cm | **26** ④ | **27** 36 cm | **28** 10 cm² |
| **29** 13 cm² | **30** ② | **31** 60 cm² | **32** 2 |
| **33** ③ | **34** 5 cm | **35** 25 cm | **36** ③ |
| **37** 8 | **38** 89 | **39** 28 | **40** ㄴ, ㄹ |
| **41** ⑤ | **42** 18 cm² | **43** 16 cm² | **44** 54 cm² |
| **45** ㄴ, ㄹ, ㅁ, ㅂ | | **46** ④ | **47** 144 |
| **48** 25 | **49** 74 | **50** ③ | **51** 1 |
| **52** 289 cm² | **53** ④ | **54** ④, ⑤ | **55** 392 |
| **56** ① | **57** ③ | **58** ④ | |
| **59** (1) 11, 12 (2) 13, 14, 15, 16, 17 | | | **60** 20 |
| **61** 60 | **62** 84 | **63** 16π cm² | **64** 60 cm² |
| **65** 13 | **66** 6 cm | **67** 100 | **68** 180 |
| **69** 39 | **70** ④ | **71** 75 | **72** 6 |
| **73** 18 cm² | **74** 32 | **75** ③ | **76** 6시간 |
| **77** $\frac{9}{2}$π cm² | **78** ① | **79** $\frac{13}{2}$π cm² | **80** ③ |
| **81** 10 cm | **82** 100 cm² | **83** 150 cm² | **84** ④ |
| **85** 20π cm | **86** 25 cm | **87** ⑤ | **88** ⑤ |
| **89** ② | **90** 80 cm² | **91** ③ | **92** 30 m² |
| **93** ② | **94** 289 | **95** ③ | **96** ④ |
| **97** ① | **98** ⑤ | **99** 25π cm² | **100** ③ |
| **101** 66 cm | **102** 60 cm² | **103** 11, 61 | **104** $\frac{1008}{25}$ cm² |
| **105** $\frac{7}{5}$ cm | **106** 5초 | **107** ③ | **108** 135 cm² |
| **109** 9 cm | **110** 6 | **111** ⑤ | **112** ② |
| **113** ③ | | | |

## 01 피타고라스 정리 (1)

**유형 모아 보기 & 완성하기**    158~164쪽

**01** 답 **40 cm**

$\overline{AC}^2=15^2+8^2=289$

이때 $\overline{AC}>0$이므로 $\overline{AC}=17(cm)$

∴ (△ABC의 둘레의 길이)$=\overline{AB}+\overline{BC}+\overline{CA}$
$=8+15+17=40(cm)$

**02** 답 **15 cm**

△ADC에서 $\overline{CD}^2=13^2-12^2=25$

이때 $\overline{CD}>0$이므로 $\overline{CD}=5(cm)$

△ABD에서 $\overline{AB}^2=(14-5)^2+12^2=225$

이때 $\overline{AB}>0$이므로 $\overline{AB}=15(cm)$

**03** 답 **13 cm**

오른쪽 그림과 같이 꼭짓점 D에서
$\overline{BC}$에 내린 수선의 발을 H라 하면
$\overline{BH}=\overline{AD}=18cm$이므로
$\overline{CH}=\overline{BC}-\overline{BH}=23-18=5(cm)$
△DHC에서 $\overline{DH}=\overline{AB}=12$ cm이므로
$\overline{CD}^2=12^2+5^2=169$
이때 $\overline{CD}>0$이므로 $\overline{CD}=13(cm)$

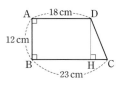

**04** 답 **12 cm²**

오른쪽 그림과 같이 꼭짓점 A에서 $\overline{BC}$에 내린
수선의 발을 H라 하면
$\overline{BH}=\overline{CH}=\frac{1}{2}\overline{BC}=\frac{1}{2}\times6=3(cm)$이므로
△ABH에서 $\overline{AH}^2=5^2-3^2=16$
이때 $\overline{AH}>0$이므로 $\overline{AH}=4(cm)$
∴ △ABC$=\frac{1}{2}\times6\times4=12(cm^2)$

**05** 답 **108 cm²**

직사각형의 가로의 길이를 $a$ cm라 하면
$a^2=15^2-9^2=144$
이때 $a>0$이므로 $a=12$
∴ (직사각형의 넓이)$=9\times12=108(cm^2)$

**06** 답 **5 cm**

$\overline{AE}=\overline{AD}=10cm$이므로
△ABE에서 $\overline{BE}^2=10^2-8^2=36$
이때 $\overline{BE}>0$이므로 $\overline{BE}=6(cm)$
∴ $\overline{CE}=\overline{BC}-\overline{BE}=10-6=4(cm)$

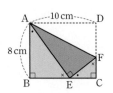

△ABE∽△ECF(AA 닮음)이므로

$\overline{AB} : \overline{EC} = \overline{AE} : \overline{EF}$에서 $8 : 4 = 10 : \overline{EF}$

$8\overline{EF} = 40$  ∴ $\overline{EF} = 5(cm)$

**07** 답 **54 cm²**

$\overline{AC}^2 = 15^2 - 9^2 = 144$

이때 $\overline{AC} > 0$이므로 $\overline{AC} = 12(cm)$

∴ $\triangle ABC = \dfrac{1}{2} \times 9 \times 12 = 54(cm^2)$

**08** 답 **25 m**

오른쪽 그림과 같은 △ABC에서

$\overline{AC}^2 = 26^2 - 10^2 = 576$

이때 $\overline{AC} > 0$이므로 $\overline{AC} = 24(m)$

∴ $\overline{AD} = \overline{AC} + \overline{CD} = 24 + 1 = 25(m)$

따라서 바닥에서 사다리가 건물에 닿은 부분
까지의 높이는 25 m이다.

**09** 답 **②**

마름모의 두 대각선은 서로를 수직이등분하므로

$\overline{AC} \perp \overline{BD}$, $\overline{AO} = \overline{CO}$, $\overline{BO} = \overline{DO}$

∴ $\overline{AO} = \dfrac{1}{2}\overline{AC} = \dfrac{1}{2} \times 16 = 8(cm)$, $\overline{BO} = \dfrac{1}{2}\overline{BD} = \dfrac{1}{2} \times 12 = 6(cm)$

따라서 직각삼각형 ABO에서 $\overline{AB}^2 = 8^2 + 6^2 = 100$

이때 $\overline{AB} > 0$이므로 $\overline{AB} = 10(cm)$

즉, 마름모의 한 변의 길이는 10 cm이다.

**10** 답 **⑤**

원뿔의 밑면의 반지름의 길이를 $r$ cm라 하면

$r^2 = 17^2 - 15^2 = 64$

이때 $r > 0$이므로 $r = 8$

∴ (원뿔의 부피) $= \dfrac{1}{3} \times \pi \times 8^2 \times 15 = 320\pi(cm^3)$

**11** 답 **13 cm**

□ABCD $= 25\,cm^2$이므로 $\overline{AB}^2 = 25$

이때 $\overline{AB} > 0$이므로 $\overline{AB} = 5(cm)$

□GCEF $= 49\,cm^2$이므로 $\overline{CE}^2 = 49$

이때 $\overline{CE} > 0$이므로 $\overline{CE} = 7(cm)$

△ABE에서 $\overline{AE}^2 = 5^2 + (5+7)^2 = 169$

이때 $\overline{AE} > 0$이므로 $\overline{AE} = 13(cm)$

**12** 답 **18 cm**

점 G가 직각삼각형 ABC의 무게중심이므로

$\overline{AD} = \dfrac{3}{2}\overline{AG} = \dfrac{3}{2} \times 10 = 15(cm)$  ⋯ (i)

점 D는 직각삼각형 ABC의 외심이므로

$\overline{BD} = \overline{CD} = \overline{AD} = 15\,cm$

∴ $\overline{BC} = \overline{BD} + \overline{DC} = 15 + 15 = 30(cm)$  ⋯ (ii)

따라서 △ABC에서 $\overline{AB}^2 = 30^2 - 24^2 = 324$

이때 $\overline{AB} > 0$이므로 $\overline{AB} = 18(cm)$  ⋯ (iii)

**채점 기준**

| (i) $\overline{AD}$의 길이 구하기 | 30 % |
| --- | --- |
| (ii) $\overline{BC}$의 길이 구하기 | 30 % |
| (iii) $\overline{AB}$의 길이 구하기 | 40 % |

**13** 답 **60 cm²**

△ABC에서 $\overline{BC}^2 = 20^2 - 12^2 = 256$

이때 $\overline{BC} > 0$이므로 $\overline{BC} = 16(cm)$

$\overline{AD}$는 ∠A의 이등분선이므로

$\overline{BD} : \overline{CD} = \overline{AB} : \overline{AC} = 20 : 12 = 5 : 3$

∴ $\overline{BD} = \dfrac{5}{8}\overline{BC} = \dfrac{5}{8} \times 16 = 10(cm)$

∴ $\triangle ABD = \dfrac{1}{2} \times 10 \times 12 = 60(cm^2)$

참고 △ABC에서 ∠A의 이등분선이 $\overline{BC}$와 만나는
점을 D라 하면
⇨ $\overline{AB} : \overline{AC} = \overline{BD} : \overline{CD}$

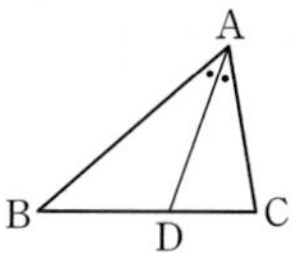

**14** 답 **84 cm²**

△ABD에서 $\overline{AD}^2 = 10^2 - 6^2 = 64$

이때 $\overline{AD} > 0$이므로 $\overline{AD} = 8(cm)$

△ADC에서 $\overline{CD}^2 = 17^2 - 8^2 = 225$

이때 $\overline{CD} > 0$이므로 $\overline{CD} = 15(cm)$

∴ $\triangle ABC = \dfrac{1}{2} \times (6+15) \times 8 = 84(cm^2)$

**15** 답 **④**

△ACD에서 $x^2 = 12^2 + 9^2 = 225$

이때 $x > 0$이므로 $x = 15$

따라서 △ABC에서 $y^2 = 15^2 + 8^2 = 289$

이때 $y > 0$이므로 $y = 17$

∴ $x + y = 15 + 17 = 32$

**16** 답 **⑤**

△ADC에서 $\overline{AC}^2 = 15^2 - 9^2 = 144$

이때 $\overline{AC} > 0$이므로 $\overline{AC} = 12(cm)$

△ABC에서 $\overline{AB}^2 = (7+9)^2 + 12^2 = 400$

이때 $\overline{AB} > 0$이므로 $\overline{AB} = 20(cm)$

**17** 답 **⑤**

△ABD의 넓이가 6이므로

$\dfrac{1}{2} \times 3 \times \overline{AB} = 6$  ∴ $\overline{AB} = 4$

△ABD에서 $\overline{AD}^2 = 3^2 + 4^2 = 25$

이때 $\overline{AD} > 0$이므로 $\overline{AD} = 5$

$\overline{DC} = \overline{AD} = 5$이므로

$\overline{BC} = \overline{BD} + \overline{DC} = 3 + 5 = 8$

따라서 △ABC에서 $\overline{AC}^2 = 4^2 + 8^2 = 80$

**18** 답 $\dfrac{18}{5}$

$\triangle ABC$에서 $\overline{BC}^2=6^2+8^2=100$

이때 $\overline{BC}>0$이므로 $\overline{BC}=10$

따라서 $\overline{AB}^2=\overline{BD}\times\overline{BC}$이므로

$6^2=\overline{BD}\times 10$ ∴ $\overline{BD}=\dfrac{18}{5}$

**19** 답 ③

$\triangle ABC$에서 $\overline{AC}^2=2^2+2^2=8$

$\triangle ACD$에서 $\overline{AD}^2=8+2^2=12$

$\triangle ADE$에서 $\overline{AE}^2=12+2^2=16$

$\triangle AEF$에서 $\overline{AF}^2=16+2^2=20$

**20** 답 ②

오른쪽 그림과 같이 점 D에서 $\overline{AB}$의 연장선에 내린 수선의 발을 H라 하자.

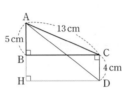

$\triangle ABC$에서 $\overline{BC}^2=13^2-5^2=144$

이때 $\overline{BC}>0$이므로 $\overline{BC}=12(cm)$

$\square BHDC$는 직사각형이므로

$\overline{HD}=\overline{BC}=12\,cm$, $\overline{BH}=\overline{CD}=4\,cm$

$\triangle AHD$에서 $\overline{AD}^2=12^2+(5+4)^2=225$

이때 $\overline{AD}>0$이므로 $\overline{AD}=15(cm)$

**21** 답 $\dfrac{21}{5}\,cm$

$\overline{AD}=a\,cm$라 하면

$\triangle ADC=\dfrac{1}{2}\times a\times 12=42$이므로 $a=7$

$\triangle ABC$에서 $\overline{AC}^2=12^2+(9+7)^2=400$

이때 $\overline{AC}>0$이므로 $\overline{AC}=20(cm)$

따라서 $\dfrac{1}{2}\times\overline{AC}\times\overline{DE}=42$이므로

$\dfrac{1}{2}\times 20\times\overline{DE}=42$ ∴ $\overline{DE}=\dfrac{21}{5}(cm)$

**22** 답 $15\,cm$

오른쪽 그림과 같이 꼭짓점 D에서 $\overline{BC}$에 내린 수선의 발을 H라 하면

$\overline{BH}=\overline{AD}=9\,cm$,

$\overline{DH}=\overline{AB}=8\,cm$이므로

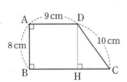

$\triangle DHC$에서 $\overline{HC}^2=10^2-8^2=36$

이때 $\overline{HC}>0$이므로 $\overline{HC}=6(cm)$

∴ $\overline{BC}=\overline{BH}+\overline{HC}=9+6=15(cm)$

**23** 답 ③

오른쪽 그림과 같이 $\overline{BD}$를 그으면

$\triangle ABD$에서 $\overline{BD}^2=15^2+20^2=625$

이때 $\overline{BD}>0$이므로 $\overline{BD}=25(cm)$

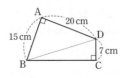

$\triangle BCD$에서 $\overline{BC}^2=25^2-7^2=576$

이때 $\overline{BC}>0$이므로 $\overline{BC}=24(cm)$

∴ ($\square ABCD$의 둘레의 길이)$=\overline{AB}+\overline{BC}+\overline{CD}+\overline{DA}$

$=15+24+7+20=66(cm)$

**24** 답 $120\,cm^2$

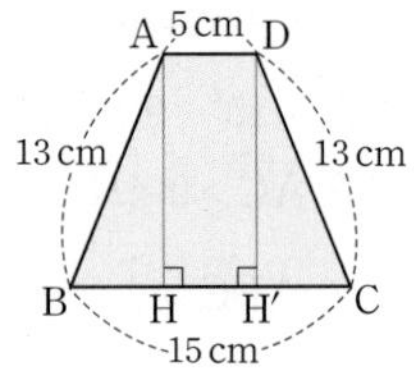

오른쪽 그림과 같이 두 꼭짓점 A, D에서 $\overline{BC}$에 내린 수선의 발을 각각 H, H'이라 하면

$\overline{HH'}=\overline{AD}=5\,cm$

$\triangle ABH$와 $\triangle DCH'$에서

$\angle B=\angle C$, $\angle AHB=\angle DH'C=90°$,

$\overline{AB}=\overline{DC}=13\,cm$이므로

$\triangle ABH\equiv\triangle DCH'$(RHA 합동)

∴ $\overline{BH}=\overline{CH'}=\dfrac{1}{2}\times(15-5)=5(cm)$

$\triangle ABH$에서 $\overline{AH}^2=13^2-5^2=144$

이때 $\overline{AH}>0$이므로 $\overline{AH}=12(cm)$

∴ $\square ABCD=\dfrac{1}{2}\times(5+15)\times 12=120(cm^2)$

**25** 답 $25\,cm$

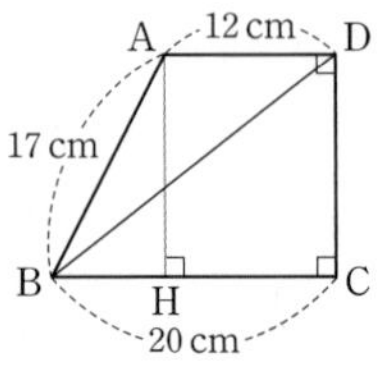

오른쪽 그림과 같이 꼭짓점 A에서 $\overline{BC}$에 내린 수선의 발을 H라 하면

$\overline{HC}=\overline{AD}=12\,cm$이므로

$\overline{BH}=\overline{BC}-\overline{HC}=20-12=8(cm)$

$\triangle ABH$에서 $\overline{AH}^2=17^2-8^2=225$

이때 $\overline{AH}>0$이므로 $\overline{AH}=15(cm)$

∴ $\overline{DC}=\overline{AH}=15\,cm$

$\triangle BCD$에서 $\overline{BD}^2=20^2+15^2=625$

이때 $\overline{BD}>0$이므로 $\overline{BD}=25(cm)$

**26** 답 ④

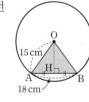

원 O에서 $\overline{OA}=\overline{OB}$이므로 $\triangle OAB$는 이등변삼각형이다.

오른쪽 그림과 같이 점 O에서 $\overline{AB}$에 내린 수선의 발을 H라 하면

$\overline{AH}=\overline{BH}=\dfrac{1}{2}\overline{AB}=\dfrac{1}{2}\times 18=9(cm)$

$\triangle OAH$에서 $\overline{OH}^2=15^2-9^2=144$

이때 $\overline{OH}>0$이므로 $\overline{OH}=12(cm)$

∴ $\triangle OAB=\dfrac{1}{2}\times 18\times 12=108(cm^2)$

**27** 답 $36\,cm$

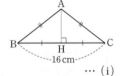

오른쪽 그림과 같이 꼭짓점 A에서 $\overline{BC}$에 내린 수선의 발을 H라 하면

$\triangle ABC$의 넓이가 $48\,cm^2$이므로

$\dfrac{1}{2}\times 16\times\overline{AH}=48$ ∴ $\overline{AH}=6(cm)$ ⋯ (i)

이때 $\overline{BH}=\overline{CH}=\dfrac{1}{2}\overline{BC}=\dfrac{1}{2}\times 16=8(cm)$이므로

$\triangle ABH$에서 $\overline{AB}^2=8^2+6^2=100$

이때 $\overline{AB}>0$이므로 $\overline{AB}=10(cm)$

∴ $\overline{AC}=\overline{AB}=10\,cm$ ⋯ (ii)

$\therefore$ ($\triangle$ABC의 둘레의 길이)$=\overline{AB}+\overline{BC}+\overline{CA}$
$$=10+16+10$$
$$=36(\text{cm}) \qquad \cdots \text{(iii)}$$

**채점 기준**

| | |
|---|---|
| (i) $\triangle$ABC의 높이 구하기 | 30 % |
| (ii) $\overline{AB}$, $\overline{AC}$의 길이 구하기 | 50 % |
| (iii) $\triangle$ABC의 둘레의 길이 구하기 | 20 % |

**28** 답 $10\,\text{cm}^2$

점 G는 $\triangle$ABC의 무게중심이므로
$\overline{BD}=\overline{CD}$, $\overline{GD}\perp\overline{BC}$
$\therefore \overline{BD}=\overline{CD}=\frac{1}{2}\overline{BC}=\frac{1}{2}\times10=5(\text{cm})$
$\triangle$ADC에서 $\overline{AD}^2=13^2-5^2=144$
이때 $\overline{AD}>0$이므로 $\overline{AD}=12(\text{cm})$
$\therefore \overline{GD}=\frac{1}{3}\overline{AD}=\frac{1}{3}\times12=4(\text{cm})$
$\therefore \triangle\text{GDC}=\frac{1}{2}\times5\times4=10(\text{cm}^2)$

**다른 풀이**

점 G는 $\triangle$ABC의 무게중심이므로
$\overline{BD}=\overline{CD}$, $\overline{GD}\perp\overline{BC}$
$\therefore \overline{BD}=\overline{CD}=\frac{1}{2}\overline{BC}=\frac{1}{2}\times10=5(\text{cm})$
$\triangle$ADC에서 $\overline{AD}^2=13^2-5^2=144$
이때 $\overline{AD}>0$이므로 $\overline{AD}=12(\text{cm})$
$\therefore \triangle\text{GDC}=\frac{1}{6}\triangle\text{ABC}$
$$=\frac{1}{6}\times\left(\frac{1}{2}\times10\times12\right)=10(\text{cm}^2)$$

**29** 답 $13\,\text{cm}^2$

$\triangle$ABD에서 $\overline{BD}^2=3^2+2^2=13$
$\therefore$ (정사각형의 넓이)$=\overline{BD}^2=13(\text{cm}^2)$

**30** 답 ②

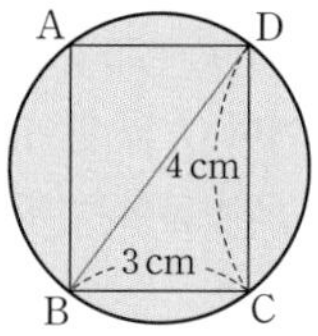

오른쪽 그림과 같이 $\overline{BD}$를 그으면
$\triangle$BCD에서 $\overline{BD}^2=3^2+4^2=25$
이때 $\overline{BD}>0$이므로 $\overline{BD}=5(\text{cm})$
따라서 직사각형 ABCD에 외접하는 원의 넓이는
$\pi\times\left(\frac{5}{2}\right)^2=\frac{25}{4}\pi(\text{cm}^2)$

**31** 답 $60\,\text{cm}^2$

오른쪽 그림과 같이 $\overline{OC}$를 그으면
$\overline{OC}=\overline{OA}=13\,\text{cm}$
$\triangle$OCE에서 $\overline{CE}^2=13^2-12^2=25$
이때 $\overline{CE}>0$이므로 $\overline{CE}=5(\text{cm})$
$\therefore \square\text{ODCE}=5\times12=60(\text{cm}^2)$

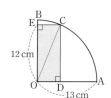

**32** 답 2

$\overline{BE}^2=\overline{BD}^2=1^2+1^2=2$
$\overline{BG}^2=\overline{BF}^2=\overline{BE}^2+1^2=2+1^2=3$
$\triangle$BGH에서 $\overline{BH}^2=\overline{BG}^2+1^2=3+1^2=4$
이때 $\overline{BH}>0$이므로 $\overline{BH}=2$

**33** 답 ③

$\triangle$ABD에서 $\overline{BD}^2=16^2+12^2=400$
이때 $\overline{BD}>0$이므로 $\overline{BD}=20(\text{cm})$
$\overline{AB}^2=\overline{BE}\times\overline{BD}$이므로
$12^2=\overline{BE}\times20 \qquad \therefore \overline{BE}=\frac{36}{5}(\text{cm})$
또 $\overline{CD}^2=\overline{DF}\times\overline{DB}$이므로
$12^2=\overline{DF}\times20 \qquad \therefore \overline{DF}=\frac{36}{5}(\text{cm})$
$\therefore \overline{EF}=\overline{BD}-(\overline{BE}+\overline{DF})$
$$=20-\left(\frac{36}{5}+\frac{36}{5}\right)=\frac{28}{5}(\text{cm})$$

**34** 답 $5\,\text{cm}$

$\overline{AE}=\overline{AD}=15\,\text{cm}$이므로
$\triangle$ABE에서 $\overline{BE}^2=15^2-9^2=144$
이때 $\overline{BE}>0$이므로 $\overline{BE}=12(\text{cm})$
$\therefore \overline{CE}=\overline{BC}-\overline{BE}=15-12=3(\text{cm})$
$\triangle$ABE$\varpropto\triangle$ECF(AA 닮음)이므로
$\overline{AB}:\overline{EC}=\overline{AE}:\overline{EF}$에서 $9:3=15:\overline{EF}$
$9\overline{EF}=45 \qquad \therefore \overline{EF}=5(\text{cm})$

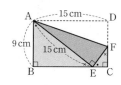

**35** 답 $25\,\text{cm}$

$\overline{RD}=\overline{AB}=15\,\text{cm}$이므로
$\triangle$RQD에서 $\overline{QR}^2=17^2-15^2=64$
이때 $\overline{QR}>0$이므로 $\overline{QR}=8(\text{cm})$
$\therefore \overline{BC}=\overline{AD}$
$$=\overline{AQ}+\overline{QD}$$
$$=\overline{QR}+\overline{QD}$$
$$=8+17=25(\text{cm})$$

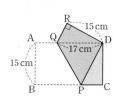

**36** 답 ③

$\overline{AB}=\overline{BC}=8\,\text{cm}$이므로
$\overline{PE}=\overline{AE}=\overline{AB}-\overline{BE}=8-3=5(\text{cm})$
$\triangle$EBP에서 $\overline{BP}^2=5^2-3^2=16$
이때 $\overline{BP}>0$이므로 $\overline{BP}=4(\text{cm})$
$\therefore \overline{PC}=\overline{BC}-\overline{BP}=8-4=4(\text{cm})$
$\triangle$EBP$\varpropto\triangle$PCH(AA 닮음)이므로
$\overline{EB}:\overline{PC}=\overline{EP}:\overline{PH}$에서 $3:4=5:\overline{PH}$
$3\overline{PH}=20 \qquad \therefore \overline{PH}=\frac{20}{3}(\text{cm})$
$\therefore \triangle\text{EPH}=\frac{1}{2}\times\frac{20}{3}\times5=\frac{50}{3}(\text{cm}^2)$

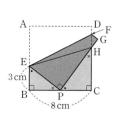

유형 모아 보기 & 완성하기　　165~169쪽

**37** 답 8

△ABC에서 $\overline{AC}^2=5^2-3^2=16$

이때 $\overline{AC}>0$이므로 $\overline{AC}=4$

∴ △AFC=△ABE=△ACE

　　$=\dfrac{1}{2}\Box ACDE=\dfrac{1}{2}\times 4^2=8$

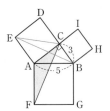

**38** 답 89

△AEH≡△BFE≡△CGF≡△DHG(SAS 합동)이므로

□EFGH는 정사각형이다.

∴ □EFGH$=\overline{EH}^2=\overline{AE}^2+\overline{AH}^2=5^2+8^2=89$

**39** 답 28

△ABF≡△BCG≡△CDH≡△DAE이므로

□EFGH는 정사각형이다.

△ABF에서 $\overline{BF}=\overline{AE}=8$이므로 $\overline{AF}^2=17^2-8^2=225$

이때 $\overline{AF}>0$이므로 $\overline{AF}=15$

∴ $\overline{EF}=\overline{AF}-\overline{AE}=15-8=7$

∴ (□EFGH의 둘레의 길이)$=4\times 7=28$

**40** 답 ㄴ, ㄹ

ㄱ. $2^2+3^2\neq 4^2$이므로 직각삼각형이 아니다.

ㄴ. $3^2+4^2=5^2$이므로 직각삼각형이다.

ㄷ. $3^2+5^2\neq 7^2$이므로 직각삼각형이 아니다.

ㄹ. $5^2+12^2=13^2$이므로 직각삼각형이다.

ㅁ. $8^2+12^2\neq 15^2$이므로 직각삼각형이 아니다.

따라서 직각삼각형인 것은 ㄴ, ㄹ이다.

**41** 답 ⑤

① $8^2>5^2+5^2$이므로 둔각삼각형이다.

② $9^2<6^2+7^2$이므로 예각삼각형이다.

③ $17^2=8^2+15^2$이므로 직각삼각형이다.

④ $15^2<9^2+13^2$이므로 예각삼각형이다.

⑤ $20^2<12^2+17^2$이므로 예각삼각형이다.

따라서 삼각형의 종류가 바르게 연결되지 않은 것은 ⑤이다.

**42** 답 $18\,\mathrm{cm}^2$

△ABC에서 $\overline{AC}^2=10^2-8^2=36$

이때 $\overline{AC}>0$이므로 $\overline{AC}=6(\mathrm{cm})$

∴ △LGC=△AGC=△HBC=△ACH

　　$=\dfrac{1}{2}\Box ACHI$

　　$=\dfrac{1}{2}\times 6^2=18(\mathrm{cm}^2)$

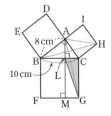

**43** 답 $16\,\mathrm{cm}^2$

□AFGB=□ACDE+□BHIC이므로

□ACDE$=52-36=16(\mathrm{cm}^2)$

**44** 답 $54\,\mathrm{cm}^2$

□AFGB=□ACDE+□BHIC이므로

□BHIC$=225-81=144(\mathrm{cm}^2)$

즉, $\overline{BC}^2=144$이고, $\overline{BC}>0$이므로 $\overline{BC}=12(\mathrm{cm})$

□ACDE$=81\,\mathrm{cm}^2$이므로 $\overline{AC}^2=81$

이때 $\overline{AC}>0$이므로 $\overline{AC}=9(\mathrm{cm})$

∴ △ABC$=\dfrac{1}{2}\times 12\times 9=54(\mathrm{cm}^2)$

**45** 답 ㄴ, ㄹ, ㅁ, ㅂ

$\overline{EB}/\!/\overline{DC}$이므로 △EBA=△EBC　　…㉠

△EBC≡△ABF(SAS 합동)이므로

△EBC=△ABF　　…㉡

$\overline{BF}/\!/\overline{AM}$이므로

△ABF=△LBF

　　$=\dfrac{1}{2}\Box BFML$

　　$=$△LFM　　…㉢

㉠~㉢에서

△EBA=△EBC=△ABF=△LBF=△LFM

따라서 △EBA와 넓이가 같은 것은 ㄴ, ㄹ, ㅁ, ㅂ이다.

**46** 답 ④

$\overline{AB}:\overline{CA}=5:4$이므로

$\overline{AB}=5k$, $\overline{CA}=4k(k>0)$라 하면

△ABC에서 $\overline{BC}^2=(5k)^2-(4k)^2=9k^2$

이때 $\overline{BC}>0$이므로 $\overline{BC}=3k$

따라서 두 정사각형 $P$와 $Q$의 닮음비가 $5k:3k=5:3$이므로

넓이의 비는 $5^2:3^2=25:9$

　다른 풀이

$\overline{AB}:\overline{CA}=5:4$이므로

두 정사각형 $P$와 $R$의 넓이의 비는

$5^2:4^2=25:16$

이때 ($P$의 넓이)=($Q$의 넓이)+($R$의 넓이)이므로

($P$의 넓이):($Q$의 넓이)$=25:(25-16)$

　　　　　　　　$=25:9$

**47** 답 144

△ABC에서

$\overline{AB}^2=20^2-16^2=144$

이때 $\overline{AB}>0$이므로 $\overline{AB}=12$

오른쪽 그림과 같이 $\overline{AB}$를 한 변으로 하는 정사

각형 AHIB를 그리면

□BDGF=□AHIB

　　　　$=\overline{AB}^2=144$

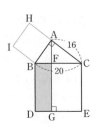

## 48 답 25

$\overline{AE}=\overline{BF}=\overline{CG}=\overline{DH}=3$이므로

$\overline{AH}=\overline{BE}=\overline{CF}=\overline{DG}=7-3=4$

즉, $\triangle AEH \equiv \triangle BFE \equiv \triangle CGF \equiv \triangle DHG$(SAS 합동)이므로

$\square EFGH$는 정사각형이다.

$\therefore \square EFGH = \overline{EH}^2 = \overline{AE}^2 + \overline{AH}^2 = 3^2 + 4^2 = 25$

## 49 답 74

$\triangle AEH \equiv \triangle BFE \equiv \triangle CGF \equiv \triangle DHG$(SAS 합동)이므로

$\square EFGH$는 정사각형이다.

$\therefore \square EFGH = \overline{EH}^2 = \overline{AH}^2 + \overline{AE}^2 = a^2 + b^2 = 74$

## 50 답 ③

$\triangle AEH \equiv \triangle BFE \equiv \triangle CGF \equiv \triangle DHG$(SAS 합동)이므로

$\square EFGH$는 정사각형이다.

$\square EFGH = 289\,cm^2$이므로 $\overline{EH}^2 = 289$

이때 $\overline{EH} > 0$이므로 $\overline{EH} = 17\,(cm)$

$\triangle AEH$에서 $\overline{AH}^2 = 17^2 - 8^2 = 225$

이때 $\overline{AH} > 0$이므로 $\overline{AH} = 15\,(cm)$

$\therefore (\square ABCD$의 둘레의 길이$) = 4 \times (15+8) = 92\,(cm)$

## 51 답 1

$\triangle ABF \equiv \triangle BCG \equiv \triangle CDH \equiv \triangle DAE$이므로

$\square EFGH$는 정사각형이다.

$\triangle ABF$에서 $\overline{BF}^2 = 5^2 - 4^2 = 9$

이때 $\overline{BF} > 0$이므로 $\overline{BF} = 3$

$\overline{AE} = \overline{BF} = 3$이므로 $\overline{EF} = \overline{AF} - \overline{AE} = 4 - 3 = 1$

$\therefore \square EFGH = \overline{EF}^2 = 1^2 = 1$

## 52 답 289 cm²

$\triangle ABP \equiv \triangle BCQ \equiv \triangle CDR \equiv \triangle DAS$이므로

$\square ABCD$, $\square PQRS$는 정사각형이다.

$\square PQRS = 49\,cm^2$이므로 $\overline{PS}^2 = 49$

이때 $\overline{PS} > 0$이므로 $\overline{PS} = 7\,(cm)$

$\overline{DS} = \overline{AP} = \overline{AS} - \overline{PS} = 15 - 7 = 8\,(cm)$이므로

$\triangle ASD$에서 $\overline{AD}^2 = 15^2 + 8^2 = 289$

$\therefore \square ABCD = \overline{AD}^2 = 289\,(cm^2)$

## 53 답 ④

$\triangle ABC \equiv \triangle CDE$이므로 $\overline{BC} = \overline{DE} = 12$

$\triangle ABC$에서 $\overline{AC}^2 = 5^2 + 12^2 = 169$

이때 $\overline{AC} > 0$이므로 $\overline{AC} = 13$

$\therefore \overline{CE} = \overline{AC} = 13$

$\angle ECD + \angle ACB = \angle CAB + \angle ACB = 90°$이므로

$\angle ACE = 90°$

따라서 $\triangle ACE$는 직각이등변삼각형이므로

$\triangle ACE = \dfrac{1}{2} \times 13 \times 13 = \dfrac{169}{2}$

## 54 답 ④, ⑤

① $3^2 + 3^2 \neq 4^2$이므로 직각삼각형이 아니다.

② $7^2 + 8^2 \neq 11^2$이므로 직각삼각형이 아니다.

③ $5^2 + 10^2 \neq 12^2$이므로 직각삼각형이 아니다.

④ $7^2 + 24^2 = 25^2$이므로 직각삼각형이다.

⑤ $15^2 + 20^2 = 25^2$이므로 직각삼각형이다.

따라서 직각삼각형인 것은 ④, ⑤이다.

## 55 답 392

㉠ 가장 긴 변의 길이가 $x\,cm$일 때

$x^2 = 14^2 + 10^2 = 296$      ··· (i)

㉡ 가장 긴 변의 길이가 $14\,cm$일 때

$14^2 = 10^2 + x^2$에서

$x^2 = 14^2 - 10^2 = 96$      ··· (ii)

따라서 ㉠, ㉡에 의해 $x^2$의 값은 296, 96이므로

구하는 합은 $296 + 96 = 392$      ··· (iii)

| 채점 기준 | |
|---|---|
| (i) 가장 긴 변의 길이가 $x\,cm$일 때, $x^2$의 값 구하기 | 40 % |
| (ii) 가장 긴 변의 길이가 $14\,cm$일 때, $x^2$의 값 구하기 | 40 % |
| (iii) 가능한 모든 $x^2$의 값의 합 구하기 | 20 % |

## 56 답 ①

$29^2 = 20^2 + 21^2$이므로 주어진 삼각형은 빗변의 길이가 $29\,cm$인 직각삼각형이다.

따라서 구하는 삼각형의 넓이는

$\dfrac{1}{2} \times 20 \times 21 = 210\,(cm^2)$

## 57 답 ③

① $9^2 > 2^2 + 8^2$이므로 둔각삼각형이다.

② $6^2 > 3^2 + 5^2$이므로 둔각삼각형이다.

③ $11^2 < 7^2 + 9^2$이므로 예각삼각형이다.

④ $16^2 > 8^2 + 13^2$이므로 둔각삼각형이다.

⑤ $15^2 = 9^2 + 12^2$이므로 직각삼각형이다.

따라서 예각삼각형인 것은 ③이다.

## 58 답 ④

$17^2 > 9^2 + 13^2$, 즉 $\overline{CA}^2 > \overline{AB}^2 + \overline{BC}^2$이므로

$\triangle ABC$는 $\angle B > 90°$인 둔각삼각형이다.

## 59 답 (1) 11, 12 (2) 13, 14, 15, 16, 17

주어진 조건에 의해

$10 < x < 18$      ··· ㉠

(1) $x^2 < 8^2 + 10^2$에서 $x^2 < 164$    ··· ㉡

㉠, ㉡을 모두 만족시키는 자연수 $x$의 값은 11, 12이다.

(2) $x^2 > 8^2 + 10^2$에서 $x^2 > 164$    ··· ㉢

㉠, ㉢을 모두 만족시키는 자연수 $x$의 값은 13, 14, 15, 16, 17이다.

# 03 피타고라스 정리의 활용

## 유형 모아 보기 & 완성하기 170~174쪽

**60** 답 **20**

$\overline{DE}^2+\overline{BC}^2=\overline{BE}^2+\overline{CD}^2$이므로

$\overline{DE}^2+12^2=10^2+8^2 \qquad \therefore \overline{DE}^2=20$

**61** 답 **60**

$\triangle AOD$에서 $\overline{AD}^2=3^2+4^2=25$

$\overline{AB}^2+\overline{CD}^2=\overline{AD}^2+\overline{BC}^2$이므로

$7^2+6^2=25+\overline{BC}^2 \qquad \therefore \overline{BC}^2=60$

**62** 답 **84**

$\overline{AP}^2+\overline{CP}^2=\overline{BP}^2+\overline{DP}^2$이므로

$\overline{AP}^2+4^2=6^2+8^2 \qquad \therefore \overline{AP}^2=84$

**63** 답 **$16\pi$ cm²**

$R=\frac{1}{2}\times\pi\times\left(\frac{8}{2}\right)^2=8\pi(\text{cm}^2)$

이때 $P+Q=R$이므로

$P+Q+R=2R=2\times 8\pi=16\pi(\text{cm}^2)$

**64** 답 **60 cm²**

$\triangle ABC$에서 $\overline{AC}^2=17^2-8^2=225$

이때 $\overline{AC}>0$이므로 $\overline{AC}=15(\text{cm})$

$\therefore$ (색칠한 부분의 넓이)$=\triangle ABC$

$=\frac{1}{2}\times 8\times 15=60(\text{cm}^2)$

**65** 답 **13**

선이 지나는 부분의 전개도는 오른쪽 그림과 같으므로

$\triangle BGH$에서 $\overline{BH}^2=(8+4)^2+5^2=169$

이때 $\overline{BH}>0$이므로 $\overline{BH}=13$

따라서 구하는 최단 거리는 13이다.

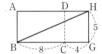

**66** 답 **6 cm**

$\overline{DE}^2+\overline{BC}^2=\overline{BE}^2+\overline{CD}^2$이므로

$2^2+9^2=\overline{BE}^2+7^2 \qquad \therefore \overline{BE}^2=36$

이때 $\overline{BE}>0$이므로 $\overline{BE}=6(\text{cm})$

**67** 답 **100**

$\overline{DE}^2+\overline{AB}^2=\overline{AD}^2+\overline{BE}^2$이므로

$\overline{AB}^2+\overline{DE}^2=6^2+8^2=100$

**68** 답 **180**

$\triangle ABC$에서 $\overline{AD}=\overline{DB}$, $\overline{BE}=\overline{EC}$이므로

$\overline{DE}=\frac{1}{2}\overline{AC}=\frac{1}{2}\times 12=6$

따라서 $\overline{DE}^2+\overline{AC}^2=\overline{AE}^2+\overline{CD}^2$이므로

$\overline{AE}^2+\overline{CD}^2=6^2+12^2=180$

**69** 답 **39**

$\triangle ADE$에서 $\overline{DE}^2=5^2+5^2=50$

$\triangle ADC$에서 $\overline{CD}^2=5^2+(5+3)^2=89$

$\overline{DE}^2+\overline{BC}^2=\overline{BE}^2+\overline{CD}^2$이므로

$50+\overline{BC}^2=\overline{BE}^2+89$

$\therefore \overline{BC}^2-\overline{BE}^2=89-50=39$

**70** 답 ④

$\triangle OCD$에서 $\overline{CD}^2=5^2+12^2=169$

$\overline{AB}^2+\overline{CD}^2=\overline{AD}^2+\overline{BC}^2$이므로

$4^2+169=6^2+\overline{BC}^2 \qquad \therefore \overline{BC}^2=149$

**71** 답 **75**

$\overline{AB}^2+\overline{CD}^2=\overline{AD}^2+\overline{BC}^2$이므로

$10^2+\overline{CD}^2=5^2+\overline{BC}^2$

$\therefore \overline{BC}^2-\overline{CD}^2=100-25=75$

**72** 답 **6**

$\overline{AB}^2+\overline{CD}^2=\overline{AD}^2+\overline{BC}^2$이므로

$10^2+11^2=\overline{AD}^2+14^2 \qquad \therefore \overline{AD}^2=25$

이때 $\overline{AD}>0$이므로 $\overline{AD}=5$ … (i)

$\triangle AOD$에서 $\overline{OD}^2=5^2-3^2=16$

이때 $\overline{OD}>0$이므로 $\overline{OD}=4$ … (ii)

$\therefore \triangle AOD=\frac{1}{2}\times 3\times 4=6$ … (iii)

| 채점 기준 | |
|---|---|
| (i) $\overline{AD}$의 길이 구하기 | 50 % |
| (ii) $\overline{OD}$의 길이 구하기 | 30 % |
| (iii) $\triangle AOD$의 넓이 구하기 | 20 % |

**73** 답 **18 cm²**

$\overline{AB}$, $\overline{BC}$, $\overline{CD}$를 각각 한 변으로 하는 세 정사각형의 넓이가 $9\text{cm}^2$, $16\text{cm}^2$, $25\text{cm}^2$이므로

$\overline{AB}^2=9$, $\overline{BC}^2=16$, $\overline{CD}^2=25$

이때 $\overline{AB}^2+\overline{CD}^2=\overline{AD}^2+\overline{BC}^2$이므로

$9+25=\overline{AD}^2+16 \qquad \therefore \overline{AD}^2=18$

따라서 $\overline{AD}$를 한 변으로 하는 정사각형의 넓이는 $18\text{cm}^2$이다.

**74** 답 **32**

$\overline{AP}^2+\overline{CP}^2=\overline{BP}^2+\overline{DP}^2$이므로

$6^2+\overline{CP}^2=8^2+2^2 \qquad \therefore \overline{CP}^2=32$

## 75 답 ③

$\overline{AP}^2 + \overline{CP}^2 = \overline{BP}^2 + \overline{DP}^2$이므로

$9^2 + \overline{CP}^2 = \overline{BP}^2 + 5^2$

$\therefore \overline{BP}^2 - \overline{CP}^2 = 81 - 25 = 56$

## 76 답 6시간

오른쪽 그림과 같이 공원의 위치를 P라 하면

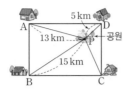

$\overline{AP}^2 + \overline{CP}^2 = \overline{BP}^2 + \overline{DP}^2$이므로

$13^2 + \overline{CP}^2 = 15^2 + 5^2$ $\therefore \overline{CP}^2 = 81$

이때 $\overline{CP} > 0$이므로 $\overline{CP} = 9 (km)$

따라서 공원에서 출발하여 시속 1.5 km로 걸어서 C 지점까지 가는

데 $\dfrac{9}{1.5} = 6$(시간)이 걸린다.

## 77 답 $\dfrac{9}{2}\pi\,cm^2$

색칠한 부분의 넓이는 $\overline{BC}$를 지름으로 하는 반원의 넓이와 같으므로

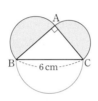

(색칠한 부분의 넓이) $= \dfrac{1}{2} \times \pi \times \left(\dfrac{6}{2}\right)^2$

$\qquad\qquad\qquad\qquad = \dfrac{9}{2}\pi\,(cm^2)$

## 78 답 ①

$\overline{BC}$를 지름으로 하는 반원의 넓이는

$10\pi - 8\pi = 2\pi\,(cm^2)$

즉, $\dfrac{1}{2} \times \pi \times \left(\dfrac{\overline{BC}}{2}\right)^2 = 2\pi$, $\overline{BC}^2 = 16$

이때 $\overline{BC} > 0$이므로 $\overline{BC} = 4 (cm)$

## 79 답 $\dfrac{13}{2}\pi\,cm^2$

$\overline{AC}$를 지름으로 하는 반원의 넓이는

$\dfrac{1}{2} \times \pi \times \left(\dfrac{2}{2}\right)^2 = \dfrac{1}{2}\pi\,(cm^2)$

따라서 $\overline{AB}$를 지름으로 하는 반원의 넓이는

$\dfrac{1}{2}\pi + 6\pi = \dfrac{13}{2}\pi\,(cm^2)$

## 80 답 ③

$\triangle ABC$에서 $\overline{AC}^2 = 15^2 - 12^2 = 81$

이때 $\overline{AC} > 0$이므로 $\overline{AC} = 9 (cm)$

$\therefore$ (색칠한 부분의 넓이) $= \triangle ABC$

$\qquad\qquad\qquad\qquad = \dfrac{1}{2} \times 12 \times 9 = 54\,(cm^2)$

## 81 답 10 cm

색칠한 부분의 넓이는 $\triangle ABC$의 넓이와 같으므로

$\dfrac{1}{2} \times 8 \times \overline{AC} = 24$ $\therefore \overline{AC} = 6 (cm)$

따라서 $\triangle ABC$에서 $\overline{BC}^2 = 8^2 + 6^2 = 100$

이때 $\overline{BC} > 0$이므로 $\overline{BC} = 10 (cm)$

## 82 답 100 cm²

$\triangle ABC$에서 $\overline{AB}^2 + \overline{AC}^2 = 20^2$

이때 $\overline{AB} = \overline{AC}$이므로

$2\overline{AB}^2 = 400$ $\therefore \overline{AB}^2 = 200$

$\therefore$ (색칠한 부분의 넓이) $= \triangle ABC = \dfrac{1}{2} \times \overline{AB}^2$

$\qquad\qquad\qquad\qquad\qquad = \dfrac{1}{2} \times 200 = 100\,(cm^2)$

## 83 답 150 cm²

오른쪽 그림과 같이 색칠한 부분의 넓이를 각각 $S_1$, $S_2$, $S_3$, $S_4$라 하자.

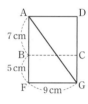

$\overline{BD}$를 그으면 $\triangle ABD$, $\triangle BCD$는 직각삼각형이므로

$S_1 + S_2 = \triangle ABD$, $S_3 + S_4 = \triangle BCD$

$\therefore$ (색칠한 부분의 넓이) $= S_1 + S_2 + S_3 + S_4$

$\qquad\qquad\qquad\qquad = \triangle ABD + \triangle BCD$

$\qquad\qquad\qquad\qquad = \square ABCD$

$\qquad\qquad\qquad\qquad = 10 \times 15 = 150\,(cm^2)$

## 84 답 ④

선이 지나는 부분의 전개도는 오른쪽 그림과 같으므로

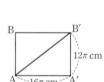

$\triangle AFG$에서 $\overline{AG}^2 = (7+5)^2 + 9^2 = 225$

이때 $\overline{AG} > 0$이므로 $\overline{AG} = 15 (cm)$

따라서 구하는 최단 거리는 15 cm이다.

## 85 답 $20\pi\,cm$

선이 지나는 부분의 전개도는 오른쪽 그림과 같으므로

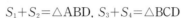

$\overline{AA'} = 2\pi \times 8 = 16\pi\,(cm)$

$\triangle AA'B'$에서

$\overline{AB'}^2 = (16\pi)^2 + (12\pi)^2 = 400\pi^2$

이때 $\overline{AB'} > 0$이므로 $\overline{AB'} = 20\pi\,(cm)$

따라서 구하는 최단 거리는 $20\pi$ cm이다.

**Pick** 점검하기       175~177쪽

## 86 답 25 cm

$\triangle ABC$의 넓이가 150 cm²이므로

$\dfrac{1}{2} \times 15 \times \overline{AB} = 150$ $\therefore \overline{AB} = 20 (cm)$

$\overline{BC}^2 = 20^2 + 15^2 = 625$

이때 $\overline{BC} > 0$이므로 $\overline{BC} = 25 (cm)$

**87** 답 ⑤

오른쪽 그림에서

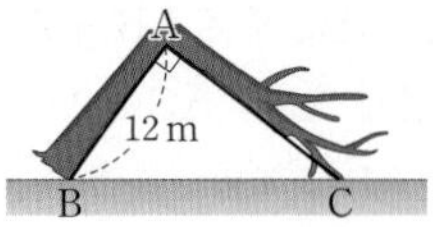

이 나무의 높이가 28 m이므로

$\overline{AC} = 28 - 12 = 16 \, (m)$

$\triangle ABC$에서 $\overline{BC}^2 = 12^2 + 16^2 = 400$

이때 $\overline{BC} > 0$이므로 $\overline{BC} = 20 \, (m)$

따라서 나무가 서 있던 지점에서 부러진 끝이 닿은 지점까지의 거리는 20 m이다.


**88** 답 ⑤

$\overline{AB} = \overline{AD} = 8 \, cm$이므로

$\triangle ABE$에서 $\overline{BE}^2 = 17^2 - 8^2 = 225$

이때 $\overline{BE} > 0$이므로 $\overline{BE} = 15 \, (cm)$

$\therefore \overline{CE} = \overline{BE} - \overline{BC} = 15 - 8 = 7 \, (cm)$


**89** 답 ②

$\triangle ADC$에서 $x^2 = 20^2 - 16^2 = 144$

이때 $x > 0$이므로 $x = 12$

$\triangle ABD$에서 $y^2 = 15^2 - 12^2 = 81$

이때 $y > 0$이므로 $y = 9$

$\therefore x + y = 12 + 9 = 21$


**90** 답 80 cm²

$\triangle ABC$에서 $\overline{AC}^2 = 10^2 + 12^2 = 244$

$\triangle ACD$에서 $\overline{CD}^2 = 18^2 - 244 = 80$

$\therefore \square CFED = \overline{CD}^2 = 80 \, (cm^2)$


**91** 답 ③

$\triangle BCD$에서 $\overline{BD}^2 = 13^2 - 5^2 = 144$

이때 $\overline{BD} > 0$이므로 $\overline{BD} = 12 \, (cm)$

$\overline{CD}^2 = \overline{DA} \times \overline{DB}$이므로

$5^2 = \overline{DA} \times 12 \quad \therefore \overline{DA} = \dfrac{25}{12} \, (cm)$

$\therefore \triangle ADC = \dfrac{1}{2} \times \overline{CD} \times \overline{DA}$

$\qquad\qquad = \dfrac{1}{2} \times 5 \times \dfrac{25}{12} = \dfrac{125}{24} \, (cm^2)$


**92** 답 30 m²

차양을 옆에서 본 모양은 오른쪽 그림과 같다.

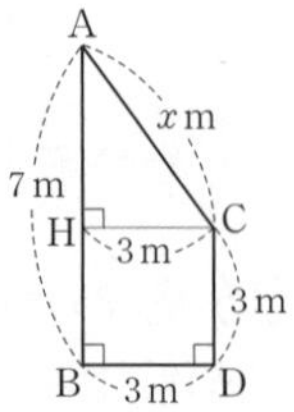

점 C에서 $\overline{AB}$에 내린 수선의 발을 H라 하면

$\overline{CH} = 3 \, m$, $\overline{BH} = 3 \, m$이므로

$\overline{AH} = \overline{AB} - \overline{BH} = 7 - 3 = 4 \, (m)$

차양의 세로의 길이, 즉 $\overline{AC} = x \, m$라 하면

$\triangle AHC$에서 $x^2 = 3^2 + 4^2 = 25$

이때 $x > 0$이므로 $x = 5$

따라서 차양의 가로의 길이가 6 m이므로

(차양의 넓이) $= 6 \times 5 = 30 \, (m^2)$

**93** 답 ②

① $\overline{BC} = \overline{CG} = 15 \, cm$이므로

$\triangle ABC$에서 $\overline{AB}^2 = 15^2 - 9^2 = 144$

이때 $\overline{AB} > 0$이므로 $\overline{AB} = 12 \, (cm)$

$\therefore \triangle EBC = \triangle EBA = \dfrac{1}{2} \square ADEB = \dfrac{1}{2} \times 12^2 = 72 \, (cm^2)$

③ $\triangle EBC$와 $\triangle ABF$에서

$\overline{EB} = \overline{AB}$, $\overline{BC} = \overline{BF}$,

$\angle EBC = 90° + \angle ABC = \angle ABF$이므로

$\triangle EBC \equiv \triangle ABF$ (SAS 합동)

④ $\triangle LBF = \triangle ABF = \triangle EBC = 72 \, cm^2$

⑤ $\square LMGC = \square ACHI = 9^2 = 81 \, (cm^2)$

따라서 옳지 않은 것은 ②이다.


**94** 답 289

$\triangle AEH \equiv \triangle BFE \equiv \triangle CGF \equiv \triangle DHG$ (SAS 합동)이므로

$\square EFGH$는 정사각형이다.

$\square EFGH = 169$이므로 $\overline{EH}^2 = 169$

이때 $\overline{EH} > 0$이므로 $\overline{EH} = 13$

$\triangle AEH$에서 $\overline{AH}^2 = 13^2 - 5^2 = 144$

이때 $\overline{AH} > 0$이므로 $\overline{AH} = 12$

$\therefore \overline{AD} = \overline{AH} + \overline{HD} = 12 + 5 = 17$

$\therefore \square ABCD = \overline{AD}^2 = 17^2 = 289$


**95** 답 ③

$\triangle ABQ \equiv \triangle BCR \equiv \triangle CDS \equiv \triangle DAP$이므로

$\square PQRS$는 정사각형이다.

① $\overline{BQ} = \overline{AP} = 6$이므로 $\triangle ABQ$에서 $\overline{AQ}^2 = 10^2 - 6^2 = 64$

이때 $\overline{AQ} > 0$이므로 $\overline{AQ} = 8$

② $\overline{PQ} = \overline{AQ} - \overline{AP} = 8 - 6 = 2$

③ $\triangle ABQ = \dfrac{1}{2} \times 6 \times 8 = 24$

④ $\square PQRS = \overline{PQ}^2 = 2^2 = 4$

따라서 옳지 않은 것은 ③이다.


**96** 답 ④

① $6^2 + 10^2 \neq 15^2$이므로 직각삼각형이 아니다.

② $7^2 + 12^2 \neq 13^2$이므로 직각삼각형이 아니다.

③ $8^2 + 15^2 \neq 16^2$이므로 직각삼각형이 아니다.

④ $9^2 + 40^2 = 41^2$이므로 직각삼각형이다.

⑤ $12^2 + 15^2 \neq 20^2$이므로 직각삼각형이 아니다.

따라서 직각삼각형인 것은 ④이다.


**97** 답 ①

$9^2 < 6^2 + 8^2$, 즉 $\overline{CA}^2 < \overline{AB}^2 + \overline{BC}^2$이므로

$\triangle ABC$는 예각삼각형이다.


**98** 답 ⑤

$\overline{AB}^2 + \overline{DE}^2 = \overline{AD}^2 + \overline{BE}^2$이므로

$\overline{AB}^2 + 5^2 = 9^2 + \overline{BE}^2 \quad \therefore \overline{AB}^2 - \overline{BE}^2 = 9^2 - 5^2 = 56$

## 99 답 $25\pi\,\mathrm{cm}^2$

$\overline{\mathrm{AB}}$, $\overline{\mathrm{BC}}$, $\overline{\mathrm{AC}}$를 각각 지름으로 하는 반원의
넓이를 $P$, $Q$, $R$라 하면
$P+Q=R$이므로

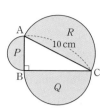

$$\begin{aligned}(\text{색칠한 부분의 넓이})&=P+Q+R=2R\\&=2\times\left(\frac{1}{2}\times\pi\times5^2\right)\\&=25\pi\,(\mathrm{cm}^2)\end{aligned}$$

## 100 답 ③

$\triangle\mathrm{ABC}$에서 $\overline{\mathrm{AC}}^2=26^2-24^2=100$
이때 $\overline{\mathrm{AC}}>0$이므로 $\overline{\mathrm{AC}}=10\,(\mathrm{cm})$

$$\begin{aligned}\therefore(\text{색칠한 부분의 넓이})&=2\triangle\mathrm{ABC}\\&=2\times\left(\frac{1}{2}\times10\times24\right)=240\,(\mathrm{cm}^2)\end{aligned}$$

## 101 답 66 cm

$\triangle\mathrm{ABD}$에서 $\overline{\mathrm{AD}}^2=7^2+24^2=625$
이때 $\overline{\mathrm{AD}}>0$이므로 $\overline{\mathrm{AD}}=25\,(\mathrm{cm})$ ··· (i)
$\triangle\mathrm{ABC}$에서 $\overline{\mathrm{AC}}^2=(7+11)^2+24^2=900$
이때 $\overline{\mathrm{AC}}>0$이므로 $\overline{\mathrm{AC}}=30\,(\mathrm{cm})$ ··· (ii)
$$\begin{aligned}\therefore(\triangle\mathrm{ADC}\text{의 둘레의 길이})&=\overline{\mathrm{AD}}+\overline{\mathrm{DC}}+\overline{\mathrm{CA}}\\&=25+11+30\\&=66\,(\mathrm{cm})\end{aligned}$$ ··· (iii)

### 채점 기준

| | |
|---|---|
| (i) $\overline{\mathrm{AD}}$의 길이 구하기 | 40% |
| (ii) $\overline{\mathrm{AC}}$의 길이 구하기 | 40% |
| (iii) $\triangle\mathrm{ADC}$의 둘레의 길이 구하기 | 20% |

## 102 답 60 cm²

$\square\mathrm{AFGB}=\square\mathrm{ACDE}+\square\mathrm{BHIC}$이므로
$\square\mathrm{ACDE}=289-64=225\,(\mathrm{cm}^2)$ ··· (i)
즉, $\overline{\mathrm{AC}}^2=225$이고, $\overline{\mathrm{AC}}>0$이므로
$\overline{\mathrm{AC}}=15\,(\mathrm{cm})$ ··· (ii)
$\square\mathrm{BHIC}=64\,\mathrm{cm}^2$이므로 $\overline{\mathrm{BC}}^2=64$
이때 $\overline{\mathrm{BC}}>0$이므로 $\overline{\mathrm{BC}}=8\,(\mathrm{cm})$ ··· (iii)
$\therefore\triangle\mathrm{ABC}=\dfrac{1}{2}\times15\times8=60\,(\mathrm{cm}^2)$ ··· (iv)

### 채점 기준

| | |
|---|---|
| (i) $\square\mathrm{ACDE}$의 넓이 구하기 | 20% |
| (ii) $\overline{\mathrm{AC}}$의 길이 구하기 | 30% |
| (iii) $\overline{\mathrm{BC}}$의 길이 구하기 | 30% |
| (iv) $\triangle\mathrm{ABC}$의 넓이 구하기 | 20% |

## 103 답 11, 61

㉠ 가장 긴 변의 길이가 6 cm일 때
$6^2=5^2+x^2$에서 $x^2=6^2-5^2=11$ ··· (i)
㉡ 가장 긴 변의 길이가 $x$ cm일 때
$x^2=5^2+6^2=61$ ··· (ii)
따라서 ㉠, ㉡에 의해 $x^2$의 값은 11, 61이다. ··· (iii)

### 채점 기준

| | |
|---|---|
| (i) 가장 긴 변의 길이가 6 cm일 때, $x^2$의 값 구하기 | 40% |
| (ii) 가장 긴 변의 길이가 $x$ cm일 때, $x^2$의 값 구하기 | 40% |
| (iii) 가능한 $x^2$의 값을 모두 구하기 | 20% |

## 만점 문제 뛰어넘기 178~179쪽

## 104 답 $\dfrac{1008}{25}\,\mathrm{cm}^2$

$\triangle\mathrm{ABC}$에서
$\overline{\mathrm{BC}}^2=16^2+12^2=400$
이때 $\overline{\mathrm{BC}}>0$이므로 $\overline{\mathrm{BC}}=20\,(\mathrm{cm})$
$\therefore\overline{\mathrm{EC}}=\overline{\mathrm{BC}}-\overline{\mathrm{BE}}=20-6=14\,(\mathrm{cm})$

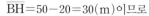
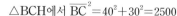

$\triangle\mathrm{BED}\varpropto\triangle\mathrm{ECF}$(AA 닮음)이고,
닮음비는 $\overline{\mathrm{BE}}:\overline{\mathrm{EC}}=6:14=3:7$이므로
$\overline{\mathrm{EF}}=\overline{\mathrm{DA}}=16\times\dfrac{7}{10}=\dfrac{56}{5}\,(\mathrm{cm})$,
$\overline{\mathrm{DE}}=\overline{\mathrm{AF}}=12\times\dfrac{3}{10}=\dfrac{18}{5}\,(\mathrm{cm})$
$\therefore\square\mathrm{ADEF}=\dfrac{56}{5}\times\dfrac{18}{5}=\dfrac{1008}{25}\,(\mathrm{cm}^2)$

## 105 답 $\dfrac{7}{5}\,\mathrm{cm}$

$\triangle\mathrm{ABC}$에서 $\overline{\mathrm{BC}}^2=6^2+8^2=100$
이때 $\overline{\mathrm{BC}}>0$이므로 $\overline{\mathrm{BC}}=10\,(\mathrm{cm})$
$\overline{\mathrm{AC}}^2=\overline{\mathrm{CH}}\times\overline{\mathrm{CB}}$이므로
$6^2=\overline{\mathrm{CH}}\times10$ $\therefore\overline{\mathrm{CH}}=\dfrac{18}{5}\,(\mathrm{cm})$
점 M은 직각삼각형 ABC의 외심이므로
$\overline{\mathrm{AM}}=\overline{\mathrm{BM}}=\overline{\mathrm{CM}}=\dfrac{1}{2}\overline{\mathrm{BC}}=\dfrac{1}{2}\times10=5\,(\mathrm{cm})$
$\therefore\overline{\mathrm{MH}}=\overline{\mathrm{CM}}-\overline{\mathrm{CH}}=5-\dfrac{18}{5}=\dfrac{7}{5}\,(\mathrm{cm})$

## 106 답 5초

오른쪽 그림과 같이 새의 위치를 B, 나무의
꼭대기를 C라 하자.
점 C에서 $\overline{\mathrm{AB}}$에 내린 수선의 발을 H라 하면
$\overline{\mathrm{CH}}=40\,\mathrm{m}$,

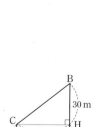

$\overline{\mathrm{BH}}=50-20=30\,(\mathrm{m})$이므로
$\triangle\mathrm{BCH}$에서 $\overline{\mathrm{BC}}^2=40^2+30^2=2500$
이때 $\overline{\mathrm{BC}}>0$이므로 $\overline{\mathrm{BC}}=50\,(\mathrm{m})$
따라서 새의 속력이 초속 10 m이므로 새가 나무의 꼭대기에 도착할
때까지 걸리는 시간은 $\dfrac{50}{10}=5\,(\text{초})$이다.

## 107 답 ③

$\overline{DQ}=\overline{DC}=4\,cm$이므로

$\triangle DQP$에서 $\overline{PQ}^2=5^2-4^2=9$

이때 $\overline{PQ}>0$이므로 $\overline{PQ}=3\,(cm)$

$\triangle ABP \equiv \triangle QDP$ (ASA 합동)이므로

$\overline{PA}=\overline{PQ}=3\,cm$

따라서 $\square ABCD$의 가로의 길이는

$\overline{AD}=\overline{AP}+\overline{PD}=3+5=8\,(cm)$

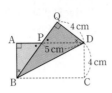

## 108 답 135 cm²

오른쪽 그림과 같이 색칠한 정사각형의
넓이를 각각 $S_1$, $S_2$, $S_3$, $S_4$, $S_5$, $S_6$, $S_7$
이라 하면

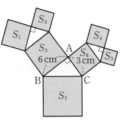

$S_1+S_2=S_3$, $S_4+S_5=S_6$,

$S_3+S_6=S_7$

이때 $S_7=\overline{BC}^2=6^2+3^2=45\,(cm^2)$이므로

(색칠한 부분의 넓이)$=S_1+S_2+S_3+S_4+S_5+S_6+S_7$

$\qquad =S_3+S_3+S_6+S_6+S_7$

$\qquad =S_3+S_6+S_3+S_6+S_7$

$\qquad =3S_7$

$\qquad =3\times 45=135\,(cm^2)$

## 109 답 9 cm

$\triangle BFL=\triangle ABF=\triangle EBC=200\,cm^2$
이므로

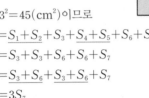

$\triangle BFL=\dfrac{1}{2}\times 25\times \overline{BL}=200$

$\therefore \overline{BL}=16\,(cm)$

이때 $\overline{BC}=\overline{CG}=25\,cm$이므로

$\overline{CL}=\overline{BC}-\overline{BL}=25-16=9\,(cm)$

다른 풀이

$\triangle EBC=\triangle ABF=\triangle BFL=\dfrac{1}{2}\square BFML$

$\therefore \square BFML=2\triangle EBC=2\times 200=400\,(cm^2)$

이때 $\square BFGC=25\times 25=625\,(cm^2)$이므로

$\square LMGC=\square BFGC-\square BFML$

$\qquad\qquad =625-400=225\,(cm^2)$

따라서 $\square LMGC=\overline{CL}\times \overline{CG}$이므로

$\overline{CL}\times 25=225 \qquad \therefore \overline{CL}=9\,(cm)$

## 110 답 6

삼각형을 만들 수 있는 경우는 (5 cm, 7 cm, 9 cm),
(5 cm, 9 cm, 12 cm), (5 cm, 9 cm, 13 cm),
(5 cm, 12 cm, 13 cm), (7 cm, 9 cm, 12 cm),
(7 cm, 9 cm, 13 cm), (7 cm, 12 cm, 13 cm),
(9 cm, 12 cm, 13 cm)의 8가지이다.

직각삼각형이 되는 경우는 $13^2=5^2+12^2$이므로

(5 cm, 12 cm, 13 cm)의 1가지이다.

$\therefore a=1$

둔각삼각형이 되는 경우는 $9^2>5^2+7^2$, $12^2>5^2+9^2$, $13^2>5^2+9^2$,
$12^2>7^2+9^2$, $13^2>7^2+9^2$이므로

(5 cm, 7 cm, 9 cm), (5 cm, 9 cm, 12 cm),

(5 cm, 9 cm, 13 cm), (7 cm, 9 cm, 12 cm),

(7 cm, 9 cm, 13 cm)의 5가지이다.

$\therefore b=5$

$\therefore a+b=1+5=6$

## 111 답 ⑤

$\triangle ABD$에서 $\overline{BD}^2=15^2+20^2=625$

이때 $\overline{BD}>0$이므로 $\overline{BD}=25$

$\overline{AB}\times \overline{AD}=\overline{AP}\times \overline{BD}$이므로

$15\times 20=\overline{AP}\times 25 \qquad \therefore \overline{AP}=12$

$\triangle ABP$에서 $\overline{BP}^2=15^2-12^2=81$

이때 $\overline{BP}>0$이므로 $\overline{BP}=9$

$\therefore \overline{DP}=\overline{BD}-\overline{BP}=25-9=16$

따라서 $\overline{AP}^2+\overline{CP}^2=\overline{BP}^2+\overline{DP}^2$이므로

$12^2+\overline{CP}^2=9^2+16^2 \qquad \therefore \overline{CP}^2=193$

## 112 답 ②

$\overline{AB}=c$, $\overline{AC}=b$, $\overline{BC}=a$라 하면 세 변 AB, AC, BC를 각각 한
변으로 하는 정삼각형의 닮음비가 $c:b:a$이므로

넓이의 비는 $S_1:S_2:S_3=c^2:b^2:a^2$

이때 $\triangle ABC$에서 $c^2+b^2=a^2$이므로

$S_1+S_2=S_3$

$\therefore S_1+S_2+S_3=S_3+S_3=2S_3=2\times 30=60$

## 113 답 ③

선이 지나는 부분의 전개도는 오른쪽 그
림과 같으므로

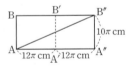

$\overline{AA'}=2\pi \times 6=12\pi \,(cm)$

$\triangle AA''B''$에서

$\overline{AB''}^2=(24\pi)^2+(10\pi)^2=676\pi^2$

이때 $\overline{AB''}>0$이므로 $\overline{AB''}=26\pi \,(cm)$

따라서 구하는 최단 거리는 $26\pi \,cm$이다.

만렙비법 옆면을 두 바퀴 돌았으므로 원기둥의 옆면의 전개도를 두 개
이어 붙여 생각한다.

# 경우의 수

| 01 ④ | 02 3 | 03 7 | 04 ② |
|---|---|---|---|
| 05 8 | 06 ③ | 07 ③ | 08 3 |
| 09 ④ | 10 ② | 11 8 | 12 ④ |
| 13 4 | 14 ③ | 15 ② | 16 7 |
| 17 7 | 18 6 | 19 12 | |
| 20 (1) 8 (2) 36 (3) 48 | 21 6 | 22 ④ | |
| 23 8 | 24 ② | 25 9 | 26 8 |
| 27 18 | 28 8 | 29 ⑤ | 30 12 |
| 31 9 | 32 20 | 33 30 | 34 6 |
| 35 12 | 36 10 | 37 ⑤ | 38 ③ |
| 39 6 | 40 6 | 41 ⑤ | 42 ⑤ |
| 43 720 | 44 48 | 45 24 | |
| 46 (1) 30 (2) 120 | 47 100 | 48 360 | |
| 49 ⑤ | 50 ⑤ | 51 24 | 52 ③ |
| 53 12 | 54 12 | 55 240 | 56 12 |
| 57 24 | 58 ① | 59 ④ | 60 36 |
| 61 (1) 120 (2) 240 | 62 504 | 63 ③ | |
| 64 12 | 65 67 | 66 90 | 67 30 |
| 68 ② | 69 204 | 70 720 | |
| 71 (1) 20 (2) 12 | 72 10 | 73 210 | |
| 74 ② | 75 12 | 76 ④ | 77 ⑤ |
| 78 10 | 79 ④ | 80 18 | 81 ③ |
| 82 28 | 83 10명 | 84 ④ | 85 20 |
| 86 35 | 87 7 | 88 ③ | 89 4 |
| 90 14 | 91 11 | 92 ④ | 93 ⑤ |
| 94 ④ | 95 ⑤ | 96 12 | 97 540 |
| 98 ④ | 99 ② | 100 9000 | 101 ⑤ |
| 102 20 | 103 ② | 104 7 | 105 36 |
| 106 53 | 107 6 | 108 31 | 109 ③ |
| 110 cadb | 111 ④ | 112 ⑤ | |

## 01 경우의 수

유형 모아 보기 & 완성하기    182~184쪽

**01 답 ④**

두 주사위에서 나오는 눈의 수를 순서쌍으로 나타내면 두 눈의 수의
차가 2인 경우는
$(1, 3), (2, 4), (3, 5), (4, 6), (6, 4), (5, 3), (4, 2), (3, 1)$
이므로 구하는 경우의 수는 8이다.

**02 답 3**

삼각형의 세 변의 길이를 각각 $a, b, c (a<b<c)$라 하고, 삼각형이
만들어지는 경우를 순서쌍 $(a, b, c)$로 나타내면
$(4, 5, 6), (4, 6, 9), (5, 6, 9)$이다.
따라서 구하는 삼각형의 개수는 3이다.

**03 답 7**

900원을 지불하는 방법을 표로 나타내면 다음과 같다.

| 100원(개) | 9 | 8 | 8 | 7 | 7 | 6 | 6 |
|---|---|---|---|---|---|---|---|
| 50원(개) | 0 | 2 | 1 | 4 | 3 | 6 | 5 |
| 10원(개) | 0 | 0 | 5 | 0 | 5 | 0 | 5 |

따라서 구하는 방법의 수는 7이다.

**04 답 ②**

두 주사위에서 나오는 눈의 수를 순서쌍으로 나타내면 두 눈의 수의
합이 8인 경우는
$(2, 6), (3, 5), (4, 4), (5, 3), (6, 2)$
이므로 구하는 경우의 수는 5이다.

**05 답 8**

소수가 나오는 경우는
2, 3, 5, 7, 11, 13, 17, 19
이므로 구하는 경우의 수는 8이다.

**06 답 ③**

① 3 이하의 눈이 나오는 경우는 1, 2, 3 ⇨ 3
② 4의 배수의 눈이 나오는 경우는 4 ⇨ 1
③ 6의 약수의 눈이 나오는 경우는 1, 2, 3, 6 ⇨ 4
④ 홀수의 눈이 나오는 경우는 1, 3, 5 ⇨ 3
⑤ 소수의 눈이 나오는 경우는 2, 3, 5 ⇨ 3
따라서 경우의 수가 가장 큰 사건은 ③이다.

**07 답 ③**

정수가 아닌 유리수가 나오는 경우는 $\frac{1}{2}, \frac{1}{3}, \frac{1}{4}, \frac{1}{5}, \frac{1}{6}$이다.
이때 유한소수가 되려면 분모의 소인수가 2나 5뿐이어야 하므로
$\frac{1}{2}, \frac{1}{4}=\frac{1}{2^2}, \frac{1}{5}$
따라서 구하는 경우의 수는 3이다.

## 08 답 3

$2x+y=7$이 되는 경우를 순서쌍 $(x, y)$로 나타내면

$(1, 5), (2, 3), (3, 1)$

이므로 구하는 경우의 수는 3이다.

## 09 답 ④

세 명 모두 서로 다른 것을 내는 경우를 나뭇가지 모양의 그림으로 나타내면 오른쪽과 같다.
따라서 구하는 경우의 수는 6이다.

지우　은서　시하

가위 $\begin{cases} 바위 - 보 \\ 보 - 바위 \end{cases}$

바위 $\begin{cases} 가위 - 보 \\ 보 - 가위 \end{cases}$

보 $\begin{cases} 가위 - 바위 \\ 바위 - 가위 \end{cases}$

## 10 답 ②

삼각형의 세 변의 길이를 $a, b, c\,(a<b<c)$라 하고, 삼각형이 만들어지는 경우를 순서쌍 $(a, b, c)$로 나타내면

$(3, 5, 7), (5, 7, 11)$이다.

따라서 구하는 삼각형의 개수는 2이다.

## 11 답 8

한 번에 한 계단을 오르는 경우를 1, 한 번에 두 계단을 오르는 경우를 2라 하고, 순서쌍으로 나타내면 계단 5개를 모두 오르는 경우는

$(1, 1, 1, 1, 1), (1, 1, 1, 2), (1, 1, 2, 1), (1, 2, 1, 1),$
$(2, 1, 1, 1), (1, 2, 2), (2, 1, 2), (2, 2, 1)$

이므로 구하는 경우의 수는 8이다.

## 12 답 ④

앞면이 $x$번 나온다고 하면 뒷면은 $(5-x)$번 나오므로

$x+(5-x)\times(-2)=2$

$3x=12$　∴ $x=4$

따라서 한 개의 동전을 연속하여 5번 던져서 앞면이 4번, 뒷면이 1번 나오는 경우를 순서쌍으로 나타내면

(앞, 앞, 앞, 앞, 뒤), (앞, 앞, 앞, 뒤, 앞), (앞, 앞, 뒤, 앞, 앞),
(앞, 뒤, 앞, 앞, 앞), (뒤, 앞, 앞, 앞, 앞)

이므로 구하는 경우의 수는 5이다.

[다른 풀이]

앞면이 $x$번, 뒷면이 $y$번 나온다고 하면

$\begin{cases} x+y=5 \\ x-2y=2 \end{cases}$　∴ $x=4, y=1$

## 13 답 4

세 종류의 동전을 각각 1개 이상 사용하여 700원을 지불하는 방법을 표로 나타내면 다음과 같다.

| 100원(개) | 6 | 5 | 4 | 3 |
|---|---|---|---|---|
| 50원(개) | 1 | 3 | 5 | 7 |
| 10원(개) | 5 | 5 | 5 | 5 |

따라서 구하는 방법의 수는 4이다.

## 14 답 ③

550원을 지불하는 방법을 표로 나타내면 다음과 같다.

| 100원(개) | 5 | 4 | 3 | 2 | 1 |
|---|---|---|---|---|---|
| 50원(개) | 1 | 3 | 5 | 7 | 9 |

따라서 구하는 방법의 수는 5이다.

## 15 답 ②

지불할 수 있는 금액을 표로 나타내면 다음과 같다.

| 500원(개) | 1 | 1 | 1 | 2 | 2 | 2 |
|---|---|---|---|---|---|---|
| 100원(개) | 1 | 2 | 3 | 1 | 2 | 3 |
| 금액(원) | 600 | 700 | 800 | 1100 | 1200 | 1300 |

따라서 지불할 수 있는 금액은 모두 6가지이다.

---

## 02 경우의 수의 합과 곱

### 유형 모아 보기 & 완성하기　185~189쪽

## 16 답 7

버스로 가는 경우는 4가지, 지하철로 가는 경우는 3가지이므로 구하는 경우의 수는

$4+3=7$

## 17 답 7

1부터 15까지의 자연수 중에서

3의 배수는 3, 6, 9, 12, 15의 5개이고,

7의 배수는 7, 14의 2개이다.

따라서 구하는 경우의 수는 $5+2=7$

## 18 답 6

티셔츠를 입는 경우는 3가지, 반바지를 입는 경우는 2가지이므로 구하는 경우의 수는

$3\times2=6$

## 19 답 12

집에서 학교까지 가는 방법은 3가지, 학교에서 공원까지 가는 방법은 4가지이므로 구하는 방법의 수는

$3\times4=12$

## 20 답 (1) 8　(2) 36　(3) 48

(1) 동전 1개를 던질 때, 일어나는 모든 경우는 앞면, 뒷면의 2가지이므로 구하는 경우의 수는

$2\times2\times2=8$

(2) 주사위 1개를 던질 때, 일어나는 모든 경우는 1, 2, 3, 4, 5, 6의 6가지이므로 구하는 경우의 수는

$6\times6=36$

(3) 동전 1개를 던질 때 일어나는 모든 경우는 앞면, 뒷면의 2가지이고, 주사위 1개를 던질 때 일어나는 모든 경우는 1, 2, 3, 4, 5, 6의 6가지이므로 구하는 경우의 수는
$$2 \times 2 \times 2 \times 6 = 48$$

## 21 답 6
A 지점에서 P 지점까지 최단 거리로 가는 방법은 3가지
P 지점에서 B 지점까지 최단 거리로 가는 방법은 2가지
따라서 구하는 방법의 수는 $3 \times 2 = 6$

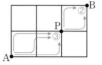

[다른 풀이]
A 지점에서 P 지점까지 최단 거리로 가는 방법의 수를 구할 때, A 지점에서 P 지점까지 가기 위해 지나가는 각 지점에 그 지점까지 가는 방법의 수를 표시하여 구하면 편리하다.
A 지점에서 P 지점까지 최단 거리로 가는 방법은 3가지
P 지점에서 B 지점까지 최단 거리로 가는 방법은 2가지
따라서 구하는 방법의 수는 $3 \times 2 = 6$

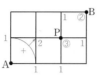

## 22 답 ④
기차로 가는 경우는 3가지, 고속버스로 가는 경우는 2가지이므로 구하는 경우의 수는
$$3 + 2 = 5$$

## 23 답 8
사탕을 꺼내는 경우는 5가지, 초콜릿을 꺼내는 경우는 3가지이므로 구하는 경우의 수는
$$5 + 3 = 8$$

## 24 답 ②
액션 영화를 관람하는 경우는 4가지, SF 영화를 관람하는 경우는 2가지, 코미디 영화를 관람하는 경우는 1가지이므로 구하는 경우의 수는 $4 + 2 + 1 = 7$

## 25 답 9
1부터 20까지의 자연수 중에서
4의 배수는 4, 8, 12, 16, 20의 5개이고,
15의 약수는 1, 3, 5, 15의 4개이다.
따라서 구하는 경우의 수는 $5 + 4 = 9$

## 26 답 8
두 주사위에서 나오는 눈의 수를 순서쌍으로 나타내면
두 눈의 수의 합이 4인 경우는
(1, 3), (2, 2), (3, 1)의 3가지
두 눈의 수의 합이 6인 경우는
(1, 5), (2, 4), (3, 3), (4, 2), (5, 1)의 5가지
따라서 구하는 경우의 수는 $3 + 5 = 8$

## 27 답 18
1부터 30까지의 자연수 중에서
2의 배수는 2, 4, 6, 8, …, 30의 15개이고,
5의 배수는 5, 10, 15, 20, 25, 30의 6개이다.
이때 2와 5의 공배수는 10, 20, 30의 3개이므로 구하는 경우의 수는
$$15 + 6 - 3 = 18$$

## 28 답 8
바늘이 가리킨 두 수의 합이 3의 배수인 경우는 3 또는 6 또는 9이다.
8등분, 3등분된 두 개의 원판의 바늘이 가리킨 수를 순서쌍으로 나타내면
바늘이 가리킨 두 수의 합이 3인 경우는
(1, 2), (2, 1)의 2가지 ⋯ (ⅰ)
바늘이 가리킨 두 수의 합이 6인 경우는
(3, 3), (4, 2), (5, 1)의 3가지 ⋯ (ⅱ)
바늘이 가리킨 두 수의 합이 9인 경우는
(6, 3), (7, 2), (8, 1)의 3가지 ⋯ (ⅲ)
따라서 구하는 경우의 수는 $2 + 3 + 3 = 8$ ⋯ (ⅳ)

**채점 기준**

| | |
|---|---|
| (ⅰ) 바늘이 가리킨 두 수의 합이 3인 경우 구하기 | 30 % |
| (ⅱ) 바늘이 가리킨 두 수의 합이 6인 경우 구하기 | 30 % |
| (ⅲ) 바늘이 가리킨 두 수의 합이 9인 경우 구하기 | 30 % |
| (ⅳ) 바늘이 가리킨 두 수의 합이 3의 배수인 경우의 수 구하기 | 10 % |

## 29 답 ⑤
3개의 자음과 4개의 모음이 있으므로 구하는 글자의 개수는
$$3 \times 4 = 12$$

## 30 답 12
스파게티를 고르는 경우는 3가지, 피자를 고르는 경우는 2가지, 음료수를 고르는 경우는 2가지이므로 구하는 경우의 수는
$$3 \times 2 \times 2 = 12$$

## 31 답 9
한 사람이 낼 수 있는 경우는 가위, 바위, 보의 3가지이므로 구하는 경우의 수는 $3 \times 3 = 9$

## 32 답 20
주어진 달력에서 금요일은 1일, 8일, 15일, 22일, 29일이므로 세호가 금요일을 택하는 경우는 5가지이다.
또 수요일은 6일, 13일, 20일, 27일이므로 은지가 수요일을 택하는 경우는 4가지이다.
따라서 구하는 경우의 수는 $5 \times 4 = 20$

## 33 답 30
A 지역에서 정상까지 올라가는 방법은 6가지, 정상에서 B 지역으로 내려오는 방법은 5가지이므로 구하는 방법의 수는
$$6 \times 5 = 30$$

**34** 답 **6**

서울에서 대전까지 가는 방법은 2가지, 대전에서 대구까지 가는 방법은 1가지, 대구에서 부산까지 가는 방법은 3가지이므로 구하는 방법의 수는 $2 \times 1 \times 3 = 6$

**35** 답 **12**

매점에서 나와 복도로 가는 방법은 3가지, 복도에서 열람실로 들어가는 방법은 4가지이므로 구하는 방법의 수는
$3 \times 4 = 12$

**36** 답 **10**

A 지점에서 B 지점을 거쳐 C 지점까지 가는 방법의 수는
$3 \times 3 = 9$
A 지점에서 B 지점을 거치지 않고 C 지점까지 가는 방법의 수는 1
따라서 구하는 경우의 수는 $9 + 1 = 10$

**37** 답 **⑤**

주사위 1개를 던질 때 일어나는 모든 경우는 1, 2, 3, 4, 5, 6의 6가지이고, 동전 1개를 던질 때 일어나는 모든 경우는 앞면, 뒷면의 2가지이므로 구하는 경우의 수는
$6 \times 6 \times 2 = 72$

**38** 답 **③**

3의 배수의 눈이 나오는 경우는 3, 6의 2가지이고,
4의 약수의 눈이 나오는 경우는 1, 2, 4의 3가지이므로
구하는 경우의 수는 $2 \times 3 = 6$

**39** 답 **6**

동전 2개가 서로 다른 면이 나오는 경우를 순서쌍으로 나타내면
(앞, 뒤), (뒤, 앞)의 2가지
주사위가 소수의 눈이 나오는 경우는 2, 3, 5의 3가지
따라서 구하는 경우의 수는 $2 \times 3 = 6$

**40** 답 **6**

집에서 우체통까지 최단 거리로 가는 방법은
2가지
우체통에서 학교까지 최단 거리로 가는 방법은 3가지
따라서 구하는 방법의 수는 $2 \times 3 = 6$

**41** 답 **⑤**

입구에서 A 지점까지 최단 거리로 가는 방법은 6가지
A 지점에서 출구까지 최단 거리로 가는 방법은 3가지
따라서 구하는 방법의 수는 $6 \times 3 = 18$

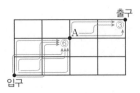

유형 모아 보기 & 완성하기 190~194쪽

**42** 답 **⑤**

3명을 한 줄로 세우는 경우의 수와 같으므로
$7 \times 6 \times 5 = 210$

**43** 답 **720**

H가 적힌 카드를 제외한 나머지 6장의 카드를 한 줄로 나열하는 경우의 수와 같으므로
$6 \times 5 \times 4 \times 3 \times 2 \times 1 = 720$

**44** 답 **48**

지민이와 지호를 1명으로 생각하여 4명이 한 줄로 앉는 경우의 수는
$4 \times 3 \times 2 \times 1 = 24$
이때 지민이와 지호가 자리를 바꾸는 경우의 수는 2
따라서 구하는 경우의 수는 $24 \times 2 = 48$

**45** 답 **24**

A에 칠할 수 있는 색은 4가지,
B에 칠할 수 있는 색은 A에 칠한 색을 제외한 3가지,
C에 칠할 수 있는 색은 A, B에 칠한 색을 제외한 2가지
따라서 구하는 경우의 수는 $4 \times 3 \times 2 = 24$

**46** 답 **(1) 30 (2) 120**

(1) 십의 자리에 올 수 있는 숫자는 6개,
　 일의 자리에 올 수 있는 숫자는 십의 자리의 숫자를 제외한 5개
　 따라서 만들 수 있는 두 자리의 자연수의 개수는
　 $6 \times 5 = 30$
(2) 백의 자리에 올 수 있는 숫자는 6개,
　 십의 자리에 올 수 있는 숫자는 백의 자리의 숫자를 제외한 5개,
　 일의 자리에 올 수 있는 숫자는 백의 자리와 십의 자리의 숫자를 제외한 4개
　 따라서 만들 수 있는 세 자리의 자연수의 개수는
　 $6 \times 5 \times 4 = 120$

**47** 답 **100**

백의 자리에 올 수 있는 숫자는 0을 제외한 5개,
십의 자리에 올 수 있는 숫자는 백의 자리의 숫자를 제외한 5개,
일의 자리에 올 수 있는 숫자는 백의 자리와 십의 자리의 숫자를 제외한 4개
따라서 만들 수 있는 세 자리의 자연수의 개수는
$5 \times 5 \times 4 = 100$

**48** 답 **360**

6명 중에서 4명을 뽑아 한 줄로 세우는 경우의 수와 같으므로
$6 \times 5 \times 4 \times 3 = 360$

## 49  답 ⑤

4명을 한 줄로 세우는 경우의 수와 같으므로
$4 \times 3 \times 2 \times 1 = 24$

## 50  답 ⑤

7개 중에서 4개를 뽑아 한 줄로 세우는 경우의 수와 같으므로
$7 \times 6 \times 5 \times 4 = 840$

## 51  답 24

가현이를 제외한 나머지 4명의 순서를 정하는 경우의 수와 같으므로
$4 \times 3 \times 2 \times 1 = 24$

## 52  답 ③

시집과 희곡집을 제외한 나머지 3권의 순서를 정하는 경우의 수와
같으므로 $3 \times 2 \times 1 = 6$

## 53  답 12

㉠ A를 맨 뒤에 세우는 경우
　 A를 제외한 나머지 3명을 일렬로 세우는 경우의 수와 같으므로
　 $3 \times 2 \times 1 = 6$ 　　　　　　　　　　　 …(i)
㉡ C를 맨 뒤에 세우는 경우
　 C를 제외한 나머지 3명을 일렬로 세우는 경우의 수와 같으므로
　 $3 \times 2 \times 1 = 6$ 　　　　　　　　　　　 …(ii)
따라서 ㉠, ㉡에 의해 구하는 경우의 수는
$6 + 6 = 12$ 　　　　　　　　　　　　　　　 …(iii)

**채점 기준**

| | |
|---|---|
| (i) A를 맨 뒤에 세우는 경우의 수 구하기 | 40 % |
| (ii) C를 맨 뒤에 세우는 경우의 수 구하기 | 40 % |
| (iii) A 또는 C를 맨 뒤에 세우는 경우의 수 구하기 | 20 % |

## 54  답 12

부모님을 제외한 나머지 3명이 한 줄로 서는 경우의 수는
$3 \times 2 \times 1 = 6$
이때 부모님이 양 끝에 서는 경우의 수는 2
따라서 구하는 경우의 수는 $6 \times 2 = 12$

## 55  답 240

$a$와 $b$를 1개로 생각하여 5개의 문자를 한 줄로 배열하는 경우의 수는
$5 \times 4 \times 3 \times 2 \times 1 = 120$
이때 $a$와 $b$의 자리를 바꾸는 경우의 수는 2
따라서 구하는 경우의 수는 $120 \times 2 = 240$

## 56  답 12

노란색 자동차와 보라색 자동차를 제외한 나머지 3대를 한 줄로 세우는 경우의 수는 $3 \times 2 \times 1 = 6$
이때 노란색 자동차와 보라색 자동차의 자리를 바꾸는 경우의 수는 2
따라서 구하는 경우의 수는 $6 \times 2 = 12$

## 57  답 24

1반 학생과 2반 학생을 각각 1명으로 생각하여 2명을 한 줄로 세우는 경우의 수는
$2 \times 1 = 2$ 　　　　　　　　　　　　　　　 …(i)
이때 1반 학생은 1반 학생끼리, 2반 학생은 2반 학생끼리 자리를 바꾸는 경우의 수는 각각
$2 \times 1 = 2$, $3 \times 2 \times 1 = 6$ 　　　　　　　 …(ii)
따라서 구하는 경우의 수는
$2 \times 2 \times 6 = 24$ 　　　　　　　　　　　 …(iii)

**채점 기준**

| | |
|---|---|
| (i) 1반 학생과 2반 학생을 각각 1명으로 생각하고, 한 줄로 세우는 경우의 수 구하기 | 40 % |
| (ii) 1반 학생끼리, 2반 학생끼리 자리를 바꾸는 경우의 수 구하기 | 40 % |
| (iii) 같은 반 학생끼리 이웃하여 서는 경우의 수 구하기 | 20 % |

## 58  답 ①

A와 B, D와 E를 각각 1명으로 생각하여 3명을 한 줄로 세우는 경우의 수는 $3 \times 2 \times 1 = 6$
이때 D와 E의 자리는 정해져 있고, A와 B가 자리를 바꾸는 경우의 수는 2
따라서 구하는 경우의 수는 $6 \times 2 = 12$

## 59  답 ④

A에 칠할 수 있는 색은 4가지,
B에 칠할 수 있는 색은 A에 칠한 색을 제외한 3가지,
C에 칠할 수 있는 색은 A, B에 칠한 색을 제외한 2가지,
D에 칠할 수 있는 색은 A, B, C에 칠한 색을 제외한 1가지
따라서 구하는 경우의 수는 $4 \times 3 \times 2 \times 1 = 24$

## 60  답 36

A에 칠할 수 있는 색은 4가지,
B에 칠할 수 있는 색은 A에 칠한 색을 제외한 3가지,
C에 칠할 수 있는 색은 B에 칠한 색을 제외한 3가지
따라서 구하는 경우의 수는 $4 \times 3 \times 3 = 36$

## 61  답 (1) 120  (2) 240

(1) A에 칠할 수 있는 색은 5가지,
　 B에 칠할 수 있는 색은 A에 칠한 색을 제외한 4가지,
　 C에 칠할 수 있는 색은 A, B에 칠한 색을 제외한 3가지,
　 D에 칠할 수 있는 색은 A, B, C에 칠한 색을 제외한 2가지
　 따라서 구하는 경우의 수는 $5 \times 4 \times 3 \times 2 = 120$
(2) A에 칠할 수 있는 색은 5가지,
　 B에 칠할 수 있는 색은 A에 칠한 색을 제외한 4가지,
　 C에 칠할 수 있는 색은 B에 칠한 색을 제외한 4가지,
　 D에 칠할 수 있는 색은 B, C에 칠한 색을 제외한 3가지
　 따라서 구하는 경우의 수는 $5 \times 4 \times 4 \times 3 = 240$

## 62 답 504

백의 자리에 올 수 있는 숫자는 9개,

십의 자리에 올 수 있는 숫자는 백의 자리의 숫자를 제외한 8개,

일의 자리에 올 수 있는 숫자는 백의 자리와 십의 자리의 숫자를 제외한 7개

따라서 만들 수 있는 세 자리의 자연수의 개수는

$9 \times 8 \times 7 = 504$

## 63 답 ③

홀수가 되려면 일의 자리에 올 수 있는 숫자는 1 또는 3 또는 5이다.

(i) □1인 경우

십의 자리에 올 수 있는 숫자는 1을 제외한 5개

(ii) □3인 경우

십의 자리에 올 수 있는 숫자는 3을 제외한 5개

(iii) □5인 경우

십의 자리에 올 수 있는 숫자는 5를 제외한 5개

따라서 (i)~(iii)에 의해 구하는 홀수의 개수는

$5 + 5 + 5 = 15$

## 64 답 12

(i) 1□인 경우

일의 자리에 올 수 있는 숫자는 1을 제외한 4개

(ii) 2□인 경우

일의 자리에 올 수 있는 숫자는 2를 제외한 4개

(iii) 3□인 경우

일의 자리에 올 수 있는 숫자는 3을 제외한 4개

따라서 (i)~(iii)에 의해 40보다 작은 자연수의 개수는

$4 + 4 + 4 = 12$

## 65 답 67

큰 수부터 나열하므로 십의 자리의 숫자가 8인 경우부터 차례로 생각한다.

(i) 8□인 경우

일의 자리에 올 수 있는 숫자는 8을 제외한 7개

(ii) 7□인 경우

일의 자리에 올 수 있는 숫자는 7을 제외한 7개

(i), (ii)에서 $7 + 7 = 14$(개)이므로 16번째로 큰 수는 십의 자리의 숫자가 6인 수 중에서 두 번째로 큰 수이다.

따라서 십의 자리의 숫자가 6인 수를 큰 수부터 차례로 나열하면 68, 67, 65, …이므로 16번째로 큰 수는 67이다.

## 66 답 90

십의 자리에 올 수 있는 숫자는 0을 제외한 9개,

일의 자리에 올 수 있는 숫자는 10개

따라서 만들 수 있는 두 자리의 자연수의 개수는

$9 \times 10 = 90$

## 67 답 30

짝수가 되려면 일의 자리에 올 수 있는 숫자는 0 또는 2 또는 4이다.

(i) □□0인 경우

백의 자리에 올 수 있는 숫자는 0을 제외한 4개, 십의 자리에 올 수 있는 숫자는 0과 백의 자리의 숫자를 제외한 3개이므로

$4 \times 3 = 12$(개)

(ii) □□2인 경우

백의 자리에 올 수 있는 숫자는 0, 2를 제외한 3개, 십의 자리에 올 수 있는 숫자는 2와 백의 자리의 숫자를 제외한 3개이므로

$3 \times 3 = 9$(개)

(iii) □□4인 경우

백의 자리에 올 수 있는 숫자는 0, 4를 제외한 3개, 십의 자리에 올 수 있는 숫자는 4와 백의 자리의 숫자를 제외한 3개이므로

$3 \times 3 = 9$(개)

따라서 (i)~(iii)에 의해 구하는 짝수의 개수는

$12 + 9 + 9 = 30$

## 68 답 ②

(i) 1□인 경우

일의 자리에 올 수 있는 숫자는 1을 제외한 5개

(ii) 2□인 경우

일의 자리에 올 수 있는 숫자는 2를 제외한 5개

(iii) 3□인 경우

일의 자리에 올 수 있는 숫자는 3을 제외한 5개

(iv) 4□인 경우

40, 41의 2개

따라서 (i)~(iv)에 의해 42 미만인 자연수의 개수는

$5 + 5 + 5 + 2 = 17$

## 69 답 204

작은 수부터 나열하므로 백의 자리의 숫자가 1인 경우부터 차례로 생각한다.

1□□인 경우는 십의 자리에 올 수 있는 숫자는 1을 제외한 4개, 일의 자리에 올 수 있는 숫자는 1과 십의 자리의 숫자를 제외한 3개이므로 $4 \times 3 = 12$(개)

즉, 백의 자리의 숫자가 1인 수는 12개이므로 15번째의 수는 백의 자리의 숫자가 2인 수 중에서 세 번째로 작은 수이다.

따라서 백의 자리의 숫자가 2인 수를 작은 수부터 차례로 나열하면 201, 203, 204, 210, …이므로 15번째의 수는 204이다.

# 04 여러 가지 경우의 수 (2)

## 유형 모아 보기 & 완성하기

195~197쪽

## 70 답 720

$10 \times 9 \times 8 = 720$

## 71  답 (1) 20  (2) 12

(1) 6명 중에서 대표 3명을 뽑는 경우의 수는 $\dfrac{6\times5\times4}{6}=20$

(2) 남학생 2명 중에서 대표 1명을 뽑는 경우의 수는 2

여학생 4명 중에서 대표 2명을 뽑는 경우의 수는 $\dfrac{4\times3}{2}=6$

따라서 구하는 경우의 수는 $2\times6=12$

## 72  답 10

5개의 점 중에서 2개의 점을 선택하는 경우의 수와 같으므로

$\dfrac{5\times4}{2}=10$

## 73  답 210

$7\times6\times5=210$

## 74  답 ②

남학생 3명 중에서 회장 1명을 뽑는 경우의 수는 3

여학생 4명 중에서 회장 1명, 부회장 1명을 뽑는 경우의 수는

$4\times3=12$

따라서 구하는 경우의 수는 $3\times12=36$

## 75  답 12

A를 제외한 4명의 학생 중에서 달리기 선수와 씨름 선수를 각각

1명씩 뽑아야 하므로 구하는 경우의 수는

$4\times3=12$

## 76  답 ④

5번 선수를 제외한 나머지 9명의 선수 중에서 2명을 뽑아 은메달,

동메달을 주는 경우의 수와 같으므로

$9\times8=72$

## 77  답 ⑤

5명의 후보 중에서 회장 1명을 뽑는 경우의 수는 5

회장을 제외한 4명의 후보 중에서 부회장 2명을 뽑는 경우의 수는

$\dfrac{4\times3}{2}=6$

따라서 구하는 경우의 수는 $5\times6=30$

## 78  답 10

5개의 봉수대 중에서 2개의 봉수대를 뽑는 경우의 수와 같으므로

$\dfrac{5\times4}{2}=10$

## 79  답 ④

7개의 요일 중에서 자격이 같은 3개의 요일을 뽑는 경우의 수와 같으

므로 $\dfrac{7\times6\times5}{6}=35$

## 80  답 18

여학생 4명 중 A를 제외한 나머지 3명 중에서 대표 1명을 뽑는 경우

의 수는 3          ⋯ (i)

남학생 5명 중 H를 제외한 나머지 4명 중에서 대표 2명을 뽑는 경우

의 수는 $\dfrac{4\times3}{2}=6$          ⋯ (ii)

따라서 구하는 경우의 수는

$3\times6=18$          ⋯ (iii)

**채점 기준**

| | |
|---|---|
| (i) 여학생 3명 중에서 대표 1명을 뽑는 경우의 수 구하기 | 40 % |
| (ii) 남학생 4명 중에서 대표 2명을 뽑는 경우의 수 구하기 | 40 % |
| (iii) 구하는 경우의 수 구하기 | 20 % |

## 81  답 ③

대표 2명의 학년이 같은 경우는 1학년 학생 중에서 대표 2명을 뽑는

경우와 2학년 학생 중에서 대표 2명을 뽑는 경우이다.

(i) 1학년 학생 6명 중에서 대표 2명을 뽑는 경우의 수는

$\dfrac{6\times5}{2}=15$

(ii) 2학년 학생 7명 중에서 대표 2명을 뽑는 경우의 수는

$\dfrac{7\times6}{2}=21$

따라서 (i), (ii)에 의해 구하는 경우의 수는

$15+21=36$

## 82  답 28

8명 중에서 자격이 같은 2명의 대표를 뽑는 경우의 수와 같으므로

$\dfrac{8\times7}{2}=28$

## 83  답 10명

대회에 참가한 선수를 $n$명이라 하면 45번의 경기가 치러지므로

$\dfrac{n\times(n-1)}{2}=45$, $n(n-1)=90=10\times9$    ∴ $n=10$

따라서 대회에 참가한 선수는 모두 10명이다.

## 84  답 ④

6개의 점 중에서 2개의 점을 선택하는 경우의 수와 같으므로

$\dfrac{6\times5}{2}=15$

## 85  답 20

직선 $l$ 위의 한 점을 선택하는 경우는 5가지, 직선 $m$ 위의 한 점을

선택하는 경우는 4가지이므로 구하는 선분의 개수는

$5\times4=20$

## 86  답 35

7개의 점 중에서 3개의 점을 선택하는 경우의 수와 같으므로

$\dfrac{7\times6\times5}{6}=35$

**87** 답 **7**

바닥에 닿는 면에 적힌 두 수를 순서쌍으로 나타내면 두 수의 합이 10인 경우는

$(2, 8), (3, 7), (4, 6), (5, 5), (6, 4), (7, 3), (8, 2)$

이므로 구하는 경우의 수는 7이다.

**88** 답 ③

① 소수가 나오는 경우는 2, 3, 5, 7 ⇨ 4

② 짝수가 나오는 경우는 2, 4, 6, 8 ⇨ 4

③ 3의 배수가 나오는 경우는 3, 6, 9 ⇨ 3

④ 8의 약수가 나오는 경우는 1, 2, 4, 8 ⇨ 4

⑤ 5 미만의 수가 나오는 경우는 1, 2, 3, 4 ⇨ 4

따라서 경우의 수가 나머지 넷과 다른 하나는 ③이다.

**89** 답 **4**

1650원을 지불하는 방법을 표로 나타내면 다음과 같다.

| 500원(개) | 3 | 3 | 2 | 2 |
|---|---|---|---|---|
| 100원(개) | 1 | 0 | 5 | 4 |
| 50원(개) | 1 | 3 | 3 | 5 |

따라서 구하는 방법의 수는 4이다.

**90** 답 **14**

취미가 독서인 학생은 8명, 영화 감상인 학생은 6명이므로 구하는 경우의 수는 8+6=14

**91** 답 **11**

1부터 50까지의 자연수 중에서

8의 배수는 8, 16, 24, 32, 40, 48의 6개이고,

9의 배수는 9, 18, 27, 36, 45의 5개이다.

따라서 구하는 경우의 수는 6+5=11

**92** 답 ④

꽃을 고르는 경우는 5가지, 포장지를 고르는 경우는 3가지이므로 구하는 경우의 수는 5×3=15

**93** 답 ⑤

복도에서 매점으로 들어가는 방법은 3가지, 매점에서 복도로 나가는 방법은 3가지, 복도에서 상영관으로 들어가는 방법은 3가지이므로 구하는 방법의 수는 3×3×3=27

**94** 답 ④

5명 중에서 2명을 뽑아 한 줄로 세우는 경우와 같으므로

5×4=20(가지)

**95** 답 ⑤

여학생 4명을 일렬로 세우는 경우의 수는

4×3×2×1=24

이때 남학생 2명을 양 끝에 세우는 경우의 수는 2

따라서 구하는 경우의 수는 24×2=48

**96** 답 **12**

부모님을 1명으로 생각하여 3명이 한 줄로 서는 경우의 수는

3×2×1=6

이때 부모님이 자리를 바꾸는 경우의 수는 2

따라서 구하는 경우의 수는 6×2=12

**97** 답 **540**

A에 칠할 수 있는 색은 5가지,

B에 칠할 수 있는 색은 A에 칠한 색을 제외한 4가지,

C에 칠할 수 있는 색은 A, B에 칠한 색을 제외한 3가지,

D에 칠할 수 있는 색은 A, C에 칠한 색을 제외한 3가지,

E에 칠할 수 있는 색은 A, D에 칠한 색을 제외한 3가지

따라서 구하는 경우의 수는 5×4×3×3×3=540

**98** 답 ④

짝수가 되려면 일의 자리에 올 수 있는 숫자는 2 또는 4 또는 6이다.

(i) □□2인 경우

백의 자리에 올 수 있는 숫자는 2를 제외한 5개, 십의 자리에 올 수 있는 숫자는 2와 백의 자리의 숫자를 제외한 4개이므로

5×4=20(개)

(ii) □□4인 경우

백의 자리에 올 수 있는 숫자는 4를 제외한 5개, 십의 자리에 올 수 있는 숫자는 4와 백의 자리의 숫자를 제외한 4개이므로

5×4=20(개)

(iii) □□6인 경우

백의 자리에 올 수 있는 숫자는 6을 제외한 5개, 십의 자리에 올 수 있는 숫자는 6과 백의 자리의 숫자를 제외한 4개이므로

5×4=20(개)

따라서 (i)~(iii)에 의해 구하는 짝수의 개수는

20+20+20=60

**99** 답 ②

(i) 3□인 경우

32, 34, 35의 3개

(ii) 4□인 경우

일의 자리에 올 수 있는 숫자는 4를 제외한 4개

(iii) 5□인 경우

일의 자리에 올 수 있는 숫자는 5를 제외한 4개

따라서 (i)~(iii)에 의해 31보다 큰 자연수의 개수는

3+4+4=11

## 100 답 9000

천의 자리에 올 수 있는 숫자는 0을 제외한 9개,

백의 자리에 올 수 있는 숫자는 10개,

십의 자리에 올 수 있는 숫자는 10개,

일의 자리에 올 수 있는 숫자는 10개

따라서 비밀번호를 만들 수 있는 방법의 수는

$9 \times 10 \times 10 \times 10 = 9000$

## 101 답 ⑤

$9 \times 8 = 72$

## 102 답 20

6개의 점 중에서 3개의 점을 뽑는 경우의 수와 같으므로

$\dfrac{6 \times 5 \times 4}{6} = 20$

## 103 답 ②

12개의 팀 중에서 자격이 같은 2개의 팀을 뽑는 경우의 수와 같으므로

$\dfrac{12 \times 11}{2} = 66$

## 104 답 7

A 지점에서 B 지점을 거치지 않고 C 지점까지 가는 방법의 수는 3

　　　　　　　　　　　　　　　　　　　　　　　 ··· (i)

A 지점에서 B 지점을 거쳐 C 지점까지 가는 방법의 수는

$2 \times 2 = 4$ 　　　　　　　　　　　　　　　　　 ··· (ii)

따라서 구하는 방법의 수는

$3 + 4 = 7$ 　　　　　　　　　　　　　　　　　　 ··· (iii)

## 105 답 36

5의 배수가 되려면 일의 자리에 올 수 있는 숫자는 0 또는 5이다.

　　　　　　　　　　　　　　　　　　　　　　　 ··· (i)

㉠ □□0인 경우

백의 자리에 올 수 있는 숫자는 0을 제외한 5개, 십의 자리에 올 수 있는 숫자는 0과 백의 자리의 숫자를 제외한 4개이므로

$5 \times 4 = 20$(개)

㉡ □□5인 경우

백의 자리에 올 수 있는 숫자는 5와 0을 제외한 4개, 십의 자리에 올 수 있는 숫자는 5와 백의 자리의 숫자를 제외한 4개이므로

$4 \times 4 = 16$(개) 　　　　　　　　　　　　　 ··· (ii)

따라서 ㉠, ㉡에 의해 구하는 5의 배수의 개수는

$20 + 16 = 36$ 　　　　　　　　　　　　　　　 ··· (iii)

## 106 답 53

7명의 학생 중에서 3명의 대의원을 뽑는 경우의 수는

$a = \dfrac{7 \times 6 \times 5}{6} = 35$ 　　　　　　　　　 ··· (i)

여학생 3명 중에서 1명의 여자 대의원과 남학생 4명 중에서 2명의 남자 대의원을 뽑는 경우의 수는

$b = 3 \times \dfrac{4 \times 3}{2} = 18$ 　　　　　　　　　 ··· (ii)

$\therefore a + b = 35 + 18 = 53$ 　　　　　　　　 ··· (iii)

## 만점 문제 뛰어넘기 　　　201쪽

## 107 답 6

서로 다른 4개의 점을 꼭짓점으로 하는 정사각형을 만드는 경우는 다음 그림과 같다.

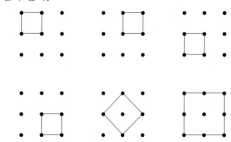

따라서 구하는 정사각형의 개수는 6이다.

## 108 답 31

각 전구에서 신호는 켜진 경우, 꺼진 경우의 2가지가 있고, 전구가 모두 꺼진 경우는 신호로 생각하지 않으므로 만들 수 있는 신호의 개수는

$2 \times 2 \times 2 \times 2 \times 2 - 1 = 31$

## 109 답 ③

남학생과 여학생이 교대로 서는 경우는

| 남 | 여 | 남 | 여 | 남 | 여 | , | 여 | 남 | 여 | 남 | 여 | 남 |

이므로 경우의 수는 2

각각의 경우에 대하여 남학생 3명이 한 줄로 서는 경우의 수는

$3 \times 2 \times 1 = 6$

또 여학생 3명이 한 줄로 서는 경우의 수는 $3 \times 2 \times 1 = 6$

따라서 구하는 경우의 수는 $2 \times 6 \times 6 = 72$

## 110 답 *cadb*

사전식으로 나열하므로 $a$로 시작하는 경우부터 차례로 생각한다.

$a\square\square\square$인 경우는 $3\times2\times1=6$(개)

$b\square\square\square$인 경우는 $3\times2\times1=6$(개)

즉, $a$로 시작하는 것은 6개, $b$로 시작하는 것은 6개이므로 14번째에 나오는 것은 $c$로 시작하는 것 중에서 2번째에 나오는 것이다.

따라서 $c\square\square\square$인 경우를 사전식으로 나열하면 *cabd*, *cadb*, *cbad*, …이므로 14번째에 나오는 것은 *cadb*이다.

## 111 답 ④

5명 중에서 자기 번호가 적힌 의자에 앉는 2명을 뽑는 경우의 수는

$$\frac{5\times4}{2}=10$$

나머지 학생 3명을 순서쌍 $(a,\ b,\ c)$로 나타내면 다른 학생의 번호가 적힌 의자에 앉는 경우는 $(b,\ c,\ a)$, $(c,\ a,\ b)$이므로 경우의 수는 2

따라서 구하는 경우의 수는 $10\times2=20$

## 112 답 ⑤

8개의 점 중에서 3개의 점을 선택하는 경우의 수는

$$\frac{8\times7\times6}{6}=56$$

이때 반원의 지름 위에 있는 네 점 A, B, C, D 중에서 3개의 점을 선택하는 경우에는 삼각형이 만들어지지 않으므로 삼각형이 만들어지지 않는 경우의 수는

$$\frac{4\times3\times2}{6}=4$$

따라서 구하는 삼각형의 개수는 $56-4=52$

만렙비법 한 직선 위에 있는 서로 다른 세 점을 선택하는 경우에는 삼각형이 만들어지지 않으므로 8개의 점 중에서 3개의 점을 선택하는 경우의 수에서 삼각형이 만들어지지 않는 경우의 수를 뺀다.

# 10 확률

01 ②  02 $\frac{1}{4}$  03 $\frac{1}{12}$  04 ④

05 $\frac{3}{4}$  06 $\frac{7}{10}$  07 ②  08 $\frac{21}{100}$

09 $\frac{1}{2}$  10 4  11 $\frac{1}{3}$  12 ①

13 $\frac{1}{2}$  14 $\frac{5}{33}$  15 $\frac{3}{10}$  16 $\frac{5}{32}$

17 $\frac{1}{18}$  18 $\frac{1}{12}$  19 ③  20 $\frac{1}{18}$

21 ④  22 ㄷ, ㄹ  23 $\frac{13}{15}$  24 $\frac{5}{8}$

25 $\frac{5}{6}$  26 $\frac{3}{5}$  27 $\frac{6}{7}$  28 ⑤

29 $\frac{3}{4}$  30 $\frac{11}{30}$  31 $\frac{1}{4}$  32 $\frac{3}{5}$

33 ②  34 $\frac{16}{35}$  35 ③  36 $\frac{7}{36}$

37 ④  38 ②  39 ①  40 $\frac{5}{12}$

41 $\frac{2}{15}$  42 ③  43 $\frac{2}{9}$  44 ①

45 ③  46 $\frac{4}{25}$  47 ④  48 ②

49 ⑤  50 $\frac{23}{50}$  51 $\frac{23}{49}$  52 $\frac{9}{64}$

53 $\frac{4}{175}$  54 $\frac{5}{16}$  55 ②  56 $\frac{1}{2}$

57 $\frac{18}{35}$  58 ④  59 $\frac{48}{125}$  60 ⑤

61 ②  62 $\frac{27}{32}$  63 $\frac{6}{25}$  64 ②

65 ③  66 $\frac{3}{14}$  67 ⑤  68 $\frac{1}{2}$

69 $\frac{3}{8}$  70 $\frac{20}{27}$  71 ⑤  72 $\frac{81}{125}$

73 ⑤  74 ④  75 $\frac{12}{25}$  76 $\frac{3}{8}$

77 ⑤  78 ⑤  79 $\frac{8}{9}$  80 ⑤

81 $\frac{5}{16}$  82 $\frac{3}{16}$  83 $\frac{1}{4}$  84 ④

85 ②  86 ②  87 $\frac{15}{56}$  88 ③

89 $\frac{1}{4}$  90 (1) $\frac{17}{35}$ (2) $\frac{27}{35}$  91 12

## 01 확률의 뜻과 성질

### 유형 모아 보기 & 완성하기
204~208쪽

**01** 답 ②

모든 경우의 수는 $6 \times 6 = 36$

두 눈의 수의 합이 5인 경우는

$(1, 4)$, $(2, 3)$, $(3, 2)$, $(4, 1)$의 4가지

따라서 구하는 확률은 $\frac{4}{36} = \frac{1}{9}$

**02** 답 $\frac{1}{4}$

모든 경우의 수는 $4 \times 3 \times 2 \times 1 = 24$

C가 맨 앞에 서는 경우의 수는 $3 \times 2 \times 1 = 6$

따라서 구하는 확률은 $\frac{6}{24} = \frac{1}{4}$

**03** 답 $\frac{1}{12}$

모든 경우의 수는 $6 \times 6 = 36$

$x + 2y = 9$를 만족시키는 순서쌍 $(x, y)$는

$(1, 4)$, $(3, 3)$, $(5, 2)$의 3가지

따라서 구하는 확률은 $\frac{3}{36} = \frac{1}{12}$

**04** 답 ④

① 앞면이 나올 확률은 $\frac{1}{2}$이다.

② 뒷면이 2개 나올 확률은 $\frac{1}{4}$이다.

③ 6의 배수의 눈이 나올 확률은 $\frac{1}{6}$이다.

④ 6보다 큰 수의 눈이 나오는 경우는 없으므로 그 확률은 0이다.

⑤ 두 눈의 수의 합은 항상 12 이하이므로 그 확률은 1이다.

따라서 확률이 0인 것은 ④이다.

**05** 답 $\frac{3}{4}$

모든 경우의 수는 20

카드에 적힌 수가 4의 배수인 경우는 4, 8, 12, 16, 20의 5가지이므로

그 확률은 $\frac{5}{20} = \frac{1}{4}$

따라서 구하는 확률은 $1 - \frac{1}{4} = \frac{3}{4}$

## 06 답 $\dfrac{7}{10}$

모든 경우의 수는 $\dfrac{5 \times 4}{2} = 10$

2명 모두 남학생이 뽑히는 경우의 수는 $\dfrac{3 \times 2}{2} = 3$이므로 그 확률은 $\dfrac{3}{10}$

따라서 구하는 확률은 $1 - \dfrac{3}{10} = \dfrac{7}{10}$

## 07 답 ②

모든 경우의 수는 $6 \times 6 = 36$

두 눈의 수의 곱이 24 이상인 경우는

$(4, 6), (5, 5), (5, 6), (6, 4), (6, 5), (6, 6)$의 6가지

따라서 구하는 확률은 $\dfrac{6}{36} = \dfrac{1}{6}$

## 08 답 $\dfrac{21}{100}$

조사한 학생은 100명이고, B 사의 교복을 구입한 학생은 21명이므로

구하는 확률은 $\dfrac{21}{100}$

## 09 답 $\dfrac{1}{2}$

모든 경우의 수는 $2 \times 2 = 4$

뒷면이 1개만 나오는 경우는 (앞, 뒤), (뒤, 앞)의 2가지

따라서 구하는 확률은 $\dfrac{2}{4} = \dfrac{1}{2}$

## 10 답 4

전체 공의 개수는 $3 + 5 + x = 8 + x$(개)

이 중에서 흰 공이 3개이므로

$\dfrac{3}{8+x} = \dfrac{1}{4}$, $8 + x = 12$    $\therefore x = 4$

## 11 답 $\dfrac{1}{3}$

원판의 세 원의 반지름의 길이의 비가 $1 : 2 : 3$이므로 각 반지름의 길이를 $r, 2r, 3r (r > 0)$라 하면 세 원의 넓이는 각각

$\pi r^2, 4\pi r^2, 9\pi r^2$

따라서 구하는 확률은

$\dfrac{(9점\ 부분의\ 넓이)}{(전체\ 원판의\ 넓이)} = \dfrac{4\pi r^2 - \pi r^2}{9\pi r^2} = \dfrac{3\pi r^2}{9\pi r^2} = \dfrac{1}{3}$

참고 도형과 관련된 확률을 구할 때는 일어날 수 있는 모든 경우의 수는 도형의 전체 넓이로, 어떤 사건이 일어나는 경우의 수는 해당하는 부분의 넓이로 생각한다.

⇨ (도형에서의 확률) $= \dfrac{(사건에\ 해당하는\ 부분의\ 넓이)}{(도형의\ 전체\ 넓이)}$

## 12 답 ①

모든 경우의 수는 $5 \times 4 \times 3 \times 2 \times 1 = 120$

E가 맨 뒤에 서는 경우의 수는 $4 \times 3 \times 2 \times 1 = 24$

따라서 구하는 확률은 $\dfrac{24}{120} = \dfrac{1}{5}$

## 13 답 $\dfrac{1}{2}$

모든 경우의 수는 $4 \times 4 = 16$

25보다 큰 수가 되려면 십의 자리에 올 수 있는 숫자는 3 또는 4이다.

(i) 3□인 경우

　 일의 자리에 올 수 있는 숫자는 3을 제외한 4개

(ii) 4□인 경우

　 일의 자리에 올 수 있는 숫자는 4를 제외한 4개

(i), (ii)에 의해 25보다 큰 경우의 수는 $4 + 4 = 8$

따라서 구하는 확률은 $\dfrac{8}{16} = \dfrac{1}{2}$

## 14 답 $\dfrac{5}{33}$

모든 경우의 수는 $\dfrac{12 \times 11}{2} = 66$ 　　　　 … (i)

2학년 학생 5명 중에서 대표 2명을 뽑는 경우의 수는

$\dfrac{5 \times 4}{2} = 10$ 　　　　　　　　　　　　　 … (ii)

따라서 구하는 확률은 $\dfrac{10}{66} = \dfrac{5}{33}$ 　　　　 … (iii)

**채점 기준**

| (i) 모든 경우의 수 구하기 | 30% |
|---|---|
| (ii) 2학년 학생 5명 중에서 대표 2명을 뽑는 경우의 수 구하기 | 50% |
| (iii) 대표가 모두 2학년일 확률 구하기 | 20% |

## 15 답 $\dfrac{3}{10}$

5개의 막대 중에서 3개를 고르는 경우의 수는

$\dfrac{5 \times 4 \times 3}{6} = 10$

삼각형이 만들어지는 경우는 $(2\,cm, 3\,cm, 4\,cm)$,

$(2\,cm, 4\,cm, 5\,cm)$, $(3\,cm, 4\,cm, 5\,cm)$의 3가지

따라서 구하는 확률은 $\dfrac{3}{10}$

## 16 답 $\dfrac{5}{32}$

모든 경우의 수는 $2 \times 2 \times 2 \times 2 \times 2 = 32$

앞면이 $x$번 나온다고 하면 뒷면은 $(5-x)$번 나오므로

$x + (5-x) \times (-1) = 3$

$2x = 8$    $\therefore x = 4$

즉, 앞면이 4번, 뒷면이 1번 나와야 하므로 그 경우는

(앞, 앞, 앞, 앞, 뒤), (앞, 앞, 앞, 뒤, 앞), (앞, 앞, 뒤, 앞, 앞),

(앞, 뒤, 앞, 앞, 앞), (뒤, 앞, 앞, 앞, 앞)의 5가지

따라서 구하는 확률은 $\dfrac{5}{32}$

## 17 답 $\dfrac{1}{18}$

모든 경우의 수는 $6 \times 6 = 36$

$3x - y = 5$를 만족시키는 순서쌍 $(x, y)$는

$(2, 1), (3, 4)$의 2가지

따라서 구하는 확률은 $\dfrac{2}{36} = \dfrac{1}{18}$

## 18 답 $\dfrac{1}{12}$

모든 경우의 수는 $6 \times 6 = 36$

$2x + 3y < 9$를 만족시키는 순서쌍 $(x, y)$는

$(1, 1), (1, 2), (2, 1)$의 3가지

따라서 구하는 확률은 $\dfrac{3}{36} = \dfrac{1}{12}$

## 19 답 ③

모든 경우의 수는 $6 \times 6 = 36$

$ax - b = 0$에서 $x = \dfrac{b}{a}$

이때 $\dfrac{b}{a}$가 정수이려면 $b$는 $a$의 배수이어야 한다.

이를 만족시키는 순서쌍 $(a, b)$는

$(1, 1), (1, 2), (1, 3), (1, 4), (1, 5), (1, 6), (2, 2), (2, 4),$

$(2, 6), (3, 3), (3, 6), (4, 4), (5, 5), (6, 6)$의 14가지

따라서 구하는 확률은 $\dfrac{14}{36} = \dfrac{7}{18}$

## 20 답 $\dfrac{1}{18}$

모든 경우의 수는 $6 \times 6 = 36$

직선 PQ의 기울기는 $\dfrac{8-2}{4-2} = 3$이므로 $\dfrac{b}{a} = 3$이어야 한다.

이를 만족시키는 순서쌍 $(a, b)$는 $(1, 3), (2, 6)$의 2가지

따라서 구하는 확률은 $\dfrac{2}{36} = \dfrac{1}{18}$

**참고** · 서로 다른 두 점 $(x_1, y_1), (x_2, y_2)$를 지나는 직선의 기울기는

$\dfrac{y_2 - y_1}{x_2 - x_1}$이다.

· 두 직선 $y = ax + b, y = cx + d$가 평행할 조건은 $a = c, b \ne d$이다.

## 21 답 ④

① 흰 공이 나올 확률은 $\dfrac{5}{11}$이다.

② 검은 공이 나올 확률은 $\dfrac{4}{11}$이다.

③ 노란 공이 나올 확률은 $\dfrac{2}{11}$이다.

⑤ 흰 공이 나올 확률과 검은 공이 나올 확률은 각각 $\dfrac{5}{11}, \dfrac{4}{11}$로 서로 같지 않다.

따라서 옳은 것은 ④이다.

## 22 답 ㄷ, ㄹ

ㄱ. $p = \dfrac{(사건 \, A가 \, 일어나는 \, 경우의 \, 수)}{(모든 \, 경우의 \, 수)}$이다.

ㄴ. $p$의 값의 범위는 $0 \le p \le 1$이다.

따라서 옳은 것은 ㄷ, ㄹ이다.

## 23 답 $\dfrac{13}{15}$

모든 경우의 수는 30

카드에 적힌 수가 7의 배수인 경우는 7, 14, 21, 28의 4가지이므로

그 확률은 $\dfrac{4}{30} = \dfrac{2}{15}$

따라서 구하는 확률은 $1 - \dfrac{2}{15} = \dfrac{13}{15}$

## 24 답 $\dfrac{5}{8}$

(석구네 반이 이길 확률) = 1 - (민기네 반이 이길 확률)

$= 1 - \dfrac{3}{8} = \dfrac{5}{8}$

## 25 답 $\dfrac{5}{6}$

모든 경우의 수는 $6 \times 6 = 36$

나오는 두 눈의 수가 서로 같은 경우는 $(1, 1), (2, 2), (3, 3),$

$(4, 4), (5, 5), (6, 6)$의 6가지이므로 그 확률은 $\dfrac{6}{36} = \dfrac{1}{6}$

따라서 구하는 확률은 $1 - \dfrac{1}{6} = \dfrac{5}{6}$

## 26 답 $\dfrac{3}{5}$

모든 경우의 수는 $5 \times 4 \times 3 \times 2 \times 1 = 120$ ⋯ (i)

A와 B가 이웃하여 서는 경우의 수는 $(4 \times 3 \times 2 \times 1) \times 2 = 48$이므로

그 확률은 $\dfrac{48}{120} = \dfrac{2}{5}$ ⋯ (ii)

따라서 구하는 확률은 $1 - \dfrac{2}{5} = \dfrac{3}{5}$ ⋯ (iii)

**채점 기준**

| | |
|---|---|
| (i) 모든 경우의 수 구하기 | 30 % |
| (ii) A와 B가 이웃하여 설 확률 구하기 | 50 % |
| (iii) A와 B가 이웃하여 서지 않을 확률 구하기 | 20 % |

## 27 답 $\dfrac{6}{7}$

모든 경우의 수는 $\dfrac{7 \times 6}{2} = 21$

2개의 건전지 모두 폐건전지가 선택되는 경우의 수는 $\dfrac{3 \times 2}{2} = 3$

이므로 그 확률은 $\dfrac{3}{21} = \dfrac{1}{7}$

따라서 구하는 확률은 $1 - \dfrac{1}{7} = \dfrac{6}{7}$

## 28 답 ⑤

모든 경우의 수는 $2 \times 2 \times 2 = 8$

모두 앞면이 나오는 경우는 1가지이므로 그 확률은 $\dfrac{1}{8}$

따라서 구하는 확률은 $1 - \dfrac{1}{8} = \dfrac{7}{8}$

## 29 답 $\dfrac{3}{4}$

모든 경우의 수는 $6 \times 6 = 36$

모두 짝수의 눈이 나오는 경우는 $3 \times 3 = 9$이므로 그 확률은

$\dfrac{9}{36} = \dfrac{1}{4}$

따라서 구하는 확률은 $1 - \dfrac{1}{4} = \dfrac{3}{4}$

**30** 답 $\dfrac{11}{30}$

카드에 적힌 수가 6의 배수인 경우는 6, 12, 18, 24, 30의 5가지이므로 그 확률은 $\dfrac{5}{30}$

카드에 적힌 수가 28의 약수인 경우는 1, 2, 4, 7, 14, 28의 6가지이므로 그 확률은 $\dfrac{6}{30}$

따라서 구하는 확률은 $\dfrac{5}{30}+\dfrac{6}{30}=\dfrac{11}{30}$

**31** 답 $\dfrac{1}{4}$

동전 두 개가 같은 면이 나오는 경우는 (앞, 앞), (뒤, 뒤)의 2가지이므로 그 확률은 $\dfrac{2}{4}=\dfrac{1}{2}$

주사위가 홀수의 눈이 나오는 경우는 1, 3, 5의 3가지이므로 그 확률은 $\dfrac{3}{6}=\dfrac{1}{2}$

따라서 구하는 확률은 $\dfrac{1}{2}\times\dfrac{1}{2}=\dfrac{1}{4}$

**32** 답 $\dfrac{3}{5}$

인형을 받으려면 적어도 한 사람은 표적을 맞혀야 한다.
두 사람 모두 표적을 맞히지 못할 확률은
$\left(1-\dfrac{1}{3}\right)\times\left(1-\dfrac{2}{5}\right)=\dfrac{2}{3}\times\dfrac{3}{5}=\dfrac{2}{5}$

따라서 구하는 확률은 $1-\dfrac{2}{5}=\dfrac{3}{5}$

**33** 답 ②

모든 경우의 수는 $6\times6=36$
두 눈의 수의 합이 3인 경우는 (1, 2), (2, 1)의 2가지이므로 그 확률은 $\dfrac{2}{36}$

두 눈의 수의 합이 8인 경우는 (2, 6), (3, 5), (4, 4), (5, 3), (6, 2)의 5가지이므로 그 확률은 $\dfrac{5}{36}$

따라서 구하는 확률은 $\dfrac{2}{36}+\dfrac{5}{36}=\dfrac{7}{36}$

**34** 답 $\dfrac{16}{35}$

독서 시간이 50분 이상 60분 미만일 확률은 $\dfrac{14}{35}$

독서 시간이 60분 이상 70분 미만일 확률은 $\dfrac{2}{35}$

따라서 구하는 확률은 $\dfrac{14}{35}+\dfrac{2}{35}=\dfrac{16}{35}$

**35** 답 ③

모든 경우의 수는 $4\times4=16$
5의 배수인 경우는 10, 20, 30, 40의 4가지이므로 그 확률은 $\dfrac{4}{16}$

7의 배수인 경우는 14, 21, 42의 3가지이므로 그 확률은 $\dfrac{3}{16}$

따라서 구하는 확률은 $\dfrac{4}{16}+\dfrac{3}{16}=\dfrac{7}{16}$

**36** 답 $\dfrac{7}{36}$

모든 경우의 수는 $6\times6=36$
점 P가 꼭짓점 E에 위치하려면 두 눈의 수의 합이 4 또는 9이어야 한다.
(i) 두 눈의 수의 합이 4인 경우
 (1, 3), (2, 2), (3, 1)의 3가지이므로 그 확률은 $\dfrac{3}{36}$
(ii) 두 눈의 수의 합이 9인 경우
 (3, 6), (4, 5), (5, 4), (6, 3)의 4가지이므로 그 확률은 $\dfrac{4}{36}$
따라서 (i), (ii)에 의해 구하는 확률은
$\dfrac{3}{36}+\dfrac{4}{36}=\dfrac{7}{36}$

**37** 답 ④

첫 번째에 3의 배수의 눈이 나오는 경우는 3, 6의 2가지이므로 그 확률은 $\dfrac{2}{6}=\dfrac{1}{3}$

두 번째에 6의 약수의 눈이 나오는 경우는 1, 2, 3, 6의 4가지이므로 그 확률은 $\dfrac{4}{6}=\dfrac{2}{3}$

따라서 구하는 확률은 $\dfrac{1}{3}\times\dfrac{2}{3}=\dfrac{2}{9}$

**38** 답 ②

$0.3\times0.2=0.06$

**39** 답 ①

A, B 두 스위치가 모두 닫혀야 전구에 불이 들어오므로 전구에 불이 들어올 확률은 $\dfrac{1}{4}\times\dfrac{1}{4}=\dfrac{1}{16}$

**40** 답 $\dfrac{5}{12}$

A 주머니에서 노란 공이 나올 확률은 $\dfrac{4}{6}=\dfrac{2}{3}$

B 주머니에서 파란 공이 나올 확률은 $\dfrac{5}{8}$

따라서 구하는 확률은 $\dfrac{2}{3}\times\dfrac{5}{8}=\dfrac{5}{12}$

**41** 답 $\dfrac{2}{15}$

5등분된 원판에서 바늘이 B 영역을 가리킬 확률은 $\dfrac{2}{5}$

6등분된 원판에서 바늘이 B 영역을 가리킬 확률은 $\dfrac{2}{6}=\dfrac{1}{3}$

따라서 구하는 확률은 $\dfrac{2}{5}\times\dfrac{1}{3}=\dfrac{2}{15}$

## 42 답 ③

수현이가 수학 경시대회에 입상하지 못할 확률은 $1-\dfrac{3}{4}=\dfrac{1}{4}$

따라서 구하는 확률은 $\dfrac{3}{5}\times\dfrac{1}{4}=\dfrac{3}{20}$

## 43 답 $\dfrac{2}{9}$

모든 경우의 수는 $3\times3=9$

비기는 경우는 (가위, 가위), (바위, 바위), (보, 보)의 3가지이므로

그 확률은 $\dfrac{3}{9}=\dfrac{1}{3}$ ··· (ⅰ)

승부가 결정될 확률, 즉 비기지 않을 확률은

$1-\dfrac{1}{3}=\dfrac{2}{3}$ ··· (ⅱ)

따라서 구하는 확률은 $\dfrac{1}{3}\times\dfrac{2}{3}=\dfrac{2}{9}$ ··· (ⅲ)

**채점 기준**

| (ⅰ) 비길 확률 구하기 | 40 % |
|---|---|
| (ⅱ) 승부가 결정될 확률 구하기 | 40 % |
| (ⅲ) 첫 번째에는 비기고, 두 번째에는 승부가 결정될 확률 구하기 | 20 % |

## 44 답 ①

B 문제를 맞힐 확률을 $x$라 하면

$\dfrac{2}{3}\times x=\dfrac{1}{2}$    ∴ $x=\dfrac{3}{4}$

따라서 A 문제는 맞히고, B 문제는 맞히지 못할 확률은

$\dfrac{2}{3}\times\left(1-\dfrac{3}{4}\right)=\dfrac{2}{3}\times\dfrac{1}{4}=\dfrac{1}{6}$

## 45 답 ③

토요일에 비가 오지 않을 확률은 $1-\dfrac{25}{100}=\dfrac{75}{100}=\dfrac{3}{4}$

일요일에 비가 오지 않을 확률은 $1-\dfrac{60}{100}=\dfrac{40}{100}=\dfrac{2}{5}$

따라서 구하는 확률은 $\dfrac{3}{4}\times\dfrac{2}{5}=\dfrac{3}{10}$

## 46 답 $\dfrac{4}{25}$

표적을 맞힐 확률이 $\dfrac{6}{10}=\dfrac{3}{5}$이므로

표적을 맞히지 못할 확률은 $1-\dfrac{3}{5}=\dfrac{2}{5}$

따라서 구하는 확률은 $\dfrac{2}{5}\times\dfrac{2}{5}=\dfrac{4}{25}$

## 47 답 ④

민호가 문제를 맞히지 못할 확률은 $1-\dfrac{4}{9}=\dfrac{5}{9}$

준기가 문제를 맞히지 못할 확률은 $1-\dfrac{3}{4}=\dfrac{1}{4}$

이때 두 사람 모두 문제를 맞히지 못할 확률은 $\dfrac{5}{9}\times\dfrac{1}{4}=\dfrac{5}{36}$

따라서 구하는 확률은 $1-\dfrac{5}{36}=\dfrac{31}{36}$

## 48 답 ②

두 사람이 만날 확률은 $\dfrac{5}{8}\times\dfrac{4}{7}=\dfrac{5}{14}$

따라서 두 사람이 만나지 못할 확률은 $1-\dfrac{5}{14}=\dfrac{9}{14}$

## 49 답 ⑤

환자 한 명이 치료되지 않을 확률은 $1-\dfrac{75}{100}=\dfrac{25}{100}=\dfrac{1}{4}$이므로

두 명 모두 치료되지 않을 확률은 $\dfrac{1}{4}\times\dfrac{1}{4}=\dfrac{1}{16}$

따라서 구하는 확률은 $1-\dfrac{1}{16}=\dfrac{15}{16}$

## 50 답 $\dfrac{23}{50}$

A 오디션에 불합격할 확률은 $1-\dfrac{1}{4}=\dfrac{3}{4}$

B 오디션에 불합격할 확률은 $1-\dfrac{1}{5}=\dfrac{4}{5}$

C 오디션에 불합격할 확률은 $1-\dfrac{1}{10}=\dfrac{9}{10}$

이때 기영이가 세 오디션에 모두 불합격할 확률은

$\dfrac{3}{4}\times\dfrac{4}{5}\times\dfrac{9}{10}=\dfrac{27}{50}$

따라서 기영이가 적어도 한 오디션에는 합격할 확률은

$1-\dfrac{27}{50}=\dfrac{23}{50}$

## 03 확률의 계산 (2)

### 유형 모아 보기 & 완성하기

213~216쪽

## 51 답 $\dfrac{23}{49}$

A 주머니에서 흰 바둑돌, B 주머니에서 검은 바둑돌이 나올 확률은

$\dfrac{3}{7}\times\dfrac{5}{7}=\dfrac{15}{49}$

A 주머니에서 검은 바둑돌, B 주머니에서 흰 바둑돌이 나올 확률은

$\dfrac{4}{7}\times\dfrac{2}{7}=\dfrac{8}{49}$

따라서 구하는 확률은 $\dfrac{15}{49}+\dfrac{8}{49}=\dfrac{23}{49}$

## 52 답 $\dfrac{9}{64}$

첫 번째에 파란 공이 나올 확률은 $\dfrac{3}{8}$

두 번째에 파란 공이 나올 확률은 $\dfrac{3}{8}$

따라서 구하는 확률은 $\dfrac{3}{8}\times\dfrac{3}{8}=\dfrac{9}{64}$

## 53 답 $\dfrac{4}{175}$

첫 번째에 불량품이 나올 확률은 $\dfrac{8}{50}=\dfrac{4}{25}$

두 번째에 불량품이 나올 확률은 $\dfrac{7}{49}=\dfrac{1}{7}$

따라서 구하는 확률은 $\dfrac{4}{25}\times\dfrac{1}{7}=\dfrac{4}{175}$

## 54 답 $\dfrac{5}{16}$

주사위를 한 번 던져서 짝수의 눈이 나올 확률은 $\dfrac{3}{6}=\dfrac{1}{2}$이고,

홀수의 눈이 나올 확률은 $\dfrac{3}{6}=\dfrac{1}{2}$이다.

이때 4회 이내에 B가 이기려면 B는 2회 또는 4회에 이겨야 한다.

(i) 2회에 B가 이기려면 1회에 홀수의 눈이 나오고, 2회에 짝수의 눈이 나오면 되므로 그 확률은 $\dfrac{1}{2}\times\dfrac{1}{2}=\dfrac{1}{4}$

(ii) 4회에 B가 이기려면 1, 2, 3회에 홀수의 눈이 나오고, 4회에 짝수의 눈이 나오면 되므로 그 확률은 $\dfrac{1}{2}\times\dfrac{1}{2}\times\dfrac{1}{2}\times\dfrac{1}{2}=\dfrac{1}{16}$

따라서 (i), (ii)에 의해 구하는 확률은

$\dfrac{1}{4}+\dfrac{1}{16}=\dfrac{5}{16}$

## 55 답 ②

A 접시에서 깨 송편, B 접시에서 콩 송편을 먹을 확률은

$\dfrac{3}{9}\times\dfrac{4}{9}=\dfrac{4}{27}$

A 접시에서 콩 송편, B 접시에서 깨 송편을 먹을 확률은

$\dfrac{6}{9}\times\dfrac{5}{9}=\dfrac{10}{27}$

따라서 구하는 확률은 $\dfrac{4}{27}+\dfrac{10}{27}=\dfrac{14}{27}$

## 56 답 $\dfrac{1}{2}$

A 상자를 선택하여 노란 공을 꺼낼 확률은 $\dfrac{1}{2}\times\dfrac{2}{5}=\dfrac{1}{5}$

B 상자를 선택하여 노란 공을 꺼낼 확률은 $\dfrac{1}{2}\times\dfrac{3}{5}=\dfrac{3}{10}$

따라서 구하는 확률은 $\dfrac{1}{5}+\dfrac{3}{10}=\dfrac{1}{2}$

## 57 답 $\dfrac{18}{35}$

향미만 합격할 확률은

$\dfrac{2}{5}\times\left(1-\dfrac{4}{7}\right)=\dfrac{2}{5}\times\dfrac{3}{7}=\dfrac{6}{35}$     ⋯ (i)

지선이만 합격할 확률은

$\left(1-\dfrac{2}{5}\right)\times\dfrac{4}{7}=\dfrac{3}{5}\times\dfrac{4}{7}=\dfrac{12}{35}$     ⋯ (ii)

따라서 구하는 확률은 $\dfrac{6}{35}+\dfrac{12}{35}=\dfrac{18}{35}$     ⋯ (iii)

**채점 기준**

| | |
|---|---|
| (i) 향미만 합격할 확률 구하기 | 40 % |
| (ii) 지선이만 합격할 확률 구하기 | 40 % |
| (iii) 두 사람 중에서 한 사람만 합격할 확률 구하기 | 20 % |

## 58 답 ④

$a+b$가 홀수이려면 $a$가 홀수, $b$가 짝수이거나 $a$가 짝수, $b$가 홀수이어야 한다.

$a$가 홀수, $b$가 짝수일 확률은

$\dfrac{2}{3}\times\left(1-\dfrac{5}{8}\right)=\dfrac{2}{3}\times\dfrac{3}{8}=\dfrac{1}{4}$

$a$가 짝수, $b$가 홀수일 확률은

$\left(1-\dfrac{2}{3}\right)\times\dfrac{5}{8}=\dfrac{1}{3}\times\dfrac{5}{8}=\dfrac{5}{24}$

따라서 구하는 확률은 $\dfrac{1}{4}+\dfrac{5}{24}=\dfrac{11}{24}$

## 59 답 $\dfrac{48}{125}$

(i) 처음 문제를 맞히고, 뒤의 두 문제는 틀릴 확률은

$\dfrac{1}{5}\times\left(1-\dfrac{1}{5}\right)\times\left(1-\dfrac{1}{5}\right)=\dfrac{1}{5}\times\dfrac{4}{5}\times\dfrac{4}{5}=\dfrac{16}{125}$

(ii) 가운데 문제를 맞히고, 나머지 두 문제는 틀릴 확률은

$\left(1-\dfrac{1}{5}\right)\times\dfrac{1}{5}\times\left(1-\dfrac{1}{5}\right)=\dfrac{4}{5}\times\dfrac{1}{5}\times\dfrac{4}{5}=\dfrac{16}{125}$

(iii) 마지막 문제를 맞히고, 나머지 두 문제는 틀릴 확률은

$\left(1-\dfrac{1}{5}\right)\times\left(1-\dfrac{1}{5}\right)\times\dfrac{1}{5}=\dfrac{4}{5}\times\dfrac{4}{5}\times\dfrac{1}{5}=\dfrac{16}{125}$

따라서 (i)~(iii)에 의해 구하는 확률은

$\dfrac{16}{125}+\dfrac{16}{125}+\dfrac{16}{125}=\dfrac{48}{125}$

## 60 답 ⑤

정육면체 모양의 주사위를 한 번 던질 때, $-1$, $0$, $1$이 나올 확률은 각각 $\dfrac{2}{6}=\dfrac{1}{3}$, $\dfrac{1}{6}$, $\dfrac{3}{6}=\dfrac{1}{2}$이다.

(i) 처음에 $-1$이 나오고, 나중에 $1$이 나올 확률은 $\dfrac{1}{3}\times\dfrac{1}{2}=\dfrac{1}{6}$

(ii) 처음에 $1$이 나오고, 나중에 $-1$이 나올 확률은 $\dfrac{1}{2}\times\dfrac{1}{3}=\dfrac{1}{6}$

(iii) 두 번 모두 $0$이 나올 확률은 $\dfrac{1}{6}\times\dfrac{1}{6}=\dfrac{1}{36}$

따라서 (i)~(iii)에 의해 구하는 확률은

$\dfrac{1}{6}+\dfrac{1}{6}+\dfrac{1}{36}=\dfrac{13}{36}$

## 61 답 ②

(i) 화요일에 비가 오고, 수요일에 비가 오지 않을 확률은

$\dfrac{4}{5}\times\dfrac{1}{3}=\dfrac{4}{15}$

(ii) 화요일에 비가 오지 않고, 수요일에도 비가 오지 않을 확률은

$\left(1-\dfrac{4}{5}\right)\times\left(1-\dfrac{4}{5}\right)=\dfrac{1}{5}\times\dfrac{1}{5}=\dfrac{1}{25}$

따라서 (i), (ii)에 의해 구하는 확률은 $\dfrac{4}{15}+\dfrac{1}{25}=\dfrac{23}{75}$

## 62 답 $\dfrac{27}{32}$

(i) 성공 → 성공의 순서대로 5점을 받을 확률은

$\dfrac{3}{4}\times\dfrac{3}{4}=\dfrac{9}{16}$

(ii) 실패 → 성공 → 성공의 순서대로 5점을 받을 확률은

$$\left(1-\frac{3}{4}\right)\times\frac{3}{4}\times\frac{3}{4}=\frac{1}{4}\times\frac{3}{4}\times\frac{3}{4}=\frac{9}{64}$$

(iii) 성공 → 실패 → 성공의 순서대로 4점을 받을 확률은

$$\frac{3}{4}\times\left(1-\frac{3}{4}\right)\times\frac{3}{4}=\frac{3}{4}\times\frac{1}{4}\times\frac{3}{4}=\frac{9}{64}$$

따라서 (i)~(iii)에 의해 구하는 확률은

$$\frac{9}{16}+\frac{9}{64}+\frac{9}{64}=\frac{27}{32}$$

## 63 답 $\frac{6}{25}$

첫 번째에 당첨될 확률은 $\frac{3}{5}$

두 번째에 당첨되지 않을 확률은 $\frac{2}{5}$

따라서 구하는 확률은 $\frac{3}{5}\times\frac{2}{5}=\frac{6}{25}$

## 64 답 ②

공에 적힌 수가 소수인 경우는 2, 3, 5, 7의 4가지이므로

첫 번째에 소수가 나올 확률은 $\frac{4}{10}=\frac{2}{5}$

공에 적힌 수가 3의 배수인 경우는 3, 6, 9의 3가지이므로

두 번째에 3의 배수가 나올 확률은 $\frac{3}{10}$

따라서 구하는 확률은 $\frac{2}{5}\times\frac{3}{10}=\frac{3}{25}$

## 65 답 ③

두 번 모두 J일 확률은 $\frac{1}{4}\times\frac{1}{4}=\frac{1}{16}$

두 번 모두 U일 확률은 $\frac{1}{4}\times\frac{1}{4}=\frac{1}{16}$

두 번 모두 M일 확률은 $\frac{1}{4}\times\frac{1}{4}=\frac{1}{16}$

두 번 모두 P일 확률은 $\frac{1}{4}\times\frac{1}{4}=\frac{1}{16}$

따라서 구하는 확률은

$$\frac{1}{16}+\frac{1}{16}+\frac{1}{16}+\frac{1}{16}=\frac{1}{4}$$

## 66 답 $\frac{3}{14}$

카드에 적힌 수가 8의 약수인 경우는 1, 2, 4, 8의 4가지이므로

첫 번째에 8의 약수가 적힌 카드가 나올 확률은 $\frac{4}{8}=\frac{1}{2}$

두 번째에 8의 약수가 적힌 카드가 나올 확률은 $\frac{3}{7}$

따라서 구하는 확률은 $\frac{1}{2}\times\frac{3}{7}=\frac{3}{14}$

## 67 답 ⑤

2개 모두 검은 바둑돌일 확률은 $\frac{4}{10}\times\frac{3}{9}=\frac{2}{15}$

따라서 구하는 확률은 $1-\frac{2}{15}=\frac{13}{15}$

## 68 답 $\frac{1}{2}$

처음에 노란 공이 나오고, 나중에 빨간 공이 나올 확률은

$$\frac{3}{9}\times\frac{6}{8}=\frac{1}{4}$$

처음에 빨간 공이 나오고, 나중에 노란 공이 나올 확률은

$$\frac{6}{9}\times\frac{3}{8}=\frac{1}{4}$$

따라서 구하는 확률은 $\frac{1}{4}+\frac{1}{4}=\frac{1}{2}$

## 69 답 $\frac{3}{8}$

연서가 당첨 제비를 뽑고, 승재가 당첨 제비를 뽑을 확률은

$$\frac{3}{8}\times\frac{2}{7}=\frac{3}{28} \qquad\qquad \cdots\text{(i)}$$

연서가 당첨 제비를 뽑지 않고, 승재가 당첨 제비를 뽑을 확률은

$$\frac{5}{8}\times\frac{3}{7}=\frac{15}{56} \qquad\qquad \cdots\text{(ii)}$$

따라서 구하는 확률은 $\frac{3}{28}+\frac{15}{56}=\frac{3}{8}$ $\qquad \cdots\text{(iii)}$

**채점 기준**

| | |
|---|---|
| (i) 연서가 당첨 제비를 뽑고, 승재가 당첨 제비를 뽑을 확률 구하기 | 40 % |
| (ii) 연서가 당첨 제비를 뽑지 않고, 승재가 당첨 제비를 뽑을 확률 구하기 | 40 % |
| (iii) 승재가 당첨 제비를 뽑을 확률 구하기 | 20 % |

## 70 답 $\frac{20}{27}$

주사위를 한 번 던져서 5보다 작은 수의 눈이 나올 확률은

$$\frac{4}{6}=\frac{2}{3}$$

이때 3회 이내에 A가 이기려면 A는 1회 또는 3회에 이겨야 한다.

(i) 1회에 A가 이기려면 1회에 5보다 작은 수의 눈이 나오면 되므로

그 확률은 $\frac{2}{3}$

(ii) 3회에 A가 이기려면 1, 2회에 5 이상의 수의 눈이 나오고, 3회에 5보다 작은 수의 눈이 나오면 되므로 그 확률은

$$\left(1-\frac{2}{3}\right)\times\left(1-\frac{2}{3}\right)\times\frac{2}{3}=\frac{1}{3}\times\frac{1}{3}\times\frac{2}{3}=\frac{2}{27}$$

따라서 (i), (ii)에 의해 구하는 확률은

$$\frac{2}{3}+\frac{2}{27}=\frac{20}{27}$$

## 71 답 ⑤

현재 4번의 게임에서 A 팀이 1번 이기고 B 팀이 3번 이겼으므로 A 팀이 3번 더 이기기 전까지 B 팀이 1번 이기는 경우를 생각하면 된다.

(i) 5번째 게임에서 B 팀이 우승할 확률은 $\frac{1}{2}$

(ii) 6번째 게임에서 B 팀이 우승할 확률은 $\frac{1}{2}\times\frac{1}{2}=\frac{1}{4}$

(iii) 7번째 게임에서 B 팀아 우승할 확률은 $\frac{1}{2}\times\frac{1}{2}\times\frac{1}{2}=\frac{1}{8}$

따라서 (i)~(iii)에 의해 구하는 확률은

$$\frac{1}{2}+\frac{1}{4}+\frac{1}{8}=\frac{7}{8}$$

## 72 답 $\dfrac{81}{125}$

한 번의 경기에서 은정이가 이길 확률은 $1-\dfrac{3}{5}=\dfrac{2}{5}$

(i) 소민 → 소민의 순서대로 이길 확률은

$\dfrac{3}{5}\times\dfrac{3}{5}=\dfrac{9}{25}$

(ii) 소민 → 은정 → 소민의 순서대로 이길 확률은

$\dfrac{3}{5}\times\dfrac{2}{5}\times\dfrac{3}{5}=\dfrac{18}{125}$

(iii) 은정 → 소민 → 소민의 순서대로 이길 확률은

$\dfrac{2}{5}\times\dfrac{3}{5}\times\dfrac{3}{5}=\dfrac{18}{125}$

따라서 (i)~(iii)에 의해 구하는 확률은

$\dfrac{9}{25}+\dfrac{18}{125}+\dfrac{18}{125}=\dfrac{81}{125}$

---

### Pick 점검하기 217~219쪽

## 73 답 ⑤

모든 경우의 수는 $6\times6=36$

두 눈의 수의 합이 5의 배수인 경우는

$(1, 4)$, $(2, 3)$, $(3, 2)$, $(4, 1)$, $(4, 6)$, $(5, 5)$, $(6, 4)$의 7가지

따라서 구하는 확률은 $\dfrac{7}{36}$

## 74 답 ④

빨간 구슬을 $x$개 더 넣는다고 하면

$\dfrac{8}{5+8+x}=\dfrac{2}{5}$, $26+2x=40$

$2x=14$   ∴ $x=7$

따라서 더 넣어야 하는 빨간 구슬은 7개이다.

## 75 답 $\dfrac{12}{25}$

모든 경우의 수는 $5\times5=25$

홀수가 되려면 일의 자리에 올 수 있는 숫자는 1 또는 3 또는 5이다.

(i) □1인 경우

십의 자리에 올 수 있는 숫자는 2, 3, 4, 5의 4개

(ii) □3인 경우

십의 자리에 올 수 있는 숫자는 1, 2, 4, 5의 4개

(iii) □5인 경우

십의 자리에 올 수 있는 숫자는 1, 2, 3, 4의 4개

(i)~(iii)에 의해 두 자리의 자연수가 홀수인 경우의 수는

$4+4+4=12$

따라서 구하는 확률은 $\dfrac{12}{25}$

## 76 답 $\dfrac{3}{8}$

모든 경우의 수는 $2\times2\times2\times2=16$

앞면이 $x$번 나온다고 하면 뒷면은 $(4-x)$번 나오므로

$x+(4-x)\times(-2)=-2$, $3x=6$   ∴ $x=2$

즉, 앞면이 2번, 뒷면이 2번 나와야 하므로 그 경우는

(앞, 앞, 뒤, 뒤), (앞, 뒤, 앞, 뒤), (앞, 뒤, 뒤, 앞),

(뒤, 앞, 앞, 뒤), (뒤, 앞, 뒤, 앞), (뒤, 뒤, 앞, 앞)

의 6가지

따라서 구하는 확률은 $\dfrac{6}{16}=\dfrac{3}{8}$

## 77 답 ⑤

모든 경우의 수는 $6\times6=36$

$3x-2y=1$을 만족시키는 순서쌍 $(x, y)$는

$(1, 1)$, $(3, 4)$의 2가지

따라서 구하는 확률은 $\dfrac{2}{36}=\dfrac{1}{18}$

## 78 답 ⑤

⑤ $q=0$이면 $p=1$이므로 사건 $A$는 반드시 일어난다.

## 79 답 $\dfrac{8}{9}$

모든 경우의 수는 $6\times6=36$

두 눈의 수의 차가 4인 경우는

$(1, 5)$, $(2, 6)$, $(5, 1)$, $(6, 2)$의 4가지이므로 그 확률은

$\dfrac{4}{36}=\dfrac{1}{9}$

따라서 구하는 확률은 $1-\dfrac{1}{9}=\dfrac{8}{9}$

## 80 답 ⑤

모든 경우의 수는 $2\times2\times2\times2=16$

4문제를 모두 틀리는 경우는 1가지이므로 그 확률은 $\dfrac{1}{16}$

따라서 구하는 확률은 $1-\dfrac{1}{16}=\dfrac{15}{16}$

## 81 답 $\dfrac{5}{16}$

5의 배수를 택하는 경우는 5, 10, 15, 20, 25, 30의 6가지이므로 그 확률은 $\dfrac{6}{32}$

8의 배수를 택하는 경우는 8, 16, 24, 32의 4가지이므로 그 확률은

$\dfrac{4}{32}$

따라서 구하는 확률은 $\dfrac{6}{32}+\dfrac{4}{32}=\dfrac{5}{16}$

## 82 답 $\dfrac{3}{16}$

첫 번째에 소수가 나오는 경우는 2, 3, 5, 7의 4가지이므로 그 확률은

$\dfrac{4}{8}=\dfrac{1}{2}$

두 번째에 4의 약수가 나오는 경우는 1, 2, 4의 3가지이므로 그 확률은

$\dfrac{3}{8}$

따라서 구하는 확률은 $\dfrac{1}{2}\times\dfrac{3}{8}=\dfrac{3}{16}$

## 83 답 $\frac{1}{4}$

두 사람이 함께 공원에 가려면 내일 비가 오지 않고, 두 사람 모두 약속을 지켜야 한다.

내일 비가 오지 않을 확률은 $1-\frac{2}{5}=\frac{3}{5}$

따라서 구하는 확률은 $\frac{3}{5}\times\frac{2}{3}\times\frac{5}{8}=\frac{1}{4}$

## 84 답 ④

A가 승부차기에 실패할 확률은 $1-\frac{1}{2}=\frac{1}{2}$

B가 승부차기에 실패할 확률은 $1-\frac{5}{9}=\frac{4}{9}$

이때 두 사람 모두 승부차기에 실패할 확률은 $\frac{1}{2}\times\frac{4}{9}=\frac{2}{9}$

따라서 구하는 확률은 $1-\frac{2}{9}=\frac{7}{9}$

## 85 답 ②

(i) 은선, 유영이만 문제를 맞힐 확률은
$$\frac{2}{3}\times\frac{4}{5}\times\left(1-\frac{1}{2}\right)=\frac{2}{3}\times\frac{4}{5}\times\frac{1}{2}=\frac{4}{15}$$

(ii) 은선, 정환이만 문제를 맞힐 확률은
$$\frac{2}{3}\times\left(1-\frac{4}{5}\right)\times\frac{1}{2}=\frac{2}{3}\times\frac{1}{5}\times\frac{1}{2}=\frac{1}{15}$$

(iii) 유영, 정환이만 문제를 맞힐 확률은
$$\left(1-\frac{2}{3}\right)\times\frac{4}{5}\times\frac{1}{2}=\frac{1}{3}\times\frac{4}{5}\times\frac{1}{2}=\frac{2}{15}$$

따라서 (i)~(iii)에 의해 구하는 확률은
$$\frac{4}{15}+\frac{1}{15}+\frac{2}{15}=\frac{7}{15}$$

## 86 답 ②

카드에 적힌 수가 홀수인 경우는 1, 3, 5, 7, 9의 5가지이므로

첫 번째에 홀수가 적힌 카드가 나올 확률은 $\frac{5}{9}$

카드에 적힌 수가 합성수인 경우는 4, 6, 8, 9의 4가지이므로

두 번째에 합성수가 적힌 카드가 나올 확률은 $\frac{4}{9}$

따라서 구하는 확률은 $\frac{5}{9}\times\frac{4}{9}=\frac{20}{81}$

## 87 답 $\frac{15}{56}$

첫 번째에 파란 구슬이 나올 확률은 $\frac{3}{8}$

두 번째에 빨간 구슬이 나올 확률은 $\frac{5}{7}$

따라서 구하는 확률은 $\frac{3}{8}\times\frac{5}{7}=\frac{15}{56}$

## 88 답 ③

두 사람 모두 포도 맛 사탕을 먹을 확률은
$$\frac{8}{13}\times\frac{7}{12}=\frac{14}{39}$$

두 사람 모두 오렌지 맛 사탕을 먹을 확률은
$$\frac{5}{13}\times\frac{4}{12}=\frac{5}{39}$$

따라서 구하는 확률은 $\frac{14}{39}+\frac{5}{39}=\frac{19}{39}$

## 89 답 $\frac{1}{4}$

모든 경우의 수는 $6\times6=36$ $\cdots$ (i)

점 P가 꼭짓점 C에 있으려면 두 눈의 수의 합이 2 또는 6 또는 10이어야 한다.

㉠ 두 눈의 수의 합이 2인 경우

(1, 1)의 1가지이므로 그 확률은 $\frac{1}{36}$ $\cdots$ (ii)

㉡ 두 눈의 수의 합이 6인 경우

(1, 5), (2, 4), (3, 3), (4, 2), (5, 1)의 5가지이므로 그 확률은 $\frac{5}{36}$ $\cdots$ (iii)

㉢ 두 눈의 수의 합이 10인 경우

(4, 6), (5, 5), (6, 4)의 3가지이므로 그 확률은 $\frac{3}{36}$ $\cdots$ (iv)

따라서 ㉠~㉢에 의해 구하는 확률은
$$\frac{1}{36}+\frac{5}{36}+\frac{3}{36}=\frac{1}{4}$$ $\cdots$ (v)

**채점 기준**

| | |
|---|---|
| (i) 모든 경우의 수 구하기 | 20 % |
| (ii) 두 눈의 수의 합이 2일 확률 구하기 | 20 % |
| (iii) 두 눈의 수의 합이 6일 확률 구하기 | 20 % |
| (iv) 두 눈의 수의 합이 10일 확률 구하기 | 20 % |
| (v) 점 P가 꼭짓점 C에 있을 확률 구하기 | 20 % |

## 90 답 (1) $\frac{17}{35}$ (2) $\frac{27}{35}$

(1) $a+b$가 짝수이려면 $a$, $b$가 모두 짝수이거나 $a$, $b$가 모두 홀수이어야 한다.

$a$, $b$가 모두 짝수일 확률은
$$\frac{3}{5}\times\left(1-\frac{4}{7}\right)=\frac{3}{5}\times\frac{3}{7}=\frac{9}{35}$$ $\cdots$ (i)

$a$, $b$가 모두 홀수일 확률은
$$\left(1-\frac{3}{5}\right)\times\frac{4}{7}=\frac{2}{5}\times\frac{4}{7}=\frac{8}{35}$$ $\cdots$ (ii)

따라서 구하는 확률은 $\frac{9}{35}+\frac{8}{35}=\frac{17}{35}$ $\cdots$ (iii)

(2) $ab$가 짝수일 확률은 $ab$가 홀수가 아닐 확률과 같다.

이때 $ab$가 홀수인 경우는 $a$, $b$가 모두 홀수인 경우이므로

그 확률은 $\frac{8}{35}$ $\cdots$ (iv)

따라서 $ab$가 짝수일 확률은 $1-\frac{8}{35}=\frac{27}{35}$ $\cdots$ (v)

**채점 기준**

| | |
|---|---|
| (i) $a$, $b$가 모두 짝수일 확률 구하기 | 20 % |
| (ii) $a$, $b$가 모두 홀수일 확률 구하기 | 20 % |
| (iii) $a+b$가 짝수일 확률 구하기 | 20 % |
| (iv) $ab$가 홀수일 확률 구하기 | 20 % |
| (v) $ab$가 짝수일 확률 구하기 | 20 % |

## 91 답 12

처음 상자에 들어 있는 흰 공과 검은 공의 개수를 각각 $x$, $y$라 하면

$\dfrac{x}{x+y}=\dfrac{3}{4}$, $\dfrac{x}{x+y+2}=\dfrac{2}{3}$에서

$4x=3x+3y$, $3x=2x+2y+4$

$\therefore x-3y=0$, $x-2y=4$

위의 두 식을 연립하여 풀면 $x=12$, $y=4$

따라서 흰 공의 개수는 12이다.

## 92 답 $\dfrac{1}{18}$

모든 경우의 수는 $6\times6=36$

오른쪽 그림에서 색칠한 부분의 넓이는

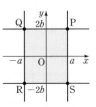

$2a\times4b=8ab$

즉, $8ab=64$이므로 $ab=8$

이를 만족시키는 순서쌍 $(a, b)$는 $(2, 4)$,

$(4, 2)$의 2가지이다.

따라서 구하는 확률은 $\dfrac{2}{36}=\dfrac{1}{18}$

## 93 답 $\dfrac{7}{8}$

어느 면에도 색칠되지 않은 작은 정육면체의 개수는

$2\times2\times2=8$

즉, 한 개의 작은 정육면체를 선택했을 때, 어느 면에도 색칠되어 있지

않은 정육면체일 확률은 $\dfrac{8}{64}=\dfrac{1}{8}$

따라서 구하는 확률은 $1-\dfrac{1}{8}=\dfrac{7}{8}$

## 94 답 $\dfrac{21}{25}$

민희네 가족이 여행 날짜를 정하는 경우는

1일~4일, 2일~5일, 3일~6일, 4일~7일, 5일~8일의 5가지이고,

혜수네 가족이 여행 날짜를 정하는 경우는

2일~4일, 3일~5일, 4일~6일, 5일~7일, 6일~8일의 5가지이므로

두 가족이 여행 날짜를 정하는 모든 경우의 수는 $5\times5=25$

두 가족의 여행 날짜가 하루도 겹치지 않는 경우는 오른쪽 표와 같이 4가지이므로 그 확률은 $\dfrac{4}{25}$

| 민희네 | 혜수네 |
|---|---|
| 1일~4일 | 5일~7일 |
| 1일~4일 | 6일~8일 |
| 2일~5일 | 6일~8일 |
| 5일~8일 | 2일~4일 |

따라서 구하는 확률은

$1-\dfrac{4}{25}=\dfrac{21}{25}$

**만점비법** 민희네 가족과 혜수네 가족이 여행 날짜를 정하는 경우를 구한 후 두 가족의 여행 날짜가 하루도 겹치지 않는 경우를 생각해 본다.

## 95 답 $\dfrac{1}{3}$

모든 경우의 수는 $3\times3\times3=27$

세 사람이 내는 것을 순서쌍 (미화, 은지, 경아)로 나타내면

(ⅰ) 미화만 이기는 경우는

(가위, 보, 보), (바위, 가위, 가위), (보, 바위, 바위)의 3가지이므로

그 확률은 $\dfrac{3}{27}=\dfrac{1}{9}$

(ⅱ) 미화와 은지가 이기는 경우는

(가위, 가위, 보), (바위, 바위, 가위), (보, 보, 바위)의 3가지이므로

그 확률은 $\dfrac{3}{27}=\dfrac{1}{9}$

(ⅲ) 미화와 경아가 이기는 경우는

(가위, 보, 가위), (바위, 가위, 바위), (보, 바위, 보)의 3가지이므로

그 확률은 $\dfrac{3}{27}=\dfrac{1}{9}$

따라서 (ⅰ)~(ⅲ)에 의해 구하는 확률은 $\dfrac{1}{9}+\dfrac{1}{9}+\dfrac{1}{9}=\dfrac{1}{3}$

## 96 답 $\dfrac{3}{8}$

A 중학교가 결승전에 나갈 확률은 $\dfrac{1}{2}$

D 중학교가 결승전에 나갈 확률은 $\dfrac{1}{2}\times\dfrac{1}{2}=\dfrac{1}{4}$이므로

결승전에서 A 중학교와 D 중학교가 경기를 할 확률은

$\dfrac{1}{2}\times\dfrac{1}{4}=\dfrac{1}{8}$

F 중학교가 결승전에 나갈 확률은 $\dfrac{1}{2}$이므로

결승전에서 A 중학교와 F 중학교가 경기를 할 확률은

$\dfrac{1}{2}\times\dfrac{1}{2}=\dfrac{1}{4}$

따라서 구하는 확률은 $\dfrac{1}{8}+\dfrac{1}{4}=\dfrac{3}{8}$

## 97 답 $\dfrac{3}{8}$

구슬이 B로 나오는 경우는 다음 그림과 같다.

이때 구슬이 각 갈림길에서 어느 한 곳으로 빠져나갈 확률은 $\dfrac{1}{2}$이므로

각 경우의 확률은 모두 $\dfrac{1}{2}\times\dfrac{1}{2}\times\dfrac{1}{2}=\dfrac{1}{8}$

따라서 구하는 확률은 $\dfrac{1}{8}+\dfrac{1}{8}+\dfrac{1}{8}=\dfrac{3}{8}$